Hans-Wolf Reinhardt
Ingenieurbaustoffe

2. Auflage

Ingenieurbaustoffe

Hans-Wolf Reinhardt

Prof. Dr.-Ing. Prof. h. c. Dr.-Ing. E. h. Hans-Wolf Reinhardt
Universität Stuttgart
Institut für Werkstoffe im Bauwesen (IWB)
Pfaffenwaldring 4
70569 Stuttgart

Umschlagbild: Bruchstruktur eines Betonwürfels,
René A. Vonk, Leiderdorp, Niederlande

Bibliografische Information Der Deutschen Nationalbibliothek
Die Deutsche Nationalbibliothek verzeichnet diese Publikation in der Deutschen Nationalbibliografie:
detaillierte bibliografische Daten sind im Internet über <http://dnb.d-nb.de> abrufbar.

2., vollständig überarbeitete Auflage

© 2010 Wilhelm Ernst & Sohn, Verlag für Architektur und technische Wissenschaften GmbH & Co. KG,
Rotherstraße 21, 10245 Berlin, Germany

Alle Rechte, insbesondere die der Übersetzung in andere Sprachen, vorbehalten. Kein Teil dieses Buches darf ohne schriftliche Genehmigung des Verlages in irgendeiner Form – durch Fotokopie, Mikrofilm oder irgendein anderes Verfahren – reproduziert oder in eine von Maschinen, insbesondere von Datenverarbeitungsmaschinen, verwendbare Sprache übertragen oder übersetzt werden.

All rights reserved (including those of translation into other languages). No part of this book may be reproduced in any form – by photoprint, microfilm, or any other means – nor transmitted or translated into a machine language without written permission from the publishers.

Die Wiedergabe von Warenbezeichnungen, Handelsnamen oder sonstigen Kennzeichen in diesem Buch berechtigt nicht zu der Annahme, dass diese von jedermann frei benutzt werden dürfen. Vielmehr kann es sich auch dann um eingetragene Warenzeichen oder sonstige gesetzlich geschützte Kennzeichen handeln, wenn sie als solche nicht eigens markiert sind.

Umschlaggestaltung: Sonja Frank, Berlin
Satz: Dörr + Schiller GmbH, Stuttgart
Druck und Bindung: Scheel Print-Medien GmbH, Waiblingen-Hohenacker

Printed in the Federal Republic of Germany
Gedruckt auf säurefreiem Papier

ISBN 978-3-433-02920-6

Vorwort

Das vorliegende Buch ist die 2. Auflage des gleichnamigen Vorgängerwerkes, das schon lange vergriffen ist. Das Buch wurde völlig überarbeitet und neue Abschnitte wurden hinzugefügt. Der Inhalt konzentriert sich wiederum auf die mechanischen Eigenschaften der Ingenieurbaustoffe. Im ersten Teil werden grundsätzliche Aspekte besprochen, wie die Festigkeit und die Verformung unter einmaliger und wiederholter Beanspruchung. Neu ist der Abschnitt über Bruchmechanik, der einen kurzen Abriss über linear-elastische und nichtlineare Bruchmechanik darstellt. Neu ist auch ein Abschnitt über Transportmechanismen in porösen Werkstoffen. Dieser Abschnitt wurde aufgenommen, da wesentliche mechanische Aspekte auf den Transport von Flüssigkeiten und Gasen zurückzuführen sind. Man denke hierbei an das Schwinden von Holz und Beton, das Eigenspannungen und Zwangspannungen erzeugen kann. Auch das Kriechen wird vom Wassertransport beeinflusst. Die weiteren Teile behandeln die wichtigsten Ingenieurbaustoffe: Stahl mit Baustahl, Betonstahl und Spannstahl, Aluminium, Kunststoffe, Holz und Beton. Beton wird relativ ausführlich abgehandelt, da der Bauingenieur den Beton im Gegensatz zu anderen Werkstoffen selbst entwirft, herstellt, verarbeitet und anwendet. Außerdem gibt es heute eine Vielzahl unterschiedlicher Betone, die für tragende Teile verwendet werden. Hierzu zählen Normalbeton, Leichtbeton, Faserbeton und Hochleistungsbeton. Die im ersten Teil des Buches in allgemeiner Form behandelten Eigenschaften und Einflüsse werden systematisch auf die einzelnen Baustoffe bezogen und mit Beispielen belegt.

Es zeigt sich, dass die „Werkstoffkonstanten" keine Konstanten im strengen Sinne sind, sondern dass sie vielmehr von vielen Parametern abhängen, z. B. von der Temperatur, der Feuchte, der Belastungsgeschwindigkeit, um nur einige zu nennen. Andererseits gibt es auch Parallelen zwischen den Werkstoffen, die es erlauben, die Kenntnis über einen Stoff auf den anderen zu übertragen. Dem konstruktiven Ingenieur müssen diese Abhängigkeiten bekannt sein, will er ein Tragwerk sicher, zuverlässig und wirtschaftlich entwerfen. Dazu gehörte eigentlich auch die Kenntnis der Schadensmechanismen und der Dauerhaftigkeit ebenso wie der Aspekt der Nachhaltigkeit. Diese Aspekte werden in dem Buch jedoch nicht berücksichtigt.

Das Buch entstand aus der jahrzehntelangen Erfahrung in Lehre, Forschung und Praxis. Es wendet sich somit an die Studierenden und die Ingenieure in der Praxis, vor allem an die konstruktiven Ingenieure. Das Buch ist keine Enzyklopädie, es ist vielmehr eine systematische Abhandlung, die die Grundlagen des Stoffverhaltens betont und nicht sosehr auf Vollständigkeit aller Daten Wert legt.

Es ist mir ein Anliegen, allen Mitarbeiten des Instituts für Werkstoffe im Bauwesen und des Otto-Graf-Instituts der Universität Stuttgart und den Personen außerhalb der Universität zu danken, die mir bei der Vorbereitung des Buches behilflich waren. Einige will ich nennen. Das sind Herr Dr.-Ing. Joachim Schwarte, der mich bei der Abfassung der Abschnitte über rheologische Modelle und Bruchmechanik unterstützt hat, Herr Dr.-Ing. Jörg Moersch, der mich beim Abschnitt Betonstähle mit neuesten Informationen versorgte, Frau Dipl.-Bibliothekarin Monika Werner, die jede Literaturstelle fand, die ich suchte, Frau Dipl.-Ing. Judit Tevesz und Herr Dipl.-Ing. Alexander Assmann, die mich vielfältig unterstützten. Ganz besonders möchte ich danken Frau Simone Stumpp, die in bewährter Manier die Textverarbeitung übernahm, und Herrn stud.ing. Máté Gécsek, der die Zeichnungen im Computer

Ingenieurbaustoffe
Hans-Wolf Reinhardt
Copyright © 2010 Ernst & Sohn, Berlin
ISBN 978-3-433-02920-6

realisierte. Dem Verlag Ernst & Sohn, und hier vor allem Frau Dipl.-Ing. Claudia Ozimek und Frau Ute-Marlen Günther, danke ich für die Betreuung bei der Herausgabe des Buches. Auch danke ich dem Verlag dafür, dass ich im Kapitel Beton einige Teile des Beton-Kalenders verwenden durfte.

Stuttgart, Februar 2010　　　　　　　　　　　　　　　　　　　　Hans-Wolf Reinhardt

Inhaltsverzeichnis

Vorwort V

A	**Allgemeine Grundlagen**	1
1	**Einleitung und Übersicht**	1
2	**Mechanische Grundlagen**	2
2.1	Rheologische Modelle	2
2.2	Verhalten unter zyklischer Beanspruchung	7
2.3	Bruchverhalten und Festigkeitshypothesen	10
2.4	Bruchmechanik	15
	2.4.1 Linear elastische Bruchmechanik	15
	2.4.1.1 Rissöffnungsarten	15
	2.4.1.2 Nahfeldlösung für Risse unter Modus-I-Belastung	16
	2.4.1.3 Gültigkeit des K-Konzeptes	17
	2.4.1.4 K-Faktoren	19
	2.4.1.5 Bruchzähigkeit K_{Ic}	19
	2.4.1.6 Energetisches Bruchkriterium	20
	2.4.1.7 Maßstabseinfluss („size-effect")	23
	2.4.2 Lokale plastische Deformation	23
	2.4.2.1 Die plastische Zone	23
	2.4.2.2 Die Irvin'sche Risslängenkorrektur	25
	2.4.2.3 Das Dugdale-Barenblatt-Modell	26
	2.4.3 Nichtlineare Bruchmechanik	27
2.5	Schwingende Beanspruchung	30
	2.5.1 Definitionen	31
	2.5.2 Betriebsbeanspruchung	36
	2.5.3 Schadensakkumulation	40
	2.5.4 Bruchmechanik und Schwingbeanspruchung	42
3	**Transportmechanismen**	46
3.1	Poröse Baustoffe	47
3.2	Hydraulische Strömung	48
3.3	Eindringen einer Flüssigkeit unter Druck	49
3.4	Kapillare Flüssigkeitsbewegung	49
3.5	Osmose	52
3.6	Sorptionsisotherme	52
3.7	Diffusion	53
3.8	Elektroosmose	56
3.9	Gasdurchlässigkeit	57
3.10	Transport in nicht-porösen Stoffen	57

Ingenieurbaustoffe
Hans-Wolf Reinhardt
Copyright © 2010 Ernst & Sohn, Berlin
ISBN 978-3-433-02920-6

B	Stahl	61
1	Allgemeines zur Festigkeit der Metalle	61
2	Festigkeitsversuche	63
2.1	Zugversuch	63
2.2	Härteprüfungen	65
2.3	Dauerstandversuch	66
2.4	Dauerschwingversuch	68
2.5	Kerbschlagbiegeversuch, Faltversuch	68
3	Stähle für den Stahlbau	69
3.1	Spannungs-Dehnungs-Linie unter zügiger Beanspruchung	73
3.2	Festigkeit bei erhöhten Temperaturen	75
3.3	Dauerschwingfestigkeit	76
3.4	Kerbschlagzähigkeit	80
3.5	Hochfeste schweißbare Baustähle	82
3.6	Wetterfeste Baustähle	87
3.7	Nichtrostende Stähle	88
4	Betonstähle	90
4.1	Aussehen und Zusammensetzung	90
4.2	Betonstahl unter zügiger Belastung	93
4.3	Festigkeit bei erhöhten und tiefen Temperaturen	94
4.4	Dauerschwingfestigkeit	94
5	Spannstähle	97
5.1	Stahlarten und Zusammensetzung	97
5.2	Eigenschaften unter zügiger Beanspruchung	99
5.3	Verhalten bei erhöhter Temperatur	101
5.4	Dauerstandverhalten	102
5.5	Dauerschwingfestigkeit	106
6	Anwendung der Festigkeitshypothesen auf Stahl im Bauwesen	109

C	Aluminium und Aluminiumlegierungen	111
1	Allgemeines	111
2	Spannungs-Dehnungs-Linie bei zügiger Beanspruchung	115
3	Einfluss der Temperatur auf die Festigkeit	117
4	Einfluss der Lastdauer auf die Festigkeit	119
5	Einfluss schwingender Beanspruchung auf die Festigkeit	119
6	Anwendung	123

D	**Kunststoffe**	125
1	**Allgemeines**	125
2	**Aufbau**	125
3	**Struktur und allgemeines mechanisches Verhalten**	129
4	**Rheologische Modelle der verschiedenen Aggregat- und Belastungszustände**	136
5	**Prüfung der mechanischen Eigenschaften**	146
6	**Anwendungsbeispiele für Kunststoffe im Bauwesen**	152
6.1	Unvernetzte Kunststoffe	152
6.2	Vernetzte Kunststoffe	155
6.3	Epoxidharzmörtel, Epoxidharzzementmörtel, Polyesterbetone	157
6.4	Glasfaserverstärkte Kunststoffe (GfK)	162
6.5	Membranbaustoffe	167
6.6	Elastomere	169

E	**Holz**	173
1	**Allgemeines**	173
2	**Makroskopischer Aufbau**	173
3	**Mikroskopischer Aufbau**	175
4	**Struktur und chemische Zusammensetzung**	176
5	**Feuchtigkeit, Schwinden und Quellen**	178
6	**Prüfverfahren für die Festigkeit**	182
7	**Festigkeit des Holzes**	183
8	**Einflüsse auf die Festigkeit**	185
8.1	Rohdichte	185
8.2	Feuchte	187
8.3	Winkel zwischen Kraft- und Faserrichtung	189
8.4	Wuchseigenschaften	190
8.5	Temperatur	191
8.6	Belastungsdauer und -art	192
8.7	Feuer	192
9	**Elastizitätsmodul**	193
10	**Orthogonal anisotropes Elastizitätsgesetz**	196
11	**Spannungs-Dehnungs-Linie**	197
12	**Kriechen, Relaxation**	200

13 Festigkeitskriterien und Bruchmechanik ... 206
13.1 Festigkeitshypothesen ... 206
13.2 (Holz-) Bruchmechanik ... 207
    13.2.1 Allgemeines ... 207
    13.2.2 Bruchmechanische Werkstoffkenngrößen, Prüfkörper und Prüfverfahren ... 208

14 Bruchformen ... 211

15 Vergütete Holzprodukte ... 212
15.1 Brettschichtholz ... 212
15.2 Balkenschichtholz ... 213
15.3 Brettsperrholz ... 213
15.4 Furnierschichtholz ... 213
15.5 Sperrholz ... 213
15.6 OSB-Platten ... 214
15.7 Span- und Faserplatten ... 214

16 Berücksichtigung der Holzeigenschaften in den Normen ... 214
16.1 Holzsortierung ... 214
16.2 Festigkeitsklassen ... 216
16.3 Schwinden ... 218
16.4 Kriechen ... 219
16.5 Ermüdung ... 220

F Beton ... 221

1 Definition und Klassen ... 221
1.1 Definition ... 221
1.2 Betonklassen ... 222

2 Ausgangsstoffe ... 224
2.1 Zement ... 224
    2.1.1 Arten und Zusammensetzung ... 224
    2.1.2 Bautechnische Eigenschaften ... 228
    2.1.3 Zementhydratation ... 230
    2.1.4 Zementstein ... 231
2.2 Gesteinskörnungen für Beton ... 233
2.2.1 Allgemeines ... 233
    2.2.2 Art und Eigenschaften des Gesteins ... 233
    2.2.3 Schädliche Bestandteile ... 235
    2.2.4 Kornform und Oberfläche ... 236
    2.2.5 Größtkorn und Kornzusammensetzung ... 236
2.3 Betonzusatzmittel ... 240
2.4 Betonzusatzstoffe ... 240
    2.4.1 Definitionen ... 240
    2.4.2 Puzzolanische Stoffe ... 240
    2.4.3 Latent-hydraulische Stoffe ... 241
    2.4.4 Organische Stoffe ... 242

3 Junger Beton ... 242
3.1 Gründruckfestigkeit ... 242
3.2 Frühschwinden (Kapillarschwinden) ... 245
3.3 Hydratationswärme ... 247
3.4 Entwicklung der thermischen Eigenschaften ... 255
3.5 Entwicklung der mechanischen Eigenschaften ... 256
3.6 Temperaturverteilung ... 260
3.7 Zwang- und Eigenspannungen ... 263
    3.7.1 Zwangspannungen ... 263
    3.7.2 Eigenspannungen ... 266
3.8 Planung einer Baumaßnahme ... 268
3.9 Maßnahmen und Faustregeln ... 270
3.10 Bestimmung der Festigkeit von jungem Beton ... 272

4 Festigkeit und Verformung von Festbeton ... 273
4.1 Strukturmerkmale ... 273
4.2 Druckfestigkeit ... 273
    4.2.1 Spannungszustand und Bruchverhalten von Beton bei Druckbeanspruchung ... 274
    4.2.2 Einflüsse auf die Druckfestigkeit ... 275
        4.2.2.1 Ausgangsstoffe und Betonzusammensetzung ... 275
        4.2.2.2 Erhärtungsbedingungen und Reife ... 279
        4.2.2.3 Temperatur ... 283
            4.2.2.3.1 Hohe Temperaturen ... 283
            4.2.2.3.2 Tiefe Temperaturen ... 288
        4.2.2.4 Belastungsgeschwindigkeit ... 290
        4.2.2.5 Verhalten bei Dauerstandbeanspruchung ... 291
        4.2.2.6 Schwingende Beanspruchung (Ermüdung) ... 292
        4.2.2.7 Prüfeinflüsse ... 294
4.3 Zugfestigkeit ... 297
    4.3.1 Bruchverhalten und Bruchenergie ... 297
    4.3.2 Zentrische Zugfestigkeit ... 298
    4.3.3 Biegezugfestigkeit ... 299
    4.3.4 Spaltzugfestigkeit ... 300
    4.3.5 Zusammenhang zwischen Zug- und Druckfestigkeit ... 301
    4.3.6 Einflüsse auf die Zugfestigkeit ... 302
        4.3.6.1 Zusammensetzung des Betons ... 302
        4.3.6.2 Temperatur ... 302
            4.3.6.2.1 Hohe Temperaturen ... 302
            4.3.6.2.2 Tiefe Temperaturen ... 303
        4.3.6.3 Belastungsgeschwindigkeit ... 303
        4.3.6.4 Dauer der Belastung ... 304
        4.3.6.5 Schwingende Beanspruchung (Ermüdung) ... 304
4.4 Festigkeit bei mehrachsiger Beanspruchung ... 305
4.5 Spannungs-Dehnungs-Beziehungen ... 309
4.6 Elastizitätsmodul und Querdehnzahl ... 310
4.7 Die zeitliche Entwicklung von Festigkeit und Elastizitätsmodul ... 311

5 Lastunabhängige Verformungen ... 312
5.1 Allgemeines ... 312
5.2 Temperaturdehnung ... 313

5.3 Schwinden 314
    5.3.1 Ursachen 314
    5.3.2 Mathematische Beschreibung 316

6 Last- und zeitabhängige Verformungen 319
6.1 Definitionen 319
6.2 Kriechen und Relaxation 320
6.3 Vorhersageverfahren 323

7 Faserbeton 326
7.1 Allgemeines 326
7.2 Zusammenwirken von Fasern und Matrix 327
    7.2.1 Ungerissener Beton 328
    7.2.2 Gerissener Beton 329
    7.3 Fasern 336
    7.3.1 Stahlfasern 336
    7.3.2 Glasfasern 337
    7.3.3 Organische Fasern 339
        7.3.3.1 Kunststofffasern (Polymere) 339
        7.3.3.2 Kohlenstofffasern 340
        7.3.3.3 Fasern natürlicher Herkunft – Zellulosefasern . 341
7.4 Zusammensetzung 342
    7.4.1 Beton 342
    7.4.2 Fasern 342
7.5 Eigenschaften 343
    7.5.1 Verhalten bei Druckbeanspruchung 343
    7.5.2 Verhalten bei Zugbeanspruchung und bei Biegezugbeanspruchung 344
    7.5.3 Verhalten bei Querkraft- und Torsionsbeanspruchung 344
    7.5.4 Verhalten bei Explosions-, Schlag- und Stoßbeanspruchung 345
    7.5.5 Kriechen und Schwinden 345
    7.5.6 Verhalten bei hoher Temperatur 346

8 Ultrahochfester Beton 346
8.1 Allgemeines 346
8.2 Mischungsentwurf 347
8.3 Festbetoneigenschaften 348

9 Konstruktionsleichtbeton 351
9.1 Einführung und Überblick 351
9.2 Grundlegende Eigenschaften 351
9.3 Leichte Gesteinskörnungen 352
    9.3.1 Strukturmerkmale und Verhalten 352
    9.3.2 Geschlossenporige leichte Gesteinskörnungen 353
    9.3.3 Offenporige leichte Gesteinskörnungen 353
9.4 Betonzusammensetzung 353
9.5 Mechanische Eigenschaften von Konstruktionsleichtbeton 357
9.6 Schwinden und Quellen von Konstruktionsleichtbeton 359

Literatur 361

Sachverzeichnis 377

A Allgemeine Grundlagen

1 Einleitung und Übersicht

Werkstoffe erfüllen ihren Zweck, wenn sie richtig ausgewählt, hergestellt und verarbeitet sind. Sie bestimmen die Tragfähigkeit einer Konstruktion, das Aussehen, den Wärme- und Schallschutz, die Wasserdichtigkeit, den Widerstand gegen aggressive Medien sowie Temperatur- und Feuchtewechsel und dann auch den Preis. Der Ingenieur ist verantwortlich für die richtige Auswahl und Verarbeitung der Werkstoffe, manchmal auch für deren Herstellung (z. B. Beton). Eine gründliche Kenntnis des mechanischen, physikalischen und chemischen Verhaltens ist Voraussetzung für eine optimale Stoffauswahl.

Werkstoffe des Bauwesens oder kurz Baustoffe sind solche, die der Bauingenieur, aber auch der Architekt, in seinen Bauwerken einsetzt. Als Ingenieurbaustoffe werden eingrenzend solche bezeichnet, die vorwiegend für tragende Konstruktionen benötigt werden. Entsprechend werden Stoffe wie Kalk und Gips in diesem Buch nicht behandelt, auch Asphalt, der im Straßenbau verwendet wird, kommt nicht an die Reihe. Der Hauptaspekt, der bei tragenden Konstruktionen wichtig ist, sind die mechanischen Eigenschaften, also Festigkeit und Verformung. Auf diese Eigenschaften wird bei allen behandelten Baustoffen ausführlich eingegangen. Die physikalischen und chemischen Eigenschaften werden soweit behandelt, wie sie für die Gebrauchstauglichkeit und Dauerhaftigkeit von Konstruktionen wichtig sind. Als Beispiel werden die Wärmeleitung und die Diffusion genannt, die für die Entstehung von Eigenspannungen und mögliche Rissbildung entscheidend sind. Die chemisch-physikalischen Grundlagen werden vorausgesetzt, da dies Stoff der höheren Schule ist. Wenn über Atome, Moleküle und Aggregatzustände gesprochen wird, wird angenommen, dass der Leser soweit nötig Bescheid weiß. Eine andere Frage betrifft die Struktur der Materie, die mit kristallin und amorph angedeutet werden kann und die für die mechanischen Eigenschaften bedeutend ist.

Die Baustoffe sind in ständiger Entwicklung. Die Eigenschaften klassischer Werkstoffe wie Beton und Kunststoff werden durch Modifikation verbessert, z. B. durch Zugabe von Fasern, und neue Stoffe erscheinen auf dem Markt, z. B. Kohlefasern, die im Bauwesen eingesetzt werden können. Tabelle A.1 gibt einen Überblick über die Werkstoffe im Bauwesen. Die anorganisch-mineralischen haben in der Regel eine hohe Druckfestigkeit und eine weitaus geringere Zugfestigkeit und verhalten sich spröde.

Tabelle A.1 Einteilung der Werkstoffe des Bauwesens

nach chemischer Zusammensetzung	nach Herkunft oder Herstellung	Beispiele
anorganisch mineralisch	natürlich	Lehm, Naturstein, Sand, Kies
	künstlich hergestellt	Ziegel, Glas, Zement, Beton, Kalksandstein
metallisch	natürlich	keine
	künstlich hergestellt	Eisen, Stahl, Aluminium, Blei, Zink, Titan
organisch	natürlich	Holz, Reet, Bambus, Sisalfasern
	künstlich hergestellt	Kunststoffe, Gummi, Reaktionsharze

Ingenieurbaustoffe
Hans-Wolf Reinhardt
Copyright © 2010 Ernst & Sohn, Berlin
ISBN 978-3-433-02920-6

Mit Ausnahme von Glas und einigen Natursteinen sind sie porös. Von der Porenmenge und der Porengrößenverteilung hängen Stofftransporte durch Permeabilität, Kapillarität und Diffusion ab, die wiederum für den Widerstand gegen klimatische Einflüsse entscheidend sind. Metallische Werkstoffe zeichnen sich durch hohe Zug- und Druckfestigkeit und große Verformbarkeit (Duktilität) aus. Im Gegensatz zu mineralischen Baustoffen sind sie gute elektrische und thermische Leiter. Die organischen Baustoffe sind leichter als die mineralischen und die metallischen und besitzen eine sehr große Bandbreite an mechanischen und physikalischen Eigenschaften.

Nicht aufgenommen in Tabelle A.1 sind die Verbundwerkstoffe, die durch Kombination von Werkstoffen entstehen, z. B. stahlfaserbewehrter Beton (Stahlfaserbeton), Glasfaserkunststoffe (GFK), kunststoffbeschichtete Gewebe, Sperrholz, Brettschichtholz oder andere Mehrschichtlaminate. Genaugenommen sind die meisten Baustoffe Verbundwerkstoffe, wie z. B. Beton, der aus mehreren Komponenten hergestellt, aber trotzdem als homogen betrachtet wird. Gerade Verbundwerkstoffe besitzen zielgerichtete Modifikationsmöglichkeiten und versprechen große Effizienz.

Für fast alle Baustoffe gibt es nationale DIN-, europäische EN- und internationale ISO-Normen, Richtlinien oder Merkblätter, die den Stand der Technik darstellen. Für Neuentwicklungen gibt das Deutsche Institut für Bautechnik (DIBt) sog. allgemeine bauaufsichtliche Zulassungen heraus, die genauso verbindlich sind wie Normen. In diesem Buch wird öfters auf Normen etc. verwiesen, aber die Normen werden nicht abgeschrieben. Dieses Buch soll Zusammenhänge und grundlegendes Wissen vermitteln, das bei der Anwendung von Baustoffen wichtig ist, und es soll derzeitige Entwicklungen aufzeigen.

Das Buch ist so angelegt, dass erst allgemeine Eigenschaften und Mechanismen behandelt werden, die nicht nur für einen bestimmten Werkstoff gelten. Dazu zählen mechanische Aspekte wie Festigkeit und Verformung, auch Bruchmechanik wird gestreift, und physikalische Aspekte wie Transportmechanismen, also Permeabilität, Kapillarität und Diffusion. Danach kommen baustoffspezifische Kapitel an die Reihe, in denen die mechanischen und physikalischen Eigenschaften besprochen werden.

2 Mechanische Grundlagen

2.1 Rheologische Modelle

Rheologische Modelle (Rheologie ist die Lehre vom Fließen) oder Materialmodelle sind Veranschaulichungen des Spannungs-Dehnungs-Verhaltens von Werkstoffen. Spannung ist dabei der Quotient aus Kraft F und Querschnittsfläche A, angegeben in $N/m^2 = Pa$ oder $N/mm^2 = MPa$, und Dehnung ist der Quotient aus Verlängerung $l - l_0$ und Anfangslänge l_0,

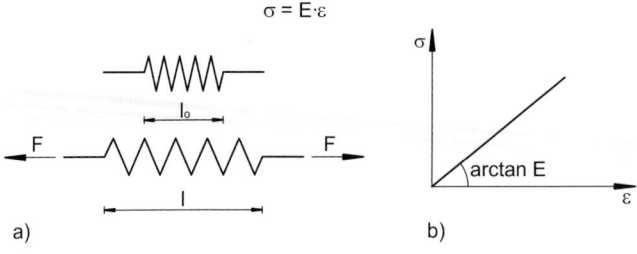

Bild A.1 Linear-elastischer Stoff, Hooke'sche Feder und σ–ε-Diagramm

2 Mechanische Grundlagen

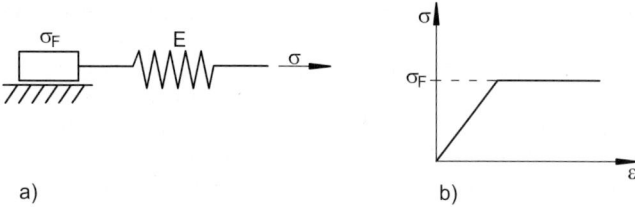

Bild A.2 Elastisch-plastisches Verhalten, dargestellt mit dem Prandtl-Reuss-Körper

also eine dimensionslose Größe. Die Spannung wird mit σ bezeichnet, die Dehnung mit ε. Für das *linear-elastische* Verhalten gilt in der Elastizitätstheorie das Hooke'sche Gesetz $\sigma = E\,\varepsilon$, wobei E der Elastizitätsmodul ist, mit der Dimension einer Spannung. Veranschaulicht wird das σ–ε-Verhalten durch eine Feder und im σ–ε-Diagramm ergibt sich eine gerade Linie mit der Steigung von E, siehe Bild A.1.

Bei Entlastung folgt der Verlauf derselben Linie. Wird ein Stab gezogen, so vermindert sich sein Durchmesser um die Querdehnung ε_q. Das Verhältnis zwischen Quer- und Längsdehnung wird Querdehnzahl oder Poissonzahl genannt: $v = -\varepsilon_q / \varepsilon_l$. Mit den zwei elastischen Konstanten Elastizitätsmodul und Querdehnzahl lässt sich der Schubmodul G (auch mit μ bezeichnet)

$$G = \frac{E}{2(1+v)} \qquad (1)$$

berechnen, der die lineare Beziehung zwischen Schubspannung und Schubverzerrung herstellt. Neben der Linearität enthält die klassische Elastizitätstheorie noch die Voraussetzung unendlich kleiner Deformationen. Bei den meisten Baustoffen ist diese Bedingung annähernd erfüllt.

Bei Stählen und anderen weichen Metallen schließt sich an den Bereich des elastischen Verhaltens das *plastische* Verhalten an, das durch unbegrenztes Fließen gekennzeichnet ist. Es kann mit dem St. Venant'schen Reibungselement dargestellt werden, das durch eine Masse auf einer rauen Oberfläche illustriert wird. Der Reibungswiderstand entspricht der Fließspannung σ_F. Unterhalb dieser Spannung ruht die Masse, d.h. es tritt keine Dehnung auf. Erreicht die Spannung die Fließspannung, bewegt sich der Körper unbegrenzt. Man bezeichnet einen solchen Stoff als starr-plastisch. Dem wirklichen Verhalten von Stahl ist eine Reihenschaltung von Feder und Reibungselement besser angepasst, wie Bild A.2 zeigt.

Mit dem Prandtl-Reuss-Körper kann man das plastische Fließen von Stahl beim Überschreiten der Streck- oder Fließgrenze gut beschreiben. Bei größeren Dehnungen tritt eine

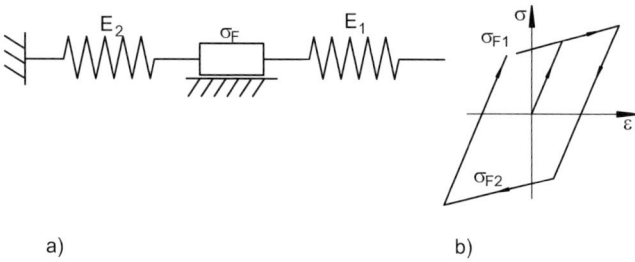

Bild A.3 Elastisch verfestigender Körper

Verfestigung auf; diese kann in einem Drei-Element-Körper dargestellt werden, wie er in Bild A.3 abgebildet ist.

Dabei tritt eine lineare Verfestigung aufgrund der Verformung der Feder E_2 auf. Zur Ermittlung der Gesamtdehnung sind die Einzeldehnungen zu addieren, d. h. die Federn sind in Reihe geschaltet. Charakteristisch für elastisch-plastische Modelle ist, dass die Entlastung genau derselben Steigung wie die Anfangssteigung folgt und dass sich bei vollkommener Entlastung eine bleibende Dehnung einstellt. In Bild A.3 kann auch der sog. Bauschinger-Effekt erkannt werden, der besagt, dass in einem über die Fließgrenze hinaus belasteten Werkstoff bei Umkehrung der Belastungsrichtung (also Zug- in Druckrichtung) eine Erniedrigung der Fließgrenze auftritt, also $\sigma_{F2} < \sigma_{F1}$.

Zeitabhängiges Verhalten wird mit dem Newton'schen Dämpfer nach Bild A.4 dargestellt. Dabei gleitet ein Kolben in einem mit zäher oder viskoser Flüssigkeit gefüllten Zylinder. Die Spannung ist proportional zur Dehngeschwindigkeit dε/dt, η ist die dynamische Viskosität:

$$\sigma = \eta \frac{d\varepsilon}{dt}. \tag{2}$$

Viskoses Verhalten kommt z. B. beim Fließen von zähen Kunststoffschmelzen vor. Bei festen Stoffen interessiert das viskoelastische Verhalten, das man aus Kombinationen von Federn und Dämpfern darstellen kann. Zwei Modelle sind dabei besonders wichtig: der Maxwell-Körper und der Voigt-Kelvin-Körper.

Beim *Maxwell-Körper* sind eine Feder und ein Dämpfer in Reihe geschaltet. Unter einer Spannung σ_0 tritt eine spontane Dehnung $\varepsilon = \sigma / E$ auf, danach nimmt die Dehnung linear mit der Zeit zu. Den zeitlichen Dehnungszuwachs nennt man Kriechen. Die Gesamtdehnung ist also gegeben durch

$$\varepsilon(t) = \sigma_0(1/E + t/\eta). \tag{3}$$

Der Ausdruck in der Klammer wird Kriechfunktion J(t) genannt, die also aus einem elastischen und einem viskosen Anteil besteht:

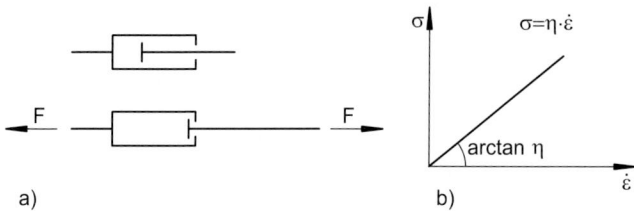

Bild A.4 Viskoses Verhalten, dargestellt mit Newton'schem Dämpfer

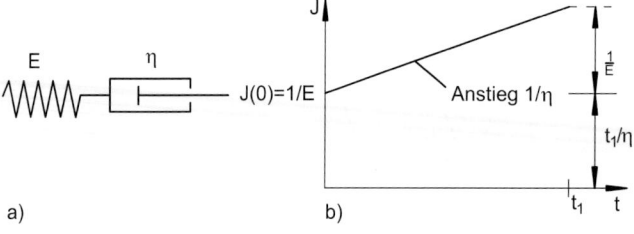

Bild A.5 Viskoelastisches Verhalten eines Maxwell-Körpers sowie die Kriechfunktion J(t)

2 Mechanische Grundlagen

$$J(t) = 1/E + t/\eta. \tag{4}$$

Bild A.5 zeigt die Spannungs- und Dehnungsgeschichte eines Maxwell-Körpers sowie den Verlauf der Kriechfunktion. Dehnung und Kriechfunktion sind beide abhängig von der Zeit. Nach Entlastung bleibt der viskose Anteil als bleibende Dehnung erhalten.

In der Praxis kommt auch der Fall vor, dass eine zeitlich konstante Dehnung auftritt (z. B. Stützensenkung). Differenziert man Gl. (3) nach der Zeit, bekommt man

$$\dot{\varepsilon} = \dot{\sigma}/E + \sigma/\eta. \tag{5}$$

Mit $\dot{\varepsilon} = 0$ und der Anfangsbedingung $\sigma(0) = E\,\varepsilon_0$ hat die Differentialgleichung (5) die Lösung für die Relaxationsfunktion $R(t) = \sigma(t)/\varepsilon_0$

$$R(t) = E e^{-Et/\eta}. \tag{6}$$

Die Relaxationsfunktion ist in Bild A.6 grafisch dargestellt. Man erkennt daraus, dass R(t) bei langen Zeiten gegen null geht, d. h. eine zum Zeitpunkt t = 0 entstandene Spannung relaxiert vollständig.

Die beiden Grundelemente Feder und Dämpfer können auch parallel geschaltet werden, wie in Bild A.7 dargestellt. Dadurch entsteht der Voigt-Kelvin-Körper, bei dem die äußere Spannung der Summe der Spannungen in den Einzelelementen entspricht. Dies bedeutet

$$\sigma = E\varepsilon + \eta\dot{\varepsilon} \tag{7}$$

und für den Dehnungsverlauf nach Integration bei einer konstanten Spannung σ_0

$$\varepsilon(t) = \frac{\sigma_0}{E}(1 - e^{-Et/\eta}) = \sigma_0\,J(t). \tag{8}$$

Die Kriechfunktion geht bei langen Zeiten gegen $1/E$, was bedeutet, dass die Dehnung so groß ist, wie sie aufgrund der Feder allein sein muss. Wird ein Voigt-Kelvin-Körper vollständig entlastet, so geht die Dehnung wieder auf null zurück. Der Verlauf wird gegeben durch

$$\varepsilon(t) = \frac{\sigma_0}{E}(1 - e^{-Et_0/\eta})e^{-E(t-t_0)/\eta}. \tag{9}$$

In einem Diagramm dargestellt, ergibt sich Bild A.7 für eine konstante Spannung bis zum Zeitpunkt t_0 und anschließender Entlastung.

Sprachlich bedeutet Kriechen die Dehnungszunahme unter Last und Rückkriechen die Dehnungsabnahme bei Entlastung. Da bei vollständiger Entlastung keine bleibende Dehnung auftritt, wird das Verhalten auch verzögert-elastisch genannt. Dies ist der große Unterschied zum Maxwell-Körper, bei dem ja der viskose Anteil als bleibende Dehnung erhalten bleibt. Die Relaxation lässt sich für den Fall einer spontanen und konstanten Dehnung zum Zeitpunkt t = 0 nicht darstellen. Tritt jedoch eine Dehnung über eine be-

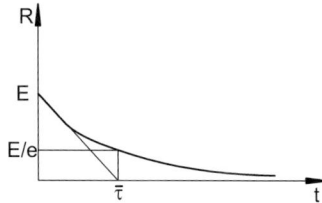

Bild A.6 Relaxationsfunktion des Maxwell-Körpers

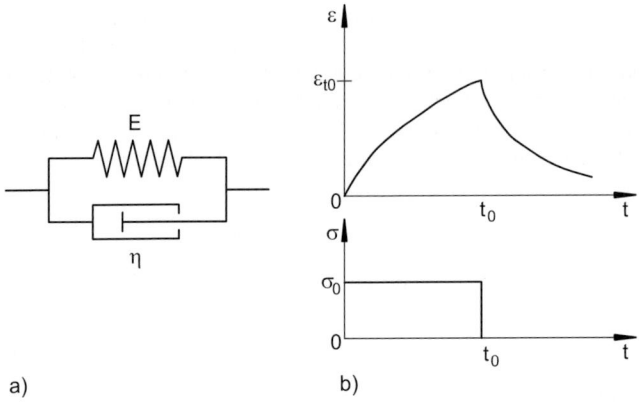

Bild A.7 Kriechen und Rückkriechen beim Voigt-Kelvin-Körper

stimmte Zeit auf und dauert diese an, so folgt aus Gl. (7), dass die dabei auftretende Spannung konstant bleibt, d.h. es findet keine Relaxation statt.

Die Kombination einer Feder mit einem Voigt-Kelvin-Körper führt zum linearen Standardkörper (Poynting-Thomson-Körper). Die Kriechfunktion lautet für diesen [1]

$$J(t) = \frac{1}{E_0} + \frac{1}{E_1}(1 - e^{-t/\tau}) \tag{10}$$

und die Relaxationsfunktion

$$R(t) = E_\infty + E_1 e^{-t/\bar{\tau}}. \tag{11}$$

In Bild A.8 sind die beiden Varianten des Standardkörpers und die Kriech- und Relaxationsfunktion dargestellt. Man erkennt, dass das Kriechen einem Endwert zustrebt, der durch die zwei Federn vorgegeben ist, und dass bei Entlastung die Dehnung sowohl durch die spontane Rückfederung der Feder und durch Rückkriechen asymptotisch wieder auf null geht. Im Fall der Relaxation bleibt ein Teil der Spannung erhalten.

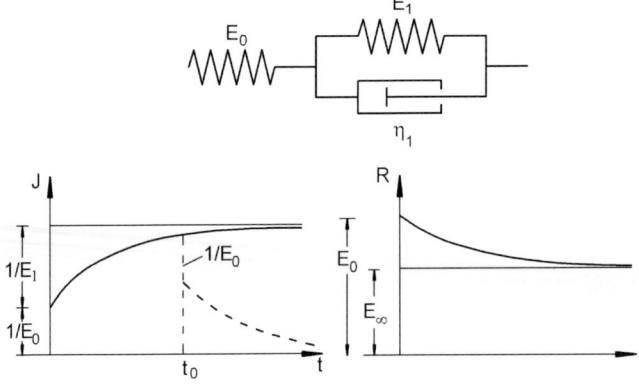

Bild A.8 Linearer Standardkörper, Kriech- und Relaxationsfunktion

2 Mechanische Grundlagen

Für die realistische Darstellung von Kriechen und Relaxation von realen Werkstoffen reichen die bisher behandelten Modelle in der Regel nicht aus. Um dennoch mit rheologischen Modellen arbeiten zu können, werden mehrere Voigt-Kelvin-Körper und ein Maxwell-Körper zu einer Gruppe in Reihe geschaltet, um das Kriechen zu beschreiben, oder es werden mehrere Maxwell-Körper mit einer Feder parallel geschaltet, um die Relaxation abzubilden. Es ergeben sich folgende Funktionen für das Kriechen

$$J(t) = \frac{1}{E_0} + \frac{t}{\eta_\infty} + \sum_{i=1}^{n} \frac{1}{E_1}(1 - e^{-t/\bar{\tau}_i}) \qquad (12)$$

und für die Relaxation

$$R(t) = E_\infty + \sum_{i=1}^{n} E_1 e^{-t/\bar{\tau}_i} \qquad (13)$$

mit den Werten E_i und $\tau_i = \eta_i / E_i$ (Retardationszeiten bzw. Relaxationszeiten) für die einzelnen Komponenten [1]. In den Kapiteln über Kunststoffe und Beton wird von den rheologischen Modellen Gebrauch gemacht.

2.2 Verhalten unter zyklischer Beanspruchung

Das Verhalten unter zyklischen Bedingungen kann vor allem bei Kunststoffen wesentlich sein. Zeichnet man das Spannungs-Dehnungs-Diagramm für einen zugbeanspruchten Stab bei Belastung und Entlastung, so kann man häufig feststellen, dass die beiden Linien nicht zusammenfallen, sondern dass der Entlastungsast tiefer liegt als der Belastungsast. Dies ist ein Zeichen dafür, dass die in die Probe als Formänderungsarbeit hineingesteckte Energie nicht ganz zurückgewonnen werden kann. Ein Teil dieser Energie wird verbraucht und kann äußerlich beobachtet werden in einer Erwärmung der Probe, in einem Abfall der Amplitude bei freien Schwingungen oder durch Dämpfung der Resonanzkurve. Im Bild A.9 ist die Spannungs-Dehnungs-Kurve für einen Stab dargestellt, der von einer um eine Mittelspannung σ_m schwingenden Spannung $\pm \sigma_a$ beansprucht wird.

Der Flächeninhalt der dadurch gebildeten Hystereseschleife ist ein Maß für die verbrauchte Energie. Der Quotient aus verbrauchter und aufgewendeter Energie ergibt die relative Dämpfung:

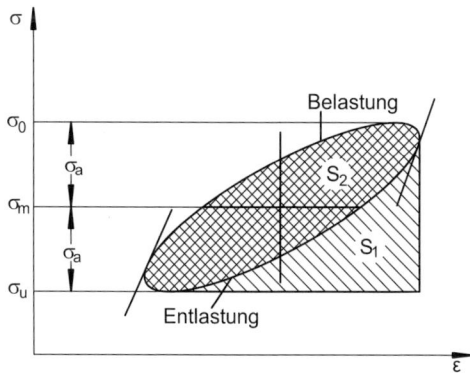

Bild A.9 Hystereseschleife bei dynamischer Beanspruchung, nach Becker et al. [2]

$$D_{\text{rel}} = \frac{S_2}{S_1}. \tag{14}$$

Anschaulich lässt sich die Dämpfung erklären, wenn man eine sinusförmige Belastung vorgibt und den Verlauf von Belastung und Verformung verfolgt. Die Spannung sei (ω Kreisfrequenz)

$$\sigma(t) = \sigma_a \sin \omega t \tag{15}$$

und die entstehende Verformung ist entsprechend

$$\varepsilon(t) = \varepsilon_a \sin(\omega t - \delta), \tag{16}$$

d.h. die Verformung eilt der Spannung um einen konstanten Winkel δ nach (Bild A.10), dem sog. Phasenwinkel.

In komplexer Schreibweise vereinfachen sich die Beziehungen zu

$$\sigma(t) = \sigma_a e^{i\omega t} \tag{17}$$

und

$$\varepsilon(t) = \varepsilon_a e^{i(\omega t - \delta)}. \tag{18}$$

In der Elastizitätstheorie werden Dehnung und Spannung mit dem Elastizitätsmodul verknüpft, der in diesem Fall zeitabhängig sein muss:

$$\sigma(t) = E(t) \cdot \varepsilon(t). \tag{19}$$

Verwendet man Gln. (17) und (18), so folgt

$$E(t) = \frac{\sigma_a}{\varepsilon_a} e^{i\delta}, \tag{20}$$

d.h. eine komplexe Beziehung zwischen der maximalen Spannung und der maximalen Dehnung in einem Zyklus. Die Spannungs-Dehnungs-Beziehung lautet dann

$$\begin{aligned}\underline{\sigma} &= \underline{E} \cdot \underline{\varepsilon} \\ \underline{E} &= E' + iE''\end{aligned}, \tag{21}$$

welche formal dem Hooke'schen Gesetz entspricht. Real- und Imaginärteil lauten getrennt

$$\begin{aligned}E' &= |\underline{E}|\cos\delta \\ E'' &= |\underline{E}|\sin\delta\end{aligned}. \tag{22}$$

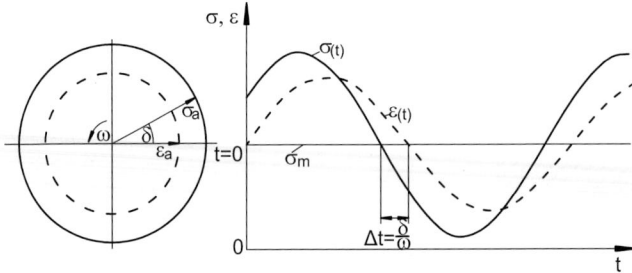

Bild A.10 Spannung und Dehnung bei zyklischer Belastung

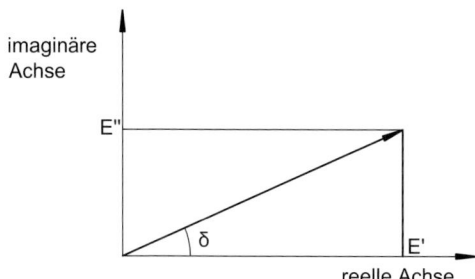

Bild A.11 Komplexer Elastizitätsmodul

Der Winkel, den der Vektor vom Ursprung zum Punkt E mit der reellen Achse einschließt, ist der Phasenwinkel δ (siehe Bild A.11). Der Quotient E''/E' ist dann der Tangens von δ (Verlustfaktor d) und somit

$$\tan \delta = d = \frac{E''}{E'} \tag{23}$$

und

$$E = E'(1 + id). \tag{24}$$

Der Realteil E' wird als Speichermodul oder dynamischer Modul bezeichnet, da er auf die gespeicherte Arbeit bezogen ist, der Imaginärteil E'' als Verlustmodul, da er einen Anhaltspunkt liefert für die in jedem Zyklus nicht wieder gewinnbare Energie. Als absoluter Modul $|E|$ wird die Länge des Vektors $\sqrt{(E'^2 + E''^2)}$ bezeichnet. Für kleine Verlustfaktoren wird

$$|\underline{E}| \rightarrow E' \approx E. \tag{25}$$

Man ersieht daraus, dass das rein elastische Verhalten ein Spezialfall des allgemeinen Formänderungsverhaltens ist (mit d = 0). Für rein viskoses Verhalten wird d sehr groß, oder anders ausgedrückt: $\delta \rightarrow \pi/2$.

Im Falle kleiner Dämpfungen, bei denen $\sin \delta = \tan \delta = d$ gesetzt werden darf, wenn d < 1, kann die Hystereseschleife als Ellipse berechnet werden. Gl. (14) wird dann

$$D_{\text{rel}} = \frac{\pi}{2} d. \tag{26}$$

In dieser Form hat sie den Vorteil, dass die relative Dämpfung, die zur Kennzeichnung eines Werkstoffs gut geeignet ist, direkt aus dem Verlustfaktor berechnet werden kann. Dabei ist zu erwähnen, dass der Verlustfaktor verhältnismäßig leicht im Versuch zu bestimmen ist.

Eine ebenfalls gebräuchliche Kenngröße für die Dämpfung ist das logarithmische Dekrement Λ. Es ist definiert als der natürliche Logarithmus des Quotienten aus zwei direkt aufeinanderfolgenden Maximal-Amplituden. Mit den nötigen Umrechnungen folgt für den Zusammenhang zwischen d und Λ [2] (für kleine d)

$$\Lambda = \pi \cdot d. \tag{27}$$

Für das Voigt-Kelvin-Modell, bei dem im Allgemeinen das viskose Verhalten vorherrscht, gilt nach Heckel [3]

$$d = \frac{\Lambda}{\pi} \frac{1}{1 + \left(\frac{\Lambda}{2\pi}\right)^2}. \tag{28}$$

Da Dämpfungsversuche gewöhnlich sehr rasch ablaufen, hat man schon wiederholt versucht, andere mechanische Eigenschaften wie Kriechen, Relaxation, Langzeitfestigkeit und Stoßfestigkeit auf diese Art vorauszusagen, um sich langwierige Versuche zu ersparen. Die Zusammenhänge zwischen den im Versuch ermittelten Größen und den gesuchten Werten sind jedoch sehr verwickelt und oft nur statistischer Art, sodass diese Ansätze nicht zu befriedigendem Erfolg geführt haben.

2.3 Bruchverhalten und Festigkeitshypothesen

Unter gleichmäßig zunehmender Beanspruchung verformt sich ein Körper zunächst elastisch oder viskos, wie in Abschnitt 2.1 beschrieben. Mit steigender Last fängt ein zähes Material an zu fließen, verfestigt sich wieder und bricht schließlich. Handelt es sich um sprödes Material oder um solche räumlichen Spannungszustände, die das Entstehen von plastischen Verformungen behindern, dann bricht der Körper schlagartig ohne große bleibende Verformung. Im ersten Fall spricht man von einem Gleit- oder Scherbruch, da die Scherspannung ein Abgleiten von Kristallbändern auf kristallografisch bevorzugten Ebenen bewirkt und eine große plastische Verformung hervorruft. Die zweite Art des Bruches bezeichnet man als Trennbruch, da er das Material rechtwinklig zur größten Zugspannung glatt durchtrennt, ohne sich durch auffallende plastische Verformung anzukündigen. Bei vielen technischen Stoffen stellt sich eine Mischung von Trennung und Gleitung ein, wobei die Bruchfläche weder rechtwinklig zur größten Zugspannung noch in Richtung der größten Schubspannung verläuft. Man spricht in einem solchen Fall von einem Mischbruch.

Im einachsigen Zugversuch ist das Bruchverhalten einfach zu übersehen, da nur eine einzige Kraftkomponente wirksam ist und die Verformung rechtwinklig dazu ungehindert verlaufen kann. Schwieriger wird es bei einem mehrachsigen Spannungszustand, bei dem die Spannungskomponenten die Verformung in allen Richtungen beeinflussen. Nimmt man bei einem ebenen Spannungszustand z. B. die Komponenten σ_1 als Zug und σ_2 als Druck an (Bild A.12 a)), so kann man schon aus der Anschauung heraus vermuten, dass die Verformung in Richtung σ_1 durch die Wirkung von σ_2 begünstigt wird. Umgekehrt wird die Verformung in Richtung σ_1 behindert, wenn σ_2 auch als Zug wirkt (Bild A.12 b)).

Da technische Konstruktionen in der Regel mehrachsig beansprucht werden, ist es sehr wichtig, gerade unter solchen Bedingungen das Bruchverhalten zu kennen. Man muss also eine Spannungsgröße finden, die es ermöglicht, einen mehrachsigen Spannungszustand rechnerisch auf einen einachsigen zu reduzieren und diese rechnerische Spannung mit der Bruchspannung im einfachen Zug- oder Druckversuch zu vergleichen. Dann erst ist es möglich, die Sicherheit einer Konstruktion nachzuweisen.

Um eine solche Vergleichsspannung zu berechnen, wurden verschiedene Festigkeitshypothesen entwickelt: für spröde Werkstoffe die Normalspannungshypothese und die Größtdehnungshypothese, für zähe Werkstoffe die Schubspannungshypothese und die Gestaltsänderungsenergiehypothese. Der Normalspannungshypothese nach Lamé (1852) [285] und

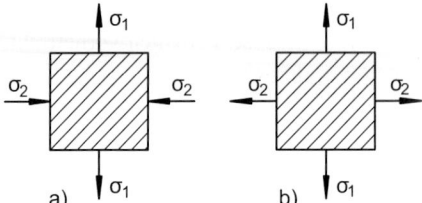

Bild A.12 Ebener Spannungszustand

Rankine (1858) [289] liegt der Gedanke zugrunde, dass die größte auftretende Normalspannung den Bruch herbeiführt (es gilt immer $\sigma_1 > \sigma_2 > \sigma_3$). Die Vergleichsspannung ist dann

$$\sigma_V = \sigma_1. \tag{29}$$

Entsprechend dieser Theorie verläuft der Bruch normal zu der größten Normalspannung, die praktisch nur eine Zugspannung sein kann. Im Fall dreiachsiger Druckspannungen wurde die Hypothese nicht bestätigt, denn unter beliebig hohen allseitigen Drücken war es nicht möglich, homogene feste Körper zu zerstören [4]. Bild A.13 zeigt in einem σ_1,σ_2-Koordinatensystem die Grenzlinie aller ebenen Spannungszustände, die vom Material ertragen werden können. Alle Spannungszustände, die außerhalb des Quadrats liegen, führen zum Bruch, wobei hier angenommen wurde, dass die Druckfestigkeit β_d größer als die Zugfestigkeit β_z ist. Die Theorie gilt für spröde Stoffe, z. B. Porzellan oder Gusseisen, bei denen keine plastischen Formänderungen auftreten und der Bruch als reiner Trennbruch auftritt.

Die Größtdehnungshypothese (nach Navier (1826) [389] und Saint-Venant (1844) [390]) trifft die Annahme, dass beim Bruch ein bestimmter Maximalwert der elastischen Dehnung überschritten werden müsse. Nach dem erweiterten Hooke'schen Gesetz gilt für die Dehnung in Richtung σ_1 und σ_3

$$\begin{aligned}\varepsilon_1 &= \frac{1}{E}[\sigma_1 - \nu(\sigma_2 + \sigma_3)] \\ \varepsilon_3 &= \frac{1}{E}[\sigma_3 - \nu(\sigma_1 + \sigma_2)]\end{aligned} \tag{30}$$

Für den Bruchzustand gilt dann

$$\varepsilon_1 \text{ bzw. } |\varepsilon_3| < \varepsilon_V = \frac{\sigma_V}{E}. \tag{31}$$

Die Vergleichsspannung wird demnach

$$\sigma_V = \sigma_1 - \nu(\sigma_2 + \sigma_3) \tag{32}$$

oder, falls der Bruch aufgrund einer Druckspannung erfolgt,

$$\sigma_V = \sigma_3 - \nu(\sigma_1 + \sigma_2). \tag{33}$$

Die Größtdehnungshypothese kann ebenso wie die Normalspannungshypothese nur gültig sein, wenn sich der Baustoff bis zum Bruch elastisch dehnt. In Bild A.14 sind die Grenzlinien für den ebenen Spannungszustand eingezeichnet unter der Voraussetzung von $\nu = 0{,}20$ (Granit).

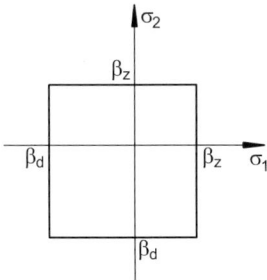

Bild A.13 Grenzlinie nach der Normalspannungshypothese

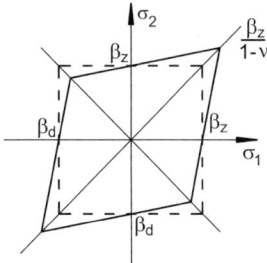

Bild A.14 Grenzlinie nach der Größtdehnungshypothese

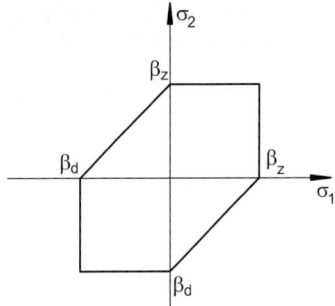

Bild A.15 Grenzlinie nach der Hüllkurve für den ebenen Spannungszustand, nach Tresca [5]

Bei duktilen Stoffen geht dem Bruch eine große plastische Verformung voraus, die mit Abgleitungen von Kristallbändern erklärt wird. Die Ursachen davon sind die Schubspannungen, die entlang solcher Gleitebenen wirken. Entsprechend diesem Materialverhalten wurde eine Schubspannungshypothese (von Tresca [5] und Saint-Venant [6]) aufgestellt, nach der die maximale Schubspannung für das Versagen eines Bauteils maßgebend ist, und zwar unabhängig von der mittleren Hauptspannung σ_2. Nach der Elastizitätslehre gilt

$$\sigma_V = \tau_{max} = \frac{\sigma_1 - \sigma_2}{2}. \tag{34}$$

Wenn demnach ein hydrostatischer Spannungszustand herrscht, kann kein Versagen eintreten; eine Aussage, die für allseitigen Druck in Versuchen bestätigt wurde. Für allseitigen Zug kann die Behauptung nicht zutreffen, da in diesem Fall die Voraussetzungen der Theorie – Verformung durch Gleitung – nicht mehr gegeben sind. Im Bild A.15 sind die Grenzlinien für den ebenen Spannungszustand dargestellt. Man ersieht daraus, dass im Falle gleichsinniger Spannungen die Linien mit denen der Normalspannungshypothese übereinstimmen, im Fall entgegengesetzter Vorzeichen das Versagen jedoch eher eintritt. Zu beachten ist, dass im ebenen Spannungszustand σ_3 null ist, sodass die größte Differenz $\sigma_1 - \sigma_3 = \sigma_1$ wird. Für den räumlichen Zustand ergibt sich hier ein Sechskantprisma, dessen Längsachse gleiche Winkel (rd. 71,1°) mit den Koordinatenachsen einschließt.

Nach dem bisher Gesagten ist es notwendig, je nach der voraussichtlichen Bruchart – Trennbruch oder Gleitbruch – die richtige Festigkeitshypothese anzuwenden, um die Bruchlast vorauszusagen. Außerdem erfassen beide Theorien den Mischbruch nur ungenau, der in der Praxis jedoch sehr häufig auftritt. Mohr [7] machte daher den Vorschlag, in ein σ,τ-Diagramm sämtliche Bruchzustände in Form der Mohr'schen Spannungskreise einzuzeichnen und damit eine Hüllkurve oder im räumlichen Fall eine Hüllfläche zu konstruieren. Alle Spannungskreise, die diese Hüllkurve berühren oder schneiden, führen zum

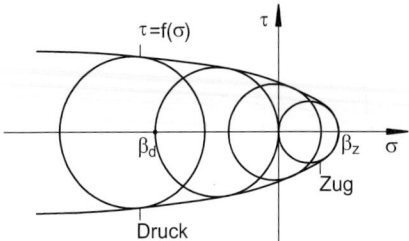

Bild A.16 Mohr'sche Schubspannungshypothese

2 Mechanische Grundlagen

Bruch. Bild A.16 zeigt eine Mohr'sche Hüllkurve und die Spannungskreise für zweiseitigen Druck, für einachsigen Zug und Druck und für zweiachsige Zug-Druck-Beanspruchung (z.B. Torsion). Diese sog. erweiterte Schubspannungshypothese wird vor allem bei nichtmetallischen Körpern angewendet, die meist eine geringe Zugfestigkeit bei hoher Druckfestigkeit aufweisen. Diese Stoffe werden in der Regel auf Druck beansprucht, z.B. Beton oder Natursteine, und zeigen vor dem Bruchbeginn eine geringe plastische Verformung; ein Umstand, der die Anwendung der Normalspannungshypothese fraglich macht. Außerdem ist es kaum möglich, auf Druck einen Trennbruch zu erzeugen, da die Reibung der Bruchflächen aneinander eine völlige plötzliche Trennung verhindert.

Die Hüllkurve nach Mohr kommt einer Parabel sehr nahe. Daher kann man bei Bestimmung von zwei Punkten, z.B. im einachsigen Zug- und Druckversuch, die Kurve berechnen (siehe auch Abschnitt F 4.4).

Die Funktion $\tau = f(\sigma)$ stellt die allgemeine Form der Hüllkurve dar, die Coulomb [8] in seinem Reibungsgesetz als Gerade angenommen hat. Dieses Gesetz wird hier erwähnt, da es auch heute noch für die Standfestigkeitsberechnung von Schüttgütern und Böden verwendet wird. Bei völlig kohäsionslosen Teilchen wie Kies, Kohle, Getreide ist keine Zugfestigkeit vorhanden, sodass die Kurve $\tau = a\,\sigma$ nur im Druckbereich liegen kann (Bild A.17 a)). Ist auch ohne Seitendruck bereits eine Schubfestigkeit τ_0 vorhanden oder eine Zugfestigkeit, z.B. bei Ton oder Mörtel, so verschiebt sich die Figur nach rechts. Die Geraden nach dem Coulomb'schen Reibungsgesetz heißen dann

$$\tau = \sigma \cdot \tan\varphi + \tau_0. \tag{35}$$

φ ist dabei der Winkel der inneren Reibung, der in der Natur direkt als Böschungswinkel abgelesen werden kann.

Neben der Spannung und der Dehnung wird zur Begrenzung der Tragfähigkeit eines Körpers auch die Energie herangezogen, die ihm durch äußere Kräfte zugeführt wird. Es wird die Hypothese aufgestellt, dass eine bestimmte konstante Energie vom Körper gespeichert werden kann; wird diese überschritten, so erfolgt bei einem zähen Material ein Versagen aufgrund einer Gleitung und bei sprödem Material ein Trennbruch. Ursprünglich wurde zur Bestimmung des Grenzzustandes die gesamte Formänderungsenergie betrachtet (nach Beltrami [9])

$$A = \frac{1}{2}(\sigma_1\varepsilon_1 + \sigma_2\varepsilon_2 + \sigma_3\varepsilon_3) \tag{36}$$

und diese der Formänderungsenergie im einachsigen Zugversuch

$$A = \frac{1}{2}\sigma_0\varepsilon_0 \tag{37}$$

gleichgesetzt. σ_0 kann dabei die Spannung an der Fließgrenze oder die Bruchfestigkeit bedeuten. Je nachdem erhält man eine Fließ- oder ein Bruchhypothese. Huber [10] präzisierte diese Theorie dahin gehend, dass er anstelle der gesamten Formänderungsarbeit

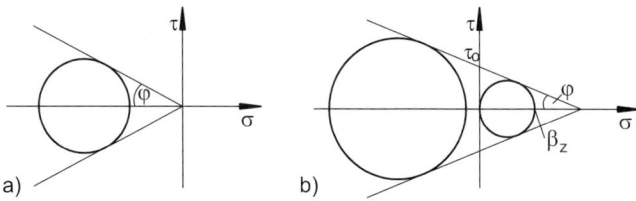

Bild A.17 Grenzlinie nach dem Coulomb'schen Reibungsgesetz für Körper a) ohne Kohäsion, b) mit Kohäsion

lediglich die Gestaltsänderungsarbeit setzte, also den Anteil, der aufgrund der Schubspannungen im Körper entsteht. Diese Theorie wurde unabhängig voneinander auch von von Mises [11] aufgestellt und von Hencky [12] weitergeführt. Man nennt sie Gestaltsänderungsenergiehypothese oder Huber-von Mises-Hencky-Bedingung. Nach der Elastizitätstheorie ist die Gestaltsänderungsarbeit beim räumlichen Spannungszustand

$$A_G = \frac{1}{12\,G} \left[(\sigma_1 - \sigma_2)^2 + (\sigma_2 - \sigma_3)^2 + (\sigma_3 - \sigma_1)^2 \right] \tag{38}$$

und im einachsigen Versuch

$$A_G = \frac{1}{6\,G}\, \sigma_0^2. \tag{39}$$

Setzt man die beiden Energien gleich, so bekommt man die Vergleichsspannung

$$\sigma_V = \sigma_0 = \frac{1}{\sqrt{2}} \sqrt{(\sigma_1 - \sigma_2)^2 + (\sigma_2 - \sigma_3)^2 + (\sigma_3 - \sigma_1)^2}. \tag{40}$$

Wird diese Spannung überschritten, so tritt bei $\sigma_0 = \beta_S$ plastisches Fließen auf und bei $\sigma_0 = \beta_d$ oder β_z erfolgt der Bruch. Diese Theorie genügt praktisch allen Werkstoffen. Für den ebenen Spannungszustand folgt aus Gl. (40)

$$\sigma_V = \sqrt{\sigma_1^2 + \sigma_2^2 - \sigma_1 \sigma_2}, \tag{41}$$

welcher Ausdruck eine um $\pi/4$ zum σ_1,σ_2-Koordinatenkreuz gedrehte Ellipse darstellt. In Bild A.18 liegen alle Spannungszustände, die kein Versagen verursachen, innerhalb der Ellipse.

Zusammenfassend kann man behaupten, dass heute vor allem

- die Normalspannungshypothese,
- die Schubspannungshypothese – einschließlich der Mohr'schen Hüllkurve – und
- die Gestaltsänderungsenergiehypothese

zur Berechnung der Baustoffanstrengung bei mehrachsiger Beanspruchung angewendet werden. Die Normalspannungshypothese genügt dem Verhalten von sprödem Material bei Zugbeanspruchung, also bei Trennbruch, die Mohr'sche Hüllkurve dient zur anschaulichen Beschreibung des Verhaltens spröder Stoffe im Druckbereich, beim Mischbruch, während die Gestaltsänderungsenergiehypothese vor allem für duktile Werkstoffe zur Bestimmung des Fließbeginns infrage kommt, wofür die Schubspannungshypothese eine gute Näherung darstellt. Die genannten drei grundlegenden Theorien wurden vor allem für Finite-Elemente-Berechnungen erweitert und verfeinert [13].

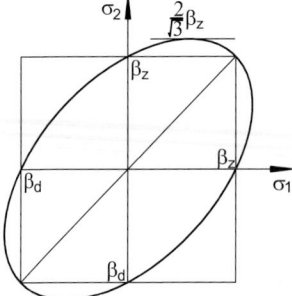

Bild A.18 Grenzlinie nach der Gestaltsänderungsenergiehypothese für den ebenen Spannungszustand

2 Mechanische Grundlagen

2.4 Bruchmechanik

Eine der zentralen Aufgaben des Bauingenieurs besteht darin sicherzustellen, dass die von ihm berechneten oder untersuchten Konstruktionen nicht infolge mechanischer Überbeanspruchung versagen. Einige wichtige Versagensarten sind das Überschreiten zulässiger Verformungen, das Knicken oder Beulen und schließlich das Brechen. Der Bruch kann plötzlich auftreten, ohne dass vorher eine sichtbare Schädigung erkennbar war, oder er kann dadurch ausgelöst sein, dass schon Risse (Trennflächen) vorhanden waren. Die Untersuchung des Einflusses von Rissen auf das mechanische Versagensverhalten von Festkörpern ist Gegenstand der Bruchmechanik. Die zentrale Fragestellung der Bruchmechanik lautet somit: Unter welchen Umständen wird ein Bauteil bzw. Bauwerk versagen, das bereits Risse aufweist? Die Grundlagen der Berechnung von Spannungen in der Nähe eines Risses in linear elastischem Material bietet die Elastizitätstheorie [1]. Allerdings wird sich zeigen, dass dies in vielen Fällen nicht ausreicht. Daher wird unterschieden in „linear elastische Bruchmechanik" bei spröden Werkstoffen, in „elastisch-plastische Bruchmechanik" bei zähen Werkstoffen und in „nichtlineare Bruchmechanik" bei entfestigenden Werkstoffen wie z. B. Beton.

2.4.1 Linear elastische Bruchmechanik

Im Rahmen der Bruchmechanik werden Bauteile betrachtet, die Risse aufweisen. Unter einem Riss wird hierbei eine im unbelasteten Zustand ausdehnungslose Öffnung verstanden. Im Folgenden werden nur ebene Bauteile mit gradlinigen Rissen betrachtet. Die Linie, die einen derartigen Riss über die Enden, die im Folgenden Rissspitzen genannt werden, verlängert, heißt Rissligament. Da die Anwendung der linearen Elastizitätstheorie bei der Betrachtung rissbehafteter Bauteile (scharfer Anriss) zu unendlich großen Spannungen an den Rissspitzen führt, ist das Ziel der linear elastischen Bruchmechanik die Schaffung theoretischer Konzepte zur Beurteilung der Festigkeit rissbehafteter Bauteile ohne Verzicht auf die Materialgleichungen der linearen Elastizität.

2.4.1.1 Rissöffnungsarten

Da die Grundgleichungen der linear elastischen Bruchmechanik vollständig linear sind, gilt das Superpositionsgesetz. Hieraus folgt, dass es zulässig ist, die Gesamtheit aller auf ein Bauteil einwirkenden Lasten in Gruppen aufzuteilen, die an einem betrachteten Riss jeweils unterschiedliche Rissöffnungsarten verursachen. Im Weiteren können diese Lastgruppen

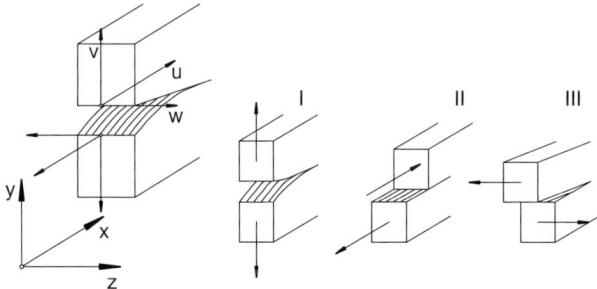

Bild A.19 Rissöffnungsmodi

dann getrennt betrachtet werden. Folgende Rissöffnungsarten werden unterschieden (siehe Bild A.19):

- Modus I: Die Rissöffnung geschieht rechtwinklig zum Rissligament;
- Modus II: Die Rissöffnung geschieht als Schuböffnung längs des Rissligaments;
- Modus III: Die Rissöffnung geschieht als Schuböffnung in Z-Richtung.

Der Modus I ist der in der Praxis bei Weitem wichtigste Fall. Der Modus III stellt einen nichtebenen Verschiebungszustand dar und wird hier nicht weiter betrachtet.

2.4.1.2 Nahfeldlösung für Risse unter Modus-I-Belastung

Als wichtigster Sonderfall wird in diesem Abschnitt das Problem eines gradlinigen Risses behandelt, dessen Ligament sich in x-Richtung erstreckt und der ausschließlich durch Lasten, die eine Modus-I-Rissöffnung verursachen, beansprucht wird. In diesem Fall ist besonders die Spannungskomponente σ_y für Punkte in der Umgebung der Rissspitze von Interesse. Diese Spannungskomponente repräsentiert in gewisser Weise den Widerstand gegen das Weiterreißen, also gegen eine Verlängerung des Risses entlang des Ligaments über die vorhandene Rissspitze hinaus.

Für die folgenden Betrachtungen wird neben den kartesischen Koordinaten x, y ein Polarkoordinatensystem r, φ derart eingeführt, dass der Ursprung mit der Rissspitze zusammenfällt und die Richtung $\varphi = 0$ in positive x-Richtung zeigt. Es kann gezeigt werden, dass die vollständige Lösung des hier behandelten Problems für die Spannungskomponente σ_y als Reihe in Potenzen der Wurzel des Rissspitzenabstandes r dargestellt werden kann [1]. Eine solche Darstellung hat allgemein die Form

$$\sigma_y = A_1 r^{-1/2} F_1(\varphi) + A_2 r^0 F_2(\varphi) + A_3 r^{+1/2} F_3(\varphi) + \ldots + A_i r^{(i-2)/2} F_i(\varphi) + \ldots . \quad (42)$$

Hierin sind A_i Konstanten und F_i Funktionen des Ligamentwinkels φ. Beim Grenzübergang r gegen 0 ist der erste Summand dieses Ausdrucks der dominierende Term, gegenüber dem alle Terme höherer Ordnung vernachlässigt werden können. Entsprechend lassen sich auch Ausdrücke für die übrigen Komponenten des Spannungstensors formulieren. Der Grenzübergang $r \to 0$ liefert schließlich die sog. Nahfeldlösung. Diese lautet

$$\begin{bmatrix} \sigma_x \\ \sigma_y \\ \tau_{xy} \end{bmatrix} = \frac{K_I}{\sqrt{2\pi r}} \cos\left(\frac{\varphi}{2}\right) \begin{bmatrix} 1 - \sin(\varphi/2)\sin(3\varphi/2) \\ 1 + \sin(\varphi/2)\sin(3\varphi/2) \\ \sin(\varphi/2)\cos(3\varphi/2) \end{bmatrix} \quad (43)$$

bzw.

$$\begin{bmatrix} \sigma_r \\ \sigma_\varphi \\ \tau_{r\varphi} \end{bmatrix} = \frac{K_I}{4\sqrt{2\pi r}} \begin{bmatrix} 5\cos(\varphi/2) - \cos(3\varphi/2) \\ 3\cos(\varphi/2) + \cos(3\varphi/2) \\ \sin(\varphi/2) + \sin(3\varphi/2) \end{bmatrix} . \quad (44)$$

Diese Formeln geben die Spannungsverteilung in einer kleinen Umgebung einer Rissspitze an. Die Stärke des Spannungszustandes wird hierbei allein durch den Spannungsintensitätsfaktor K_I angegeben, der von der Belastung und von den geometrischen und mechanischen Randbedingungen des betrachteten Problems abhängt. Der Spannungsintensitätsfaktor hat die physikalische Einheit [N/mm$^{3/2}$], d.h. er stellt für sich betrachtet keine mechanische Spannung dar. Mit dem Spannungsintensitätsfaktor ist eine physikalische Größe hergeleitet worden, die zum einen die Spannungsverteilung in einer kleinen Rissspitzenumgebung vollständig charakterisiert und die zum anderen endliche Werte annimmt, die aufgrund der Linearität der Theorie proportional zu den angreifenden Lasten

2 Mechanische Grundlagen

sind. Hieraus folgt, dass der Spannungsintensitätsfaktor als die für das Bauteilversagen maßgebliche Größe betrachtet werden kann. Das Bauteilversagen besteht hierbei in einem Rissfortschritt, welcher einsetzt, wenn der Spannungsintensitätsfaktor einen kritischen Wert annimmt. Dieser kritische Wert wird Bruchzähigkeit oder auch kritischer Spannungsintensitätsfaktor (K_{Ic}) genannt. Für einen Bruchzähigkeitsnachweis ist somit die Gültigkeit der Ungleichung

$$K_I < K_{Ic} \tag{45}$$

nachzuweisen. Rissfortschritt setzt ein, wenn gilt

$$K_I = K_{Ic}. \tag{46}$$

2.4.1.3 Gültigkeit des K-Konzeptes

Bei der Anwendung des K-Konzeptes muss immer bedacht werden, dass beim Risszähigkeitsnachweis letztendlich akzeptiert wird, dass die Spannungen an der Rissspitze rechnerisch singulär werden. Die tatsächlich im Bauteil auftretenden Spannungen können physikalisch jedoch gewisse lokale Festigkeitswerte nicht überschreiten. Diese Diskrepanz zwischen physikalischer Realität und theoretischem Modell führt zu Gültigkeitsbeschränkungen des K-Konzepts. Die Nahfeldlösung (Gln. 43 und 44) stellt nur eine Näherung der vollständigen Lösung dar, deren Genauigkeit mit zunehmendem Abstand von der Rissspitze abnimmt. Derjenige Bereich um die Rissspitze, in dem diese Genauigkeit in einem ingenieurmäßigen Sinne ausreichend ist, heißt K_I-bestimmtes Feld. Außerhalb dieses Gebietes können Terme höherer Ordnung in der Lösung nicht vernachlässigt werden.

Um die Rissspitze bildet sich eine Zone, in der die sehr hohen Spannungen zu nichtlinearem Materialverhalten führen. Bei duktilen Werkstoffen wie Metallen kann dies eine plastische Zone sein. Bei spröden oder faserigen Materialien kann die Nichtlinearität aber auch im Entstehen von Mikrorissen oder anderen Prozessen bestehen. Die Größe der Gebiete, in denen derartige nichtlineare Prozesse ablaufen, kann mit geeigneten experimentellen Methoden beobachtet werden. Die Gültigkeit des K-Konzeptes kann als sichergestellt angenommen werden, wenn das K_I-bestimmte Feld wesentlich größer ist als das Gebiet, in dem nichtlineares Materialverhalten vorliegt.

Zur Veranschaulichung sind in Bild A.20 eine plastische Zone, wie sie bei Metallen zu beobachten ist, und eine Prozesszone, die z. B. durch Mikrorissentwicklung charakterisiert sein könnte, sowie das K_I-bestimmte Feld schematisch dargestellt. Es muss gelten

$$\rho, r_p \ll R. \tag{47}$$

Hierin bedeuten ρ den mittleren Durchmesser der Prozesszone, r_p den mittleren Durchmesser der plastischen Zone und R den mittleren Durchmesser des K_I-bestimmten Feldes.

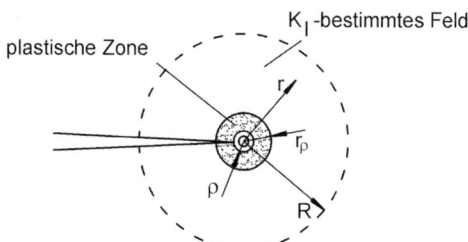

Bild A.20 Skizze zur Gültigkeit des K-Konzepts

Tabelle A.2 Spannungsintensitätsfaktoren für Modus-I- und Modus-II-Rissöffnungsarten [16]

Nr.	Geometrie und Belastung	Formel
1		$\left\{\begin{array}{c} K_I \\ K_{II} \end{array}\right\} = \left\{\begin{array}{c} \sigma \\ \tau \end{array}\right\} \sqrt{\pi a}$
2		$\left\{\begin{array}{c} K_I^{\pm} \\ K_{II}^{\pm} \end{array}\right\} = \left\{\begin{array}{c} P \\ Q \end{array}\right\} \frac{1}{\sqrt{\pi a}} \sqrt{\frac{a \pm b}{a \mp b}}$
3		$\left\{\begin{array}{c} K_I \\ K_{II} \end{array}\right\} = \left\{\begin{array}{c} \sigma \\ \tau \end{array}\right\} \sqrt{2b \tan \frac{\pi a}{2b}}$
4		$\left\{\begin{array}{c} K_I \\ K_{II} \end{array}\right\} = \left\{\begin{array}{c} P \\ Q \end{array}\right\} \frac{2}{\sqrt{2\pi b}}$
5		$K_I = 1{,}1215 \sigma \sqrt{\pi a}$

2 Mechanische Grundlagen   19

Tabelle A.2 Spannungsintensitätsfaktoren für Modus-I- und Modus-II-Rissöffnungsarten [16] (Fortsetzung)

Nr.	Geometrie und Belastung	Formel
6	σ, 2b, 2a, σ	$K_I = \sigma\sqrt{\pi a} F_I(a/b)$ $F_I = \dfrac{1 - 0,025(a/b)^2 + 0,06(a/b)^4}{\sqrt{\cos(\pi a/2b)}}$
7	σ, b, a, σ	$K_I = \sigma\sqrt{\pi a}\sqrt{\dfrac{2b}{\pi a}\tan\dfrac{\pi a}{2b}} G_I(a/b)$ $G_I = \dfrac{0,752 + 2,02\frac{a}{b} + 0,37\left(1 - \sin\frac{\pi a}{2b}\right)^3}{\cos\frac{\pi a}{2b}}$
8	σ, b, a, σ	$K_I = \sigma\sqrt{\pi a}\sqrt{\dfrac{2b}{\pi a}\tan\dfrac{\pi a}{2b}} G_I(a/b)$ $G_I = \dfrac{0,923 + 0,199\left(1 - \sin\frac{\pi a}{2b}\right)^4}{\cos\frac{\pi a}{2b}}$

2.4.1.4 K-Faktoren

Zur Durchführung eines Risszähigkeitsnachweises muss zunächst der Spannungsintensitätsfaktor bestimmt werden. Dies ist im Allgemeinen eine sehr anspruchsvolle mathematische Aufgabe. Für praktische Zwecke werden aus diesem Grunde sog. Spannungsintensitätsfaktorentabellen oder sogar ganze Spannungsintensitätsfaktorenhandbücher [14, 15] herangezogen. In derartigen Tabellenwerken sind zahlreiche Geometrien und Lastfälle für bruchmechanische Probleme behandelt, zu denen jeweils Formeln zur Bestimmung der K-Faktoren angegeben werden. In Tabelle A.2 sind einige typische Fälle zusammengestellt.

2.4.1.5 Bruchzähigkeit K_{Ic}

Die Bruchzähigkeit ist eine Materialeigenschaft. Ihre Bestimmung erfolgt experimentell, wobei die untersuchten Proben vor der Versuchsdurchführung mit definierten Anfangsrissen versehen werden. In Bild A.21 sind die beiden wichtigsten Probengeometrien, die bei der K_{Ic}-Bestimmung Verwendung finden, dargestellt.

Teil a) der Abbildung zeigt die sog. CT-Probe („Compact Tension") und Teil b) die 3PB-Probe („three Point Bending" = Dreipunktbiegeprobe). Bei Verwendung derartiger Probekörper können herkömmliche Prüfmaschinen zur Bestimmung der Bruchzähigkeit verwendet werden.

Wegen der bereits oben diskutierten Gültigkeitsgrenzen der linear elastischen Bruchmechanik dürfen die Probekörper gewisse kritische Größen nicht unterschreiten. Für die in Bild A.21 angegebenen geometrischen Abmessungen soll die Ungleichung

$$a, W - a, B \geq 2,5 \left(\frac{K_{Ic}}{\sigma_F}\right)^2 \qquad (48)$$

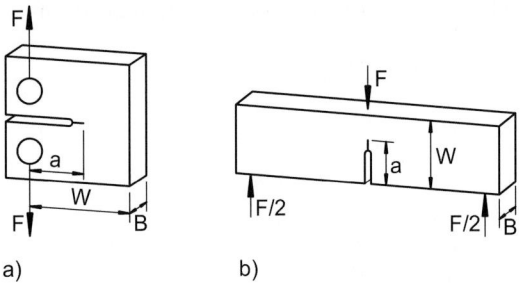

Bild A.21 Probekörper zur Bestimmung der Bruchzähigkeit

Tabelle A.3 Kennwerte einiger Werkstoffe

Werkstoff	K_{Ic} [N/mm$^{3/2}$]	$R_{p0,2}$ [N/mm^2]
hochfeste Stähle	800 … 3.000	1.600 … 2.000
30CrNiMo8 (20°)	3.650	1.100
30CrNiMo8 (–20°)	2.000	
Baustähle	1.000 … 4.000	< 500
Ti-Legierungen	1.200 … 3.000	800 … 1.200
Ti6Al4V	2.750	900
Al-Legierungen	600 … 2.000	200 … 600
AlCuMg	900	450
AlZnMgCu1,5	950	500
Al$_2$O$_3$-Keramik	120 … 300	
Marmor	40 … 70	
Glas	20 … 40	
Beton	5 … 30	

gelten. Hierbei ist σ_F die Fließspannung (Streckgrenze) des untersuchten Werkstoffs. In Tabelle A.3 sind die Bruchzähigkeiten und gegebenenfalls die Streckgrenzen einiger wichtiger Werkstoffe zusammengestellt.

2.4.1.6 Energetisches Bruchkriterium

Das dargestellte K-Konzept der linear elastischen Bruchmechanik geht zurück auf eine Arbeit von G. R. Irvin aus dem Jahre 1950 [391]. Bereits 30 Jahre zuvor hatte A. A. Griffith [392] ein bruchmechanisches Konzept erarbeitet, das auf energetischen Betrachtungen beruht. Ausgangspunkt ist hierbei die Überlegung, dass die Erzeugung von Bruchoberflächen ein energieverzehrender Prozess ist. Es muss Arbeit geleistet werden, um einen Riss voranzutreiben und dadurch neue Oberflächen zu erzeugen. Es ist naheliegend, diese Arbeit als materialspezifische Größe aufzufassen. Sie wird im Folgenden Bruchflächenenergie (Formelzeichen Γ) genannt. Als spezifische Bruchflächenenergie γ wird die auf die bei

2 Mechanische Grundlagen

der Rissentstehung bzw. beim Rissfortschritt neu entstandenen Oberflächen bezogene Bruchflächenenergie bezeichnet.

Betrachtet wird zunächst das Problem der unendlich ausgedehnten Scheibe unter einaxialem Zug mit einem zentralen Einzelriss der Länge 2 a, der rechtwinklig zur Wirkungsrichtung der Zugspannungen angeordnet ist (Tabelle A.2, Zeile 1). Es gilt

$$\Gamma = 4a\gamma. \tag{49}$$

Bei einer Rissentstehung bzw. einem Rissfortschritt nimmt die in der gezogenen elastischen Scheibe gespeicherte potentielle Energie ab. Dieser Potentialverlust ist für das betrachtete Problem berechenbar als die Arbeit, die geleistet werden muss, um einen unter der vorhandenen Zugspannung klaffenden Riss durch an den Rissufern angreifende Zugspannungen zu schließen. Für die Verschiebung des oberen Rissufers gilt

$$v = \frac{(1+\kappa)\sigma\sqrt{a^2+x^2}}{4\mu}. \tag{50}$$

Hierin bedeutet κ einen Parameter, der unterschiedliche Werte annimmt, je nachdem, ob ein ebener Spannungs- oder ein ebener Verzerrungszustand vorliegt (μ ist der Schubmodul). Es gelten die Formeln

$$\kappa = 3 - 4\nu \quad \text{(für EVZ)} \tag{51}$$

und

$$\kappa = \frac{3-\nu}{1+\nu} \quad \text{(für ESZ)}. \tag{52}$$

Für den zu berechnenden Potentialverlust ergibt sich

$$\Pi = -2 \int_{-a}^{+a} \frac{1}{2} \sigma v \, dx = -\sigma^2 a^2 \pi \frac{1+\kappa}{8\mu}. \tag{53}$$

Für den ebenen Spannungszustand erhält man hieraus

$$\Pi = -\frac{\sigma^2 a^2 \pi}{E}. \tag{54}$$

Das energetische Bruchkriterium besagt nun, dass ein Rissfortschritt dann stattfindet, wenn die durch den Rissfortschritt frei werdende Energie mindestens ebenso groß ist wie die zur Erzeugung der Rissoberflächen erforderliche Bruchflächenenergie. Für einen infinitesimalen Rissfortschritt ergibt sich hierbei

$$-\frac{d\Pi}{da} = \frac{d\Gamma}{da}. \tag{55}$$

Eine Auswertung dieser Gleichung liefert

$$2\gamma = \frac{\sigma^2 a \pi}{E} = G. \tag{56}$$

Die in dieser Gleichung neu eingeführte Größe G wird als Energiefreisetzungsrate bezeichnet. Ihr kritischer Wert G_c entspricht gerade der doppelten spezifischen Bruchflächenenergie. Es ergibt sich also analog zu Gl. (46) ein bruchmechanisches Versagenskriterium der Form

$$G = G_c. \tag{57}$$

Bei einem Vergleich mit den Formeln des K-Konzepts stellt man fest, dass die Aussagen (46) und (57) vollständig gleichwertig sind und ineinander überführt werden können. Es gilt im Falle des ebenen Spannungszustandes (ESZ)

$$G = \frac{K_I^2}{E} \tag{58}$$

und im Falle des ebenen Verzerrungszustandes (EVZ)

$$G = \frac{K_I^2(1-v^2)}{E}. \tag{59}$$

Die Anwendung des energetischen Konzepts soll am Beispiel der Festigkeit von Glas gezeigt werden. Bei kurzzeitiger Belastung folgt Glas dem Hooke'schen Gesetz $\sigma = E \cdot \varepsilon$. Der E-Modul beträgt 70.000 N/mm² (70 GPa). Wurde Glas schnell aus der Schmelze abgekühlt, ist er ca. 5 % kleiner, wurde Glas über T_g getempert, beträgt er 5 % mehr. Die Querdehnzahl liegt zwischen 0,17 und 0,22.

Die Zugfestigkeit von Glas hängt sehr stark davon ab, inwieweit die Oberfläche durch Kratzer oder Verunreinigungen geschädigt ist. Die theoretische Festigkeit eines ideal elastischen Materials kann nach Griffith abgeschätzt werden. Die Theorie von Griffith geht davon aus, dass sich bei einem Rissfortschritt eine neue Oberfläche mit der zugehörigen Oberflächenenergie bildet und dass diese Energie durch die elastische Entlastung im Rissbereich bereitgestellt wird. In einer Formel ausgedrückt führt dies zu

$$\sigma_{cr} = \left(\frac{4E\gamma}{\pi l}\right)^{1/2} \tag{60}$$

mit E = E-Modul, γ = Oberflächenenergie, l = halbe Risslänge eines Innenrisses in einer unendlich ausgedehnten Scheibe. Nimmt man als kleinsten „Riss" den doppelten Atomabstand a an, erhält man für die theoretische Festigkeit

$$f_{theor} = \left(\frac{4E\gamma}{\pi a}\right)^{1/2}. \tag{61}$$

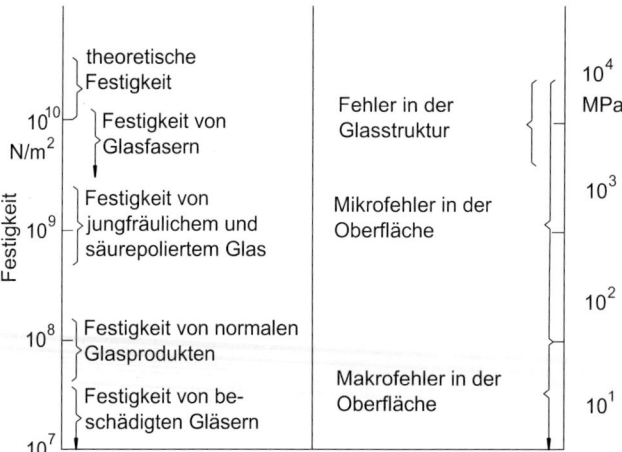

Bild A.22 Festigkeit von Glas und zugehörige Fehlergrößen [17]

2 Mechanische Grundlagen

Nach Einsetzen der Werte für E = 70.000 N/mm², γ = 0,3 N/m und a = 0,16 nm folgt $f_{\text{theor}} \approx$ 13.000 N/mm². In Wirklichkeit werden deutlich kleinere Werte gemessen. Die Ursachen sind Kratzer und andere Oberflächenfehler. Die Zugfestigkeit von Glasscheiben liegt bei 100 N/mm², die von dünnen Glasfasern bei 3.000 N/mm². Rechnet man mit der bruchmechanischen Beziehung die Tiefe x eines Oberflächenrisses (näherungsweise Gl. (60)) bei gegebener Festigkeit aus, folgt

$$x = \left(\frac{f_{\text{theor}}}{f_t}\right)^2 a. \tag{62}$$

Für f_t = 100 N/mm² ergibt sich 2,7 μm und für f_t = 3.000 N/mm² 3 nm. Eine kleine Oberflächenbeschädigung setzt also die Zugfestigkeit stark herab. Bild A.22 gibt eine Übersicht.

Der große Festigkeitsunterschied zwischen Glasscheiben und Glasfasern rührt also daher, dass Glasfasern fast fehlerfrei hergestellt werden.

2.4.1.7 Maßstabseinfluss („size-effect")

Ingenieure sind es gewohnt, im Zusammenhang mit der Tragfähigkeit von Bauteilen in erster Linie den klassischen Spannungsnachweis der Festigkeitslehre zu betrachten. Hieraus resultieren gewisse Gesetzmäßigkeiten für den Zusammenhang zwischen der Bauteilgröße und der Belastbarkeit eines Bauteils. In diesem Zusammenhang gilt z.B., dass die Tragfähigkeit eines Zugstabes sich bei Verdoppelung der Querschnittsfläche ebenfalls verdoppelt. Es ist wichtig zu erkennen, dass derartige Zusammenhänge bei der Berücksichtigung bruchmechanischer Effekte ihre Gültigkeit verlieren.

Besonders bei Beton- und Holzbauteilen, die naturgemäß eine Vielzahl von Rissen aufweisen, führt dies zu Schwierigkeiten. Die vorhandenen Einzelrisse können in der Bemessung nicht in sinnvoller Weise berücksichtigt werden. Daher wird das Konzept der verschmierten Risse herangezogen, wobei die Gesamtheit der vorhandenen Risse als Schwächung des Materials aufgefasst wird. Letztendlich wird ein Spannungsnachweis geführt, dem die ungestörte rissfreie Bauteilgeometrie zugrunde liegt. Zur sachgerechten Berücksichtigung der Bruchmechanik muss nun die zulässige Spannung, mit der die berechneten nominellen Spannungen verglichen werden, mit zunehmender Bauteilgröße abnehmen. Diese Folgerung aus der Theorie der linearen Bruchmechanik wird als Maßstabseinfluss oder „size-effect" bezeichnet. In der linearen Bruchmechanik nimmt die Tragfähigkeit nominal mit der Wurzel der Bauteilhöhe ab, was aus den Formeln in Tabelle A.2 abgeleitet werden kann.

2.4.2 Lokale plastische Deformation

Bei der bruchmechanischen Untersuchung von Bauteilen aus duktilen Werkstoffen oder von Bauteilen geringer Größe kann die oben beschriebene Theorie der linear elastischen Bruchmechanik unzureichend sein. Es ist in solchen Fällen erforderlich, die lokale plastische Deformation im Bereich der Rissspitze rechnerisch zu berücksichtigen. Die Suche nach einer strengen Lösung des nichtlinearen Randwertproblems, das sich z.B. aus der Verwendung eines elastisch-plastischen Materialgesetzes ergibt, erscheint allerdings praktisch aussichtslos. Es muss somit in diesem Bereich nach Konzepten gesucht werden, die es gestatten, die plastischen Deformationen und ihren Einfluss auf die Tragfähigkeit näherungsweise zu quantifizieren.

2.4.2.1 Die plastische Zone

Eine erste Näherung für die Gestalt und die Größe der plastischen Zone in einer Rissspitzenumgebung kann dadurch gewonnen werden, dass jenes Gebiet der Nahfeldlösung, innerhalb dessen eine Fließbedingung erfüllt wird, betrachtet wird. Hierzu ist es zunächst sinnvoll, die Nahfeldlösung für den Rissmodus I einer Hauptachsentransformation zu unterziehen. Man erhält

$$\left\{\begin{array}{c}\sigma_1\\ \sigma_2\end{array}\right\} = \frac{K_I}{\sqrt{2\pi r}}\cos\frac{\varphi}{2}\left\{\begin{array}{c}1+\sin(\varphi/2)\\ 1-\sin(\varphi/2)\end{array}\right\}. \tag{63}$$

Für die Spannungskomponente in z-Richtung ergibt sich

$$\sigma_3 = \sigma_z = 0 \tag{64}$$

für den Fall des ebenen Spannungszustandes und

$$\sigma_3 = \sigma_z = \frac{2\nu K_I}{\sqrt{2\pi r}}\cos\frac{\varphi}{2} \tag{65}$$

für den Fall des ebenen Verzerrungszustandes. Die Fließbedingung nach von Mises lautet

$$(\sigma_1 - \sigma_2)^2 + (\sigma_2 - \sigma_3)^2 + (\sigma_3 - \sigma_1)^2 = 2\sigma_F^2. \tag{66}$$

Die Auswertung dieser Gleichungen liefert schließlich Näherungsformeln für den Radius der plastischen Zone in Abhängigkeit vom Ligamentwinkel φ.

Für den ebenen Spannungszustand erhält man

$$r_p(\varphi) = \frac{K_I^2}{2\pi\sigma_F^2}\cos^2\frac{\varphi}{2}\left(3\sin^2\frac{\varphi}{2}+1\right). \tag{67}$$

Für den ebenen Verzerrungszustand ergibt sich

$$r_p(\varphi) = \frac{K_I^2}{2\pi\sigma_F^2}\cos^2\frac{\varphi}{2}\left(3\sin^2\frac{\varphi}{2}+(1-2\nu)^2\right). \tag{68}$$

Entsprechende Berechnungen können unter Verwendung der Fließbedingung nach Tresca vorgenommen werden. Die Gestalt der durch diese Formeln beschriebenen plastischen Zonen ist in Bild A.23 veranschaulicht.

Teil b) von Bild A.23 veranschaulicht die räumliche Situation. Im Bereich der Oberflächen gilt näherungsweise der ESZ, wohingegen im Inneren einer dicken Scheibe der EVZ die geeignetere Beschreibung darstellt. Hieraus ergibt sich, dass das plastische Gebiet an den Bauteiloberflächen bzgl. der Ausdehnung in x- und y-Richtung größer ist als im Bauteilinneren. Wegen der besonderen geometrischen Gestalt wird dieses Ergebnis auch als *Hundeknochenmodell* bezeichnet.

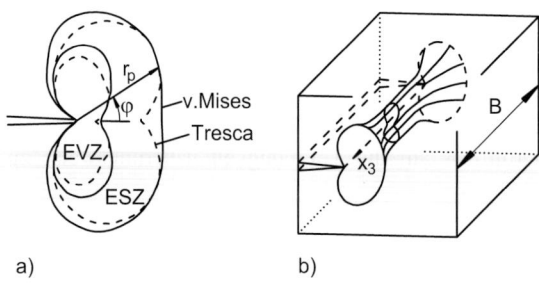

Bild A.23 Näherungslösungen für die Gestalt der plastischen Zone

2 Mechanische Grundlagen

2.4.2.2 Die Irvin'sche Risslängenkorrektur

Wesentlich einfacher als die zweidimensionale Betrachtung zur Größe der plastischen Zone ist eine entsprechende eindimensionale Berechnung. Hierbei werden zweckmäßigerweise die Spannungen in y-Richtung auf dem Rissligament betrachtet. Bei Zugrundelegung der Fließbedingung von Tresca

$$\sigma_y = \begin{cases} \sigma_F & ESZ \\ \dfrac{\sigma_F}{1-2\nu} & EVZ \end{cases} \tag{69}$$

errechnet sich der Abstand des Punktes, an dem die Spannungsverteilung die Fließspannung erreicht, von der Rissspitze zu

$$x_1 = \frac{1}{2\pi}\left(\frac{K_I}{\alpha\sigma_F}\right)^2 \text{ mit } 1/\alpha = \begin{cases} 1 & ESZ \\ 1-2\nu & EVZ \end{cases}. \tag{70}$$

Ersetzt man nun die Spannungsverteilung der Nahfeldlösung durch eine Verteilung, die für $x < x_1$ der Fließspannung entspricht und ansonsten mit der Nahfeldlösung identisch ist, so ist das globale Gleichgewicht gestört. Die Resultierende dieser gekappten Spannungsverteilung kann nicht mit denselben äußeren Lasten im Gleichgewicht stehen wie die Nahfeldlösung. Um dies zu korrigieren, wird in einem weiteren Rechenschritt die neue Spannungsverteilung um die Strecke x_2 in Ligamentrichtung verschoben, sodass Gleichgewicht hergestellt wird. Die Vorgehensweise ist in Bild A.24 skizziert.

Das globale Gleichgewicht in y-Richtung ist erfüllt, wenn gilt

$$\int_0^\infty \frac{K_I}{\sqrt{2\pi x}}dx = \alpha\sigma_F(x_1 + x_2) + \int_{x_1+x_2}^\infty \frac{K_I}{\sqrt{2\pi(x-x_2)}}dx. \tag{71}$$

Hieraus folgt

$$x_1 = x_2. \tag{72}$$

Das Maß x_1 kann somit auch als Näherung für den Radius r_p der plastischen Zone interpretiert werden. Weiter kann die vertikale Asymptote der durch die beschriebene Verschiebung gefundenen Spannungsverteilung als Spitze eines entsprechend verlängerten Risses aufgefasst werden. Aus diesem Grunde hat Irvin vorgeschlagen, die lokale Plastizität beim Bruchzähigkeitsnachweis dadurch zu berücksichtigen, dass beobachtete Risslängen um das Maß r_p korrigiert werden. Für die effektive Risslänge, die dem Nachweis zugrunde zu legen ist, gilt dann

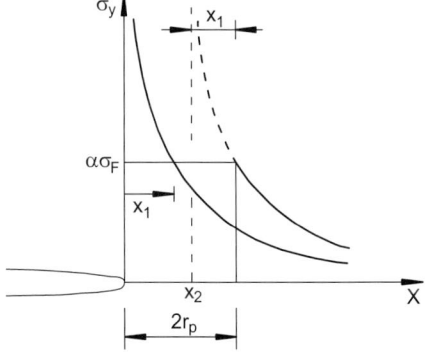

Bild A.24 Irvin'sche Risslängenkorrektur

$$a_{\text{eff}} = a + r_p = a + \frac{1}{2\pi}\left(\frac{K_I}{\sigma_F}\right)^2 = a\left[1 + \frac{1}{2}\left(\frac{\sigma}{\sigma_F}\right)^2\right]. \tag{73}$$

Für die kritische Spannung gilt letztendlich

$$\sigma_c = \frac{K_{Ic}}{\sqrt{\pi a_{\text{eff}}}} = \frac{K_{Ic}}{\pi\left[a + (1/2\pi)(K_{Ic}/\sigma_F)^2\right]}. \tag{74}$$

2.4.2.3 Das Dugdale-Barenblatt-Modell

Eine andere Methode, die lokale Plastizität näherungsweise zu berücksichtigen, wurde von Dugdale [18] und Barenblatt [19] vorgeschlagen. Diese basiert zunächst darauf, dass die zweidimensionale plastische Zone durch einen sog. Fließstreifen ersetzt wird. In dieser Theorie finden plastische Verformungen somit nur innerhalb eines Streifens auf dem Rissligament statt, der als fiktive Rissverlängerung interpretiert werden kann. Diese Situation ist in Bild A.25 veranschaulicht.

An den Ufern der fiktiven Rissverlängerung wirken rissschließende Spannungen σ_0, die gerade der Fließspannung entsprechen. Da sich der Einfluss der Plastizität bei diesem Modell nur auf die Randbedingungen und nicht auf die Feldgleichungen auswirkt, bleibt die mathematische Formulierung des Problems vollständig linear, was insbesondere bedeutet, dass das Superpositionsprinzip gültig bleibt. Hieraus folgt, dass der Spannungsintensitätsfaktor K_I an der fiktiven Rissspitze der Überlagerung der Spannungsintensitätsfaktoren aus der äußeren Spannung σ_y^∞ und der Fließspannung an den fiktiven Rissufern σ_0 berechnet werden kann. Die Länge des Fließstreifens wird in dieser Theorie gerade derart gewählt, dass an der Spitze der fiktiven Rissverlängerung der Spannungsintensitätsfaktor verschwindet. Es gilt also

$$K_I = K_{\sigma_y^\infty} - K_{\sigma_0} = 0. \tag{75}$$

Mit dem Spannungsintensitätsfaktor aus der äußeren Belastung

$$K_{\sigma_y^\infty} = \sigma_y^\infty \sqrt{\pi a} \tag{76}$$

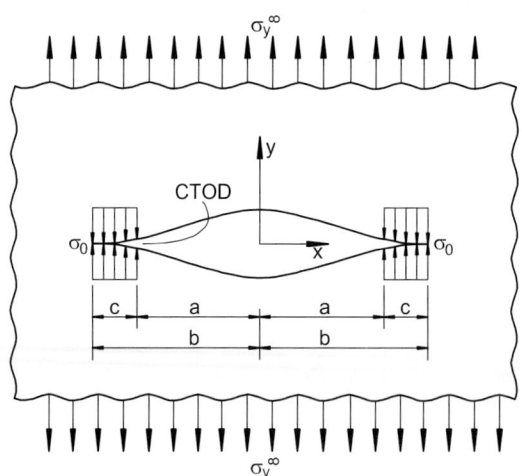

Bild A.25 Dugdale-Barenblatt-Modell

2 Mechanische Grundlagen

und den Spannungsintensitätsfaktor aus der Uferbelastung der fiktiven Rissverlängerung

$$K_{\sigma_0} = 2\sqrt{b/\pi} \int_a^b \frac{\sigma_0}{\sqrt{b^2-x^2}} dx \qquad (77)$$

ergibt sich schließlich das Verhältnis der tatsächlichen Risslänge zur fiktiven Risslänge als

$$\frac{a}{b} = \cos\frac{\pi \sigma_y^\infty}{2\sigma_0}. \qquad (78)$$

Da in der Dugdale-Barenblatt-Theorie der Spannungsintensitätsfaktor für die Längenbestimmung des Fließstreifens sozusagen verbraucht wird, muss der bruchmechanische Festigkeitsnachweis nun anhand einer anderen physikalischen Größe geschehen. Es wird hierzu in der Regel eine Verformungsgröße herangezogen. Rechnerisch verschieben sich die Ufer des fiktiven Risses zueinander, wobei diese Verschiebung natürlich physikalisch unmöglich ist. Es ist daher sinnvoll, eine diese Rissuferverschiebung beschreibende Größe als kritische Größe zu betrachten. Sinnvollerweise wählt man hierzu die gegenseitige Rissuferverschiebung im Punkt der physikalischen Rissspitze. Man nennt diese Verschiebung Rissspitzenöffnungsverschiebung oder „Crack Tip Opening Displacement" (CTOD). Die Versagensbedingung lautet daher

$$CTOD = CTOD_c. \qquad (79)$$

2.4.3 Nichtlineare Bruchmechanik

Beton lässt sich mit den in den vorangegangenen Abschnitten hergeleiteten und erläuterten Theorien schlecht abbilden. Es gab zwar Bestrebungen, die lineare Bruchmechanik auch auf Beton anzuwenden [20, 21], aber es zeigte sich bald, dass dies nicht zu genauen Vorhersagen führt. Der Grund dafür ist das entfestigende Verhalten von Beton [22]. Lange Zeit war es prüftechnisch nur möglich, einen Zugversuch an Beton kraftkontrolliert durchzuführen. Erst durch die Entwicklung der elektrischen Messtechnik und der schnellen elektronischen Regelung von Hydraulikzylindern ist es gelungen, wegkontrollierte Zugversuche durchzuführen [23, 24]. Dabei zeigte sich, dass Beton ein dehnungsentfestigender Werkstoff ist. Bild A.26 zeigt schematisch das Verhalten. Obwohl Beton von Anfang an, auch ohne äußere Belastung, zahlreiche Poren und Mikrorisse enthält, verhält er sich bis Punkt A nahezu linear elastisch. Danach werden Mikrorisse geöffnet und es kommt zu einer Abweichung von der Geraden. Bei B ist die Zugfestigkeit erreicht. Mit kraftkontrollierter Regelung der Prüfmaschine wäre jetzt der Versuch beendet.

Im weggesteuerten Versuch beginnt hier der dehnungsentfestigende Teil, der schließlich mit der vollständigen Trennung des Materials endet. In Bild A.26 ist in der oberen rechten

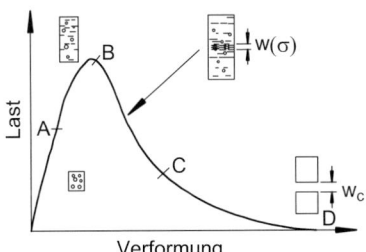

Bild A.26 Verhalten von Beton unter Zug

Skizze angedeutet, dass es in einem zufälligen (dem schwächsten) Bereich zu einer vermehrten Bildung von Rissen kommt, woraus sich schließlich ein Makroriss entwickelt. Dieser Riss öffnet sich weiter und verzehrt Verformungsenergie. Die Fläche unter der Kraft-Weg-Kurve ist die Bruchenergie. Bezieht man diese auf den ursprünglichen Querschnitt, bezeichnet man sie als spezifische Bruchenergie G_F mit der Dimension Nm/m^2 oder J/m^2 oder N/m. Sie wird berechnet aus

$$G_F = \int_0^{w_c} \sigma(w)\, dw \qquad (80)$$

mit w_c gleich der Rissöffnung beim Bruch. An einem Bauteil mit Riss entsteht wegen des dehnungsentfestigenden Verhaltens eine Rissprozesszone, die der plastizierten Zone im Dugdale-Barenblatt-Modell entspricht. Im Gegensatz zu diesem Modell ist die Spannung dort nicht konstant (gleich der Fließspannung), sondern variiert mit der Rissöffnung. Außerdem kann die Rissprozesszone groß werden im Verhältnis zum vorhandenen Riss. Bild A.27 zeigt dies schematisch. Wo die Rissöffnung den Wert w_c erreicht, ist die Spannung null.

Zur Rissspitze hin nimmt sie zu bis zur Zugfestigkeit f_t und fällt dort wieder ab auf eine Spannung, die der Spannung in einem Bereich entspricht, der nicht mehr vom Riss beeinflusst ist (Fernfeld). Hillerborg hat den Term „fiktiver Riss" („ficticious crack model") eingeführt [25] und auch die charakteristische Länge als Maß für die Sprödigkeit eines Werkstoffs definiert als $l_{ch} = EG_F / f_t^2$. Mithilfe numerischer Verfahren lässt sich jede nichtlineare Entfestigungskurve in eine Berechnung einführen und damit eine Festigkeitsvorhersage treffen.

Die Bruchmechanik wird häufig dafür verwendet, um den Maßstabseinfluss auf die Tragfähigkeit zu berechnen („size effect"). Aus der linearen Bruchmechanik folgt eine Abhängigkeit von der Quadratwurzel z. B. der Höhe eines Balkens. Für die Ableitung aus der nichtlinearen Bruchmechanik soll das Rissbandmodell („crack band model") von Bažant verwendet werden [26]. Dabei wird in der Umgebung des Risses eine Prozesszone betrachtet. Das Entfestigungsgesetz wird durch zwei gerade Linien angenähert (Bild A.28), sodass für die Bruchenergie in der Prozesszone mit der Höhe h_c gilt

$$G_f = h_c\,(1 + E/E_t)\,f_t^2/(2E)\,. \qquad (81)$$

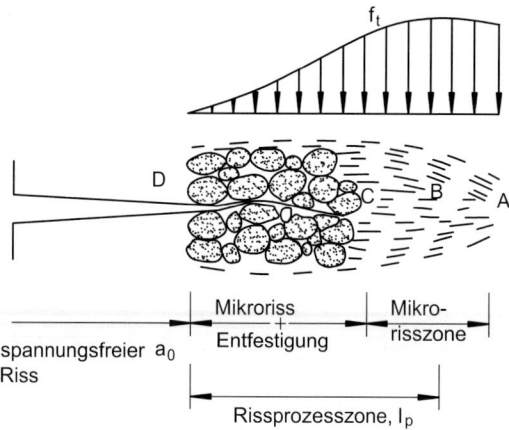

Bild A.27 Rissprozesszone

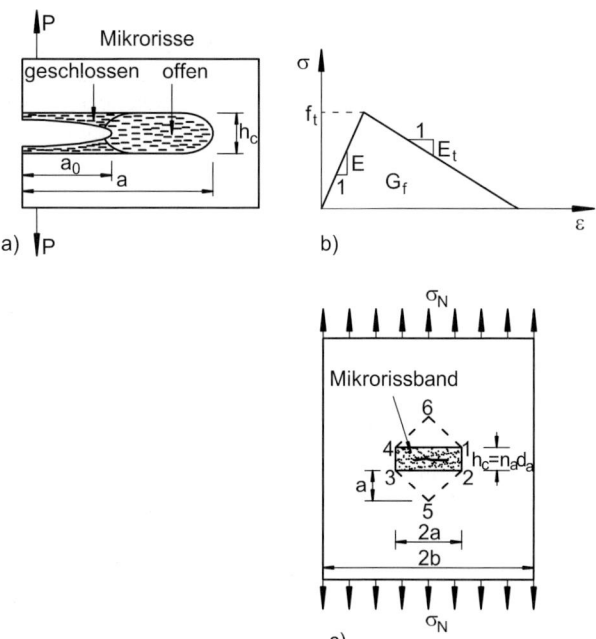

Bild A.28 a) Rissprozesszone, b) Spannungsdehnungslinie, c) Scheibe mit Riss

Bevor ein Riss entsteht, ist die elastische Energiedichte in der Scheibe $\sigma_{Nc}/(2E)$. Wenn ein Riss entsteht, entlastet sich ein Feld um den Riss, dessen Energiefreisetzung (elastische Rückfederung) wie folgt berechnet wird:

$$U = 2a^2 \frac{\sigma_{Nc}^2}{2E} + 2h_c a \frac{\sigma_{Nc}^2}{2E}. \tag{82}$$

Nimmt man die Höhe der Rissprozesszone als ein Vielfaches des Größtkorndurchmessers des Betons d_a an, ergibt sich die Energiefreisetzungsrate mit zunehmender Risslänge zu

$$G_f = \frac{\partial U}{\partial a} = \frac{2a\sigma_{Nc}^2}{E} + \frac{n_a d_a \, \sigma_{Nc}^2}{E}. \tag{83}$$

Setzt man Gl. (81) in Gl. (83) ein, ergibt sich

$$\sigma_{Nc} = \frac{B f_t}{\sqrt{1 + b/b_0}} \tag{84}$$

mit $B = \sqrt{1 + E/E_t}$ und $b_0 = \dfrac{n_a d_a}{2} \dfrac{b}{a}$ und der Plattendicke oder Trägerhöhe b.

Gl. (84) zeigt anschaulich, dass die Bruchspannung mit zunehmender Dicke oder Höhe des Bauteils abnimmt. Die Grenzwerte von σ_{Nc} sind f_t für sehr kleine Abmessungen und $1/\sqrt{b}$ für sehr große Abmessungen. Der erste Grenzwert entspricht der Festigkeitslehre (oder plastischem Materialverhalten), der zweite Grenzwert entspricht der linearen Bruchmechanik. Man kann es auch so interpretieren, dass die Rissprozesszone bei dünnen Bauteilen

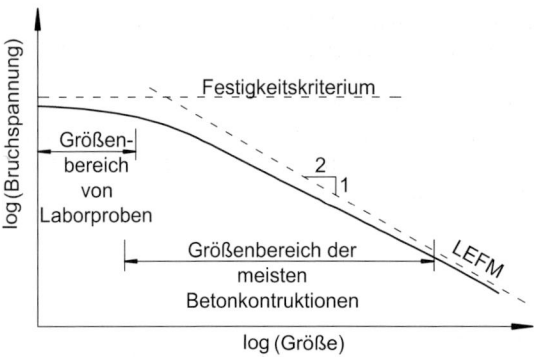

Bild A.29 Maßstabseinfluss nach Gl. (84)

relativ groß und bei dicken Bauteilen relativ klein ist. Bild A.29 zeigt den Maßstabseinfluss schematisch, woraus man die verschiedenen Bereiche gut ersieht.

Für Bauteile üblicher Abmessungen ergibt sich daraus eine nichtlineare Abhängigkeit. Auf jeden Fall ist aber festzuhalten, dass die Größe eines Bauteils einen nicht unerheblichen Einfluss auf die Tragfähigkeit haben kann.

2.5 Schwingende Beanspruchung

Die meisten Konstruktionen werden schwingend beansprucht, d. h. die Beanspruchung ist nicht konstant in der Zeit. Beispiele sind Brücken unter Verkehrs- und Windlast, Bohrplattformen im Meer unter Wellen-, Wind-, Strömungs- und Temperaturbeanspruchung, Kranbahnen unter Betriebslast, Fassaden unter Wettereinfluss. In anderen Bereichen der Technik sind die Beispiele noch augenfälliger, z. B. Fahrzeugachsen, Flugzeugflügel, Antriebswellen und vieles andere mehr. Im Betrieb zeigt sich oft, dass schwingbeanspruchte Teile eher und

Bild A.30 Schwingbruch einer Gewindestange, ausgehend vom Gewinde

Bild A.31 Schwingbruch mit Rastlinien nach Betriebsbeanspruchung

2 Mechanische Grundlagen

plötzlich versagen, obwohl der Werkstoff als fest und zäh bekannt ist. Bei näherer Untersuchung finden sich dann charakteristische Schwingbrüche, deren Aussehen vom Werkstoff abhängt (siehe Bilder A.30 und 31).

Bauteile, die einer maßgeblichen Schwingbeanspruchung ausgesetzt sind, werden nach bestimmten Regeln bemessen. Diese beruhen auf Werkstoffkennwerten aus Schwingversuchen und berücksichtigen auch geometrische Effekte. Im Folgenden werden einige Definitionen und allgemeine Zusammenhänge behandelt.

2.5.1 Definitionen

Betriebsfestigkeit bedeutet das Wissen und die praktische Anwendung um das Verhalten von Werkstoffen und Bauteilen unter schwingender Beanspruchung. Dabei wird die auftretende Beanspruchung wirklichkeitsnah berücksichtigt und eine Lebensdauer vorausgesagt. Die Nutzungsdauer wird mithilfe von Sicherheitsbeiwerten aus der Lebensdauer abgeleitet. Die Betriebsfestigkeit steht als Oberbegriff über Dauerfestigkeit und Zeitfestigkeit. Bei der *Dauerfestigkeit* dürfen beliebig viele Schwingbeanspruchungen auftreten, während es bei der *Zeitfestigkeit* nur endlich viele sind, bis das Bauteil versagt.

Im Weiteren wird die Nennspannung S verwendet, die auf den Nettoquerschnitt ohne Formeinfluss bezogen ist. Die maximale Spannung folgt aus dem Produkt von Formzahl und Nennspannung (zur Berechnung zu Formzahlen siehe Neuber [27]):

$$\sigma_{\max} = \alpha_k \cdot S. \tag{85}$$

Im Bauwesen wird die Nennspannung in der Regel mit σ bezeichnet, z.B. ist die Zugspannung in einem Betonstahl gleich dem Quotienten aus Zugkraft und Querschnitt. Der Einfluss der Rippen auf die wirkliche Spannungsverteilung kommt hierbei nicht zum Ausdruck. Da aber Spannungsspitzen am Rippenfuß gerade die Festigkeit bei schwingender Beanspruchung stark beeinflussen, sollte die örtliche Spannung besser mit σ und die Nettospannung mit einem anderen Zeichen benannt werden. In diesem Abschnitt wird daher konsequent zwischen S und σ unterschieden. Zudem ist in vielen Fällen σ nicht bekannt, z.B. beim Einfluss der Oberflächenraugigkeit, beim Verbund zwischen Stahl und Beton, bei Teilflächenbeanspruchung. Damit ist S die bekannte Größe und Einflüsse aus Bearbeitung und Geometrie gehen als Parameter in die Beziehung zwischen S und Lebensdauer ein. Vom Werkstoff aus gesehen wäre die Behandlung in Bezug auf die wahre Spannung σ richtiger (örtliches Konzept [28]).

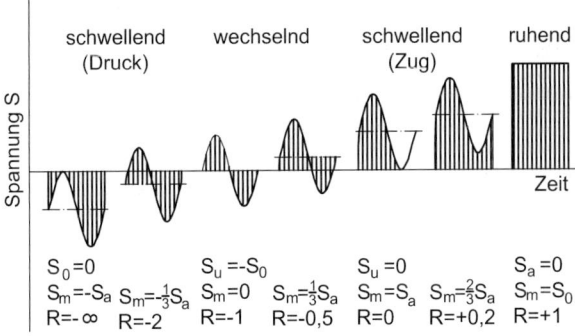

Bild A.32 Beanspruchungsfälle und zugehörige Spannungsverhältnisse

Eine Lastwiederholung heißt Schwingspiel und ist durch einige Spannungswerte gekennzeichnet, nämlich durch Oberspannung S_o, Unterspannung S_u, Mittelspannung S_m, Spannungsamplitude S_a, Schwingbreite $\Delta S = 2 S_a$ und Spannungsverhältnis $R = S_u / S_o$. Nach Lage der Ober- und Unterspannung unterscheidet man zwischen Schwellbeanspruchung, bei der das Vorzeichen der Spannung nicht wechselt, und Wechselbeanspruchung, wenn sich das Vorzeichen ändert. Bild A.32 zeigt die charakteristischen Beanspruchungsfälle mit den zugehörigen Spannungsverhältnissen.

Die Ergebnisse von Schwingversuchen werden in Wöhlerlinien im halb- (bei Beton) oder doppeltlogarithmischen Maßstab (bei Metallen) dargestellt (Bild A.33). Darin erscheinen drei kennzeichnende Bereiche: Dauerfestigkeit D, Zeitfestigkeit Z und Kurzzeitfestigkeit K. An der Ordinate steht die Spannungsamplitude und an der Abszisse die Schwingspielzahl.

Bei metallischen Werkstoffen gilt für die Zeitfestigkeitsgerade

$$N = N_D (S_a/S_D)^{-k} \text{ für } S_a \geq S_D. \tag{86}$$

Spannungen unterhalb von S_D führen nicht mehr zum Bruch, d. h. N geht gegen unendlich. Der Übergang zur Kurzzeitfestigkeit erfolgt bei der sog. Formdehngrenze S_F mit

$$S_a < S_F \frac{1-R}{2}. \tag{87}$$

Bei prismatischen oder zylindrischen Querschnitten entspricht die Formdehngrenze der Streckgrenze bei Stählen oder der Druckspannung im Beton bei beginnender instabiler Rissausbreitung. In Bild A.33 geben Großbuchstaben als Indices jeweils Bruchgrößen an, z. B. S_A, N_A, S_D, N_D.

Zu jeder Wöhlerlinie gehört die Angabe der Mittelspannung, auf die sich die Spannungsamplitude bezieht. In vielen Darstellungen finden sich die Oberspannung oder die Schwingbreite als Ordinatenwert der Wöhlerlinie. Bevorzugt wird jedoch die Amplitude, die als maßgebliche Kenngröße des Schwingverhaltens anzusehen ist. Eine Wöhlerlinie, bei der die Spannungswerte auf den Mittelwert der Dauerfestigkeit bezogen sind, wird als *normierte Wöhlerlinie* bezeichnet (Bild A.34).

Bei Metallen lässt sich der Zeitfestigkeitsbereich dann in folgender Potenzfunktion ausdrücken:

$$N = N_D (S_a/S_D)^{-k} \tag{88}$$

oder

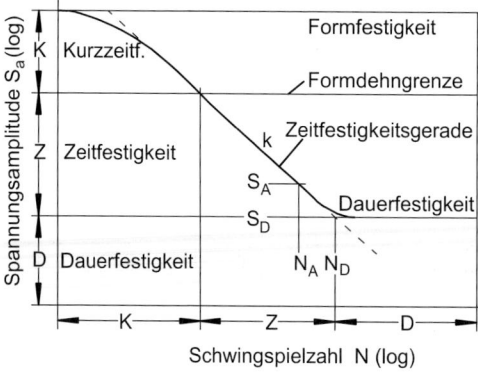

Bild A.33 Kennwerte einer Wöhlerlinie

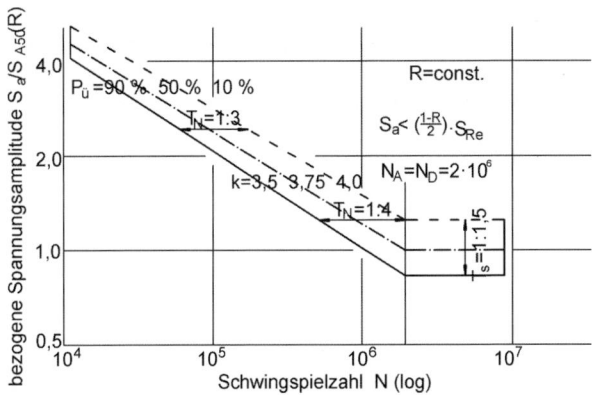

Bild A.34 Normierte Wöhlerlinie im doppeltlogarithmischen Maßstab mit Überlebenswahrscheinlichkeit

$$S_a = S_D (N/N_D)^{-1/k}. \tag{89}$$

Es hat sich gezeigt, dass Proben mit ähnlicher Geometrie (z. B. Kerbstäbe) und aus ähnlichem Werkstoff zu derselben normierten Wöhlerlinie führen. Bild A.34 zeigt schematisch den Mittelwert und das Streuband für 10 bzw. 90 % Überlebenswahrscheinlichkeit ($P_{ü}$). Der Exponent k ist bei den verschiedenen Überlebenswahrscheinlichkeiten geringfügig unterschiedlich. Für die praktische Anwendung kann er für das ganze Streuband gleich angenommen werden. Die normierte Wöhlerlinie eignet sich besonders, um Versuchsserien wirtschaftlich zu planen und auszuwerten. Bei bekanntem k-Wert ist es möglich, mit wenigen Niveaus im Zeitfestigkeitsbereich und im Dauerfestigkeitsbereich die gesamte Wöhlerlinie zu ermitteln (Näheres dazu bei Haibach [29]). Der Abknickpunkt zwischen Zeit- und Dauerfestigkeit ist keine Konstante. Allgemein gilt, dass Vorbehandlungen, die die Oberfläche verfestigen, zu niedrigem N_D führen, während korrosive Einwirkungen N_D erhöhen und damit S_D zwangsläufig erniedrigen.

Tabelle A.4 zeigt das Ergebnis einer umfangreichen Auswertung von Schwingversuchen.

Tabelle A.4 Kennwerte für die normierte Wöhlerlinie für Schweißverbindungen nach Ritter [30]

Fallgruppe	k	N_D	T_N	$T_s = T_N^{1/k}$
1. Schweißverbindungen mit Bruchausgang am Übergang Naht/Grundwerkstoff, eigenspannungsarmer Zustand	3,5	$2 \cdot 10^6$	1 : 2,40	1 : 1,28
2. Schweißverbindungen mit Bruchausgang am Übergang Naht/Grundwerkstoff, eigenspannungsbehafteter Zustand	3,5	$> 6 \cdot 10^6$	1 : 2,40	1 : 1,28
3. Schweißverbindungen mit Bruchausgang an der Wurzelkerbe, mit oder ohne Eigenspannungen	3,5	$> 6 \cdot 10^6$	1 : 2,40	1 : 1,28
4. normalkraftbelastetes Grundblech mit aufgeschweißter Längssteife, eigenspannungsarm	3,0	$3 \cdot 10^6$	1 : 2,10	1 : 1,28
5. normalkraftbelastetes Grundblech mit aufgeschweißter Längssteife, eigenspannungsbehaftet	3,0	$> 6 \cdot 10^6$	1 : 2,10	1 : 1,28
6. schubbeanspruchte Kehlnaht	5,0	$> 8 \cdot 10^7$	1 : 5,00	1 : 1,38

Der Kennwert T_N gibt die Breite des Streubands im Zeitfestigkeitsbereich an. T_S ist ein Maß der Streuung im Dauerfestigkeitsbereich. Tabelle A.4 zeigt die deutlichen Unterschiede der Kennwerte für die verschiedenen Bauteilgruppen.

Führt man die Streuung in Gl. (88) ein, ergibt sich

$$N = N_0 \cdot \left[\frac{S_a}{S_{D50}(R) \cdot f(P_{\ddot{u}})} \right]^{-k} \qquad (90)$$

mit $(R, P_{\ddot{u}})$ = const., $N \leq N_D$ und $S_{a,D} \leq S_a \leq S_{a,Re}$. Das parallele Streuband in Tabelle A.4 besagt, dass eine logarithmische Normalverteilung der ertragbaren Spannungsamplituden und Schwingspiele angenommen werden kann. Dieser Zusammenhang wird bei der Ermittlung von Ausfallwahrscheinlichkeiten ausgenutzt.

Eine Wöhlerlinie gibt die Versuchswerte für eine bestimmte Mittelspannung und eine konstante Spannungsamplitude (Einstufenversuch) wieder. Die Wöhlerlinien für verschiedene Mittelspannungen werden in ein Dauerfestigkeitsschaubild oder ein Zeitfestigkeitsschaubild umgesetzt. Das für Stähle im Bauwesen gebräuchlichste ist das Smith-Diagramm mit der Mittelspannung als Abszisse und Ober- und Unterspannung auf der Ordinate (Bild A.35).

Der rechte obere Quadrant enthält die Grenzlinie für den Zugschwellbereich und den Wechselbereich mit überwiegender Zugspannung, der Quadrant links unten entsprechend die Angaben für Druck. Die Grenzlinien haben den Abstand S_A zur Winkelhalbierenden. Die linke und die rechte Hälfte des Diagramms brauchen nicht spiegelsymmetrisch zur zweiten Winkelhalbierenden zu sein, da sich ein Werkstoff in Bezug auf Zug und Druck unterschiedlich verhalten kann (z. B. Beton, Bauschinger-Effekt u. a.). Die Grenzlinie gilt für eine bestimmte Schwingspielzahl.

In der Schwingfestigkeitsforschung wird das Schaubild nach Haigh bevorzugt, da hier der Bezug zu den Zusammenhängen zwischen Spannungen und Spannungsverhältnissen am deutlichsten ist. Punkte mit demselben Spannungsverhältnis liegen auf einer Geraden durch

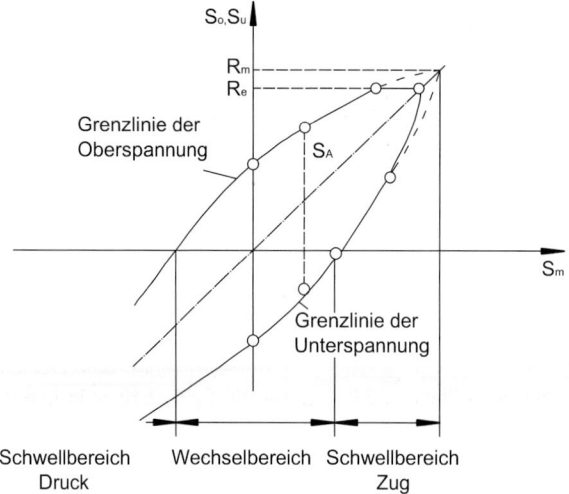

Bild A.35 Dauerfestigkeitsschaubild nach Smith [393], schematisch

2 Mechanische Grundlagen

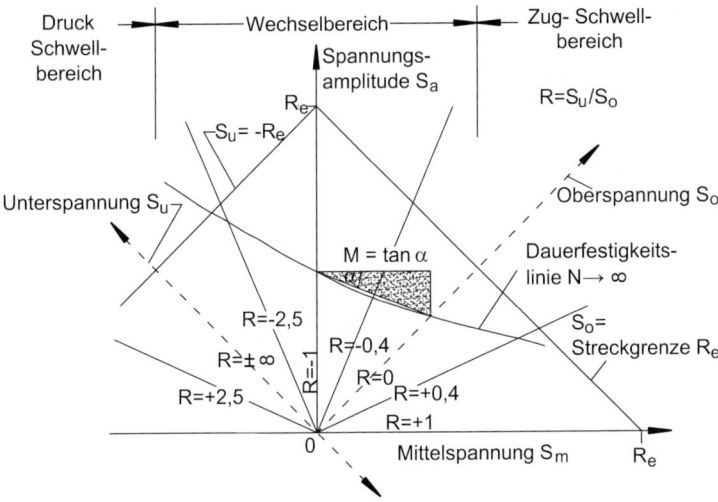

Bild A.36 Dauerfestigkeitsschaubild nach Haigh, schematisch nach Haibach [29]

den Ursprung. Bild A.36 zeigt schematisch ein Haigh-Schaubild [29]; auf der Abszisse ist die Mittelspannung und auf der Ordinate die Spannungsamplitude abgetragen.

Ober- und Unterspannung folgen dann als Projektionen auf die Winkelhalbierenden, wobei der Spannungsmaßstab jedoch nicht gleich ist. Die Festigkeitslinien gelten jeweils für $N = $ const. und fallen in den Zeit- bzw. Dauerfestigkeitsbereich. Das Haigh-Schaubild hat u. a. den Vorteil, dass die Empfindlichkeit der Dauerfestigkeit auf die Höhe der Mittelspannung sehr anschaulich an der Neigung der Festigkeitslinien abgelesen werden kann.

Die Mittelspannungsempfindlichkeit wird berechnet als

$$M = \frac{S_a(R=-1) - S_a(R=0)}{S_m(R=0)} = \frac{S_a(R=-1)}{S_a(R=0)} - 1. \tag{91}$$

Für $M = 0$ ist die Schwingfestigkeit nicht von der Mittelspannung abhängig, d. h. die Festigkeitslinien verlaufen im Haigh-Schaubild parallel zur Abszisse. Für Baustähle ist $M \approx 0{,}1$, für Spannstähle $M \approx 0{,}5$. Aluminiumlegierungen liegen zwischen 0,2 und 0,5. Bei Beton wird auch die Darstellung nach Goodman verwendet, wobei die Ordinate die Ober- und die Abszisse die Unterspannung wiedergeben.

Grundsätzlich können alle Diagramme für den Dauerfestigkeits- und den Zeitfestigkeitsbereich gezeichnet werden, wenn die entsprechenden Werte für bestimmte Schwingspielzahlen vorliegen. Sie enthalten dieselbe Information, nur in unterschiedlicher Darstellung. Die Wahl des Diagramms ist eher durch Tradition als durch Zweckmäßigkeit bestimmt.

In der Technik wird sprachlich zwischen Ereignissen mit wenigen, aber sehr großen Spannungsamplituden und solchen mit sehr vielen, aber geringeren Spannungsamplituden unterschieden. Ersteres bezeichnet man als „Low-Cycle high-amplitude Fatigue" (LCF), Letzteres als „High-Cycle low-amplitude Fatigue" (HCF). Genaue Definitionen hinsichtlich der Schwingspielzahl gibt es nicht, der Übergang liegt bei $N = 10^3$ bis 10^4. Zur ersten Kategorie gehören Erdbeben, zur zweiten die üblichen Schwingbeanspruchungen im Bauwesen.

2.5.2 Betriebsbeanspruchung

Wirkliche Bauteile unterliegen nur in den seltensten Fällen einer Beanspruchung, die dem Wöhlerversuch gleicht, vielmehr sind die Spannungsamplituden und Mittelspannungen verschieden. Zum Beispiel hat eine Brücke eine Grundlast in Form des Eigengewichts und eventuell einer Vorspannung, überlagert von Beanspruchungen aus Verkehr, Wind, Temperatur. Bild A.37 zeigt einige Beispiele von gemessenen Beanspruchungsverläufen. Die Verläufe sind sehr unterschiedlich, sowohl hinsichtlich der Beanspruchungsamplituden als auch der Wiederholung von Beanspruchungen.

Die Analyse derartiger unregelmäßiger Verläufe geschieht mithilfe von Zählverfahren (z. B. Rainflow-Zählung). Ein Beispiel ist in Bild A.38 dargestellt, in dem die zeitliche Beanspruchung mit dem Klassendurchgangsverfahren ausgewertet wird. Dabei wird jede Überschreitung der Klassengrenze gezählt.

Die Summation der Klasse i führt zur Häufigkeit H_i, mit der Oberspannung S_{oi} und der Unterspannung S_{ui}. Der Gesamtumfang beträgt $\bar{H}$. Die Maximalwerte sind jeweils überstrichen ($\overline{S_o}, \overline{S_u}, \overline{S_a}, \overline{S_m}$). Der Einfachheit halber ist $S_{m}=$ const., was jedoch nicht immer der Fall sein muss. Das so konstruierte Spannungskollektiv gibt also an, dass H_i Schwingspiele die zugehörige Ober- und Unterspannung übersteigen oder erreichen. Aus dem Kollektiv kann die zeitliche Abfolge nicht mehr rekonstruiert werden. Der Wöhlerversuch als Elementarfall wird als Rechteck abgebildet.

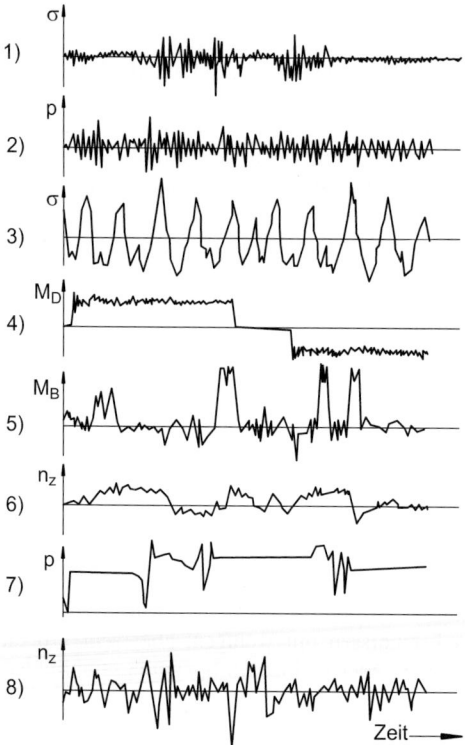

Bild A.37 Gemessene Beanspruchung [29]. 1) Hinterachse eines PKW, 2) Kondensationskammer eines Reaktors, 3) PKW-Rad, 4) Walzgerüst, 5) Achsschenkel eines PKW, 6) Jagdflugzeug, 7) Pipeline, 8) Transportflugzeug

2 Mechanische Grundlagen

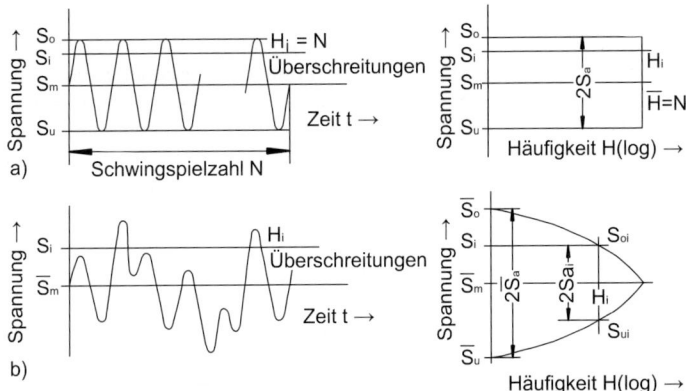

Bild A.38 Konstruktion des Spannungskollektivs (rechts) aus der Spannungsgeschichte (links) für a) Wöhlerversuch und b) Betriebsbeanspruchung

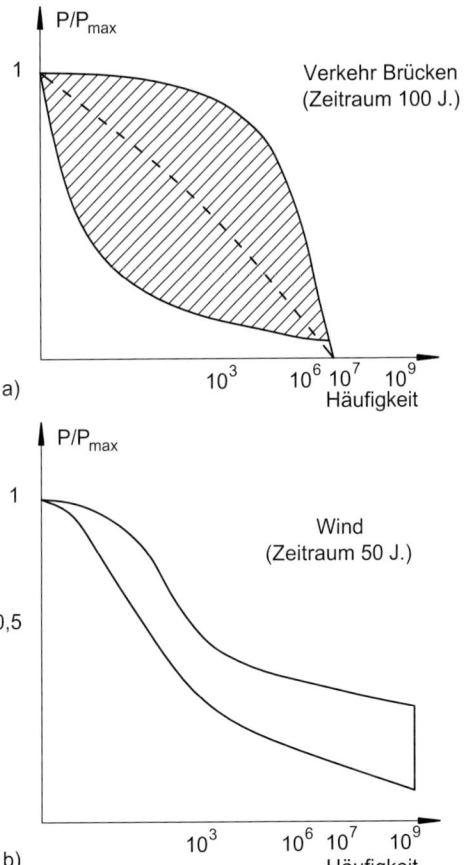

Bild A.39 Kollektive a) von Brückenlasten, b) von Windlasten (50 Jahre)

Im Bauwesen stehen in der Regel keine *Spannungs*kollektive zur Verfügung, sondern *Last*kollektive, mit deren Hilfe Spannungskollektive an ausgewählten Stellen der Konstruktion berechnet werden. Aus Verkehrszählungen sind Lastkollektive für Brücken bekannt, Wetterstationen liefern Windstärken. In der Nordsee wurden für die Bemessung von Bohrplattformen Wellenhöhen gemessen. Die Bilder A.39 und 40 enthalten Angaben zur Auftretenswahrscheinlichkeit bestimmter Beanspruchungen.

Bild A.39 a) und b) sind normiert auf die größte Beanspruchung. In Bild A.39 a) sind Häufigkeitsverteilungen von Verkehrslasten (Lastkollektive) auf Brücken dargestellt. Die obere Begrenzungslinie in Bild A.39 b) gilt für eine kurze Eisenbahnbrücke, die praktisch bei jeder Zugüberfahrt mit der Volllast der Lokomotive beansprucht wird. Die untere Begrenzungslinie gilt für eine lange Straßenbrücke, bei der die Wahrscheinlichkeit gering ist, dass alle Fahrspuren gleichzeitig maximal belastet sind. Zwischen diesen Extremen liegen die üblichen Brücken. Die Windbeanspruchung zeigt nur ein schmales Streuband. Für die Wellenhöhen der Nordsee (Bild A.40) wird eine gerade Linie im halblogarithmischen Maßstab verwendet. Die maximale Wellenhöhe von 30 m kommt demnach einmal in 25 Jahren vor, während die kleinen Wellen viele Millionen Mal auftreten.

Aus der statischen Berechnung des Bauwerks, für die das Lastkollektiv verwendet wird, folgt das Spannungskollektiv. Wird nur die Amplitude dargestellt, kann ein Kollektiv mit folgender Funktion geschrieben werden:

$$\frac{S_a}{\overline{\overline{S_a}}} = 1 - \left(\frac{\log H}{\log \overline{\overline{H}}}\right)^r. \tag{92}$$

Fall *a* in Bild A.41 betrifft den Wöhlerversuch, *b* etwa die kurze Eisenbahnbrücke, *c* eine Wellenbelastung und *d* die lange Straßenbrücke. Je größer die Fläche unter der Kurve, umso größer ist die *Völligkeit*. Später wird gezeigt, dass die Völligkeit die Lebensdauer maßgeblich bestimmt.

Zur vollständigen Beschreibung der Beanspruchung gehört noch die Angabe der Mittelspannung. Ob diese einen wesentlichen Einfluss auf die Schwingfestigkeit hat, hängt von der Mittelspannungsempfindlichkeit ab (siehe Bild A.36).

Hinsichtlich der experimentellen Prüfung von Werkstoffen mit Beanspruchungskollektiven gibt es mehrere Möglichkeiten. Wenn der zeitliche Spannungsverlauf aus Messungen an einem Prototyp bekannt ist, kann dieser Verlauf mit einer elektronisch gesteuerten Prüfmaschine nachgefahren und so oft wiederholt werden, bis der Bruch eintritt. Dieses Verfahren scheidet im Bauwesen jedoch aus, da jedes Bauwerk sein eigener Prototyp ist. Lastkollektive (z. B. aus Verkehrslastmessungen) können in Intervalle aufgeteilt werden, die in einer festgesetzten Reihenfolge nacheinander als Belastung aufgebracht werden. In Bild A.42 sind acht Blöcke mit den zugehörigen Stufen dargestellt.

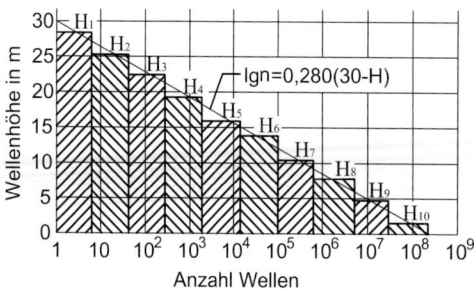

Bild A.40 Kollektiv der Wellenhöhen in der Nordsee (25 Jahre) [31]

2 Mechanische Grundlagen

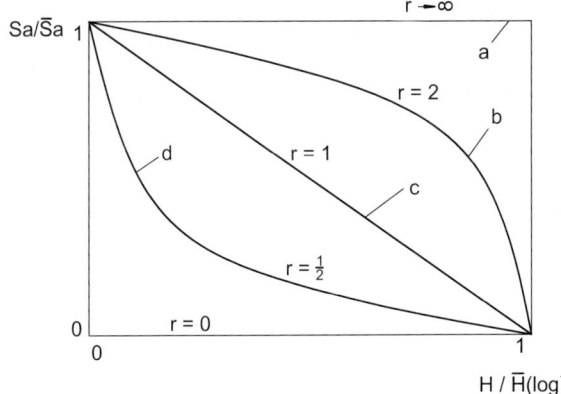

Bild A.41 Amplitudenkollektiv in normierter Darstellung

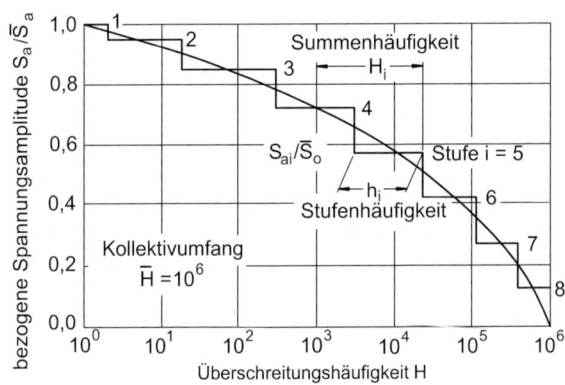

Bild A.42 Amplitudenkollektiv mit Treppenkurve

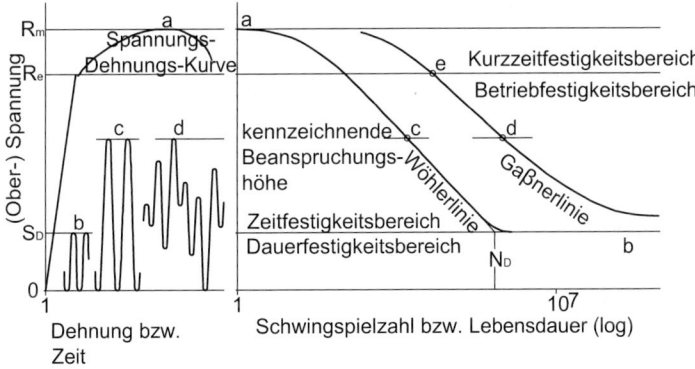

Bild A.43 Wöhlerlinie und Gaßnerlinie [29]

Dieser sog. Blockprogramm-Versuch wird heutzutage durch den Zufallsbelastungsversuch ersetzt. Dazu werden einzelne Amplituden regellos auf ein Bauteil oder einen Prüfkörper aufgebracht, wobei die Summe der Amplituden dem Kollektiv entsprechen muss. Die stochastischen Beanspruchungszeitfunktionen, mit denen die Prüfmaschine gesteuert wird, werden in einem Computer digital erzeugt. Auf diese Weise ergibt sich dann eine neue Linie im Wöhlerdiagramm, die rechts von der eigentlichen Wöhlerlinie liegt, die *Lebensdauerlinie* oder Gaßnerlinie, siehe Bild A.43.

Die Gaßnerlinie liegt umso weiter rechts, je geringer die Völligkeit des Belastungskollektivs.

2.5.3 Schadensakkumulation

Die Auswirkung eines jeden Beanspruchungskollektivs auf einen Werkstoff experimentell zu untersuchen, wäre sehr zeitraubend und teuer. Daher versucht man schon lange, diese Auswirkung rechnerisch vorherzusagen. Gesucht ist also ein Modell, das in der Lage ist, die Werkstoffschädigungen richtig zu beurteilen und zu summieren. Die einfachste Annahme ist, dass jedes Schwingspiel eine Schädigung hervorruft, die proportional zur Bruchschwingzahl der zugehörigen Spannungsamplitude ist. Gehört zu den Spannungen S_{ai} und S_{mi} die Schwingspielzahl N_i, so ist der Schädigungsbeitrag ΔD_i eines Schwingspiels

$$\Delta D_i = 1/N_i \text{ mit } N_i = f(S_{ai}, S_{mi}). \tag{93}$$

Werden die Schädigungsbeiträge aller Schwingspiele zur Gesamtschädigung D addiert, so ergibt sich Bauteilversagen, wenn

$$D = \sum_i \Delta D_i = 1. \tag{94}$$

Dies ist die sog. lineare Schadensakkumulationshypothese nach Palmgren-Miner [394] (meist als Miner-Regel bezeichnet).

Im Falle des Wöhlerversuchs ist die Aussage der Miner-Regel sofort einsichtig. Im Fall einer Betriebsbeanspruchung können Kollektive durch Treppenkurven mit Stufenhäufigkeiten h_i nach Bild A.42 angenähert werden. Versagen tritt dann auf, wenn

$$D = \sum_i n_i/N_i = 1, \tag{95}$$

mit $n_i = \sum h_i$ nach j Kollektivdurchgängen.

Einen Schädigungsbeitrag leisten nur Spannungen im Zeitfestigkeitsbereich, da ja Spannungen im Dauerfestigkeitsbereich unendlich oft ertragen werden. Verwendet man die Potenzfunktion der Zeitfestigkeitsgeraden, kann man analytisch den Einfluss der Völligkeit auf die Lebensdauer wie folgt abschätzen. Für einen Punkt i auf der Zeitfestigkeitsgeraden und für einen Punkt, für den S_A und N_A bekannt sind, gilt

$$N_i S_{ai}^k = N_A S_A^k = N_0 S_{a0}^k = const., \tag{96}$$

wobei N_0 und S_{a0} zu einem beliebigen Punkt gehören. Damit wird

$$N_i = (N_0 S_{a0}^k) S_{ai}^{-k}. \tag{97}$$

Der Schädigungsbeitrag wird

$$\Delta D_i = 1/N_i = S_{ai}^k/(N_0 S_{ao}^k). \tag{98}$$

Die Schädigung der Stufe mit der Häufigkeit h_i wird damit

2 Mechanische Grundlagen

$$D_i = h_i/N_i = h_i S_{ai}^k / (N_0 S_{ao}^k). \tag{99}$$

Die Schädigung aller Stufen ist die Summe der Stufen und damit

$$D = \sum_i (h_i/N_i) = \left(\sum_i h_i S_{ai}^k\right) / (N_0 S_{ao}^k). \tag{100}$$

Die Lebensdauer ergibt sich dann zu

$$\overline{N} = \sum_i h_i / D = N_0 S_{a0}^k \sum_i h_i / \left(\sum_i h_i S_{ai}^k\right). \tag{101}$$

Bezieht man die Amplitude der i-ten Stufe auf den Höchstwert, also

$$S_{ai} = x_i \overline{S_a}, \tag{102}$$

so ergibt sich für die Lebensdauer

$$\overline{N} = N_{(S_a = \overline{S_a})} \left[\sum_i h_i / \sum_i \left(h_i x_i^k\right)\right]. \tag{103}$$

Der Ausdruck in der eckigen Klammer gibt den Kehrwert der Fläche unter dem Kollektiv wieder, d. h. den Kehrwert der Völligkeit. Die Schwingspielzahl $\overline{N}$ wird also umso größer, je kleiner die Völligkeit ist. Für die Völligkeit eins, d. h. für den Wöhlerversuch, ist natürlich $\overline{N} = N$. Die Lebensdauerlinie verläuft also parallel zur Wöhlerlinie in einem Abstand, der umso größer ist, je kleiner die Völligkeit ist. Bild A.44 zeigt Versuchsergebnisse an einer Schweißverbindung, die diese Vorhersage bestätigen [32].

Die Miner-Regel ist eine Näherung. Wenn, wie oben angenommen, Spannungen im Dauerfestigkeitsgebiet keine Schädigungen hervorrufen, überschätzt sie die wirkliche Lebensdauer. Wenn die Zeitfestigkeitsgerade in das Dauerfestigkeitsgebiet verlängert wird (elementare Miner-Regel), unterschätzt sie die wirkliche Lebensdauer. Die Miner-Regel berücksichtigt keine Eigenspannungen und keine Folgeeffekte der Belastung. Dennoch wird

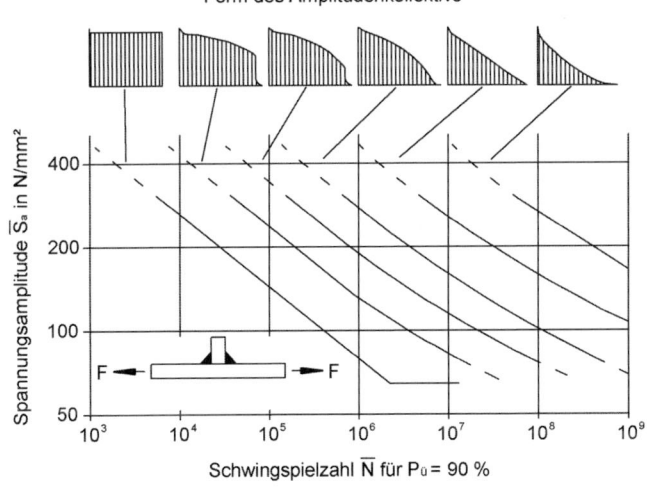

Bild A.44 Lebensdauerlinien einer Schweißverbindung [32]

die Miner-Regel in der Praxis wegen ihrer Einfachheit angewendet; die Ungenauigkeit wird dadurch berücksichtigt, dass der Grenzwert der Schädigungssumme < 1 gewählt wird. Zum Beispiel wird von Det Norske Veritas für Bohrplattformen $D = 0,2$ angenommen, von VNC (Vereniging Nederlandse Cementindustrie) für Betonstraßen in den Niederlanden 0,5; von FIP (Fédération Internationale de la Précontrainte) wird zwar $D = 1$ eingesetzt, jedoch auf den Mittelwert, reduziert um die zweifache Standardabweichung, bezogen [33].

2.5.4 Bruchmechanik und Schwingbeanspruchung

Betrachtet man eine Bruchfläche, die durch Schwingbeanspruchung entstanden ist, sieht man Linien, die durch einen allmählichen Rissfortschritt entstanden sind. Misst man während eines Schwingversuches die Verformung unter Last, so nimmt man eine Verformungszunahme mit jedem Schwingspiel wahr. Offensichtlich gibt es in beiden Fällen kleine Anrisse oder Fehler, die bei der Schwingbeanspruchung weiterwachsen. Im Beton sind schon vor der ersten Belastung Matrix- und Verbundrisse vorhanden und bei Metallen können Gitterfehler auf mikroskopischem Niveau oder Spannungsspitzen an Kerben auf makroskopischem Niveau zu kleinen Anrissen führen. Sind solche Anrisse vorhanden, liegt es nahe, die *Bruchmechanik* einzusetzen.

Geht man davon aus, dass zyklische Verformungen an der Rissspitze den Rissfortschritt bewirken und diese mit dem Spannungsintensitätsfaktor beschrieben werden können, dann folgt mit

$$\Delta K = \Delta S (\pi a)^{\frac{1}{2}} Y(a) \tag{104}$$

die maßgebende Größe. ΔS ist die Schwingbreite, bezogen auf den Nennquerschnitt bei Berücksichtigung der Risslänge a, und $Y(a)$ die Geometriefunktion (siehe Tabelle A.2 in Abschnitt A 2.4.1.4). Wenn a durch Schwingbeanspruchung zunimmt, wird ΔK größer und erreicht schließlich den kritischen Spannungsintensitätsfaktor K_c. Die Aufgabe besteht darin, den Zusammenhang zwischen Spannungsintensitätsfaktor und Rissfortschritt zu beschreiben. Im Wesentlichen geschieht dies durch Versuche, deren Auswertung zu allgemeingültigen Aussagen führt.

Bild A.45 zeigt den Zusammenhang zwischen Risslänge a und Schwingspielzahl n im linearen Maßstab. Unterschieden wird in die Bereiche Risseinleitung und -ausbreitung. Erst

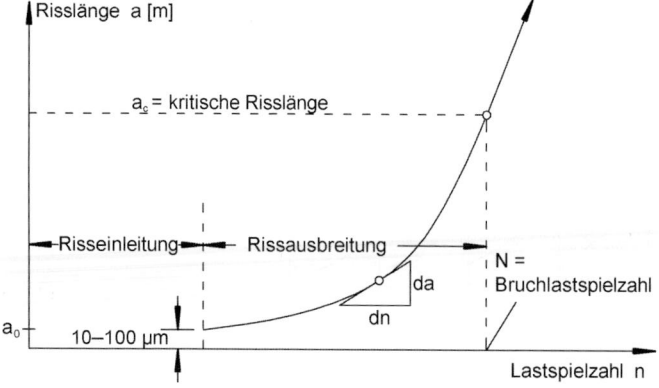

Bild A.45 Rissfortschritt als Funktion der Lastspielzahl

2 Mechanische Grundlagen

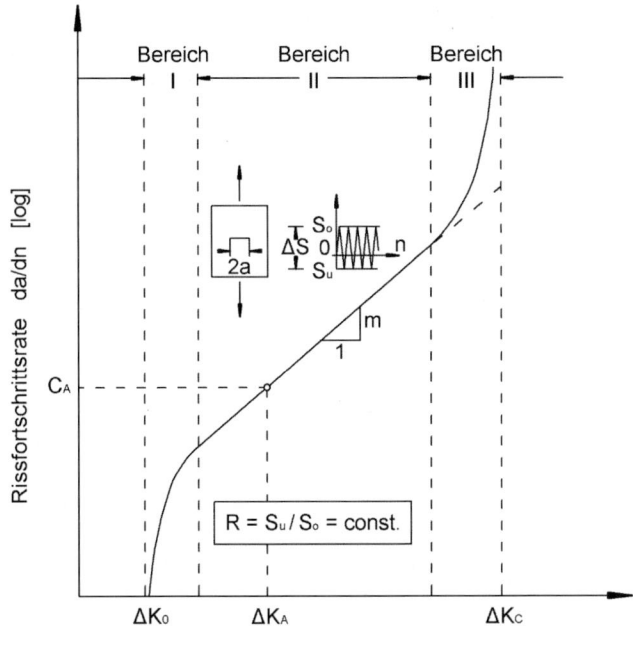

Bild A.46 Rissfortschritt in Abhängigkeit von der Schwingbreite des Spannungsintensitätsfaktors [34]

ab einem sichtbaren Riss mit der Länge a_0 beginnt eine stabile Rissausbreitung, die trotz gleicher äußerer Belastung an Geschwindigkeit zunimmt und schließlich zu der zu K_c gehörenden kritischen Risslänge a_c führt. Trägt man die Steigung da/dn als Funktion von ΔK nach Gl. (104) auf, ergibt sich Bild A.46.

Der Bereich I zeigt einen langsamen Rissfortschritt mit dem unteren Grenzwert ΔK_0 (entsprechend der Dauerfestigkeit). Der Bereich II ist durch einen stabilen Rissfortschritt gekennzeichnet, der durch die sog. Paris-Gleichung [35] beschrieben wird:

$$da/dn = C \cdot \Delta K^m. \tag{105}$$

C und m sind vom Werkstoff und vom Spannungsverhältnis R abhängig. Der Exponent m liegt für Metalle zwischen 2 und 4.

Im Bereich III beschleunigt sich der Rissfortschritt, bis der Restbruch eintritt, wenn

$$\Delta K = (1 - R)K_c, \tag{106}$$

d.h. die Risszähigkeit unter der Zugoberspannung erreicht wird.

Durch Integration der Gl. (105) nach Einsetzen von Gl. (104) folgt

$$\int_{a_0}^{a} \bar{a}^{m/2} \, da = C \Delta S^m Y^m \pi^{m/2} \cdot n \tag{107}$$

und damit

$$n = \frac{1 - (a_0/a)^{m/2-1}}{a_0^{m/2-1}(m/2 - 1) \, C \Delta S^m Y^m \pi^{m/2}} \tag{108}$$

und

$$N = \frac{1 - (a_0/a_c)^{m/2-1}}{a_0^{m/2-1}(m/2 - 1)\, C\, \Delta S^m Y^m \pi^{m/2}}.\qquad(109)$$

Die bezogene Risswachstumsfunktion wird damit

$$\frac{n}{N} = \frac{1 - (a_0/a)^{m/2-1}}{1 - (a_0/a_c)^{m/2-1}}.\qquad(110)$$

Bild A.47 zeigt den Rissfortschritt als Funktion der bezogenen Lebensdauer unter Annahme einer im Vergleich zur kritischen Risslänge a_c kleinen Anfangsrisslänge a_0. Für diesen Fall ist $N/2$ bei $m = 4$ erreicht, wenn a_0 auf 2 a_0 angewachsen ist, und bei $m = 3$, wenn a_0 auf 4 a_0 gewachsen ist.

Analog zur Miner-Regel kann eine Schadensakkumulation berechnet werden, indem Rissfortschritte unter bestimmten ΔS aufsummiert und mit Gl. (105) ausgewertet werden. Durch Umformen von Gl. (110) ergibt sich

$$\frac{n_i}{N_i} = \frac{\alpha_{i-1} - \alpha_i}{\alpha_0 - \alpha_e}\ \text{mit}\ \alpha_i = a_i^{1-m/2}.\qquad(111)$$

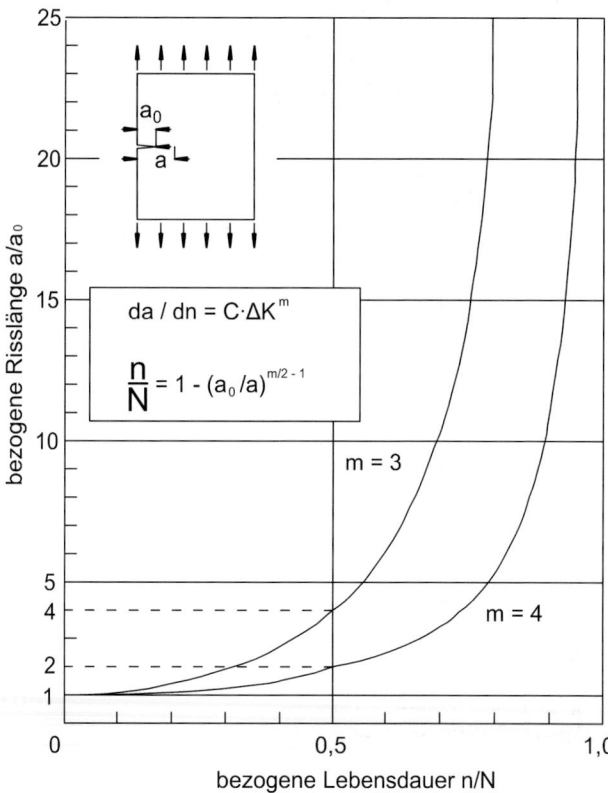

Bild A.47 Risswachstum als Funktion der Lebensdauer [34]

2 Mechanische Grundlagen

Die Miner-Regel wird damit

$$\sum_{i=1}^{e} \frac{n_i}{N_i} = \frac{\alpha_0 - \alpha_1}{\alpha_0 - \alpha_e} + \frac{\alpha_1 - \alpha_2}{\alpha_0 - \alpha_e} + \ldots \frac{\alpha_{e-1} - \alpha_e}{\alpha_0 - \alpha_e} = 1. \qquad (112)$$

Schematisch zeigt Bild A.48 die Entwicklung der Risslänge bei unterschiedlichen Spannungshorizonten. Die einzelnen Anteile n_i / N_i werden aus den entsprechenden Schädigungskurven, die zu ΔS_i gehören, abgegriffen und zusammengesetzt. Wenn die Endrisslänge a_e erreicht ist, ist die Schädigungssumme eins.

Die Paris-Gleichung wurde verschiedentlich verbessert, indem das linear elastische Werkstoffmodell durch ein realistischeres elastisch-plastisches Modell ersetzt wurde. Dadurch wurde es möglich, die Plastizierung an der Rissspitze und die bei Entlastung entstehenden Eigenspannungen zu berücksichtigen. Dies erlaubt dann auch, Reihenfolgeeffekte richtig zu deuten und vorherzusagen [36].

Bild A.49 veranschaulicht, wie plastische Verformungen an der Rissspitze entstehen, wenn die Fließgrenze erreicht wird. Bei der Entlastung (2) wird der überdehnte Bereich

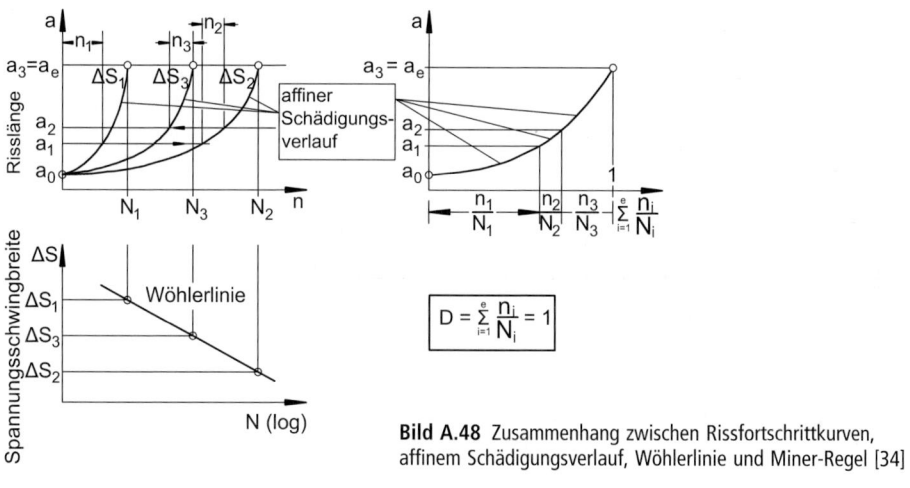

Bild A.48 Zusammenhang zwischen Rissfortschrittkurven, affinem Schädigungsverlauf, Wöhlerlinie und Miner-Regel [34]

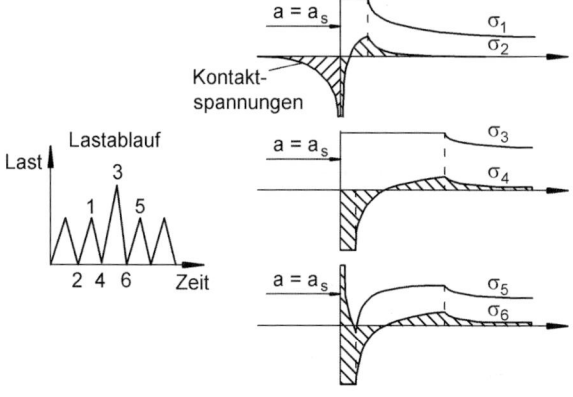

Bild A.49 Plastische Verformungen und Eigenspannungen an der Rissspitze [37]

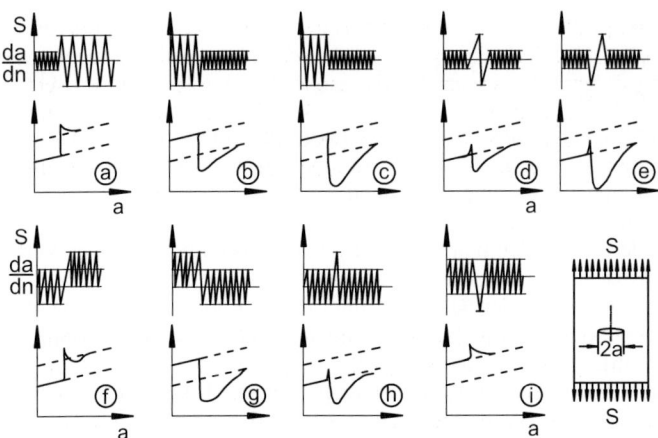

Bild A.50 Verzögerter bzw. beschleunigter Rissfortschritt als Folge veränderter Beanspruchung [37]

durch die elastische Rückfederung des umgebenden Materials auf Druck vorgespannt und es entwickeln sich Kontakt- und Eigenspannungen. Bei höherer Spannung (3) breitet sich der plastisch gedehnte Bereich aus. Dies hat zur Folge, dass unter der Belastung (5) fast nur elastische Dehnungsbereiche auftreten. Die Kerbspitze ist abgestumpft und der Rissfortschritt wird gehemmt.

Bild A.50 zeigt einige Fälle, bei denen der Rissfortschritt verlangsamt bzw. beschleunigt wird, je nachdem wie stark die Rissspitzenzone plastisch verformt wurde.

Das Bruchmechanikkonzept wurde ursprünglich entwickelt, um Lebensdauervorhersagen für angerissene Bauteile zu machen. Gekoppelt an zerstörungsfreie Prüfungen und festgelegte Prüfintervalle ist es möglich, auch stark geschädigte Bauteile mit ausreichender Sicherheit weiter zu betreiben. Andererseits kann man Fehlstellen geringer Größe, die nicht entdeckt werden können, hinsichtlich ihrer lebensdauerbeeinflussenden Wirkung beurteilen. Im Flugzeug- und Maschinenbau ist dieses Konzept weit verbreitet, während es im Bauwesen bei der Abschätzung der Lebensdauer von alten Eisenbahnbrücken jetzt erst Eingang findet [38].

3 Transportmechanismen[1)]

Der Transport von Gasen und Flüssigkeiten in porösen Baustoffen ist eine Erscheinung, die planmäßig gewollt oder ungewollt in Kauf genommen wird. Transport bedeutet z. B. Verlust von Flüssigkeit aus einem Behälter, Undichtigkeit eines Unterwassertunnels, Eindringen von Benzin in eine Abfüllfläche einer Tankstelle, Carbonatisierung von Beton oder Austrocknung von Holz [39, 40]. In nicht-porösen Stoffen finden ebenfalls Transportvorgänge statt. In Metallen wechseln Atome ihren Platz und bei Kunststoffen dringen Weichmacher heraus und Lösungsmittel hinein. Für den Transport von Flüssigkeiten und Gasen sind treibende

---

[1)] Obwohl das vorliegende Buch hauptsächlich die mechanischen Eigenschaften der Baustoffe behandelt, ist es angebracht, auch auf die Transportmechanismen einzugehen, da deren Auswirkungen mechanische Wirkungen hervorrufen können. Das beste Beispiel ist das Schwinden von Holz oder Beton mit den dadurch verursachten Eigen- und Zwangspannungen.

3 Transportmechanismen

Kräfte notwendig. Diese sind physikalischer oder chemischer Art und können immer durch ein Potential oder, einfacher ausgedrückt, durch einen Unterschied in Druck, Konzentration oder elektrischer Spannung dargestellt werden. Entsprechend der treibenden Kraft werden die Transportmechanismen unterschieden und eingeteilt. Die im Bauwesen wesentlichen Mechanismen werden im Folgenden behandelt. In den baustoffspezifischen Kapiteln wird auf diesen allgemeinen Teil Bezug genommen und es werden Baustoffkennwerte diskutiert, die für die quantitative Berechnung nötig sind.

3.1 Poröse Baustoffe

Verantwortlich für den Transport von Gasen und Flüssigkeiten sind hier die durchgehenden Poren, die kanalförmig miteinander verbunden sind. Bild A.51 zeigt schematisch mögliche Poren: kanalförmig durchgehende Poren, von der Oberfläche zugängliche Sackporen und unzugänglich eingeschlossene Poren. Die Sackporen können Stoffe aufnehmen, z. B. Wasser oder Ionen, die jedoch nicht weiter in den Baustoff eindringen. Die geschlossenen Poren sind hier nicht wichtig, da sie von außen nicht zugänglich sind. Die im Zusammenhang mit dem Transport wichtigsten Poren sind die kanalförmig durchgehenden Poren. Eine Zwischenstellung nehmen kugelförmige Poren ein, die über dünne kanalförmige Poren zugänglich sind; dies sind z. B. künstlich eingeführte Luftporen in frostbeständigem Beton. Die Größe von Poren in Baustoffen ist sehr unterschiedlich, sie reicht vom Nanometer- zum Millimeterbereich. Nach der International Union of Pure and Applied Chemistry (IUPAC) wird unterschieden in Mikroporen (Durchmesser < 2,5 nm), Mesoporen (2,5 bis 50 nm) und Makroporen (> 50 nm). Die Form der Poren ist meist unregelmäßig. Häufig werden die kanalförmigen Poren als Zylinder mit kreisförmigem Querschnitt dargestellt, um sie mathematisch einfacher erfassen zu können.

Der Einfachheit halber werden im Folgenden nur *isotherme* Zustände behandelt, obwohl bei praktischen Fragestellungen die Temperatur über ein Bauteil häufig variiert. Ein typischer Fall ist der Dampftransport in einer Außenwand, wobei es zu Kondenswasserbildung kommen kann, also zu einem Phasenübergang Dampf/Flüssigkeit mit Wärmeentwicklung.

Solche Fragestellungen gehören klassischerweise in das Gebiet der Bauphysik. Andererseits ist der Einfluss unterschiedlicher Temperaturen in vielen Fällen gering und es genügt, die Eigenschaften bei der mittleren Temperatur zu betrachten. Einen wesentlichen Einfluss auf den Transport haben der Sättigungsgrad und die Zeitabhängigkeit. Man unterscheidet in

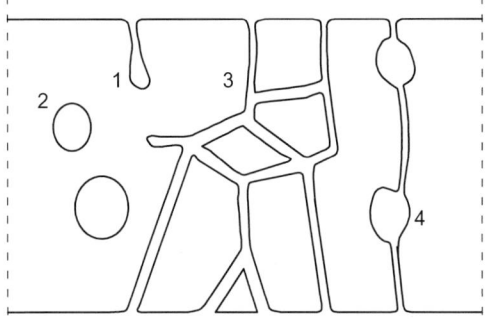

Bild A.51 Porenarten, schematisch; 1) sackartig geöffnet, 2) geschlossen, 3) kanalförmig geöffnet, 4) kanalförmig mit kugelförmigen Erweiterungen

gesättigten bzw. ungesättigten und stationären bzw. instationären Zustand. Im Folgenden werden solche Transportarten betrachtet, die zum Verständnis des Verhaltens von Baustoffen im Zusammenhang mit deren Herstellung, Nutzung und Dauerhaftigkeit notwendig sind. Viel weiter gehende Abhandlungen finden sich in den Gebieten Geohydrologie, Bauphysik, Physikalische Chemie und Prozesstechnik.

3.2 Hydraulische Strömung

Der einfachste Fall betrifft die stationäre, eindimensionale Strömung einer viskosen Flüssigkeit (Newton'sche Flüssigkeit) durch einen gesättigten isotropen Baustoff unter einer Druckdifferenz von Δp (Bild A.52).

Wird die Druckdifferenz in m Wassersäule ausgedrückt, ergibt sich die Durchflussrate q [m³/s]

$$q = kA\frac{\Delta p}{d} \tag{113}$$

mit k = Durchlässigkeit [m/s] und A = Durchflussquerschnitt. Die Geschwindigkeit der Flüssigkeit durch die Wand ist $v = q/A$ (Filtergeschwindigkeit). Die örtliche Geschwindigkeit, mit der die Poren durchströmt werden, ist $v_s = v/\varepsilon$ (Sickergeschwindigkeit) mit $\varepsilon = V_p/V_t$, effektive Porosität ist gleich dem Verhältnis von zugänglichem Porenvolumen zu Gesamtvolumen des Stoffes. Gl. (113) wird als Darcy'sches Gesetz bezeichnet und kann verallgemeinert werden zu

$$\frac{dm}{dt} = -A\frac{K\rho}{\eta}\frac{dp}{dx} \tag{114}$$

mit dm/dt = Massenstrom [kg/s], K = spezifische Durchlässigkeit [m²], ρ = Dichte der Flüssigkeit [kg/m³], η = dynamische Viskosität [Pa s = N s/m²] und p = Druck [Pa = N/m²]. Das Minuszeichen gibt an, dass die Flüssigkeit in Richtung des niedrigeren Druckes fließt. Eine Beziehung zwischen Durchflussrate und Geometrie ergibt sich über das Hagen-Poiseuille'sche Gesetz für eine zylindrische Röhre mit Radius r und Länge l:

$$v_s = \frac{r^2}{8\eta}\frac{\Delta p}{l}. \tag{115}$$

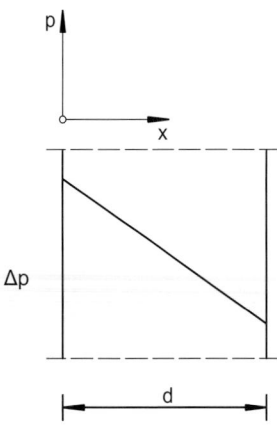

Bild A.52 Stationäre eindimensionale Strömung

3 Transportmechanismen

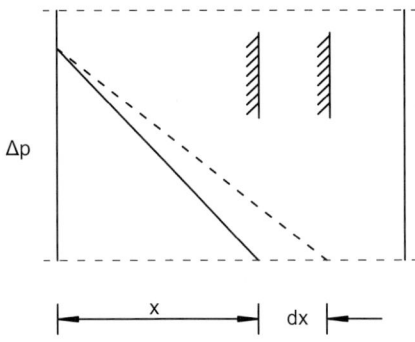

Bild A.53 Eindringen einer Flüssigkeitsfront

Stellt man sich die Porosität eines Stoffes als Bündel von n gleichen Kapillaren je m² vor, dann ist $\varepsilon = n\pi r^2$ und $K = n\pi r^4/8$. Die spezifische Durchlässigkeit (oder Permeabilität) ist also sehr stark von der Porengröße abhängig. Die Gln. (113) bis (115) gelten für laminare Strömung, die bis zu einer Reynolds-Zahl von ca. 0,1 gilt ($Re = 2v_s r \rho / \eta$), was bei der Durchströmung von Baustoffen in der Regel zutrifft.

Für die Strömung durch einen Spalt der Breite w und der Länge l (z. B. durch einen Riss) gilt

$$q = -\alpha \frac{w^3 l}{\eta} \frac{dp}{dx}, \tag{116}$$

wobei für einen glatten Spalt $\alpha = 1/12$ und für einem rauen, zerklüfteten Spalt (z. B. in Beton) $\alpha \approx 1/100$.

3.3 Eindringen einer Flüssigkeit unter Druck

Das Eindringen einer Flüssigkeitsfront in einen porösen Stoff ist ein instationärer Prozess, der mit vereinfachenden Annahmen direkt aus Gl. (114) folgt. Ein Druckgefälle $\Delta p/x$ (Bild A.53) erzeugt eine Sickergeschwindigkeit $v_s = dx/dt$. Nach Umformung ergibt sich die Differentialgleichung

$$\frac{dx}{dt} = \frac{K}{\varepsilon \eta} \frac{\Delta p}{x} \tag{117}$$

mit der Lösung (Anfangsbedingung $t = 0$, $x = 0$)

$$x = \left(\frac{2K}{\varepsilon \eta} \Delta p t\right)^{\frac{1}{2}}. \tag{118}$$

Die Einflüsse des Baustoffs (K/ε), der Flüssigkeit (η), des Druckes (Δp) und der Zeit (t) bestimmen das Ergebnis. Für die Anwendung in der Praxis ist die Abhängigkeit von $\sqrt{t}$ (und nicht von t) wichtig.

3.4 Kapillare Flüssigkeitsbewegung

Ein Handtuch saugt Wasser auf, ein eingetunktes Brot Kaffee, ein poröser Baustoff Regenwasser oder andere Flüssigkeiten. Die treibende Kraft für die Flüssigkeitsaufnahme ist die Kapillarwirkung, die auf der Grenzflächenspannung (Oberflächenspannung) und dem Rand-

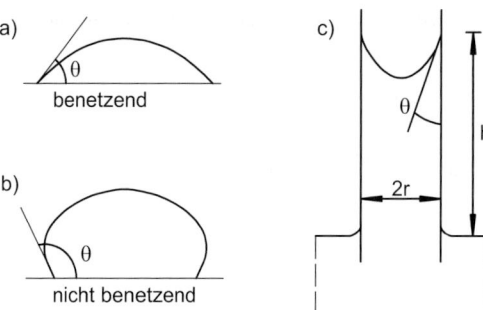

Bild A.54 Einfluss des Randwinkels

winkel zwischen Flüssigkeit und Feststoff beruht. Ist in Bild A.54 der Randwinkel $\theta < 90°$, benetzt die Flüssigkeit die Oberfläche, bei $\theta \geq 90°$ ist dies nicht der Fall. Bei $\theta = 0°$ bildet sich ein Film, z. B. bei Wasser auf mineralischen Baustoffen. Oberflächenspannungen treten immer an Grenzflächen zwischen Flüssigkeiten und Gasen oder zwei nicht mischbaren Flüssigkeiten auf. Im Inneren der Flüssigkeit herrscht Gleichgewicht zwischen den Molekülen, da die anziehenden und abstoßenden Kräfte überall gleich groß sind. An einer Grenzfläche zwischen den Phasen a und b ist diese Ordnung gestört. Es treten resultierende Kraftkomponenten auf, die in Richtung des Flüssigkeitsinnern wirken. Die Energie, um die Grenzfläche zu vergrößern, heißt Grenzflächenspannung und hat die Dimension [J/m²] oder [N/m]. Ebene Grenzflächen sind nur möglich, wenn der Druck in den zwei Phasen gleich ist. Ist der Druck unterschiedlich, wird der Differenzdruck durch die Oberflächenspannung aufgebracht, wobei die Grenzfläche die Form einer Minimalfläche annimmt. Der Differenzdruck ist

$$\Delta p = \sigma_{ab} \left(\frac{1}{R_1} + \frac{1}{R_2} \right), \tag{119}$$

mit σ_{ab} = Grenzflächenspannung zwischen Phase a und b und R_1, R_2 = Hauptkrümmungsradien der Grenzfläche (Laplace-Gleichung). Für eine Kugelfläche gilt $\Delta p = 2\sigma_{ab}/R$. Der Überdruck in einer Seifenblase ist also umgekehrt proportional zum Durchmesser; bei zwei zusammenhängenden Seifenblasen wächst die große immer auf Kosten der kleinen.

In einer zylindrischen Kapillarröhre bildet sich ebenfalls eine gekrümmte Minimalfläche zwischen Gas und Flüssigkeit aus (Bild A.54 c)), wobei sich eine Spannung von

$$p_k = \frac{2\sigma \cos\theta}{r} \tag{120}$$

ausbildet. Diese wirkt als Zugspannung auf den Flüssigkeitsfaden und hebt den Flüssigkeitsspiegel (Aszension) um

$$h = \frac{p_k}{g\rho} = \frac{2\sigma \cos\theta}{rg\rho}. \tag{121}$$

Für Wasser ($\theta = 0°$) ergibt sich $h \cdot r \approx 15 \cdot 10^{-6} \text{m}^2$. Die erreichbare Steighöhe ist also umgekehrt proportional zum Radius der Kapillare. Bei $\theta = 90°$ ist $h = 0$, für $\theta > 90°$ ergibt sich eine Absenkung (Depression).

Bis der nach Gl. (121) errechnete Zustand erreicht ist, kann es sehr lange dauern. Oder er wird überhaupt nicht erreicht, da der Kontakt mit der Flüssigkeit unterbrochen wird, z. B. bei Schlagregen auf eine Gebäudefassade. Wenn der zeitliche Verlauf des kapillaren Saugens gesucht ist, wird eine Bilanz aller Kräfte erstellt, die auf die Flüssigkeit einwirken. Hierzu gehören der Kapillarzug nach Gl. (120), die Reibungskräfte der zähen Flüssigkeit, die

Massenträgheit und die Schwerkraft. Für eine senkrechte zylindrische Kapillare mit Radius r ergibt sich

$$p_k - g\rho z - \frac{8\eta \dot{z}}{r^2} z - \frac{d(\rho z \dot{z})}{dt} = 0. \tag{122}$$

Ausdifferenziert und geordnet ergibt sich folgende Differentialgleichung:

$$\rho z \ddot{z} + \frac{8\eta}{r^2} z \dot{z} + \rho g z - p_k = 0. \tag{123}$$

Vernachlässigt man die Massenkräfte, die bei kleinen Kapillaren sehr klein sind, geht Gl. (123) über in

$$\dot{z} = \frac{r^2}{8\eta} \frac{p_k - \rho g z}{z} \tag{124}$$

mit der Lösung

$$t = \frac{8\eta h}{\rho g r^2} \left[\ln \frac{h}{h \cdot z} - \frac{z}{h} \right] \tag{125}$$

mit h aus Gl. (121). Für die Bewegung in einer waagerechten Kapillare in x-Richtung ergibt sich

$$t = \frac{4\eta}{r} \frac{1}{p_k} x^2 \tag{126}$$

oder mit Gl. (120)

$$x = \left(\frac{r\sigma}{2\eta} t \right)^{\frac{1}{2}}. \tag{127}$$

Das kapillare Eindringen einer Flüssigkeit folgt einer $\sqrt{t}$-Beziehung. Es erfolgt bei größeren Poren schneller als bei kleinen und hängt direkt vom Verhältnis $(\sigma/\eta)^{1/2}$ der Flüssigkeit ab (θ wurde hier zu $0°$ gesetzt). Gl. (127) gilt bei $r \leq 10\ \mu m$ auch für senkrechte und geneigte Kapillaren bei nicht zu großen Steighöhen.

Bei Baustoffen ist $r \neq$ const. und häufig nicht bekannt, auch σ ist nicht immer bekannt. Daher werden aus Versuchen der Flüssigkeitseindringkoeffizient B [m s$^{-1/2}$] aus

$$x = B\sqrt{t} \tag{128}$$

und der Flüssigkeitsaufnahmekoeffizient A [kg m^2 s$^{-1/2}$] aus

$$m = A\sqrt{t} \tag{129}$$

bzw. die Sorptivität S [m^3 m^{-2} s$^{-1/2}$] aus

$$V = S\sqrt{t} \tag{130}$$

bestimmt, wobei x = Eindringtiefe nach t = Zeit, m = aufgenommene Masse und V = aufgenommenes Volumen. Mit der wirksamen Porosität ε und der Dichte ρ der Flüssigkeit gelten folgende Zusammenhänge:

$$A = \varepsilon \rho B, \quad A = \rho S, \quad S = \varepsilon B. \tag{131}$$

Wirken Kapillarkraft p_k und äußerer Druck p_a gleichzeitig, so werden die Kräfte addiert, womit für die Eindringtiefe folgt:

$$x = \left[\frac{r^2}{4\eta} (p_k + p_a) t \right]^{\frac{1}{2}}. \tag{132}$$

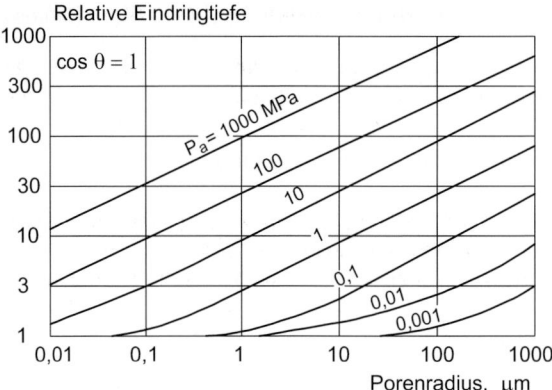

Bild A.55 Relative Eindringtiefe bei einem gleichzeitigen hydraulischen Druck p_a als Funktion der Porengröße

Ein äußerer Druck wirkt sich bei großen Poren deutlich aus, während er bei kleinen Poren vernachlässigbar ist, wie Bild A.55 zeigt. Angenommen, es handelt sich um einen Hohlkörper in 100 m Wassertiefe (dann ist der hydraulische Druck 1 MPa) und der maßgebliche Porenradius im Baustoff ist 1 μm, dann vergrößert sich die Eindringtiefe gegenüber dem reinen kapillaren Effekt auf das Dreifache.

3.5 Osmose

Wenn zwei Lösungen unterschiedlicher Konzentration oder ein reines Lösungsmittel und eine Lösung durch eine semipermeable Membran getrennt sind, findet solange ein Stoffaustausch statt, bis das chemische Potential auf beiden Seiten gleich ist. Semipermeabel heißt, dass diese Trennschicht für eine Komponente (z. B. Wasser) durchlässig ist, für die andere (z. B. den gelösten Stoff) nicht. Wenn der Stofftransport in einem geschlossenen Raum erfolgt, nimmt dort der Druck solange zu, bis der osmotische Druck erreicht ist. Nach van't Hoff ist dieser

$$p_{osm} = cRT \tag{133}$$

mit c = molare Konzentration der Lösung [mol m^{-3}], R = Gaskonstante [8,3143 J K^{-1} mol^{-1}] und T = absolute Temperatur [K]. Der osmotische Druck hängt nur von der Anzahl der gelösten Moleküle ab und nicht von deren Gewicht und Größe.

3.6 Sorptionsisotherme

Lagert man einen zunächst trockenen porösen Baustoff in Luft mit einer bestimmten relativen Feuchte (r. F.), so wird er schwerer durch Wasseraufnahme. Verfolgt man die Gewichtszunahme systematisch von 0 bis 100 % r. F., ergibt sich eine Kurve, die sog. Sorptionsisotherme. Bei umgekehrtem Vorgehen ergibt sich eine entsprechende Kurve für die Desorption, die nicht identisch sein muss. Wasserdampf lagert sich im Körper an und liegt dort als Flüssigkeit vor. Bei niedriger r. F. findet Adsorption an der großen inneren Oberfläche der Poren statt, wobei eine mehrere Moleküle dicke Wasserschicht entsteht.

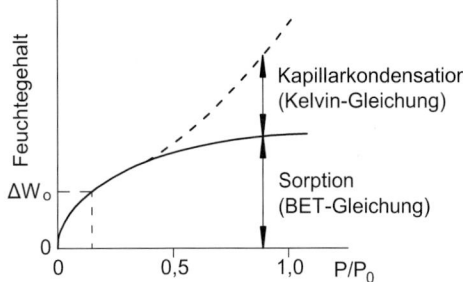

Bild A.56 Adsorption nach Brunauer, Emmet und Teller (BET) und Kelvin

Die Adsorption wird durch folgende Beziehung nach Brunauer, Emmet und Teller (BET) [395] beschrieben:

$$W = \frac{V_m C}{1 - (C-1)p/p_0} \frac{p/p_0}{1 - p/p_0}. \tag{134}$$

W ist das adsorbierte Wasservolumen, V_m ist das Volumen, das gerade eine monomolekulare Schicht auf der inneren Oberfläche ergibt, C ist eine Konstante und p/p_0 ist der relative Dampfdruck (= r. F.). Bild A.56 zeigt diese Beziehung.

Bei höherer r. F. tritt wegen des erniedrigten Dampfdruckes über einem Meniskus in der Kapillare Kapillarkondensation auf, die mit der sog. Kelvin-Gleichung beschrieben wird:

$$r = \frac{2\sigma V_L}{RT \ln(p/p_0)} \tag{135}$$

mit r = Radius der Kapillare, in der bei p/p_0 Kondensation auftritt, σ = Oberflächenspannung, V_L = Molvolumen der Flüssigkeit, R = Gaskonstante und T = absolute Temperatur. Einige Wertepaare r und p/p_0 für Wasser: 2 nm/0,6; 5 nm/0,8; 10 nm/0,94; 50 nm/0,98. Eine Kapillare mit r = 2 nm enthält also Kondenswasser bereits bei einer r. F. von 60%. Die Sorptionsisothermen poröser Baustoffe besitzen eine S-Form, die bei feinporigen Stoffen (z. B. Zementstein) am Anfang steiler verläuft als bei grobporigen Stoffen (z. B. Ziegel). Je feiner die Poren, desto mehr Wasser wird bereits bei niedriger r. F. aufgenommen. Die Sorptionsisothermen bestimmen auch das Schwinden und Quellen von Baustoffen und die Geschwindigkeit von Austrocknungsvorgängen z. B. von Holz, Beton, Mörtel oder Ziegel.

3.7 Diffusion

Diffusion bedeutet Stofftransport von A nach B infolge eines Konzentrationsunterschiedes. Sie findet in Gasen statt, in Flüssigkeiten und in Festkörpern. Konzentrationsunterschiede können zwei verschiedene Gase betreffen, Ionen in einer Flüssigkeit, Atome in einer Legierung etc. Die Diffusion beschreibt den Vorgang, der zu einem Konzentrationsausgleich führt, d. h. Atome, Moleküle, Gase wandern von der Stelle höherer Konzentration zu einer Stelle geringerer Konzentration. Auf ihrem Weg dorthin können sie physikalisch (Adsorption) oder chemisch (Reaktion) gebunden werden oder aber unbehelligt (inert) dort ankommen. Im Bauwesen gibt es für alle Fälle entsprechende Beispiele. Ein Wassermolekül wird physikalisch gebunden (siehe oben), ein CO_2-Molekül wird im Zementstein chemisch gebunden (Carbonatisierung), ein Methanmolekül durchquert unbehelligt eine Tankwand. In den Baustoffkapiteln werden Beispiele gezeigt und erläutert. Hier sollen die grundlegenden Zusammenhänge dargestellt werden.

Der Fall stationärer Diffusion liegt vor, wenn ein zeitlich konstantes Konzentrationsgefälle grad c (oder eindimensional dc/dx) einen Diffusionsstrom bewirkt. Dann gilt das 1. Fick'sche Gesetz

$$\dot{m} = -D \, \text{grad} \, c \qquad (136)$$

mit D = Diffusionskoeffizient [m² s⁻¹] und m [kg m⁻² s⁻¹]. Im Fall zeitlich veränderlicher Diffusion gilt das 2. Fick'sche Gesetz

$$\frac{\partial c}{\partial t} = \text{div} \, (D \, \text{grad} \, c), \qquad (137)$$

wobei D auch eine Funktion von c oder der Koordinaten sein kann. Im eindimensionalen Fall, der im Bauwesen sehr häufig vorkommt, lautet Gl. (137)

$$\frac{\partial c}{\partial t} = D \frac{\partial^2 c}{\partial x^2}, \qquad (138)$$

wobei D = const. Diese Differentialgleichung zeigt schon einen wichtigen Aspekt: Homologe Zustände treten auf, wenn $t \sim x^2$ oder $x \sim \sqrt{t}$. Wenn es z. B. um die Austrocknung von zwei Körpern geht, so wird die Zeit zum Erreichen ähnlicher Zustände vervierfacht, wenn sich die Dicke verdoppelt.

Für die Lösung der Gl. (138) stehen analytische und numerische Verfahren zur Verfügung, die verschiedenste Anfangs- und Randbedingungen berücksichtigen [41]. Für den häufigen Fall der Eindiffusion einer Substanz in eine dicke (halbunendliche) Wand gilt

$$\frac{c(x,t) - c_1}{c_2 - c_1} = \text{erf}\left(\frac{x}{2\sqrt{Dt}}\right) \qquad (139)$$

mit c_1 = Konzentration an der Oberfläche, c_2 = Anfangskonzentration im Körper und erf = „error function". Bild A.57 zeigt schematisch die Konzentrationsverteilung.

Die eindiffundierte Masse ist

$$M(t) = 2(c_1 - c_2)\left(\frac{Dt}{\pi}\right)^{\frac{1}{2}}. \qquad (140)$$

Diese Gleichung gilt auch für den Fall der Austrocknung bei vernachlässigbarem Übergangswiderstand. Die Front im Körper, bis zu der die Konzentrationsänderung vorgedrungen ist, kann näherungsweise aus Gl. (140) ermittelt werden, wenn der gekrümmte Konzentrationsverlauf durch eine Gerade angenähert wird:

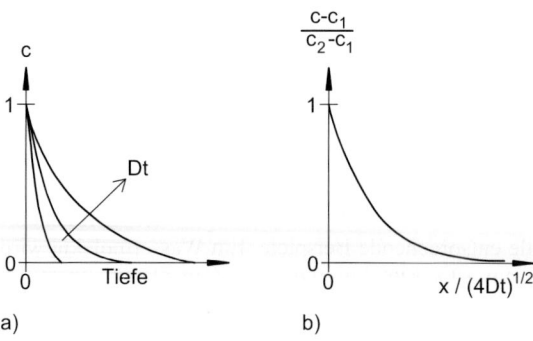

Bild A.57 Konzentrationsverteilungen

3 Transportmechanismen

$$\frac{1}{2}\bar{x}(c_1 - c_2) = M(t). \tag{141}$$

Damit liegt die Eindringfront bei

$$x = 4\left(\frac{Dt}{\pi}\right)^{\frac{1}{2}} \approx 2.25\sqrt{Dt}. \tag{142}$$

Diese Front schreitet ebenfalls als Funktion von $\sqrt{t}$ fort.

In vielen Fällen findet eine chemische Reaktion zwischen der eindiffundierenden Substanz und dem porösen Medium statt, z.B. bei der Carbonatisierung oder Chloridbindung durch Zementstein. Durch die chemische Reaktion sinkt also die Konzentration des diffundierenden Mediums und die Diffusion wird verlangsamt. Die Randbedingungen ändern sich also als Funktion der Zeit („moving boundary" [41]). Für den Fall, dass die chemische Reaktion im Vergleich zur Diffusion schnell verläuft, befindet sich die Eindringfront in einem Abstand x von der Oberfläche

$$x = 2Z\sqrt{Dt} \tag{143}$$

wobei Z aus der tranzendenten Gl. (144)

$$Z \, \mathrm{erf}(Z) \exp(Z^2) = \frac{C_{A0}}{C_{B0}} \frac{1}{\sqrt{\pi}} \tag{144}$$

folgt. C_{A0} ist die Anfangskonzentration des diffundierenden Mediums A an der Oberfläche, C_{B0} diejenige des Stoffes B, mit dem A reagiert. D ist der Diffusionskoeffizient von A im porösen Medium. Für kleine Werte von C_{A0}/C_{B0} gilt die Näherung $Z^2 = C_{A0}/C_{B0} << 1$ (z.B. Carbonatisierung). Gl. (143) enthält die wesentliche Tatsache, dass auch im Fall der chemischen Reaktion die Eindringfront als Funktion von $\sqrt{t}$ fortschreitet, nur eben langsamer. Wenn Diffusion und Reaktion nicht getrennt betrachtet (bzw. im Versuch gemessen) werden, wird mit einem wirksamen (oder effektiven) Diffusionskoeffizienten D_{eff} gerechnet, der aus Gl. (143) folgt: $D_{\mathrm{eff}} = Z^2 D$.

Bei der Behandlung der Diffusion wurde nicht zwischen den physikalisch verschiedenen Diffusionsprozessen Effusion, reine Diffusion, Oberflächendiffusion und Wasserinsel unterschieden. Effusion tritt auf, wenn die mittlere freie Weglänge λ der Moleküle größer als der Durchmesser der Pore ist (Knudsen-Zahl > 1). Die Werte von mittleren freien Weglängen einiger Gase (CO_2: 39,7 nm; He: 179,8 nm; H_2: 112,3 nm; N_2: 60,0 nm; O_2: 64,7 nm) zeigen, dass die kleineren Kapillarporen kleiner sind als λ, d.h. dort findet der Transport im Molekularbereich statt. Bei höherer Dampfkonzentration bildet sich ein Flüssigkeitsfilm auf den Porenwänden, der bei höherer Konzentration dicker ist als bei niedriger (Bild A.58).

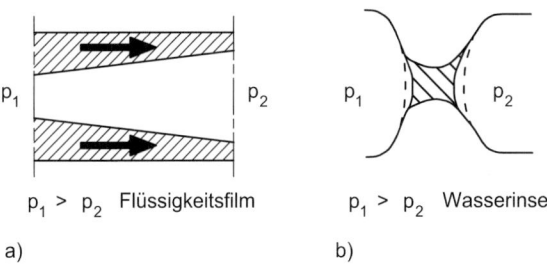

Bild A.58 Flüssigkeitsfilm und Wasserinsel als Mechanismen eines leistungsfähigen Transports

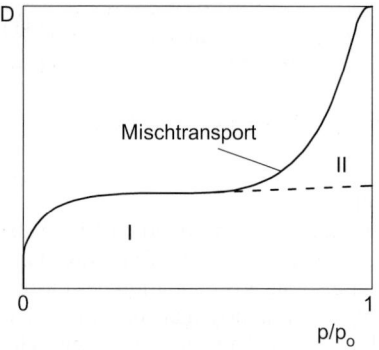

Bild A.59 Wasserdiffusionskoeffizient als Funktion des Partialdruckes. Bereich I: Effusion und reine Diffusion; Bereich II: Oberflächendiffusion und Wasserinseln

Es entsteht ein Flüssigkeitstransport in Richtung der geringeren Konzentration. Nach Klopfer [42] bilden sich an Porenverengungen Wasserinseln infolge Kapillarkondensation. Auf der Seite des höheren Druckes kondensiert die Flüssigkeit, während sie an der Seite geringeren Drucks wieder verdampft. Oberflächendiffusion und Wasserinseln erzeugen einen wesentlich leistungsfähigeren Transport als Effusion und reine Diffusion. Bei einem Stoff mit einer großen Verteilungsbreite der Porengröße finden alle Transportarten gleichzeitig statt und führen zu einem Mischtransport. Wenn der Diffusionskoeffizient als Funktion der Konzentration aufgetragen wird, ergibt sich dadurch ein S-förmiger oder auch exponentieller Verlauf (Bild A.59).

3.8 Elektroosmose

Der im Bauwesen wichtigste elektrokinetische Effekt ist die Elektroosmose. Diese tritt auf, wenn sich zwei Phasen entlang einer elektrochemischen Doppelschicht relativ zueinander bewegen. Ist die feste Phase in Form eines porösen, für die flüssige Phase durchlässigen Körpers festgelegt, so wird durch ein angelegtes elektrisches Feld die Flüssigkeit gegenüber der festen Phase in Bewegung gesetzt. Legt man an den Enden einer Kapillare, die mit einer

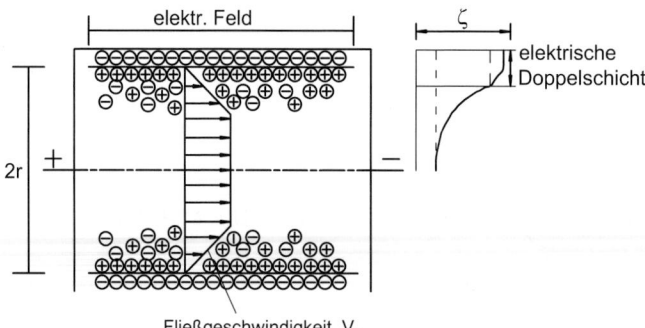

Bild A.60 Ladungsverteilung in einer Kapillare

3 Transportmechanismen

Elektrolytlösung gefüllt ist, eine Spannung an, so lädt sich die Flüssigkeit mit der höheren Dielektrizitätskonstante (z. B. Wasser) positiv auf und wandert zur negativen Elektrode. Die Kapillarwand lädt sich negativ auf. Bild A.60 zeigt die Ladungsverteilung in der Kapillare im Längs- und Querschnitt.

Die für die elektroosmotische Geschwindigkeit v gültige Beziehung lautet [43]

$$v = \frac{\varepsilon_0 U \zeta}{4\pi \, l \eta} \tag{145}$$

mit ε_0 = elektrische Feldkonstante, U = Spannungsdifferenz über die Länge l, ζ = Zetapotential (oder elektroosmotisches Potential) und η = dynamische Viskosität. In kleinen Kapillaren (Durchmesser < 30 nm) kann der elektrokinetische Rückfluss so groß werden, dass praktisch völlige Undurchlässigkeit entsteht. Für Mauerwerkstrocknung benötigt man einen Spannungsgradienten von ca. 1.000 V/m.

3.9 Gasdurchlässigkeit

Im Gegensatz zu Flüssigkeiten ist Gas leicht komprimierbar, weshalb das Darcy'sche Gesetz verändert werden muss. Der Durchfluss $\dot{m}$ beträgt analog zu Flüssigkeiten bei einem Druckgefälle dp/dx

$$\dot{m} = -\frac{K\rho}{\eta}\frac{dp}{dx}. \tag{146}$$

Mit Volumen $V = m/\rho$ und $pV = RT$ = const. ergibt sich

$$p_0 \dot{V}_0 = -\frac{K}{\eta}\frac{p\,dp}{dx} \tag{147}$$

und nach Integration über die Fließstrecke L

$$\dot{m} = \frac{K\rho}{\eta}\frac{p_1^2 - p_2^2}{2Lp_0} \tag{148}$$

oder, in Volumen ausgedrückt,

$$q = \frac{K}{\eta}\frac{p_1^2 - p_2^2}{2Lp_0} \tag{149}$$

mit der Durchflussrate q [m^3 s^{-1} m^{-2}], der spezifischen Durchlässigkeit K [m^2], der dynamischen Zähigkeit η, p_0 als Bezugsdruck und den Drücken p_1 und p_2 am Ein- und Ausgang durch das poröse Medium. Diese Beziehungen gelten für eine isotherme Gasströmung im stationären Zustand.

Das Eindringen eines Gases unter Druck in einen porösen Körper wird analog zu Gl. (118) und (149) beschrieben. Die Eindringfront befindet sich zu Zeit t bei

$$x = \left(\frac{2K}{\varepsilon\eta}\frac{p_1^2 - p_2^2}{p_0}t\right)^{\frac{1}{2}}. \tag{150}$$

Angenommen sind wiederum laminare Strömung und quasistationäres Verhalten.

3.10 Transport in nicht-porösen Stoffen

In Metallen, Kunststoffen, Gläsern und anderen nicht-porösen (massiven) Stoffen treten ebenfalls Transportvorgänge auf. So dringt z. B. beim Einsatzhärten von Stahl Kohlenstoff

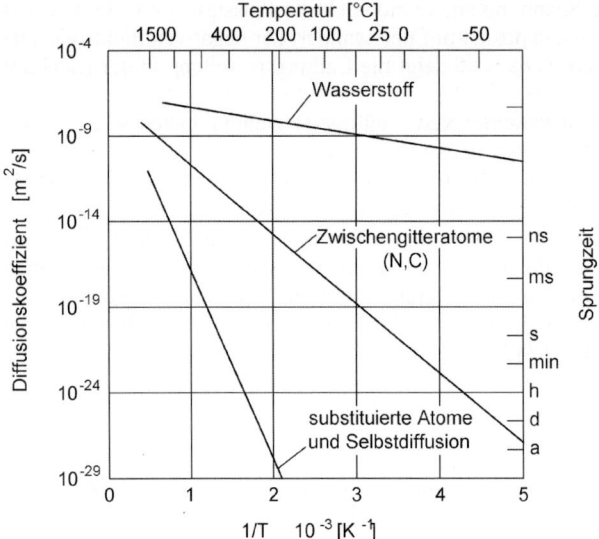

Bild A.61 Temperaturabhängigkeit des Diffusionskoeffizienten [43]

von außen in das Eisengitter ein, beim Glühen von Stahl wandern Atome und bilden neue Korngrenzen, beim Löten dringen Atome des Lots in den zu fügenden Werkstoff ein und bilden Mischkristalle. Bei der Wasserstoffversprödung wandert atomarer Wasserstoff entlang der Korngrenzen, vereinigt sich zu Wasserstoffmolekülen (H_2) und übt einen Sprengdruck aus, der zur Versprödung des Stahls führt. Diese Vorgänge können ebenfalls durch das 1. und das 2. Fick'sche Gesetz beschrieben werden. Die treibenden Kräfte sind Konzentration und Druck; die Diffusionsvorgänge laufen umso schneller ab, je höher die Temperatur ist. Die Temperaturabhängigkeit des Diffusionskoeffizienten lautet

$$D = a \exp\left(-\frac{Q}{RT}\right) \tag{151}$$

mit a und Q als stoffabhängigen Konstanten, der Gaskonstante R und der absoluten Temperatur T (siehe Bild A.61).

Bei der Lösungsdiffusion in Kunststoffen handelt es sich um den Vorgang, dass Atome oder Moleküle im Kunststoff löslich sind und aufgrund eines Konzentrationsunterschieds wandern. Formal gelten wiederum das 1. und das 2. Fick'sche Gesetz, wobei die Konzentration c gegeben ist durch

$$c = Sp \tag{152}$$

mit S = Löslichkeit und p = Druck. Das 1. Fick'sche Gesetz lautet dann im eindimensionalen Fall

$$\dot{m} = -SD\frac{dp}{dx} \tag{153}$$

und das 2. Fick'sche Gesetz

$$\frac{\partial c}{\partial t} = SD\frac{\partial^2 p}{\partial x^2}. \tag{154}$$

3 Transportmechanismen

Ruhende Flüssigkeiten und Gase können formal als nichtporöse Stoffe angesehen werden, in denen ebenfalls Diffusionsprozesse ablaufen. In der Bauphysik ist die Diffusion von Wasserdampf in Luft eine wichtige Größe, auf die die sog. Dampfdiffusionswiderstandszahl μ bezogen wird ($D = 25 \cdot 10^{-6}$ m^2 s^{-1} bei 20 °C). Der Transport von Chloridionen in der Porenflüssigkeit von Beton spielt eine wichtige Rolle bei der Dauerhaftigkeit von Stahlbetonkonstruktionen in oder am Meer oder bei Taumittelbelastung.

In den folgenden baustoffspezifischen Kapiteln kommen Beispiele zu den Transportmechanismen vor, wobei das Grundlagenwissen vorausgesetzt wird.

B Stahl

1 Allgemeines zur Festigkeit der Metalle

Stahl ist ein metallischer Stoff, der hauptsächlich aus Eisen besteht und im kalten oder warmen Zustand formbar ist. Nach außen erscheint ein Stück Stahl als homogener Stoff, d. h. ohne sichtbare Struktur und ohne Bevorzugung einer bestimmten Richtung. Wenn man jedoch die Stahloberfläche abschleift, poliert und mit geeignetem Verfahren ätzt, kann man unter dem Mikroskop deutlich Flächen und Linien verschiedenen Aussehens unterscheiden: Kristallite, die durch Korngrenzen voneinander getrennt sind. Man bezeichnet diesen Verband als Gefüge des Metalls. Die Kristallite sind aus einer regelmäßigen Folge von Elementarzellen aufgebaut, die von den Atomen nach einer bestimmten Anordnung gebildet werden. Diese Anordnung, die Gitteranordnung, hängt von dem Metall ab und kann sich bei verschiedenen Temperaturen unterschiedlich ausbilden. Bei Legierungen, z. B. aus Eisen und Kohlenstoff, ist der weniger vertretene Legierungsanteil entweder im Kristall des Hauptbestandteils gelöst (zwischen oder auf Atomplätzen des Gitters, Mischkristall) oder er formt eigene Kristalle und bildet dann ein Kristallgemisch. Die Abstände der einzelnen Atome in der Elementarzelle hängen von den Kräften ab, die zwischen ihnen wirken: den anziehenden zwischen freien Elektronen und Atomkernen und den abstoßenden zwischen Atomkernen einerseits und Elektronen andererseits. Diese sog. metallische Bindung wird wegen ihrer großen Festigkeit auch primäre Bindung genannt, im Vergleich zu sekundären Bindungen, die zwar auch auf elektrischen Eigenschaften beruhen (Dipol, van-der-Waals-Kräfte), jedoch wesentlich geringeren Zusammenhalt ergeben. In Bild B.1 ist schematisch der Verlauf der abstoßenden und anziehenden Kräfte dargestellt, sowie deren Resultierende, die den Atomabstand bestimmt [44]. Dass sowohl abstoßende als auch anziehende Kräfte wirksam sein müssen, geht daraus hervor, dass ein Material jeder Beanspruchung auf Druck oder Zug Widerstand entgegensetzt.

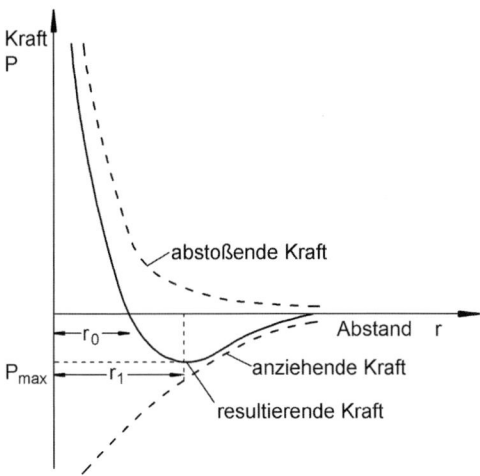

Bild B.1 Schematischer Verlauf der zwischen zwei Atomen wirksamen Kräfte, nach Houwink [44]

Die Größe dieses Widerstands kann nach Houwink [44] berechnet werden, wenn man die Konstanten der betreffenden Kristalle kennt; man kann sich diesen Widerstand anhand von Bild B.1 so veranschaulichen, dass eine Zugkraft den Abstand der Atome vergrößert und daher eine anziehende Kraft aktiviert (entsprechend der Kurve für die resultierende Kraft) und eine Druckkraft den Abstand der Atome verringert und damit eine abstoßende Kraft bewirkt. Das Maximum der resultierenden anziehenden Kraft ist beim Abstand r_1 erreicht, sodass eine weitere Erhöhung der äußeren Kraft die Trennung des Materials hervorrufen muss. In vielen Experimenten wurde versucht, diese theoretisch berechnete Kohäsionsfestigkeit zu bestätigen, jedoch wurden für die praktische Zerreißfestigkeit immer wesentlich kleinere Werte gefunden (ca. 1/500 bis 1/1000 der theoretischen).

Diese Diskrepanz rührt von Gitterbaufehlern her, die den Kraftverlauf und den Zusammenhang der Kristalle stören. Diese Fehler können Leerstellen sein, d. h. nicht besetzte Atomplätze, Mischkristalle, Versetzungen (s. u.), Korngrenzen oder Grenzflächen verschiedener Kristallarten [45]. Bei äußerer Beanspruchung wird an solchen Stellen ein Mikroriss entstehen, an dessen Front sich eine Spannungsspitze bildet und durch dessen Länge der Querschnitt geschwächt ist. Durch wiederholtes Überschreiten der Festigkeit an solchen Störstellen wird schließlich die Trennung des Materials erfolgen, ohne dass die eigentliche Kohäsionsfestigkeit überall gleichzeitig erreicht wurde.

Bei kristallinen Stoffen treten vor dem Bruch große plastische Verformungen auf, die auf Gleitungen entlang bestimmter bevorzugter Ebenen beruhen, den Ebenen mit der dichtesten Atombesetzung. Beim kubisch-flächenzentrierten Gitter (siehe Bild B.2) ist dies die Ebene, deren Normale die Würfeldiagonale ist. Aus Symmetriegründen gibt es vier gleichwertige Ebenen mit je drei Gleitrichtungen, sodass 12 Möglichkeiten für die Gleitung vorhanden sind. Im realen Fall gleitet das Material in der Richtung, in der die größte Schubspannung wirkt. Wie bei der Kohäsionsfestigkeit tritt die erste Gleitung ebenfalls viel früher auf, als es

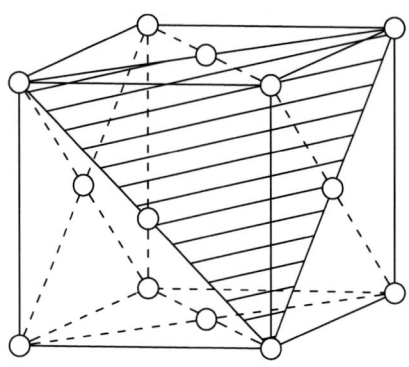

Bild B.2 Kubisch-flächenzentriertes Gitter mit einer eingezeichneten Gleitebene

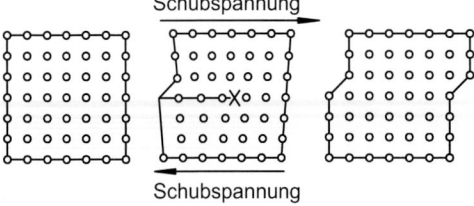

Bild B.3 Wandern einer Versetzung x, nach Houwink [44]

nach theoretischen Berechnungen sein dürfte. Der Grund dafür sind Versetzungen, die schon bei geringeren Spannungen zu wandern beginnen (Bild B.3).

Wenn eine große Anzahl von Versetzungen entstanden ist, ist die weitere plastische Verformung behindert, was sich in einem erhöhten Verformungswiderstand äußert. Es tritt eine Verfestigung des Materials ein.

2 Festigkeitsversuche

2.1 Zugversuch

Zur Beurteilung von Stählen werden Festigkeitswerte und Dehnungen im einachsigen Zugversuch mit stetig zunehmender Dehnung bestimmt. Die wichtigsten Begriffe werden hier gemäß DIN EN 10002-1 aufgeführt (Bild B.4). Eine Probe mit dem Ausgangsquerschnitt S_0 wird durch eine Kraft F gleichmäßig beansprucht und gedehnt. Ist eine bestimmte Kraft erreicht, beginnt sich das Material plastisch zu verformen, wobei bei vielen Metallen ein Abfall der Kraft auftritt. Im Laufe der folgenden Verfestigung wird die Höchstlast erreicht, die mit der Probeneinschnürung wieder abfällt. Nacheinander werden folgende Festigkeitswerte $R = F / S_0$ erreicht:

R_p: Proportionalitätsgrenze, die die Grenze des Hooke'schen Bereichs angibt. Sie ist messtechnisch nicht einwandfrei zu bestimmen und wird angenähert durch $R_{p0,01}$

$R_{p0,01}$: technische Elastizitätsgrenze, bei der eine bleibende Dehnung von 0,01 % vorhanden sein darf

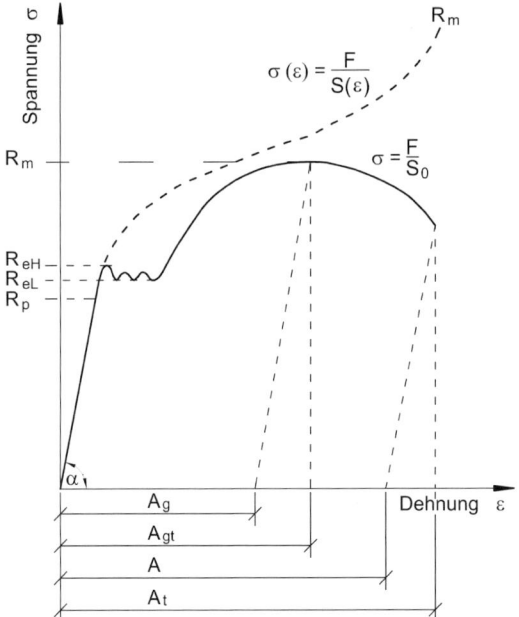

Bild B.4 Spannungs-Dehnungs-Diagramm eines Stahls mit ausgeprägter Streckgrenze

R_{eH}: obere Streckgrenze (high), die allgemein als Streckgrenze verwendet wird
R_{eL}: untere Streckgrenze (low)
R_m: Zugfestigkeit
$R_{p0,2}$: 0,2-Dehngrenze (auch 0,2-Grenze), bei der eine bleibende Dehnung von 0,2 % auftritt. Sie wird bei Stählen ohne ausgeprägte Streckgrenze bestimmt (Bild B.5).
α: tan $\alpha = \Delta\sigma / \Delta\varepsilon$ = Elastizitätsmodul, bei Stahl 190.000 bis 210.000 N/mm² oder MPa.

Das σ–ε-Diagramm nach Bild B.4 oder B.5 stellt nicht die wahre Spannung dar, die im Stab wirkt, da sich gleichzeitig mit der Längsdehnung eine Querkontraktion einstellt: Bei zähen Werkstoffen wie z. B. Baustählen folgt vor dem Bruch außerdem noch eine Einschnürung, die den Querschnitt stark reduziert. Bild B.4 zeigt im Vergleich zur „normalen" σ-ε-Linie gestrichelt auch die Linie für die wahre Spannung σ_{eff}, die auf den jeweils vorhandenen Querschnitt bezogen ist und deren Höchstwert im Augenblick des Bruches die Reißspannung ist. Die Bestimmung der wahren σ–ε-Linie macht die häufige Messung des Querschnitts erforderlich, sodass ein Zugversuch sehr aufwendig wird. In praktischen Versuchen begnügt man sich daher mit der Berechnung von $\sigma = F / S_0$.

Zur Kennzeichnung der plastischen Verformung werden die Bruchdehnung und die Brucheinschnürung am geprüften Stab bestimmt. Dazu wird der Probestab mit Anrissen in jeweils gleichem Abstand versehen, sodass an einer bestimmten Messlänge die bleibende Verformung gemessen werden kann. Die Bruchdehnung setzt sich dann aus der Gleichmaßdehnung, die über dem ganzen Stab gleichmäßig auftritt, und der Einschnürdehnung zusammen. Da in der Einschnürstelle die höchsten Dehnwerte auftreten, ist es bei der Angabe der Bruchdehnung wichtig, die Messlänge mit anzugeben, da sich für kurze Messlängen die Einschnürdehnung stärker bemerkbar macht. Um einfach vergleichen zu können, werden „kurze" oder „lange" Proportionalstäbe (l_0 = 5 oder 10 φ) verwendet, die die Bruchdehnung A_5 oder A_{10} liefern. Bild B.6 zeigt schematisch den Verlauf der plastischen Dehnung eines zähen Stahls.

Zur weiteren Kennzeichnung der Verformbarkeit dient die Bruch-Einschnürung Z,

$$Z = (S_0 - S) / S_0 \cdot 100 \; [\%], \tag{155}$$

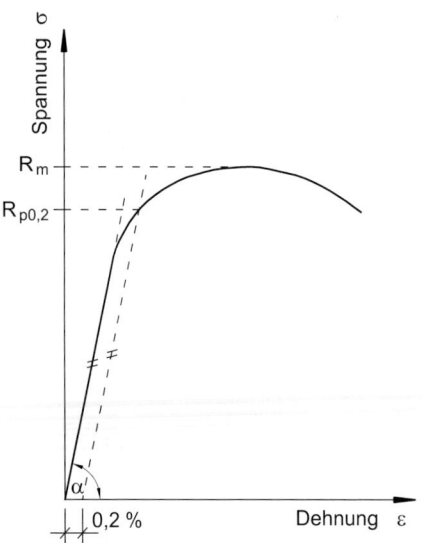

Bild B.5 Spannungs-Dehnungs-Diagramm eines Stahls ohne ausgeprägte Streckgrenze

2 Festigkeitsversuche

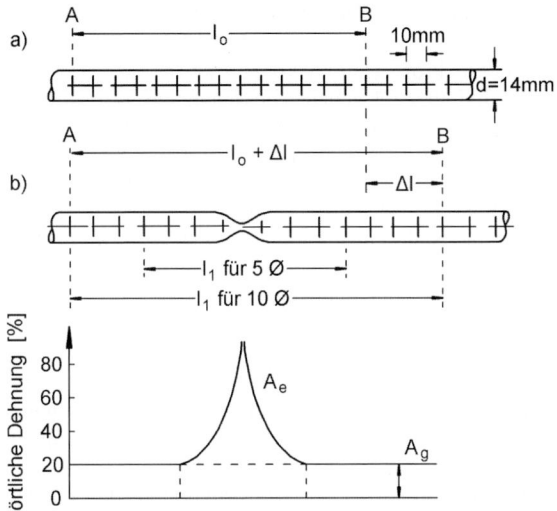

Bild B.6 Zugstab a) vor und b) nach dem Versuch; A_g Gleichmaßdehnung, A_e Einschnürdehnung mit $A = (l_1 - l_0)/l_0 = \Delta l / l_0$

die aus der Querschnittsabnahme, bezogen auf den Ausgangsquerschnitt, berechnet wird. (Wenn sich der Stab einschnürt, treten in der Einschnürstelle Spannungen quer zur Stabachse auf, sodass ein räumlicher Spannungszustand erzeugt wird. Die einfache Berechnung $\sigma(\varepsilon) = F / S$ ist dann auch nicht genau; exakte Ergebnisse liefert eine Berechnung nach Siebel und Schwaigerer [46].) Nimmt man in der Bruchzone Volumenkonstanz während der Dehnung an, so hängen die örtliche Einschnürdehnung A_e und die Einschnürung Z wie folgt zusammen:

$$A_e = Z / (1 - Z). \tag{156}$$

2.2 Härteprüfungen

Während die Oberflächenhärte, d. i. der Widerstand, den ein Material dem Eindringen eines Körpers entgegensetzt, als Festigkeitswert im Bauwesen selten wichtig ist, ist sie doch ein hilfreiches Mittel zur indirekten Zugfestigkeitsprüfung. In Fällen, in denen kein Zugstab hergestellt werden kann, wird die Oberflächenhärte entweder am fertigen Bauwerk oder an kleinen Proben gemessen und mithilfe eines statistischen Zusammenhangs zwischen Härte und Zugfestigkeit in die Zugfestigkeit umgerechnet.

Für die im Bauwesen verwendeten Stähle wird die Härteprüfung nach Brinell angewandt, bei der eine gehärtete Stahlkugel (Durchmesser D [mm]) mit einer bestimmten Kraft F [N] eine bestimmte Zeit in die Oberfläche des Prüfstücks eingedrückt wird. Die auf die Eindruckkalotte (Durchmesser d [mm]) bezogene Kraft ist dann ein Maß für die Härte nach Brinell (DIN EN 6506):

$$HBW = \frac{0{,}102 \cdot 2F}{\pi D (D \sqrt{D^2 - d^2})}. \tag{157}$$

Für Baustähle wurde folgende Umrechnung der Härte in die Zugfestigkeit gefunden:

$$R_m = 3{,}5\, HBW. \tag{158}$$

Für Härtemessungen am Bauwerk werden solche Geräte verwendet, die entweder einen Eindruck erzeugen (Poldihammer, Brinellmeter, Baumanngerät) oder bei denen die Rückprallhöhe einer Kugel gemessen wird. Diese Prüfverfahren können zwar mit Erfolg für Übersichtsmessungen verwendet werden, sind aber für genaue Messungen zu grob.

2.3 Dauerstandversuch

Wie alle realen Materialien unterliegt auch der Stahl einer zeitabhängigen Verformung, die daher rührt, dass die Atome durch die äußere Beanspruchung aus ihrer Gleichgewichtslage gekommen sind und ein Teil davon eine neue Gleichgewichtslage nicht sofort findet. Vielmehr erreichen sie erst durch Diffusion oder durch Weiterwandern von Versetzungen die neue Lage. Da die Diffusionsgeschwindigkeit und auch die Wanderung von Versetzungen von der Temperatur und von der Spannung abhängig sind, ist zu erwarten, dass die durch sie verursachten Kriechverformungen mit steigender Temperatur und Spannung zunehmen. Bei Überschreitung einer bestimmten Grenzspannung hört das Kriechen nicht mehr auf, sodass der Bruch eintritt. Die Untersuchung des Kriechens ist daher vor allem bei Stählen hoher Festigkeit notwendig und bei Stählen solcher Konstruktionen, die ständig höheren Temperaturen ausgesetzt sind.

Das Kriechen wird an Zugproben im Dauerstandversuch unter konstanter Last untersucht (DIN EN 10291). Dazu werden verschiedene Proben verschieden hohen Spannungen unterworfen, ihre Dehnungen werden gemessen und in Abhängigkeit von der Zeit im doppeltlo-

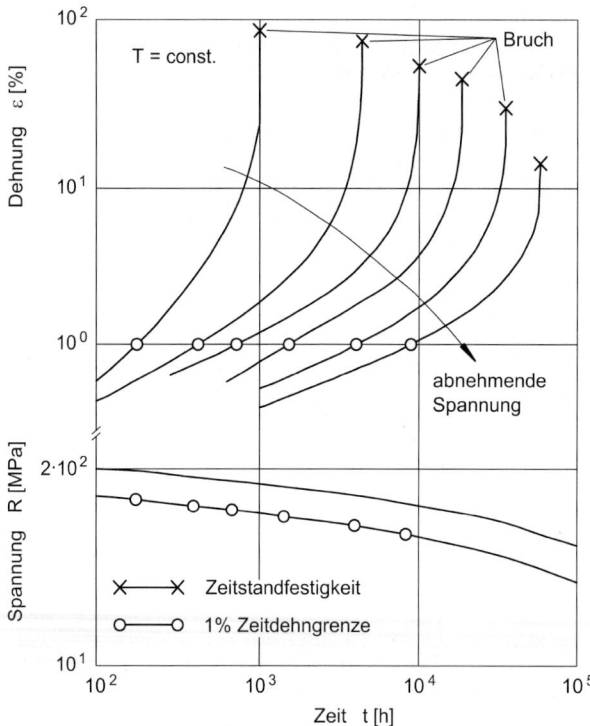

Bild B.7 Zeit-Dehn-Schaubild (oben) und Zeit-Stand-Schaubild (unten) nach DIN EN 10291

2 Festigkeitsversuche   67

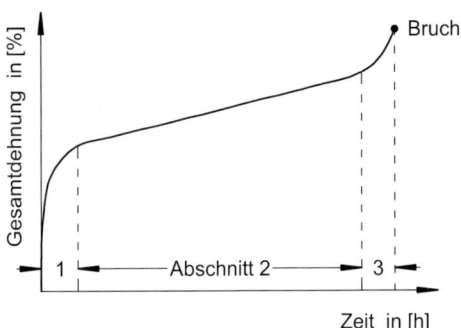

Bild B.8 Schematisches Zeit-Dehn-Schaubild

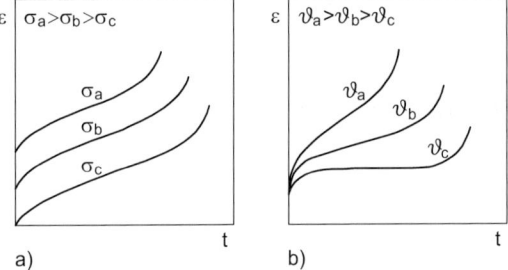

Bild B.9 Abhängigkeit der Kriechkurven von Spannung und Temperatur

garithmischen Maßstab aufgetragen. Solche Versuche werden jeweils im relevanten Temperaturgebiet durchgeführt. Bild B.7 zeigt schematisch die Ergebnisse solcher Versuche, wobei das obere Diagramm mit der Spannung als Parameter die Gesamtdehnung in Abhängigkeit von der Zeit wiedergibt, während die untere Darstellung, abgeleitet aus der oberen, die Beanspruchung in Abhängigkeit von der Zeit zeigt. Sinngemäß zur viskosen Formänderung unter konstanter Spannung und unter konstanter Dehnung könnte man das obere Bild als Kriechdiagramm, das untere als Relaxationsdiagramm auffassen.

Grundsätzlich sehen alle Kriechkurven ähnlich aus wie Bild B.8. Sie weisen drei deutlich verschiedene Abschnitte auf: Der 1. Abschnitt ist gekennzeichnet durch eine abnehmende Kriechgeschwindigkeit, die im 2. Abschnitt konstant bleibt und im 3. Abschnitt wieder zunimmt. Man erklärt sich das Verhalten so, dass im 1. Abschnitt die Versetzungen an Hindernissen wie Korngrenzen oder Ausscheidungen gebremst werden und erst durch zusätzliche Energie weiterlaufen, die z. B. frei wird, wenn andere Versetzungen an anderen Hindernissen zum Stillstand kommen (Verfestigung). Die Abnahme der Kriechgeschwindigkeit dauert so lange an, bis ein Gleichgewichtszustand zwischen freier und behinderter Wanderung der Versetzungen eingetreten ist; damit bleibt die Dehngeschwindigkeit konstant. Werden die durch das Kriechen hervorgerufenen Gleitungen so groß, dass Mikrorisse entstehen, dann nimmt die Kriechgeschwindigkeit zu bis zum Bruch (3. Abschnitt). Temperatur und Spannungserhöhung wirken gleichsinnig, wie es im Bild B.9 schematisch dargestellt ist. Mit zunehmender Temperatur tritt jedoch der Fall ein, dass der 2. Abschnitt ganz wegfällt und die Dehngeschwindigkeit nach anfänglicher Abnahme nach kurzer Zeit stark zunimmt. Durch solche Versuche lassen sich Dehn- oder Spannungsgrenzen für eine bestimmte Lastdauer ermitteln, die als Zeitdehngrenze oder Zeitstandfestigkeit bezeichnet werden.

Um die Spannung zu bestimmen, die ein Stab „unendlich" lange aushält – die wahre Dauerstandfestigkeit –, oder die Spannung, bei der die Kriechgeschwindigkeit gerade noch auf den Wert null abfällt – die wahre Kriechgrenze –, müssten auch ebenso lang dauernde Versuche durchgeführt werden. Des Aufwands wegen versucht man, in kürzeren Versuchen solche Ergebnisse zu erzielen, aus denen durch Extrapolation auf das Langzeitverhalten geschlossen werden kann.

2.4 Dauerschwingversuch

Eine schwingende Beanspruchung kann im Zug-, Druck-, Biege- oder Torsionsversuch aufgebracht werden, doch hat sich für Stähle des Bauwesens der einachsige Zug- oder Zug/Druckversuch als brauchbarster Versuch herausgestellt. Die Versuche werden nach dem Wöhlerverfahren und in neuerer Zeit auch in programmierten Abfolgen von Beanspruchungsspektren durchgeführt (siehe Abschnitt A 2.5).

2.5 Kerbschlagbiegeversuch, Faltversuch

Ein mehrachsiger Zugspannungszustand und eine hohe Verformungsgeschwindigkeit begünstigen spröde Brüche (Trennbrüche). Da diese Bruchart gerade bei Baukonstruktionen sehr gefürchtet ist, sollten Baustähle möglichst nicht sprödbruchempfindlich sein. Im Kerbschlagbiegeversuch (DIN EN 10045) sind hohe Verformungsgeschwindigkeit und mehrachsiger Zugspannungszustand kombiniert, wie die folgende Versuchsbeschreibung deutlich macht. Mit einem Pendelhammer wird mit einer Geschwindigkeit von 5 bis 7 m/s eine gekerbte Probe (Bild B.10) durch einen einzigen Schlag durchgebrochen oder durch die Auflager gezogen. Dabei entsteht im Kerbgrund, der in der Biegezugzone liegt, ein mehrachsiger Spannungszustand: In ihm entsteht eine Spannungsspitze, die auch eine erhöhte Querkontraktion zur Folge hat. Ihre freie Dehnung ist jedoch zum einen durch die weniger gedehnten Nachbarbereiche behindert, zum anderen ruft sie eine Umlenkung der Kraftlinien hervor, die wiederum eine Zugspannungskomponente in Schlagrichtung erzeugt. Sprödbruchempfindliche Materialien brechen unter diesen Bedingungen glatt durch – mit geringer Schlagarbeit –, zähe Stoffe verformen sich stark und benötigen eine hohe Schlagarbeit. Die aufgewendete Arbeit ist somit ein Maß für die Sprödbruchempfindlichkeit und bestimmt die Kerbschlagzähigkeit als Arbeit, bezogen auf den Querschnitt vor dem Versuch [J/cm^2].

Neben dem Nachweis von Alterung, Werkstoffschädigung und Warmversprödung wird der Kerbschlagbiegeversuch vor allem zur Untersuchung der Kaltsprödigkeit herangezogen, der Eigenschaft fast aller Stähle, mit zunehmender Abkühlung zu verspröden. Der Versuch wird dann bei verschiedenen Temperaturen ausgeführt, die Kerbschlagzähigkeit wird in Abhängigkeit von der Temperatur dargestellt (Bild B.11). Bei höheren Temperaturen treten vornehmlich Verformungsbrüche auf (Hochlage), daran anschließend folgt ein Übergangsgebiet mit stark streuenden Kerbschlagzähigkeiten (Steilabfall) und bei weiterer Abkühlung

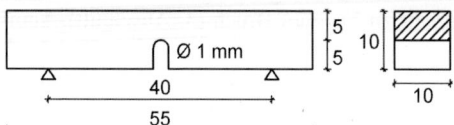

Bild B.10 Kerbschlagbiegeprobe nach DIN EN 10045

3 Stähle für den Stahlbau

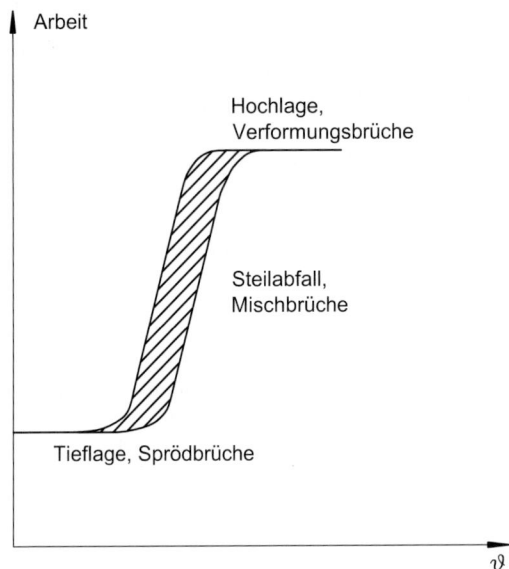

Bild B.11 Kerbschlagzähigkeit in Abhängigkeit von der Temperatur, schematisch

ein Gebiet mit sprödem Werkstoffverhalten (Tieflage). Im Bereich der Tieflage sollten Baustoffe aus Sicherheitsgründen nicht verwendet werden.

Ein einfacherer Versuch zur Untersuchung der Sprödigkeit ist der Faltversuch (Stahl-Eisen-Prüfblatt 1390). Bei diesem wird ein Flach- oder Rundstab mit einem Dorn durch zwei Rollen hindurchgebogen; gemessen wird der Biegewinkel, der beim ersten Anriss oder beim Durchbrechen erreicht war. Der Versuch ist sehr nützlich zur Untersuchung der Schweißbarkeit von Stählen; dazu wird auf die Zugseite der Probe eine Schweißraupe gelegt und die Biegewinkel von geschweißter und ungeschweißter Probe werden miteinander verglichen (Aufschweißbiegeversuch). Das Bruchbild gibt ebenfalls einen guten qualitativen Hinweis auf die Schweißbarkeit des Stahls.

3 Stähle für den Stahlbau

Im Hoch-, Tief- und Brückenbau werden unlegierte oder niedriglegierte Stähle verwendet. In Form von Stahlguss wurden vor allem räumlich anspruchsvolle Knoten hergestellt. Die Eigenschaften von Stahlguss sind den Eigenschaften von Walzprofilen gleichwertig, siehe auch DIN EN 1681. Als unlegiert bezeichnet man einen Stahl, der neben Kohlenstoff und den aus dem Rohstoff stammenden Begleitelementen wie Phosphor und Schwefel keine Zusätze enthält, die nicht für die Herstellung und Verarbeitung nötig wären. Niedriglegiert ist ein Stahl, der weniger als 5 % an besonderen Legierungselementen enthält.

Die mechanischen Eigenschaften der unlegierten Stähle werden im Wesentlichen durch die Höhe des Kohlenstoffanteils variiert. Der Kohlenstoff bestimmt Streckgrenze, Zugfestigkeit, Bruchdehnung und Schweißbarkeit ebenso wie die Eignung zur Wärmebehandlung. Bild B.12 zeigt den starken Einfluss des Kohlenstoffgehalts auf die Zugfestigkeit und die Streckgrenze: Eine Kohlenstoffanreicherung von je 0,1 % erhöht die Zugfestigkeit um rd. 90

MPa, die Streckgrenze nimmt um rd. 40 bis 50 MPa zu. Der Kohlenstoff bildet entweder Mischkristalle mit dem Eisen oder ist als Eisenkarbid (metallurgisch: Zementit) im Stahl vorhanden. Beide Formen steigern die Härte und die Festigkeit, da das Abgleiten der Kristalle behindert wird. Da im Roheisen ohnehin rd. 3 bis 4 % C enthalten sind, könnte man auf den Gedanken kommen, möglichst viel Kohlenstoff zuzulegieren und damit die Festigkeit der Stähle auf eine billige Art zu erhöhen. Doch ein Blick auf die Kurven für Bruchdehnung und Brucheinschnürung zeigt den Nachteil einer solchen Legierung: Solche Stähle sind spröde und im Hinblick auf die Sicherheit der Bauwerke gefährlich. In der Regel besitzen daher die Baustähle rd. 0,15 bis 0,25 Gew.-% C und die Festigkeit muss durch Zugabe anderer Elemente, z. B. Mangan, erhöht werden.

Wie schon erwähnt, hängt auch die Eignung des Stahls zur Wärmebehandlung vom Kohlenstoffgehalt ab. Da das Härten des Stahls auf einem behinderten Diffusionsprozess beruht, bei dem die Kohlenstoffatome nicht genug Zeit haben, aus dem Kristallgitter des Eisens herauszuwandern, ist es ganz natürlich, dass mit zunehmendem Kohlenstoffgehalt die Verspannung des Kristallgitters und damit Härte, Festigkeit und Sprödigkeit ansteigen. Ein Stahl mit 0,2 % Kohlenstoff kann von rd. 370 MPa Zugfestigkeit auf rd. 900 MPa gebracht werden. Das Verformungsvermögen geht beim Härten jedoch praktisch auf null zurück. Durch sorgfältiges Anlassen lässt sich die Verformbarkeit wiederherstellen, sodass durch gezielte Wärmebehandlung praktisch jedes gewünschte Verhältnis von Zugfestigkeit zu

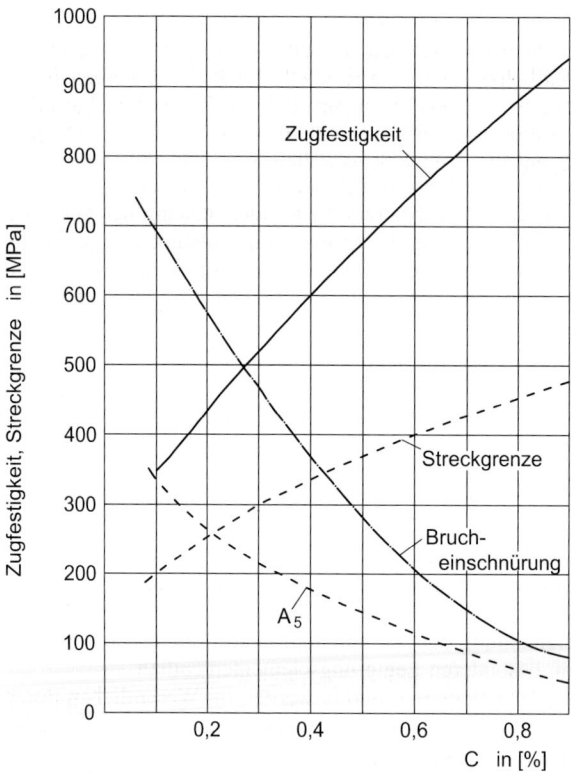

Bild B.12 Mechanische Eigenschaften gewalzter unlegierter Stähle in Abhängigkeit vom C-Gehalt [47]

Verformbarkeit (gemessen in Brucheinschnürung oder Biegewinkel im Faltbiegeversuch) gewonnen werden kann (siehe Abschnitte B 4 und B 5, Beton- und Spannstähle).

Eine sehr wichtige Güteeigenschaft der Stähle ist die Schweißbarkeit, da heute in allen Bereichen des Bauwesens die meisten Verbindungen geschweißt werden. Neben den Elementen Schwefel und Phosphor bestimmt der Kohlenstoff die Schweißeignung [47]. Denn beim Schweißen wird der Stahl über die Umwandlungstemperatur erhitzt und bei rascher Abkühlung örtlich gehärtet, wenn zu viel Kohlenstoff vorhanden ist. Unlegierte Stähle bis rd. 0,22 % Kohlenstoff sind erfahrungsgemäß ohne Schwierigkeiten zu schweißen, während bei höheren C-Gehalten der Grundwerkstoff vorgewärmt oder durch geeignete Schweißfolge dafür gesorgt werden muss, dass die Schweißstelle langsam abkühlt.

Phosphor gelangt aus phosphorhaltigen Eisenerzen in den Stahl. Phosphor erhöht die Festigkeit und gleichzeitig die Sprödigkeit. Da die Sprödigkeit aus Sicherheitsgründen unerwünscht ist, ist der P-Gehalt beschränkt auf höchstens 0,035 %, bei Baustählen für höhere Anforderungen auf 0,025 %.

Erz und Kohle bringen bei der Roheisengewinnung Schwefel in den Stahl. Schwefel fördert die Rotbrüchigkeit und die Schweißrissigkeit, d. h. Erweichungen bei höheren Temperaturen, die auf das gebildete Eisensulfid zurückgehen, das schon bei 988 °C schmilzt. Der Schwefelgehalt darf in den Baustählen daher 0,035 % nicht überschreiten.

Als besonders gefährliches Element ist Stickstoff im Stahl enthalten. Zunächst gasförmig aufgenommen und im Eisen gelöst, diffundiert der Stickstoff, insbesondere nach einer eventuellen Kaltverformung, an die Korngrenzen, wo er sich als Eisennitrid ausscheidet. Die Folge ist eine Versprödung des Stahls, die sich durch geringe Kerbschlagzähigkeit und Bruchdehnung ausweist. Da der Ausscheidungsprozess Zeit in Anspruch nimmt, tritt die Sprödigkeit erst ab einem gewissen Stahlalter auf, der Vorgang wird deshalb als „Altern" bezeichnet. Um die Alterungsempfindlichkeit schneller feststellen zu können, werden die zu untersuchenden Stähle durch Kaltverformen und Erhitzen auf 100 bis 300 °C künstlich gealtert und anschließend einem Kerbschlagbiegeversuch unterworfen. Zeigt sich eine Verschlechterung der Zähigkeit gegenüber dem unbehandelten Stahl, so wird man einen solchen Stahl von der Anwendung, insbesondere in Schweißkonstruktionen, ausschließen. Neben der Alterungsneigung zeigt ein solcher Stahl auch Blausprödigkeit, die im Temperaturgebiet von 300 °C, entsprechend einer blauen Anlassfarbe, auftritt. Diese Art der Versprödung wird ebenfalls auf hohen Stickstoffgehalt zurückgeführt, wobei ein hoher Phosphorgehalt die Alterungserscheinung noch verstärkt.

Obwohl hier nicht die Stahlherstellung behandelt werden soll, wird im Folgenden kurz darauf hingewiesen, wie der Stickstoffgehalt im Stahl gesenkt werden kann. Beim Sauerstoffaufblasverfahren (LD-Verfahren von Linz-Donawitz) wird Sauerstoff von oben auf das Stahlbad geblasen und damit die Berührung mit Stickstoff vermieden. Im LDAC-Verfahren (Linz-Donawitz-Arbed-Centre-National-Verfahren) wird mit dem Sauerstoff noch Kalk zugegeben, was das Verfahren für phosphorreiches Roheisen brauchbar macht. Eine andere Möglichkeit ist, unmittelbar vor dem Vergießen (rd. 0,2 %) Aluminium zuzugeben, das eine hohe Affinität zu Sauerstoff und Stickstoff besitzt, den Stickstoff bindet und in die Schlacke abführt. Da Aluminium gleichzeitig den Sauerstoff bindet, beruhigt es den Stahl. Unberuhigt nennt man einen Stahl, der zwar mithilfe von Mangan desoxidiert wurde, jedoch noch so viel Sauerstoff enthält, dass er mit dem Kohlenstoff Kohlenoxidgas bildet und dadurch eine wallende Bewegung in der Schmelze hervorruft. Im gegossenen Block verbleiben Blasen und Schlackeneinschlüsse, die die Eigenschaften des Stahls verschlechtern.

Neben Aluminium verwendet man zum Beruhigen auch Silizium, welches in Form von Ferrosilizium oder als Legierung mit Aluminium zugegeben wird. Die entstehenden Verbindungen gehen, abgesehen von geringen Spuren, in die Schlacke. Daneben wird hochwertigen Baustählen Silizium zulegiert, um die Festigkeit und die Streckgrenze zu erhöhen. Durch Silizium wird auch die Härtbarkeit des Stahls verbessert.

Ebenfalls zur Erhöhung der Festigkeit und für eine bessere Eignung zur Wärmebehandlung wird Mangan bis 2 % zugesetzt. Da durch den Mangangehalt der Kohlenstoffgehalt verringert werden kann, tritt beim Schweißen keine örtliche Härtung und Versprödung auf. Man erzielt also mit Mangan einen Stahl hoher Festigkeit und guter Schweißbarkeit.

Ein anderes Legierungselement, welches in zunehmendem Maße verwendet wird, ist Kupfer. Kupfergehalte über 0,5 % steigern die Zugfestigkeit, die Streckgrenze und die Härte, verringern die Dehnung und verschlechtern die Warmformbarkeit (bei Gehalten unter 0,5 % Cu werden die mechanischen Eigenschaften nur unmerklich beeinflusst). Im Bauwesen werden Stähle mit weniger als 0,55 % Kupfer verarbeitet, um die Korrosionsbeständigkeit zu erhöhen. Kupferhaltiger Stahl rostet zwar auch, bildet jedoch auf der Oberfläche eine dichte Oxidschicht, die die Rostungsgeschwindigkeit stark abbremst, sodass es möglich ist, solche Stähle ohne Schutzbehandlung einzusetzen.

Die „unlegierten Baustähle" – das sind diejenigen, die im Bauwesen verwendet werden – sind in der DIN EN 10025 aufgeführt. Zur Kurzbezeichnung des Stahls werden die Streckgrenze in N/mm^2 und die vorgesehene Beanspruchung herangezogen; z.B. bedeutet S235J2 ein Stahl mit 235 N/mm^2 Streckgrenze und 360 bis 510 N/mm^2 Zugfestigkeit für hohe Anforderungen. Dabei beziehen sich die Anforderungen vor allem auf die Schweißeignung, die im Allgemeinen mithilfe des Kerbschlagbiegeversuchs an unbehandelten Proben geprüft wird. Außer einer gewährleisteten Zugfestigkeit wird für alle Stähle je eine Mindeststreckgrenze und eine Mindestbruchdehnung gefordert, um einerseits für einen großen Spannungsbereich elastisches Verhalten und andererseits auch bei statischer Beanspruchung für die Sicherheit der Bauwerke ausreichende Zähigkeit zu haben. Von den elf Stählen, die in der DIN EN 10025 aufgeführt sind, sind für den Bauingenieur in erster Linie die Stähle S235 und S355 wichtig, da diese vorzugsweise im Stahlhochbau und -brückenbau verwendet werden. Zur besseren Übersicht gibt Tabelle B.1 einen Auszug aus DIN EN 10025 wieder.

Tabelle B.1 Auszug aus DIN EN 10025, chemische Zusammensetzung und geforderte Festigkeitswerte von Stahlsorten

Stahlsorte nach EN 10027-1[1]	Desoxydationsart[1]	Chemische Zusammensetzung nach der Schmelzanalyse für Flach- und Langerzeugnisse in %, max.[2]					Mechanische Eigenschaften			Alte Bezeichnung[5]
		C[3]	Mn	Si	P	S	N	Streckgrenze[3] min. R_{eH} N/mm^2	Zugfestigkeit[4] R_m N/mm^2	Bruchdehnung[4] %	
S235JR	FN	0,17	1,40	–	0,035	0,035	0,012	235	360 bis 510	26	St 37-2
S235J0	FN	0,17	1,40	–	0,030	0,030	0,012	235		26	St 37-3U
S235J2	FF	0,17	1,40	–	0,025	0,025	–	235		24	St 37-3N
S355J0	FN	0,20	1,60	0,55	0,035	0,035	0,012	355	510 bis 680	22	St 52-3U
S355J2	FF	0,20	1,60	0,55	0,025	0,025	–	355		22	St 52-3N

[1] FN = unberuhigt nicht zulässig, FF = voll beruhigt
[2] Cu: max. 0,55 %
[3] für Nenndicken ≤ 16 mm, dickenabhängig
[4] in der Norm dickenabhängig
[5] nach ehem. DIN 17100

S235

Der S235 mit höchstens 0,035 % Phosphor wird in der Regel im LD- oder LDAC–Verfahren hergestellt. Der Stahl genügt mittleren Anforderungen und kann somit für alle Konstruktionsteile im Hoch- und Brückenbau verwendet werden, vorausgesetzt die Festigkeit reicht aus. Der Höchstwert des Stickstoffgehalts von 0,012 % ist so niedrig, dass nach Kaltverformung und Auslagerung keine Alterungssprödigkeit zu erwarten ist. Der Behandlungszustand – unbehandelt (AR), normalgeglüht (N) oder thermomechanisch gewalzt (M) – ist in der Norm angegeben, da dicke Teile durch plötzliche Abkühlung nach dem Walzen Aufhärtungen und Eigenspannungen erleiden, die für die Weiterverarbeitung schädlich und für die Sicherheit gefährlich sind. Deshalb werden Bleche über 25 mm Dicke in der Regel nach dem Walzen bis über die Umwandlungstemperatur von α- in γ-Eisen erhitzt und anschließend langsam abgekühlt. Es entsteht dabei ein gleichmäßiges, feines Korn, das Normalgefüge des behandelten Stahls.

S355

Der S355 ist ein niedriglegierter Stahl mit ≤ 0,55 % Silizium und ≤ 1,60 % Mangan, die beide die Streckgrenze und die Zugfestigkeit erhöhen. Der Kohlenstoffgehalt von 0,2 % gewährleistet gute Schweißbarkeit und Zähigkeit. Der zulässige Stickstoffgehalt von 0,012 % ist nicht schädlich, da er von den Zusätzen beim beruhigten Vergießen (Aluminium) gebunden wird. Durch das besonders beruhigte Vergießen erhält der Stahl ein feines und gleichmäßiges Gefüge (Feinkornstahl). Wegen seiner hohen Festigkeit und der guten technologischen Eigenschaften wird der S355 für hoch beanspruchte Konstruktionen vor allem im Brückenbau eingesetzt.

Im Folgenden werden die beiden Stähle näher erläutert, insbesondere wird deren mechanisches Verhalten beschrieben. In der Regel werden beide Stähle gleichwertig behandelt, doch wenn die charakteristischen Unterschiede klein sind, wird nur einer davon genauer behandelt und dessen Unterschied zum anderen kurz dargestellt.

3.1 Spannungs-Dehnungs-Linie unter zügiger Beanspruchung

Bild B.13 zeigt das σ-ε-Diagramm, wie es im einachsigen Zugversuch an einem S235 erhalten wurde. Charakteristische Merkmale dieses unlegierten Kohlenstoffstahls sind der zunächst gerade Bereich (Hooke'scher Bereich), dann eine ausgeprägte Fließgrenze und anschließend eine Verfestigung. Eingetragen sind die Proportionalitätsgrenze R_p, oberhalb der bleibende Verformungen entstehen, und die Steckgrenze R_{eH}, an der die Lastanzeige

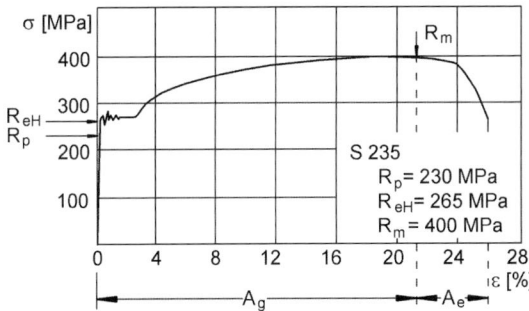

Bild B.13 σ-ε-Linie eines S235

stockt und anschließend auf einen niedrigeren Wert absinkt, dem dann eine auf und ab schwankende Last folgt. Zur Erläuterung dieses Verhaltens wird die Versetzungstheorie herangezogen, nach der eine plastische Verformung aufgrund von Versetzungen entlang der Kristallebene erfolgt. Wenn ein Kristallgefüge ungestört ist, können sich solche Versetzungen ungestört, d. h. mit gleichbleibender Geschwindigkeit und äußerer Kraft, fortpflanzen; sind jedoch Fremdatome oder andere Inhomogenitäten anwesend, so wird die Versetzung blockiert und es bedarf einer größeren Kraft, den Vorgang wieder in Gang zu setzen. Im Fall des Kohlenstoffstahls sind genügend Fremdatome vorhanden, die die Gleitung zunächst aufhalten („obere" Streckgrenze), deren Widerstand dann aber an einer Stelle überwunden wird, was die Gleitung auslöst („untere" Streckgrenze usw.). Am Prüfstab erkennt man diesen Vorgang daran, dass die Walzhaut abblättert, und zwar von einer Stelle aus beginnend – erfahrungsgemäß meist an der Einspannstelle, wo auch nach der Schubspannungshypothese am ehesten damit zu rechnen ist – und sich dann über den ganzen Stab fortpflanzend, wobei deutlich Linien unter 45° zur Stabachse zu erkennen sind (Lüders'sche Linien an polierten Oberflächen). Sobald der Stab über die gesamte Länge plastifiziert ist, beginnt sich der Werkstoff zu verfestigen. Ursache dafür ist die Vielzahl der gegenwärtigen Versetzungen, die sich gegenseitig beeinflussen und an der Fortpflanzung hindern. Denn es gilt allgemein, dass mit zunehmender Versetzungsdichte (Anzahl pro cm^2) ein Metall fester wird [48].

Nach rd. 21% Dehnung, während der sich der Stab gleichmäßig verlängerte und sich in der Querrichtung zusammenzog, ist die Höchstlast erreicht. Jetzt schnürt sich der Stab an einer (offensichtlich der schwächsten) Stelle ein und bricht unter einer Last, die kleiner als die Höchstlast ist. Allerdings ist die „wahre" Spannung beim Zerreißen wesentlich höher als die technische Zugfestigkeit $R_m = \max. F/S_0$, da sich der Querschnitt um 73% reduziert hatte. Bezogen auf die Bruchfläche beträgt sie 10.000 N/mm^2. Im Bild B.13 sind zur Verdeutlichung noch die Bereiche für Gleichmaß- und Einschnürdehnung angegeben, die jedoch nicht zu der Annahme verleiten sollen, dass die Einschnürdehnung nur einen Bruchteil der Gleichmaßdehnung beträgt. Da sich der Stab nur in einem kleinen Abschnitt einschnürt, ist die örtliche Dehnung vielmehr sehr groß; sie erreicht in diesem Versuch 270%.

Typisch für einen zähen Stahl ist das Bruchbild von Bild B.14: Man erkennt die Einschnürung und die kraterförmige Ausbildung des Bruches. Der Boden des Kraters liegt rechtwinklig zur Stabachse und zeigt ein feinkörniges, mattes Gefüge, das bei der Trennung der Kristallite zustande kam. Der Rand des Trichters ist unter rd. 45° geneigt; er entstand durch das Abgleiten des Materials, nachdem die mittlere Zone bereits gerissen war. Der Trennbruch wurde durch den dreiachsigen Zugspannungszustand verursacht, den die Einschnürung hervorgerufen hatte; der Gleitbruch entstand entlang der größten Schubspannung. Einen Bruch dieser Art nennt man Mischbruch.

Bild B.14 Trichterförmiger Mischbruch eines zähen Stahls

3 Stähle für den Stahlbau

Der Verlauf des σ–ε-Diagramms eines S355 ist ganz ähnlich – Hooke'scher Bereich, ausgeprägte Streckgrenze, Verfestigung – und unterscheidet sich in der Hauptsache nur durch eine höhere Festigkeit und geringere Bruchdehnung. Auf eine ausführliche Darstellung wird daher verzichtet.

3.2 Festigkeit bei erhöhten Temperaturen

In der Regel hat es der Bauingenieur mit Konstruktionen zu tun, die der normalen Umgebungstemperatur ausgesetzt sind, d.h. etwa von –40 °C bis 70 °C. Abgesehen von der Zähigkeit ändern sich innerhalb dieses Intervalls die Festigkeitseigenschaften nur geringfügig, und es ist gerechtfertigt, mit konstanten Materialeigenschaften zu rechnen. Trotzdem können natürlich alle Konstruktionen im Brandfall höheren Temperaturen ausgesetzt sein. Daher ist es durchaus wichtig, auch über das Festigkeitsverhalten in solchen Fällen Bescheid zu wissen (siehe Bild B.15).

Aus Versuchen mit unlegiertem Kohlenstoffstahl [49] ist bekannt, dass mit zunehmender Temperatur die Streckgrenze niedriger wird und ab einer bestimmten Temperatur keine ausgeprägte Fließgrenze mehr auftritt. Dies bedeutet, dass plastische Verformungen früher auftreten als im normalen Gebrauchszustand und Verformungen bei gleicher Last entsprechend größer sind. Auch die Festigkeit nimmt ab, wie Bild B.16 zeigt, und zwar von rd.

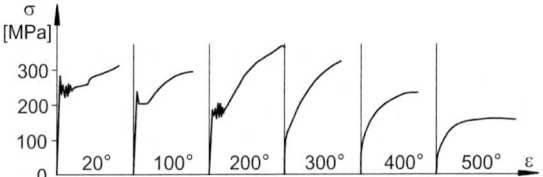

Bild B.15 σ-ε-Linien bei erhöhten Temperaturen, nach Körber und Pomp [49]

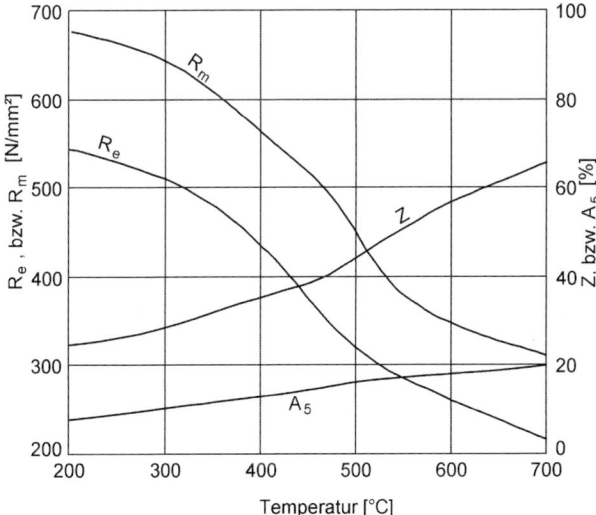

Bild B.16 Einfluss der Temperatur auf Streckgrenze, Zugfestigkeit, Einschnürung und Bruchdehnung

700 MPa bei Raumtemperatur auf rd. 300 MPa (S355) bei 700 °C, einer Temperatur, die im Brandfall schnell erreicht ist. Einen ähnlichen, aber umgekehrten Verlauf nehmen die Einschnürung und die Bruchdehnung. Bild B.16 gilt sinngemäß für Stähle aller Festigkeitsklassen.

3.3 Dauerschwingfestigkeit

Viele Konstruktionen werden schwingend beansprucht, d.h. von einer Last, die zeitlich veränderlich ist. Der Baustoff verhält sich bei veränderlicher Beanspruchung anders als bei ruhender Beanspruchung, im Allgemeinen nimmt seine Festigkeit gegenüber dem Fall der einmaligen zügigen Beanspruchung ab. Dies und einige charakteristische Faktoren, die die Dauerschwingfestigkeit beeinflussen, wurden in Abschnitt A 2.5 schon beschrieben; hier werden, stellvertretend für eine systematische Abhandlung, Versuchsergebnisse diskutiert.

In Darmstadt [50] wurden an Schweißverbindungen aus St 52 (entspricht S355) klassische Dauerschwingversuche gemacht, um festzustellen, ob die Werte für die zulässigen Spannungen zur Berechnung von schwingend beanspruchten Konstruktionen (DV 848: Dienstvorschrift 848 der Deutschen Bundesbahn, Vorschriften für geschweißte Eisenbahnbrücken)

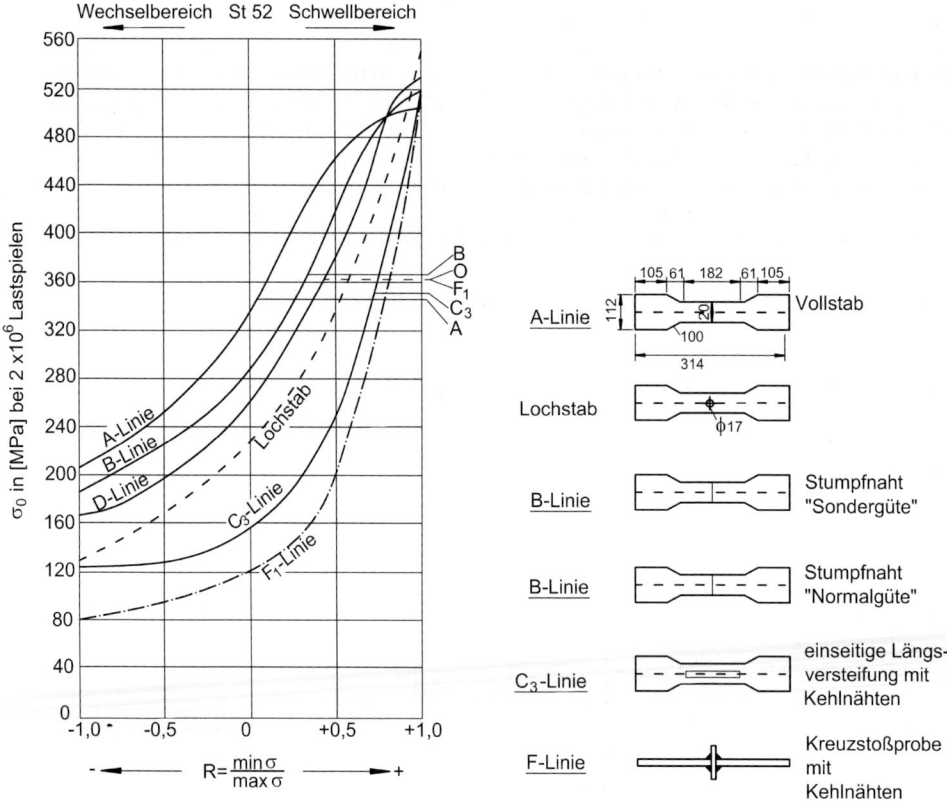

Bild B.17 Dauerfestigkeitsschaubild für St 52, nach Klöppel und Weihermüller [50]

3 Stähle für den Stahlbau

Tabelle B.2 Chemische Analyse des Versuchsstahls St 52, Angaben in %

C	Si	Mn	P	S	N
0,155	0,38	1,12	0,024	0,020	0,0056

berechtigt sind. Der verwendete Stahl war ein Aluminium-beruhigter, normalgeglühter Stahl mit R_{eH} = 360 N/mm^2, R_m = 530 N/mm^2, A_5 = 23 % und Z = 68 %. Die chemische Analyse ergab die Werte in Tabelle B.2, die alle den Anforderungen an einen St 52 genügten.

Die Ergebnisse der Dauerschwingversuche sind im Bild B.17 in Form eines Dauerfestigkeits-Schaubilds nach Moore-Kommers-Jasper dargestellt. Die Bezeichnung der Linien nach DV 848 wurde beibehalten und ist in der Legende erläutert.

Gemeinsam ist allen Linien von Bild B.17, dass sie in Richtung kleinerer R-Werte abnehmen, bis sie bei $R = -1$ die Wechselfestigkeit erreicht haben. Alle fangen bei $R = 1$, der statischen Zugfestigkeit, mit Werten zwischen 500 und 560 N/mm^2 an und fächern sich dann auf zu Endwerten zwischen 80 und 205 N/mm^2, wobei nicht die höchste Zugfestigkeit auch die höchste Wechselfestigkeit ergibt. Nacheinander ergaben sich folgende Fälle:

Der Grundwerkstoff – A-Linie – zeigt eine statische Bruchfestigkeit von 505 N/mm^2, eine Schwellfestigkeit im Zugbereich von 332 N/mm^2 und eine Wechselfestigkeit von 205 N/mm^2. In Verhältniszahlen ausgedrückt hat die Festigkeit von 1,0 über 0,66 auf 0,41 R_m abgenommen. Dabei ist zu bedenken, dass der Oberflächenzustand ein entscheidender Faktor für die Dauerschwingfestigkeit ist: Kleine Kerben genügen, um schon bei niedriger Spannung einen Anriss zu verursachen, der dann im Verlauf der Dauerschwingbeanspruchung weiterwandert. Wie von Klöppel und Weihermüller [50] beschrieben, wurden die Stähle mit Walzhaut geprüft, was zwar dem normalen Verarbeitungszustand entspricht, aber wegen der vielen Oberflächenkerben für Versuche nicht besonders geeignet ist. Aus diesem Grunde trat auch eine starke Streuung der Messergebnisse auf; dies führte später dazu, als Vergleichsstab einen gelochten Zugstab zu verwenden, der von vornherein einen dominierenden Kerbeinfluss aufweist. Trotz der Streuung sind die Ergebnisse sehr wertvoll, denn sie zeigen, dass einem Stahl bei wechselnder Beanspruchung weniger als die Hälfte der statischen Festigkeit zugemutet werden kann [51]. Und da auch im fertigen Bauwerk immer Kerben vorhanden sind, sind die erhaltenen Werte realistisch.

Die B-Linie stellt einen stumpf geschweißten Stoß in „Sondergüte" dar, worunter man eine quer zur Kraftrichtung blecheben bearbeitete Stumpfnaht versteht. Durch die blechebene Bearbeitung soll erreicht werden, dass Einbrand- oder sonstige Kerben nicht Ausgangspunkt für Anrisse sein können. Wie Bild B.17 zeigt, brachten die Versuche eine Abnahme von rd. 12 % gegenüber dem Grundwerkstoff. Dabei begannen die Dauerbrüche meist an äußeren Kerben in der Übergangszone, nur einige an Fehlstellen in der Schweißung.

Die Stumpfnaht in Normalgüte, d. h. ohne blecheben Abarbeitung, wird durch die Linie D repräsentiert. Wie zu erwarten, wirkten sich die Einbrandkerben aus und verursachten eine Abnahme der Dauerfestigkeit um weitere rd. 11 %.

Sehr häufig werden im Stahlbau Längssteifen in Kraftrichtung angebracht, bei denen die Schweißnaht um die Steife herumgezogen wird. Die Schweißnähte und damit auch die Versteifung machen aber dieselbe Dehnung mit wie das zu verstärkende Blech und erleiden dementsprechend auch Spannungen derselben Größenordnung.

Wie aufgrund der Krafteinleitung und des Einbrandkraters an der Stirnseite zu erwarten ist, treten die Anrisse stets am Anfang der Längssteifen auf. Die Wechselfestigkeit beträgt 123 N/mm^2 und damit weniger als ein Viertel der statischen Bruchfestigkeit (536 N/mm^2). Außerdem ist an der C$_3$-Linie auffallend, dass sie im Gebiet negativer R-Werte sehr flach verläuft und bei $R = 0$ erst 153 N/mm^2 erreicht hat.

Die Versuche der F_1-Linie – Kreuzstoß mit Kehlnähten – stellen für den Werkstoff die härtesten Prüfungen dar, da hier der Kraftfluss am stärksten umgelenkt ist. Außerdem können die Wurzeln der Schweißnähte nicht nachbearbeitet oder gegengeschweißt werden, sodass Schlackeneinschlüsse, Poren und Einbrandkerben in dem dünnen Spalt zwischen den Blechen verbleiben. So ist es nicht verwunderlich, dass die Wechselfestigkeit nur noch 15 % der statischen Zugfestigkeit ausmacht.

Zum Vergleich wurde ein Lochstab mit der Formzahl $\alpha_k = 2{,}56$ geprüft, der, wie zu erwarten war, die starke Abhängigkeit zwischen Belastungsfall und Dauerschwingfestigkeit zum Vorschein brachte. Tauscher [52] hat Angaben über den Einfluss des Lochdurchmessers auf die Dauerfestigkeit gemacht und in Form der Kerbwirkungszahlen aufgetragen (siehe Bild B.18). Die Kerbwirkungszahl gibt das Verhältnis der Dauerfestigkeiten

$$\beta_k = \frac{\sigma_D, \text{ungekerbt}}{\sigma_D, \text{gekerbt}} \qquad (159)$$

eines polierten Vollstabs zu der des gekerbten, in diesem Fall des gelochten Stabs an. Nach Bild B.18 nimmt also die Kerbwirkungszahl bis zum Verhältnis $d/D = 0{,}4$ zu und bleibt dann konstant bei $\beta_k = 1{,}5$, d.h. der gelochte Stab erzielt nur 2/3 der Festigkeit des ungelochten Stabes. Verglichen mit den Versuchen des St 52 erscheint $\beta_k = 1{,}5$ sehr niedrig, da schon das Verhältnis der Dauerfestigkeiten des mit Walzhaut behafteten zum gelochten Stab 1,625 (bei $R = -1$) beträgt. Offensichtlich werden Stähle verschiedener Festigkeit unterschiedlich stark von Kerben und anderen Störstellen beeinflusst.

Zur Erhärtung der genannten Vermutung soll Bild B.19 dienen, wo die Einflüsse sowohl der Oberflächengüte als auch der Stahlfestigkeit illustriert sind. Feinstpolierte Proben ergeben die höchstmöglichen Werte für die Dauerschwingfestigkeit; gleichzusetzen sind kaltgewalzte und kugelgestrahlte Proben, obwohl diese Oberflächen aufgeraut sind. Da jedoch mit der Kaltverformung eine Oberflächenverfestigung verbunden ist, wird der negative Einfluss der Rauigkeit wieder ausgeglichen. Im Diagramm werden die höchstmöglichen Werte mit 1,0 bezeichnet und alle folgenden darauf bezogen. Schon das Schleifen bringt eine Verminderung zwischen 2 und 12 % mit sich, wobei der weiche Stahl wesentlich weniger beeinflusst wird als der hochfeste Stahl. Das kommt daher, dass sich in einem weichen Werkstoff etwaige Spannungsspitzen schon bei geringer Spannung plastisch ausgleichen und damit abbauen können, sodass die Wahrscheinlichkeit für den ersten Anriss geringer wird. Von dieser Kenntnis macht man auch Gebrauch, wenn man in einem Bauwerk, welches in S355 ausgeführt wird, für die unter stark schwingender Beanspruchung stehenden Teile S235 verwendet. Zwar ist, absolut gesehen, die Festigkeit des S355 auch bei $R = -1$ noch höher als die des S235, doch ist der Unterschied so gering, dass aufgrund des niedrigeren Preises der S235 trotz Mehrverbrauchs billiger ist. Mit rauerer Oberfläche –

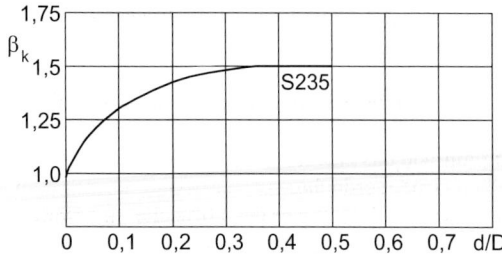

Bild B.18 Kerbwirkungszahlen für einen gelochten Flachstab bei Zug-Druck-Wechselbeanspruchung, nach Tauscher [52]

3 Stähle für den Stahlbau

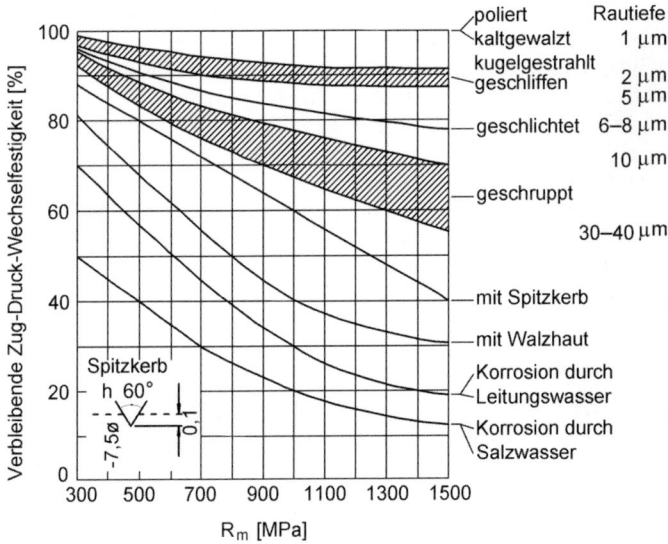

Bild B.19 Einfluss der Oberflächenbeschaffenheit auf die Wechselfestigkeit, nach Tauscher [52] und Lehr [53]

geschlichtet, geschruppt – nimmt die Dauerfestigkeit weiter ab und erreicht beim hochfesten Stahl nur noch rd. 55%. Der Einfluss eines Spitzkerbs ist im untersuchten Festigkeitsbereich mit einer Abnahme um 12% beim weichen und 60% beim hochwertigen Stahl fast linear. Sehr stark ist der Einfluss der Walzhaut und noch stärker der Einfluss korrodierter Oberflächen, da in solchen Fällen kleine und kleinste Kerben in großer Häufigkeit vorhanden sind. Dies ist ein Grund, weshalb Stähle, vor allem Spannstähle höherer Festigkeit und Drähte, vor Korrosion geschützt werden müssen.

Zusammenfassend muss nochmals betont werden, dass Bauteile aus Stahl, die einer Dauerschwingbeanspruchung unterworfen werden, sorgfältig bearbeitet werden müssen. Alle Arten von Kerben – Einbrandkerben, scharfe Kraftumlenkungen, Korrosion – in der Konstruktion und während der Verarbeitung müssen möglichst vermieden werden. Zusätzlich zu diesen vom Bauingenieur zu beachtenden Einflüssen sind noch zahlreiche andere Faktoren im Spiel, wie Schlackeneinschlüsse, Seigerungen, inhomogene Gefüge, Aufhärtungen oder Kaltverfestigungen, um nur einige zu nennen. Doch diese Mängel sollten schon bei der Stahlherstellung vermieden werden.

In Abschnitt A 2.5 wurde ganz allgemein erwähnt, dass sich ein Dauerbruch leicht daran erkennen lässt, dass er zwei Zonen unterschiedlicher Oberflächenstruktur aufweist: eine feinkörnige, matte im Bereich des Daueranrisses und eine grobe, zerklüftete, manchmal zäh verformte im Bereich des Restbruchs, der je nach Materialeigenschaften und Beanspruchungsart ein Trenn-, Gleit- oder Mischbruch sein kann. Zur Illustration dient Bild B.20, das den Dauerbruch eines Zugbolzens zur Prüfung von Spanngliedern zeigt. Der Stab aus einem vergüteten legierten Stahl (37MnLi5) mit einer Zugfestigkeit von 1.000 N/mm² wurde im Zugschwellbereich mit einer Schwingbreite von 50 N/mm² beansprucht. Man erkennt deutlich die flache Anrisszone, die praktisch am gesamten Umfang beginnt und halbmondförmig die Restbruchzone umschließt. Ausgelöst wurde der Anriss durch die Kerbwirkung des geschnittenen Trapezgewindes an den breitesten Stellen der matten Zone, wo durch eine geringe Ausmittigkeit eine etwas höhere Spannung auftrat als am Rest des Umfangs. Von dort schritt der Anriss fort in den Querschnitt hinein, jedoch eilte die Bruchfront entlang des

Bild B.20 Dauerbruch im Zugschwellbereich, Durchmesser des Bolzens 75 mm

Umfangs vor, verursacht durch die Kerbwirkung. Als der Restquerschnitt nicht mehr ausreichte, die Oberspannung zu ertragen, erfolgte der Gewaltbruch. In diesem Fall ist es ein stark zerklüfteter Trennbruch, dessen Bruchebene rechtwinklig zur Zugrichtung liegt, genauso wie die Ebene der Anrisszone. Der Restquerschnitt ist durchzogen von zwei deutlichen Rissen in Richtung der Bolzenachse; außerdem fallen viele kleine Risse vor der Dauerrissfront auf. Der Restquerschnitt zeigt ein strähniges Gefüge unterschiedlicher Orientierung. Dass in einem eigentlich zähen Material ein verformungsloser Bruch auftreten kann, hängt mit dem Spannungszustand im Restquerschnitt zusammen. Aufgrund der Kraftumlenkung um die scharfe und zu der Zeit des Bruchs umlaufende Kerbe tritt ein allseitiger Zugspannungszustand auf (hydrostatischer Zug), der die Verformung in jeder Richtung behindert. Aus demselben Grund sind wahrscheinlich auch die erwähnten Risse entstanden.

Diese Beobachtung zeigt eine weitere unangenehme Eigenschaft der Werkstoffe unter Dauerschwingbeanspruchung neben der schon besprochenen Abnahme der Festigkeit: Meist bricht ein schwingend überbeanspruchtes Teil plötzlich und ohne Ankündigung durch vorausgegangene Verformung. Selbst ein zäher Stahl bricht, wie erläutert, spröde, wenn ein allseitiger Zugspannungszustand auftritt; aufgrund der Kerbwirkung ist dieser Zustand häufig anzutreffen.

3.4 Kerbschlagzähigkeit

Schon öfters wurde darauf hingewiesen, dass Baustähle sich zäh verhalten, vor dem Bruch also plastisch verformen sollten. Durch eine solche Eigenschaft soll die Sicherheit der Bauwerke gewährleistet werden. Um die Eignung der Stähle festzustellen, wird neben vielen anderen möglichen Prüfungen, siehe Rühl [54], der Kerbschlagbiegeversuch als Normversuch nach DIN EN 10045 durchgeführt, wie er in Abschnitt B 2.5 beschrieben wurde. Im Bild B.21 sind die Kerbschlagzähigkeiten von drei Stählen dargestellt – USt 37, RSt 37 und St 52-3 –, wie sie in Versuchen zwischen $-120°$ und $150\,°C$ erhalten worden sind [55]. (Diese Stähle gibt es in dieser Form nicht mehr, aber um die Abhängigkeit der Kerbschlagzähigkeit von verschiedenen Einflussfaktoren zu zeigen, sind die folgenden Diagramme sehr geeignet. Die Zahl gibt die Zugfestigkeit in kp/mm^2 an, wobei $1\,kp/mm^2 = 10\,MPa$; siehe auch die Bezeichnungen in Tabelle B.1.)

3 Stähle für den Stahlbau

Tabelle B.3 Chemische Analyse der geprüften Stähle, Angaben in % [55]

Kurzbezeichnung	C	Mn	P	S	Si	Al	Cu	Cr	Ni	N
USt 37	0,05	0,44	0,031	0,020	0,00	0,003	0,07	0,04	0,00	0,011
RSt 37	0,10	0,37	0,030	0,035	0,20	0,002	0,14	0,08	0,00	0,005
RSt 52-3	0,14	1,10	0,027	0,039	0,48	0,062	0,18	0,10	0,20	0,005

Die Stähle waren normalisiert. Zunächst ist auffallend, dass der unberuhigte Windfrischstahl die höchste Kerbschlagzähigkeit in der Hochlage aufweist, nämlich fast 280 J/cm^2 gegenüber 140 J/cm^2 des St 52-3. Dies rührt vom geringen Kohlenstoffgehalt von nur 0,05 % her, sodass sich der USt 37 wie weiches Eisen verhalten kann (siehe Tabelle B.3).

Der St 52-3 hat 0,14 % Kohlenstoff und ist dementsprechend weniger zäh. Der USt 37 fällt im 50 bis 0 °C-Bereich sehr steil ab und erreicht schon bei rd. −10 °C die Tieflage, d. h. dort treten schon reine Sprödbrüche auf. Da der Punkt im Diagramm, an dem noch Mischbrüche auftreten, diese aber bei geringer Temperaturerniedrigung in Sprödbrüche übergehen, nicht genau festzustellen ist, wurde eine Übergangstemperatur definiert, und zwar ist sie diejenige Temperatur, bei der die Kerbschlagzähigkeit 35 J/cm^2 beträgt (gestrichelte Linie); beim USt 37 wäre dies bei 20 °C. Dieses Kriterium ist besser geeignet, die Sprödbruchempfindlichkeit zu beurteilen, als z. B. der Vergleich der A_V-Werte in der Hochlage. Der beruhigte St 37 weist eine Übergangstemperatur von −20 °C auf, der St 52-3 eine von −60 °C, sodass beide Stähle auch noch bei tiefen Temperaturen zähes Verhalten zeigen.

Der Kerbschlagbiegeversuch ist ein geeignetes Mittel, das Alterungsverhalten der Stähle zu prüfen. Dazu werden die Stähle künstlich gealtert und wiederum bei verschiedenen Temperaturen geprüft. Wenn der Stahl alterungsempfindlich ist, wandert die Übergangstemperatur zu höheren Werten, d. h. der Stahl wird weniger geeignet für den Einsatz bei tiefen Temperaturen.

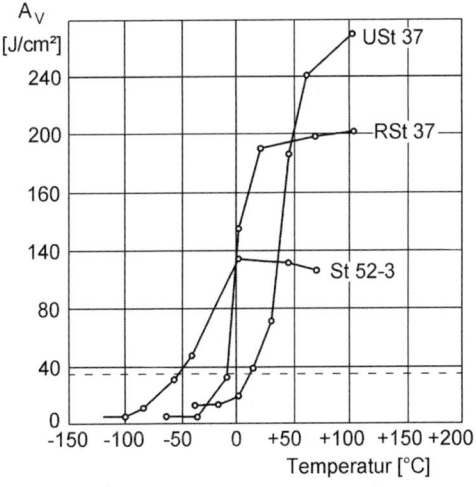

Bild B.21 Kerbschlagzähigkeiten verschiedener Stähle: USt 37 − unberuhigter Windfrischstahl (Thomasgüte), RSt 37 − Si-beruhigter SM-Stahl, St 52-3 − mit Si und Al behandelter Feinkornstahl; nach Rädeker [55]

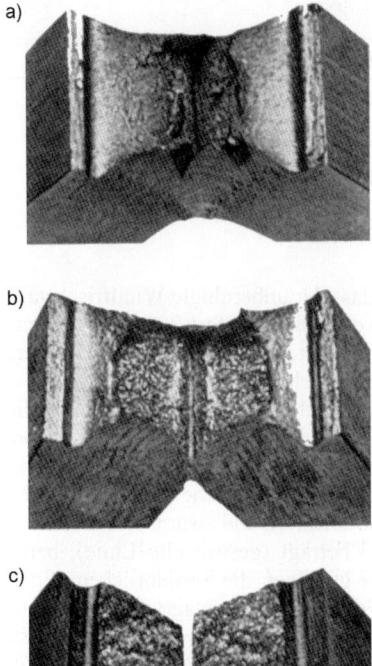

Bild B.22 a) Verformungsbruch, b) Mischbruch, c) Sprödbruch

Das Bruchbild gibt einen deutlichen Hinweis auf die Größe der Kerbschlagarbeit (Bild B.22).

Eine geprüfte Probe der Hochlage zeigt eine starke plastische Verformung mit Anrissen im Kerbgrund; im Übergangsgebiet ist die plastische Verformung geringer, dafür gehen die Risse bis fast zum oberen Probenrand durch. In der Tieflage tritt ein vollkommen spröder Bruch auf, der die beiden Teile der Probe glatt durchtrennt. Neben den behandelten Faktoren, die die Kerbschlagzähigkeit beeinflussen – Stahlart, Temperatur, Behandlung – gibt es noch eine Vielzahl anderer, die teils durch die Normprüfung ausgeschaltet, teils für den Bauingenieur von geringerer Bedeutung sind. Dazu sei auf das einschlägige Schrifttum verwiesen, z. B. Rühl [56].

3.5 Hochfeste schweißbare Baustähle

Die Entwicklung des Stahlbaus ist gekennzeichnet durch immer leichtere Konstruktionen und größere Spannweiten, ermöglicht durch Stähle mit höherer Festigkeit und durch Anwendung der Schweißtechnik bei gleichzeitiger Vervollkommnung der Festigkeitsberechnungen. Stellvertretend für die infrage kommende Stahlgruppe sollen die N-A-XTRA- und XABO-Stähle der ThyssenKrupp Steel AG, Duisburg, behandelt werden. Die chemische Zusammensetzung geht aus Tabelle B.4 hervor.

3 Stähle für den Stahlbau

Tabelle B.4 Chemische Zusammensetzung von hochfesten Stählen, Angaben in %

Bezeichnung[1]	chemische Zusammensetzung								
	C	Si	Mn	P	S	Cr	Mo	Ni	V
N-A-XTRA	≤ 0,20	≤ 0,8	≤ 1,6	≤ 0,020	≤ 0,010	≤ 1,5	≤ 0,6	[2]	
XABO890 XABO960	≤ 0,18	≤ 0,5	≤ 1,6	≤ 0,020	≤ 0,010	≤ 0,8	≤ 0,7	≤ 2,0	≤ 0,1
XABO1100	≤ 0,20	≤ 0,5	≤ 1,7	≤ 0,020	≤ 0,005	≤ 1,5	≤ 0,7	≤ 2,5	≤ 0,12

[1] Die Bezeichnung erfolgt nach der Mindeststreckgrenze
[2] Optional noch kleine Mengen an Ni, Nb, Ti, V, B

Auffallend ist der niedrige Kohlenstoffgehalt von 0,18 bis 0,20 %. Er wird so niedrig gehalten, damit der Stahl gut schweißbar ist und bei tiefen Temperaturen nicht versprödet; zwei Forderungen, die bei der Anwendung im Bauwesen immer erfüllt sein müssen. Die weiteren Legierungselemente lassen zwar eine hohe Festigkeit vermuten, jedoch nicht bis zu den angegebenen hohen Werten. Diese werden erst durch geeignete Wärmebehandlung erreicht, die aus Härten und Anlassen (Vergüten) besteht. Die Bleche werden nach dem Glühen bei 900 bis 950 °C (Austenit) durch Druckwasser abgeschreckt und anschließend auf Temperaturen von 650 bis 720 °C angelassen, mit nachfolgender Abkühlung an der Luft (daher die Bezeichnung „wasservergütete" Stähle). Bei der Abkühlung bildet sich Martensit, der bei Kohlenstoffgehalten bis 0,20 % jedoch fast frei von Gitterspannungen ist [57]. Die Härtbarkeit des Stahls wird durch Legierungszusätze verbessert, die das γ-Gebiet des Eisens erweitern – wie Mangan und Nickel – oder durch Verlangsamung der Kohlenstoffdiffusion die Perlitumwandlung hinauszögern – wie Chrom und Molybdän. Geringe Anteile an Bor und Titan fördern die Karbidbildung, begünstigen dadurch die Warmfestigkeit des Stahls im Bereich der Anlasstemperaturen und behindern einen Festigkeitsabfall beim Spannungsarmglühen. Die chemische Zusammensetzung ist also hauptsächlich auf die Wärmebehandlung beim Vergüten und beim Schweißen abgestellt. Die Anlasstemperaturen von 650 bis 720 °C ergeben Streckgrenzen von 550 bis 1.100 N/mm². Bild B.23 gibt einen Eindruck von der Zunahme der Streckgrenze durch geringe Legierungsbestandteile.

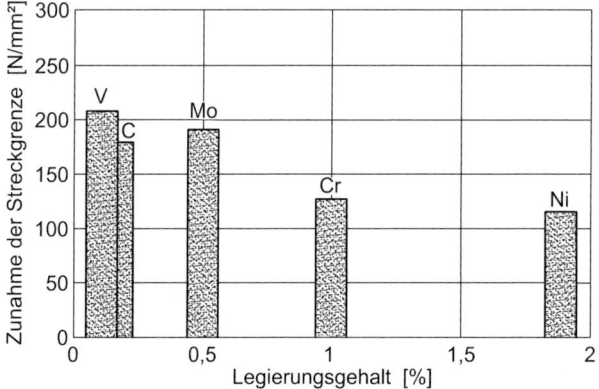

Bild B.23 Einfluss der Legierungsgehalte auf die Streckgrenzenzunahme in wasservergüteten Stählen [58]

Tabelle B.5 Typische mechanische Eigenschaften hochfester Baustähle

Sondergüte TKS	Güte gem. Euronorm	Min. R_{eH}[1] [N/mm²]	R_m[1] [N/mm²]	Min. A_5 [%]	Min. A_v (J) −20 °C	−40 °C	−60 °C
N-A-XTRA 550	S550QL	550	640–820	16	35	30	27
N-A-XTRA 620	S620QL	620	700–890	15	35	30	27
N-A-XTRA 700	S690QL	700	770–940	14	35	30	27
XA BO 890	S890QL	890[2]	940–1100	11	30	27	
XABO 960	S960QL	960	980–1150	10	30	27	
XABO 1100	–	1.100	1.200–1.500	8		27	

[1] für Blechdicke ≤ 65 mm
[2] für Blechdicke ≤ 50 mm

Vanadium mit einem Anteil von 0,1 % erhöht die Streckgrenze um 200 N/mm², Kohlenstoff mit 0,2 % um 180 N/mm², Molybdän mit 0,5 % um 190 N/mm², Cr mit 1 % um 130 N/mm² und Ni mit 1,8 % um 120 N/mm².

Als Ergebnis der ausgeklügelten chemischen Zusammensetzung und der Wasservergütung entsteht ein sehr feinkörniger hochfester schweißbarer Baustahl mit guten Zähigkeitseigenschaften. Diese gehen auch nicht im Übergangsgebiet zwischen Schweißnaht und Grundwerkstoff (Wärmeeinflusszone) verloren, da die Ausscheidung von fein verteilten Nitriden das Kornwachstum hemmt [57].

Tabelle B.5 gibt einen Überblick über die Festigkeitseigenschaften. Die Tabelle zeigt, dass Streckgrenzen von 550 N/mm² bei einer Bruchdehnung von 16 % und von 1.100 N/mm² bei einer Bruchdehnung von 8 % möglich sind.

Dies sind hervorragende Festigkeits- und Zähigkeitseigenschaften, was auch durch bruchmechanische Kennwerte [59] und die Kerbschlagzähigkeit bestätigt wird. Im Bild B.24 ist die Spannungs-Dehnungs-Linie eines XABO 960 wiedergegeben und als Vergleich die eines S355. Der S355 hat hier eine Streckgrenze von 400 N/mm² und eine Festigkeit von

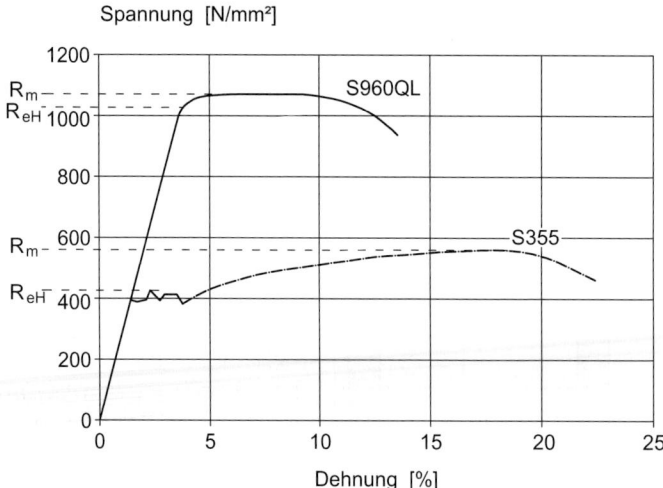

Bild B.24 Spannungs-Dehnungs-Diagramm eines S960QL im Vergleich zum S355 [58]

3 Stähle für den Stahlbau

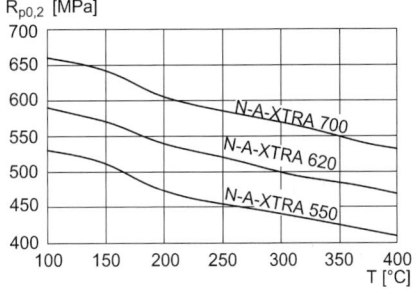

Bild B.25 Hochtemperaturverhalten von hochfesten Baustählen

560 N/mm² (früher als St 52 bezeichnet) und stellt bereits einen hochwertigen Baustahl dar. Der XABO 960 übertrifft diese Werte um 100 %. Natürlicherweise fällt die Bruchdehnung mit der höheren Festigkeit.

Bei *erhöhten Temperaturen* fallen in der Regel Streckgrenze und Zugfestigkeit von Stählen ab. Dies hält sich beim N-A-XTRA in Grenzen, wie Bild B.25 zeigt. Beim N-A-XTRA 700 fällt die Dehngrenze von 700 bei Raumtemperatur auf 605 N/mm² bei 200 °C ab und weiter auf 530 N/mm² bei 400 °C.

Der N-A-XTRA 550 fällt von 550 N/mm² bei Raumtemperatur auf 410 N/mm² bei 400 °C ab. Verglichen mit den normalfesten Baustählen (Bild B.16) ist dies ein sehr günstiges Ergebnis, das auf die chemische Zusammensetzung zurückzuführen ist. Über 650 °C, d. h. bei Temperaturen im Brandfall, verliert der Stahl die durch die Vergütung gewonnenen Festigkeitseigenschaften, sodass er danach nur noch die Festigkeit des Ausgangsmaterials (ca. 500 N/mm²) besitzt.

Ein wesentliches Merkmal für einen Stahl ist seine *Dauerschwingfestigkeit*, die auch von der Zugfestigkeit abhängt. Danach nimmt die Schwingfestigkeit mit steigender Zugfestigkeit zu, jedoch wird der Stahl auch empfindlicher gegen Kerben und sonstige Störstellen. Bild B.26 zeigt die Wöhlerlinien eines S355, S690QL und eines S960QL im Vergleich für eine Unterspannung von null (Schwellfestigkeit). An der vertikalen Achse ist die Ober-

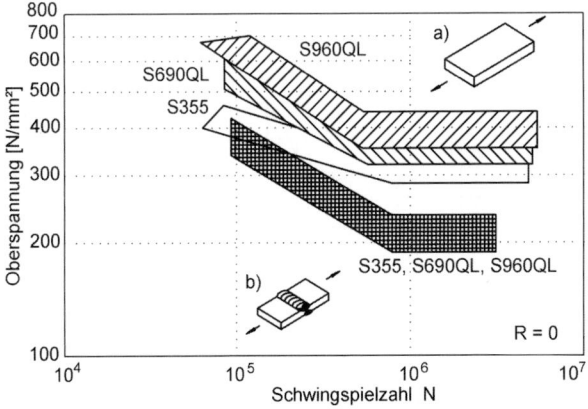

Bild B.26 Schwingfestigkeit hochfester Stähle; a) Grundwerkstoff mit Walzhaut, b) Schweißnaht (Stumpfnaht) [58]

spannung logarithmisch aufgetragen. Für den Grundwerkstoff gibt es deutliche Unterschiede im Zeitbereich, die im Dauerbereich kleiner werden. Die Linien knicken schon bei bei einer Schwingspielzahl von 8 bis 9 · 10^5 ab. Der Stahl S960QL hat die höchste Zeit- und Dauerschwingfestigkeit. Bei einer Schweißverbindung, in diesem Fall einer Stumpfnaht, fallen die Festigkeitswerte ab und der Unterschied zwischen den Stahlsorten geht verloren. Die hochfesten Stähle sollten also in einer Konstruktion möglichst an den wenig belasteten Stellen geschweißt werden, um die Vorzüge hochfester Stähle ausnutzen zu können. Die Schwingfestigkeit von Schweißverbindungen lässt sich steigern, wenn die Schweißnähte nachbearbeitet werden, z. B. durch Schleifen, Kugelstrahlen, WIG-Aufschmelzen und Anwendung von Ultraschall. Beim Schleifen und WIG-Aufschmelzen werden die Einbrandkerben ausgerundet und dadurch entschärft, beim Kugelstrahlen baut sich ein Druckspannungszustand in Oberflächennähe auf und beim Ultraschallverfahren werden Eigenspannungen abgebaut. Durch diese Maßnahmen erhöht sich die Schwingfestigkeit im Zeit- und Dauerschwingbereich und kann sogar die Schwingfestigkeit des Grundwerkstoffs wieder erreichen.

Die ertragbare Oberspannung oder Amplitude hängt stark vom Spannungsverhältnis ab. Bild B.27 zeigt ein Schaubild für die Dauerschwingfestigkeit (N = 2 · 10^6) und eines für die Zeitschwingfestigkeit (N = 1 · 10^6) für S690QL.

Die Linien A_0 und A_1 betreffen oberflächenbearbeitete Flachproben. Hier liegen die Festigkeiten am höchsten, da Kerben und andere Ungleichmäßigkeiten entfernt wurden. Bei R = -1 (Wechselfestigkeit) kommt der Stahl noch auf Werte von 400 N/mm² bei A_0 und 300 N/mm² bei A_1. Die Linie A_2 betrifft den Grundwerkstoff mit Walzhaut, sie liegt bereits deutlich tiefer als bei den oberflächenbearbeiteten Proben. Bei R = 1 beginnt die Linie mit der Dauerstandfestigkeit und fällt dann stetig ab bis auf 200 N/mm² bei R = -1. Bei R = 0 (Schwellfestigkeit) liegt der Wert noch bei 400 N/mm². Linie D betrifft Proben mit unbearbeiteter Stumpfnaht und Linie C gilt für Proben mit beidseitiger Querversteifung und unbearbeiteten Kehlnähten. Beide Linien fallen deutlich steiler ab als Linie A_2, vor allem schon bei positiven R-Werten. Die ungünstigste Linie C erreicht nur noch eine Festigkeit von 80 N/mm² bei R = -1. Im rechten Diagramm für die Zeitfestigkeit (N = 1 · 10^5) liegen die Linien naturgemäß höher als im linken Bild. Vor allem der Grundwerkstoff verhält sich deutlich besser bei positiven R-Werten.

Die *Sprödbruchempfindlichkeit* ist ein weiteres Kennzeichen für die Qualität eines Baustahls, das insbesondere bei Schweißkonstruktionen wichtig ist. Ob ein Sprödbruch auftritt,

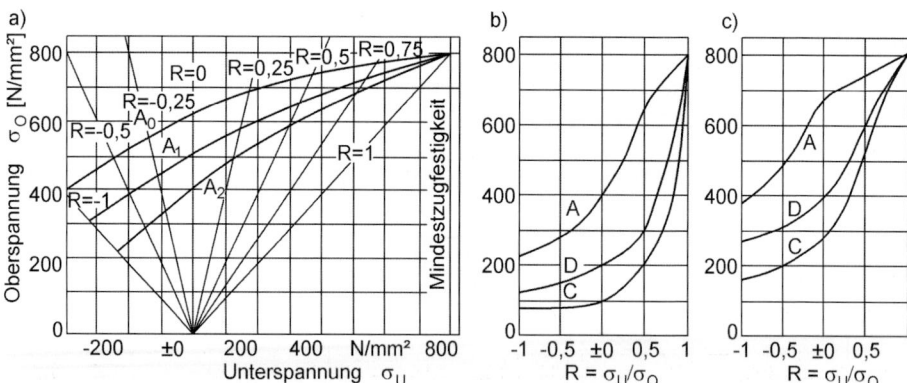

Bild B.27 Mittlere Dauerschwingfestigkeit (N = 2 · 10^6) (a) und (b) und Zeitschwingfestigkeit (c) eines hochfesten wasservergüteten Chrom-Molybdän-Zirkonium-legierten Feinkornbaustahles mit 700 N/mm² Mindeststreckgrenze im geschweißten und ungeschweißten Zustand [60]. A_0 = polierte Oberfläche, A_1 = geschliffene Oberfläche, A_2 = Walzhaut, C = mit Doppelkehlnaht, D = mit unbearbeiteter Stumpfnaht

3 Stähle für den Stahlbau

hängt in erster Linie von der Temperatur, der Mehrachsigkeit der Spannungen und der Belastungsgeschwindigkeit ab. Eine ungünstige, für Bauteile charakteristische Kombination der Einflussgrößen sollte im Versuch erreicht werden. Diese Bedingungen erfüllt der Kerbschlagbiegeversuch. Da im Versuch alle Parameter festgelegt sind, gestattet er, eine Rangfolge verschiedener Werkstoffe hinsichtlich der Sprödbruchneigung aufzustellen. Er ist jedoch nicht geeignet, bei verschiedenen Spannungszuständen und hohen Belastungsgeschwindigkeiten, z. B. wie bei einem sich plötzlich ausbreitenden Riss, die tiefste Temperatur zu bestimmen, bei der gerade kein Sprödbruch mehr auftritt. Die in Tabelle B.5 angegebenen Werte der Kerbschlagzähigkeit garantieren ein Zähigkeitsniveau, das für ein sicheres Betreiben von geschweißten Stahlkonstruktionen auch bei tiefsten Einsatztemperaturen ausreichend ist.

Aus dieser kurzen Abhandlung über hochfeste wasservergütete Baustähle folgt, dass die Hauptkriterien, die einen Stahl zur Anwendung im konstruktiven Ingenieurbau befähigen, erfüllt werden. Fragen über die zulässigen Verformungen – bei höheren Spannungen ergeben sich größere Durchbiegungen und Dehnungen –, über das Schwingungsverhalten – leichte, weit gespannte Konstruktionen sind aerodynamisch sorgfältig zu untersuchen – und über die Wirtschaftlichkeit – höhere Stahlgüten bedingen gleichzeitig einen höheren Preis – wurden hier nicht gestellt und nicht beantwortet. Diese Fragen können nur im Zusammenhang mit der spezifischen Bauaufgabe beantwortet werden.

3.6 Wetterfeste Baustähle

Die wetterfesten Baustähle sind niedriglegierte Stähle, die durch etwa 0,5 % Legierungsbestandteile, vor allem Cu, Cr, Ni, Mn und Si, witterungsbeständig gemacht sind und ohne Korrosionsschutz verwendet werden können. Tabelle B.6 zeigt die chemische Zusammensetzung nach DIN EN 10025-5.

Die Bezeichnung der wetterfesten Stähle folgt der DIN EN 10027. Damit sind die Festigkeitseigenschaften dieselben wie bei den unlegierten Baustählen. Die wetterfesten Baustähle bilden unter atmosphärischem Einfluss auf der Oberfläche eine dichte und fest anhaftende Oxidschicht (Rost), die sich ständig erneuert und dadurch den Stahl dauerhaft

Tabelle B.6 Chemische Zusammensetzung wetterfester Baustähle nach DIN EN 10025-5

Stahlsorte		Desoxi- dationsart	Legierungsanteile in Massen-%							
nach EN 10027-1	nach EN 10027		C max.	Si max.	Mn	P max.	S max.	N max.	Z[1)]	Cr	Cu
S235J0W[2)] S235J2W	1.8958 1.8961	FN FF	0,13 0,13	0,40 0,40	0,20 bis 0,60	0,035 0,035	0,035 0,030	0,009 –	– ja	0,40 bis 0,80	0,25 bis 0,55
S355J0WP[3)] S355J2WP	1.8945 1.8946	FN FF	0,12 0,12	0,75 0,75	max. 1,0	0,06 bis 0,15	0,035 0,030	0,009 –	– ja	0,3 bis 1,25	0,25 bis 0,55
S355J0W S355J2W	1.8959 1.8965	FN FF	0,16 0,16	0,50 0,50	0,50 bis 1,50	0,035 0,030	0,035 0,030	0,009 –	– ja	0,40 bis 0,80	0,25 bis 0,55

[1)] Z = Zusätze an Stickstoff abbindenden Elementen
[2)] W = Kennzeichnung der Wetterfestigkeit des Stahls

schützt. Die Bildung der Deckschicht dauert je nach Umweltbedingungen 1,5 bis 3 Jahre. Am schnellsten erfolgt die Bildung in SO_2-reicher Industrieatmosphäre. Das an der Oberfläche sich bildende Eisensulfat wird in schwerlösliche Hydroxidsulfate überführt und in die Poren der Rostschicht eingebaut. Dadurch wird die Rostschicht abgedichtet [61]. Der Dickenabtrag beträgt weniger als 1 mm in 30 Jahren. Das günstige Verhalten setzt eine normale Bewitterung mit Trocken-Nass-Wechseln voraus, bei häufiger Wasserbenetzung ist der Korrosionsabtrag deutlich höher. Soll wetterfester Baustahl in Meeresnähe (< 1 km von der Küste entfernt) oder bei Kontakt mit salzhaltigem Wasser eingesetzt werden, dann muss er gegen Korrosion geschützt werden.

In den ersten Jahren einer Konstruktion ist das Wasser, das vom Bauteil abläuft oder abtropft, aufgrund des Abtrags leicht verfärbt. Will man Verfärbungen an angrenzenden Bauteilen und Bodenplatten verhindern, muss das Wasser geordnet (in Rinnen) abgeführt werden.

3.7 Nichtrostende Stähle

Nichtrostende Stähle sind hochlegierte Stähle, die unter üblichen Umweltbedingungen und in wässrigen Lösungen nicht korrodieren. Voraussetzung dafür ist ein Chromgehalt von mindestens 12 M.-% und die Anwesenheit von Sauerstoff. Dann wird der Stahl passiviert, indem sich eine wenige Moleküllagen dicke und dichte Oxidschicht auf der Oberfläche bildet, die sich bei Beschädigungen sofort regeneriert. Bevor die Tabelle nichtrostender Stähle besprochen wird, wird auf die Nomenklatur hochfester Stähle eingegangen. Der Kurzname beginnt mit X; es folgt eine Zahl, die den Kohlenstoffgehalt in 0,01 % angibt. Danach folgen Legierungselemente mit Angabe des M.-%-Gehalts. Ein X5CrNi18-9 hat also einen ungefähren Kohlenstoffgehalt von ca. 0,05 %, einen Cr-Gehalt von ca. 18 % und einen Ni-Gehalt von ca. 9 %. In Tabelle B.7 werden einige Angaben zu nichtrostenden Stählen gemacht.

In der ersten Spalte steht die Stahlart, danach folgen die Widerstandsklasse hinsichtlich der Korrosion, der Kurzname, die Werkstoffnummer, die Wirksumme und schließlich zur Erläuterung einige Anwendungen. In der ersten Widerstandsklasse stehen Cr-Stähle mit Cr-Gehalten zwischen 12 und 17 %. Die Wirksumme errechnet sich aus % Cr + 3,3 · % Mo + 30 · % N. Cr und Mo neigen zur Passivität und verbessern den Loch-, Spalt- und Spannungsriss-Korrosionswiderstand. Je höher die Wirksumme, desto widerstandsfähiger ist der Stahl. Stickstoff (N) erhöht die Festigkeit und verbessert auch die Loch- und Spalt-Korrosions-

Tabelle B.7 Einteilung nichtrostender Stähle nach der allgemeinen bauaufsichtlichen Zulassung Z-30.3-6 des DIBt [62]

Stahlart	Widerstands-klasse[a]	Kurzname	Werk-stoff Nr.	Wirk-summe[b]	typische Anwendung
Cr-Stähle	I / gering	X2CrNi12 X6Cr17	1.4003 1.4016	12 17	Konstruktionen in Innen-räumen mit Ausnahme von Feuchträumen
CrNi-Stähle	II / mäßig	X5CrNi8-10 X5CrNi8-9 X5CrNiCu18-9-4 X6CrNiTi18-10 X2CrNiN18-7	1.4301 1.4307 1.4567 1.4541 1.4318	18 18 18 18 22	zugängliche Konstruktionen, ohne nennenswerte Gehalte an Chloriden und Schwefeloxiden, keine Industrieatmosphäre

3 Stähle für den Stahlbau

Tabelle B.7 Einteilung nichtrostender Stähle nach der allgemeinen bauaufsichtlichen Zulassung Z-30.3-6 des DIBt [62] (Fortsetzung)

Stahlart	Widerstands-klasse[a]	Kurzname	Werkstoff Nr.	Wirksumme[b]	typische Anwendung
CrNiMo-Stähle	III / mittel	X5CrNiMo17-12-2 X2CrNiMo17-12-2 X3CrNiCuMo17-11-3-2 X6CrNiMoTi17-12-2 X2CrNiMoN17-13-5	1.4401 1.4404 1.4578 1.4571 1.4439	25 25 25 25 35	Konstruktionen mit mäßiger Chlorid- und Schwefeldioxidbelastung und unzugänglicher Konstruktion[c]
CrNiMo-Stähle	IV / stark	X2CrNiMoN22-5-3 X1NiCrMoCu25-20-5 X2CrNiMnMoNbN25-18-5-4 X1NiCrMoCuN25-20-7 X1CrNiMoCuN20-18-7	1.4462 1.4539 1.4565 1.4529 1.4547	37 37 50 47 48	hohe Korrosionsbelastung[d] durch Chlor und/oder Chlorid und/oder Schwefeldioxid und hohe Luftfeuchtigkeit, sowie Aufkonzentrationen von Schadstoffen[e]

[a] gilt nur für metallisch blanke Oberflächen
[b] Wirksumme = % Cr + 3.3 · % Mo + 30 · % N
[c] Als unzugänglich werden Konstruktionen eingestuft, deren Zustand nicht oder nur unter erschwerten Bedingungen kontrollierbar ist und die im Bedarfsfall nur mit sehr großem Aufwand saniert werden können.
[d] Diese Werkstoffe weisen eine hohe Beständigkeit gegen Spannungsrisskorrosion auf. Die Werkstoffe 1.4564, 1.4529, 1.4547 weisen außerdem eine erhöhte Beständigkeit gegen örtliche Korrosionserscheinungen auf. Für Bauteile in Schwimmhallenatmosphäre ohne regelmäßige Reinigung sind nur die Werkstoffe 1.4565, 1.4529, 1.4547 geeignet. In Bereichen von Wasser mit Chloridgehalt ≤ 250 mg/l (Trinkwasser) ist zusätzlich der Werkstoff 1.4539 zulässig.
[e] z. B. Straßentunnel, enge, stark befahrene Straßenschluchten, schlecht belüftete Parkgaragen oder Teile im Meerwasser sowie in Meeresatmosphäre

beständigkeit. Von der metallurgischen Seite aus gesehen sind Cr, Mo, Ti und Nb Ferritbildner, während Ni, C, N, Cu und S Austenitbildner sind. Dementsprechend teilt man die nichtrostenden Stähle auch in ferritische und austenitische Stähle ein. Die ferritischen Stähle (kubisch raumzentriertes Kristallgitter) sind ferromagnetisch und haben eine relativ hohe 0,2-Dehngrenze, aber kleinere Bruchdehnung. Sie neigen jedoch zur Kerbempfindlichkeit und zur Kaltsprödigkeit. Die austenitischen Stähle (kubisch flächenzentriertes Kristallgitter) sind nicht magnetisch, haben eine niedrigere 0,2-Dehngrenze, eine hohe Kerbschlagzähigkeit und gute Tieftemperatureigenschaften. Die Anforderungen an die mechanischen Eigenschaften sind in DIN EN 10088 zu finden. Anhaltswerte sind in Tabelle B.8 angegeben.

Der Elastizitätsmodul der ferritischen Stähle liegt bei 220 kN/mm^2, der er austenitischen bei 200 kN/mm^2. Die Wärmedehnzahl der ferritischen Stähle beträgt $10{,}0 \cdot 10^{-6}$ K^{-1}, die der austenitischen zwischen 16,0 und $16{,}5 \cdot 10^{-6}$ K^{-1}. Die Dichte schwankt zwischen 7,7 und 8,0 g/cm^3. Austenitische Stähle verspröden bei tiefen Temperaturen nicht.

Tabelle B.8 Anhaltswerte für mechanische Eigenschaften nichtrostender Stähle

Gefüge	0,2-Dehngrenze [N/mm^2]	Zugfestigkeit [N/mm^2]	Bruchdehnung A_5 [%]
ferritisch	280	500–600	18
austenitisch	200	500–700	35
martensitisch	550	700–900	12

4 Betonstähle

4.1 Aussehen und Zusammensetzung

Betonstähle sind jene glatten, profilierten und gerippten Rundstähle, die in Stahlbetonbauteilen die Zugbeanspruchung übernehmen. Damit die Stähle im Beton nicht gleiten und sich dadurch der Last entziehen können, ist ein inniger Verbund zwischen Stahl und Beton notwendig. Dieser geschieht zum einen über die Haftung und die Reibung des Zementsteins an der Stahloberfläche, zum anderen über den Scherwiderstand an den aufgewalzten Rippen oder eingewalzten Vertiefungen (profilierter Stahl, Tiefrippung). Die Haftung des glatten Stahls ist im Allgemeinen zu gering, um einen sicheren Verbund zu gewährleisten. In Bezug auf Verbundwirkung und damit Krafteinleitung und Rissbreitenbegrenzung sind die gerippten und profilierten Stähle den glatten Stählen weit überlegen, sodass heute ausschließlich gerippte Stabstähle verwendet werden. Glatte Stähle werden in Gitterträgern oder bei Sonderverfahren verwendet.

Das Herstellverfahren bleibt dem Hersteller überlassen. Die Stähle können warmgewalzt sein und damit ihre Eigenschaften durch die Legierungsbestandteile erhalten. Diese Stähle haben einen Kohlenstoffgehalt von maximal 0,24 %, um allgemein schweißbar zu sein. Zusätzlich haben sie typischerweise einen Mangangehalt von 3 % und einen Siliziumgehalt von 1 %. Sie können auch warmgewalzt und aus der Walzhitze wärmebehandelt sein. Dabei härtet der Stahl im oberflächennahen Bereich durch schnelle Abkühlung, während er im Inneren zäh bleibt. Bild B.28 zeigt die Härteverteilung nach einer solchen Behandlung,

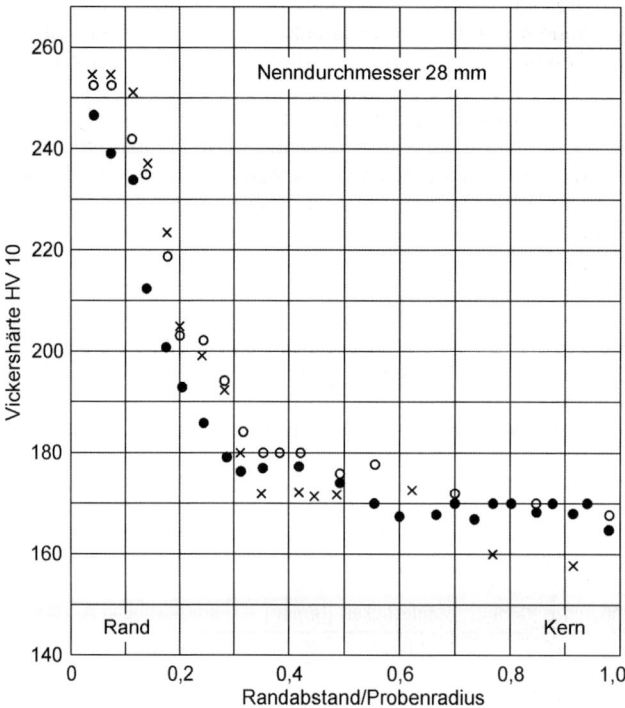

Bild B.28 Härteverlauf nach der Wärmebehandlung aus der Walzhitze

4   Betonstähle

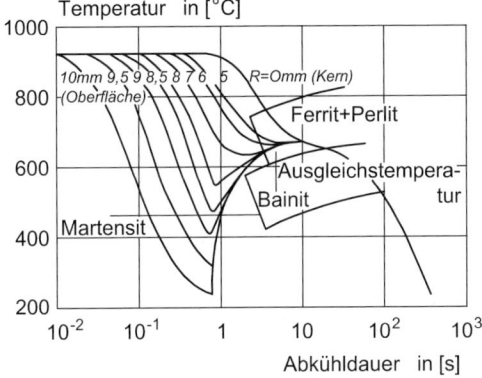

Bild B.29 ZTU-Schaubild bei der Wärmebehandlung aus der Walzhitze für verschiedene Tiefen

Bild B.29 zeigt das zugehörige Zeit-Temperatur-Umwandlungsschaubild (ZTU). Aus Letzterem wird ersichtlich, dass der Querschnittsrand in den Martensitbereich taucht (Aufhärtung) und später wegen der noch vorhandenen Resthitze angelassen wird. Der Kern bleibt im ferritisch-perlitischen Bereich.

Der Stahl kann auch kaltverformt (Recken, Ziehen oder Walzen) sein und dadurch seine hohe Festigkeit erreicht haben. Bei dieser Verformung – in der Praxis ca. 10% plastische Verformung – wird das Korn gequetscht und in der Fließrichtung ausgerichtet (Bild B.30). Zudem werden Ausscheidungsvorgänge erzwungen, wodurch Fremdatome an den Korngrenzen angereichert werden. Dadurch steigt die Streckgrenze an und rückt näher an die Zugfestigkeit. Durch die Kaltverformung steigt die Bruchfestigkeit, während die Bruchdehnung abnimmt.

Kennzeichnung, Durchmesser, Form und Festigkeitseigenschaften der Betonstähle sind in DIN 488 [63] geregelt. Tabelle B.9 ist ein Auszug davon. Die heutigen Stähle haben alle eine Streckgrenze von 500 MPa und werden mit dieser Zahl gekennzeichnet. Sie unterscheiden sich in der Duktilität, die durch das Verhältnis von Zugfestigkeit zu Streckgrenze angegeben wird: Ein Verhältnis von 1,05 kennzeichnet einen „normalduktilen" Stahl (A), ein Verhältnis von 1,08 einen „hochduktilen" (B). Bei Letzterem wird noch das Verhältnis der wirklichen Streckgrenze zur Nennstreckgrenze auf 1,30 begrenzt, um eine übergroße elastische Festig-

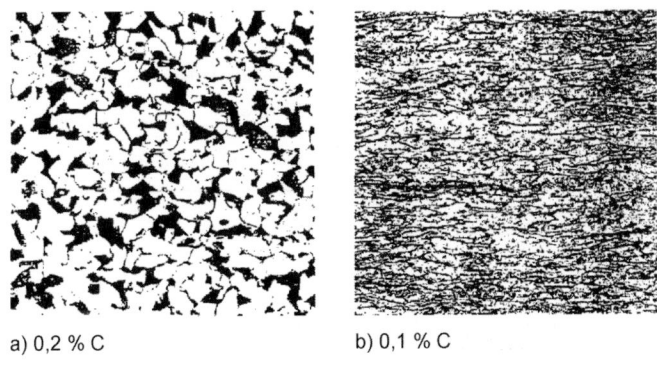

a) 0,2 % C   b) 0,1 % C

Bild B.30 a) Warmgewalzter und b) kaltverformter Stahl, Schliff 150 : 1

Tabelle B.9 Stahlsorteneinteilung und Eigenschaften der Betonstähle nach DIN 488-1 [63]

		1	2	3	4	5	6
1	Kurzname	B500A	B500B	B500A	B500A	Quantile p (%) bei $W = 1 - \alpha$ (einseitig)
2	Werkstoffnummer	1.0438	1.0439	1.0438	1.0438	
3	Oberfläche	gerippt	gerippt	glatt (+G)	profiliert (+P)	
4	Erzeugnisform/Lieferform	Betonstahl in Ringen, abgewickelte Erzeugnisse, Betonstahlmatten, Gitterträger	Betonstabstahl, Betonstahl in Ringen, abgewickelte Erzeugnisse, Betonstahlmatten, Gitterträger	Bewehrungsdraht in Ringen und Stäben, Gitterträger		
5	Streckgrenze R_e^a MPa^b	500	500	500	500	5,0 bei $W = 0{,}90$
6	Verhältnis R_m/R_e	1,05^c	1,08	1,05^c	1,05^c	10,0 bei $W = 0{,}90$
7	Verhältnis $R_{e,ist}/R_{e,nenn}$	—	1,30	—	—	90,0 bei $W = 0{,}90$
8	Prozentuale Gesamtdehnung bei Höchstkraft A_{gt} %	2,5^c	5,0	2,5^c	2,5^c	10,0 bei $W = 0{,}90$
9	Schwingbreite $2\sigma_a$ in MPa^b bei 1×10^6 Lastwechseln; Spannungsexponenten k_1 und k_2 der Wöhlerkurve (Oberspannung von 0,6 $R_{e,nenn}$)	175^d $k_1 = 4^{d,l}$; $k_2 = 9^{d,l}$	$d \leq 28{,}0$ mm: 175^d $k_1 = 4^{d,l}$; $k_2 = 9^{d,l}$ $d > 28$ mm: 145 $k_1 = 4^l$; $k_2 = 9^l$	—	—	5,0 bei $W = 0{,}75$ (einseitig)
10	Biegefähigkeit	- ermittelt im Rückbiegeversuch bis $d = 32$ mm (siehe DIN 488-2 und DIN 488-3), - ermittelt im Biegeversuch für $d = 40$ mm (siehe DIN 488-2), - ermittelt im Biegeversuch an der Schweißstelle (siehe DIN 488-4)				Mindestwert 5,0 bei $W = 0{,}90$
11	Unter- oder Überschreitung der Nennquerschnittsfläche A_n %	+ 6/- 4	+ 6/- 4	+ 6/- 4	+ 6/- 4	95,0/5,0 bei $W = 0{,}90$
12	Knotenscherkraft von Betonstahlmatten^e	$0{,}3 \times A_n \times R_e^{a,f}$	$0{,}3 \times A_n \times R_e^{a,f}$	^{e}	^{e}	5,0 bei $W = 0{,}90$
13	Bezogene Rippenfläche f_R	4,0 und 4,5:0,036 5,0 bis 6,0:0,039 6,5 bis 8,5:0,045 9,0 bis 10,0:0,052 11,0 bis 40,0:0,056		—	^{g}	5,0 bei $W = 0{,}90$
14	Schweißeignung^h	$C_{eq}^i \leq 0{,}50$ (0,52) für $d \leq 28$ mm $C_{eq}^i \leq 0{,}47$ (0,49) für $d > 28$ mm $C \leq 0{,}22$ (0,24) $P \leq 0{,}050$ (0,055) $S \leq 0{,}050$ (0,055) $N \leq 0{,}012$ (0,014)^j $Cu \leq 0{,}60$ (0,65)^k				

^{a} Die Streckgrenze (und Zugfestigkeit) wird errechnet aus der Kraft bei Erreichen der Streckgrenze (und Höchstkraft) dividiert durch die Nennquerschnittsfläche ($A_n = \pi d^2/4$). Als Streckgrenze gilt die obere Streckgrenze R_{eH}. Tritt keine ausgeprägte Streckgrenze auf, ist die 0,2 %-Dehngrenze $R_{p0,2}$ zu ermitteln.
^{b} 1 MPa = 1 N/mm^2.
^{c} $R_m/R_e \geq 1{,}03$ und $A_{gt} \geq 2{,}0$ für die Nenndurchmesser 4,0 mm bis 5,5 mm.
^{d} 100 MPa sowie $k_1 = 4^l$ und $k_2 = 5^l$ für Betonstahlmatten. Keine Anforderungen bei Gitterträgern und bei Durchmessern $\leq 5{,}5$ mm. Gitterträger nach dieser Norm dürfen nur für Bauteile verwendet werden, die durch vorwiegend ruhende Belastung beansprucht werden.
^{e} Knotenscherkräfte für Gitterträger siehe DIN 488-5.
^{f} Kein Einzelwert darf kleiner sein als $0{,}25 \times A_n \times R_e$.
^{g} Für Profilmaße siehe DIN 488-3.
^{h} Die Werte (Massenanteil in %) gelten für die Schmelzenanalyse. Die Werte in Klammern gelten für die Stückanalyse.
^{i} $C_{eq} = C + Mn/6 + (Cr+Mo+V) / 5 + (Ni+Cu) / 15$.
^{j} Höhere Anteile sind zulässig, wenn Stickstoff abbindende Elemente in ausreichender Menge vorhanden sind.
^{k} Cu-Anteile bis 0,80 % (0,85 %) sind bei besonderem Nachweis zulässig, siehe DIN 488-6.
^{l} Die Spannungsexponenten k_1 und k_2 gelten als nachgewiesen, wenn der Konformitätsnachweis nach DIN 488-6 erbracht ist. Ein Variationskoeffizient $v < 0{,}40$ in Richtung der Lastwechsel wird vorausgesetzt.

keitszunahme ohne plastische Verformung zu verhindern. Durch die Duktilität soll ja ein Versagen durch große Verformungen angekündigt und bei Anprall oder Erdbeben für große Energiedissipation gesorgt werden. Die Gesamtdehnung bei der Höchstkraft soll bei den A-Stählen 2,5 % betragen und bei den B-Stählen 5,0 %. Damit kommt wieder die höhere Duktilität zum Ausdruck. Die Schwingbreite wird bei einer Oberspannung von 300 MPa

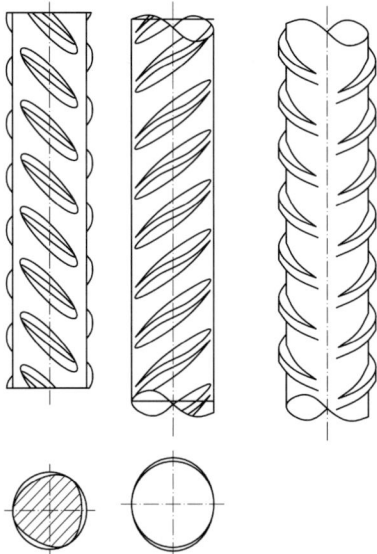

Bild B.31 Beispiel für Kennzeichnung der Stahlsorten A (links) und B (mittig und rechts) (nach DIN 488)

bestimmt und muss 175 bzw. 145 MPa, abhängig vom Stabdurchmesser, bei $1 \cdot 10^6$ Lastwechseln betragen. Die Wöhlerlinie wird im doppeltlogarithmischen Maßstab aufgetragen und besteht aus zwei Geraden mit dem Schnittpunkt bei $1 \cdot 10^6$ Lastwechseln. Die Neigungskennzahlen werden mit k_1 und k_2 bezeichnet und geben die Steigung der Geraden wieder, die von der Senkrechten aus gemessen wird; Je kleiner k ist, umso stärker wirkt sich die Lastspielzahl aus. Die Biegefähigkeit ist eine technologische Eigenschaft, die Knotenscherkraft spielt bei Betonstahlmatten eine Rolle. Die bezogene Rippenfläche ist eine geometrische Größe, die das Verhältnis zwischen Rippenhöhe und Rippenabstand charakterisiert. Da die heutigen Betonstähle alle schweißbar sind, werden an die chemische Zusammensetzung hohe Anforderungen gestellt. Dabei kommt es hauptsächlich auf das Kohlenstoffäquivalent C_{eq}, den absoluten Kohlenstoffgehalt und die Verunreinigungen an, die alle auf die in Tabelle B.9 angegebenen Werte begrenzt sind. Die Eigenschaften werden bei der Prüfung statistisch ausgewertet und müssen den Angaben in Spalte 6 genügen (W = Wahrscheinlichkeit).

Die Kennzeichnung der Stähle wurde gegenüber früher vereinheitlicht. Der Stahl B500A besitzt drei Rippenreihen, der Stahl B500B besitzt zwei oder vier Rippenreihen. Bild B.31 zeigt beispielhaft links den Stahl A und in der Mitte und rechts den Stahl B. Die Rippen sind so angeordnet, dass ein Herausdrehen aus dem Beton verhindert wird.

4.2 Betonstahl unter zügiger Belastung

Entsprechend der Herstellung der Stähle unterscheiden sich die σ-ε-Linien voneinander. Die warmgewalzten (naturharten) Stähle weisen eine ausgeprägte Streckgrenze auf, während bei den kaltverformten der elastische Bereich stetig in den plastischen Bereich übergeht (siehe auch Bilder B.4 und B.5). Die Festigkeitsreserve, Differenz zwischen Streckgrenze und Zugfestigkeit, ist bei naturharten Stählen größer als bei kaltverformten. So sind vom Standpunkt der Sicherheit (Duktilität) aus die naturharten Stähle besser, während vom Standpunkt der Wirtschaftlichkeit aus die kaltverformten besser abschneiden, da sie in Bezug auf die Zugfestigkeit höher beansprucht werden dürfen.

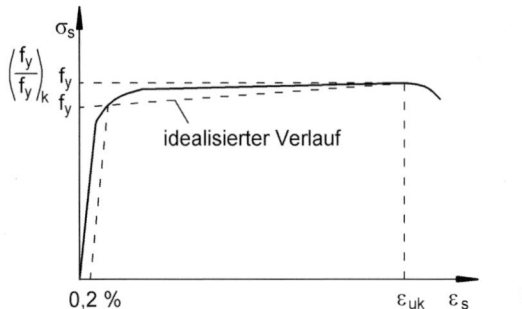

Bild B.32 σ-ε-Linien nach DIN 1045-1

Für die Schnittkraftermittlung in Stahlbetonquerschnitten nach DIN 1045 wird entweder ein gekrümmter Verlauf der σ-ε-Linie angenommen (bei nichtlinearen Verfahren) oder ein bilinear idealisierter Verlauf (Bild B.32). Der Betrag der Stahldehnung unter Höchstlast ε_{uk} beträgt bei den normalduktilen Stählen (A) 2,5 % und bei den hochduktilen (B) 5,0 %.

Die Streckgrenze wird hier mit f_y und die Zugfestigkeit mit f_t bezeichnet. Der Elastizitätsmodul ist in beiden Fällen mit 200.000 MPa festgelegt, die Wärmedehnzahl mit $10 \cdot 10^{-6}$ K^{-1}.

4.3 Festigkeit bei erhöhten und tiefen Temperaturen

Im Temperaturbereich von –60 bis 200 °C sind die Bemessungswerte für die Betonstähle gleich denen bei Raumtemperatur. Bei höheren Temperaturen ändert sich die Situation. Ähnlich wie bei den Stählen für den Stahlbau nehmen Streckgrenze und Zugfestigkeit mit zunehmender Temperatur stark ab. Zwischen 500 und 600 °C sind Streckgrenze und Zugfestigkeit bereits auf weniger als die Hälfte abgesunken, wobei der Abfall der kaltverformten Stähle stärker ist als der der naturharten. Zusätzlich geht der Elastizitätsmodul in ähnlicher Weise zurück, sodass sich die Verformungen unter Last vergrößern. Nach der Abkühlung verhalten sich naturharte Stähle praktisch genau wie vorher, während die kaltverformten Stähle die durch die Kaltverformung gewonnenen Eigenschaften verloren haben. Nach DIN 1045 darf daher ein Betonstahl, der bei der Verarbeitung warm gebogen wurde (≥ 500 °C), nur mit einer Streckgrenze von 220 MPa in Rechnung gestellt werden.

In Konstruktionen können auch Temperaturen unterhalb des „Raumtemperaturbereiches" vorkommen, z. B. bei der Lagerung von Flüssiggas; im Fall von Erdgas –164 °C. Umfangreiche Untersuchungen haben gezeigt, dass die Festigkeit von warmgewalzten Betonstählen mit abnehmender Temperatur zunimmt und die Bruchdehnung konstant bleibt, während bei kaltverformten Betonstählen die Festigkeit auch zunimmt, aber die Bruchdehnung abnimmt [64].

4.4 Dauerschwingfestigkeit

Über die Dauerschwingfestigkeit von Betonstählen liegen einige Versuchsberichte vor, die den Einfluss der Profilierung, der Verwindung, der Betonummantelung und der Krümmung erkennen lassen [65]. Es handelt sich um klassische Versuche, die mit älteren Stählen als den heute gängigen durchgeführt wurden. Dennoch werden sie hier aufgeführt, da sie die kennzeichnenden Einflüsse auf die Schwingfestigkeit gut veranschaulichen. Wascheidt [65] prüfte dabei naturharte und kaltverformte Rippenstähle und glatte Rundstähle, die durch Verwindung kaltverfestigt wurden, sodass sie in den mechanischen Eigenschaften kaltverformten Stählen vergleichbar wurden. Bei den Versuchen, die zum Vergleich der Stähle

4 Betonstähle

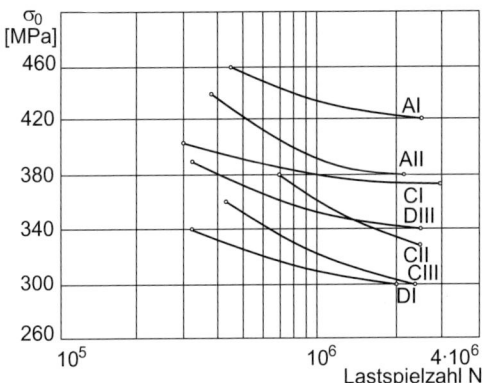

Bild B.33 Wöhlerlinien der Betonstähle (∅ 16 mm) nach Tabelle B.10 mit konstanter Unterspannung von 60 MPa [65]

untereinander dienten, wurde die Unterspannung konstant gehalten (60 MPa) und die maximale Oberspannung ermittelt. Bei $2 \cdot 10^6$ Lastspielen wurde für die Rippenstähle eine Oberspannung von 350 MPa erreicht, während für die Rundstähle maximale Oberspannungen bis 430 MPa gefunden wurden. Damit wird der Einfluss der Oberfläche deutlich, der auch bei Betrachtung der Bruchbilder bestätigt wird. Alle Stähle wurden im walzrauen Zustand geprüft, sodass genügend Ansatzpunkte für den ersten Anriss vorhanden waren; solche Oberflächenfehler waren auch beim Rundstahl immer die Ausgangspunkte der Dauerbrüche. Die Rippenstähle haben zusätzlich noch Punkte besonderer Art, wie z. B. die Kreuzung zwischen Längs- und Querrippe und den Rippenfuß, wo aufgrund von Kerbwirkung und Dehnungsbehinderung mehrachsige Spannungszustände auftreten, die das Verformungsvermögen herabsetzen und das Auftreten eines Anrisses begünstigen. So ging bei Stählen mit in die Längsrippe einbindenden Querrippen der Bruch vom Rippenfuß des Kreuzungspunktes aus, während bei sichelförmigen Schrägrippen der Bruch stets am Fuß einer Schrägrippe begann. Bild B.33 zeigt die Wöhlerlinien verschiedener Betonstähle im

Tabelle B.10 Charakterisierung der geprüften Stähle nach Bild B.33

Bezeichnung	Verwindegrad[1]	R_{eH} [MPa]	R_m [MPa]	A_5 / A_{10} %	bezogene Rippenfläche[2]
A I	12 d	497	649	23,1/17,9	–
A II	8 d	567	687	18,8/14,1	–
C I	10 d	453	529	21,5/16,2	0,0379
C II	12 d	448	552	23,8/17,5	0,0691
C III	6,5 d	520	600	16,3/11,0	0,1176
D I	–	414	634	30,5/24,2	0,0467
D III	–	476	711	28,6/22,8	0,0741

[1] Verwindegrad: Eine Verwindung auf eine Länge des n-fachen Stabdurchmessers
[2] bezogene Rippenfläche: in Stabquerrichtung projizierte Rippenfläche geteilt durch Stabumfang und Rippenabstand

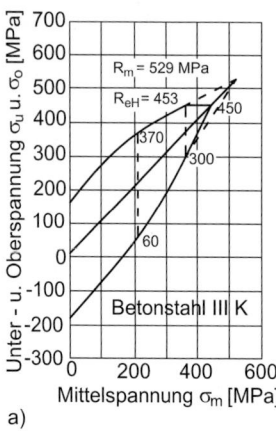
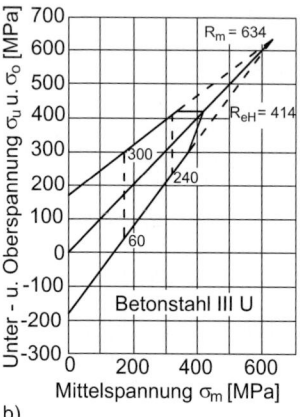

Bild B.34 Dauerschwingfestigkeitsschaubilder nach Smith; a) Rippentorstahl C1 (III K), b) High-Bond Stahl D1 (III U), nach Wascheidt [65]

Zugschwellbereich. Das Diagramm zeigt, dass die Betonrundstähle eine stets 25 bis 30 % größere Schwingweite ($\sigma_o - \sigma_u$) ertragen als die Rippenstähle, und außerdem, dass mit stärkerer Verwindung die Dauerfestigkeit abnimmt (abgesehen von C I).

Neben Wöhlerversuchen, die mit konstanter Unterspannung gefahren wurden, sind noch Versuche zu erwähnen, die den Einfluss veränderlicher Unter- (oder Mittel-) Spannung zeigen. In den Dauerfestigkeitsschaubildern nach Smith, Bild B.34 a) und b), erkennt man, dass die Dauerfestigkeit vor allem vom Spannungsausschlag und weniger von der absoluten Höhe der Spannung abhängt. Der Rippentorstahl erreicht eine Wechselfestigkeit von ±175 MPa, eine Zugschwellfestigkeit von rd. 340 MPa und eine Schwingbreite von 150 MPa bei $\sigma_0 = R_{eH}$. Beim naturharten Rippenstahl sind die Werte: $\sigma_w = \pm 160$, $\sigma_{ZSchw} = 260$, $2\sigma_{a,so} = R_{eH} = 150$ MPa; im Ganzen ist das Diagramm des tordierten Stahls völliger als das des

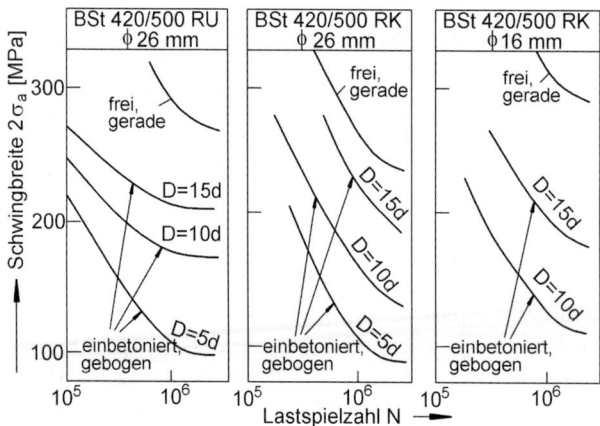

Bild B.35 Einfluss der Krümmung auf die Ermüdungsfestigkeit von Betonstahl; RU – Rippenstahl naturhart, RK – Rippenstahl kaltverformt. Linkes Bild nach Rehm [67], Mitte und rechts nach Spitzner [68]

naturharten Stahls, was bedeutet, dass jener Stahl im Vergleich zu seiner Zugfestigkeit höher ausgenutzt werden kann.

Da Betonstähle in der Regel im einbetonierten Zustand verwendet werden, ist die Frage berechtigt, wie sich die Stähle in diesem Zustand verhalten. Versuche [65] zeigten, dass gerade Rippenstähle dieselbe Schwingbreite erreichen wie im freien Zustand, dass glatte Rundstähle jedoch wesentlich niedrigere Werte erbringen. Der Grund dafür wird in der Erwärmung des Stahls im Bereich der Betonrisse gesucht, wo die Haftung überschritten ist und der Stahl im Beton gleitet. Außerdem wird durch die andauernde Reibung die Oberfläche aktiviert; die äußere Schicht oxidiert und erleichtert dadurch die Bildung eines Anrisses. Dass Dauerbrüche stets im Bereich der Betonrisse auftreten, hat auch Lötsch [66] in Balkenversuchen gefunden.

Gekrümmte Bewehrungsstähle verhalten sich ungünstiger als gerade Stähle, und zwar umso schlechter, je kleiner der relative Biegedorndurchmesser ist (siehe Bild B.35). Gegenüber dem freien geraden Stab nimmt die Schwingfestigkeit bis auf ein Drittel ab, wobei sich der naturharte Stahl besser verhält als der kaltverformte.

Von Einfluss auf die Abnahme sind die plastische Verformung des Stahls im Abbiegebereich und vor allem die Betonverformung unter der Abkrümmung. Denn durch die Kompression des Betons treten zusätzliche Biegespannungen im Stahl auf, die die Anstrengung über die rechnerisch angenommene Spannung erhöhen.

Die heute angesetzten Schwingfestigkeitswerte sind nach DIN 488 festgelegt, siehe Tabelle B.9. Die Schwingbreite bei 10^6 Lastwechseln muss demnach 175 bzw. 145 MPa, abhängig vom Stabdurchmesser, betragen.

5 Spannstähle

5.1 Stahlarten und Zusammensetzung

Spannstähle sind unlegierte oder niedriglegierte Stähle, die zur Bewehrung von Spannbetonbauteilen dienen. Im Gegensatz zu den Betonstählen, deren Spannungen nur von Eigengewicht, Zwang und Nutzlast des Bauwerks herrühren, erhalten die Spannstähle schon vor dem Gebrauchszustand eine hohe Vorspannung, die als Reaktion Druckkräfte auf den Beton ausübt. Eine solche Druckvorspannung hat mehrfachen Nutzen: Der Beton, der eine hohe Druck-, aber nur eine geringe Zugfestigkeit besitzt, wird in seinem ganzen Querschnitt auf Druck beansprucht und dadurch besser ausgenützt, es treten keine oder nur sehr kleine Risse im Beton auf, wodurch die Dauerhaftigkeit erhöht wird, die Verformungen (Durchbiegungen) sind kleiner als beim Stahlbetonbauwerk und durch die hohe Ausnutzung der Werkstoffe wird Gewicht gespart. Um eine sinnvolle Vorspannung zu erreichen, muss die Stahldehnung so groß sein, dass Verluste aus nachträglicher Formänderung des Betons – Kriechen und Schwinden (siehe Kapitel F) – aufgefangen werden können. Die Größe der nachträglichen Betonverformung liegt zwischen 0,4 und 1,5 · 10^{-3}, was einer Stahlspannung von 80 bis 300 MPa entspricht. Es ist einleuchtend, dass Spannstähle auf ein Mehrfaches dieser Werte vorgespannt werden sollten, damit sie ihre Funktion erfüllen können und der prozentuale Verlust gering bleibt.

Aus diesem Grund kommen Stähle mit Zugfestigkeiten zwischen 900 und 2.000 MPa infrage, wobei die Entwicklung zu höheren Festigkeiten weitergeht. Allerdings muss bei dieser Entwicklung immer darauf geachtet werden, dass die Stähle eine ausreichende Zähigkeit und Korrosionsbeständigkeit behalten. Dies ist eine Forderung, die im Hinblick auf die Sicherheit der Bauwerke außerordentlich wichtig ist.

Stähle so hoher Festigkeit können sein:

1) naturharte legierte Stähle;
2) vergütete legierte Stähle;
3) gezogene oder kaltgewalzte Stähle.

Diese Stähle werden im LD- oder Elektrostahlwerk hergestellt.

1) Naturharte Stähle

Naturharte Stähle mit einer Streckgrenze von 835 MPa und einer Zugfestigkeit von 1.030 MPa gibt es als runden Stabstahl mit Durchmessern von 12,5 bis 40 mm. Nach der chemischen Zusammensetzung – Richtwerte: 0,7 % C; 0,7 % Si; 1,2 % Mn – ist es ein niedriglegierter Kohlenstoffstahl.

Ein Stahl etwas höherer Festigkeit ist ein St 1080/1230 (erste Zahl Streckgrenze oder 0,2-Grenze, zweite Zahl Zugfestigkeit), der nach dem Walzen gereckt und zur Erzielung ausreichender Zähigkeit anschließend angelassen wird. Die chemische Zusammensetzung ist dieselbe wie oben angegeben.

2) Vergütete Stähle

Vergütete Spannstähle gibt es in großer Zahl, und zwar mit Festigkeiten zwischen 1420/1570 und 1470/1620. Sie werden mit rundem, ovalem und rechteckigem Querschnitt geliefert, mit glatter, gerippter und profilierter Oberfläche. Stellvertretend soll ein St 1420/1570 behandelt werden, für den als Richtwerte der chemischen Zusammensetzung 0,45 % C, 1,80 % Si, 0,70 % Mn und 0,50 % Cr angegeben werden. Die hohe Festigkeit verdankt dieser Stahl einem besonderen Vergütungsprozess, bei dem ein zur Vergütung geeigneter legierter Stahl von Härtetemperatur in Öl abgeschreckt und anschließend in einem Bleibad so hoch angelassen wird, dass die durch das Härten erreichte Festigkeit größtenteils erhalten bleibt und zusätzlich eine hohe Streckgrenze erzeugt wird.

3) Gezogene Drähte (Spanndrähte)

Für die hohen Stahlgüten St 1375/1570, St 1470/1670 und St 1570/1770 kommen die gezogenen Drähte infrage. Hergestellt werden die Drähte, indem sie nach dem Walzen auf rd. 900 bis 1.000 °C erhitzt und anschließend im Blei- oder Salzbad auf 450 bis 550 °C abgekühlt werden. Durch diesen Prozess, das sog. Patentieren, entsteht ein für das Kaltverformen günstiges Gefüge. Zum Zwecke der Kaltverformung wird der Stab durch eine Ziehdüse gezogen, wodurch sein Durchmesser verkleinert wird und seine Festigkeit zunimmt, und zwar umso mehr, je kleiner der verbleibende Querschnitt ist. Allgemein gilt: Je höher die Festigkeit, umso kleiner der lieferbare Durchmesser. Nach dem Ziehen werden die Drähte noch auf 150 bis 400 °C angelassen, um die elastischen Eigenschaften wieder zu

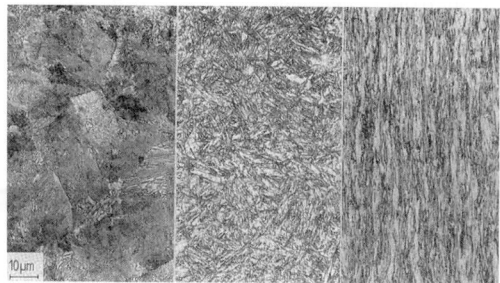

Bild B.36 Gefüge von Spannstählen (© Prof. Frank Dehn); a) naturharter Spannstahl mit perlitischem Gefüge, b) vergüteter Spannstahl mit Vergütungsgefüge, c) kaltgezogener Spanndraht mit verformtem perlitischem Gefüge

5 Spannstähle

verbessern, die beim Kaltverformen nachteilig beeinflusst wurden (Erniedrigung von Elastizitäts- und Streckgrenze, Verschlechterung des Kriechverhaltens). Spannstahllitzen bestehen in der Regel aus glatten Drähten der Güte St 1570/1770.

Als Beispiel dieser Stahlgruppe sei der St 1570/1770 genannt, der mit glatter und profilierter Oberfläche geliefert wird. Er ist ebenfalls ein Si-Mn-Stahl mit 0,6 bis 0,9 % C, 0,1 bis 0,3 % Si und 0,5 bis 0,8 % Mn.

Bild B.36 zeigt drei Schliffbilder von Spannstählen, die nach drei verschiedenen Verfahren hergestellt wurden. Das linke Bild stammt von einem naturharten Spannstahl mit relativ grobkörnigem perlitischen Gefüge. Das mittlere veranschaulicht deutlich die Kornfeinung aufgrund des Vergütungsprozesses, mit der eine Festigkeitssteigerung einhergeht, und das rechte Bild gibt das in Ziehrichtung ausgerichtete Gefüge wieder.

5.2 Eigenschaften unter zügiger Beanspruchung

Die Zulassungsbescheide des Deutschen Instituts für Bautechnik (DIBt) bescheinigen, dass der betreffende Stahl nach dem jetzigen Stand der Technik den Anforderungen an die Sicherheit genügt. Sie enthalten u. a. die Festigkeitswerte, die in Tabelle B.11 wiedergegeben sind. Es handelt sich dabei um die gewährleisteten Festigkeitswerte und nicht um die im Versuch tatsächlich ermittelten, die für jeden Stab verschieden ausfallen.

Allerdings darf die Höchstfestigkeit der vergüteten Stähle höchstens um 10 %, die der gezogenen Drähte um 12 % über der Nennfestigkeit liegen.

Das unterschiedliche Spannungs-Dehnungs-Verhalten lässt sich am besten anhand der Kurven in Bild B.37 erläutern. Für alle Stähle gilt ein E-Modul von 205.000 MPa. Werden aber vergütete und insbesondere gezogene Drähte zu Seilen und Litzen verarbeitet, sinkt der E-Modul auf 150.000 bis 95.000 MPa.

Die naturharten und die vergüteten Stähle zeigen eine deutliche Streckgrenze, an der ohne weitere Laststeigerung eine bleibende Dehnung von 0,3 bis 0,5 % durchlaufen wird, bevor eine Verfestigung sichtbar wird. Im Gegensatz dazu weist der gezogene Draht einen stetigen Verlauf im gesamten Gebiet auf. Nach Birkenmaier und Jacobsohn [69] sind Stähle mit ausgeprägter Fließgrenze weniger günstig, da sie sich dort ohne Spannungszunahme verformen. Stähle mit stetigem Verlauf federn auch nach Beanspruchung über die 0,2-Grenze wieder weitgehend zurück und schließen dabei aufgetretene Risse im Beton.

Die erreichten Bruchdehnungen sind ausreichend, um einen Bruchbeginn durch große Formänderungen anzuzeigen. Vergegenwärtigt man sich die hohe Festigkeit, d. h. auch die hohe Gebrauchsspannung der Spannstähle, so muss man allen Einflüssen, die die Spannung örtlich erhöhen oder die Festigkeit und Zähigkeit abmindern, besondere Aufmerksamkeit schenken. Dazu gehören alle Arten der Korrosion, Wärmebehandlung und Kaltverformung [70].

Tabelle B.11 Beispiele für bauaufsichtlich zugelassene Spannstähle

Stahlgüte $R_{0,2}/R_m$ MPa	Art	Elastizitätsgrenze $R_{0,01}$ MPa	Bruchdehnung δ_{10} %
St 835/1030	naturhart	735	7
St 900/1030	gereckt und angelassen	800	7
St 1420/1570	vergütet	1.220	6
St 1570/1770	gezogen und angelassen	1.350	6

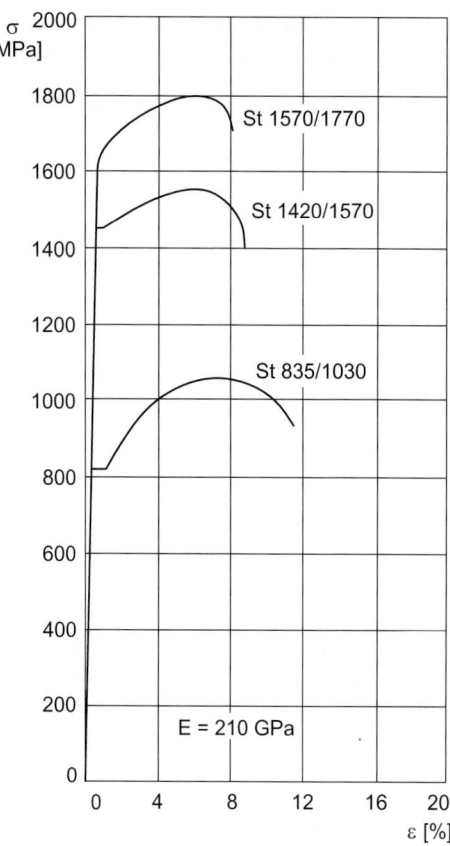

Bild B.37 σ-ε-Linien verschiedener Spannstähle

In DIN 1045 wird die σ-ε-Linie von Spannstahl, ähnlich wie bei Betonstahl, vereinfacht entweder als gekrümmte Linie oder idealisiert als bilinearer Verlauf dargestellt (Bild B.38). Der Knickpunkt befindet sich an der 0,1%-Dehngrenze (hier als Streckgrenze $f_{p0,1}$ bezeichnet). Der Maximalwert ist die Zugfestigkeit f_p. Beide Grenzen sind statistisch als charakteristische Werte definiert. Die Grenzdehnung für die Bemessung beträgt Vordehnung des Spannstahls plus 2,5 % ($E_{p(0)}$ + 0,025).

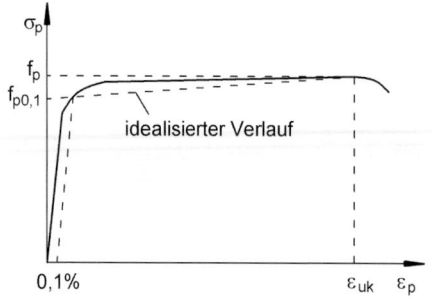

Bild B.38 σ-ε-Linie von Spannstahl nach DIN 1045-1

5.3 Verhalten bei erhöhter Temperatur

Wie schon bei den Bau- und Betonstählen erläutert, hat die Temperatur einen großen Einfluss auf die Festigkeitseigenschaften der Stähle, und zwar umso mehr, je höher die Festigkeit durch Vergüten oder Kaltverformen getrieben wurde. Daher ist zu erwarten, dass gerade die Spannstähle auf hohe Temperaturen empfindlich reagieren. Grundlage der folgenden Ausführungen sind die von Dannenberg et al. [71] beschriebenen und ausgewerteten klassischen Versuche zu dieser Frage. Geprüft wurden ein naturharter Stahl St 60/90 (den es heute nicht mehr gibt, der aber in den Eigenschaften einem St 835/1030 nahe kommt), ∅ 26 mm, ein vergüteter Draht St 145/165 (entspricht heute St 1470/1620), ∅ 5,2 mm, und zwei kaltgezogene Drähte, von denen hier der St 160/180 (entspricht St 1570/1770), ∅ 5 mm, behandelt wird.

Bei 300 °C, Bild B.39 a), tritt praktisch bei allen Stählen die Grenze des elastischen Verhaltens bei 400 MPa auf, wobei der gezogene Draht (3) am meisten an elastischem Verhalten eingebüßt hat. Noch höhere Temperaturen, 500 °C bei Bild B.39 b) und 600 °C bei Bild B.39 c), verstärken diese Tendenz, sodass schließlich schon 50 MPa genügen, um große bleibende Dehnungen hervorzurufen. Trägt man nur die 0,2-Grenze in Abhängigkeit von der Temperatur auf, Bild B.40, so erkennt man den starken Temperatureinfluss noch deutlicher: Der naturharte Stahl bleibt ziemlich konstant bis 300 °C und fällt bis 500 °C erst langsam, dann stark ab; der vergütete Stahl behält bis rd. 200 °C seine elastischen Eigenschaften, lässt dann jedoch bis 500 °C sehr stark nach und erreicht bei 600 °C nur noch 1/50 des Ausgangswerts; der gezogene Draht reagiert schon bei geringer Temperaturerhöhung empfindlich und fällt bis 600 °C ziemlich gleichmäßig ab. Für die Zugfestigkeit wurde ein ganz entsprechendes Verhalten festgestellt. Im Brandfall ist es daher ganz wichtig, den Stahl so zu schützen, dass er keine unzulässige Temperaturerhöhung erfährt.

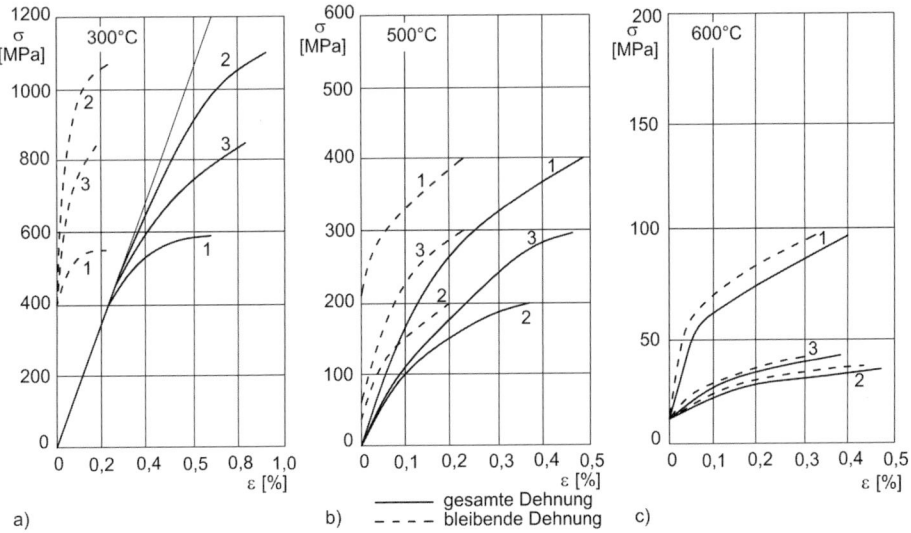

Bild B.39 σ-ε-Linien a) bei 300 °C, b) bei 500 °C, c) bei 600 °C, nach Dannenberg et al. [71]. Bezeichnung der Stähle: 1 – warmgewalzter Stabstahl St 60/90, 2 – vergüteter Spanndraht St 145/165, 3 – kaltgezogener, angelassener Spanndraht St 150/170 (alte Bezeichnungen)

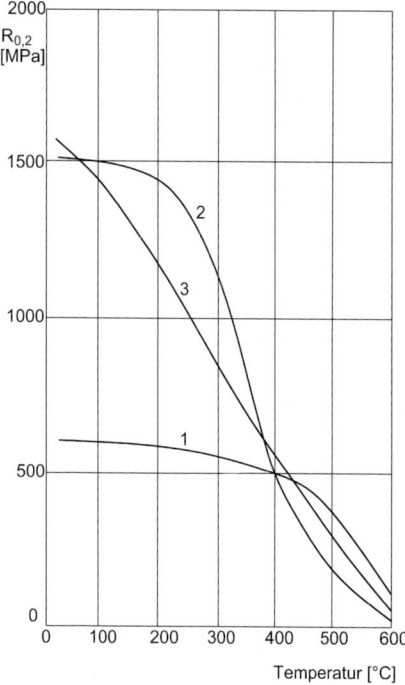 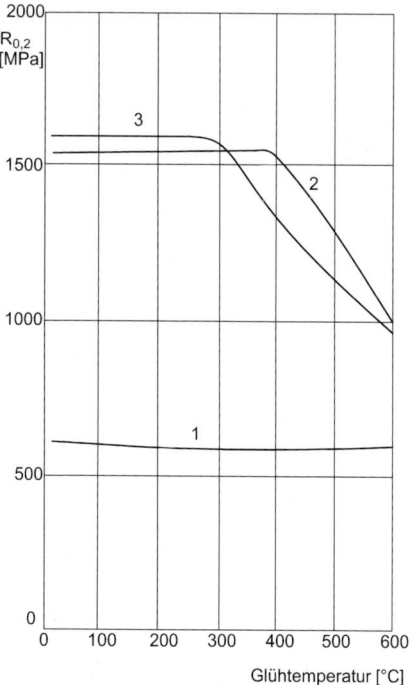

Bild B.40 0,2-Grenze in Abhängigkeit von der Temperatur, nach Dannenberg et al. [71]. Bezeichnung der Stähle: 1 – warmgewalzter Stabstahl St 60/90, 2 – vergüteter Spanndraht St 145/165, 3 – kaltgezogener, angelassener Spanndraht St 150/170 (alte Bezeichnungen)

Bild B.41 0,2-Grenze bei 20 °C in Abhängigkeit der Glühtemperatur, nach Dannenberg et al. [71]. Bezeichnung der Stähle: 1 – warmgewalzter Stabstahl St 60/90, 2 – vergüteter Spanndraht St 145/165, 3 – kaltgezogener, angelassener Spanndraht St 150/170 (alte Bezeichnungen)

Falls während eines Brandes keine unzulässigen Verformungen aufgetreten sind und die Konstruktion weiter benutzt werden soll, sollten die Festigkeit und die 0,2-Grenze bekannt sein. Wie Bild B.41 zeigt, wurde der naturharte Stahl nicht geschädigt, während der vergütete und der gezogene Draht auf praktisch dieselbe Grenze von rd. 950 MPa abgesunken sind, was dem Wert des Ausgangsmaterials vor der Vergütung bzw. Kaltverformung entspricht. Auch für die Festigkeit wurde die entsprechende Abhängigkeit gefunden.

Das Tieftemperaturverhalten von Spannstählen ist geprägt durch eine höhere Festigkeit als bei Raumtemperatur und durch eine ausreichende Zähigkeit [72].

5.4 Dauerstandverhalten

Wie schon in Abschnitt B 2.3 gezeigt, hängt die Festigkeit u. a. von der Dauer der Belastung ab, sobald eine kritische Spannung überschritten ist. Beim Spannbeton, wo die Stähle dauernd sehr hoch beansprucht werden ($0,75 f_{pk}$ oder $0,85 f_{p0,1k}$), ist daher genügend Veranlassung vorhanden, diese kritische Spannung zu ermitteln.

Im Folgenden wird die früher übliche Vorgehensweise besprochen. Da die Schaubilder inhaltlich noch gültig sind und wertvolle Informationen liefern, wurden sie hier aufgenom-

5 Spannstähle

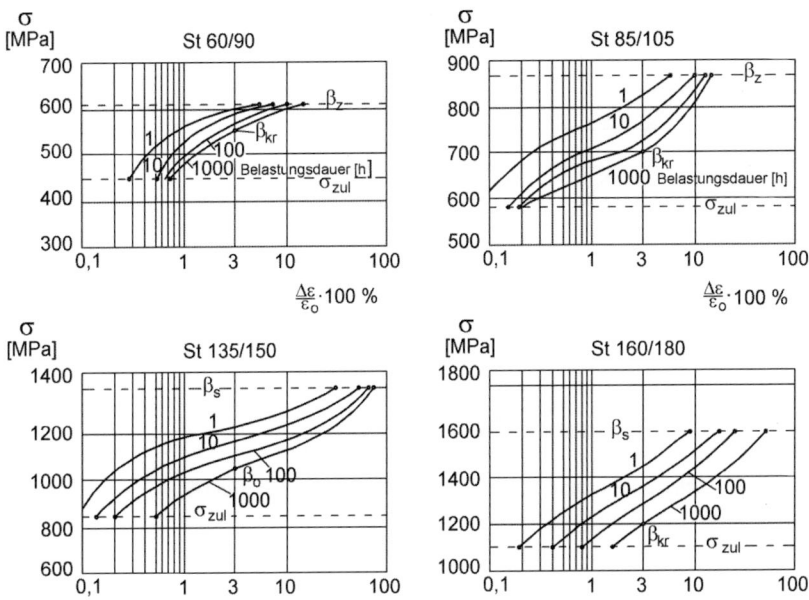

Bild B.42 Spannungs-Zeitdehn-Linien bei 20 °C zwischen σ_{zul} und β_S (= $R_{0,2}$) für naturharten St 60/90, gereckten und angelassenen St 85/105, vergüteten St 135/150 und gezogenen und angelassenen St 160/180 (1 kp/mm² = 10 MPa)

men. Im Dauerzugversuch wird hier nicht die erwähnte kritische Spannung ermittelt, bei der nach langer Zeit ohne weitere Laststeigerung ein Bruch auftritt, sondern es wird als technische Kriechgrenze diejenige Spannung bestimmt, die von der 6. Minute nach Lastaufbringung bis zur 1.000. Stunde 3 % der bei zügiger Belastung auftretenden Gesamtdehnung ergibt. Geprüft wird dabei bei 20 °C und konstanter Last. Die bei solchen Versuchen ermittelten Diagramme waren Gegenstand der Zulassungsbedingungen. In Bild B.42 a) bis d) sind derartige Diagramme wiedergegeben. Auffallend ist dabei das starke spannungsabhängige Verhalten des vergüteten Stahls im Bereich von 110 bis 130 kp/mm². Einen ähnlichen Verlauf weist der St 85/105 auf, während die beiden weiteren Stähle erst knapp unterhalb der Streckgrenze eine große Zunahme der Kriechdehnung aufweisen.

Die Diagramme des Bildes B.42 geben keine genauen Anhaltspunkte für das Verhalten des Stahls in der Konstruktion; sie sind nur geeignet, verschiedene Stähle untereinander zu vergleichen. Für die Charakterisierung der Stähle ist die Untersuchung des Entspannungs- oder Relaxationsverhaltens besser geeignet, da hierbei die Länge konstant gehalten wird und sich die Spannung ändert, was den Verhältnissen im Bauwerk eher entspricht. Wascheidt [73] zeigt Zeit-Spannungsabfall-Linien eines vergüteten Sigma St 145/160, ⌀ 5,2 mm, Bild B.43, wo der Einfluss der Anfangsspannung im gleichen Sinne deutlich wird wie in bekannten Kriechkurven: je höher die Anfangsspannung, desto größer der Spannungsverlust. Bei einer Anfangsspannung σ_0 von 145 kp/mm² (= 0,95 β_S) beträgt der Spannungsabfall nach 1.000 h rd. 19 kp/mm² (= 13 %), bei σ_0 = 88 kp/mm² (σ_{zul} = 0,55 β_Z = 91 kp/mm²) ist $\Delta\sigma$ nur rd. 0,5 kp/mm².

Ein Vergleich zwischen Stählen verschiedener Zusammensetzung und Herstellungsart (Bild B.44) zeigt, dass die legierten und vergüteten Stähle einen geringeren Spannungs-

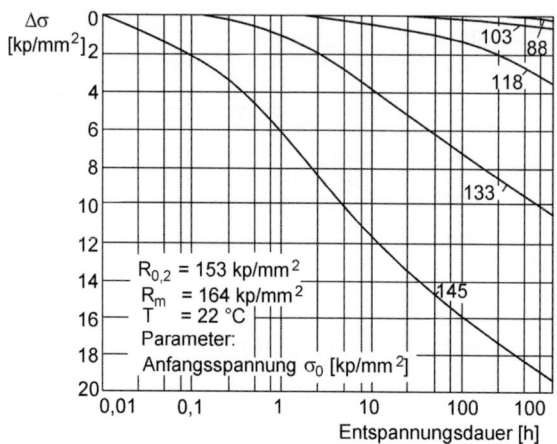

Bild B.43 Zeit-Spannungsabfall-Linien von σ, St 145/160, ⌀ 5,2 mm, nach Wascheidt [73]

verlust erleiden oder, anders ausgedrückt, weniger kriechen als die gezogenen und gereckten Stähle. Nur durch Sonderbehandlung ist es möglich, einen gezogenen Draht auf die Güte des vergüteten Stahls zu bringen. Grundsätzlich wurde festgestellt, dass das Spannungs-Dehnungs-Schaubild bei zügiger Belastung einen Anhaltspunkt für die Beurteilung des Langzeitverhaltens gibt. Weist der Stahl eine hohe Elastizitätsgrenze auf, z. B. naturharter und vergüteter Stahl, dann kriecht er weniger gegenüber gezogenen Drähten, die einen relativ kleineren Hooke'schen Bereich haben. Bleibt die Anfangsspannung unterhalb von f_p, so tritt geringes Kriechen auf; übersteigt sie f_p, dann verhalten sich Stähle mit einer niedrigen Elastizitätsgrenze wieder günstiger, siehe Bild B.45.

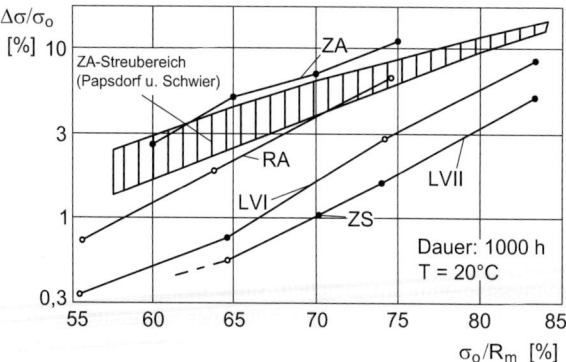

Bild B.44 Vergleich des Relaxationsverhaltens verschiedener Spannstähle, nach Wascheidt [73]. ZA – gezogen, angelassen [74], RA – gereckt, angelassen, LVI – legiert, vergütet, LVII – legiert, vergütet, verbesserte Qualität, ZS – gezogen, schlussvergütet [75]

5 Spannstähle

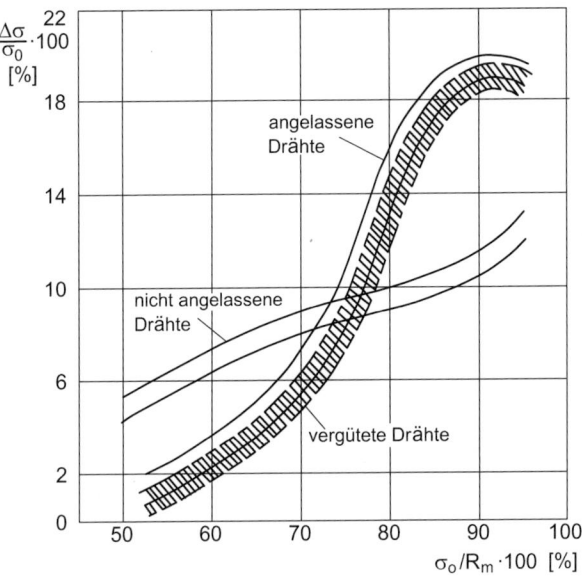

Bild B.45 Spannungsabfall nach 1.000 h an verschiedenen Spannstählen, nach Papsdorf und Schwier [74]

Da das Kriechen auf dem Wandern von Versetzungen und auf der Diffusion von Fremdatomen beruht und diese Vorgänge durch Wärme aktiviert werden, ist zu erwarten, dass Kriechen und Relaxation von der Prüftemperatur abhängen.

Bild B.46 gibt die Ergebnisse von Zeitstandversuchen an vergüteten St 145/160 bei verschiedenen Temperaturen wieder, wobei die Anfangsspannung 0,63 f_p betrug. Bei Normaltemperatur von 22 °C tritt nach 1.000 h ein Spannungsverlust von rd. 0,8 kp/mm² auf, bei 70 °C liegt er schon bei 3,8, bei 100 °C bei 7,2 und bei 200 °C bei 9,6 kp/mm². Es zeigt also, wie sehr die Temperaturerhöhung die Kriechverformung beschleunigt.

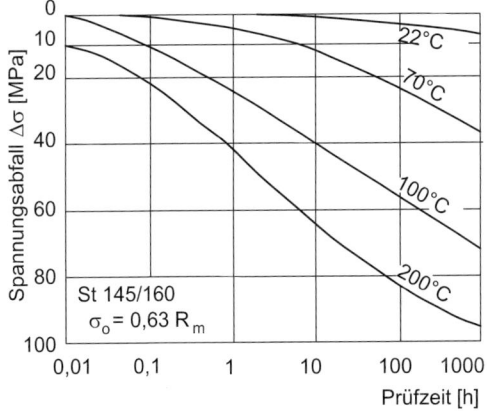

Bild B.46 Spannungsverlust von Spannstahl bei verschiedenen Temperaturen, nach Jäniche et al. [76]

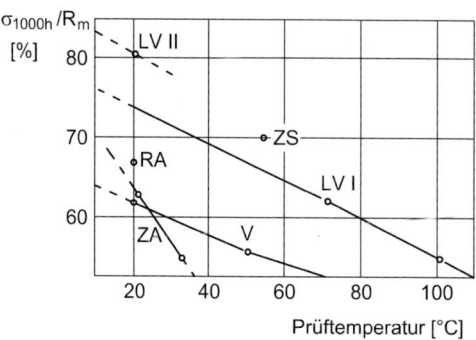

Bild B.47 Relaxationsverhalten in Abhängigkeit von der Temperatur, Bezeichnungen siehe Bild B.44, nach Wascheidt [73]

Tabelle B.12 Maximale Relaxation von Spannstahl nach 1.000 h

Stahlerzeugnis	max. Relaxation [%]	
	bei $0{,}70 \cdot F_m$	bei $0{,}80 \cdot F_m$
Stab, $\varnothing \leq 15$ mm	6	–
$\varnothing > 15$ mm	4	–
Draht, Litze	2,5	4,5

Ein Vergleich des Relaxationsverhaltens verschiedener Stähle bis 100 °C ist in Bild B.47 dargestellt; man sieht, dass diejenigen Stähle, die bei Normaltemperatur den größten Spannungsverlust erleiden, auch gegen Temperaturerhöhung am empfindlichsten sind.

In der heutigen Vornorm prEN 10138 [77] werden folgende Anforderungen an Spannstahl gestellt (Tabelle B.12). F_m bezeichnet die wirkliche Höchstkraft des Stahls. Man erkennt durch Vergleich mit den Bildern B.44 und B.45, dass die zulässige Relaxation heutiger Stähle niedriger ist als die gemessene bei den früheren.

5.5 Dauerschwingfestigkeit

Brücken für Straße und Schiene werden heute häufig in Spannbeton ausgeführt, und somit werden die Spannstähle schwingend beansprucht. Die maximale Größe der schwingenden Beanspruchung hängt davon ab, ob das Bauwerk voll vorgespannt ist oder nur beschränkt, d. h. ob an der Zugseite Zugspannungen im Beton auftreten dürfen oder nicht. Im Falle der vollen Vorspannung beträgt die Schwingbreite maximal rd. 85 MPa, im Falle der beschränkten Vorspannung maximal rd. 140 MPa [70]. Bild B.48 a) bis d) zeigt Smith-Diagramme, wie sie für die Zulassung von Spannstählen aufgestellt wurden.

Dabei wurden Dauerschwingversuche mit Oberspannungen von $0{,}55\, R_m$ (was der damaligen zulässigen Vorspannung entspricht) und $0{,}9\, R_{0{,}2}$ durchgeführt, um auch für den Fall der Überanstrengung einen sicheren Versuchswert zu besitzen. Die Schwingbreiten des warmgewalzten Stahls St 835/1030 betragen 320 bzw. 250 MPa für den glatten Stab bzw. den Stahl mit Gewinderippen. Beim glatten vergüteten Stahl St 1420/1570 betragen die entsprechenden Werte 340 bzw. 230 MPa, beim gerippten Stahl 295 bzw. 210 MPa. Der

5 Spannstähle

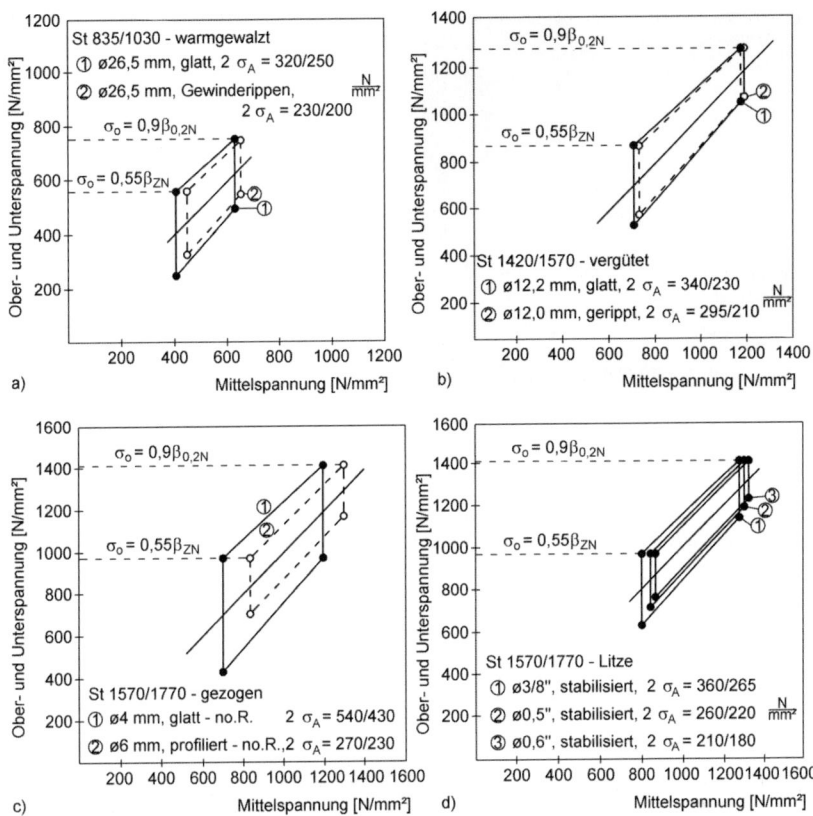

Bild B.48 Dauerfestigkeitsschaubilder nach Smith, Grenzlastspielzahl $2 \cdot 10^6$. a) St 835/1030 warmgewalzt, b) St 1420/1570 vergütet, c) St 1570/1770 gezogen, d) St 1570/1770 Litze [78] (no.R. = normale Relaxation)

gezogene Stahl St 1570/1770 wurde mit einer Schwingbreite von 540 bzw. 430 MPa glatt und mit 270 bzw. 230 MPa gerippt geprüft. Schließlich wurden Litzen St 1570/1770 mit drei Durchmessern geprüft, wobei mit zunehmendem Drahtdurchmesser die Schwingbreiten von 340 auf 210 MPa bzw. von 265 auf 180 MPa abnahmen.

Es ist eine bekannte Tatsache, dass mit zunehmender Zugfestigkeit die Einflüsse, die die Dauerfestigkeit herabsetzen, wie raue Oberfläche, Kerben und sonstige Störstellen im Material, stärker werden, sodass die Schwingbreite trotz höherer Festigkeit abnimmt. Bei den Versuchen nach Bild B.48 beträgt das Verhältnis der Dauerschwingfestigkeit von geripptem zu glattem Stahl beim St 835/1035 0,72 und beim St 1570/1770 0,52. Was schon bei der statischen Festigkeit über den Einfluss der Korrosion angedeutet wurde, gilt bei der Schwingfestigkeit in erhöhtem Maße. Durch schlechte Behandlung des hochwertigen Stahls können die Schwingfestigkeitswerte sehr weit absinken [78]. Nach Königseder und Krzemien [79] nimmt die Dauerschwingfestigkeit von Spannstahl (geprüft wurde eine Litze aus St 1570/1770) um 30 % ab, wenn die freie Einspannlänge von 1 auf 4 m vergrößert wird. Größere Längen bewirken keinen weiteren Festigkeitsabfall.

Die heutigen Anforderungen an die Dauerschwingfestigkeit sind in den Zulassungsgrundsätzen des Deutschen Instituts für Bautechnik (DIBt) festgelegt und orientieren sich an der

Bild B.49 Dauerbruch eines Spannstahls

Tabelle B.13 Mindestamplitude bei der Dauerschwingprüfung für $2 \cdot 10^6$ Lastwechsel (nach DIBt)

Stahlerzeugnis		Mindestamplitude [MPa] bei $\sigma_o = 0{,}7\ R_m$
Stab,	glatt	200
	gerippt	180
Draht,	glatt	200
	profiliert	180
Litze,	glatt	190
	profiliert	170

prEN 10138. Tabelle B.13 gibt die Werte wieder. Vergleicht man diese Werte mit den Versuchsergebnissen (Bild B.48), so muss man annehmen, dass die heutigen Stähle diese Anforderungen erfüllen. Für die Zulassung muss aber jeder neue Stahl geprüft werden.

Zur Illustration wird ein Dauerbruch gezeigt. Der Dauerbruch in Bild B.49 ging von einer Störstelle aus, vom Fuß einer aufgewalzten Rippe, und breitete sich strahlenförmig aus. Deutlich erkennt man den verformungslosen Daueranriss (kreisförmig, matt) im Vordergrund und den Mischbruch des Restquerschnitts, wie er typisch ist für Stähle so hoher Güte: nur eine kleine Scherlippe entlang des Umfangs, während der mittlere Bereich glatt abgetrennt ist. Der geprüfte Stahl war ein vergüteter Spannstahl St 135/140 mit rechteckigem Querschnitt und aufgewalzten Rippen.

Schwache Punkte hinsichtlich der Dauerfestigkeit sind Spanngliedkopplungen und Verankerungen, wo durch Querpressung der Keile, an eingeschnittenen oder gerollten Gewinden oder beim Vergießen mit flüssigen Legierungen Spannungsspitzen oder Materialschädigungen auftreten können. Um solche Einflüsse zu erfassen, werden vor der Zulassung eines neuen Spannverfahrens ganze Spannglieder mit Verankerung oder Stoßmuffen auf ihre Dauerfestigkeit untersucht. Leonhardt [70] berichtete darüber ausführlich.

6 Anwendung der Festigkeitshypothesen auf Stahl im Bauwesen

In Stahlbeton- und Spannbetonbauteilen wird stets angenommen, dass die Bewehrungsstähle einachsig beansprucht werden. Daher werden die errechneten Spannungen im Gebrauchszustand der Streck- oder 0,2-Grenze gegenübergestellt. Im Bruchzustand darf das elastisch-plastische Verhalten des Stahls berücksichtigt werden, bis zu dem Punkt, bei dem der Querschnitt eine Randdehnung an der Zugseite von 25 ‰ erreicht hat (siehe DIN 1045-1). Gegenüber der Last, die aufgrund solcher Baustoffbeanspruchung errechnet wurde, muss eine ca. 1,7-fache Sicherheit vorhanden sein. (Die heutige Sicherheitsbetrachtung rechnet mit Teilsicherheitsbeiwerten für die Einwirkung und den Tragwiderstand. Nimmt man für die veränderlichen Einwirkungen einen Sicherheitsbeiwert von 1,5 und den Widerstand des Stahls von 1,15 an, so kommt man auf 1,725.)

Im Stahlbau kommt neben der einachsigen Beanspruchung auch die mehrachsige Beanspruchung vor, sodass dort eine der in Abschnitt A 2.3 angegebenen Festigkeitshypothesen angewendet werden muss. Für zähen Baustahl hat man aus Versuchen abgeleitet, dass die Gestaltsänderungsenergie-Hypothese am besten geeignet ist, den Fließbeginn zu bestimmen. Wendet man sie an, so darf die damit errechnete Vergleichsspannung 75 % der im einachsigen Zugversuch ermittelten Streckgrenze betragen. Daneben gilt die Normalspannungshypothese für die Sicherheit gegen Bruch, indem die größte Hauptspannung unter der für den bestimmten Fall zulässigen Spannung bleiben muss.

C Aluminium und Aluminiumlegierungen

1 Allgemeines

Aluminium ist das dritthäufigste Element und mit 8% am Aufbau der Erdkruste beteiligt, weit mehr als andere Gebrauchsmetalle. Wegen seiner starken Affinität zu Sauerstoff liegt es jedoch nie in reiner Form vor, sondern stets als Oxid, Hydroxid oder zusammen mit Silizium als Silikat. Ausgangsmaterial für die Metallgewinnung sind die Bauxite, bestehend aus 55 bis 65% Aluminiumoxid und aus Eisen- und Siliziumverbindungen. Im Gegensatz zu Eisen kann Aluminium nicht in einem einfachen Reduktionsverfahren erschmolzen werden, da durch Berührung mit Luft sofort Aluminiumoxid oder mit Kohle Aluminiumkarbid entstehen würde. Man geht so vor, dass man erst das Ausgangsprodukt mit Lauge versetzt, wobei das Aluminium als Hydroxid in Lösung geht und von den begleitenden Verbindungen durch Filtration getrennt wird. Das Aluminiumhydroxid wird aus der Lösung ausgefällt, getrocknet und bei 1.200 bis 1.300 °C in Oxid umgewandelt. Zusammen mit einem sehr aggressiven Schmelzmittel, dem Kryolith $Na_3(AlF_6)$, wird es in einem Elektrolyse-Ofen weiterverarbeitet, wobei sich das Aluminium als Metall (Reinaluminium) an der Kathode abscheidet. Beide Vorgänge – Aufbereiten des Bauxits, Weiterverarbeiten des Aluminiumoxids – sind technisch verwickelt und bedürfen einer sehr großen Menge an elektrischer Energie (für 1 Tonne Aluminium 13 bis 16 MWh). Dies sind die Hauptgründe, weshalb Aluminium erst so spät (seit 180 Jahren für experimentelle Zwecke, nach Siemens' Dynamomaschine 1866 in technischem Maßstab) als Gebrauchsmetall verwendet wurde.

Das Aluminium gehört mit einer Rohdichte von 2,70 g/cm^3 zur Gruppe der Leichtmetalle. Als Reinaluminium Al 99, d. h. mit Beimengungen bis zu 1%, oder als Reinstaluminium Al 99,99, d. h. mit Beimengungen bis zu 0,01%, ist es ein weiches Metall mit einer Zugfestigkeit < 55 MPa und einer 0,2-Dehngrenze von 17 MPa. Wegen der niedrigen Festigkeit und Dehngrenze findet das Aluminium in diesen reinen Formen keine Anwendung im Bauwesen. Erst durch Zulegieren anderer Elemente werden die Festigkeitswerte so weit gesteigert, dass sie für Konstruktionen des Bauwesens ausreichen.

Als Legierungselemente kommen hauptsächlich Kupfer, Silizium, Magnesium, Zink und Mangan infrage, daneben auch Lithium, Eisen, Chrom und Titan, die meist dem Reinaluminium Al 99,5 zugegeben werden. Bevor der Einfluss einzelner Legierungselemente näher behandelt wird, sollen noch einige häufig verwendete Begriffe geklärt werden. Es wird unterschieden in aushärtbare und nicht aushärtbare Legierungen. Die erste Gruppe trägt ihren Namen deshalb, weil der Wärmebehandlung, die aus Lösungsglühen und Abschrecken besteht, eine Kalt- oder Warmauslagerung folgt. Während der Auslagerung spielen sich Ausscheidungsvorgänge im übersättigten Mischkristall ab, die eine Steigerung der Zugfestigkeit und insbesondere der Dehngrenze bewirken. Die festigkeitssteigernde Wirkung beruht darauf, dass sich die ausgeschiedenen Verbindungen an den Korngrenzen festsetzen und die Ausbildung von Gleitebenen bei plastischer Verformung behindern. Je nach Auslagerungstemperatur spricht man von „kalt ausgehärtet" (bei Raumtemperatur) oder von „warm ausgehärtet" (bei 120 bis 180 °C). Die Warmauslagerung bewirkt einen schnelleren Festigkeitszuwachs und meist auch höhere Endfestigkeiten, wenn Temperatur und Dauer richtig gewählt werden. Bei zu langer Warmauslagerung oder zu hoher Temperatur schreitet die Ausscheidung zu weit fort, was eine Abnahme der Festigkeit zur Folge hat. Warmbehandlung von nur warm aushärtbaren Legierungen, z. B. Schweißen, ist also stets auf die bestimmte Legierung abzustimmen. Kalt aushärtbare Legierungen erzielen auch nach einer Warmbehandlung wieder eine Festigkeitssteigerung. Im Eurocode 9 (EC9, [80]) sind für die

Wärmeeinflusszone (WEZ) Abminderungsfaktoren zwischen 0,6 und 0,8 angegeben, die bei der Bemessung berücksichtigt werden müssen.

Wenn eine Legierung so zusammengesetzt ist, dass sich bei der Abkühlung der Schmelze stabile Mischkristalle bilden – entsprechend dem zugehörigen Zustandsdiagramm –, dann bringt eine Auslagerung keine Erhöhung der Festigkeit. Solche Legierungen heißen „nicht aushärtbar". Dehngrenze und Zugfestigkeit können dann durch Kaltverformung – Recken, Walzen, Verdrehen – gesteigert werden, allerdings unter Einbuße einer gewissen Verformungsfähigkeit. Kaltverfestigungen gehen zurück, wenn das Material geschweißt oder auf andere Art warmbehandelt wird.

Reinaluminium erfährt durch alle Legierungselemente eine Verfestigung, da sich Mischkristalle bilden, die in jedem Fall eine höhere Festigkeit besitzen als das reine Metall. Nicht aushärtbare Legierungen sind Systeme der Form AlMn, AlMg und AlMgMn; die Fremdatome (Mg, Mn) sind größer als die Al-Atome und weiten das Kristallgitter auf, was zu einer Verspannung mit gleichzeitiger Festigkeitssteigerung gegenüber Reinaluminium führt [81].

Je höher der Legierungsanteil, desto höher ist auch der Festigkeitszuwachs. Für Konstruktionen des Hochbaus sind u. a. die Knetlegierungen[1)] AlMg3 mit rund 3% Mg, AlMg2Mn0,8 mit rund 2% Mg und rund 1% Mn und AlMn1 mit rund 1% Mn[2)] in DIN 4113 genormt und zugelassen. Die Zugfestigkeiten dieser Legierungen liegen zwischen 140 und 300 MPa.

Die älteste aushärtbare Aluminiumlegierung ist vom Typ AlCuMg [82]. Legierungen dieser Art werden meist kalt ausgehärtet und erreichen sehr hohe Festigkeitswerte bei ausreichender Dehnung dadurch, dass das Kupfer im Mischkristall gelöst ist oder als Kupferaluminid Al_2Cu oder, bei höheren Magnesiumgehalten, in Form von Al_2CuMg ausgeschieden wird. Die Kupfer enthaltenden Legierungen sind weniger korrosionsbeständig, da sie edlere Einschlüsse in der Aluminium-Grundmasse enthalten. An den Korngrenzen können sich Korrosionselemente ausbilden, die zu interkristallinem Zerfall führen. Die Verwendung der AlCuMg-Legierungen ist daher trotz der guten mechanischen Eigenschaften im Ingenieurbau fast nicht mehr üblich.

An ihrer Stelle werden heute meist die Silizium-legierten Typen AlMgSi verwendet, die eine etwas geringere Festigkeit, dafür aber einen höheren Korrosionswiderstand besitzen. Die Festigkeit wird durch Ausscheidung der intermetallischen Verbindung Mg_2Si bewirkt, wobei mit steigendem Mg_2Si-Gehalt sowohl Zugfestigkeit als auch Dehngrenze stark ansteigen, jedoch unter gleichzeitiger Abminderung von Bruchdehnung, Biegefähigkeit und Kerbschlagzähigkeit. Die besten Festigkeitseigenschaften, insbesondere eine hohe 0,2-Dehngrenze, erzielt man bei Warmauslagerung, wie Bild C.1 zeigt. Bei Kaltauslagerung erhöht sich die Zugfestigkeit innerhalb eines Monats von 200 auf 300 MPa, wobei der Endwert noch nicht erreicht ist, die 0,2-Dehngrenze erhöht sich von 50 auf 150 MPa.

Da die Ingenieurbauwerke in der Regel gegen unzulässige Verformungen, d. h. gegen die Fließgrenze, abgesichert werden, ist eine so niedrige Dehngrenze unwirtschaftlich. Gegenüber der Kaltauslagerung bringt die Warmauslagerung bei 160°C eine Zunahme der Zugfestigkeit von 200 auf 400 MPa und eine Zunahme der Streckgrenze von 50 auf 300 MPa. Diese Eigenschaften machen das Material als Konstruktionswerkstoff geeignet. Der Abfall der Dehnung von 24 auf 14% war zu erwarten, jedoch reicht die verbleibende Bruchdehnung für eine sichere Konstruktion noch aus. Für die Anwendung im Hochbau sind die Legierungen AlMgSi1 mit 275 und 295 MPa Zugfestigkeit zugelassen.

Legierungen vom Typ AlZnMg mit einer chemischen Zusammensetzung von 4,7% Zn, 1,4% Mg, 0,3% Mn und 0,1% Cr erreichen nach Warmaushärtung Zugfestigkeiten bis

---

[1)] Knetlegierungen sind solche, die sich für Walzen, Pressen, Schmieden, Ziehen eignen. (Gegensatz: Gusslegierungen)

[2)] Genaue Zusammensetzungen und zulässige Grenzen siehe DIN EN 573-3.

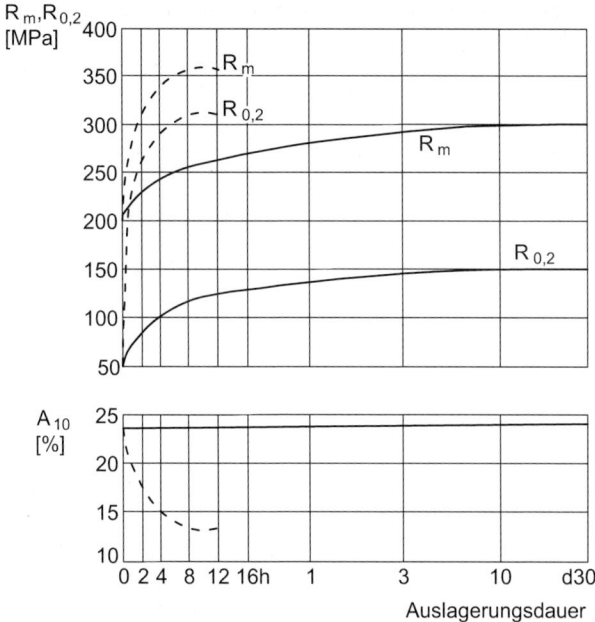

Bild C.1 Kalt- und Warmauslagerung (160 °C) einer AlMgSi-Legierung, nach Altenpohl [81].
—— Kaltauslagerung - - - Warmauslagerung

350 MPa und 0,2-Dehngrenzen bis 275 MPa bei einer Bruchdehnung von 8 %. Legierungen mit nur 3 % Zn erreichen diese Festigkeitswerte auch nach Kaltauslagerung. Damit liegen die Festigkeiten unter denen der AlCuMg- und über denen der AlMgSi-Legierungen. Das Korrosionsproblem, das am Anfang der Entwicklung Schwierigkeiten bereitete – insbesondere Spannungsrisskorrosion wurde beobachtet –, wurde durch genaue Dosierung der Legierungszusätze weitgehend gemeistert, sodass die AlZnMg-Legierungen heute beständiger sind als die vom Typ AlCuMg, aber noch etwas unter der AlMgSi-Legierung liegen. Dass die Zink-legierten Typen hohe Beachtung finden, liegt an den guten Schweißeigenschaften: Das durch das Schweißen aufgeweichte Material härtet durch Kaltauslagern wieder nach. Zudem ist diese Legierung unempfindlich gegen verzögerte Abkühlung aus dem hohen Temperaturbereich, d. h. es spielt keine Rolle, ob die Schweißzone schnell oder langsam abkühlt, die Nachhärtung erfolgt in jedem Fall [81].

Höchste Zugfestigkeiten bis 550 MPa erreichen die AlZnMgCu-Legierungen. Sie sind mäßig korrosionsbeständig und schweißbar, wobei die Festigkeit warm ausgehärteter Teile jedoch stark abfällt. Daher ist das Nieten die geeignete Verbindungsart. Während AlZnMgCu-Legierungen bisher im Bauwesen nicht verwendet wurden, haben sie sich in hochbeanspruchten Flugzeugteilen gut bewährt.

Zusammenfassend werden in Tabelle C.1 die Knetlegierungen aufgeführt, die für den Ingenieurbau von Interesse sind. Die angegebenen Werte sind Mindestwerte, die der 5 %-Quantile gleichgesetzt werden. Die ersten sieben gelten für Bänder, Bleche und Platten als Vollmaterial, die letzten drei für Profile. In der letzten Spalte sind die Festigkeitswerte für die Wärmeeinflusszone beim Schweißen angegeben. Die Bezeichnung entspricht DIN EN 573-3, in der die numerischen Reihen 1xxx bis 8xxx verwendet werden und die Legierungszusammensetzung angegeben ist. Die Reihen sind systematisch geordnet nach

Tabelle C.1 Aluminiumlegierungen für Konstruktionen unter vorwiegend ruhender Belastung (Hochbau), Auszug aus DIN 4113-2 (β_Z = Zugfestigkeit, $\beta_{0,2}$ = 0,2-Dehngrenze, A_{50} = Bruchdehnung)

Kurzzeichen	Zustand[1]	β_Z MPa	$\beta_{0,2}$ MPa	A_{50}[2] %	Dicke mm	β_{ZWEZ} MPa	β_0 MPa	Legierungsbestandteile[3] (M.-%)
AlMn1Mg1 -3004	H16/H26/H36	240	190	–	≤ 4	155	75	0,3 Si, 0,7 Fe, 1–1,5 Mn, 0,8–1,3 Mg
AlMn1Mg0,5 -3005	H18/H28	220	190	–	≤ 3	115	56	0,7 Si, 0,8 Fe, 1–1,5 Mn, 0,2–0,6 Mg, 0,4 Zn
AlMn1 -3103	H18	185	165	2	≤ 3	90	44	0,5 Si, 0,7 Fe, 0,9–1,5 Mn, 0,3 Mg
AlMg1 -5005	O/H111/H112	100	35	–	≤ 50	100	35	0,3 Si, 0,45 Fe, 0,7–1,1 Mg, 0,2 Zn
AlMg2Mn0,8 -5049	O/H111/H112	190	80	–	≤ 80	190	100	0,4 Si, 0,5 Fe, 0,5–1,1 Mn, 1,6–2,5 Mg, 0,3 Cr
AlMg4,5Mn0,7 -5083	H12	345	250	11	≤ 50	275	140	0,4 Si, 0,4 Fe, 0,4–1 Mn, 4–4,9 Mg
AlMg3 -5754	O/H111/H112	190	80	12	≤ 100	180	80	0,5 Si, 0,5 Fe, 0,5 Mn, 2,5–3,6 Mn
AlMgSi1 -6060	T6/T651	295	240	9	≤ 100	185	125	0,3–0,6 Si, 0,35–0,6 Mg, 0,1–0,3 Fe
AlMg1SiCu -6061	T6/T651	290	240	12	≤ 100	175	115	0,4–08 Si, 0,7 Fe, 0,15–0,4 Cu, 0,8–1,2 Mg
AlZn4,5Mg1 -7020	T6/T651	340	270	7	≤ 100	280	205	0,35 Si, 0,4 Fe, 0,2 Cu, 1–1,4 Mg, 4–5 Zn

[1] H12, H16, H18: kaltverfestigt auf die gewünschte Festigkeit
H28: kaltverfestigt über die gewünschte Festigkeit hinaus und rückgeglüht
H111: geringfügig kaltverfestigt nach dem Weichglühen
H112: warm umgeformt
O: weichgeglüht
T6: lösungsgeglüht, abgeschreckt und warmausgelagert
T651: gereckt vor dem Auslagern zum Entspannen [83]
[2] Messlänge 50 mm, nach DIN [80]
[3] nach DIN EN 573-3, wobei geringe Legierungsanteile nicht genannt sind

Hauptlegierungsanteil: 1 – Rein- und Reinstaluminium, 2 – Cu, 3 – Mn, 4 – Si, 5 – Mg, 6 – Mg + Si, 7 – Zn, 8 – andere Elemente. Die Bezeichnungen beginnen jeweils mit EN AW + vierstellige Zahl.

Die Legierungen können noch geringe Mengen (< 1 %) an Ni, Ti, Ga, V, Pb, Sn, Bi, Sb und Zr enthalten, die nicht genannt sind. Sie verbessern die Bearbeitbarkeit, den thermischen Widerstand, den Korrosionswiderstand und die Zugfestigkeit. Die Legierungselemente sind im flüssigen Aluminium vollständig löslich.

Die Gusslegierungen enthalten höhere Gehalte an Legierungselementen. Vor allem Silizium wird mit 5 bis 20 % zulegiert, was günstige Gießeigenschaften hervorruft. Weitere Legierungselemente sind Mg (bis 0,4 %), Mn (bis 0,6 %), Cu (bis 3 %), Zn (bis 7 %) und Cr (bis 0,3 %). Der Fe-Gehalt mit 0,1 bis 0,4 % wird normalerweise als Verunreinigung aus dem Herstellverfahren betrachtet. Tabelle C.2 gibt eine Übersicht über einige Gusslegierungen.

Tabelle C.2 Übersicht über einige Gusslegierungen als Kokillenguss [80]

Kurzzeichen	Zustand[1]	β_{Z} [MPa]	$\beta_{0,2}$ [MPa]	Bruchdehnung A_{50} [%]	Legierungsbestandteile[2] [M.-%]
AlSi7Mg0,3 -42100	T6	290	210	4	6,5–7,5 Si, 0,1–0,4 Mg
AlSi7Mg0,6 -42200	T6	320	240	3	6,5–7,5 Si, 0,5–0,8 Mg
AlSi10Mg -43000	F T6	180 240	90 200	1 1	9–11 Si, 0,5 Fe, 0,2–0,5 Mg
AlSi12 -44200	–	170	80	5	11–13 Si, 0,6 Fe, 0,3 Cu
AlMg5 -51300	–	180	100	4	0,25 Si, 0,5–1 Mn, 4,7–5,5 Mg

[1] F unbehandelt
[2] nach DIN EN 573-3, wobei geringe Legierungsanteile nicht genannt sind

Die angegebenen Werte gelten dabei für getrennt angefertigte Gussprüfstücke und nicht für das Gussteil selbst. Die Bezeichnungen nach DIN EN 1706 beginnen mit EN AC + fünfstellige Zahl.

2 Spannungs-Dehnungs-Linie bei zügiger Beanspruchung

Aluminiumbauteile werden wie Stahlteile auf Zug, Druck, Biegung und Torsion beansprucht, unter der Annahme, dass sie sich überall gleich gut verhalten. (Konstruktiv ist der normal beanspruchte Zugstab natürlich immer das Optimum, da er die Tragfähigkeit am besten ausnutzt.) Wie Stahl wird auch Aluminium in der Regel im Zugversuch untersucht, entweder an runden Proben oder an flachen Schulterstäben. Es ist darauf zu achten, dass die Probe glatt ist, da Aluminium kerbempfindlicher ist als Stahl. Messmarken für die Bestimmung der Bruchdehnung werden nur aufgezeichnet, nicht angerissen. Unter zügiger Laststeigerung ergaben Feindehnungsmessungen die σ-ε-Linien nach Bild C.2. Die Linien

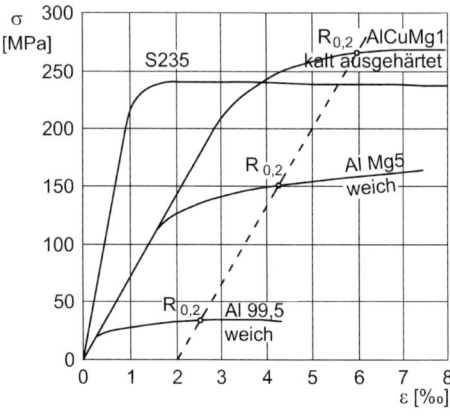

Bild C.2 σ-ε-Linien von Aluminium, nach Altenpohl [81]

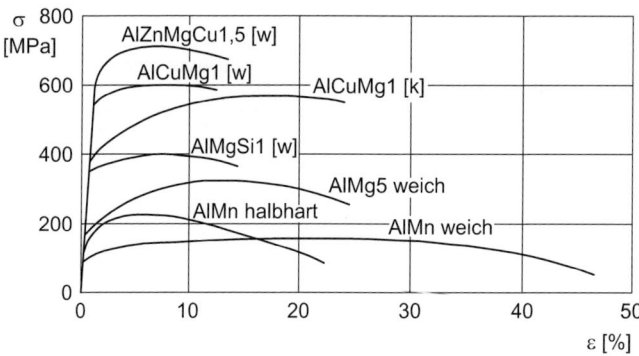

Bild C.3 σ-ε-Linien von Aluminium, nach Forrest [85]. W – warm ausgehärtet, K – kalt ausgehärtet

beginnen mit einem linearen Bereich, dessen Steigung gleich ist. Bei Reinaluminium ist dieser Bereich allerdings sehr klein (rund 20 MPa).

Die Steigung ergibt einen Elastizitätsmodul von 70.000 MPa oder 70 GPa, wobei dieser bei unterschiedlichen Legierungen zwischen 60 und 78 GPa schwankt; Reinaluminium liegt dabei an der unteren Grenze, die aushärtbaren Legierungen an der oberen. Dem linearen Bereich schließt sich ein gekrümmter Kurvenverlauf an, ohne dass sich eine ausgeprägte Streckgrenze ausbildet. Dies deutet darauf hin, dass sich trotz der bei der Aushärtung auftretenden Ausscheidungen noch genügend Gleitebenen ausbilden können, auf denen die Kristallite gleiten. Statt der Streckgrenze wird deshalb die 0,2-Dehngrenze bestimmt, indem man eine Parallele zum Anfangsbereich im Abstand von 0,2 % zeichnet. Die Schnittpunkte mit den σ-ε-Linien ergeben jeweils die $\beta_{0,2}$-Werte.

Zum Vergleich ist in Bild C.2 die σ-ε-Linie eines S235 eingezeichnet, was auf den unterschiedlichen E-Modul aufmerksam machen soll, auf die ausgeprägte Streckgrenze und auf die unterschiedliche Gesamtdehnung bei 0,2 % bleibender Dehnung. Der E-Modul aller Aluminiumlegierungen wird in der statischen Berechnung zu 70 GPa angenommen, also genau zu einem Drittel von Stahl. Das bedeutet also, dass bei gleicher Spannung die Dehnung von Aluminiumteilen dreimal so groß ist wie bei Stahl oder dass bei gleicher Durchbiegung eines Balkens infolge Nutzlast das Trägheitsmoment dreimal so groß sein muss wie bei Stahl. Da die Rohdichte von Aluminium jedoch nur rund ein Drittel von Stahl beträgt, kommt man bei Betrachtung von Nutzlast und Eigengewicht auf eine Gewichtsersparnis der Aluminiumkonstruktion von rund 50 % gegenüber einer Stahlkonstruktion gleicher Tragfähigkeit. (Die genaue Ersparnis hängt natürlich vom individuellen Fall ab [84].) Die Dimensionierung von Druckstäben hängt stark vom Knicken ab, welches neben der freien Knicklänge und dem Trägheitsradius auch vom E-Modul und der 0,2-Grenze bestimmt wird. Für Stabilitätsfälle gelten daher von Stahl abweichende Knickzahlen, die in DIN 4113 bzw. Eurocode 9 aufgeführt sind.

Bis zum Bruch steigen die Spannungen noch weiter an (Verfestigung), unter gleichzeitigem plastischen Fließen. Die Verfestigung ist eine Folge von größerer Versetzungsdichte und von erzwungenen Ausscheidungen an den Korngrenzen. Wie Bild C.3 zeigt, weisen die kaltausgelagerten Legierungen eine größere Verfestigung auf als die warm ausgehärteten, eine offensichtliche Folge latenter Ausscheidungsmöglichkeiten.

Trotzdem ist die Spanne zwischen 0,2-Grenze und Zugfestigkeit, die hier ebenfalls auf den Ausgangsquerschnitt bezogen ist, obwohl sich die Stäbe stark einschnüren (weiches Aluminium bis über 90 %), für sichere Konstruktionen noch ausreichend.

Die Querdehnzahl von Aluminiumlegierungen ist 0,3, der Schubmodul ist mit $G = E / (2(1 + \nu))$ ca. 27.000 MPa.

3 Einfluss der Temperatur auf die Festigkeit

Tiefe Temperaturen verbessern sowohl die Festigkeits- als auch die Verformungseigenschaften, was ein allgemeines Merkmal kubisch-flächenzentrierter Metalle ist. Die bei kubisch-raumzentrierten Stählen gefürchtete Kaltversprödung tritt nicht auf. In Bild C.4 sind Versuchsergebnisse von Aluiminiumkonstruktionswerkstoffen dargestellt, die die Zunahme der 0,2-Dehngrenze und der Zugfestigkeit mit abnehmender Temperatur zeigen. Die Bruchdehnung nimmt i. A. auch zu, nur bei der AlZnMgCu-Legierung EN AW-7075 bleibt sie praktisch konstant.

Auch die Bruchzähigkeit K_{Ic} nimmt mit fallender Temperatur i.d.R. zu, wie Bild C.5 zeigt. Die Ausnahme ist wieder die AlZn5,5MgCu-Legierung, bei der die Bruchzähigkeit um ca. 200 N/mm$^{3/2}$ abnimmt.

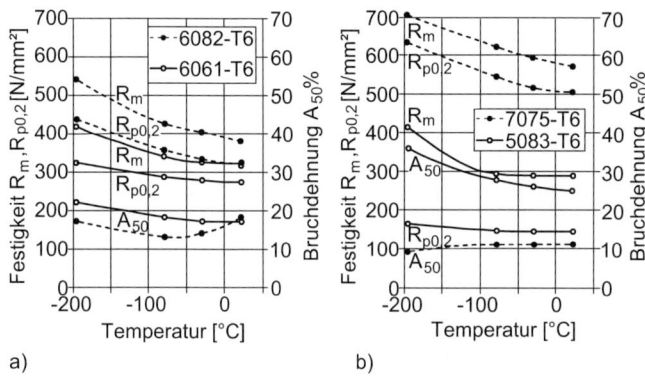

Bild C.4 Einfluss tiefer Temperaturen auf Festigkeit, 0,2-Dehngrenze und Bruchdehnung [83]

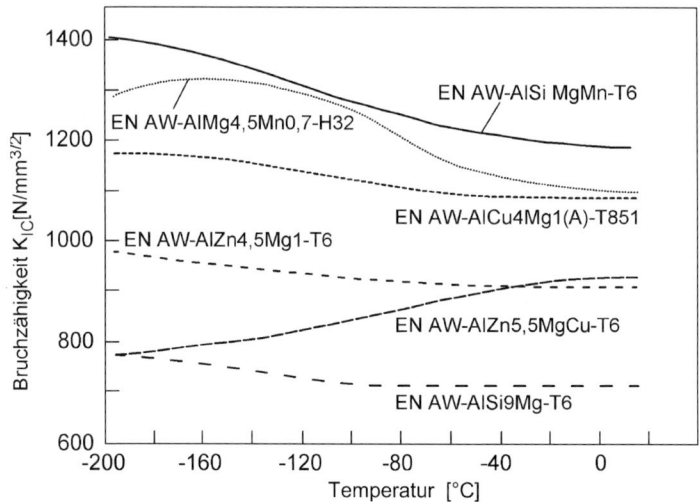

Bild C.5 Verlauf der Bruchzähigkeit mit abnehmender Temperatur [83]

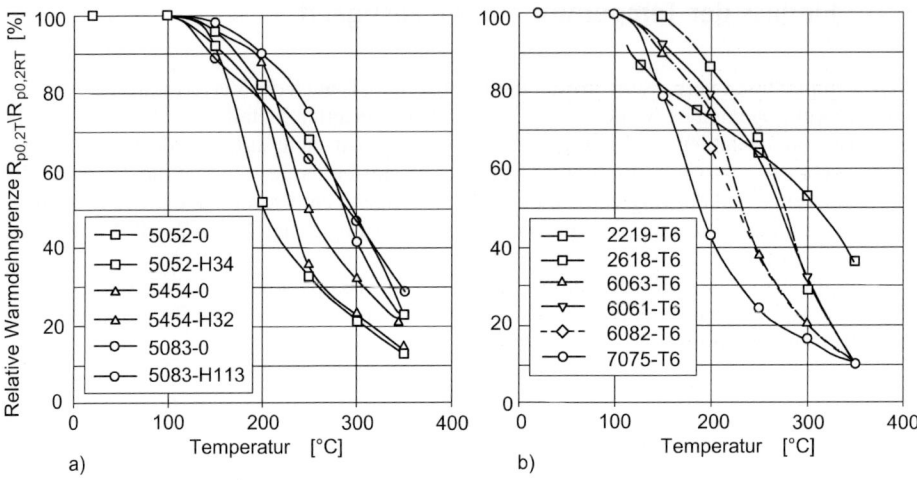

Bild C.6 Warmdehngrenze verschiedener Aluminiumlegierungen [83]

Da Bauteile bei Temperaturbeanspruchung meist aufgrund unzulässiger Verformungen versagen, ist für die Standsicherheit bei *erhöhten* Temperaturen die Warmdehngrenze maßgebend. In Bild C.6 sind die Relativwerte der Warmdehngrenze, bezogen auf die Dehngrenze bei Raumtemperatur, aufgetragen. Man erkennt, dass die Dehngrenze bis 100 °C konstant ist und danach bis 300 °C abfällt auf Werte zwischen 10 und 35 %. Die im Bauwesen eingesetzte Legierung EN AW-6061 verhält sich relativ günstig, zeigt sie doch bei 200 °C eine relative Warmdehngrenze von 80 % und bei 300 °C eine solche von 30 %.

Der Elastizitätsmodul nimmt mit zunehmender Temperatur ebenfalls ab. In DIN EN 1999-1-2 [87] sind folgende Werte bei zweistündiger Temperatureinwirkung (Tabelle C.3) angegeben. Der relative Abfall ist im Bereich von 150 bis 400 °C geringer als bei der 0,2-Dehngrenze.

Im Ganzen gesehen verhalten sich Aluminiumlegierungen bis 100 °C so wie bei Raumtemperatur. Bei höheren Temperaturen tritt eine Erweichung auf, da Festigkeitssteigerungen,

Tabelle C.3 Elastizitätsmodul als Funktion der Temperatur [87]

Temperatur [°C]	Elastizitätsmodul [MPa]
20	70.000
100	67.900
200	60.200
300	47.600
400	28.000
550	0

5 Einfluss schwingender Beanspruchung auf die Festigkeit

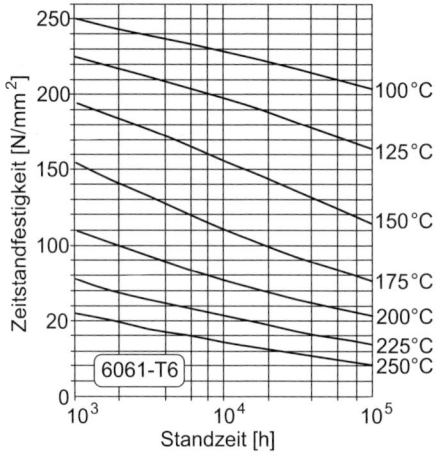

Bild C.7 Zeitstandfestigkeit der AlSi1MgCu-Legierung als Funktion der Temperatur [83]

die durch Wärmebehandlung oder Kaltverfestigung gewonnen wurden, wieder verloren gehen. Denkt man an normale Gebrauchstemperaturen, so ist der Temperaturbereich bis 100 °C ausreichend. Für den Brandfall bedarf es jedoch erheblicher Anstrengungen, um die Forderungen des Brandschutzes nach DIN EN 1999-1-2 [87] zu erfüllen.

Die Temperaturdehnzahl von Aluminium beträgt $23 \cdot 10^{-6}$ K^{-1}.

4 Einfluss der Lastdauer auf die Festigkeit

Bei hohen ständigen Zugspannungen und bei höheren Temperaturen (> 100 °C) nimmt die plastische Verformung unter konstanter Last zu, oder, als anderes Phänomen der gleichen Ursachen betrachtet, die ertragbare Spannung wird mit zunehmender Belastungsdauer kleiner. Kriechen und Zeitstandfestigkeit sind die zwei diesbezüglichen Begriffe. In Bild C.7 ist die Zeitstandfestigkeit der AlSi1MgCu-Legierung als Funktion der Temperatur und der Standzeit eingetragen. Man erkennt die starke Abnahme der Festigkeit mit steigender Temperatur und auch den etwas geringeren Einfluss der Standzeit.

Da Ingenieurbauten in der Regel bei normaler Temperatur bestehen und die Sicherheit gegen Fließen und Bruch mit einem Sicherheitsbeiwert (Teilsicherheitsbeiwerte für das Material und die Einwirkungen) abgedeckt wird, sind die Beanspruchungen relativ niedrig. Zudem wirken die rechnerischen Maximalspannungen nur einen Bruchteil der Lebensdauer, was die Materialanstrengung nochmals erniedrigt. Die Berücksichtigung der Zeitstandfestigkeit gegenüber der Kurzzeitzugfestigkeit erübrigt sich daher im Bauwesen.

5 Einfluss schwingender Beanspruchung auf die Festigkeit

Vor allem im Brückenbau ist die Frage nach der Festigkeit bei schwingender Beanspruchung zu stellen, denn dort wird die Dimensionierung häufig nicht von der statischen Festigkeit

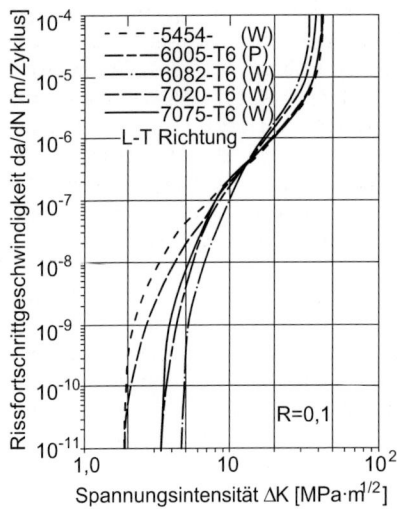

Bild C.8 Rissfortschrittskurven von verschiedenen Aluminiumlegierungen für R = 0,1 [83]

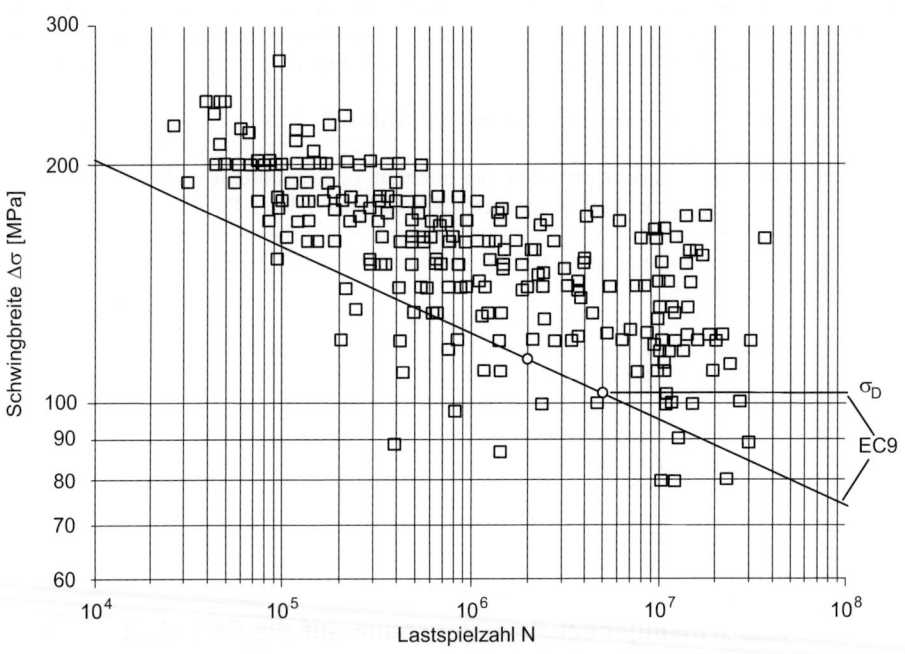

Bild C.9 Streubereich von 279 Versuchen an Axialproben der Gruppe AlMgSi bei R = 0 und Wöhlerlinie nach EC9 [83]

5 Einfluss schwingender Beanspruchung auf die Festigkeit

bestimmt, sondern von der wiederholt (im Extremfall unendlich oft) ertragbaren Schwingbreite. Ein Schwingbruch ist durch drei Stadien gekennzeichnet: Im Stadium I entsteht ein Anriss in der Größenordnung von μm, dessen Richtung sich an den Kristallrichtungen orientiert; im Stadium II beginnt der Riss rechtwinklig zu der Hauptzugspannung zu wachsen (stabiles Risswachstum); im Stadium III wird der Riss instabil und führt zum Versagen, wenn der Spannungsintensitätsfaktor K_I den kritischen Wert der Risszähigkeit K_{Ic} erreicht. Als Beispiel für Rissfortschrittskurven zeigt Bild C.8 das Verhalten von fünf Legierungen. Die einzelnen Kurven unterscheiden sich hauptsächlich im Bereich geringer Risswachstumsgeschwindigkeiten im Schwellbereich, also im Bereich des kristallografischen Rissfortschritts.

Im mittleren Bereich der Kurven zeigt sich, dass die Abhängigkeit da/dN von ΔK vor allem vom Elastizitätsmodul des Werkstoffs beeinflusst wird. Im Vergleich zu Stählen zeigt Aluminium wegen des geringeren E-Moduls demnach ein schnelleres Risswachstum bei gleichem ΔK. Im Einzelfall werden Aluminiumkonstruktionen mit niedriger Spannung und damit niedrigerem Spannungsintensitätsfaktor dimensioniert, sodass die Rissfortschrittsgeschwindigkeit wieder niedriger sein kann als bei Stahl und damit die Lebensdauer wieder höher ausfällt.

Die Lebensdauer von Metallen wird in der Regel durch die Wöhlerlinie im doppeltlogarithmischen Koordinatensystem wiedergegeben. Bild C.9 gibt einen Eindruck von Versuchsergebnissen an einer AlMgSi-Legierung [83]. Eingezeichnet ist auch die Wöhlerlinie aus dem EC9 für die Legierungsreihen 5xxx und 6xxx, die eine Untergrenze der Versuchsergebnisse darstellt.

Die Steigung im Zeitfestigkeitsbereich ist typischerweise $k = -7$ für den Bruch und $k = -8$ bis -9 für den Anriss. Der Knickpunkt für den Beginn der Dauerfestigkeit liegt bei $5 \cdot 10^6$ bis 10^8 Lastspielen. Der Begriff der Dauerfestigkeit ist historisch geprägt durch die Erfahrung von ferritischen Baustählen, deren Schwingfestigkeit ab ca. 10^6 Lastwechseln konstant ist. Inzwischen wurde nachgewiesen, dass die Schwingfestigkeit von Konstruktionswerkstoffen bis 10^9 Lastspielen weiter abnimmt. Vielfach wird die Wöhlerlinie mehrfach abgeknickt, bis sie sehr hohe Lastspielzahlen erreicht (in [89] 10^{28}).

Ältere Versuchsergebnisse sind im Dauerfestigkeitsschaubild nach Moore-Kommers-Jasper in Bild C.10 dargestellt. An der Ordinate ist die Oberspannung aufgetragen, an der Abszisse das Spannungsverhältnis R. Die Bruchlastspielzahl beträgt $2,5 \cdot 10^6$.

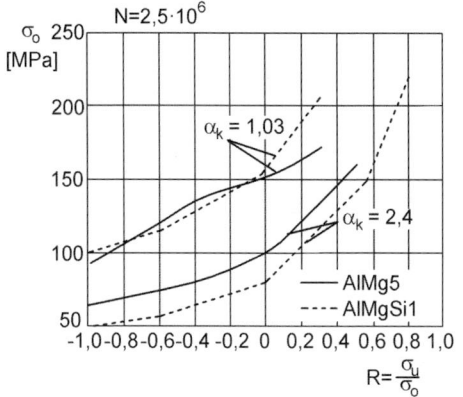

Bild C.10 Dauerschwingfestigkeitsschaubild nach Moore-Kommers-Jasper für $N = 2,5 \cdot 10^6$ Lastwechsel [90]

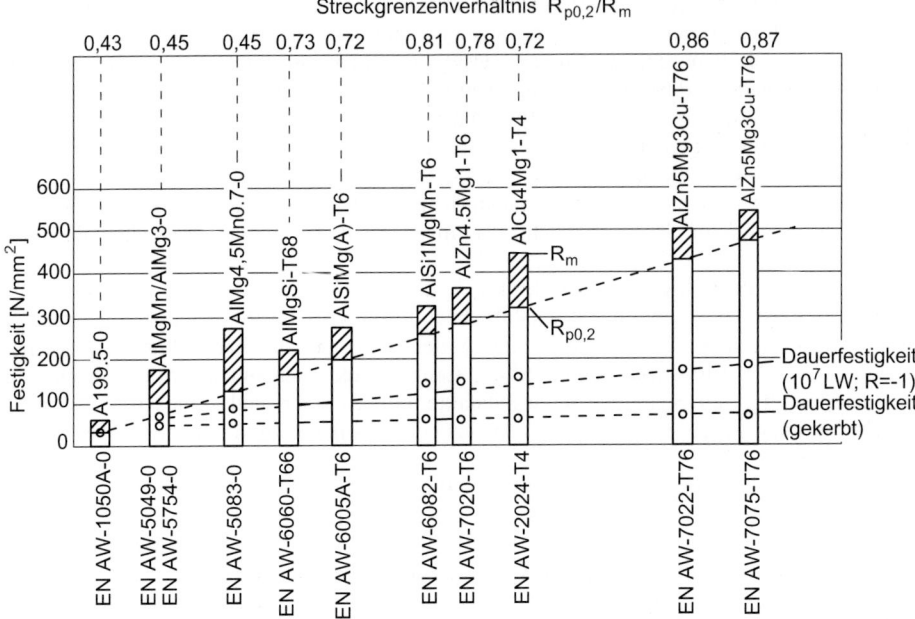

Bild C.11 Statische Festigkeit und Dauerfestigkeit einiger Aluminiumlegierungen [83]

Mehrere Faktoren sind dem Schaubild zu entnehmen: Legierungsart, Spannungsverhältnis, Kerbeinfluss. Die Legierung AlMgSi1, die im statischen Zugversuch mit $\beta_Z = 357$ MPa und $\beta_{0,2} = 306$ MPa der Legierung AlMg5 mit $\beta_Z = 270$ MPa und 0,2 = 176 MPa überlegen ist, zeigt im Dauerschwingversuch nur im Zugschwellbereich, geprüft an Vollstäben, ein besseres Verhalten als die andere Legierung. Im Wechselbereich sind sie praktisch gleichwertig. Bei den gekerbten Stäben liegt die nicht aushärtbare Legierung AlMg5 immer um rund 20 MPa über dem aushärtbaren AlMgSi1.

Wie bei Stahl erweist es sich also auch bei Aluminium, dass die Empfindlichkeit gegenüber Kerben und Oberflächeneinflüssen mit steigender Festigkeit zunimmt und die Dauerfestigkeit stärker abfällt. Beide Legierungen reagieren stark auf das Spannungsverhältnis. Den Kerbeinfluss erkennt man durch Vergleich der Kurven für $\alpha_k = 1,03$ und $\alpha_k = 2,4$, woraus man eine Abnahme der Dauerfestigkeit des gekerbten Stabes auf rund die Hälfte des ungekerbten ersieht.

Bild C.11 gibt einen Überblick über die statische Festigkeit, die 0,2-Grenze, die Dauerfestigkeit des Vollstabs bei 10^7 Lastwechseln und die Dauerfestigkeit des gekerbten Stabs. Die Legierungen sind nach ihrer 0,2-Grenze geordnet und zeigen mit zunehmender Dehngrenze eine absolute Abnahme der Dauerfestigkeit im Vollstab und im gekerbten Stab.

Bei ermüdungsempfindlichen Konstruktionen wird man sich die Werkstoffauswahl genau überlegen und unvermeidliche Kerben möglichst an solche Stellen legen, die nicht am höchsten beansprucht sind. Näherungsweise kann die Wechselfestigkeit mit 0,30 β_Z angesetzt werden.

Schweißnähte stellen auch Kerben dar, die die Dauerfestigkeit herabsetzen. Bild C.12 zeigt Wöhlerlinien für verschiedene Schweißverbindungen, die auf unterschiedliche Weise nachbearbeitet wurden. Ganz oben im Diagramm findet sich der Grundwerkstoff, der noch kugelgestrahlt wurde, was zu Druckeigenspannungen an der Oberfläche führt.

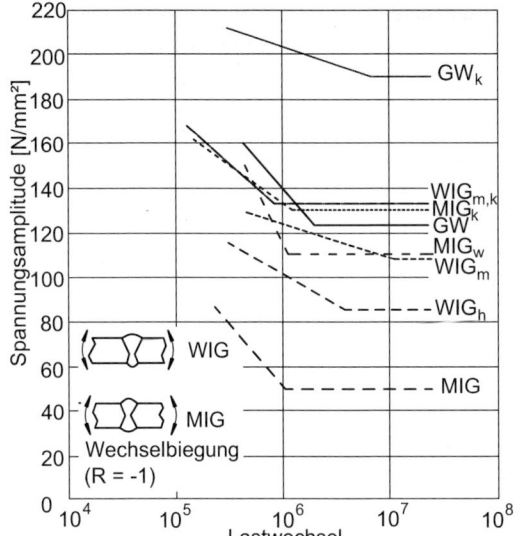

Bild C.12 Verbesserung der Schwingfestigkeit durch Nachbehandlungsmaßnahmen von MIG- und WIG-Schweißverbindungen an AlMg4,5Mn0,7-O. GW – Grundwerkstoff, WIG – WIG wechselstromgeschweißt, MIG – MIG impulsgeschweißt; Indices: m – mechanisch geschweißt, h – handgeschweißt, w – WIG nachbehandelt, k – kugelgestrahlt; MIG – Metall-Inert-Gasschweißen, WIG – Wolfram-Inert-Gasschweißen [83]

Ohne Kugelstrahlen rangiert der Grundwerkstoff in der oberen Hälfte der Kurvenschar. Die kugelgestrahlten MIG-und WIG-Schweißverbindungen sind in derselben Größenordnung wie der unbehandelte Grundwerkstoff. Die maschinen- und handgeschweißten Nähte liegen darunter, und der nicht nachbehandelte MIG-Stoß rangiert ganz unten. Zu beachten ist auch, dass die Knickpunkte bei ganz unterschiedlichen Lastwechselzahlen liegen.

Die Bemessung von Aluminiumkonstruktionen im Hinblick auf die Dauerschwingfestigkeit des Wöhlerversuchs (Einstufenversuchs) ist unwirtschaftlich. Wo immer möglich, sollten die Prüfungen mit wirklichkeitsnahen Belastungskollektiven durchgeführt werden. Mit den dabei gewonnenen Festigkeitswerten, die höher liegen als diejenigen des Wöhlerversuchs, sollte konstruiert werden. Als Ersatz kann ein realistisches Belastungskollektiv ausgewertet werden, das es erlaubt, mit einer Schadensakkumulationshypothese (Palmgren-Miner) die Schädigungen aufzusummieren und mithilfe der Wöhlerlinie zu bewerten [88]. Die Betriebsfestigkeitsbetrachtung, die beim Stahl eine Gewichtsersparnis bringt, ist beim Aluminium, und dort insbesondere bei geschweißten Konstruktionen, eine notwendige Voraussetzung dafür, dass es überhaupt wirtschaftlich eingesetzt werden kann.

6 Anwendung

Nach den vorstehenden Ausführungen, insbesondere über das Temperaturverhalten und die Schwingfestigkeit, mag es so scheinen, als ob die Aluminiumlegierungen eine zu geringe Festigkeit aufwiesen, um für Ingenieurkonstruktionen infrage zu kommen. Doch dies kann nicht der Fall sein, da bereits zahlreiche Konstruktionen wie Brücken, Krane, Maste und Hallen aus Aluminium hergestellt wurden und mit Erfolg betrieben werden [83, 91–94].

Dabei wurden die Vorteile des Aluminiums (gegenüber Stahl) geschickt ausgenützt: geringes Gewicht, Korrosionsbeständigkeit (sofern die Legierung kein Kupfer enthält), freie Wahl der Profile, gutes Aussehen. Die Gewichtsersparnis bringt gleichzeitig geringere Aufwendungen für die Gründungen und für die Montage mit sich; die gute Beständigkeit bedeutet geringere Unterhaltungskosten, was bei den Baukosten zu berücksichtigen ist, aber oft übersehen wird [84, 95]. Durch die leichtere Bearbeitbarkeit des Aluminiums ist es möglich, weit zahlreichere Profilformen herzustellen als bei Stahl, denn Spezialprofile für Anschlüsse, für Beulsteifen, für zusammengesetzte Tragglieder lassen sich im Strangpressverfahren herstellen, ebenso alle Walzprofile mit parallelen Flanschen. Die Rezyklierbarkeit ist genauso gut wie bei Stahl.

Die Nachteile wurden schon erwähnt: geringe Beständigkeit gegen hohe Temperaturen, niedriger E-Modul und höherer Preis als bei Stahl. Diese Nachteile können jedoch durch eine geschickte, d.h. materialgerechte Konstruktion beherrscht werden, wie die bestehenden Konstruktionen zeigen.

Vom Eurocode 9 „Bemessung und Konstruktion von Aluminiumbauteilen" ist der Teil 1–2 „Tragwerksbemessung für den Brandfall" als DIN EN 1999-1-2:2007-05 eingeführt mit dem zugeordneten nationalen Dokument DIN 4102-4:1994-03. Die Teile DIN V ENV 1999-1-1:2000-10 „Allgemeine Bemessungsregeln; Bemessungsregeln für Hochbauten" und DIN V ENV 1999-2:2001-03 „Ermüdungsanfällige Tragwerke" liegen als Vornorm vor. Als deutsche Norm gelten die Teile der DIN 4113.

Neben massivem Aluminium kann auch Aluminiumschaum für tragende Funktionen eingesetzt werden. Eine Verwendung in den Fugen zwischen demontablen Betonfertigteilen wurde untersucht, wobei die plastische Verformbarkeit, die elastische Rückfederung, der dichte Anschluss an den Beton, die Schalldämmung, der Feuerwiderstand und die Wiederverwendung als positiv erfahren wurden [96, 97]. Neben dieser Anwendung hat sich Aluminiumschaum als Füllstoff in Fassadenstützen zur Erhöhung der Knicklast und in stoßbeanspruchten Bauteilen zur Energieaufnahme bewährt [98, 99].

D Kunststoffe

1 Allgemeines

Kunststoffe sind die jüngsten Baustoffe, verglichen mit der langen Geschichte von Holz, Stein und auch Stahl und Beton. Man beschäftigt sich erst seit Beginn des 20. Jahrhunderts mit ihnen, und im Bauwesen werden sie erst seit dem Ende des 2. Weltkrieges in größerem Umfang angewendet. Der Name „Kunststoff" sollte ursprünglich verdeutlichen, dass solche Stoffe künstlich hergestellt werden und schon ein im Gebrauch befindliches Material ersetzen können; so entstanden z. B. Ausdrücke wie Kunstleder, Kunstgummi, Kunstharz und Kunstfaser (auf dieselbe Weise spricht man auch von „Kunststein", der zwar ein Beton ist, aber wie Naturstein geschliffen und auch an dessen Stelle verwendet wird). Zunächst hatten solche Ausdrücke abwertenden Charakter, und das zu Recht, da die Qualität dieser Produkte am Anfang der Kunststoffentwicklung schlechter war als die der zu ersetzenden Naturprodukte. Inzwischen wurde die Technologie der Herstellung und Anwendung weiterentwickelt, und heute ist in manchen Gebieten der Technik der Kunststoff der dominierende Werkstoff. Kunststoffe haben viele gute Eigenschaften: Sie sind leicht, fest bis hochfest, form- und praktisch in jeder Form herstellbar, manchmal durchscheinend bis transparent, dauerhaft, elektrisch nicht leitend und (in aufgeschäumter Form) wärmedämmend. Beim Konstruieren muss man aber mit den Besonderheiten rechnen: Der Elastizitätsmodul ist niedrig, was bei der Durchbiegung und beim Knicken und Beulen zu beachten ist, und die Wärmedehnung ist deutlich größer als bei anderen Werkstoffen. Außerdem sind Kunststoffe brennbar. Charakteristisch für Kunststoffe ist, dass ihre Eigenschaften in einer großen Bandbreite gezielt eingestellt werden können. Dass aber der konstruktive Bauingenieur immer noch vergleichsweise zaghaft an die Verwendung von Kunststoffen herangeht, hängt mit deren mechanischen Eigenschaften zusammen, die im Folgenden behandelt werden sollen.

Kunststoffe sind makromolekulare organische Verbindungen, die entweder durch Modifizierung von Naturprodukten oder synthetisch unter Verwendung von einfachen natürlichen Rohstoffen hergestellt werden; makromolekular daher, da die Moleküle mit Molekulargewichten zwischen 10^4 und 10^7 außerordentlich groß sind, und organisch, da das Hauptelement Kohlenstoff ist. Neben Kohlenstoff sind Wasserstoff, Sauerstoff, Stickstoff, Schwefel und die Halogene Chlor und Fluor die häufigsten Elemente in den Makromolekülen der Kunststoffe. Hochmolekulare Naturstoffe, deren Eigenschaften durch besondere Behandlung verbessert werden, sind vor allem Kautschuk und Cellulose. Zur synthetischen Herstellung von Kunststoffen – und das ist die weitaus überwiegende Herstellungsart – werden als Ausgangsstoffe solche Verbindungen verwendet, die durch Aufbereitung von Erdöl, Kohle oder Erdgas gewonnen worden sind. Zusätzlich werden Wasser, Luft und Kochsalz benötigt.

2 Aufbau

Die einfachste Form eines Makromoleküls ist die Ketten- oder Fadenform, die aus einer Vielzahl von gleichen Gliedern besteht und ähnlich einer Perlenkette eine gewisse Steifigkeit besitzt. Die „Perlen" oder Glieder sind untereinander durch Hauptvalenzkräfte – chemische Bindungen – verbunden, wobei meistens Kohlenstoffatome die nötigen Valenzen liefern. Ein einfaches Beispiel soll den Zusammenhang verdeutlichen: Ethylen ist eine ungesättigte

Kohlenwasserstoffverbindung, die eine Doppelbindung besitzt. Diese ist nicht so stabil wie eine Einfachbindung und bricht unter bestimmten äußeren Bedingungen auf, um andere Atome oder Moleküle anzulagern.

Ethylen hat die Strukturformel

$$CH_2 = CH_2.$$

Bricht die Doppelbindung auf, so erhält jedes C-Atom eine freie Valenz

$$-CH_2-CH_2-$$

und schafft damit die Voraussetzung, dass das ursprünglich kleine Molekül durch Anlagerung gleicher Moleküle wächst und zum Makromolekül wird. Aus einer monomeren Verbindung ist dann eine polymere Verbindung entstanden. Die Strukturformel des Polyethylens sieht damit wie folgt aus:

$$\ldots -CH_2-CH_2-CH_2-CH_2- \ldots \,.$$

Eine Einheit des Makromoleküls, die als Monomeres das Makromolekül aufgebaut hat, wird als Grundbaustein bezeichnet. Wenn nur eine einzige Verbindung am Aufbau beteiligt ist, wiederholen sich die Grundbausteine fortlaufend (Homopolymerisation); sind verschiedene Monomere daran beteiligt (Copolymerisation), so wechseln diese regelmäßig oder unregelmäßig ab. Die sich dabei bildende kleinste sich regelmäßig wiederholende Einheit heißt Strukturelement. Bei regellosen (statistischen) Copolymeren existieren keine Strukturelemente, sehr wohl jedoch unterschiedliche Grundbausteine. Außer der einfachen linearen Kette mit in derselben Ebene ausgerichteten Atomen kommen viele Variationen vor, bei denen z. B. größere Seitengruppen links, rechts, oben oder unten anhängen oder die Atome der Kette zickzackförmig miteinander verbunden sind. Solche unterschiedlichen Strukturen beeinflussen die Eigenschaften des Stoffs – auch die mechanischen Eigenschaften hängen davon ab –, doch wird hier die Behandlung auf wesentliche Strukturunterschiede beschränkt, von denen einer die verzweigte Kette ist.

So ist z. B. Styrol ein vielseitig verwendbarer Stoff zur Kunststoffherstellung mit der Strukturformel

$$CH_2 = CH - C_6H_5.$$

Bricht die Doppelbindung auf, so kann durch Anlagerung weiterer Styrolmoleküle lineares Polystyrol entstehen, oder, unter Abspaltung eines Wasserstoffatoms, verzweigtes Polystyrol gebildet werden:

2 Aufbau

Die entstehenden Ketten werden einzeln gebildet und haben zur Nachbarkette keine direkte Bindung.

Eine vollständig neue und im mechanischen Verhalten verschiedene Struktur entsteht, wenn die Ketten untereinander verbunden sind. Aus Ketten sind dann Netze entstanden; derartige Kunststoffe werden als vernetzte oder als räumlich vernetzte Kunststoffe bezeichnet. Die Voraussetzung zur Bildung solcher Strukturen sind Moleküle, die mehr als zwei freie Valenzen besitzen. Sie müssen mindestens trifunktionell (mit drei Anlagerungsmöglichkeiten) sein, damit sie zum einen in Richtung der Hauptkette reagieren können, zum anderen quer dazu. Stellt man sich am Beispiel des verzweigten Polystyrols vor, dass an die Seitenketten parallel zu der Hauptkette verlaufende Ketten angehängt sind, so wäre das Produkt ein vernetztes Polystyrol.

Als Strukturbeispiel soll gezeigt werden, wie aus Phenol und Formaldehyd ein vernetzter Kunststoff entsteht; eine Reaktion, die beim Verbinden von Holzbauteilen mit Phenolformaldehydleim abläuft. Formaldehyd

$$CH_2 = O$$

ist bifunktionell und für sich allein nur zur Bildung von linearen Ketten fähig. Durch Anlagerung an verschiedenen Plätzen des Benzolrings im Phenol ist es in der Lage, ein räumliches Netzwerk herzustellen:

Bei dieser Reaktion entstehen zuerst verzweigte Moleküle, die sich dann bei hohen Temperaturen vernetzen. Das bei der Reaktion entstehende Wasser entweicht im gasförmigen oder flüssigen Zustand.

Die vernetzten Stoffe können theoretisch aus einem einzigen Molekül bestehen, dessen Größe sich jedoch nicht bestimmen lässt. Von Molekülen zu sprechen ist nur bei solchen Stoffen angebracht, die sich in Lösung bringen lassen und deren Molekülgröße auf diese Weise bestimmt werden kann. Trotzdem werden unlösliche Harze den makromolekularen Verbindungen zugeordnet und können als Reaktionsprodukte makromolekularer Verbindungen untereinander aufgefasst werden.

Die Synthese, d. h. die chemische Umsetzung von monomeren zu polymeren Verbindungen, ist nicht einheitlich für alle Stoffe. Man unterscheidet drei verschiedene Reaktionsabläufe:

- Polymerisation;
- Polykondensation;
- Polyaddition.

Zum Start einer *Polymerisation* ist die Aufhebung einer Doppelbindung notwendig, was durch Zuführung von Energie erreicht wird: durch Wärme, Bestrahlung oder durch chemische Initiatoren. Ist ein Radikal entstanden, so lagert sich daran ein Monomermolekül an, wobei der aktive Zustand jetzt auf das angelagerte Molekül übergeht. Auf diese Art beginnt eine Kettenreaktion, die, um sie in Gang zu halten, nur wenig Aktivierungsenergie erfordert. Diese Energie entsteht bei der Reaktion selbst, da bei der Umwandlung eines monomeren Moleküls in einen Teil des polymeren Energie frei wird – das Monomere hat ein höheres Potential als das Polymere –, wie sich am exothermen Verlauf der Polymerisation zeigt. Die Wachstumsreaktion kommt zum Stillstand, wenn sich am Kettenende ein Molekül anlagert, welches keine freie Bindung mehr hat, z. B. Luftsauerstoff oder allgemein Inhibitoren, wenn zu viel Energie entzogen wird, z. B. durch Unterkühlung, oder wenn alle vorhandenen Monomere verbraucht sind. Im Normalfall wird die ganze Substanz in Polymere umgewandelt.

Bei der Polymerisation entsteht eine Vielfalt von verschieden großen Makromolekülen. Deren Länge wird gewöhnlich durch den sog. Polymerisationsgrad, die Anzahl der Strukturelemente einschließlich Anfangs- und Endglied einer Kette, angegeben. Technisch hergestellte Kunststoffe haben Moleküle mit Polymerisationsgraden zwischen 1.000 und 5.000, selten 500 bis 10.000, wobei die Verteilung einer mehr oder weniger symmetrischen Glockenkurve entspricht [101]. Es ist zwar möglich, bei geeigneten Reaktionsbedingungen die Kettenlängen zu variieren, doch ist es nicht möglich, dabei lauter gleich lange Ketten herzustellen; die statistische Verteilung bleibt ähnlich, nur der mittlere Polymerisationsgrad verändert sich. Da aus diesem Grund niemals zwei vollkommen gleiche Kunststoffe hergestellt werden können, sind alle charakterisierenden Stoffwerte – Molekulargewicht, Molekulargewichtsverteilung, Löslichkeit, Festigkeit, Viskosität – nur Mittelwerte einer statistischen Verteilung, die allerdings so dicht zusammenliegen können, dass die Genauigkeit der Messverfahren nicht ausreicht, sie zu unterscheiden. In diesem Sinne kann man dann sagen, der eine Stoff verhält sich genauso wie der andere.

Die *Polykondensation* unterscheidet sich in einigen Punkten von der Polymerisation. Die Polykondensation ist eine Reaktion bi- oder höherfunktioneller Moleküle, die unter Abspaltung von niedermolekularen Verbindungen wie Wasser oder Alkohol (siehe das Beispiel Phenol-Formaldehyd-Harz) makromolekulare kettenförmige oder verzweigte Verbindungen aufbaut. Sie ist im Gegensatz zur Polymerisation eine Stufenreaktion, die, bevor alle Monomere umgesetzt sind, abgebrochen und später durch geeignete Reaktionsbedingungen wieder fortgesetzt werden kann: Während der ganzen Reaktion bleiben die funktionellen Endgruppen dieselben wie die der Ausgangsstoffe, während bei der Polymerisation laufend Radikale entstehen, die sich in der Struktur vom monomeren Ausgangsstoff unterscheiden. Gleichzeitig ist die Kondensation eine Gleichgewichtsreaktion, d. h. die Reaktion hört von selbst auf, wenn das chemische Gleichgewicht erreicht ist, ein Zustand, der von der Konzentration der Reaktionsteilnehmer abhängt. Dieser Zustand stellt sich z. B. ein, wenn eine gewisse Menge Wasser abgespalten ist.

Wenn durch Erhöhung der Temperatur oder durch Erniedrigung des Drucks dieses Wasser entzogen wird, läuft die Reaktion weiter, bis ein neuer Gleichgewichtszustand erreicht ist; zudem wurden durch Änderung der Reaktionsbedingungen auch die Gleichgewichtskonstanten geändert, sodass schon allein dadurch (also ohne Entzug des Wassers) die Reaktion wieder in Gang gebracht werden könnte. Die Kondensation besteht aus unabhängigen Einzelreaktionen, das mittlere Molekulargewicht nimmt mit der Reaktionszeit zu.

Die *Polyaddition* ist ebenfalls eine Stufenreaktion unabhängig voneinander verlaufender Einzelreaktionen, bei denen monomere Verbindungen polymere Moleküle aufbauen, sowohl lineare als auch vernetzte. Im Gegensatz zur Polykondensation werden jedoch keine Nebenprodukte abgespalten, sondern einzelne Atome, vorzugsweise Wasserstoff, wandern an einen anderen Platz, während ein Ausgangsmolekül an die Kette angelagert wird. Die Polyaddition verhält sich im Ablauf wie die Polykondensation (Stufenreaktion) und im Aufbau der Makromoleküle wie die Polymerisation (Addition von Monomeren ohne Abspaltung von Nebenprodukten). Wie bei der Polykondensation nimmt die Kettenlänge im Lauf der Reaktion zu, da die Endgruppen immer dieselben und weiterhin reaktionsfähig bleiben.

3 Struktur und allgemeines mechanisches Verhalten

Einen fadenförmig aufgebauten Kunststoff kann man sich so vorstellen (Bild D.1), dass lineare Ketten unregelmäßig nebeneinander liegen, ineinander verknäuelt und verknotet sind.

Die Struktur ist amorph, d.h. unregelmäßig, im Gegensatz zu Kristallen mit einem bestimmten Bauschema. Häufig sind solche Kunststoffe durchsichtig und verhalten sich optisch wie Glas, was zur Bezeichnung organische Gläser führte. Denn genauso wie bei den anorganischen Gläsern sind solche Bereiche innerhalb des Stoffs, die zu Doppelbrechung, Reflexion oder anderer optischer Verzerrung führen könnten, so klein und unregelmäßig verteilt, dass sie die Lichtwellen nur statistisch gleichmäßig (durch Brechung) beeinflussen. Die Ketten sind untereinander nicht durch Hauptvalenzbindungen verbunden. Elektrostatische Anziehungskräfte, die sog. van-der-Waals-Kräfte und die Wasserstoffbrücken, sind die Ursache, dass die Molekülketten durch Nebenvalenzbindungen einen beschränkten Zusammenhalt finden. Die Ersten kann man erklären, indem man die Bewegung der Elektronen in einem Atom beachtet und annimmt, dass zu einer bestimmten Zeit die Ladungsverteilung im Atom unsymmetrisch wird, wodurch es kurzzeitig wie ein Dipol wirkt. Ist zufällig ein anderes Atom, z.B. eine danebenliegende Kette, in der Nähe, so wird sich in diesem die elektrische Ladung etwas verschieben und eine Anziehung zustande bringen. Dass die Anziehung nicht dauernd wirkt, sondern nur in wahrscheinlichen Intervallen, macht sie entsprechend schwach; doch aufgrund der Größe der Makromoleküle und des damit häufigen Auftretens sind die van-der-Waals-Kräfte bei Kunststoffen nicht zu vernachlässigen. Die zweite der Nebenvalenzbindungen – die Wasserstoffbrückenbindung – kommt zustande, wenn ein Wasserstoffatom an einem stark elektronegativen Element wie F, Cl, O oder N

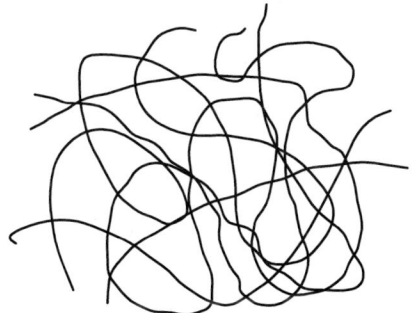

Bild D.1 Strukturschema eines unvernetzten Kunststoffs

angelagert ist. Das z. B. O und H bindende Elektronenpaar liegt dann nicht genau in der Mitte zwischen den beiden Atomen, sondern näher beim O-Atom als beim H-Atom. Dadurch wird der Wasserstoff zum positiven (positiv polarisiert), der Sauerstoff zum negativen Ende eines Dipols, der auf ein negativ polarisiertes Atom oder Molekül anziehend wirkt. Da es sich in diesem Fall um ständige Anziehungskräfte handelt, sind sie größer als die van-der-Waals-Kräfte.

Bei den gleichmäßig gebildeten linearen Makromolekülen kommt es vor, dass sich lange Fadenmoleküle vielfach parallel nebeneinander legen, sodass Bereiche von rd. 100 Å Länge regelmäßig angeordnet sind. Aufgrund solcher partieller Ordnung – man nennt diese Stoffe teilkristallin – ist das physikalische Verhalten etwas verschieden von dem Verhalten vollständig amorpher Stoffe. Vollkommen kristalline Kunststoffe herzustellen ist noch nicht gelungen, wenn es auch möglich ist, Einkristall-Lamellen in Polymerlösung zu züchten.

Die verzweigten Makromoleküle unterliegen denselben Gesetzmäßigkeiten wie die linearen, allerdings mit einer noch stärkeren Verknäuelung der Ketten und einer größeren mechanischen Versperrung. Doch auch hier sind die Ketten untereinander nur durch Nebenvalenzbindungen verknüpft.

Bei den vernetzten Kunststoffen wirken die bisher erwähnten Kräfte in gleichem Maße. Zusätzlich kommen jetzt die Querverbindungen (siehe Bild D.2) durch Hauptvalenzkräfte hinzu, die um ein bis zwei Zehnerpotenzen wirksamer sind als die Nebenvalenzkräfte. Der Verband wird fester und umso starrer, je mehr Querverbindungen vorhanden sind. Man unterscheidet in dieser Kategorie zwischen schwach und stark vernetzten Stoffen.

Aus der Chemie weiß man, dass Moleküle, sofern sie dazu in der Lage sind, z. B. in Gasen, andauernd Bewegungen ausführen: solche, die ihren Schwerpunkt verlagern, und solche um ihren Schwerpunkt. Könnte man ein isoliertes Makromolekül in einem Zustand beobachten, in dem es vollkommen ungehinderte Drehbewegungen um die Gelenke der Hauptkette (Kohlenstoffbindungen) ausführen könnte, so würde man bemerken, dass das Molekül ständig seine Gestalt ändert und seine Atome ihre Lage im Raum verändern, ohne jedoch den Schwerpunkt des Moleküls zu verlagern. Diese Bewegung heißt Mikro-Brown'sche Bewegung. Sie wäre für ein Makromolekül bei hoher Temperatur in verdünnter Lösung möglich, denn in diesem Zustand sind die Ketten weit voneinander entfernt und lassen der Bewegung genügend Spielraum. Damit ist eine wichtige Größe genannt, die das physikalische Verhalten der Kunststoffe entscheidend beeinflusst: die Temperatur.

Beginnend bei tiefen Temperaturen werden die Aggregatzustände, wie sie bei Temperaturerhöhung durchlaufen werden, beschrieben. Bei tiefen Temperaturen ist der Zustand der Ketten eingefroren und deren Lage fixiert. Hauptkette und Seitengruppen bewegen sich nicht (keine Mikro-Brown'sche Bewegung), solange keine äußeren Kräfte auf sie einwirken. Bei

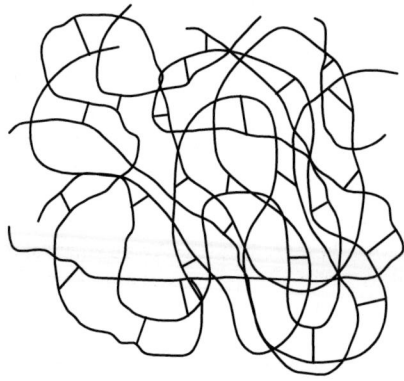

Bild D.2 Vernetzter Kunststoff

3 Struktur und allgemeines mechanisches Verhalten

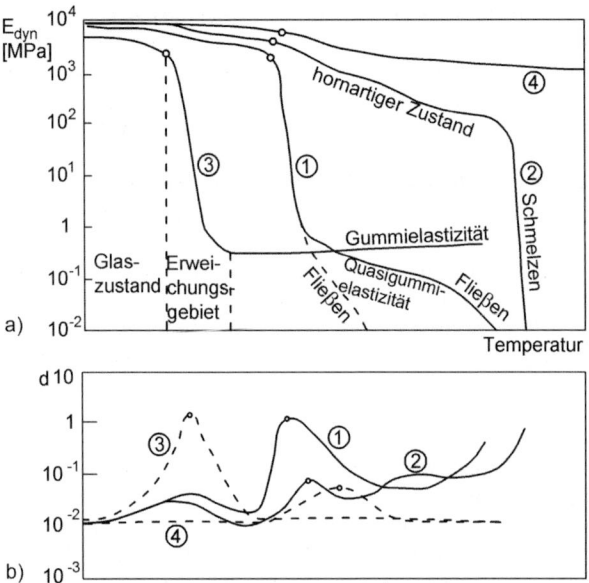

Bild D.3 a) dynamischer Elastizitätsmodul E_{dyn}, ○ T_g Einfriertemperatur oder Glastemperatur, b) Verlustfaktor d, ○ T_{dyn} dynamische Einfriertemperatur, nach VDI-Richtlinie 2021 [102]; ① Thermoplast, amorph, ② Thermoplast, kristallin, ③ Elastomer, ④ Duromer

Belastung kommt die Deformation nur durch Änderung der Valenzabstände und Valenzwinkel zustande, genauso wie bei festen elastischen Körpern. Daher ist die Bruchdehnung klein und das Bruchverhalten spröde. Da dieses Verhalten demjenigen anorganischer Gläser ähnlich ist, spricht man hier vom Glaszustand. Alle Kunststoffe, gleichgültig ob vernetzt oder unvernetzt, zeigen hier einen dynamischen Elastizitätsmodul von rd. 10^4 MPa und einen Verlustfaktor von 10^{-2}. Innerhalb des Glaszustandes verändern sich die Eigenschaften nur sehr wenig, abgesehen von bestimmten Temperaturen, bei denen Seitengruppen der Moleküle beschränkt beweglich werden, sodass sich dadurch bei Belastung größere Verformungen ergeben als nur aufgrund der Änderung von Valenzabstand und -winkel. Solche Temperaturbereiche nennt man Nebenerweichungsbereiche, sekundäre Übergangs- oder Dispersionsgebiete. In Bild D.3 ist links in den Diagrammen der Glaszustand zu sehen, den man bei Makromolekülen als den festen Aggregatzustand bezeichnen könnte.

Bei Wärmezufuhr fangen die Ketten an, sich zu bewegen, zunächst die Hauptketten um den Schwerpunkt (Mikro-Brown'sche-Bewegung), bei höherer Temperatur ganze Ketten oder Knäuel untereinander (Makro-Brown'sche-Bewegung). Der Stoff taut auf, jedoch nicht wie kristalline Stoffe, bei denen die Wärmebewegung bei einer bestimmten Temperatur ausreicht, die zwischenmolekularen Kräfte zu überwinden, und die dann in den flüssigen Zustand übergehen. Vielmehr bewirkt die Wärmebewegung, dass bei Angriff einer äußeren Kraft die Ketten gestreckt werden, aneinander gleiten und ihre Lage ändern. Der Stoff behält seinen Zusammenhalt, aber er wird weich. Man bezeichnet daher den Temperaturbereich, in dem der Stoff vom Glaszustand in den nächsten (noch zu beschreibenden) Aggregatzustand übergeht, als Hauptübergangs-, -erweichungs- oder -dispersionsgebiet. Die Temperatur, die den Glaszustand abschließt, heißt Einfrier- oder Glastemperatur T. Sie wird in einem Dilatationsversuch bestimmt, bei dem eine Probe langsam erhitzt und dabei ihre Volumenausdehnung gemessen wird. Zeichnet man die Ausdehnungskurve in Abhängigkeit von der

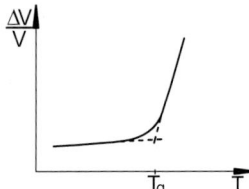

Bild D.4 Volumenausdehnung bei Erwärmung. T_g Glastemperatur

Temperatur, so stellt man einen Punkt fest (Bild D.4), an dem die Steigung plötzlich größer wird. Diesen Knickpunkt hat man als dilatometrische Einfriertemperatur T definiert. Eine andere Möglichkeit ist, in einem Schwingungsversuch die Dämpfung zu messen und diese in Abhängigkeit von der Temperatur aufzutragen. Dabei zeigt sich ein genau bestimmbarer Maximalwert bei T_{dyn}; allerdings ist T nicht identisch mit T_{dyn}, sondern liegt immer rd. 20 K tiefer.

Die Höhe der Einfriertemperatur hängt von der Struktur der Hauptketten ab, insbesondere von deren Biegsamkeit und den Seitengruppen. Wird die Kette von starren, raumerfüllenden Gruppen gebildet, so ist T_g hoch. Sind jedoch lange, flexible Seitengruppen vorhanden, so treten die Ketten weiter auseinander und T_g ist niedriger. Starke polare Gruppen begünstigen Wasserstoffbrückenbindungen und die Ketten haften fester aneinander. Verzweigungen der Ketten geben Anlass zu zahlreichen Verhakungen und dichter Verknäuelung, sodass dadurch die Beweglichkeit der Ketten behindert wird. Insbesondere führt starke Vernetzung der Ketten zu deren Unbeweglichkeit, verbunden mit einer hohen Einfriertemperatur. Dagegen ist es möglich, durch schwache Vernetzung weitmaschige Strukturen herzustellen, die eine sehr niedrige Glastemperatur aufweisen. Dasselbe Ergebnis (im Hinblick auf T_g) wird erzielt, wenn die Molekülketten harter Kunststoffe durch Zusätze von Lösungsmitteln voneinander ferngehalten werden und dadurch große Beweglichkeit zustande kommt (Weichmachung). Aus dem Gesagten geht hervor, wie stark der konstitutionelle Einfluss ist, sodass es nahe liegt, die verschiedenen Polymere getrennt zu behandeln.

Amorphe unvernetzte Kunststoffe erweichen über T_g zunehmend in einem Temperaturbereich von rd. 50 K. In diesem Übergangsbereich nimmt der Elastizitätsmodul um rd. drei Zehnerpotenzen ab, der Verlustfaktor um rd. zwei Zehnerpotenzen zu. Wenn auch der Bauingenieur nicht so häufig mit dynamischen Problemen zu tun hat, bei denen die Dämpfung als Materialbeschreibung eine maßgebliche Rolle spielt, so gibt doch der Verlustfaktor einen Anhaltspunkt, inwieweit sich der Stoff elastisch oder inelastisch verhält. In Bild D.3 sieht man, dass der Verlustfaktor vor und nach dem Übergangsbereich kleiner ist – d. h. das Material verhält sich elastischer – als innerhalb dieser Zone. Verwendet man also einen Stoff bei Temperaturen des Übergangsgebiets, so hat man mit großen inelastischen Verformungen zu rechnen. Kriechen und Relaxation sind dann die auffallenden Phänomene, deren Verhalten mithilfe der Viskoelastizitätstheorie beschrieben werden kann. Molekular werden Kriech- und Relaxationsvorgänge so gedeutet, dass durch eine äußere Kraft die in großer Unordnung verknäuelten Molekülketten ausgerichtet werden. Dabei kommt es vor, dass Ketten oder Kettenabschnitte nicht sofort eine stabile Gleichgewichtslage finden, sondern nur kurzzeitig durch Reibung und Haftung in dieser Lage gehalten werden. Im Lauf der Zeit führen Moleküle dann Platzwechsel aus, Nebenvalenzbindungen brechen auf und gehen an anderer Stelle neue Verknüpfungen ein. Verbunden damit sind Dehnungen, die kraft- und zeitabhängig sind.

Bei weiterer Temperatursteigerung nimmt die Wärmebewegung der Moleküle zu, wodurch Platzwechselvorgänge sehr erleichtert werden. Mechanisch äußert sich das darin, dass der Elastizitätsmodul niedrig und auch der Verlustfaktor niedriger ist als im Übergangsgebiet, d. h. die Verformungen sind hauptsächlich kraft-, weniger zeitabhängig; sie sind groß

3 Struktur und allgemeines mechanisches Verhalten

und treten spontan auf. Allerdings hängt das Verhalten hier schon vom Molekulargewicht der Ketten und von ihrer Länge ab. Denn während langkettige Kunststoffe gummiähnliches Verhalten zeigen, reagieren niedermolekulare Stoffe in diesem Bereich bereits wie zähe Flüssigkeiten. Werden sie durch eine Schubspannung beansprucht, so fließen sie und erleiden irreversible Verformungen. Man bezeichnet diese Sorte von Kunststoffen als Thermoplaste, was ausdrücken soll, dass sie unter Wärme formbar sind. Die langkettigen linearen Polymere verweilen über einen bestimmten Temperaturbereich im Status des gummiähnlichen Verhaltens und werden erst bei höheren Temperaturen formbar. Hervorgerufen wird diese Eigenschaft dadurch, dass die langen Ketten stärker ineinander verhakt sind als die kurzen und nicht so leicht aneinander abgleiten können. Mit zunehmender Temperatur nimmt die Wirksamkeit solcher physikalischer Vernetzungspunkte ab, wodurch der E-Modul laufend abnimmt und die elastische Dehnung von einer zunehmenden irreversiblen Verformung überlagert wird. Da demnach das Verhalten nur annähernd gummielastisch ist, wird es bei den unvernetzten Stoffen als quasi-gummielastisch bezeichnet.

Teilkristalline Kunststoffe sind aus fadenförmigen Molekülen aufgebaut, die bei regelmäßiger Faltung Bereiche molekularer Ordnung bilden. Ihr Verhalten im Glaszustand ist gleich dem der amorphen Thermoplaste. Der daran anschließende Übergangsbereich ist schwach ausgebildet, da er nur den zwischen den kristallinen Bereichen liegenden amorphen Anteil erfasst. Wie stark die Erweichung ist, hängt natürlich vom Kristallisationsgrad ab und muss für jeden Stoff bestimmt werden. Doch wird sie nie so groß sein wie bei vollkommen amorphen Thermoplasten, da die Kristallite wie starre Vernetzungspunkte wirken und die Kettenabschnitte zwischen zwei Kristalliten kurz sind. Vom harten Glaszustand geht der Stoff in einen zähen, hornartigen Zustand mit einem Elastizitätsmodul von rd. 10^2 MPa über. Mit steigender Temperatur verändern sich Steifigkeit und Dämpfung monoton, bis die Temperatur erreicht ist, bei der die Wärmebewegung zur Überwindung der zwischenmolekularen Kräfte der Kristallite ausreicht. Das entspricht dem Schmelzpunkt oder genauer, da die Kristallite nicht alle gleich sind, dem Anfang des Schmelzbereichs.

Andersartig ist das Verhalten der schwach vernetzten Kunststoffe oberhalb des Erweichungsgebiets. Zwar unterliegen auch die Kettenabschnitte oder ganze Knäuel des vernetzten Polymers der Wärmebewegung und die Ketten können bei Beanspruchung ihre Lage ändern. Doch sind sie durch die räumliche Verknüpfung daran gehindert, sich weiter voneinander zu bewegen als bis zu der Verformung, bei der die Ketten von Knoten zu Knoten gerade ausgerichtet sind. Bei Überschreitung dieser Verformung werden Knoten gewaltsam gelöst und der Stoff hat einen strukturellen Schaden erlitten. Man stellt sich das Verhalten so vor, dass die vorher ohne Ordnung verknäuelten Molekülketten sich unter Last in Richtung der Hauptspannung ausrollen, ausrichten und strecken. Dabei wird die Struktur zwangsweise einer gewissen Ordnung unterworfen, die gegenüber der Unordnung die unwahrscheinlichere Form ist und daher eine niedrigere Entropie besitzt. Diese Erniedrigung der Entropie bewirkt eine Kraft, die der äußeren Kraft entgegengesetzt ist und die als Widerstand gegen die Verformung gemessen wird. Man bezeichnet diese Art des mechanischen Verhaltens als Entropieelastizität. Dieser Ausdruck beinhaltet die Tatsache, dass die Energie konstant bleibt, im Gegensatz zu sonstigen charakteristischen Systemen (z. B. Stahl), bei denen bei Belastung die innere Energie zunimmt. Solche Stoffe weisen dementsprechend Energieelastizität auf. Wie Bild D.3 zeigt, steigt der Elastizitätsmodul mit der Temperatur an. Dies ist verständlich, denn je höher die Temperatur, desto größer auch die Unordnung, in der sich die Moleküle befinden. Eine zwangsweise Ausrichtung ruft daher eine größere Entropiedifferenz hervor, was wiederum einem höheren E-Modul entspricht.

Da das Verhalten schwach vernetzter Kunststoffe oberhalb des Erweichungsgebiets an das Verhalten von Gummi erinnert, bezeichnet man es als gummi- oder kautschukelastisch. Die Merkmale der Kautschukelastizität sind Dehnbarkeit von einigen Hundert Prozent, Elastizität der Dehnungen, vernachlässigbar kleine Kompressibilität. Das Spannungs-Dehnungs-

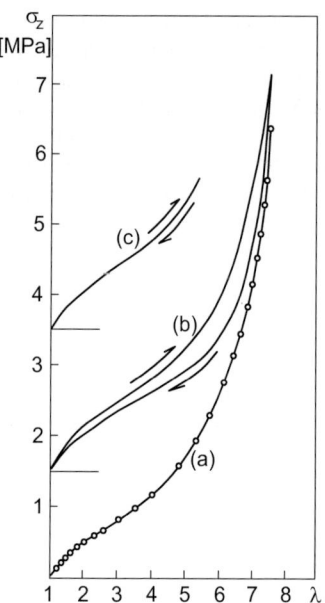

Bild D.5 Spannungs-Dehnungs-Linie eines vulkanisierten Kautschuks, nach Treloar [103]. a) Erstbelastung, b) Belastung – Entlastung, c) wie b) mit geringerer Spannung $\sigma_z = F/A_0$, $\lambda = l/l_0$. Bei b) und c) ist der Nullpunkt verschoben

Diagramm eines vulkanisierten Naturkautschuks in Bild D.5 zeigt die charakteristische S-Form, die deutlich von einer Geraden abweicht: Der Stoff ist zwar elastisch, erfüllt jedoch nicht das Hooke'sche Gesetz (das Rechnen mit der linearen Elastizitätstheorie wäre ohnehin nicht mehr möglich, da diese nur für kleine Dehnungen gültig ist). Verbunden mit der Elastizität ist die Tatsache, dass Einflüsse der Belastungsgeschwindigkeit klein sind; Kriechen, Relaxation und Dämpfung spielen also keine große Rolle. Die Querdehnzahl ist praktisch 1/2, was nach der Definition Inkompressibilität bedeutet.

Kunststoffe mit solchem Verhalten heißen Elastomere. In der Regel liegt die Einfriertemperatur von Elastomeren bei −30 bis −70 °C, sodass sie im normalen Gebrauchszustand gummielastisch sind mit E-Modul von 0,1 bis 10 MPa. Daneben gibt es jedoch Stoffe, z. B. Epoxid- und Polyesterharze, die erst bei rd. 100 °C erweichen und sich zwischen 120 und 200 °C gummielastisch verhalten. Stoffe dieser Art werden z. B. im spannungsoptischen Einfrierverfahren verwendet, bei dem Kunststoffmodelle im gummielastischen Zustand belastet, dann langsam unter Last abgekühlt und anschließend in dünne Scheiben zerschnitten werden [104]. Der eingefrorene Verformungszustand lässt sich dann im polarisierten Licht auswerten und damit der räumliche Spannungszustand, wie er unter der Last vorhanden war, bestimmen.

Die letzte Kategorie von Kunststoffen sind die Duromere (oder Duroplaste). Dies sind hochvernetzte Stoffe, deren E-Modul im Übergangsgebiet um weniger als eine Zehnerpotenz abfällt und die auch bei höheren Temperaturen hart bleiben. Dort werden die Ketten durch die häufige Verknüpfung an ihrer Wärmebewegung gehindert. Duromere zeigen Energieelastizität bei Temperaturen, bei denen Elastomere Entropieelastizität aufweisen. Sie gehen bei weiterer Temperatursteigerung vom harten Zustand direkt in chemische Zersetzung über.

Die Erörterung des temperaturabhängigen mechanischen Verhaltens der vier Kunststofftypen – amorphe und teilkristalline Thermoplaste, Elastomere, Duromere – hat gezeigt, dass es praktisch möglich ist, jedes gewünschte Deformationsverhalten bei einer bestimmten Temperatur zu erzielen. In der Anwendung kommt es jedoch häufig vor, dass neben dieser Eigenschaft andere Merkmale wie Haftfestigkeit, Kriechen, Temperaturbeständigkeit, Gewicht, elektrische Eigenschaften, Preis genauso wichtig und alle Anforderungen mit einem bestimmten Produkt gleichzeitig nicht zu erfüllen sind. Deshalb ist es wünschenswert, Stoffe mit bestimmten Eigenschaften zu modifizieren. Dies geschieht durch Weichmachung, Verfüllung, Bewehrung und durch Schäumen; Maßnahmen, die im Folgenden generell beschrieben werden sollen.

Die Weichmachung [105] verfolgt den Zweck, die Glastemperatur und das Erweichungsgebiet in Richtung niedrigerer Temperaturen zu verschieben. Dies ist durch Änderung des Bauprinzips auf zweierlei Arten möglich: zum einen, indem man den molekularen Aufbau der Ketten verändert, zum anderen, indem man einen anderen, weicheren Stoff einlagert. Die Flexibilität wird erhöht, wenn die molekularen Bindungen geschwächt werden, z. B. durch Einbau von Atomgruppen und Molekülen, die den Abstand der Ketten vergrößern, oder durch Substitution von polaren Gruppen, sodass die Wasserstoffbrücken weniger wirksam werden. Ein bewährtes Verfahren zur Weichmachung ist die Mischpolymerisation. Dabei werden zwei Substanzen vermischt und gemeinsam polymerisiert, von denen die eine für sich allein eine hohe Einfriertemperatur, die andere eine niedrige besitzt. Durch Mischung in verschiedenen Verhältnissen lässt sich eine Variation innerhalb der beiden Einzelwerte erzielen, wobei natürlich Voraussetzung ist, dass die zwei Komponenten unter gleichen Bedingungen (Initiator, Temperatur, Druck), polymerisieren. Jede Art der Weichmachung, bei der die zur Weichmachung eingelagerten Moleküle durch Hauptvalenzkräfte gebunden sind (wie oben), heißt innere Weichmachung.

Äußere Weichmachung kommt zustande, wenn Stoffe eingelagert werden, die nur durch Nebenvalenzbindung mit der makromolekularen Substanz verbunden sind. Infrage kommen solche Stoffe (Weichmacher), die genügendes Lösevermögen für die makromolekulare Substanz besitzen und die sich während der technischen Anwendung nicht in die zwei Phasen trennen: Sonst würde der beim Einbau flexible Stoff mit der Zeit hart und spröde und somit seine ihm zugedachten Aufgaben nicht mehr erfüllen. Dies ist auch der Nachteil der äußeren gegenüber der inneren Weichmachung, da häufig (vor allem bei unsachgemäßer Herstellung) ein Überschuss an Weichmacher vorhanden ist, der nicht an die Makromoleküle gebunden ist und dann herausdiffundieren kann. Diese Diffusion bedeutet eine Weichmacherwanderung, die wiederum eine Änderung der mechanischen Eigenschaften bewirkt. Leider ist es so, dass die Weichmacher mit der höchsten Wirksamkeit, nämlich kleine Moleküle mit großer Beweglichkeit, auch am stärksten wandern, und Moleküle mit schlechter Wirksamkeit, nämlich polymere Weichmacher, eine stabile Lage haben. Aus diesem Grund hat die chemische Industrie eine Vielzahl von Weichmachern entwickelt, die für spezielle Kunststoffe und spezielle Anforderungen geeignet sind. Nur einige von ihnen haben sich bei der Anwendung auf verschiedene Produkte gleichermaßen bewährt. Die häufigsten Weichmacher sind hochsiedende Ester, von denen die Phthalate die meistgenutzten sind.

Durch Füllstoffe werden die physikalischen Eigenschaften der Kunststoffe ebenfalls in weiten Grenzen beeinflussbar. Durch pulverförmige Zusätze anorganischer Substanzen – Quarz, Schiefer, Kalk, Ziegelmehl – bekommen die Kunststoffe eine höhere Formbeständigkeit in der Wärme, größere Härte und höhere Abriebfestigkeit, allerdings verbunden mit schlechterer Formbarkeit. Die Füllstoffzugabe schwankt zwischen 40 und 80 Vol.-%, je nach gewünschten Eigenschaften. Für den Bauingenieur kommen auch Kunstharzmörtel infrage, die in der Zusammensetzung den Zementmörteln entsprechen, jedoch wesentlich höhere Druck- und Zugfestigkeiten aufweisen. Durch Zugabe von anorganischen Pigmenten ist es möglich, Kunststoffe in jeder gewünschten Farbe einzufärben, wobei die physikalischen Eigenschaften in der Regel nicht beeinflusst werden.

Holzwolle, Sägespäne und Sägemehl sind die Füllstoffe zur Herstellung von Holzwerkstoffen, die in der Möbel- und Bauindustrie sehr gern wegen der guten Bearbeitbarkeit und der glatten Oberfläche verwendet werden.

Zur Erhöhung der Zug- und Biegezugfestigkeit werden Kunststoffe mit Kunstfasern, Naturfasern und Glasfasern bewehrt. Kunststoffe dieser Art werden für Dachhäute und selbsttragende Dachkonstruktionen verwendet, die gleichzeitig hohe Festigkeit und Lichtdurchlässigkeit erfordern.

Eine weitere Art der Kunststoffverarbeitung ist das Schäumen. Entweder durch Rühren oder Schlagen, durch chemische Treibmethoden, wobei Gase als Reaktionsprodukte die Masse aufschäumen, oder durch physikalische Treibmethoden, bei denen zunächst unter Druck gehaltene Gase expandieren, werden Schaumkunststoffe hergestellt. Sie werden hauptsächlich zur Wärme- und Körperschalldämmung verwendet, da sie ein sehr niedriges Gewicht und eine sehr geringe Wärmeleitfähigkeit besitzen. Das mechanische Verhalten hängt von der Kunststoffart, von der Anzahl und der Größe der Poren und von deren Form ab. Es lassen sich weiche, zähharte und spröde Schaumstoffe herstellen, die je nach Verwendungszweck nach bestmöglicher Eignung ausgesucht werden müssen.

4 Rheologische Modelle der verschiedenen Aggregat- und Belastungszustände

Aus dem oben Gesagten geht hervor, dass bei Kunststoffen reversible wie irreversible, spontane wie zeitabhängige Dehnungen auftreten, je nach Konstitution und Temperatur. Zur anschaulichen Beschreibung und zur mathematischen Formulierung solcher Spannungs-Dehnungs-Beziehungen sind die rheologischen Modelle ein praktisches Werkzeug, wie in Abschnitt A 2.1 ausgeführt wurde.

Stellt man sich einen Kunststoff so dargestellt vor, dass er aus einer Voigt-Kelvin- und einer Maxwelleinheit besteht, die hintereinander geschaltet sind (Bild D.6), so lassen sich daran alle Arten von Dehnungen veranschaulichen. Im Glaszustand treten nur spontane, reversible Dehnungen auf, die von der Änderung der Valenzwinkel und -abstände der Moleküle herrühren. Das entsprechende Modell dafür ist die Feder mit der Federkonstanten E_1. Alle anderen Teile im Modell des Bildes D.6 wären in diesem Fall wirkungslos, d. h. $E_2 = \infty$, $\eta_1 = \eta_2 = \infty$. Bei Temperaturerhöhung ändert sich im Allgemeinen die Elastizität der

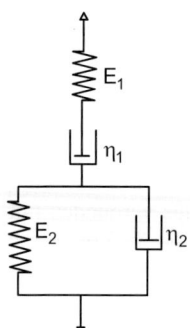

Bild D.6 Maxwell- und Kelvineinheit zur Darstellung der Kunststoffe

Kunststoffe geringfügig, solange die Temperatur noch unterhalb der Einfriertemperatur bleibt. Die Federkonstante E_1 würde also auch kleiner werden. Allgemein ausgedrückt ist E_1 eine Funktion der Temperatur, somit $E_1 = E_1(T)$.

Beim Übergang vom Glaszustand in das Erweichungsgebiet kommen zu den spontanen elastischen Dehnungen noch zeitabhängige dazu, hervorgerufen durch den Platzwechselmechanismus der Moleküle. Die spontanen Dehnungen beruhen teils auf den Änderungen der Valenzwinkel und -abstände (Energieelastizität), teils auf der Ausrichtung der makromolekularen Ketten (Entropieelastizität). Die Ausrichtung der Ketten geht solange weiter, bis alle Haupt- und Seitenketten ihre stabile Gleichgewichtslage erreicht haben, wobei der Beitrag aus dem Entropieanteil mit der Zeit zunimmt. Im rheologischen Modell entspricht der Energieelastizität die Feder mit der Konstanten E_1, der Entropieelastizität die Feder mit der Konstanten E_2, die zur Nachahmung der zeitabhängigen Platzwechsel der Moleküle mit einem zeitabhängigen Dämpfer mit der Viskosität η_2 gekoppelt ist. Solange nach Entlastung keine Dehnungen übrig bleiben, ist $\eta_1 = \infty$; mit zunehmender Temperatur tritt geringes Fließen ein und η_1 bekommt einen endlichen Wert. Auch im Erweichungsgebiet gilt wie oben, dass alle Werte, E_1, E_2, η_1, η_2, Funktionen der Temperatur sein müssen (siehe z. B. in Bild D.3 den Verlauf des E-Moduls).

Das Verhalten im gummielastischen Zustand ist vollkommen elastisch und wird mit einer Feder mit den Federkonstanten E_1 erfasst, solange die Dehnungen klein sind. Bei größeren Dehnungen ist die Abhängigkeit nicht mehr linear, wie Bild D.5 zeigt. Man könnte sich dann mit einem idellen Modell helfen, welches aus Federn mit positiven und Federn mit negativen Federkonstanten (die es in Wirklichkeit nicht gibt) aufgebaut ist, die nacheinander beansprucht werden.

In einem Kraft-Weg-Diagramm (F–δ-Diagramm) würde das Verhalten eines solchen Modells einer geknickten Linie entsprechen, zunächst mit der Steigung E_1, dann $E_2 < E_1$ und schließlich $E_3 > E_1$. Für ein Polygon mit n Knickpunkten (inkl. Endpunkt) kann man schreiben:

$$F = \sum_{i=1,3,5..}^{n} \left(E_i(\delta - \delta_{i-1}) - E_{i+1}(\delta - \delta_i) \right). \tag{160}$$

Dabei bedeutet δ die Verschiebung als Variable und δ_i bzw. δ_{i-1} die bei dem i-ten bzw. (i−1)-ten Knickpunkt auftretende Verschiebung. Diese festen Werte sind aus dem Zug- oder Druckversuch bekannt.

Im quasi-gummielastischen Bereich treten elastische und irreversible Dehnungen auf. Im Modell (Bild D.6) ist daher die Maxwelleinheit ausreichend, und $E_2 = \infty$. Der Fließbereich wird durch einen Dämpfer (η_1) allein dargestellt.

Geht man davon aus, dass der Stoff keine Schädigungen durch Überbelastung erfährt und dass im gummielastischen Bereich die Dehnungen klein sind, so lässt sich das erläuterte Modell auf alle Temperaturstufen anwenden. Die allgemeine Spannungs-Dehnungs-Beziehung soll im Folgenden abgeleitet werden.

Das Modell des Bildes D.6 besteht aus der Serienschaltung einer Maxwell- und einer Voigt-Kelvin-Einheit. Die Spannung in der Feder 1 ist gleich groß wie in Dämpfer 1 und wie in Feder 2 und Dämpfer 2 zusammen:

$$\sigma = E_1 \cdot \varepsilon_{1,f} \tag{161}$$

$$\sigma = \eta_1 \cdot \dot{\varepsilon}_{1,d} \tag{162}$$

$$\sigma = E_2 \varepsilon_1 + \eta_2 \dot{\varepsilon}_2. \tag{163}$$

Die Dehnungen der Kelvin-Einheit und der Maxwell-Einheit addieren sich:

$$\varepsilon = \varepsilon_{1,f} + \varepsilon_{1,d} + \varepsilon_2. \tag{164}$$

Die Dehnungen der Maxwell-Einheit allein sind:

$$\varepsilon_1 = \varepsilon_{1,f} + \varepsilon_{1,d}. \tag{165}$$

Die Ableitungen nach der Zeit unter Verwendung von Gln. (161) und (162) lauten:

$$\dot{\varepsilon}_1 = \frac{\dot{\sigma}}{E_1} + \frac{\sigma}{\eta_1} \tag{166}$$

und

$$\ddot{\varepsilon}_1 = \frac{\ddot{\sigma}}{E_1} + \frac{\dot{\sigma}}{\eta_1}. \tag{167}$$

Gln. (166) und (167), eingesetzt in Gl. (164), bringen Gl. (163) in die Form:

$$\dot{\sigma} = E_2\left(\dot{\varepsilon} - \frac{\dot{\sigma}}{E_1} - \frac{\sigma}{\eta_1}\right) + \eta_2\left(\ddot{\varepsilon} - \frac{\ddot{\sigma}}{E_1} - \frac{\dot{\sigma}}{\eta_1}\right). \tag{168}$$

Nach Umformung heißt die Spannungs-Dehnungs-Beziehung des Modells

$$\sigma + \frac{E_1\eta_1 + E_1\eta_2 + E_2\eta_1}{E_1 E_2}\dot{\sigma} + \frac{\eta_1\eta_2}{E_1 E_2}\ddot{\sigma} = \eta_1\dot{\varepsilon} + \frac{\eta_1\eta_2}{E_2}\ddot{\varepsilon} \tag{169}$$

oder, in allgemeiner Form,

$$\sigma + p_1\dot{\sigma} + p_2\ddot{\sigma} = q_1\dot{\varepsilon} + q_2\ddot{\varepsilon}. \tag{170}$$

Diese gewöhnliche lineare Differentialgleichung (Dgl.) zweiter Ordnung lässt sich lösen, indem man für σ oder für ε eine Funktion der Zeit vorgibt, die Gleichung integriert und die Integrationskonstanten aus den Anfangsbedingungen bestimmt. Für vier grundlegende Fälle, nämlich

a) konstante Spannung (Kriechversuch),
b) konstante Dehnung (Relaxationsversuch),
c) konstante Belastungsgeschwindigkeit und
d) konstante Dehngeschwindigkeit,

werden hier die Lösungen gezeigt und erläutert.

a) Kriechversuch

$$\sigma = const. = \sigma_0, \ \dot{\sigma} = 0, \ \ddot{\sigma} = 0 \tag{171}$$

Gl. (170) verkürzt sich zu

$$q_1\dot{\varepsilon} + q_2\ddot{\varepsilon} = \sigma_0. \tag{172}$$

Die Lösung der homogenen Dgl. lautet

$$\varepsilon_h = c_1 e^{-q_1/q_2 \, t} + c_2. \tag{173}$$

Das Störglied σ_0 führt zu der speziellen Lösung der inhomogenen Dgl.

$$\varepsilon_i = \frac{\sigma_0}{q_1}t. \tag{174}$$

Die allgemeine Lösung der homogenen Dgl. ergibt zusammen mit der speziellen Lösung der inhomogenen Dgl. alle Lösungen der homogenen Dgl.

$$\varepsilon = \frac{\sigma_0}{q_1}t + c_1 e^{-q_1/q_2 \, t} + c_2. \tag{175}$$

$\varepsilon(t=0) = \sigma_0/E_1$ – bei plötzlicher Belastung wird nur die Feder 1 gedehnt – und $\varepsilon(t=0) = \sigma_0/\eta_1 + \sigma_0/\eta_2$ – bei konstanter Spannung bewirken nur Dämpfer eine Dehnungsänderung – führen zu den Konstanten

$$c_1 = -\frac{\sigma_0}{E_2} \tag{176}$$

und

$$c_2 = \frac{\sigma_0}{E_1} + \frac{\sigma_0}{E_2}. \tag{177}$$

Damit lautet die Lösung für das Kriechen

$$\varepsilon = \sigma_0 \left[\frac{1}{E_1} + \frac{1}{\eta_1} t + \frac{1}{E_2} \left(1 - e^{-E_2/\eta_2 \, t} \right) \right]. \tag{178}$$

Man erkennt (siehe auch Abschnitt A 2.1), dass die eckige Klammer identisch ist mit der Summe der Dehnungen einer Maxwell- und einer Kelvineinheit; die ersten beiden Terme gehören zur Maxwell-Einheit, der dritte zur Kelvin-Einheit. Die verschiedenen Aggregatzustände eines Kunststoffs lassen sich durch Grenzübergang verwirklichen, indem man die verschiedenen E und η gegen unendlich gehen lässt, z. B.

$$\eta_1, E_2 \to \infty \qquad \varepsilon = \frac{\sigma_0}{E_1}, \tag{179}$$

was die zeitunabhängige Dehnung einer elastischen Feder darstellt.

b) Relaxationsversuch

$$\varepsilon = \varepsilon_0 = const; \; \dot{\varepsilon} = o, \; \ddot{\varepsilon} = o \tag{180}$$

Gl. (170) heißt dann

$$\sigma + p_1 \dot{\sigma} + p_2 \ddot{\sigma} = o.$$

Die allgemeine Lösung dieser homogenen Dgl. ist die ganze Lösung

$$\sigma = c_1 e^{-\alpha t} + c_2 e^{-\beta t} \tag{181}$$

mit

$$\left.\begin{array}{c}\alpha \\ \beta\end{array}\right\} = \frac{1}{2p_2} \left(p_1 \pm \sqrt{p_1^2 - 4p_2} \right). \tag{182}$$

Die Anfangsbedingung $\sigma_{t=0} = \sigma_0$ und $\dot{\sigma}_{t=0} = -\dfrac{\sigma_0 E_1}{\eta_1}$

(bei t = 0 bewirkt nur der Dämpfer im Maxwellglied eine Spannungsänderung) ergeben die Lösungen für die Konstanten

$$c_1 = \sigma_0 \left[1 - \frac{\alpha - E_1/\eta_1}{\alpha - \beta} \right] \tag{183}$$

und

$$c_2 = \sigma_0 \frac{\alpha - E_1/\eta_1}{\alpha - \beta}. \tag{184}$$

Mit diesen Konstanten heißt die Lösung für das Relaxationsproblem

$$\sigma = \sigma_0 \left[e^{-\alpha t} - \frac{\alpha - E_1/\eta_1}{\alpha - \beta} \left(e^{-\alpha t} - e^{-\beta t} \right) \right]. \tag{185}$$

Die Formeln für α und β und darin p_1, p_2 sind oben definiert. Dass dieser Ausdruck für die Relaxation gegenüber dem Kriechen so kompliziert wurde, liegt daran, dass die Dehnung im Ganzen konstant bleibt, sich jedoch innerhalb des Modells anders verteilt. Die Maxwell-Einheit allein entspannt sich vollkommen; die Kelvin-Einheit allein, die sich zur Zeit t = 0 noch überhaupt nicht gedehnt hat, sondern erst langsam verformt, würde auf dem einmal erreichten Dehnungszustand stehen bleiben und – fixierte man diesen – auf dem nur aus der Dehnung der Feder resultierenden Spannungszustand verharren ($\sigma = E_2 \cdot \varepsilon$). Da jedoch die Spannung im Maxwell-Anteil nachlässt, verformt sich auch die Kelvin-Einheit, und ihre Spannung nimmt ab. Der gesamte Vorgang setzt sich also aus einer Überlagerung von z. T. gegenläufigen Prozessen zusammen.

Der Grenzübergang für $E_2 = \eta_2 = \eta_1 \to \infty$ führt auf

$$\sigma = \sigma_0, \tag{186}$$

d. h. bei einer Feder tritt keine Relaxation auf, für $E_1 = \eta_1 \to \infty$ folgt

$$\sigma = 0. \tag{187}$$

Dieses Ergebnis ist verständlich, wenn man bedenkt, dass die zur Zeit t = 0 aufgebrachte Dehnung null ist. Für ein einzelnes Kelvin-Element müsste man die Randbedingungen anders formulieren.

Schließlich führt der Übergang zu $E_2 = \eta_2 \to \infty$ zu

$$\sigma = \sigma_0 e^{-E_1/\eta_1 t}, \tag{188}$$

was der Relaxation eines Maxwell-Elements entspricht.

c) Konstante Belastungsgeschwindigkeit

$$\dot{\sigma} = k = const; \; \ddot{\sigma} = 0; \; \sigma = k \cdot t \tag{189}$$

Die Dgl. lautet damit

$$q_1 \dot{\varepsilon} + q_2 \ddot{\varepsilon} = kt + p_1 k. \tag{190}$$

Für die homogene Lösung findet man

$$\varepsilon_h = \varepsilon_1 e^{-q_1/q_2 t} + c_2 \tag{191}$$

und für die spezielle Lösung durch Ansatz eines Polynoms und durch Koeffizientenvergleich

$$\varepsilon_i = \frac{k}{2q_1} t^2 + \frac{p_1 k - k q_2/q_1}{q_1} t. \tag{192}$$

Für alle Lösungen der inhomogenen Dgl. folgt damit

$$\varepsilon = \frac{k}{2q_1} t^2 + \frac{p_1 k - k q_2/q_1}{q_1} t + c_1 e^{-q_1/q_2 t} + c_2. \tag{193}$$

Die Anfangsbedingungen $\varepsilon_{t=0} = 0$ und $\dot{\varepsilon}_{t=0} = k/E_1$ (nur die Feder 1 führt spontan Formänderungen aus) führen zur Bestimmung der Konstanten

$$c_1 = \frac{q_2 k}{q_1} \left[\frac{p_1}{q_1} - \frac{q_2}{q_1^2} - \frac{1}{E_1} \right] \tag{194}$$

und

$$c_2 = -c_1. \tag{195}$$

Bei konstanter Belastungsgeschwindigkeit $\dot{\sigma} = k$ heißt dann die Formel für die Dehnung

$$\varepsilon = k\left[\frac{t^2}{2\eta_1} + \left(\frac{1}{E_1} + \frac{1}{E_2}\right)t - \frac{\eta_2}{E_2}\left(1 - e^{-E_2/\eta_2\,t}\right)\right] \tag{196}$$

oder, unter Verwendung von $\sigma = k \cdot t$,

$$\varepsilon = \sigma\left[\frac{1}{2\eta_1} + \frac{1}{E_1} + \frac{1}{E_2}\right] - k\frac{\eta_2}{E_2^2}\left(1 - e^{-E_2/\eta_2\,t}\right). \tag{197}$$

Gl. (197) verdeutlicht, wie die Dehnung, die beim Maxwell-Element fast spontan erfolgt – zumindest bei großen η_1 –, durch das Kelvin-Element abgebremst wird. Sie zeigt auch, dass bei höherer Belastungsgeschwindigkeit die Dehnung abnimmt, was einer steileren σ–ε-Linie entspricht (beim Zeitstand-Zugversuch – siehe unten – sind isochrone σ–ε-Linien dargestellt, die dieses Verhalten auch zeigen).

Das Verhalten eines Kunststoffs bei verschiedenen Belastungszuständen kann wieder durch Grenzübergänge gefunden werden.

d) Konstante Dehngeschwindigkeit

$$\dot{\varepsilon} = k = const., \ddot{\varepsilon} = 0 \tag{198}$$

Die Dgl. lautet

$$\sigma + p_1 \dot{\sigma} + p_2 \ddot{\sigma} = q_1 k. \tag{199}$$

Die Lösung lautet für die inhomogene Dgl. – siehe auch Gln. (181) und (182) –

$$\sigma = q_1 k + c_1 e^{-\alpha t} + c_2 e^{-\beta t}. \tag{200}$$

Aus den Anfangsbedingungen $\sigma_{t=0} = 0$ und $\dot{\sigma}_{t=0} = k\,E_1$ (nach der Definition weist nur die Feder 1 eine Spannungsänderung bei konstanter Dehnungsgeschwindigkeit auf) folgt für die Konstanten c_1 und c_2

$$c_2 = \frac{\frac{kE_1}{\alpha} - q_1 k}{1 - \beta/\alpha} \tag{201}$$

und

$$c_1 = -q_1 k - c_2. \tag{202}$$

Die Lösung für den Fall konstanter Dehngeschwindigkeit wird damit

$$\sigma = \eta_1 k\left[1 - e^{-\alpha t} + \frac{1 - \dfrac{E_1}{\eta_1 \alpha}}{1 - \beta/\alpha}\left(e^{-\alpha t} - e^{-\beta t}\right)\right]. \tag{203}$$

Sie zeigt, dass der Anteil des Maxwell-Elements, der durch den Term $(1 - e^{-\alpha t})$ beschrieben wird, um den Anteil des Kelvin-Elements und um einen Anteil aus dem Zusammenwirken beider Elemente erhöht wird. Die Grenzübergänge lassen sich hier nicht so einfach durchführen; es ist daher besser, für einen einfacheren Fall von vornherein die Gleichung an einem einfacheren Modell abzuleiten.

Wie gezeigt wurde, lässt sich an dem aus einer Maxwell-Flüssigkeit und einem Voigt-Kelvin-Körper zusammengesetzten Modell zumindest schematisch das visko-elastische Verhalten erläutern. Allerdings wird es in praktischen Fällen selten gelingen, das wirkliche Spannungs-Dehnungs-Zeit-Verhalten nur mit einer Voigt-Kelvin-Einheit genau zu beschreiben; es ist notwendig, mehrere davon mit verschiedenen Moduln hintereinander oder

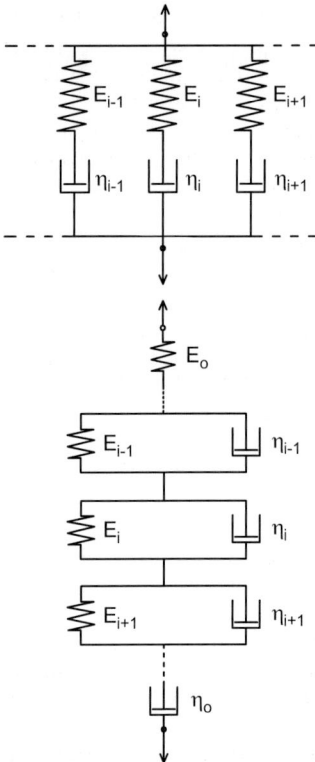

Bild D.7 Verallgemeinertes rheologisches Modell für Kunststoffe

mehrere Maxwell-Einheiten parallel zu schalten, um die heterogene Struktur eines Kunststoffs nachzuahmen (Bild D.7).

Die mathematischen Gesetzmäßigkeiten bleiben dabei dieselben und der mathematische Aufwand ist in Operatorschreibweise nicht größer als oben; nur der numerische Aufwand steigt auf ein Vielfaches. Alfrey [106] hat die Modellvorstellung der Kunststoffe ausführlich behandelt, indem er vor allem auf die innere Struktur einging, und Flügge [107] hat einfach und verständlich die Gesetzmäßigkeiten der Viskoelastizität hergeleitet, wobei die Anwendung der Viskoelastizitätstheorie auch auf dreidimensionale Spannungszustände gezeigt wird.

Was die vier einfachen Belastungs- und Dehnungsfunktionen gezeigt haben, gilt ganz allgemein für das Verhalten und den Zustand visko-elastischer Stoffe, insbesondere der Kunststoffe: Dehnung und Spannung sind zeitabhängige Größen und selbst ein unbelasteter Körper kann Dehnungen ausführen, Spannungen aufbauen und Spannungen abbauen. Das Verhalten eines Kunststoffs ist abhängig von seiner Belastungsgeschichte. Ein Beispiel soll diesen Gedanken veranschaulichen: Ein Stab sei lange Zeit einer Zugspannung unterworfen gewesen und habe sich dabei mit der Zeit verlängert. Anschließend sei der Stab ausgebaut, maßhaltig bearbeitet und als Passstück verwendet worden. Natürlich geht nun der reversible Anteil des Kriechens zurück und das Werkstück ist nicht mehr maßhaltig, obwohl keine äußere Beanspruchung gewirkt hat. Wird die Dehnung behindert, treten im Werkstück Zwangspannungen auf, die bei ungünstiger Formgebung so groß werden können, dass ein Bruch eintritt.

4 Rheologische Modelle der verschiedenen Aggregat- und Belastungszustände

Will man also das Formänderungsverhalten eines visko-elastischen Stoffs unter Last berechnen, so muss man theoretisch die ganze Vorgeschichte von Dehnung und Spannung wissen. Praktisch gesehen muss man zumindest den zuletzt vorausgegangenen Zustand kennen, um das Verhalten voraussagen zu können. Wichtig ist dieser Gesichtspunkt auch bei der Behandlung des Dauerschwingverhaltens, das im Folgenden erläutert werden soll.

Nimmt man einmal an, ein Kunststoff soll im dehnungsgesteuerten Dauerschwellversuch untersucht werden, gemäß dem rechteckigen Dehnungsschema nach Bild D.8, dann wird bei der Erstbelastung die Spannung σ_0 erreicht werden.

Während die Dehnung konstant bleibt, nimmt die Spannung durch Kriechen auf σ_1 ab. Bei der Rückdehnung auf $\varepsilon = 0$ geht, da ja bei plötzlicher Belastung wieder eine Spannungsamplitude von σ_0 auftreten muss, die Spannung in den Druckbereich auf $(\sigma_1 - \sigma_0)$ und fällt aufgrund des Kriechens ab auf σ_3. Dabei ist der Abfall $\Delta\sigma = \sigma_2 - \sigma_3$ kleiner als vorher $\Delta\sigma = \sigma_0 - \sigma_1$, da die absolute Spannung kleiner ist. Beim zweiten Lastspiel erreicht demnach die Spannung einen kleineren Wert als zuvor ($\sigma_4 < \sigma_1$), das Material kriecht, die Spannung geht auf σ_6 ($|\sigma_6| > |\sigma_2|$). Das Verhalten stabilisiert sich, wenn die Oberspannung gleich der Unterspannung geworden ist und damit die Kriechanteile gleich sind. Aber aus dem ursprünglich geplanten Schwellversuch ist, nur aufgrund des Materialverhaltens, ein Wechselversuch geworden.

Arbeitet man mit einer zeitlich sinusförmig veränderlichen Dehnung, dann gehen Belastung, Kriechen, Entlastung ineinander über, jedoch ohne die oben grundsätzlich erläuterten Merkmale zu verlieren. Im Bild D.9 ist dargestellt, wie Ober- und Unterspannung allmählich abfallen, um schließlich auf konstante Werte σ_o und σ_u einzupendeln.

Solange also $\sigma_o \neq |\sigma_u|$ – und das ist immer der Fall, außer beim Wechselversuch – dann ändern sich die Grenzwerte der Spannung von selbst. Für einen genauen Versuch müsste ständig mit der Last nachgefahren werden, was aber bedeutet, dass der Versuch als spannungsgesteuerter Versuch durchgeführt werden muss.

Der Spannungs-Dehnungs-Verlauf eines solchen Versuchs ist im Bild D.10 dargestellt. Dabei wird deutlich, dass die viskose Dehnung dauernd zunimmt, und zwar so lange, wie der Stoff auch unter einer statischen Dauerlast von σ_m gekrochen wäre. Für einen Stoff mit überwiegendem Maxwell-Charakter hört das Kriechen nie auf, während das Kriechen eines Stoffs mit Voigt-Kelvin-Charakter mit der Zeit zum Stillstand kommt.

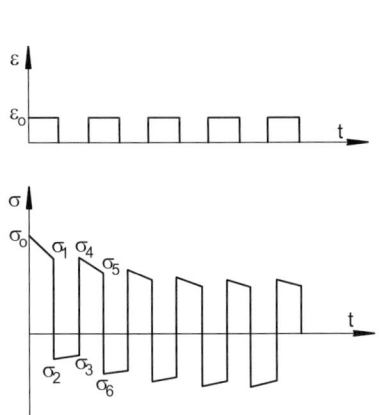

Bild D.8 Visko-elastisches Material im Schwellversuch

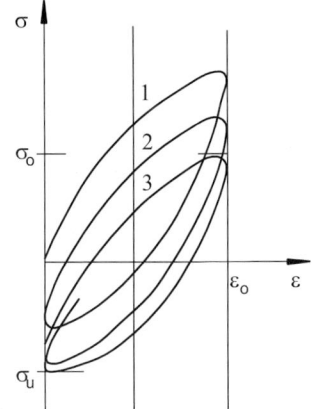

Bild D.9 Dehnungsgesteuerter Dauerschwingversuch; die Zahlen stehen für die nacheinander folgenden Lastspiele

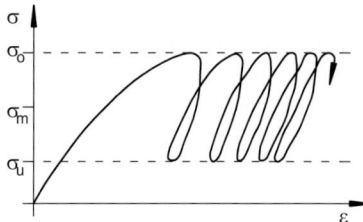

Bild D.10 Spannungsgesteuerter Schwellversuch

Im Bild D.9 ist die Hysterese übertrieben dargestellt, doch auch in Wirklichkeit ist der Anteil der verlorenen Energie – Hystereseflāche – an der aufgewendeten Energie – $\int_0^{\varepsilon_0} \sigma \, d\varepsilon$ – groß. Dieser Teil der mechanischen Energie geht in Wärme über, und da die Temperaturleitfähigkeit der Kunststoffe gering ist, äußert sich dies in einer starken Erwärmung der Probe, wodurch sich auch die mechanischen Eigenschaften ändern.

Bis jetzt wurde nichts über die Prüffrequenz gesagt; doch dass die Spannungs-Dehnungs-Beziehung auch von der Frequenz abhängt, ist nach dem bisher Gesagten zu erwarten, da bei gleicher Schwingbreite eine höhere Frequenz auch eine höhere Belastungsgeschwindigkeit bedeutet. Und eine höhere Belastungsgeschwindigkeit bewirkt eine steilere und nicht so stark gekrümmte σ–ε-Linie, wie man an Gl. (197) ablesen kann.

Wird ein Stab mit einer zeitlich sinusförmigen Änderung von σ pulsiert, wobei die Amplitude so klein sein soll, dass die Linearität zwischen Spannung und Dehnung gewährleistet ist, dann gilt für die Dehnung ε in komplexer Schreibweise

$$\underline{\varepsilon} = \frac{1}{\underline{E}} \underline{\sigma} \tag{204}$$

oder mit

$$\begin{aligned} \underline{E} \cdot \underline{J} &= 1 \\ \underline{\varepsilon} &= \underline{J} \cdot \underline{\sigma} \end{aligned} \tag{205}$$

wobei $\underline{J}$ die komplexe Nachgiebigkeit ist.

Hat die sinusförmige Belastungsfolge die Kreisfrequenz ω, so folgt nach Nowacki [108] – was hier nicht ausführlich abgeleitet werden soll – für das oben behandelte Modell des Bildes D.6:

$$\underline{J} = \frac{1}{E_1} + \frac{1}{E_2 + i\,\omega\,\eta_2} + \frac{1}{i\,\omega\,\eta_1}. \tag{206}$$

Aufgespalten in Real- und Imaginärteil setzt sich $\underline{J}$ zusammen aus

$$\underline{J} = J' + iJ'' \tag{207}$$

mit

$$\underline{J} = \frac{1}{E_1} + \frac{E_2}{E_2^2 + \eta_2^2 \omega^2} \tag{208}$$

und

$$J'' = \frac{\eta_2 \, \omega}{E_2^2 + \eta_2^2 \omega^2} + \frac{1}{\omega \, \eta_1}. \tag{209}$$

4 Rheologische Modelle der verschiedenen Aggregat- und Belastungszustände

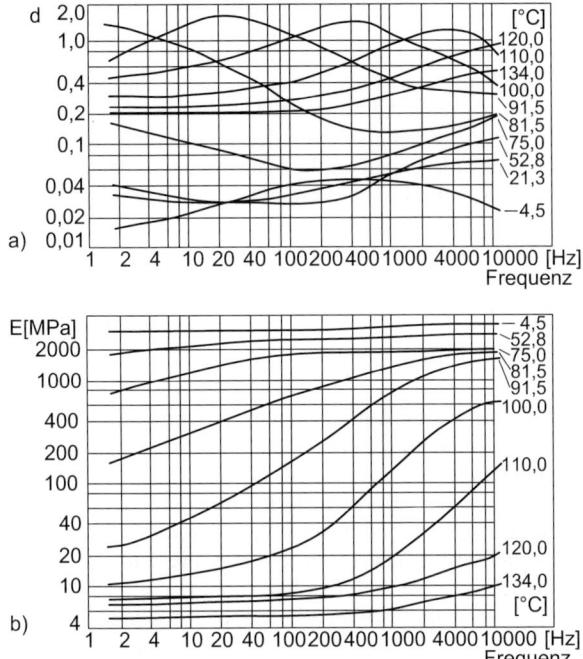

Bild D.11 Frequenzkurven des dyn. E-Moduls und des mechanischen Verlustfaktors d, gemessen an PVC, nach Becker [109]

J' wird aus zwei Ausdrücken gebildet, von denen der erste die vollkommen elastische Dehnung der Feder 1 wiedergibt, während der zweite durch das Voigt-Kelvin-Element zustande kommt. Der Dämpfer 1 hat keinen Einfluss auf die Speichernachgiebigkeit J'. Nimmt die Frequenz zu, so wird der zweite Ausdruck kleiner und geht schließlich gegen null. Übrig bleibt dann ein rein elastisches Verhalten, das keine Dämpfung aufweisen sollte. Um diese Vermutung zu prüfen, lässt man ω in J'' über alle Grenzen wachsen und sieht, dass J'' dabei gegen null geht. Da der Verlustfaktor d mit den Nachgiebigkeiten durch

$$d = \frac{J''}{J'} \qquad (210)$$

verknüpft ist, wird dann auch d = 0. Neben der Temperatur, die die Größen η_1 und η_2 stark beeinflussen, ist es also die Frequenz, von der die mechanischen Größen abhängen. Im Bild D.11 sind E' und d in Abhängigkeit von der Frequenz und der Temperatur für ein Polyvinylchlorid dargestellt; während der Elastizitätsmodul ein regelmäßiges und monotones Verhalten zeigt – mit zunehmender Temperatur wird E' kleiner und bei jeder Temperatur nimmt E' mit der Frequenz zu – gehen die Kurven für d etwas durcheinander.

Erinnert man sich an Bild D.3, so war dort ein deutliches Dämpfungsmaximum im Erweichungsgebiet zu beobachten, das zu höheren Temperaturen wieder abnahm. Dieser Verlauf wird überlagert von der Frequenzabhängigkeit, die deutliche Maxima an den Stellen aufweist, wo die Frequenz etwa den reziproken Wert der Relaxations- bzw. Retardationszeit[1]) besitzt [110].

Wie aus dem bisher Behandelten hervorgeht, ist also das mechanische Verhalten der Kunststoffe sehr komplex und verglichen mit Stahl, der meist als ideal elastisch (oder elastisch-ideal plastisch) angenommen wird, recht kompliziert. Die Prüfung der mechanischen Eigenschaften, der Vergleich der Prüfergebnisse mit der Beanspruchung in der Praxis und die daraus abzuleitenden Güteanforderungen an die Baustoffe sind dementsprechend schwierig und aufwendig. In der Regel müssen Vereinfachungen vorgenommen werden, um das Verhalten der Stoffe, zwar nicht exakt, aber für die Praxis genau genug, wirtschaftlich zu prüfen. Im Folgenden soll davon die Rede sein.

5 Prüfung der mechanischen Eigenschaften

Für die Prüfung der Kunststoffe sind in den letzten Jahrzehnten viele Normen aufgestellt worden, die sich häufig an Vorbilder aus der Stahlprüfung halten, jedoch in Probekörperabmessung und -herstellung, in Maschinenart und -größe, in Prüfspannung und vielen anderen Parametern dem besonderen Verhalten der Kunststoffe Rechnung tragen. Wie die Stahlprüfung nur einen Teil der Prüfung von Metallen ausmacht, so ist die Prüfung von Kunststoffen aufgeteilt in die Prüfung von Thermoplasten, Elastomeren, Pressstoffen, Gießharzen, harten und weichen Schaumstoffen u. a., da sich das Verhalten der verschiedenen Kunststoffausführungen stark unterscheidet und häufig nicht mit derselben Apparatur prüfen lässt. Außerdem sind bei manchen Stoffen nur spezifische Eigenschaften wichtig, die bei einem anderen Stoff unbedeutend sind (z. B. elektrischer Widerstand). Im Ganzen sind zurzeit Kunststoffnormen [111, 112] gültig, die zu repetieren hier nicht die Aufgabe ist. Lediglich einige allgemein für die Kunststoffprüfung wichtige Prüfverfahren sollen kurz erläutert werden.

Für den Ingenieur ist die Kenntnis der elastischen und viskosen Eigenschaften des Baustoffs und der Festigkeit bei Beanspruchung auf Zug, Druck, Biegung und Torsion wichtig. Die ersten Angaben braucht er für die Berechnung der Spannungen und Formänderungen, die zweiten zur Angabe der Sicherheit eines Bauteils. Da die mechanischen Eigenschaften der Kunststoffe meist zeitabhängig sind, ist es notwendig, zur Erlangung vergleichbarer Werte die Prüfbedingungen genau festzulegen, z. B. Dehngeschwindigkeit und Höchstspannung, oder aber ein Prüfverfahren zu wählen, bei dem die Zeit direkt in das Prüfergebnis eingeht. Ein Versuch der zweiten Art ist der Torsionsschwingversuch (DIN ISO 6721) zur Bestimmung des Schubmoduls und des mechanischen Verlustfaktors. Zu dem Zweck wird ein senkrecht aufgehängter prismatischer Stab an dem einen Ende eingespannt und an dem anderen Ende um einen bestimmten Betrag verdreht. Nach Loslassen des verdrehten Endes führt der Stab freie Torsionsschwingungen aus mit Frequenzen zwischen 0,1 und 10 Hz, die aufgezeichnet werden. Bedingt durch die innere Dämpfung nimmt die Amplitude ab und die Schwingung kommt zum Stillstand.

---

[1]) Die Relaxationszeit $\tau_{rel} = \eta_2 / E_2$ ist die Zeit, in der die Spannung von σ_0 auf $\sigma_0 (1 - e^{-1})$ abgefallen ist. Die Retardationszeit $\tau_{ret} = \eta_1 / E_1$ ist die Zeit, in der die Dehnung auf $\varepsilon_\infty (1 - e^{-1})$ zugenommen hat. Diese Begriffe sind in der Literatur sehr gebräuchlich; sie wurden hier bisher vermieden, da die Formeln zur Beschreibung des Verhaltens des Modells nach Bild D.6 sowohl die τ als auch die η und E gemischt beinhaltet. Der Einfluss einer Größe η oder E wird deutlicher ohne Verwendung von „τ". Außerdem verwendet der Bauingenieur das Zeichen τ für die Schubspannung, was hier zu Missverständnissen führen könnte.

5 Prüfung der mechanischen Eigenschaften

Der Schubmodul kann aus der Frequenz, den geometrischen Abmessungen und der Dämpfung bestimmt werden, sodass

$$G = G\left(f^2, k_g, k_d, k_{Gerät}\right) \qquad (211)$$

mit f = Frequenz, k_g = Faktor zur Berücksichtigung der Probekörperabmessungen, k_d = Faktor zur Berücksichtigung der Dämpfung und $k_{Gerät}$ = Faktor zur Berücksichtigung der Gerätemasse.

Der mechanische Verlustfaktor wird aus dem logarithmischen Dekrement

$$\Lambda = \ln \frac{A_n}{A_{n+1}} \qquad (212)$$

mit A_n = Amplitude der n-ten Schwingung und A_{n+1} = Amplitude der (n + 1)-ten Schwingung nach Gl. (213) berechnet

$$d = \frac{\Lambda}{\pi} \cdot \frac{1}{1 + \left(\frac{\Lambda}{2\pi}\right)^2} \cdot \qquad (213)$$

Für $\Lambda \leq 2$ gilt näherungsweise

$$d = \frac{\Lambda}{\pi}. \qquad (214)$$

Die Geräte zur Durchführung des Torsionsschwingversuchs sind in der Regel mit einer Temperiereinrichtung ausgestattet, die es erlaubt, in einem breiten Temperaturintervall (–40 bis 100 °C, selten bis 300 °C) die mechanischen Eigenschaften zu messen. Beginnend bei tiefen Temperaturen werden auf diese Weise Schubmodul und Dämpfung im Glaszustand, im Erweichungsgebiet und im gummielastischen Bereich zuverlässig bestimmt. Bild D.12 a)

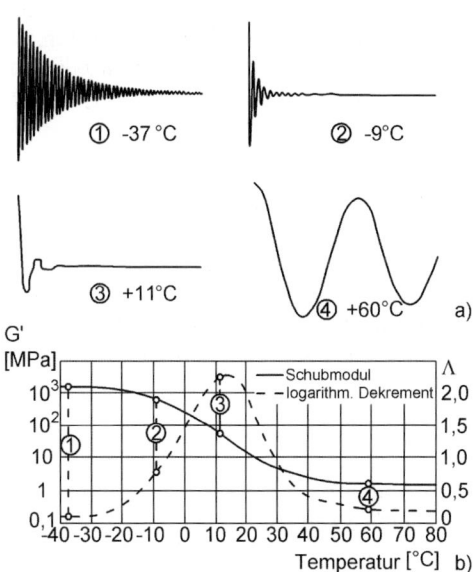

Bild D.12 a) freie Torsionsschwingungen eines Polyamidstabs, b) zugehöriger dynamischer Schubmodul und log. Dekrement

zeigt die Schwingungen eines Polyamidstabs bei −37, −9, +11 und +60 °C im Torsionsschwingungsversuch. Bei −37 °C ist die Frequenz am höchsten und nach Gl. (211) der Schubmodul am größten, wie es auch im Bild D.12 b) dargestellt ist; die Dämpfung ist relativ klein. Beide Merkmale weisen auf glaselastisches Verhalten hin. Bei −9 °C hat die Frequenz auf etwa 3/5 des Anfangswertes abgenommen und die Dämpfung ist größer, was auf den Beginn des Erweichungsprozesses schließen lässt. Bei +11 °C wurde der maximale Dämpfungswert gemessen, d. h. in diesem Bereich sind Kriechen und Relaxation bei einem bereits stark abgefallenen Schubmodul am stärksten. Bei +60 °C schließlich ist das gummielastische Verhalten erreicht mit einer schwach gedämpften langsamen Schwingung. (Die Kurven wurden nach dem Versuch im selben Maßstab nachgezeichnet.)

Die Ergebnisse des Versuchs sind der dynamische Schubmodul G' und der Verlustfaktor d in Abhängigkeit von der Temperatur. In komplexer Schreibweise ist dann der Schubmodul bestimmt zu

$$\underline{G} = G'(1 + id) \tag{215}$$

und stellt in dieser Art eine Materialkenngröße dar, die für die Kennzeichnung des Materials und zum Vergleich verschiedener Materialien sehr gut geeignet, für den Bauingenieur aber praktisch wertlos ist. Ihn interessieren vielmehr Schubmodul und mehr noch Elastizitätsmodul, wie sie bei wirklichen Gebrauchsspannungen auftreten.

Solange sich der Kunststoff im Glaszustand befindet, ist d von der Größenordnung 10^{-2}; damit ist der dynamische Modul näherungsweise gleich dem statischen Modul. Somit sind die Voraussetzungen für die Berechnung nach dem Hooke'schen Gesetz gegeben und die Berechnung der Spannungen und Formänderungen ist einfach. Doch viele Kunststoffe verlassen innerhalb der Gebrauchstemperaturen den Glaszustand und gehen in das Erweichungsgebiet hinein, wo sie dann stark zeitabhängige Eigenschaften aufweisen. Um für diese Bedingungen brauchbare Werte zu erhalten, müssen Versuche von längerer Dauer durchgeführt werden. Genormt sind zu diesem Zweck der Zeitstand-Zugversuch (DIN ISO 899-1) und der Spannungsrelaxationsversuch (DIN 53441). Beim Zeitstand-Zugversuch wird eine Kraft F aufgebracht und konstant gehalten. Die Dehnung ε ist eine Funktion der Zeit ε (t) und nimmt mit der Zeit zu. Entweder strebt ε (t) einem Endwert zu oder aber steigt monoton, bis die Probe bricht, wobei dann die Zeitstand-Zugfestigkeit zur Zeit t bestimmt worden ist. Anstelle eines Elastizitätsmoduls, der in diesem Fall nicht mehr gerechtfertigt ist, wird der Kriechmodul E_c (t) definiert:

$$E_c(t) = \frac{\sigma}{\varepsilon(t)}. \tag{216}$$

σ ist dabei die auf den ursprünglichen Querschnitt bezogene Spannung. Da sich die Dehnung ε mit der Zeit ändert und σ konstant bleibt, ist auch der Kriechmodul eine Funktion der Zeit. Zudem ist E eine Funktion der Spannung, wenn σ außerhalb des Hooke'schen Bereichs liegt, was bei sehr harten Kunststoffen oder tiefen Temperaturen der Fall ist. Bei der Angabe eines Kriechmoduls ist es daher notwendig, die Spannung, die Zeit und die Temperatur anzugeben, also alle Parameter, die den Versuch dominierend beeinflussen.

Die Messergebnisse der Zeitstand-Zugversuche werden in verschiedenen Diagrammen aufgezeichnet, je nachdem, welche Größen besonders interessieren. Die einfachste Darstellung ist die Auftragung der Dehnung in Abhängigkeit von der Zeit, wobei die angelegte Spannung als Parameter auftritt. Bild D.13 zeigt die Zeitdehnlinie in doppeltlogarithmischem Maßstab für den Fall, dass bei einer bestimmten Zeit t die Proben entlastet werden, um den Rückgang der elastischen und viskosen Dehnungen kennenzulernen.

Der Einfluss der Belastungszeit auf das σ-ε-Diagramm geht aus Bild D.14 hervor, in dem senkrechte Schnitte durch Bild D.13 zu isochronen Spannungs-Dehnungs-Linien umgezeichnet wurden.

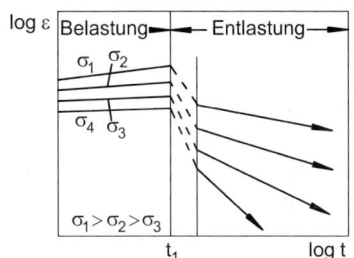
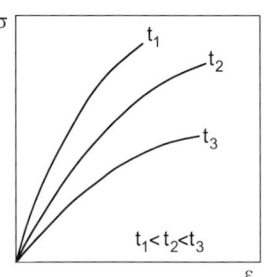

Bild D.13 Zeitdehnlinien, nach DIN 53444

Bild D.14 Isochrome Spannungs-Dehnungs-Linien, nach DIN 53444

Vergegenwärtigt man sich die Darstellung der rheologischen Modelle, so erkennt man hier das Verhalten der Dämpfungsglieder, die bei schneller Belastung zu träge sind, um sich zu bewegen. Bei langsamer Belastung können sie der Belastung folgen und bewirken dementsprechend große Verformungen. Von praktischem Wert für den Konstrukteur ist vor allem Bild D.15, in dem die Kriechmoduln E_c in Abhängigkeit von der Zeit aufgetragen sind. Nimmt man an, man habe ein Bauteil zu entwerfen, welches eine bestimmte Zeit eine bestimmte Last zu ertragen habe, so entnimmt man dem Bild D.15 den entsprechenden Wert für E_c und kann damit Formänderungen und Spannungen berechnen.

Aus dem Diagramm geht hervor, dass der Kriechmodul umso höher und die Dehnung umso geringer sein werden, je kleiner die Spannung ist. Über die Festigkeit zur Zeit t sagen die bisherigen Diagramme noch nichts aus, sondern lediglich etwas über das Formänderungsverhalten. Im Bild D.16 sind Versuche ausgewertet, die bis zum Bruch durchgeführt wurden. Zeit und zum Bruch führende Spannung ergeben die Zeitbruchlinie. Spannungen unterhalb der Zeitfestigkeit können den Werkstoff schon bleibend geschädigt haben, z. B. durch Mikrorisse oder Verstreckungen, sodass sich die Eigenschaften nach der Entlastung verändert haben können.

Zur Abtrennung des schädigenden Bereichs vom ungefährlichen Bereich kann eine Schadenslinie gezogen werden (ähnlich wie es bei der Dauerschwingfestigkeit des Stahls auch geschieht). Mithilfe des Zeitstand-Schaubilds ist es möglich, das entworfene Bauteil zu dimensionieren, d. h. sicher und wirtschaftlich zu gestalten. Die Zeitstand-Zugfestigkeit wird in Kurzform angegeben – genauso wie beim Stahl üblich – z. B. als $\sigma_{B,1000}$, was 1.000-Stunden-Festigkeit bedeutet. Die Zeitspannung wird angegeben als z. B. $\sigma_{1,1000}$ = 1%-1.000-Stunden-Spannung.

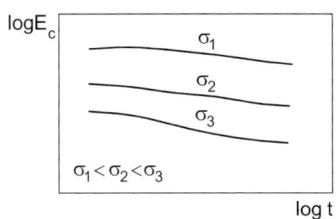
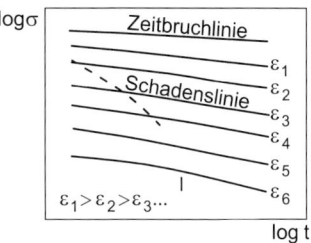

Bild D.15 Kriechmodul in Abhängigkeit von der Zeit, nach DIN 53444

Bild D.16 Zeitstand-Schaubild, nach DIN 53444

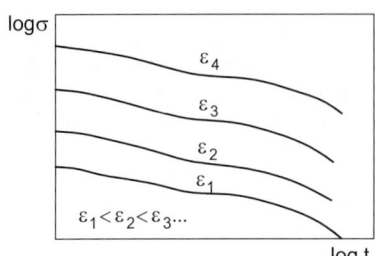

Bild D.17 Zeit-Spannungs-Linien

Neben dem Zeitstand-Zugversuch – man könnte ihn auch Kriechversuch nennen, da die Spannung konstant gehalten und die zeitabhängige Dehnung bestimmt wird – wird als zweiter Langzeitversuch der Spannungsrelaxationsversuch durchgeführt. Das Ziel ist dabei, das Entspannungsverhalten einer Probe zu erkunden, die einer plötzlich aufgebrachten, dann konstant anhaltenden Dehnung unterworfen ist. In der Praxis kommt dieses Verhalten vor, wenn Teile – beabsichtigt oder unbeabsichtigt – zwischen festen Widerlagern eingespannt wurden. Im ersten Fall wirkt sich die Relaxation nachteilig aus, da die einmal aufgebrachte Vorspannung mit der Zeit abnimmt, im zweiten Fall ist es ein Vorteil, da sich Zwangsspannungen – auch aus Temperaturdehnungen – abbauen.

Ähnlich wie beim Zeitstandversuch wird ein Verformungsmodul definiert, der Relaxationsmodul

$$E_r(t) = \frac{\sigma(t)}{\varepsilon}, \qquad (217)$$

als Quotient aus der zeitabhängigen Spannung (bezogen auf den ursprünglichen Querschnitt) und der konstanten Dehnung. Der Kriechmodul ist im Allgemeinen nicht gleich dem Relaxationsmodul.

Die Messergebnisse werden wiederum in Diagramme eingetragen, aus denen der Konstrukteur seine notwendigen Daten entnehmen kann. Bild D.17 zeigt die Spannung in Abhängigkeit von der Zeit (Entspannungslinien) mit der aufgebrachten Dehnung als Parameter.

Im Bild D.18 wurden die Relaxationsmoduln, berechnet nach Gl. (217), gegen die Zeit aufgetragen. Wie erwartet, nimmt E mit der Zeit und ebenfalls mit größerer Anfangsdehnung (man könnte auch sagen, mit größerer Anfangsspannung, da die Dehnung ja schnell aufgebracht wird und sich der Stoff dabei vorwiegend elastisch verhält) ab. Es versteht sich von selbst, dass die Temperatur einen entscheidenden Einfluss auf das Entspannungsverhalten hat und dass daher bei der Wiedergabe eines E-Werts neben der Dehnung und der Zeit auch die Prüftemperatur genannt werden muss.

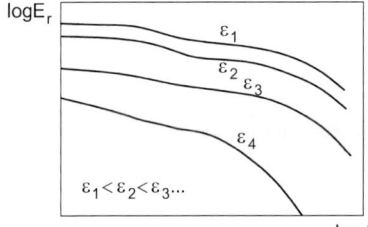

Bild D.18 Relaxationsmodul E_r in Abhängigkeit von der Zeit

5 Prüfung der mechanischen Eigenschaften

Die bis hier besprochenen Versuche dienen hauptsächlich dazu, einen Kunststoff nach seinen Formänderungseigenschaften zu charakterisieren. Daneben sind seine Festigkeitseigenschaften, die unter Belastung auf Zug, Druck, Biegung und Torsion auftreten, ebenso wichtig. Im Prinzip werden diese Festigkeitsversuche so durchgeführt, dass ein möglichst einfacher Spannungszustand, z. B. einachsiger Zug, in einen Stab, Würfel, Zylinder oder Balken erzeugt wird, der die Probe zum Bruch führt. Die Einzelheiten sind der Zusammenstellung der Prüfnormen für Kunststoffe zu entnehmen [111]. Auch in Bezug auf die Bestimmung der Schlagzähigkeit an ungekerbten Schlagbiegeproben und der Kerbschlagzähigkeit an gekerbten Proben wird auf [111] verwiesen, da diese Versuche prinzipiell schon bei der Behandlung des Stahls beschrieben wurden.

Bei der Berechnung des linear visko-elastischen Verhaltens von Kunststoffbauteilen wird implizit von drei Prinzipien Gebrauch gemacht: dem Boltzmann'schen Superpositionsprinzip, dem Korrespondenzprinzip und dem Zeit-Temperatur-Verschiebungsprinzip. Das Superpositionsprinzip besagt, dass die Summe von zwei zeitabhängigen Spannungen eine Dehnung verursacht, die der Summe der Dehnungen der einzelnen Spannungen entspricht. Das Korrespondenzprinzip erlaubt die Berechnung von Spannungen und Dehnungen nach der Elastizitätstheorie, wenn statt des E-Moduls der zeitabhängige Kriechmodul verwendet wird. Dem Zeit-Temperatur-Verschiebungsprinzip liegt die Annahme zugrunde, dass die Relaxationszeiten des Werkstoffs die gleiche Temperaturabhängigkeit besitzen. Damit wird es möglich, Prüfungen bei einer höheren Temperatur, aber in kürzerer Zeit auszuführen. In Bild D.19 wird davon Gebrauch gemacht, indem die vertikale Achse drei Temperaturskalen aufweist.

Beispielhaft wird die Spannung von 10 N/mm^2 betrachtet. Diese bewirkt bei 20 °C nach 10^4 Stunden eine Dehnung von 0,5 %. Wird dieselbe Spannung bei 60 °C angelegt, ergibt sich dieselbe Dehnung schon nach 10^{-1} Stunden. Daraus folgt, dass der Versuch bei 60 °C 100.000-mal schneller abläuft als bei 20 °C. Der Vergrößerungsfaktor muss an wenigen Versuchen bestimmt werden.

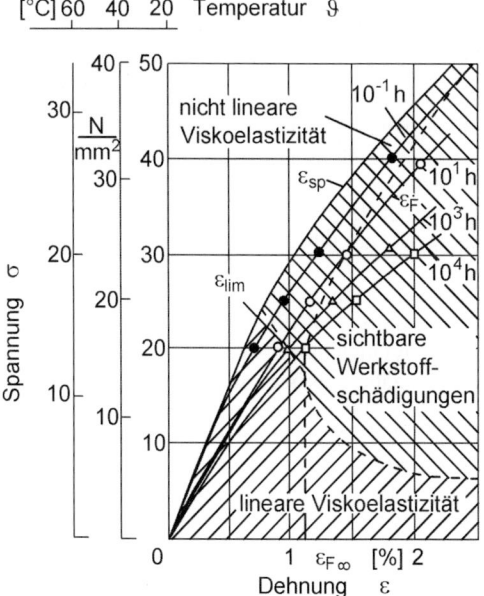

Bild D.19 Universelles (isochrones) σ-ε-Diagramm für Polymethylmethacrylat (PMMA) [113]

6 Anwendungsbeispiele für Kunststoffe im Bauwesen

Etwa 27 % der Kunststoffproduktion, das sind rd. 5 Millionen Tonnen in Deutschland, wurden im Jahre 2008 von der Bauwirtschaft abgenommen, aber es gibt nur relativ wenige Beispiele für tragende Bauteile aus Kunststoff. Dies erscheint zunächst unglaubhaft, doch das Wort „tragend" ist der Grund für diesen Sachverhalt. Wie in den vorangegangenen Abschnitten ausgeführt wurde, ist das Verhalten der Kunststoffe in starkem Maße von der Belastungshöhe, von der Belastungsgeschwindigkeit und -zeit und von der Temperatur abhängig. Außerdem gibt es viele Kunststoffe, die ihre mechanischen Eigenschaften durch Einwirkung von Licht, Feuchtigkeit und Temperatur verändern (Alterung, auch durch Verlust von Weichmachern) und dabei verspröden. Dazu kommt, dass Kunststoffe wie alle organischen Stoffe brennbar sind, wenn es den Herstellern auch gelingt, durch geschickte Zusätze oder geeignete chemische Struktur ihre Produkte feuerhemmend oder schwer entflammbar zu machen. Doch im Gegensatz zum Holzbau, wo tragende Teile aus massivem Vollholz bestehen oder aus Brettern zu dicken Querschnitten verleimt sind, die sich im Brandfall durch Bildung einer wärmedämmenden Kohleschicht selbst schützen, ist man bei der Verwendung von Kunststoffen bestrebt, möglichst dünne, materialsparende Konstruktionen zu entwerfen, da der Baustoff teuer ist. Der Nachteil für den Brandfall liegt dann auf der Hand. Aus diesen Gründen – Zeit- und Temperaturabhängigkeit der Spannungen, Brandschutz – wird der überwiegende Teil der Kunststoffe im Bauwesen für nichttragende oder untergeordnete Konstruktionen eingesetzt.

6.1 Unvernetzte Kunststoffe

Thermoplastische Kunststoffe werden mit steigender Temperatur weicher und gehen schließlich in den flüssigen Zustand über, in dem sie durch Extrudieren, Strang- oder Spritzpressen zu fast jedem beliebigen Profil geformt werden können. Auf diese Weise werden Rohre, Dachrinnen, Fensterprofile etc. hergestellt, d. h. Teile, die überall denselben Querschnitt haben und in beliebiger Länge verarbeitet werden. Auch Platten, Folien, eckige und runde Profile werden so gefertigt zu sog. Halbzeug, das durch weitere Verarbeitung, sei es durch Thermoformen (Pressen bei erhöhter Temperatur im plastischen Bereich), durch spanabhebende Formgebung (Schneiden, Sägen, Drehen, Fräsen, Hobeln, Bohren), durch Schweißen, Kleben, Nieten oder Schrauben fertige Bauteile ergibt. So werden Fußbodenbeläge, Fassadenplatten, Dachplatten in Wellen- oder Spundwandform, Fensterrahmen u. v. a. hergestellt. Folien und Bänder werden zur Bauwerksabdichtung verwendet, da thermoplastisches Material wasserundurchlässig ist und durch sein Dehnvermögen bis zu 600 % Risse im Bauwerk überbrücken kann.

Es würde hier zu weit führen und unnötig verwirren, wollte man alle im Bauwesen gebräuchlichen Thermoplaste aufführen und beschreiben; aus der Vielzahl wird das Polyvinylchlorid herausgegriffen. Aber schon „das" Polyvinylchlorid – kurz PVC – zu sagen, ist vermessen, denn es gibt darunter hartes, weiches, zähes, sprödes, durchsichtiges, undurchsichtiges, reines, verfülltes usw., jeweils mit unterschiedlichen Namen von den verschiedenen Herstellern. Es gibt keine Sortenbezeichnung, wie es beim Stahl üblich ist, und man kann nicht PVC mit den gleichen Eigenschaften bei verschiedenen Herstellern kaufen, wie z. B. S355. Im Folgenden wird das auch im Bauwesen verwendete Polyvinylchlorid kurz behandelt.

Für die Herstellung von PVC dient monomeres Vinylchlorid

$$H_2C = \underset{\underset{Cl}{|}}{C}H$$

6 Anwendungsbeispiele für Kunststoffe im Bauwesen

als Ausgangsmaterial. Bei der Polymerisation lagern sich die monomeren Moleküle aneinander und ergeben ein lineares Makromolekül mit der Struktur

$$H-\underset{\underset{H}{|}}{\overset{\overset{H}{|}}{C}}-\underset{\underset{Cl}{|}}{\overset{\overset{H}{|}}{C}}-\left[\underset{\underset{H}{|}}{\overset{\overset{H}{|}}{C}}-\underset{\underset{Cl}{|}}{\overset{\overset{H}{|}}{C}}\right]_n-\cdots ,$$

wobei sich die Grundbausteine in einer Kette rd. 1000- bis 2000-mal wiederholen. Das Molekulargewicht liegt dann bei rd. 60.000 bis 120.000, wobei PVC mit niedrigem Molekulargewicht leicht zu bearbeiten ist, aber keine guten mechanischen Langzeiteigenschaften aufweist. PVC mit hohem Molekulargewicht ist schwieriger zu bearbeiten, zeichnet sich aber durch bessere mechanische Eigenschaften aus.

Taprogge [114] führte umfangreiche Untersuchungen an vier thermoplastischen Kunststoffen durch, wovon zwei zäh-harte PVC-Sorten waren. Traditionell gilt der Kurzzeitversuch als einfachster Vergleichsversuch zur Beurteilung von Festigkeitseigenschaften. Hier wurde er durchgeführt, um das temperaturabhängige Verhalten des E-Moduls (in diesem Fall die Steigung der σ-ε-Linie im Ursprung, E_0, und der kurzzeitigen Zugfestigkeit) zu zeigen. Bild D.20 zeigt diese Abhängigkeit. Die Zugfestigkeit beträgt bei 20 °C rd. 65 MPa, der Elastizitätsmodul rd. 3.500 MPa. Die Festigkeit entspricht etwa derjenigen eines Holzes mittlerer Güte und wäre ausreichend für tragende Bauteile.

Der Elastizitätsmodul liegt sehr niedrig im Vergleich mit anderen Baustoffen (Fichtenholz rd. 9.000 bis 13.000 MPa), was dazu führt, dass Durchbiegungen entsprechend größer werden, Knicken und Beulen früher auftreten und durch konstruktive Maßnahmen wie Versteifung oder Faltung, verhindert werden müssen. Mit zunehmender Temperatur fallen die Werte sehr schnell ab.

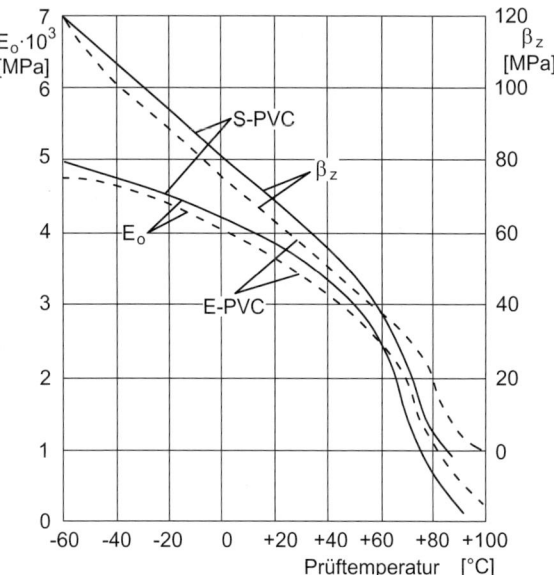

Bild D.20 Elastizitätsmodul und Zugfestigkeit in Abhängigkeit von der Temperatur, nach Taprogge [114]

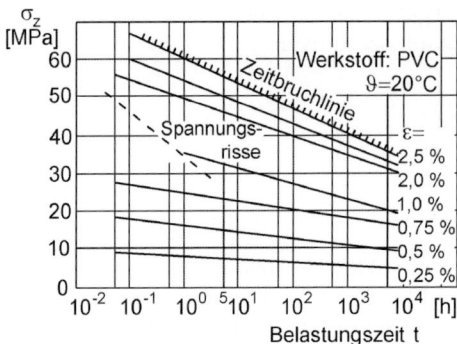

Bild D.21 Zeitstand-Schaubild, nach Taprogge [114]

Doch für die Konstrukteure, insbesondere den Bauingenieur, sind nicht die kurzzeitigen Werte maßgebend, sondern die Langzeiteigenschaften. Zeitstandversuche über lange Dauer (hier 10^4 h) geben darüber Aufschluss, mit welcher Spannung ein Bauteil belastet werden darf und mit welchen Verformungen zu rechnen ist. Aus Bild D.21 ersieht man, dass die zu ertragenden Spannungen für eine Lastdauer von 10.000 h nur noch rd. die Hälfte derer bei kurzzeitiger Belastung betragen. Zusätzlich zeigt die Schadenslinie, dass schon ein Bruchteil dieser Spannungen genügt, um eine bleibende Schädigung im Baustoff herbeizuführen. Gleichartige Versuche bei verschiedenen Temperaturen brachten das Ergebnis von Bild D.22 wo der schon bei der Kurzzeitfestigkeit aufgetretene Einfluss deutlich zu sehen ist; eine Temperatursteigerung auf 60 °C lässt die Zeitstandfestigkeit auf rd. 1/4 sinken.

Eine Auswertung der Standversuche nach dem Kriechmodul E_c verdeutlicht die Temperaturabhängigkeit weiter (Bild D.23). Bis 40 °C verhält sich das Material weitgehend elastisch (vollkommene Elastizität ergäbe eine Parallele zur Zeitachse) und ist für Konstruktionen brauchbar. Darüber nehmen die Formänderungen stark zu, wodurch der Stoff ungeeignet wird.

Dynamische Versuche an PVC zeigten, dass die Zugschwellfestigkeit stark von der Mittelspannung abhängt und der Festigkeitsabfall sehr groß ist. Bei einer Unterspannung von 2 MPa betrug die Schwingweite 18 MPa bei einer statischen Zugfestigkeit von 61 MPa. Bei σ_u = 10 MPa fiel die Schwingbreite auf 13 MPa [114].

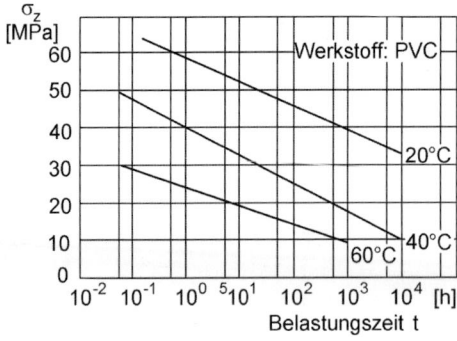

Bild D.22 Zeitbruchlinien bei verschiedenen Temperaturen, nach Taprogge [114]

6 Anwendungsbeispiele für Kunststoffe im Bauwesen 155

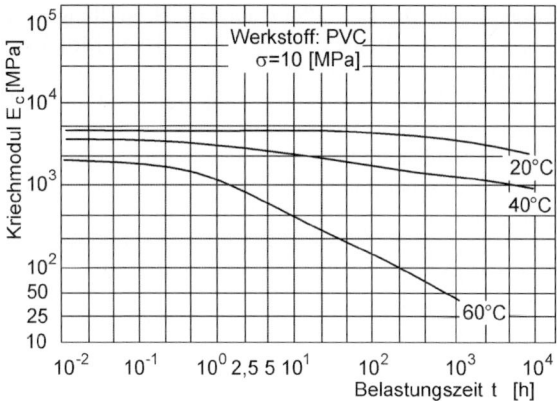

Bild D.23 Kriechmodul bei verschiedenen Temperaturen [114]

Bei der Beurteilung dieser Versuche kommt man zum Schluss, dass thermoplastische Stoffe einen zu niedrigen E-Modul und zu geringe Wärmefestigkeit besitzen, als dass sie für tragende Teile im Bauwesen eingesetzt werden könnten. Die chemische Industrie ist indessen nicht untätig und bringt laufend neue Produkte auf den Markt, die in vielen Eigenschaften verbessert sind, auch in Hinsicht auf die Festigkeit bei erhöhten Temperaturen. Und so ist es nur eine Frage der Zeit, bis solche Kunststoffe – wenn auch nicht allein tragend – in Form von Verbundsystemen zusammen mit Holz, Aluminium und mineralischen Baustoffen Verbreitung als tragende Elemente finden werden.

6.2 Vernetzte Kunststoffe

Für tragende Bauteile kommen vernetzte Kunststoffe infrage, die in der Regel mit anorganischen Zuschlägen oder mit Glasfasern verfüllt sind. Die Bindemittel sind Polyester- und Epoxidharze – als Gießharze, Kunstharze oder Reaktionsharze bezeichnet –, die als niedrig- bis hochviskose Flüssigkeiten in den Handel kommen. Zur Verarbeitung werden sie mit einem Härter (in fester oder flüssiger Form) versetzt und polymerisieren mit dessen Hilfe zu einem festen Stoff aus: Sie härten aus. Anschließend sind sie nicht mehr schmelzbar. Aus zwei Gründen werden die Harze verfüllt: erstens, da die Harze teuer sind und durch Zugabe von Zuschlägen der Verbrauch gesenkt werden kann, und zweitens, da die mechanischen Eigenschaften – Festigkeit, E-Modul, Zeit- und Temperaturverhalten – wesentlich verbessert werden.

Die meisten Epoxidharze sind Kondensationsprodukte aus Bisphenol-A und Epichlorhydrin, wobei die Kondensation in wässrig-alkalischem Medium abläuft, unter Abspaltung von Salzsäure. Die allgemeingültige Strukturformel sieht so aus:

Ein solches Molekül ist also bifunktionell und für sich allein nur zur Herstellung von kettenförmigen Makromolekülen geeignet. In der Regel sind in einem Harz Moleküle verschiedener Größe vorhanden, sodass der Mittelwert für n eine gebrochene Zahl sein kann. Bei $0 < n < 0{,}5$ sind die Harze flüssig, bei $1{,}6 < n < 4$ niedrig schmelzend und für $n > 4$ ergeben sich hoch schmelzende Produkte [115].

Die Härtung, d. h. die Vernetzung von Epoxidharzmolekülen untereinander, erfolgt mit solchen Verbindungen, die mehrere aktive Wasserstoffatome besitzen, wie Amine, Amide und Alkohole. Bei der einsetzenden Polyaddition lagern sich die Wasserstoffatome an die Sauerstoffatome der Epoxidgruppen an, wobei sich das Harzmolekül mit dem Härtermolekül verbindet. Exemplarisch wird das Ethylendiamin dargestellt, welches 4-funktionell ist:

$$\begin{array}{c} H \\ \diagdown \\ H \diagup \end{array} N - C_2H_4 - N \begin{array}{c} \diagup H \\ \\ \diagdown H \end{array}$$

An dieses Molekül können sich also vier Epoxidgruppen anlagern, wobei der Anfang zu einem räumlichen Netzwerk gemacht ist. Durch Variation der Härter lassen sich die Reaktionsbedingungen und die erreichbaren mechanischen Eigenschaften verändern [116].

Die Polyesterharze bestehen ebenfalls aus einem kettenförmigen Kondensationsprodukt, welches erst durch Härtung vernetzt wird. Zum Aufbau der Kondensate dienen ungesättigte und gesättigte Dicarbonsäuren, wie Maleinsäure, Fumarsäure, ortho-Phthalsäure oder Adipinsäure, und bifunktionelle Alkohole. Im folgenden Beispiel verestern Maleinsäure und ortho-Phthalsäure mit Ethylenglykol unter Abspaltung von Wasser:

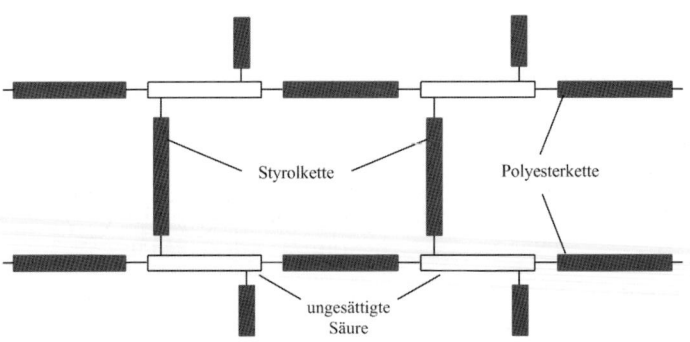

Das entstehende Produkt ist einem harten Harz ähnlich. Zur weiteren Verarbeitung wird das Harz in einem Lösungsmittel – Styrol, Methacrylsäuremethylester – gelöst und liegt damit als niedrigviskose Flüssigkeit vor. Sowohl das Harz als auch das Lösungsmittel sind noch reaktionsfähig, da beide Teile Doppelbindungen aufweisen. Wird einmal durch einen geeigneten Initiator eine freie Bindung geschaffen, so brechen die Doppelbindungen des Styrols und der ungesättigten Säuren nacheinander auf, wodurch Kettenwachstum und Vernetzung durch Styrolbrücken ermöglicht sind (Polymerisation). Schematisch sieht der Aufbau dann so aus:

6 Anwendungsbeispiele für Kunststoffe im Bauwesen

Die Vernetzung ist umso enger, je mehr ungesättigte Säuren im Vergleich zu den gesättigten Säuren vorhanden sind. Durch geeignete Verhältnisse zwischen diesen beiden Komponenten können Harze verschiedener Härte und Festigkeit dargestellt werden, ebenso lassen sich durch den Lösungsanteil und den Härteranteil[2] die mechanischen Eigenschaften verändern [117].

Die E-Moduln der reinen Epoxid- und Polyesterharze lassen sich zwischen 0,1 und 5.000 MPa variieren, die Druckfestigkeiten gehen bis 200 MPa, die Zugfestigkeiten bis 100 MPa. Verfüllte Harze, Harzmörtel und -betone sind wesentlich härter und weisen E-Moduln bis max. 50.000 MPa auf. Reine Harze werden im Bauwesen für Verklebungen verwendet, zur Imprägnierung und als Haftbrücke zwischen altem und neuem Beton bei Reparaturen und Verstärkungen. Eine aussichtsreiche Möglichkeit für die breitere Anwendung in tragenden Funktionen bietet die Verwendung in Mörteln und Betonen [118].

6.3 Epoxidharzmörtel, Epoxidharzzementmörtel, Polyesterbetone

Epoxidharzmörtel haben sich im Bauwesen bei schwierigen Aufgaben schon bewährt, z. B. beim Verbinden von Fertigteilen, zur Reparatur von Betonbauwerken, als Brückenbelag und als Futter unter Brückenlagern [119], u. a. aufgrund der hohen erreichbaren Druck- und Biegezugfestigkeit, der guten Haftung auf im Bauwesen üblichen Stoffen und Oberflächen und der guten Beständigkeit gegenüber Wasser und wässrigen Lösungen verschiedenster Chemikalien. Da die Anwendungsgebiete ständig zunehmen und mannigfaltiger werden, ist es wert, sich mit diesem Mörtel etwas eingehender zu befassen.

Tölke hat Festigkeitsversuche an Epoxidharzmörteln durchgeführt [120], die in Kornzusammensetzung und Hohlraumgehalt besonders sorgfältig aufgebaut waren (heute mit „PC" = „Polymer Concrete" bezeichnet). Es hat sich dabei gezeigt, dass Mischungen mit 10 bis 12 Gew.-% Harz die höchsten Festigkeiten erbrachten (Bild D.24), und zwar Druckfestigkeiten bis 140 MPa, Biegezugfestigkeiten bis 35 MPa und Zugfestigkeiten bis 17,5 MPa.

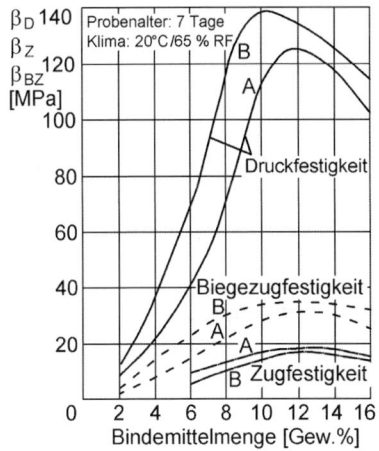

Bild D.24 Festigkeiten von Epoxidharzmörtel abhängig vom Mischungsverhältnis, nach Tölke [120]

---

[2] Während der „Härter" beim Epoxidharz derjenige Stoff ist, der die Epoxidharzmoleküle miteinander verknüpft, ist er beim Polyesterharz nur ein energiereicher Initiator, der die Polymerisation in Gang bringt. Entsprechend liegt der Anteil im ersten Fall bei rd. 30%, im zweiten Fall nur bei 1 bis 5%.

Bindemittelgehalte unterhalb des Maximums sind zu gering, als dass alle Zuschlagkörner vom Bindemittel vollkommen umhüllt werden können; beim optimalen Bindemittelgehalt reicht die Harzmenge gerade aus, alle Körner mit einer dünnen Schicht zu überziehen. Die Druckfestigkeit wird dann zu einem großen Teil vom Korngerüst direkt erbracht, wobei das Harz die Aufgabe hat, die Körner an der seitlichen Bewegung zu hindern. Zug- und Biegezugfestigkeit werden hier deshalb am höchsten, weil die Haftzugfestigkeit in dünner Schicht am größten ist.

Oberhalb des Maximums ist ein Bindemittelüberschuss vorhanden, sodass sich das Korngerüst nicht mehr unmittelbar berührt und daher die Festigkeit des reinen Harzes maßgebend wird. Die Druckfestigkeit fällt dabei am stärksten ab, während Biegezug- und Zugfestigkeit fast konstant bleiben, was darauf hinweist, dass die Spannung in der dicken Bindemittelschicht die Harzfestigkeit erreicht hat. Die Werte gelten für ofengetrocknete Zuschläge und für Prüftemperaturen von 20 °C. Bei höheren Temperaturen nehmen die Festigkeiten erwartungsgemäß ab (Bild D.25), wobei es jedoch sehr auf die Harz-Härter-Formulierung ankommt, in welchem Maße die Festigkeiten abfallen.

Für heiß härtende Systeme fallen die Festigkeiten, verglichen mit kalt härtenden Systemen, erst bei höheren Temperaturen, doch lässt der Baustellenbetrieb eine Heißhärtung nicht zu. Der Elastizitätsmodul fällt von 18.700 MPa bei 20 °C auf 300 MPa bei 80 °C und die Dehnungen werden entsprechend größer: Während E im Normalzustand in der Größenordnung einem Zementbeton gleich kommt, ist er bei 80 °C – das sind Temperaturen, die bei starker Sonneneinstrahlung vorkommen können – mit dem eines harten Gummis zu vergleichen. Bild D.26 zeigt die σ-ε-Linien eines Epoxidharzmörtels bei verschiedenen Temperaturen, wobei zu sehen ist, dass sich das Harz bis rd. 40 °C im Glaszustand befindet, zwischen 40 und 60 °C den Erweichungsbereich durchläuft (gekrümmte σ–ε-Linie) und ab rd. 60 °C gummielastisches Verhalten zeigt. Verglichen mit dem reinen Harz ist die Dehnungsmöglichkeit durch die Zuschlagkörner beschränkt, sodass der Mörtel schon bei rd. 6 % Dehnung reißt.

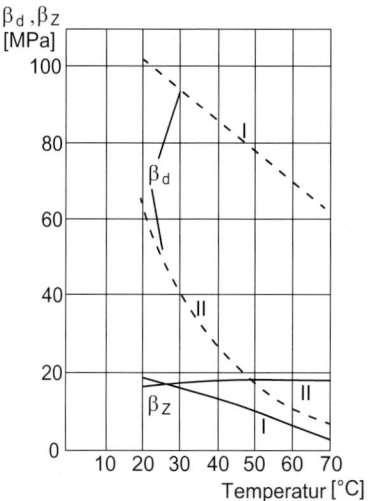

Bild D.25 Festigkeiten von Epoxidharzmörtel in Abhängigkeit von der Temperatur, nach Tölke[120]

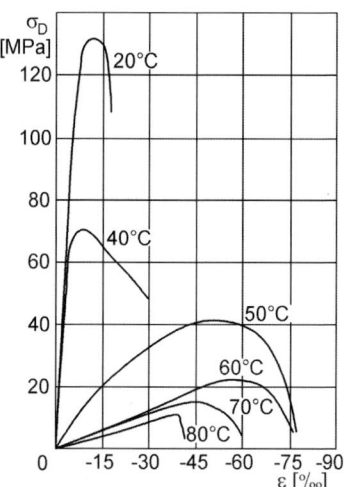

Bild D.26 σ-ε-Linien bei verschiedenen Temperaturen. Mischung (GT = Gewichtsteile): Harz 0,17 GT, Härter 0,03 GT, Quarzmehl 0,24 GT, Quarzsand 0,56 GT (0,8 bis 1,2 mm); nach Tölke [120]

6 Anwendungsbeispiele für Kunststoffe im Bauwesen

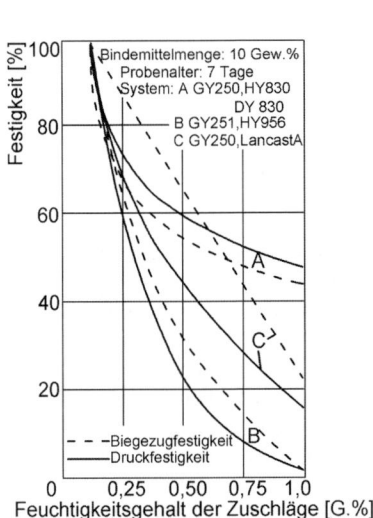

Bild D.27 Festigkeitsabfall bei feuchten Zuschlägen, nach Keller [121]

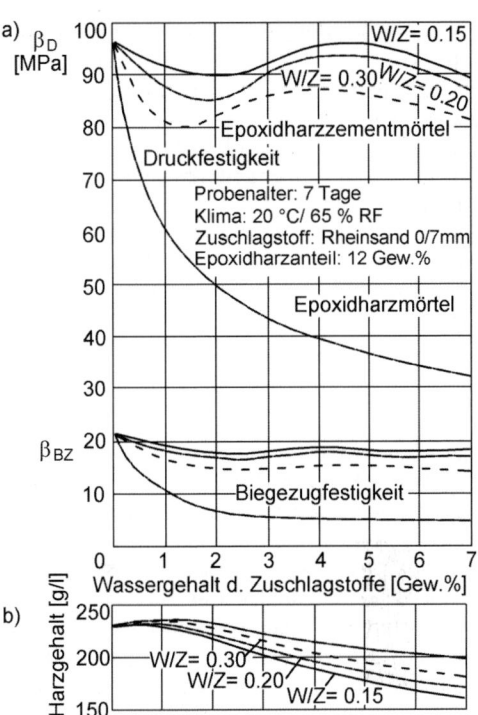

Bild D.28 a) Festigkeit des Epoxidharzzementmörtels in Abhängigkeit vom Wassergehalt [121]. Sieblinie III bedeutet eine stetig abgestufte Sieblinie im besonders guten Bereich nach DIN 1045 (alt), w/z – Wasserzementwert. b) Der Harzgehalt nimmt ab, da der Wassergehalt zunimmt und dementsprechend auch der Anteil der trockenen Zuschläge

Einen negativen Einfluss auf die Festigkeit übt auch ein Feuchtigkeitsgehalt der Zuschläge aus, wie Bild D.27 zeigt. Zum einen bildet das Wasser einen Film um die Zuschlagkörner, sodass die Haftung des Harzes am Gestein gestört ist, zum anderen sättigen Wassermoleküle die reaktiven Epoxidgruppen ab oder umhüllen aufgrund der hygroskopischen Wirkung Härtermoleküle, sodass die Vernetzung unvollständig bleibt. Beide Einflüsse wirken festigkeitsmindernd. Da jedoch auf der Baustelle praktisch immer mit Feuchtigkeit zu rechnen ist – feuchte Zuschläge, Regen, Arbeiten unter Wasser, feuchte zu verbindende Flächen –, sollte ein Mörtel feuchtigkeitsunempfindlich sein, will er im Bauwesen Verwendung finden.

Aus diesem Grund machte Keller [121] umfangreiche Versuche mit Epoxidharzzementmörteln, wobei er von der Vorstellung ausging, dass der Zement das Wasser bindet und so den schädigenden Einfluss von dem Epoxidharz fernhält (heute mit „PCC" = „Polymer Cement Concrete" bezeichnet). Dass sich diese Vermutung als richtig erwies, zeigt Bild D.28 wo in Abhängigkeit vom Wassergehalt der Zuschläge Druck- und Biegezugfestigkeit aufgetragen sind.

Bis zu einem Wassergehalt von rd. 2 % fallen die Festigkeitswerte der Epoxidharz- und Epoxidharzzementmörtel ab. Doch während der Epoxidharzmörtel zunehmend schlechter wird, da die Wasserhüllen um die Zuschläge die Adhäsion vermindern und die Vernetzung beeinträchtigen, nimmt ab rd. 2 % Wassergehalt die Festigkeit der Epoxidharzzementmörtel

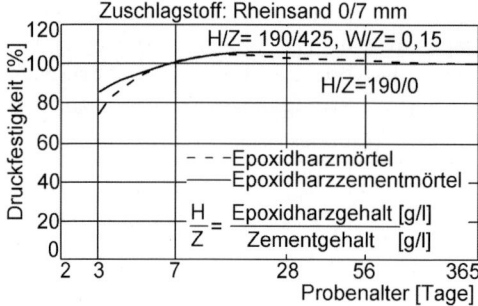

Bild D.29 Festigkeitsentwicklung von Epoxidharz- und Epoxidharzzementmörtel, nach Keller [121]

wieder zu und erreicht bei rd. 5% ein Maximum. Die Festigkeitsabnahme rührt hier wohl auch von der Wasserhülle um die Zuschläge her, da zunächst nur wenig Zement vorhanden ist, der mit den Zuschlägen in Berührung kommt. Mit zunehmendem Wassergehalt steigt aber die Wahrscheinlichkeit, dass der Zement mit dem Wasser vermischt wird und daher durch Hydratation eine hohe Eigenfestigkeit erreicht. Über 5% nimmt der nach der Erhärtung verbleibende Hohlraumgehalt im Harz zu, sodass von daher die Festigkeit abnimmt. Dieser Effekt tritt bei der Biegezugfestigkeit nicht auf, da bei Zugbeanspruchung größtenteils die Harzmasse die Kräfte überträgt, während die Haftung kaum in Anspruch genommen wird.

Biegezug- und Druckfestigkeit verhalten sich wie 1 : 4, was verglichen mit Zementmörtel mit einem Verhältnis von rd. 1 : 8 bis 1 : 10 eine wesentliche Verbesserung bedeutet. Die höchste Festigkeit erzielt man hier wie dort mit einem niedrigen Wasserzementwert, da hierbei relativ viel Zement verwendet werden muss und wenige Hohlräume auftreten.

Ein weiteres Qualitätsmerkmal der Epoxidharzmörtel ist die schnelle Erhärtung, die gerade bei Ausbesserungen von Straßen und Brücken sehr wertvoll ist. Während Zement-

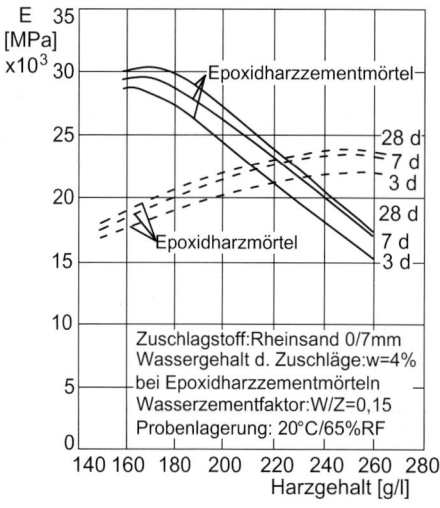

Bild D.30 Dynamischer E-Modul in Abhängigkeit vom Harzanteil, nach Keller [121]

mörtel über Jahre hinweg nachhärten, erreichen mit Epoxidharz hergestellte Mörtel schon nach sieben Tagen praktisch ihre Endfestigkeit (Bild D.29). (Die Biegezugfestigkeit nimmt bis etwa zum 56. Tag zu und bleibt dann konstant). Dasselbe Ergebnis beobachtet man auch an Proben, die an der Luft hergestellt, aber gleich nach der Herstellung unter Wasser gelagert wurden [121].

Das Dehnungsverhalten von Epoxidharzmörteln wurde von Keller ebenfalls untersucht. Er fand Elastizitätsmoduln – mit dem Resonanzverfahren bestimmt an $4 \cdot 4 \cdot 16$ cm^3 großen Balken – zwischen 15.000 und 30.000 MPa (Bild D.30), wobei der niedrige Wert bei Epoxidharzmörteln mit geringem Harzanteil und bei Epoxidharzzementmörteln mit großem Harzanteil auftritt, während der hohe Wert zu Epoxidharzzementmörteln mit geringem Harzanteil gehört. In diesem Fall verhält sich der Mörtel fast wie ein Zementmörtel.

Über das Langzeitverhalten von Epoxidharzmörteln liegen noch wenige Ergebnisse vor. Hirschi [122] berichtet über Zeitstandversuche an Betonprismen, die schräg durchgesägt und mit einem Epoxidharzmörtel zusammengeklebt wurden. Die unter Schubspannung stehenden Fugen hatten nach zwei Jahren noch keinen stabilen Zustand erreicht.

Nach der Aushärtung unterscheiden sich Polyester- und Epoxidharze in ihren mechanischen Eigenschaften kaum. Aus beiden Typen lassen sich Teile mit geringer und mit großer Härte herstellen, ebenso lassen sich beide zur Herstellung von Mörteln und Betonen verwenden, da beide an den Zuschlagstoffen gut haften. Und ebenso wie Epoxidharz empfindlich auf feuchte Zuschläge reagiert, so verliert auch Polyestermörtel einen guten Teil seiner Festigkeit, wenn er nicht mit trockenen Zuschlägen hergestellt wird [123]. Franz und Bossler [124, 125] haben für Gießharzbeton mit Polyesterharzen Eigenschaften gefunden, wie entsprechend schon für Epoxidharzmörtel beschrieben. So ist es in erster Linie eine Frage der Wirtschaftlichkeit und der Haltbarkeit, ob Polyesterharz oder Expoxidharz verwendet werden soll, denn Epoxidharz kostet gegenüber Polyesterharz rd. das Doppelte, es schwindet jedoch nur rd. 1/8-mal so viel bei der Aushärtung und ist beständiger gegenüber Wasser und Laugen. Bei der Herstellung von Rohren mit Nennweiten bis 2.600 mm aus Polyesterbeton wurde das Problem der großen Schwindverkürzungen so gelöst, dass die Schwindzugspannungen durch Vorspannung in Umfangsrichtung überdrückt wurden. Auf diese Weise hatte das Rohr eine Druckvorspannung in Querrichtung, sodass nirgends Risse auftreten konnten [126]. Eine vollkommen glatte Oberfläche und ausgezeichnete Säurebeständigkeit bei erhöhter Festigkeit sind die Vorzüge eines Gießharzbetonrohres gegenüber einem Zementbetonrohr, wobei diese Qualitätssteigerung durch einen höheren, aber angemessenen Preis bezahlt werden muss.

Über das Kriechen von Polyesterbeton liegen einige Ergebnisse vor, die Franz und Bossler [124] veröffentlichten. Demnach hängt das Kriechen sehr stark vom Bindemittel (chemische Struktur, Hersteller) ab, denn ein Beton wies dreimal so große Kriechdehnungen auf wie ein anderer, obwohl beide mit Polyesterharz hergestellt waren (Bild D.31).

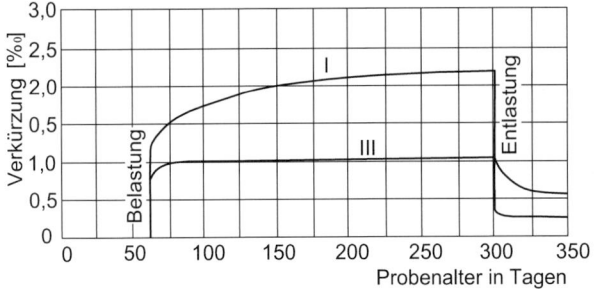

Bild D.31 Polyesterbeton unter Dauerlast, stetige Sieblinien 0/30, nach Franz und Bossler [124]

Die E-Moduln, gemessen nach 14 Tagen Erhärtungszeit, betrugen 30.200 (I) und 30.400 MPa (III). Die Kriechzahl, ausgedrückt als Verhältnis der zeitabhängigen zur spontanen Dehnung, betrug für den Beton mit Bindemittel I bei 20 MPa Druckspannung $\varphi = 2{,}39$ nach 240 Tagen, wobei das Kriechen noch weiterlief. Mischung III dagegen zeigte bei denselben Bedingungen nur $\varphi = 0{,}657$. Nach Entlastung ging die inelastische Dehnung um 0,724 bei Beton I und um 0,088 bei Beton III zurück. Man sollte eigentlich annehmen, dass nach genügend langer Wartezeit die gesamten Kriechdehnungen zurückgehen, da es sich bei dem verwendeten Kunststoff um eine vernetzte Struktur handelt, die, solange keine Schädigungen (Kettenbrüche) auftreten, nicht fließen und bleibende Dehnungen zeigen kann. Dass nur rd. 1/3 der Kriechdehnung zurückging (bei Beton III nur 1/7) weist darauf hin, dass trotz der niedrigen Durchschnittsspannung von 20 MPa – die Druckfestigkeit betrug rd. 90 und 70 MPa nach 14 Tagen – Spannungsspitzen zwischen den Zuschlagkörnern auftraten, die zu bleibenden Schädigungen führten.

Im Ganzen gesehen waren die Kriechdehnungen nicht größer als die, die bei Zementbeton auftreten, für den Werte $1 < \varphi < 4$ bestimmt worden sind.

6.4 Glasfaserverstärkte Kunststoffe (GfK)

Eine wesentliche Festigkeitssteigerung erzielen Kunststoffe, wenn sie mit Glasfasern bewehrt werden. Ähnlich der Wirkung der Bewehrungsstähle im Stahlbeton übernehmen die Glasfasern die Zugkräfte und bewahren so den Kunststoff bei Belastung und Schlagbeanspruchung vor dem Bruch. Da die Zugfestigkeit glasfaserverstärkter Kunststoffe die Zugfestigkeit der reinen Kunststoffe um ein Mehrfaches (s. u.) übertrifft, können Bauteile dünn und materialsparend ausgeführt werden, vorausgesetzt, dass die Sicherheit gegen Knicken und Beulen ausreicht. Räumlich gekrümmte Teile, Faltwerke und abgeknickte Profile sind die besten Anwendungsformen, vor allem dann, wenn die Hauptkräfte auf Zug aufgenommen werden können. Selbsttragende Gewächshäuser [127], Flachdächer

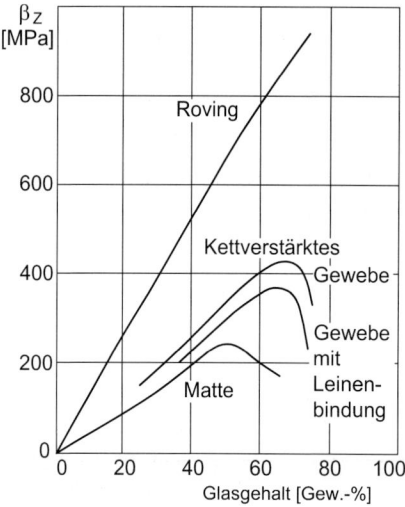

Bild D.32 Zugfestigkeit bei verschiedenen Verstärkungsarten in Abhängigkeit des Glasgehalts, nach Haferkamp [133]

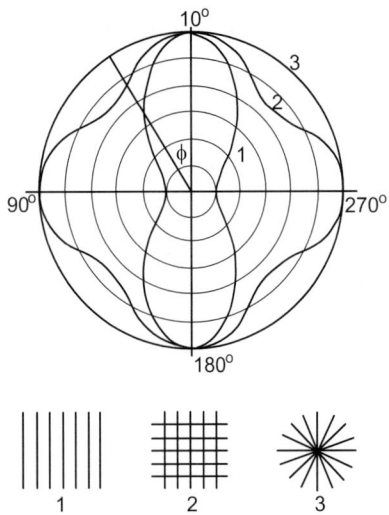

Bild D.33 Richtungsabhängige Zugfestigkeit bei verschiedenen Verstärkungsarten, nach Schuhmann [134], normalisierte Darstellung. Radius = max. β_Z, 1 – mit Glasroving, 2 – mit Gewebe, 3 – mit Matte

[128], großformatige Betonschalungen [129], Türme [130, 131] und Silos [132] werden aus glasfaserverstärkten Kunststoffen gebaut.

Drei verschiedene Bewehrungsarten werden in der Praxis verwendet: die vorwiegend in einer Richtung orientierten Fasern (unidirektional), das in zwei zueinander rechtwinkligen Richtungen wirkende Gewebe und die praktisch in jeder Richtung gleichmäßig orientierte Matte. Die mit Rovings, Strängen aus parallel zusammengefassten ungedrehten Glasseiden-Spinnfäden, bewehrten Kunststoffe erreichen in Richtung der Fasern die höchste Festigkeit (Bild D.32), und zwar zunehmend mit steigendem Glasgehalt.

Die Zugfestigkeit reicht so in Bereiche, wo sonst als Baustoffe nur hochfeste Stähle zu finden sind. Die mit Geweben oder Matten verstärkten Kunststoffe liegen in der Festigkeit wesentlich tiefer und – ein anderer Umstand, der beachtet werden muss – weisen bei 50 bis 60 % Glasgewichtsanteil ein Maximum auf. Darüber hinaus ist der innige Zusammenhalt zwischen Glasfasern und Kunststoff nicht mehr gewährleistet.

So überragend die Festigkeit der mit Rovings bewehrten Kunststoffe ist, so sind sie doch häufig nicht die idealen Baustoffe, da ihr Verhalten – Verformung, Festigkeit – sehr stark von der Belastungsrichtung abhängt. Sie sind anisotrop, im Gegensatz zu den – zumindest so angenommenen – isotropen Stoffen wie Stahl, Beton und reinen Kunststoffen. Bei der Verwendung anisotroper Stoffe muss man sich immer im Voraus darüber im Klaren sein, in welcher Richtung die Hauptspannungen wirken, und danach die Fasern ausrichten. Quer zur Faserrichtung ist die Festigkeit nur so groß wie die des verwendeten Kunststoffs (Bild D.33).

Belastet man den Baustoff unter einem Winkel φ, so liegt die Festigkeit zwischen derjenigen des reinen Harzes und derjenigen in der Verstärkungsrichtung. Je kleiner φ ist, umso höher ist die zu erwartende Festigkeit. Der gewebeverstärkte Kunststoff hat zwei deutliche Vorzugsrichtungen, in Kettrichtung und in Schussrichtung. Sind die Gewichtsanteile der Glasfäden in den zwei Richtungen verschieden, so sind die Festigkeiten ebenfalls unterschiedlich und deren Verteilung liegt zwischen Kurve 1 und 2. Die Matte schließlich besteht aus einer regellosen Verteilung der Glasfasern und verhält sich, im idealen Fall, isotrop.

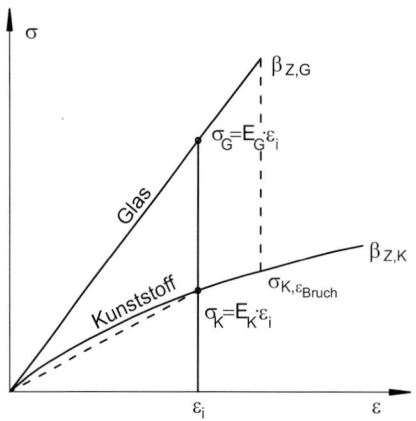

Bild D.34 σ–ε-Linien für Glas und Kunststoff. $E_G \approx 70.000$ MPa, $E_K \approx 3.000$ bis 5.000 MPa

Glasfaserverstärkter Kunststoff ist ein Verbundbaustoff, bei dem beide Anteile an der Kraftübernahme beteiligt sein sollen. Dies setzt voraus, dass die beiden Stoffe vollkommen aneinander haften und sich auch unter Last nicht gegeneinander verschieben. In der Regel reicht die Adhäsion des Harzes auf den gereinigten Glasfasern nicht aus, sondern es müssen noch Haftvermittler verwendet werden; diese enthalten eine ungesättigte Verbindung, die mit dem einbettenden Harz copolymerisiert. Um den Verbundwerkstoff wirtschaftlich nutzen zu können, müssen die Bruchdehnungen der einzelnen Stoffe etwa gleich groß sein; am besten ist es, wenn die Bruchdehnung des Harzes etwas größer ist als die des Glases, sodass keine vorzeitigen Risse im Harz auftreten: Dadurch ginge der Zusammenhalt verloren und die hohe Festigkeit des Glases könnte nicht ausgenutzt werden. Bild D.34 veranschaulicht diese Forderung und zeigt außerdem, dass sich die Spannungen in den Einzelstoffen verhalten wie ihre Elastizitätsmoduln (oder Sekantenmoduln, falls die σ–ε-Linie gekrümmt ist), d. h.

$$\frac{\sigma_K}{\sigma_G} = \frac{E_K}{E_G}. \tag{218}$$

Die Glasfasern stehen unter einer rd. 15- bis 20-fach höheren Spannung wie der Kunststoff.

Die Bruchfestigkeit des Verbunds errechnet sich aus den Querschnittsanteilen A_G und A_K der Einzelstoffe zu

$$F_{Bruch} = \beta_{Z,G} \cdot A_G + \sigma_{K,\varepsilon = \varepsilon_{Bruch}} \cdot A_K, \tag{219}$$

wenn man annimmt, dass die Bruchdehnung des Glases das Versagen bestimmt. Mit dem Glasanteil

$$\psi = \frac{A_G}{A} \tag{220}$$

und

$$(1 - \psi) = \frac{A_K}{A} \tag{221}$$

folgt

$$\beta_Z = \beta_{Z,G} \cdot \psi + \sigma_{K,\varepsilon = \varepsilon_{Bruch}}(1 - \psi), \tag{222}$$

woraus hervorgeht, dass mit zunehmendem Glasanteil die Glasfestigkeit die Gesamtfestigkeit ausschlaggebend bestimmt. Dies gilt natürlich nur für den Fall, dass alle Fasern in

6 Anwendungsbeispiele für Kunststoffe im Bauwesen

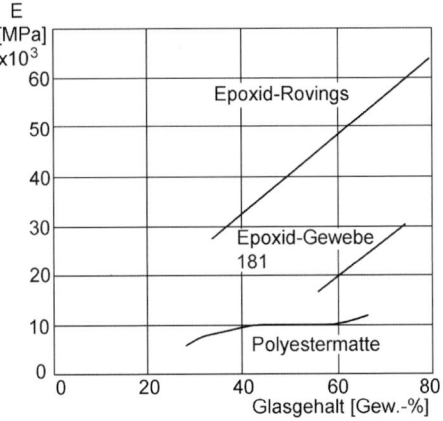

Bild D.35 Abhängigkeit des E-Moduls vom Glasgehalt, nach Haferkamp [133]

Kraftrichtung ausgerichtet sind (Rovings). Für die gewebe- und mattenverstärkten Stoffe muss für die Berechnung der Festigkeit die Richtungsabhängigkeit berücksichtigt werden, ebenso wie der Störeinfluss querliegender Fasern auf die Spannungsverteilung, der hier nicht weiter behandelt werden soll.

Der Elastizitätsmodul glasfaserverstärkter Kunststoffe reicht von 5.000 bis 60.000 MPa, wie Bild D.35 zeigt. Dabei ist im Gegensatz zu Bild D.32 auffallend, dass der E-Modul bei allen Verstärkungsarten mit zunehmendem Glasgehalt monoton zunimmt.

Grund dafür ist, dass auch Fasern, die quer zur Beanspruchungsrichtung liegen und die Festigkeit nicht erhöhen, den Stoff versteifen und den Kunststoff an der Dehnung behindern. Was die Richtungsabhängigkeit des E-Moduls betrifft, so gilt dafür ein entsprechendes Polardiagramm, wie im Bild D.33 für die Zugfestigkeit gezeichnet [135].

Bisher wurden die mechanischen Eigenschaften nur als Kurzzeitwerte bei einer bestimmten Temperatur betrachtet. Doch wie nach dem allgemeinen Verhalten der Kunststoffe zu erwarten ist, hängen alle Eigenschaften von der Temperatur und der Belastungszeit ab. Schumacher [136] untersuchte mattenverstärkte Polyester- und Epoxidharze und fand ein temperaturabhängiges Verhalten, welches allerdings wesentlich schwächer ausgeprägt ist als beim reinen Harz. Bild D.36 zeigt die im Torsionsschwingversuch ermittelten Kurven für ein Polyesterharz mit 0, 34 und 56 Gew.-% Glasanteil.

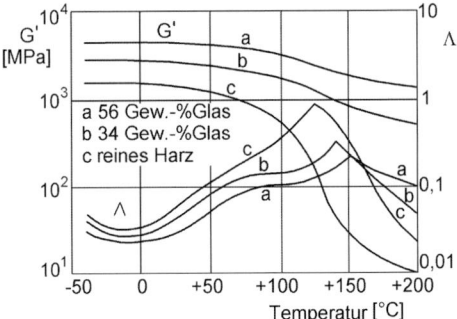

Bild D.36 Temperaturabhängigkeit des Schubmoduls und der mechanischen Dämpfung, nach Schumacher [136]

Während der Schubmodul des reinen Harzes zwischen −50 und 200 °C um mehr als zwei Zehnerpotenzen abfällt, bleibt der Modul des verstärkten Harzes (Kurve a, 56 % Glas) noch in derselben Größenordnung, und im Bereich der Gebrauchstemperaturen (bis 80 °C) ist der Schubmodul nahezu konstant. Die zugehörigen Dämpfungskurven zeigen, dass das Dämpfungsmaximum mit zunehmendem Glasgehalt abnimmt und in Richtung hoher Temperaturen verschoben wird. In der praktischen Verwendung glasfaserverstärkter Kunststoffe heißt dies, dass Kriecherscheinungen schwächer sind und erst bei höheren Temperaturen auftreten als beim reinen Harz.

Um die Zeitabhängigkeit der mechanischen Eigenschaften zu ermitteln, führte Schumacher Zeitstandversuche durch. Wie im Bild D.37 zu sehen ist, verhalten sich alle geprüften Stoffe gleichartig.

Die absoluten Werte des Kriechmoduls werden mit steigendem Glasgehalt höher, ebenso nimmt die absolute zeitliche Abnahme des Kriechmoduls mit steigendem Glasgehalt zu. Doch bezogen auf die Werte des Kurzzeitversuchs beträgt die Abnahme – Differenz zwischen Kurzzeitversuch und 10.000-h-Messung – bei 0 % Glas 32 %, bei 20 % Glas 28 % und bei 40 % Glas 23 %, ein Umstand, der schon bei den Dämpfungskurven erwähnt wurde. In denselben Versuchen wurden die Zeitpunkte bestimmt, bei denen unter einer bestimmten Spannung die Proben brachen (Bild D.38). Dabei wurde festgestellt, dass die Zeitstandfestigkeit mit zunehmendem Glasgehalt ansteigt; so betrug für Harz mit 55 Gew.-% Glas die 10.000-h-Festigkeit noch rd. 110 MPa, während sie beim reinen Harz nur auf rd. 40 MPa kam.

Mithilfe einer geeigneten Extrapolationsmethode – Schumacher hat nachgewiesen, dass die von ihm verwendete Methode zuverlässige Werte ergibt – weist das hochverstärkte Harz nach 10^6 Stunden (= 114 Jahre) 88 MPa, das reine Harz 30 MPa als Dauerstandfestigkeit auf. Bezogen auf die Kurzzeitfestigkeit sind dies 40 % und 50,3 %. Dass die relative Festigkeit der verstärkten Harze kleiner ist als die des reinen Harzes hat seine Ursache darin, dass die absolute die Festigkeit des Laminats mit dem Glasgehalt steigt und der Kunststoff dabei ebenfalls höher beansprucht wird, da er die Kräfte von Faser zu Faser zu übertragen hat.

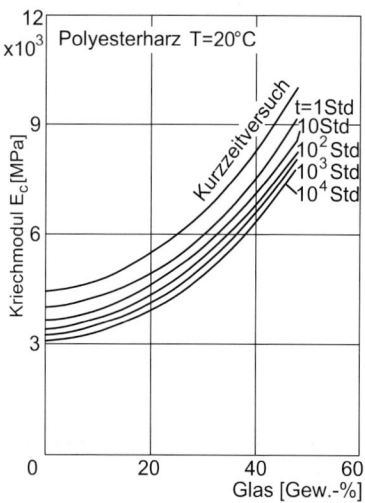

Bild D.37 Zeitabhängigkeit des Kriechmoduls, nach Schumacher [136]

6 Anwendungsbeispiele für Kunststoffe im Bauwesen

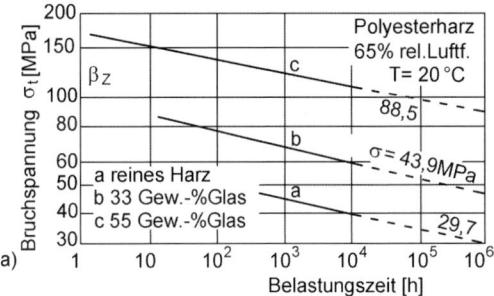

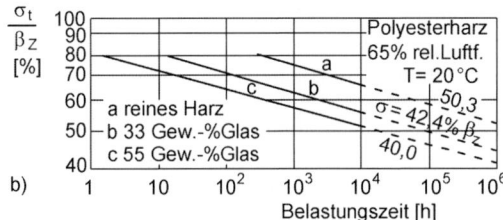

Bild D.38 a) Bruchspannung im Zeitstandversuch, b) bezogene Bruchspannung, nach Schumacher [136]

Die Spannungsverteilung und der Bruchmechanismus unter schwingender Beanspruchung sind sehr komplex; sie hängen vom Verhalten des Harzes, des Glases und in weitem Maß von der Haftung zwischen Glas und Harz ab. Wie Wagener [137] in Versuchen herausgefunden hat, tritt keine ausgeprägte Dauerschwingfestigkeit auf, jedenfalls nicht bis zur Lastspielzahl von $N = 10^8$. Für gewebeverstärkte Kunstharze belief sich die Zeitschwingfestigkeit, geprüft im Zugschwellversuch, nach 10^7 Lastspielen auf 28% der Kurzzeitfestigkeit bei Epoxidharzen und auf 16% bei Polyesterharzen. Von allen Einflussfaktoren übte das Harz den größten Einfluss auf die gefundene Schwingfestigkeit aus.

6.5 Membranbaustoffe

Für Membranbauten (Zelte, Traglufthallen, leichte weit gespannte Konstruktionen) werden Stoffe (Textilien) verwendet, die mehrere Eigenschaften vereinigen müssen: hohe Festigkeit, Flexibilität, Wasserdichtigkeit, UV-Beständigkeit, Transluzenz, Ästhetik, Schallisolierung, Widerstand gegen Pilzbefall, gegen Feuchte, gegen hohe und tiefe Temperaturen, gegen Feuer. Für Membranen eignen sich beschichtete Gewebe und Folien, deren mechanische Eigenschaften besprochen werden. Als Baustoffe haben sich bewährt: Polyestergewebe mit PVC-Beschichtung, Glasfasergewebe mit PTFE (Poytetrafluorethylen)-Beschichtung und, seltener, silikonbeschichtete Glasfasergewebe und ETFE (Tetrafluorethylen-Ethylen-Copolymer)-Folien.

Die Polyestergewebe bestehen aus synthetischen Polymeren, in der Regel aus Polyethylen-Terephthalat (PET), einem teilkristallinen Thermoplasten. Bei ca. 300 °C werden Filamente aus einer Düse gesponnen und anschließend zu einem Faden verdreht. Die Fäden werden gewoben, wobei man Kette und Schuss unterscheidet. Der Kettfaden ist während des Webvorgangs in Längsrichtung gespannt, während der Schussfaden quer dazu durch-

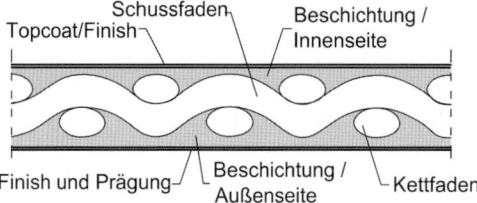

Bild D.39 Querschnitt eines beschichteten Polyestergewebes [138]

geschossen wird. Durch diese Webtechnik ist der Schussfaden mehr gewellt als der Kettfaden. Von den vielen Webarten, die es gibt, kommen die Leinwandbindung und die Panamabindung infrage. Bei der Leinwandbindung (L1/1) kreuzen sich jeweils Einzelfäden, bei der Panamabindung Doppel- oder Dreifachfäden (P2/2 oder P3/3). Auf das Gewebe wird eine PVC-P (Polyvinylchlorid-Plastisol)-Beschichtung, ein linearer Thermoplast, im erhitzten Zustand aufgebracht. Die Dicke der Beschichtung beträgt ca. 0,2 mm. Je dicker die Beschichtung ist, umso dauerhafter ist das Trägergewebe gegen UV–Licht und andere Witterungseinflüsse geschützt. Bild D.39 zeigt schematisch einen Querschnitt eines Polyestergewebes, bestehend aus Kett- und Schussfaden, Beschichtung und Finish (Lackierung).

Eine zweite Gruppe von Geweben sind die PTFE-beschichteten Glasgewebe, die hinsichtlich Dauerhaftigkeit und Brandwiderstand den Polyestergeweben überlegen sind. Allerdings sind diese Stoffe knickempfindlich und machen ein sehr vorsichtiges Hantieren und eine sorgfältige Montage notwendig. Silikonbeschichtetes Glasgewebe ist weniger knickanfällig und kann daher für wandelbare Konstruktionen eingesetzt werden.

Fluorpolymer-Folien werden aus wärmebeständigen, teilkristallinen Fluorthermoplasten wie EFTE als Blas- oder Flachfolien durch Extrusion hergestellt. Sie sind glasklar, UV-beständig und sehr dauerhaft.

Das Spannungs-Dehnungs-Verhalten von beschichteten Polyestergeweben soll am Beispiel eines Gittergewebes aus Polyethylenglykol-Terephthalat mit PVC-Beschichtung erläutert werden [139]. Bild D.40 zeigt die Spannungs-Dehnungs-Linien in Kett- und Schussrichtung (Spannung ist hier definiert als Kraft pro Meter Breite). Zunächst fällt auf, dass die Linien nichtlinear sind. Weiter fällt auf, dass die Entlastungslinien nicht mit den Belastungslinien zusammenfallen.

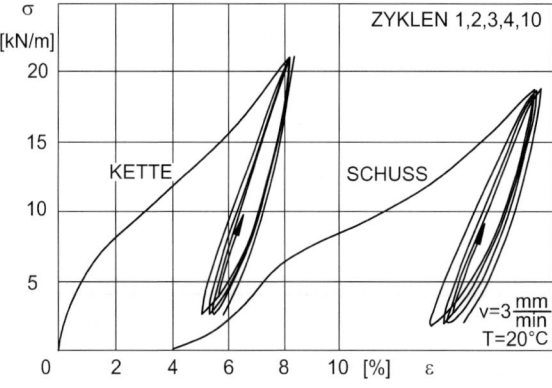

Bild D.40 Spannungs-Dehnungs-Linien eines beschichteten Gittergewebes in Kett- und Schussrichtung

Die Erstbelastungslinien zeigen die größten Dehnungen, wobei die Dehnungen in Schussrichtung etwa doppelt so groß sind wie in Kettrichtung (Anisotropie). Dies ist eine Folge der Webtechnik, bei der die Schussfäden mehr gewellt sind und sich bei Erstbelastung gerade ziehen. Bei den Wiederbelastungen sind die Dehnungen viel kleiner. Allerdings tritt auch hier jedes Mal ein Unterschied zwischen Be- und Entlastung auf (Hysterese). Mit zunehmenden Lastwechseln strebt das Spannungs-Dehnungs-Verhalten einem konstanten Verhalten zu. Die Steifigkeit des Materials nimmt von der 1. bis zur 10. Belastung um ca. den Faktor fünf zu. Die Temperatur hat auch einen bedeutenden Einfluss auf die Steifigkeit. Bei den Versuchen von Reinhardt [139] war die Steifigkeit (gemessen als Verformungsmodul) bei -20 °C etwa doppelt so groß wie bei +20 °C, bei 80 °C betrug sie etwa 80 % vom 20 °C-Wert. Zeiteinflüsse wie Kriechen und Dauerstandfestigkeit müssen bei der Dimensionierung von Tragwerken auch berücksichtigt werden. In der Summe werden Abminderungsfaktoren auf die Festigkeit aufgrund von Last-, Zeit-, UV-Strahlungs-, Temperatur- und Fertigungseinflüssen festgelegt [140].

Wirken die Hauptspannungen in einem Gewebe nicht fadenparallel, so verzerren sich die Maschen umso mehr, je weicher die Fadenbindung und je flexibler die Beschichtung ist. Damit kommt die Schubsteifigkeit zur Wirkung. Der Verzerrungswinkel darf nicht zu groß werden, damit sich die Kett- und Schussfäden beim Verschieben nicht behindern Bei Glasgewebe mit PTFE-Beschichtung sollte er 8°, bei PVC-beschichtetem Polyestergewebe 12° nicht überschreiten. Für die Berechnung von Spannungen und Dehnungen reichen E-Modul und Querdehnzahl nicht aus, vielmehr bedarf es eines vollständigen Elastizitätstensors [141].

Ein anderes Anwendungsgebiet für Membranbaustoffe sind die Geokunststoffe nach DIN EN ISO 10318 [142], die hier jedoch nicht weiter behandelt werden.

6.6 Elastomere

Abdichtende Funktion gegen Wasser übernehmen Fugendichtstoffe, Fugenprofile, Fugenbänder und Folien. Fugendichtstoffe dichten Fugen gegen nichtdrückendes Wasser ab. Sie müssen Bauwerksbewegungen wiederholt mitmachen können, ohne an den Flanken abzureißen oder selbst durch übermäßige Dehnung zu reißen. Große Elastizität bedeutet in der Regel größere Kräfte auf die Flanken, große Plastizität bedeutet kleinere Kräfte, aber möglicherweise Reißen durch übermäßige Stauchung (Kaugummieffekt). Tabelle D.6 gibt einen Überblick über Fugendichtstoffe und mögliche Anwendungsgebiete. (Die Begriffe „elastoplastisch" und „plastoelastisch" sind nur ungenau definiert: Der erste Teil des Wortes gibt das vorherrschende Merkmal an.)

Fugendichtstoffe und deren Prüfung sind in DIN 18540 [143] behandelt. Zwischen Betonfertigteilen haben sich Polysulfid- und Polyurethansysteme bewährt, bei besonderer Beanspruchung Silikonkautschuk. In geschützter Lage ist eine Acrylmasse ausreichend.

Bei großen Bewegungen (Gebäudetrennfugen) sind die Fugendichtstoffe nicht tauglich. Besser sind hier Membrandichtungen, die in Form von Bändern auf die beiden Teile aufgeklebt werden. Als Kunststoffe kommen alle Arten von wetterbeständigen Elastomeren infrage (Silikon, Polysulfid, Polyurethan, Acrylate, elastifizierte Epoxidharze). Bei geringen Toleranzen eignen sich auch Kompressionsprofile aus gummielastischem Material, die zwischen die Bauteile geklemmt werden. Nicht anzuwenden sind sie bei Porenbeton, da dieser eine zu geringe Festigkeit hat und an den Fugenrändern abplatzen könnte.

Drückendes Wasser wird mit einbetonierten Fugenbändern zurückgehalten, wovon Bild D.41 ein Beispiel zeigt.

Im unteren Teil des Bildes ist das zum Fugenband gehörende Interaktionsdiagramm angegeben, woraus man die Gebrauchs- und Bruchbereiche ablesen kann. Das gezeigte

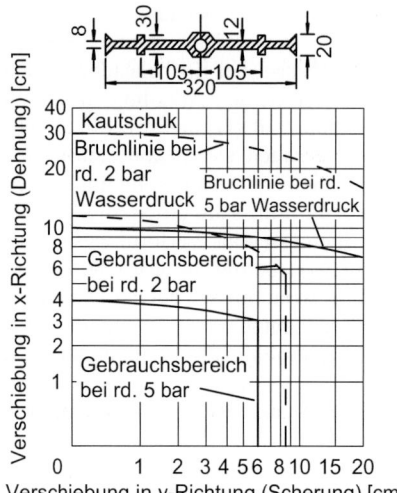

Bild D.41 Fugenband mit Interaktionsdiagramm

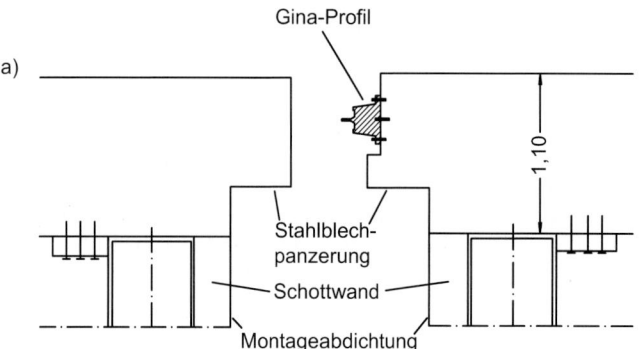

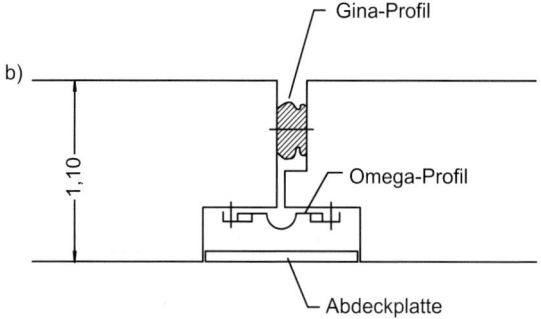

Bild D.42 Gina-Profil vor (oben) und nach (unten) Zusammenbau der Tunnelsegmente

6 Anwendungsbeispiele für Kunststoffe im Bauwesen

Tabelle D.6 Überblick über Fugendichtstoffe und mögliche Anwendungsgebiete

Gruppe	max. Belastbarkeit % Fugenbreite	Lieferform	Anwendungsbereich und Verhalten
Butylkautschuk-polyisobutylenhaltige Lösungen	3–5 4–8	spritz- und spachtelbar	unbewegte Abdichtungen, Anschlussfugen, Porenbetonelemente, dauerplastisch, z. T. klebrig bleibend
Polyacrylat-Dispersionen (und -Lösungen)	5–15	spritz- und spachtelbar (manche auch Anwärmen)	schwach bewegte Anschlussfugen, Verfugen kleinerer Fassadenelemente, Dehnfugen, nicht für Wasserbau, plastisch bis elastoplastisch
PUR-Massen, lösungsmittelfrei mittelhart weich	2–4 7–10	kalt vergießbare oder spritz- und spachtelbare Zwei- oder Einkomponentenmassen	kraftschlüssige Verbindungen im Hoch- und Tiefbau, befahrbare Fugen im Brücken- und Fahrbahnbau, industrielle Fugendichtungen, elastisch
Polysulfidmassen, lösungsmittelfrei mittelhart weich	10 15–25	meist spritz- oder spachtelbare, auch vergießbare Zwei- oder Einkomponentenmassen	mittelharte Massen für Versiegelung von Fenstern und Fassaden, weiche Massen für Bewegungsfugen aller Art, elastisch bis plastoelastisch, Fugen in Tankstellen
Silikonkautschukmassen, lösungsmittelfrei weich sehr weich	7–20 20–25	spritz- oder spachtelbare Einkomponentenmassen	Versiegelung von Fenstern, Glasbau, Metallbau, Anschlussfugen im Sanitärbereich, Bewegungsfugen aller Art, plastoelastisch bis elastoplastisch

Fugenband mit Mittelschlauch eignet sich besonders für große Verschiebungen (im Zentimeterbereich), solche ohne Mittelschlauch sind bis etwa 5 mm Verschiebung brauchbar. Eine zuverlässige Abdichtung von Tunnelsegmenten unter Wasser wird durch das sog. Gina-Profil (nach der berühmten Schauspielerin benannt) erreicht. Bild D.42 zeigt im oberen Teil zwei Tunnelsegmente bei Annäherung, im unteren Teil im endgültigen Einbauzustand. Das Gina-Profil wird durch den Wasserdruck, der auf das zuletzt eingeschwommene Segment wirkt, zusammengequetscht.

Für flächige Abdichtungen werden schweißbare thermoplastische Folien verwendet. Für hochbeanspruchte Behälter (Deponie, Lager für aggressive Stoffe) kommen schweißbare HDPE-Platten infrage.

E Holz

1 Allgemeines

Wegen seiner leichten Bearbeitbarkeit, des geringen Gewichts und der hohen Festigkeit dürfte das Holz der älteste Baustoff sein. „Dürfte" drückt eine Vermutung aus, da Holz, wenn es nicht gerade unter guten konservierenden Bedingungen gelagert ist, mit der Zeit zerfällt und vermodert wie alle anderen natürlichen organischen Stoffe und damit als Konstruktionsteil nicht mehr sichtbar ist. Die ältesten Zeugnisse früher Holzbauarten stammen aus Mooren und Seen, wo etwa um 2500 v. Chr. Pfahlbauten errichtet wurden. Für 1200 v. Chr. wurde der Blockhausbau nachgewiesen, der in verbesserter Technik heute noch ausgeführt wird. Die Holzbaukunst des ausgehenden Mittelalters hat mit Ideenreichtum und handwerklichem Können viele Bauwerke hervorgebracht, die eindrucksvoll die universelle Verwendbarkeit und die Beständigkeit des Holzes demonstrieren. Aus dem 18. Jahrhundert stammen gedeckte weit gespannte Holzbrücken, entworfen und konstruiert von den Baumeistern Grubenmann, die heute noch ihren Dienst erfüllen und damit die hohe Festigkeit und lange Gebrauchstauglichkeit des Holzes beweisen. In neuerer Zeit sind es vor allem die schlanken, weit gespannten geleimten Holzkonstruktionen, die die guten Festigkeitseigenschaften des Holzes deutlich machen. So ist es auch heute noch berechtigt, das Holz einen ausgezeichneten Baustoff zu nennen und es gleichberechtigt Stahl, Aluminium und Beton samt Stahl- und Spannbeton gegenüberzustellen.

Während alle anderen Baustoffe, abgesehen von Naturstein, künstlich hergestellt werden, wird Holz, zumindest als Bauholz (Vollholz), so verwendet, wie es anfällt. Der Unterschied liegt auf der Hand: Während dort die Eigenschaften des Materials weitgehend nach den Vorstellungen der Hersteller und Verbraucher mit Bedacht der optimalen Wirkung eingestellt werden können, ist hier das Material so zu nehmen, wie es gewachsen ist, mit allen Vor- und Nachteilen des natürlichen Wachstums. In der Vergangenheit wurden in der Forstwirtschaft und in der Holzbehandlung, -sortierung und -verarbeitung große Anstrengungen unternommen, um gleichmäßige und hohe Qualität zu garantieren. Im konstruktiven Holzbau wird Holz aber zunehmend weniger als Vollholz verwendet, sondern eher in der Form von Holzprodukten, in denen die natürlichen wuchsbedingten Besonderheiten eingeschränkt werden.

Worauf besonders zu achten ist und welche Faktoren die Festigkeits- und Formänderungseigenschaften am stärksten beeinflussen, wird im Folgenden behandelt.

2 Makroskopischer Aufbau

Als erstes Kriterium, um das mechanische Verhalten von Holz zu verstehen, soll der Aufbau des Holzes erläutert werden, vom äußeren, mit bloßem Auge sichtbaren Erscheinungsbild bis zur chemischen Zusammensetzung. Die äußere Unterscheidung der Hölzer geschieht am einfachsten an drei charakteristischen Schnitten durch einen Holzstamm, wie sie im Bild E.1 dargestellt sind.

Der Hirn- oder Querschnitt verläuft rechtwinklig zur Stammachse und zeigt das Hirnholz, der Radial- oder Spiegelschnitt wird längs der Stammachse und durch diese hindurch geführt, der Tangential- oder Fladenschnitt verläuft ebenfalls längs der Stammachse, jedoch nicht durch sie hindurch. Ein durch Hirn- und Spiegelschnitte herausgesägtes Keilstück aus

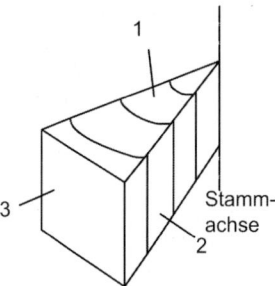

Bild E.1 Schnitte durch einen Holzstamm. 1 – Hirn- oder Querschnitt, 2 – Radial- oder Spiegelschnitt, 3 – Tangential- oder Fladenschnitt

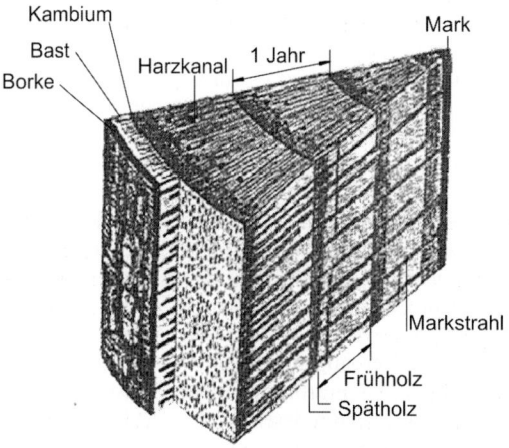

Bild E.2 Keilstück aus einem vierjährigen Kiefernzweig, nach Strasburger [144]

einem vierjährigen Kiefernzweig, wie es im Bild E.2 wiedergegeben ist, zeigt den makroskopischen Aufbau des Holzes sehr anschaulich.

Von innen nach außen sieht man im Hirnschnitt den Markstrang, der in der Stammachse verläuft, dann die Holzmasse mit aufeinanderfolgenden Anteilen von Früh- und Spätholz, danach das Kambium, den Bast (auch Innenrinde genannt) und die Borke (oder Außenrinde). Alle diese Zonen liegen also in einem ganzen Hirnschnitt ringförmig um den Markstrang. Das Wachstum des Baumes erfolgt in der Art, dass sich die lebenden Zellen des Kambiums (tangential) teilen, nach innen zu Holzzellen werden und das Kambium selbst sich damit als dünne Haut nach außen bewegt. Je nach Nährstoffangebot und nach Zufuhr von Feuchtigkeit und Wärme entstehen beim Wachstum weite oder enge Holzzellen mit unterschiedlicher Färbung. Im gemäßigten Klima fällt das größte Feuchtigkeitsangebot bei günstigen Temperaturen ins Frühjahr, weshalb dann weite Zellen mit dünnen Zellwänden wachsen. Diese Zellen des Frühholzanteils dienen hauptsächlich dem Flüssigkeitstransport, während die im Sommer und Herbst gebildeten, engen, jedoch dickwandigeren Zellen des Spätholzes der

Festigkeit dienen. Entsprechend der Dichte sind die Frühholzzellen hell, die Spätholzzellen dunkel gefärbt. Ein vollständiger Ring, bestehend aus Früh- und Spätholz, gibt also einen jährlichen Zuwachs an und wird daher Jahrring genannt. Die absolute Breite eines Jahrringes ist noch kein Qualitätsmerkmal, erst die Verteilung von Früh- und Spätholz gibt einen verlässlichen Anhaltspunkt.

Weiter erkennt man im Bild E.2 Markstrahlen, die vom Markstrang radial nach außen und von der Rinde nach innen verlaufen. Sie dienen dem Transport und der Speicherung von Nährstoffen. Werden die Markstrahlen längs angeschnitten, so sehen sie wie glänzende Streifen aus, wovon die Bezeichnung „Spiegelschnitt" herrührt. Zuletzt sei noch auf die für Nadelhölzer eigentümlichen Harzgänge hingewiesen, die längs und quer zur Stammachse vorkommen und untereinander in Verbindung stehen.

Bei älteren Stämmen, je nach Holzart ab dem 20. bis 40. Lebensjahr, ist die Holzmasse in zwei farblich unterscheidbare Zonen geteilt: in den innen um den Markstrang liegenden dunklen Kern und den diesen umschließenden hellen Splint. Die Ursache dieser Trennung liegt darin, dass der Baumstamm nicht den ganzen Querschnitt zum Wasser- und Nährstofftransport benötigt und einem Teil der Zellstränge diese Aufgabe entzieht. Die stillgelegten Zellen reichern sich an mit Harzen, Fetten, Wachsen und Gerbstoffen und sterben schließlich ab. Das Kernholz ist dadurch dichter und härter als das noch lebende Saft führende Splintholz.

3   Mikroskopischer Aufbau

Betrachtet man dünne Längs- und Querschnitte im Mikroskop, dann erkennt man, dass das Holz aus länglichen Zellen aufgebaut ist, die sich in der Wanddicke und im lichten Durchmesser unterscheiden. Beim Nadelholz sind dies die Tracheiden oder Tüpfelzellen, die eine Länge von 3 bis 5 mm besitzen. Es sind röhrenförmige, geschlossene Gebilde mit meist zugespitztem Ende, an dessen Wänden sich Hoftüpfel befinden, die den Flüssigkeitsaustausch von Zelle zu Zelle besorgen. Die Tracheiden des Frühholzes sind dünnwandig und weitlumig (d. h. sie besitzen einen großen lichten Durchmesser) und sind mit sehr vielen Hoftüpfeln behaftet, da sie hauptsächlich dem Safttransport dienen; die Tracheiden des Spätholzes sind demgegenüber dickwandig und englumig und nur von wenigen Tüpfeln besetzt. Bei den Nadelhölzern bewirken diese Zellen die Festigkeit.

Bei den Laubhölzern besorgen die Gefäße oder Tracheen die Leitung des Wassers und der Nährstoffe. Wie die Tracheiden sind die Tracheen röhrenförmige Gebilde mit wechselndem Durchmesser und unterschiedlicher Wandstärke. Im Gegensatz zu jenen sind sie an den Enden jedoch nicht geschlossen, sondern weisen eine große oder mehrere kleine Öffnungen auf. Die Öffnung der einen Zelle passt an die Öffnung der nächstfolgenden Zelle, sodass bei Aneinanderreihung vieler Zellen durchgehende Röhren von mehreren Zentimetern bis Metern entstehen, in denen die Flüssigkeitsbewegung nach den Gesetzen der Kapillarität erfolgt.

Für die Speicherung der durch die Assimilation gebildeten Nährstoffe (Stärke, Zucker, Öle) sind die Parenchymzellen vorgesehen, die in Größe, Festigkeit und Gestalt stark variieren. Parenchymzellen kommen in Laub- und Nadelhölzern vor.

Langgestreckte dickwandige, englumige Zellen, ausschließlich den Laubhölzern eigentümlich, sind die Hart-, Sclerenchym- oder Libriformfasern. Diese Stützzellen sind für die Festigkeit der Laubhölzer maßgebend. Ist ihr Anteil in der Holzmasse hoch, dann sind Rohdichte und Festigkeit des Holzes entsprechend hoch.

Schematisch ist also das Holz aus nebeneinanderliegenden Röhren aufgebaut, deren Form, Durchmesser und Wanddicke unterschiedlich sind (Bild E.3).

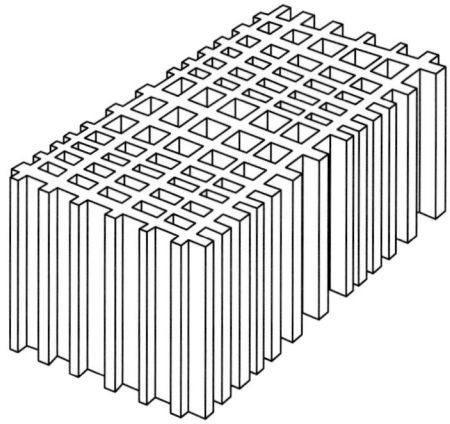

Bild E.3 Schematische Darstellung des Holzaufbaues

Dieser Aufbau bringt viele Besonderheiten des mechanischen Verhaltens mit sich, die unten näher behandelt werden, auf die aber jetzt schon hingewiesen werden soll. Beansprucht man beispielsweise ein solches Röhrenbündel auf Zug, dann ist das Verhalten, d. h. Verformung und Tragfähigkeit, wesentlich davon abhängig, ob die Kraft in Richtung der Röhren oder quer dazu wirkt. Längs der Röhren ist der Querschnitt maßgebend, quer dazu ist der Verformungswiderstand, d. h. die Biegefestigkeit der Röhren, ausschlaggebend. Die Röhren werden sicherlich viel leichter platt gedrückt oder auseinandergezogen als längs auseinandergerissen. Bei Druckbeanspruchung in Längsrichtung ist neben der Querschnittsfläche der Röhrenwände vor allem deren Widerstand gegen Knicken und Beulen von Einfluss, sodass erwartet werden kann, dass die Druckfestigkeit immer geringer ist als die Zugfestigkeit. Bei Scherbeanspruchung werden zwar in allen Wandungen die gleichen Scherkräfte wirken, die Scherfestigkeit wird jedoch von den Teilen mit der geringsten Wanddicke und dem größten Rohrdurchmesser bestimmt. Mechanisch betrachtet ist Holz demnach ein mikroskopisch inhomogener, anisotroper Werkstoff, der in Festigkeitsberechnungen zwar als homogen betrachtet wird, bei dem aber in jedem Fall die Belastungs- und Faserrichtung berücksichtigt werden muss.

4 Struktur und chemische Zusammensetzung

In runden Zahlen besteht Holz aus 40 bis 60 % Cellulose, 20 bis 30 % Lignin, 20 % Hemicellulosen oder begleitenden Kohlehydraten, 6 % celluloseähnlichen Polysacchariden und 2,5 % Harz und anorganischen Bestandteilen. Für die Festigkeit maßgebend sind Cellulose und Lignin, Erstere als Träger der Festigkeit, Letzteres als Kittsubstanz oder Bindemittel. Die Cellulose ist aufgebaut aus einer Vielzahl von Glukoseeinheiten, entspricht demnach der chemischen Formel $(C_6H_{10}O_5)_n$. Der Polymerisationsgrad n ist die Anzahl der Grundbausteine in einem Fadenmolekül, er gibt also die Kettenlänge des Makromoleküls an. Bei Holzcellulosen schwankt n zwischen 1.000 und 2.000. Die fadenförmigen Moleküle lagern sich teils geordnet kristallin, teils ungeordnet zusammen und werden entweder durch Nebenvalenzkräfte zusammengehalten oder sind einfach mechanisch verhakt und verknäuelt. Diese teilkristalline Struktur wird in der Holzforschung als Fransenmizell-Struktur

4   Struktur und chemische Zusammensetzung   177

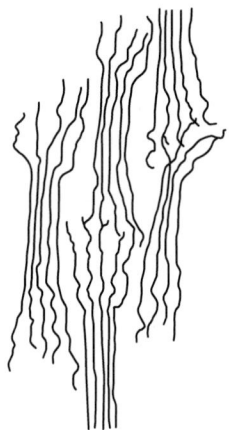

Bild E.4 Fransenmizellen aus Cellulose

bezeichnet, da die Enden der kristallinen Bereiche wie Fransen aussehen, siehe Bild E.4. Die Mizellen bilden Mikrofibrillen, die sich parallel zu einer Fibrille oder Faser anordnen [145]. Fadenförmige Moleküle bilden auch die Hemicellulosen, als Copolymerisat aus Glukose und verschiedenen anderen Zuckern allerdings mit Polymerisationsgraden von nur 150 bis 200. Ihre Festigkeit ist geringer als die der Cellulosen, sodass sie teils Gerüststoffe, teils Reservestoffe sind.

Mechanische und thermische Stabilität erlangt das Cellulosegerüst erst durch die Verkittung mit Lignin, einem makromolekularen Copolymerisat aus verschiedenen Alkohol-

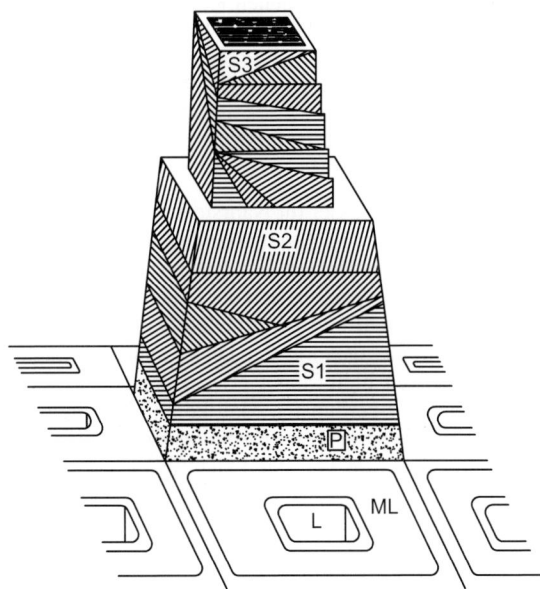

Bild E.5 Schematischer Aufbau der Zellwand einer Holzfaser. L – Zelllumen, ML – Mittellamelle, P – Primärwand, S_1, S_2, S_3 – Schichten der Sekundärwand [147]

Derivaten des Phenylpropans [144]. Im Gegensatz zur Cellulose ist das Lignin räumlich vernetzt [145]. Außerdem besteht die Ansicht, dass Lignin und Cellulose nicht nur durch Nebenvalenzbindungen verknüpft, sondern in Grenzgebieten chemisch aneinander gebunden sind [146].

Der Aufbau einer Holzzellwand ist in Bild E.5 gezeigt. Zwischen den Zellen liegt die Mittellamelle, die aus Lignin und Pektin besteht und die Zellen verklebt.

Die Primärwand wird aus einem unregelmäßigen Netzwerk aus Mikrofibrillen gebildet. Die Sekundärwände unterscheiden sich in der Fibrillenrichtung und Dicke. Die äußere Schicht S_1 ist 0,1 bis 0,2 mm dick, der Winkel zwischen Längsachse und Fibrille beträgt ca. 50 bis 70°. Die S_2-Schicht ist mehrere Mikrometer dick und die Mikrofibrillen sind ein wenig geneigt, ca. 5 bis 20°. Innerhalb der S_3-Schicht sind die nicht streng orientierten Mikrofibrillen leicht geneigt. Mechanisch betrachtet ist die Zellwand optimal entworfen, da sie hohe Zugkräfte in der S_2-Schicht übernehmen kann und bei Druck das Ausknicken durch die schräg gerichteten Mikrofibrillen in der S_1- und der S_3-Schicht wirksam verhindert.

Blickt man noch einmal zurück, so kann man nacheinander eine Vielzahl von Bauformen und Strukturen entdecken, die mit einem Minimum an Aufwand das Optimum an Leistungsfähigkeit erreichen: Ein Baumstamm verjüngt sich nach oben entsprechend der Momentenverteilung aus Windbelastung, ebenso sind die Äste für Wind und Schneebelastung richtig dimensioniert. Wächst der Baum in die Höhe, wobei Kräfte und Momente anwachsen, so wird dem bestehenden Querschnitt jeweils zum richtigen Zeitpunkt eine neue Schicht hinzugefügt, ablesbar an den Jahrringen. Mikroskopisch besteht das Holz aus Röhren, die bei wenig Materialanspruch hohe Knick- und Biegesteifigkeit erbringen. Dass die Tragglieder gleichzeitig dem Flüssigkeits- und dem Nährstofftransport dienen, erhöht die Effizienz beträchtlich und sei nur am Rande vermerkt. Submikroskopisch kann man in den kristallinen und amorphen Bereichen weitere Strukturen unterscheiden. Im Ganzen gesehen hat es der Ingenieur bei der Verwendung von Holz mit einem Stoff zu tun, der von der Natur optimal entwickelt wurde und an dessen Aufbau er für seine eigenen Konstruktionen vieles lernen kann [148].

5 Feuchtigkeit, Schwinden und Quellen

Wie jeder lebende Organismus benötigt auch das Holz Wasser für Nährstofftransport, -abbau und -umwandlung. So besitzt frisch geschlagenes Holz je nach Art, Standort und Fällzeit 50 bis 150 % Feuchte, bezogen auf das Trockengewicht des Holzes. Lässt man solches Holz an der Luft liegen, so verdunstet an der Oberfläche laufend Wasser, und der Feuchtigkeitsgehalt nimmt ab. Je dicker der Holzquerschnitt ist, umso langsamer geht die Trocknung vor sich, denn der maßgebliche Prozess, die Diffusion, ist vom Quadrat der Dicke abhängig (siehe Abschnitt A 3.7). Nach genügend langer Trockenzeit bleibt das Gewicht des Holzes konstant, ein Zeichen dafür, dass jetzt kein Wasser mehr verdunstet. Man könnte nun meinen, dieses luftgetrocknete Holz enthalte überhaupt kein Wasser mehr; doch dies stimmt nicht. Es ist lediglich bis zur „Ausgleichsfeuchte" getrocknet, die von der Feuchtigkeit der umgebenden Luft und von der Temperatur abhängt. Bild E.6 zeigt, welche Ausgleichsfeuchte sich bei einer bestimmten Temperatur und relativen Luftfeuchte einstellt. Dabei ist die Holzfeuchte definiert als

$$u = \frac{W}{G_{tr}} \cdot 100 \, [\%] \tag{223}$$

5 Feuchtigkeit, Schwinden und Quellen

mit W gleich dem Wassergewicht im Holz und G_{tr} gleich dem Gewicht der Holzsubstanz nach vollkommener künstlicher Trocknung. Die relative Luftfeuchte f_{rel}

$$f_{rel} = \frac{F_{abs}}{F_{max}} \cdot 100 \, [\%] \tag{224}$$

gibt an, wie viel Wasserdampf (F_{abs}) im Vergleich zur maximal bei einer bestimmten Temperatur aufnehmbaren Dampfmenge wirklich in der Luft enthalten ist.

Nimmt man z.B. eine relative Luftfeuchte von 70 % an bei einer Temperatur von 20 °C, dann beträgt die Ausgleichsfeuchte rund 13 %, bei 100 °C nur rund 7,5 %, d.h. mit fallender Temperatur nimmt die Holzfeuchte bei gleicher Luftfeuchte zu. Bild E.6 zeigt auch, weshalb es möglich ist, Holz mit Heißdampf zu trocknen. Als Richtwerte für die Praxis gelten folgende Feuchtigkeitsgehalte:

- in geheizten Innenräumen   9 bis 12 %
- in ungeheizten Innenräumen   12 bis 15 %
- im Freien unter Dach   15 bis 18 %
- im Freien   rund 20 %.

Diese Feuchtigkeitsgehalte stellen sich ein, gleichgültig, ob ein nasses, grünes Holz in eine trockene Umgebung kommt oder ob ein sehr trockenes Holz in eine feuchte Atmosphäre umgelagert wird. Um diese Vorgänge genauer zu verstehen, insbesondere den der Wasseraufnahme in feuchter Luft, soll etwas mehr über die Wasseranlagerung des Holzes gesagt werden.

Bringt man gedarrtes, d.h. bei 105 °C vollkommen getrocknetes Holz mit feuchter Luft in Berührung, so nimmt das Holz den Wasserdampf auf und lagert ihn an. Stoffe mit dieser Eigenschaft nennt man hygroskopisch. Die Wasseranlagerung geschieht dabei auf dreierlei Arten: durch Chemosorption, Adsorption und Kapillarkondensation [146]. Die Chemosorption beruht auf den molekularen Anziehungskräften zwischen dem Cellulosegerüst und Lignin einerseits und den Wassermolekülen andererseits, die als starke Dipole elektrische Anziehung ausüben. Für die Chemosorption sind vor allem die Hydroxylgruppen der Cellulose maßgebend, die mit den Wassermolekülen in Wechselwirkung treten. Die chemische Reaktion hört auf, wenn alle Hydroxylgruppen abgesättigt sind, was nach Kollmann [146] bei einem Feuchtigkeitsgehalt von rund 8 % der Fall ist. Sind durch Chemosorption fast alle Valenzen abgesättigt, so bleiben an der Oberfläche immer noch physikalische Kräfte (z.B. van-der-Waals-Kräfte), die auf die Wassermoleküle anziehend wirken. Diese Adsorptionskräfte sind, je Gramm Stoff betrachtet, umso größer, je größer die innere Oberfläche ist.

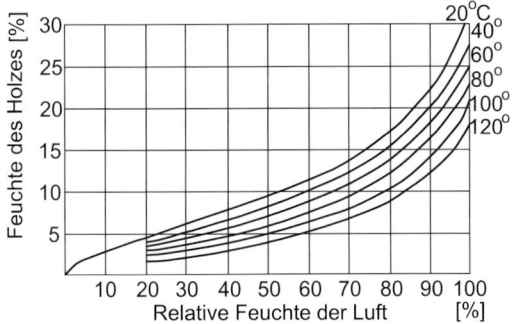

Bild E.6 Beziehung zwischen Luftfeuchte, Temperatur und Holzfeuchte

Erinnert man sich an die Mizellstruktur der Holzzellen (Fransenmizelle), dann wird klar, dass Holz eine große innere Oberfläche besitzen und daher gasförmige und flüssige Stoffe adsorbieren muss. Bei einer inneren Oberfläche von rund 200 m^2/g kann es rund 7 % Wasser adsorbieren.

Der Unterschied zur Chemosorption besteht darin, dass die Adsorption nur physikalisch wirkt und keine chemische Reaktion auslöst. Der Übergang von einer zur anderen Art ist jedoch schleifend, da beide Vorgänge auf den elektrischen Kräften der Moleküle beruhen und sich nur in ihrer Größe und im Abstand der Moleküle unterscheiden. Wie bei der Chemosorption tritt auch bei der Adsorption keine Flüssigkeitsschicht an der Oberfläche auf, sondern nur eine ein- oder mehrmolekulare Schicht von verdichtetem Dampf.

Entsteht durch weitere Wasseranlagerung eine Flüssigkeitsschicht, dann geschieht dies infolge der Kapillarkondensation, einer charakteristischen Eigenschaft poriger Festkörper. Diese ist vom Dampfdruck abhängig und vom Durchmesser der Poren: Wasser kondensiert umso eher in einer Pore, je kleiner deren Durchmesser und je höher der Dampfdruck ist (siehe Abschnitt A 3.6). Als Summe der Wasseranlagerung durch Chemosorption, Adsorption und Kapillarkondensation ergeben sich je nach Porenraum und -durchmesser und innerer Oberfläche folgende Holzfeuchten [149]:

– Laubhölzer ohne ausgeprägten Kern   32 bis 35 %
– Nadelhölzer ohne ausgeprägten Kern   30 bis 34 %
– Nadelhölzer mit Kern je nach Harzgehalt   22 bis 28 %
– Laubhölzer mit ausgeprägtem Kern   22 bis 24 %.

Für die für Bauholz am meisten verwendeten Laubhölzer Fichte, Kiefer, Tanne und Lärche kann man mit Werten von 28 bis 30 % rechnen. Diese Werte heißen „Fasersättigungspunkt" und geben damit die höchste Holzfeuchte an, die ein Holz ohne direkte Berührung mit Wasser erreichen kann, also nur aufgrund seiner hygroskopischen Eigenschaften. Mehr Feuchtigkeit, als es der Fasersättigungspunkt angibt, kann an Luft gelagertes Holz nicht aufnehmen. Im Wasser gelagertes Holz nimmt natürlich solange Wasser auf, bis alle Poren, auch die großen und abgeschlossenen, mit Wasser gefüllt sind. Dieses freie Wasser hat jedoch (s. u.), auf die mechanischen Eigenschaften keinen oder nur geringen Einfluss.

Mit einer Feuchteänderung unterhalb des Fasersättigungspunkts geht eine Volumenänderung einher. Die Ergebnisse eines Versuchs mit einem luftgetrockneten Fichtenholzwürfel, der nach Wasserlagerung wieder an der Luft gelagert wurde, sind im Bild E.7 aufgetragen.

Wie man aus den Kurven sieht, nimmt sofort nach dem Eintauchen das Gewicht des Probekörpers zu. In den ersten drei Tagen erfolgt dies sehr rasch, dann langsamer, aber stetig

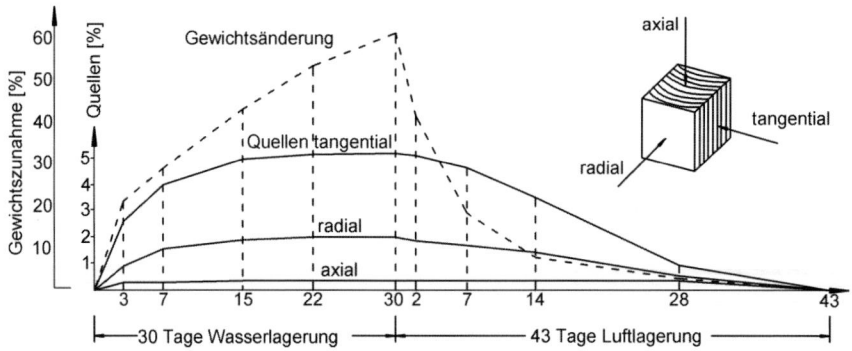

Bild E.7 Quellen und Schwinden eines lufttrockenen Fichtenholzwürfels, nach Baumann [150]

5 Feuchtigkeit, Schwinden und Quellen

bis zum Ende der Wasserlagerung. Die Gewichtszunahme beträgt dann 60%, d. h. zusätzlich zu dem im lufttrockenen Zustand vorhandenen Feuchtigkeitsgehalt wurden nochmals 60% des Holzgewichts an Wasser aufgesogen. Nach der Entnahme des Würfels aus dem Wasser nimmt die Feuchtigkeit fast ebenso schnell ab, sodass nach 43 Tagen Luftlagerung der Ausgangszustand wieder erreicht ist. In den ersten 15 Tagen Wasserlagerung, oder bis zu einer Gewichtszunahme von rund 30%, quillt der Körper in allen drei Richtungen, dann bleibt das Volumen nahezu konstant und nimmt bei Luftlagerung wieder ab; allerdings erst merklich, wenn die Feuchtigkeit unterhalb von 30% liegt. Damit scheint damit klar, dass sich Quellen und Schwinden erst unterhalb des Fasersättigungspunkts voll ausbilden und dass die Wasseraufnahme darüber hinaus nur mit geringen Volumenänderungen verbunden ist.

Aufgrund der angegebenen Wasseranlagerungsmöglichkeiten (Chemosorption, Adsorption, Kapillarkondensation) kann man die Ursache der Quellung darin sehen, dass die zunächst molekularen, später polymolekularen Wasserschichten auf den Cellulosemolekülen den Abstand der einzelnen Makromoleküle vergrößern. Dieser Prozess geht so lange vor sich, bis die Fasern (= Zellwände) kein weiteres Wasser mehr anlagern können. Freies Wasser, welches nur durch Wasserlagerung aufgenommen wird, befindet sich innerhalb der Zellhohlräume, weitet jedoch die Mizellen nicht auf und führt daher nicht zu Quellerscheinungen. Für das Schwinden bei Austrocknung gilt sinngemäß dasselbe; allerdings scheint es, dass das Schwinden der Wasserabgabe um ein großes Stück hinterhereilt. Auffallend ist der große Unterschied zwischen tangentialer, radialer und axialer Längenänderung; die tangentiale ist mehr als doppelt so groß wie die radiale, diese wiederum rund viermal so groß wie die axiale. Dass die axiale Längenänderung wesentlich kleiner sein muss als die tangentiale und die radiale, folgt aus dem Verlauf der Mizellen, die (näherungsweise) parallel zur Stammachse verlaufen. Durch Wasseraufnahme werden diese auseinandergerückt, jedoch nicht verlängert. Dass radiales und tangentiales Schwind- und Quellmaß stark variieren, hängt mit der Orientierung der Fibrillen zusammen. Als Richtwerte für die Größe des Quellens und Schwindens, jeweils für 0 bis 30% Holzfeuchte, gelten folgende Zahlen:

– tangential   5 bis 10% (12%),
– radial   3 bis 5% (6%),
– axial   0,2 bis 0,5%.

Die Werte in den Klammern gelten für Laubholz, die anderen für Nadelholz. Welche praktischen Auswirkungen die unterschiedlichen Schwindmaße haben, veranschaulicht

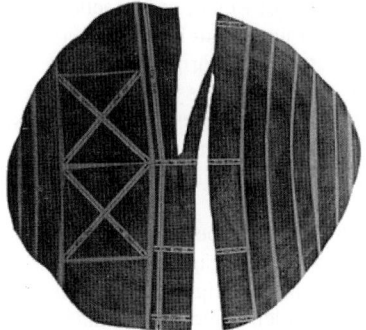

Bild E.8 Verformung von Buchenholz durch Schwinden

Bild E.8. Hier ist gezeigt, wie sich ein Stamm verhält, der nach dem Fällen zerteilt wurde und anschließend zehn Wochen an der Luft lagerte. Die unterschiedlichen Schwindmaße in tangentialer und radialer Richtung sind schuld an den Verwerfungen und dem Verziehen ursprünglich rechteckiger Querschnitte.

Wenn auch die vorstehenden Erörterungen über die Holzfeuchte nicht im direkten Zusammenhang mit den mechanischen Eigenschaften stehen, so sind sie doch immer zu beachten. Die Hölzer sollten beim Einbau diejenige Feuchte (Einbaufeuchte) besitzen, die die voraussichtliche Ausgleichsfeuchte ist. Dann sind die Längenänderungen vernachlässigbar und ebenso die Zwang- und Eigenspannungen, die bei Behinderung der freien Dehnung auftreten.

6 Prüfverfahren für die Festigkeit

Die wichtigsten Festigkeitswerte zur Beurteilung von Holz sind Druckfestigkeit, Zugfestigkeit und Biegefestigkeit, für die Dimensionierung von Holzverbindungen (Bolzen, Dübel, Klebstoff) ist die Scherfestigkeit maßgebend und über Sprödigkeit und Zähigkeit gibt der Schlagbiegeversuch Aufschluss. Um eindeutige und vergleichbare Ergebnisse zu erhalten, werden diese Prüfungen an fehlerfreiem Holz durchgeführt, was bedeutet, dass die Probekörper klein sein müssen. Die Prüfung an großen Probekörpern ergibt größere Streuungen im Ergebnis und kleinere Festigkeitswerte, da Äste und Wuchsabweichungen unregelmäßig verteilt sind und den Querschnitt schwächen. Für alle Prüfungen gilt gleichermaßen, dass Holzfeuchte, Temperatur, Luftfeuchte und Faserverlauf festgestellt werden müssen, da sie die Holzeigenschaften wesentlich beeinflussen.

Zur Bestimmung der Druckfestigkeit wird der Druckversuch nach DIN 52185 durchgeführt. Dazu werden prismatische Körper mit i. d. R. quadratischem Querschnitt verwendet, deren Seiten 20 bis 50 mm groß sind und deren Höhe das 1,5- bis 3-Fache der Seitenlänge beträgt. Die Druckflächen müssen eben sein und rechtwinklig zur Probenlängsachse verlaufen. Die Faserrichtung läuft in Richtung der Probenlängsachse und damit auch in Richtung der Belastung. Die Druckfestigkeit ist dann die auf den Anfangsquerschnitt der Probe bezogene Höchstkraft.

Häufig wird Bauholz auch quer zur Faserrichtung durch Druckkräfte beansprucht – man denke an Schwellen, Pfetten und Lagerhölzer –, wofür die aus dem oben beschriebenen Druckversuch erhaltenen Festigkeitswerte nicht zutreffen. Der röhrenförmige Aufbau des Holzes lässt für eine Last quer zur Faser ein anderes Verhalten erwarten. Daher führt man einen Druckversuch nach DIN EN 408 quer zur Faser durch, indem man Prismen vollflächig mit einer Kraft F belastet. Das Material verhält sich in diesem Fall weich, sodass schon unter geringer Kraft große Verformungen auftreten. Um die Verformungen im Bauwerk gering zu halten, definiert man eine Grenzdehnung von 1%, deren zugehörige Spannung die 1%-Stauchgrenze ist; sie wird auch Querdruckfestigkeit $f_{c,90}$ genannt, was jedoch irreführend ist, da sie in Wirklichkeit keine Festigkeit ist, die durch eine Höchstlast bestimmt worden ist.

Der Zugversuch wird mit Schulterstäben nach DIN 52188 durchgeführt. Er ergibt mit dem Quotienten aus Höchstkraft und Anfangsquerschnitt die einachsige Zugfestigkeit $f_{t,0}$ für die Beanspruchung längs der Faser.

Zur Bestimmung der Biegefestigkeit nach DIN 52186 dienen Stäbe mit quadratischem Querschnitt von mindestens 20 mm Kantenlänge. Die Stützweite beträgt im Versuch mindestens das 15-Fache der Kantenlänge. Der Stab kann mit einer mittigen Einzelkraft oder wahlweise mit zwei Kräften in den Drittelspunkten belastet werden. Unter Vernachlässigung des unterschiedlichen Verformungsverhaltens bei Druck und Zug wird die Biegefestigkeit aus der Höchstlast nach der einfachen Biegelehre berechnet zu $f_m = M_{max} / W$, wobei W das

7 Festigkeit des Holzes

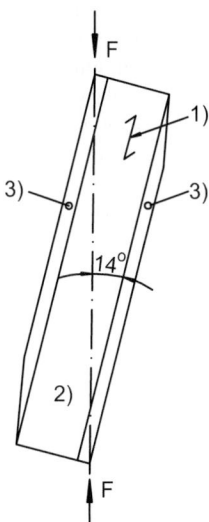

Bild E.9 Scherprüfung nach DIN EN 408, Prüfkörper mit aufgeklebten Stahlplatten

Widerstandsmoment bedeutet. In Wirklichkeit liegt die Nulllinie nicht in der Schwerachse und die Zugspannungen sind höher als die Druckspannungen. Die Biegefestigkeit übersteigt in der Regel die Druckfestigkeit beträchtlich und liegt unter der Zugfestigkeit.

Die reine Scherfestigkeit eines Materials zu bestimmen, stößt in der Prüfpraxis auf – bisher – unüberwindliche Schwierigkeiten, da immer zusätzlich zur Scherbeanspruchung ein Moment und also Biegespannungen auftreten. Da dies im Bauwerk jedoch auch der Fall ist, begnügt man sich mit der näherungsweisen Bestimmung der Scherfestigkeit. Bei Holz ist nach DIN EN 408 ein prismatischer Prüfkörper zu verwenden, der zwischen zwei Stahlplatten eingeklebt und unter einem Winkel von 14° auf Druck belastet wird. Bild E.9 zeigt die Anordnung.

Die Scherfestigkeit wird errechnet aus

$$F_v = F_{max} \cos 14° / (lb) \tag{225}$$

mit l = Länge und b = Breite des Prüfkörpers.

Der Schlagbiegeversuch gibt Auskunft über die Brucheigenschaften des Holzes, vornehmlich über die Frage, ob ein Holz spröd oder zäh bricht. Der Versuch wird an einer 30 cm langen, quadratischen Probe von 2 cm Seitenlänge so durchgeführt, dass ein Pendelhammer die Probe mittig trifft und in einem Schlag durchbricht (DIN 52189). Die auf den Querschnitt bezogene Schlagarbeit gibt dann ein Maß für die Zähigkeit: je höher die Bruchschlagarbeit, umso zäher das Holz, je niedriger, umso spröder.

7 Festigkeit des Holzes

Um einen Eindruck von der Festigkeit der Hölzer zu gewinnen, sind in Tabelle E.1 mittlere Festigkeitswerte für die wichtigsten Bauhölzer zusammengestellt. Die Werte gelten für fehlerfreies Holz und für eine Holzfeuchte von 12%, was gewöhnlich die Feuchte bei der Holzprüfung ist. Ein Blick in Tabelle E.1 zeigt sofort die hohen Festigkeitswerte, die Holz erreicht. Die Druckfestigkeit liegt über 50 MPa und damit in der Höhe eines guten Betons.

Tabelle E.1 Festigkeiten verschiedener Hölzer, nach Kollmann [146]

Holzart	Rohdichte bei u = 12 % [kg/m³]	Druck-festigkeit [MPa]	Zugfestigkeit [MPa]	Biege-festigkeit [MPa]	Scher-festigkeit [MPa]	Bruchschlag-arbeit [kJ/m²]
Fichte (Rottanne)	470	50	90	78	7	50
Tanne (Weißtanne)	450	47	84	73	5	40
Kiefer (Föhre)	520	55	104	100	10	40
Lärche	590	55	107	99	9	60
Eiche (Traubeneiche)	690	65	90	110	11	60
Esche	690	52	165	120	13	70
Rotbuche	720	62	135	123	8	10
Weißbuche, Hainbuche	830	82	1 135	160	8	8

Zugfestigkeit und Biegefestigkeit liegen noch wesentlich darüber. Nach Versuchsauswertungen von Kollmann [146] verhalten sich Druckfestigkeit zu Zugfestigkeit zu Biegefestigkeit wie 1 : 2 : 1,75, wobei allerdings große Abweichungen von diesen Mittelwerten möglich sind. Die Scherfestigkeit beträgt rund ein Zehntel der Biegefestigkeit.

Bei der Beurteilung eines Baustoffs ist nicht nur die Festigkeit maßgebend, losgelöst von allen anderen Eigenschaften. Wichtig ist z. B. auch das Gewicht einer Konstruktion oder bei der Betrachtung des Stoffes die Rohdichte. Diese liegt bei den aufgeführten Nadelhölzern zwischen 470 und 590, bei den Laubhölzern zwischen 690 und 830 kg/m³. Die Rohdichte liegt demnach wesentlich unterhalb der Rohdichten aller anderen Ingenieurbaustoffe (zum Vergleich: Stahl 7.850, Beton 2.400, Aluminium 2.700, Kunststoffe > 1.000 kg/m³). Bildet man den Quotienten aus Zugfestigkeit und Rohdichte, so erhält man der Dimension nach eine Länge, die „Reißlänge", die angibt, wie lange ein senkrecht aufgehängter zylindrischer Stab höchstens sein darf, ohne unter seinem Eigengewicht zu brechen. Im Falle der obigen Zusammenstellung liegt die Reißlänge von Holz zwischen 13 und 24 km, im Mittel bei 18,5 km. Vergleichsweise kommt Stahl auf 4 bis 25, Aluminium auf 2,5 bis 18 und Beton (Druck) auf 0,4 bis 4 km.

Nach dieser kurzen Aufzählung mag es scheinen, als ob Holz schlechthin der ideale Baustoff sei, wenn man die Festigkeit betrachtet. Dies stimmt jedoch nur bedingt; denn man darf nicht vergessen, dass die genannten Werte an fehlerfreiem Holz gefunden wurden. In der Praxis wird man kein Bauteil finden, das auf seiner ganzen Länge ohne Ast, ohne Faserabweichung oder ohne sonstige Wuchsfehler ist. Da Holz ein natürliches Produkt ist, muss man alle natürlichen Abweichungen vom Idealzustand in Kauf nehmen und berücksichtigen, indem man sich von diesen Einflüssen ein Bild verschafft und ihre Auswirkungen auf die Tragfähigkeit studiert. Dies soll in den folgenden Abschnitten geschehen. Ein anderer Weg besteht darin, dass man das Holz so weit aufbereitet, dass nur noch fehlerfreies Holz übrig bleibt, und dieses durch geeignete Klebverbindungen wieder zusammenfügt. Gedacht ist hierbei z. B. an Sperrholz und an Brettschichtholz, wenn es sich um Ingenieurkonstruktionen handelt.

8 Einflüsse auf die Festigkeit

Die im Folgenden beschriebenen Einflüsse wirken in der Regel gleichsinnig auf die Druck-, Zug- und Biegefestigkeit ein, sodass es meist ausreicht, nur eine Festigkeitsart[1] näher zu behandeln und auf die anderen hinzuweisen. Der qualitative Verlauf kann dann in jedem Fall hergeleitet werden. Außerdem darf man nicht vergessen, dass jeder Holzprüfkörper seine eigene Entstehungsgeschichte hat und dass die darin gemessenen Werte genau genommen nur für diesen Körper gelten. Diese Werte sind zwar auch für andere Prüfkörper qualitativ gültig, quantitativ können jedoch große Abweichungen vom Mittelwert auftreten.

8.1 Rohdichte

Unter der Rohdichte von Holz versteht man den Quotienten aus der Masse und dem Volumen, welches durch die äußeren Abmessungen gegeben ist. Im Volumen sind also alle Poren und Hohlräume enthalten; die Masse schließt auch das vom Holz gebundene Wasser ein. Die Rohdichte hat demnach bei verschiedenen Feuchten unterschiedliche Werte. Um die Messergebnisse verschiedener Hölzer einfach vergleichen zu können, hat man sich auf die Bestimmung bei 0 % (Darrzustand) und bei 12 % (lufttrocken) Holzfeuchte festgelegt. Zum Unterschied zur Rohdichte gibt die Reindichte die reine Holzmasse wieder, dividiert durch das von ihr eingenommene Volumen. Sie hat jedoch für den Ingenieur keine Bedeutung. Nach Kollmann [146] kann man sie näherungsweise für alle Hölzer zu 1.500 kg/m³ annehmen.

Beim röhrenförmigen Aufbau des Holzes bedeutet eine niedrige Rohdichte entweder weite Zellen oder dünne Zellwände oder beides zusammen, hohe Rohdichte ist gleichbedeutend mit engen Zellen und dicken Zellwänden. Bei hoher Rohdichte lässt ein größerer Materialquerschnitt – unter der Voraussetzung gleicher Eigenfestigkeit – eine höhere Bruchlast erwarten und damit, bezogen auf den Gesamtquerschnitt mitsamt den Poren, eine höhere Festigkeit.

Diese Annahme wird bestätigt durch Versuche von Kollmann [151], die im Bild E.10 aufgetragen sind.

Die Prüfung der Druckfestigkeit an Proben unterschiedlicher Rohdichte ergab eine lineare Abhängigkeit der Druckfestigkeit von der Rohdichte, wobei Laub- und Nadelhölzer einge-

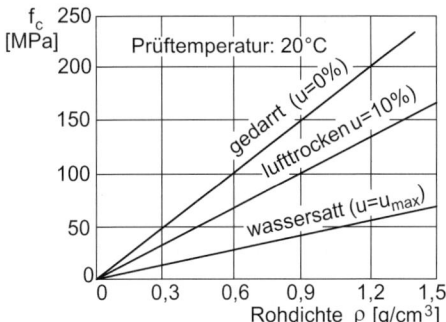

Bild E.10 Zusammenhang zwischen Druckfestigkeit, Rohdichte und Holzfeuchtigkeit, nach Kollmann [151]

---

[1] Wenn nichts anderes gesagt ist, bedeutet „Festigkeit" die längs der Faser ermittelte Festigkeit.

schlossen sind. Aus demselben Diagramm geht auch der Einfluss der Feuchte hervor, denn gedarrtes Holz hat die höchste Festigkeit (bei $\rho = 0{,}6$ g/cm^3 ist $f_c = 100$ MPa), wassersattes die niedrigste ($f_c = 30$ MPa bei $\rho = 0{,}6$ g/cm^3), lufttrockenes Holz liegt dazwischen ($f_c = 67$ MPa bei $\rho = 0{,}6$ g/cm^3). Auf den Einfluss der Feuchtigkeit wird unten noch näher eingegangen.

Holz ist aus Jahrringen aufgebaut, die aus Früh- und Spätholz bestehen. Das Spätholz ist dickwandig und englumig, hat also eine hohe Rohdichte, das Frühholz ist dünnwandig und weitlumig und besitzt eine niedrige Rohdichte. Nach Versuchen von Baumann [152] erreicht das Spätholz von Nadelholz Zugfestigkeiten bis 500 MPa, wogegen die des leichten Frühholzes bis auf 40 MPa heruntergehen. Ob ein Holzquerschnitt eine hohe oder eine niedrige Festigkeit besitzt, hängt also insbesondere vom Spätholzanteil ab. Im Bild E.11 sind je zwei Querschnitte von Fichten- und Eichenholz mit unterschiedlicher Jahrringbreite dargestellt. Wie man sieht, bedeutet bei der Fichte eine große Jahrringbreite viel Frühholz und wenig Spätholz, mit dem Ergebnis einer kleinen Rohdichte und einer geringen Druckfestigkeit von 28 MPa. Schmale Jahrringe zeigen einen hohen Spätholzanteil und damit verbunden eine hohe Rohdichte und eine hohe Festigkeit von 56 MPa. Bei der Eiche ist die Zusammensetzung gerade umgekehrt, denn dort besteht der enge Jahrring aus etwa gleich viel Früh- und Spätholz, der breite Jahrring setzt sich aber aus wesentlich mehr Spätholz gegenüber Frühholz zusammen. Der Grundsatz, dass viel Spätholz auch eine höhere Festigkeit bewirkt, gilt jedoch auch hier. Es ist eine Eigenheit der Hölzer, dass sich Laub- und Nadelhölzer bei gleichen Wuchsbedingungen unterschiedlich verhalten. Näherungsweise kann man sagen, dass die Jahrringbreite bei gleichen Wuchsbedingungen etwa gleich groß wird, dass aber die Verteilung von Früh- und Spätholz gerade umgekehrt ist. Die in den Diagonalen liegenden Bilder des Bildes E.10 hatten jeweils die gleichen Wuchsbedingungen.

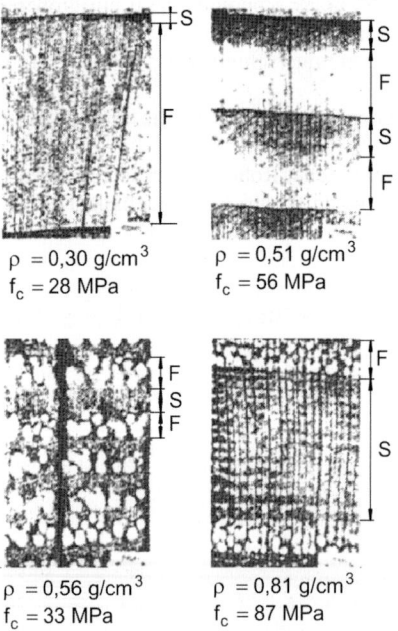

Bild E.11 Einfluss der Jahrringbreite von Nadel- und Laubholz auf Rohdichte und Druckfestigkeit (lufttrocken geprüft); F – Frühholz, S – Spätholz

8 Einflüsse auf die Festigkeit

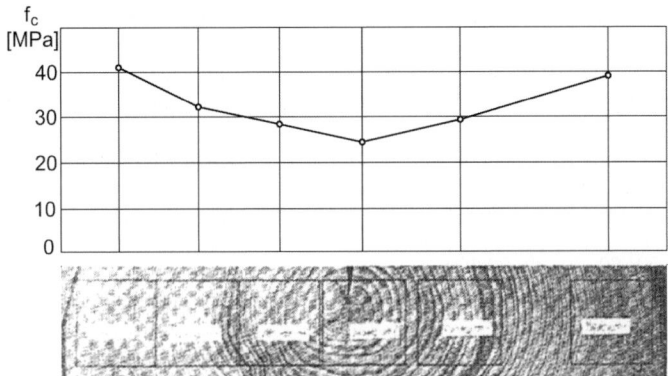

Bild E.12 Verteilung der Druckfestigkeit über einem Durchmesser eines Fichtenholzstammes. Holzfeuchtigkeit 7 bis 9 %, Versuchskörper von Graf [153]

Nicht nur die Wuchsbedingungen bestimmen die Jahrringbreite, auch die Lage innerhalb des Stammquerschnitts ist von Einfluss. Wie Graf [153] nachprüfte, sind bei Nadelholz die Jahrringe der äußeren Splintzonen in der Regel enger als in der Stammmitte und dementsprechend fester. Bild E.12 zeigt ein Beispiel dazu, wo die Druckfestigkeit von 41 auf 24 MPa absinkt und nach außen hin wieder auf 39 MPa zunimmt.

Von Bedeutung sind diese Ergebnisse für die Frage, ob baumkantiges Holz weniger tragfähig ist als scharfkantiges. Nach den Untersuchungen von Graf ist baumkantiges Holz genauso tragfähig wie scharfkantiges, da die äußeren, besonders festen Teile erhalten bleiben. Solange die Baumkante konstruktiv nicht stört – wegen der Auflager und Anschlüsse –, ist es daher zweckmäßig und wirtschaftlich, baumkantiges Holz zu verwenden.

8.2 Feuchte

An Luft gelagertes Holz unterliegt wegen der veränderlichen Luftfeuchte immer Schwankungen in seinem Feuchtigkeitsgehalt. Um die Festigkeit richtig zu beurteilen, ist daher der Einfluss der Feuchte genau zu untersuchen. Zahlreiche Forscher haben Hölzer auf Druck und Zug untersucht, indem sie den Feuchtigkeitsgehalt von null aufwärts variierten. Im Bild E.13 sind Versuche von Kollmann [154] dargestellt. Sie zeigen, dass innerhalb des hygroskopischen Bereiches bereits kleine Feuchteschwankungen die Druckfestigkeit beeinflussen. Dies ist erklärlich, wenn man die Wasserbindungen bedenkt: Durch die Anlagerung von Wassermolekülen werden freie Valenzen an der Mizelloberfläche abgesättigt und stehen für die Wechselwirkung zwischen den Mizelloberflächen untereinander nicht mehr zur Verfügung. Die Kohäsion muss damit abnehmen. Zudem weiten sich die Mizellstränge auf und ihre Beweglichkeit nimmt zu, was die Verformungsfähigkeit erleichtert. Der Prozess ist beendet, wenn die physikalisch-chemisch höchstmögliche Wasseranlagerung erreicht ist; das ist beim Fasersättigungspunkt der Fall. Das durch Wasserlagerung aufgenommene, sich in den größeren Kapillaren und Poren befindende Wasser beeinträchtigt die Festigkeit nicht mehr.

Genau diesen Sachverhalt gibt Bild E.13 wieder. Bis zum Fasersättigungspunkt, zwischen $u = 28$ und 32 %, fallen die Kurven steil ab und gehen dort in Geraden über, die parallel zur Abszisse verlaufen, d. h. oberhalb des Fasersättigungspunktes ist der Einfluss vernachlässigbar klein. Vom Darrzustand bis zum Fasersättigungspunkt jedoch nimmt die Festigkeit um zwei Drittel ab, ein Ergebnis, welches bei der Beurteilung der Tragfähigkeit von Bauteilen

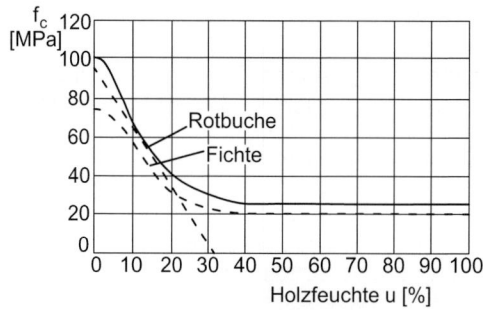

Bild E.13 Beziehung zwischen Holzfeuchtigkeit und Druckfestigkeit, nach Kollmann [146]

sehr beachtet werden muss. Um den Einfluss rechnerisch zu erfassen, genügt es für praktische Aufgaben, innerhalb des hygroskopischen Bereichs lineare Abhängigkeit anzunehmen, sodass Druckfestigkeitswerte aus Messungen unterschiedlicher Feuchtigkeit umgerechnet werden können mit

$$\frac{f_{c1}}{f_{c2}} = \frac{32 - u_1}{32 - u_2}, \tag{226}$$

wobei f_{c1} und f_{c2} die bei u_1 und u_2 ermittelten Festigkeiten sind [146]. Die Konstante 32 ist der Schnittpunkt der Tangenten mit der Abszisse. Gl. (226) gilt im Bereich $8 < u < 18\%$.

Bei der Prüfung der Zugfestigkeit wurde festgestellt, dass bei 8 bis 12% Holzfeuchte ein deutliches Maximum auftritt (Bild E.14). Über 12% fällt die Festigkeit etwa linear ab und erreicht beim Fasersättigungspunkt wieder eine asymptotische Gerade, die etwa parallel zur Abszisse verläuft. Die Ursache dafür, dass die Zugfestigkeit des gedarrten Holzes nicht die höchste ist, liegt an dem spröderen Verhalten gedarrten Holzes. Die Fasern brechen bei Erreichen der individuellen Festigkeit, weil sie sich nicht plastisch verformen und die Last dadurch auf benachbarte Fasern übertragen können. Beim Darren treten auch Eigenspannungen auf, die die Festigkeit scheinbar herabsetzen. Aus Untersuchungen [155] wurde gefolgert, dass sich schon bei geringer Feuchtigkeitsaufnahme das Lignin plastisch verhält. Dadurch tritt zwar frühzeitiges Knicken auf, da die Druckfestigkeit sinkt, aber gleichzeitig können sich die Fasern bei Zugbeanspruchung strecken, orientieren und innere Spannungsspitzen abbauen. Die Folge ist eine erhöhte Zugfestigkeit, die solange anhält, bis die Kohäsion durch fortlaufende Quellung vermindert wird.

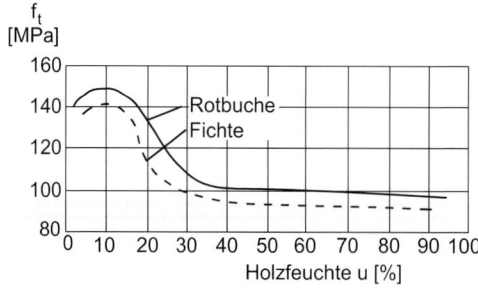

Bild E.14 Beziehung zwischen Holzfeuchtigkeit und Zugfestigkeit, nach Graf [156]

8.3 Winkel zwischen Kraft- und Faserrichtung

Ob eine Kraft längs der Fasern, schräg oder rechtwinklig dazu wirkt, ist von entscheidendem Einfluss auf die Tragfähigkeit. Nach Versuchen von Baumann am Holz einer Gotthardttanne [150] sind Zug-, Biege- und Druckfestigkeit am höchsten, wenn Kraft und Faser parallel laufen. Die Festigkeitswerte nehmen stark ab bis zu einem Winkel von rd. 45° zwischen Kraft und Fasern (siehe Bild E.15) und fallen dann nur noch wenig.

Die Zugfestigkeit hat relativ am stärksten abgenommen, auf rund 1/15 des Ausgangswertes, die Druckfestigkeit am wenigsten, auf rund 1/7. Absolut gesehen liegen die Festigkeitswerte zwischen 30 und 90° nur unwesentlich auseinander. Dass die Druckfestigkeit anscheinend weniger abnimmt als die Zugfestigkeit liegt daran, dass bei 0° die wahre Druckfestigkeit überhaupt nicht erreicht wurde, sondern lediglich die geringere Knickfestigkeit der einzelnen Röhren. Der Bezugspunkt liegt also niedriger als bei der Zugfestigkeit.

Um einen ungefähren allgemeingültigen Anhaltspunkt zu geben über die Beziehung zwischen Festigkeit und Richtung der Kraft, hat Baumann durchschnittliche Werte verschiedener Hölzer unterschiedlicher Festigkeit normiert und aufgetragen [150]. Bild E.16

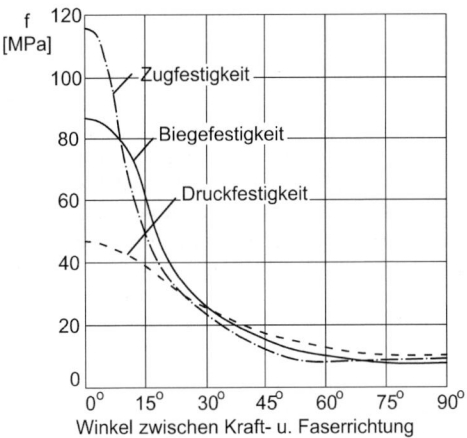

Bild E.15 Beziehung zwischen Festigkeit und Winkel zwischen Kraft- und Faserrichtung, nach Baumann [150]

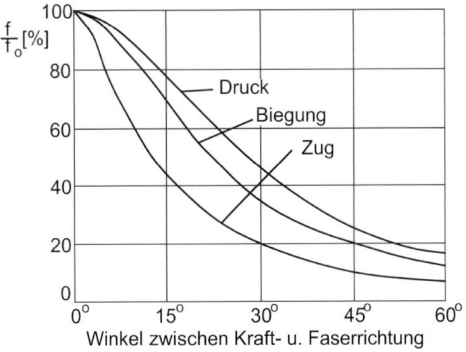

Bild E.16 Allgemeine Beziehung zwischen Festigkeit und Kraftangriff, nach Baumann [150]

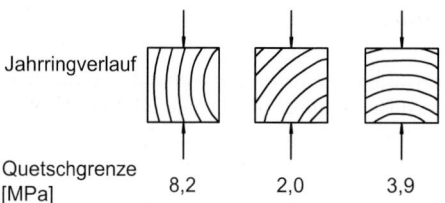

Bild E.17 Jahrringneigung und Quetschgrenze bei Gotthardtanne, nach Baumann [150]

zeigt sein Ergebnis, welches nochmals deutlich macht, dass die Zugfestigkeit am empfindlichsten auf schrägen Kraftangriff reagiert, gefolgt von der Biege- und der Druckfestigkeit. Diese Abhängigkeit zeigt, dass Holz nicht als isotroper Werkstoff behandelt werden kann. Nur für die Berechnung stabförmiger Baukörper mit parallelem Faserverlauf reichen einfache Festigkeitsbetrachtungen aus.

Einen weiteren Einfluss auf die Festigkeit übt die Neigung der Jahrringe im Holzquerschnitt aus. Aus den zu Bild E.15 schon zitierten Versuchen geht hervor, dass die Quetschgrenze am höchsten ist, wenn die Jahrringe aufrecht stehen, am niedrigsten, wenn sie unter rund 45° verlaufen. Im zweiten Fall tritt der Bruch stets dadurch ein, dass die Jahrringe im Frühholz abscheren, was eine geringe Festigkeit zur Folge hat. Bild E.17 zeigt schematisch das Ergebnis. Diese Tendenz gilt nur bei Nadelholz, während Laubholz i. A. bei waagerechten Jahrringen die höchste Quetschgrenze erzielt. Dies hängt mit der versteifenden Wirkung von Poren und Markstrahlen zusammen, worauf hier jedoch nicht mehr eingegangen wird.

Um die Festigkeit des Holzes auszunutzen, wird man in der Praxis immer darauf achten, dass die Kraft in einem Bauteil parallel zu den Fasern wirkt. Wo dies konstruktiv nicht möglich ist – wie bei Anschlüssen und Knotenpunkten von Streben und Pfosten oder bei Versätzen –, muss man die verminderte Tragfähigkeit berücksichtigen.

8.4 Wuchseigenschaften

Ungestört und parallel verlaufen die Fasern immer nur über kurze Strecken. Über längere Strecken, also bei für Bauteile üblichen Längen, wird der Faserverlauf von Ästen gestört. Die Fasern im Stamm laufen um den Astansatz herum und verdichten sich dabei, wobei der Spätholzanteil höher ist als im übrigen Holz. Die Festigkeit des den Ast direkt umgebenden Holzes ist daher höher als die des ungestörten Querschnitts. Sie reicht jedoch nicht aus, den Festigkeitsausfall des Astloches zu ersetzen. Daher ist im Ganzen gesehen ästiges Holz weniger tragfähig als astfreies; die Tragfähigkeit nimmt mit steigender Anzahl und Größe der Äste ab. Graf [157] hat systematische Untersuchungen über den Einfluss der Ästigkeit durchgeführt und dabei festgestellt, dass vor allem die Zugfestigkeit stark beeinträchtigt wird. Tabelle E.2 zeigt, dass die Zugfestigkeit von 78 auf 12 MPa abfiel, d. h. um 85%, während die Druckfestigkeit von 40 auf 31 MPa zurückging, d. h. um 22%. Die Biegefestigkeit wird vor allem dann beeinflusst, wenn die Äste in der Zugzone liegen; befinden sie sich in der Druckzone, dann wirken sie sich nur wenig aus. Am deutlichsten ist ihr Einfluss dann, wenn die um den Ast herumlaufenden Fasern angeschnitten sind und der Ast in der äußersten Zugfaser freiliegt.

Eine weitere Eigenart der Bäume ist der Drehwuchs, bezeichnet nach dem spiralförmig um die Stammachse sich windenden Faserverlauf. Fertigt man aus einem solchen Baumstamm Schnittholz an, so ergibt sich eine über die Länge und den Querschnitt veränderliche Faserneigung, die die Tragfähigkeit beeinträchtigt. Verwendet man dagegen drehwüchsiges

8 Einflüsse auf die Festigkeit

Tabelle E.2 Einfluss der Ästigkeit auf die Festigkeit (nach Graf [157])

Kiefernholz	Rohdichte [kg/m³]	Zugfestigkeit [MPa]	Abnahme [%]	Druckfestigkeit [MPa]	Abnahme [%]
astfrei	500	78	–	40	–
wenig ästig	530	38	51	36	10
stark ästig	570	12	85	31	22

Rundholz, so bleibt der Einfluss der Faserneigung klein. Äußerlich erkennt man drehwüchsiges Holz an schräg zur Stammachse verlaufenden Schwindrissen.

Ästigkeit und Drehwuchs sind zwei wichtige und überall auftretende Holzmerkmale, die die Festigkeit sehr stark beeinflussen und die darum besonders sorgfältig beachtet werden müssen. Sie sind die hauptsächliche Ursache dafür, dass für die zulässigen Spannungen so niedrige Werte eingesetzt werden (s. u.). Beeinträchtigt wird die Tragfähigkeit des Holzes auch von Fäulnis und Insektenbefall. Hier soll nur dazu gesagt werden, dass man solches Holz ausscheiden und nur einwandfreies Holz verbauen sollte. Zur Beurteilung von irgendwie befallenem Holz – manchmal sind Verfärbungen auch harmlos – sollte man sich stets an einen Holzfachmann wenden.

8.5 Temperatur

Durch Temperaturerhöhung nimmt die Wärmeschwingung der Makromoleküle zu und die einzelnen Molekülketten rücken auseinander. Wie es schon für die Kunststoffe erläutert wurde, wird ein makromolekularer Stoff mit zunehmender Temperatur weicher und verliert an Festigkeit. Nach Versuchen von Kollmann [151] nimmt auch die Druckfestigkeit des Holzes linear mit der Temperatur ab (Bild E.18) bis zu dem Punkt beginnender thermischer Zersetzung, ohne dass der Stoff vorher schmilzt.

Verglichen mit Kunststoffen handelt es sich demnach um dasselbe Verhalten wie das der Duromere. Die Steigung der Geraden im Bild E.18 ist direkt von der Rohdichte abhängig,

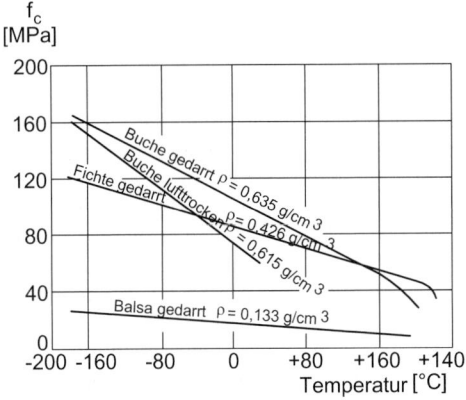

Bild E.18 Zusammenhang zwischen Temperatur und Druckfestigkeit verschiedener Hölzer, nach Kollmann [151]

denn leichtes Holz verändert sich weniger als schweres. Aus der Abbildung geht auch – zumindest qualitativ – der Einfluss der Feuchte hervor, wenn man die beiden Linien für Buche vergleicht. Durch den Feuchtigkeitsgehalt des lufttrockenen Probekörpers bedingt ist die Festigkeitsabnahme stärker als beim gedarrten Probekörper. Bei Temperaturen unterhalb 0 °C tritt Eisbildung ein, die die Festigkeit erhöht. Da die Rohdichten der Prüfkörper nicht gleich sind, ist ein genauer Vergleich nicht möglich.

Ebenfalls nach Versuchen von Kollmann ist der Einfluss der Temperatur auf die Zugfestigkeit wesentlich geringer. Innerhalb der Gebrauchstemperaturen kann er vernachlässigt werden.

8.6 Belastungsdauer und -art

Für Belastungen langer Dauer kann man nicht dieselbe Tragfähigkeit erwarten wie für kurzzeitige Belastung. Graf [158] fand in Biegeversuchen, dass die Dauerstandfestigkeit nur 50 bis 60% der Kurzzeitfestigkeit beträgt. Weiter geht aus den Versuchen hervor, dass Belastungen bis zu einem Tag rund 80%, bis zu drei Tagen rund 70% und bis zu sieben Tagen rund 65% der Kurzzeitfestigkeit betragen dürfen. Heutige Bemessungsregeln, die auf die sog. Madison-Kurve zurückgehen, gehen von einer Dauerstandfestigkeit von 60% der Kurzzeitfestigkeit aus [159].

Schwingende Lasten beanspruchen einen Holzquerschnitt mehr als ruhende. Dies ist insbesondere der Fall bei Wechselbeanspruchung, bei der durch die andauernde Zug-Druck-Beanspruchung die Fasern zermürbt werden und dann reißen. Nach Graf [160] dürfen die Spannungen bei Wechselbeanspruchung nur rund 20% der Kurzzeitfestigkeit betragen, damit sie „unendlich" oft ertragen werden können. Eine Zusammenfassung vieler Versuchsergebnisse [146] bestätigt die Ergebnisse von Graf. Ergebnisse von Zugschwellversuchen mit Fichtenhölzern werden von Egner [161] mitgeteilt. Danach beträgt die Dauerschwellfestigkeit zwischen 50 und 60% der Kurzzeitfestigkeit, wobei nach $2 \cdot 10^6$ Lastwechseln noch kein endgültiger Wert erreicht wurde. Versuche in anderen Ländern kamen zu ähnlichen Ergebnissen [162].

8.7 Feuer

Bei zunehmender Temperatur erfährt das Holz chemische Veränderungen. Über 105 °C beginnt langsam die thermische Zersetzung, die sich zunächst nur in schwachen Verfärbungen äußert. Über rd. 200 °C entstehen in zunehmender Menge brennbare Gase, die jedoch nur mit einer Flamme entzündet werden können; von selbst fangen sie nicht an zu brennen. Die Temperaturen des sog. Flammpunkts liegen für die verschiedenen Hölzer zwischen 230 und 260 °C [163], siehe Bild E.18. Bei weiterer Wärmezufuhr erreicht das Holz den Brennpunkt, bei dem sich der Brennvorgang von selbst erhält, da die bei der Zersetzung entstehende Wärme ausreicht, die Zersetzung aufrechtzuerhalten (exothermer Vorgang). Äußerlich erkennt man die Überschreitung des Brennpunkts daran, dass die Oberfläche des Holzes verkohlt. Durch die entstehende Wärme steigt die Temperatur weiter und erreicht zwischen 300 und 470 °C den Zündpunkt, bei dem die entstehenden Gase sich ohne fremde Hilfe entzünden. Die im Bild E.19 dargestellten Ergebnisse wurden an Holzmehl gefunden, das vom Feuer an allen Seiten angegriffen werden kann. Bei Schnittholz ist nur die Oberfläche dem Feuer ausgesetzt, die sich im Laufe des Abbrennens mit einer Kohleschicht überzieht und dadurch selbst schützt. Denn zum einen findet das Feuer keinen direkten Zugang mehr zum unzersetzten Holz, zum anderen behindert die Kohleschicht die Erwärmung des Holzkörpers, da sie eine sehr niedrige Wärmeleitfähigkeit besitzt und wie eine Wärmeisolierung

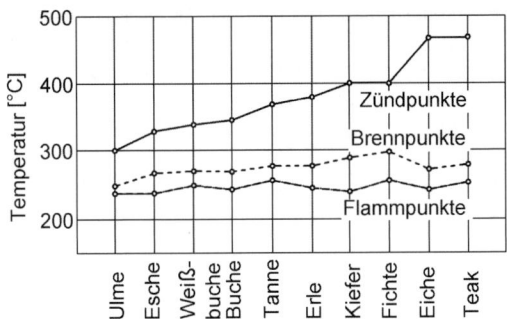

Bild E.19 Flammpunkte, Brennpunkte und Zündpunkte verschiedener Holzarten, nach Schäfer [163]

wirkt. Wenn die Temperatur unter rd. 150 °C bleibt, tritt keine Zusetzung ein und der Holzkörper erreicht nicht die für den Brennpunkt erforderliche Temperatur, selbst wenn er gegen Wärmeabgabe weitgehend geschützt ist. Der Abbrand ist also umso geringer, je größer der Holzquerschnitt und je kleiner die Oberfläche ist. Zusammengesetzte Profile – mit Gurt und Steg – haben eine größere Oberfläche als einfache Rechteckquerschnitte und brennen daher stärker ab. Mit größerem Abbrand verlieren sie einen entsprechend größeren Anteil der Tragfähigkeit.

Der Einfluss des Feuers auf die Festigkeit ist also eigentlich eine Frage des Bauteilquerschnitts und der Beziehung zwischen Oberfläche und Volumen.

Im Vergleich mit anderen Baustoffen behält ein Bauteil aus Holz relativ lange seine Tragfähigkeit, auch wenn es an der Oberfläche brennt. Außerdem kommt hinzu, dass das Holz nicht schlagartig versagt, wenn es die Grenze der Tragfähigkeit erreicht. Wie Versuche gezeigt haben und wie Brandfälle oft bestätigten, hielten Holzkonstruktionen einem Feuer gleicher Heftigkeit länger stand als Stahlkonstruktionen.

9 Elastizitätsmodul

Wie schon mehrfach erwähnt, ist Holz ein inhomogener und anisotroper Baustoff. Selbst wenn man Holz als einen homogenen Körper behandelt – was gerechtfertigt ist, da die Abmessungen der Bauteile groß sind gegenüber den die Inhomogenität bewirkenden Einzelbausteinen –, dann bleibt die Anisotropie. Diese bedeutet, dass zwei Kennwerte nicht genügen, um eine Beziehung zwischen Spannung und Dehnung zu beschreiben, wie es bei isotropen Stoffen der Fall ist. Dort reichen Elastizitätsmodul und Querdehnzahl aus, wobei diese nicht von der Richtung der Spannung und der Verformung abhängen. Bei einem anisotropen Stoff sind mehr als zwei Kennwerte erforderlich; diese hängen von der Richtung ab.

In der Praxis begnügt man sich i. d. R. damit, einen Elastizitätsmodul für die Beanspruchung längs der Fasern und einen quer dazu zu bestimmen. Für beliebige Winkel zwischen Kraft- und Faserrichtung wird eine Näherungsformel verwendet. Diese Elastizitätsmoduln reichen aus, Spannung und Verformung in stabförmigen Bauteilen zu berechnen, die auf Druck, Zug oder Biegung beansprucht werden.

Wie zu erwarten ist, sind die E-Moduln längs und quer zur Faser sehr unterschiedlich. Tabelle E.3 zeigt einige Mittelwerte als Beispiele, von denen die Einzelergebnisse mehr oder weniger abweichen. Der E-Modul längs der Faser liegt zwischen 10.000 und 20.000 MPa,

Tabelle E.3 E-Modul längs ($E_\parallel$) und quer ($E_\perp$) zur Faserrichtung, nach Kollmann [146], aus Biegeversuchen bei u = 12 %.

Holzart	$E_\parallel$ [MPa]	$E_\perp$ [MPa]
Fichte	11.000	550
Tanne	11.000	490
Kiefer	12.000	460
Lärche	13.800	–
Traubeneiche	13.000	1.000
Esche	13.400	1.100
Rotbuche	16.000	1.500
Weißbuche	16.200	–

also um rund eine Zehnerpotenz niedriger als bei Stahl. Quer dazu erreicht er nur Werte zwischen 400 und 1.500 MPa. Auffallend ist, dass bei sehr ähnlichen $E_\parallel$-Werten die $E_\perp$-Werte der Laubhölzer rund doppelt so groß sind wie die der Nadelhölzer.

Für die Fälle zwischen parallelem und rechtwinkligem Kraftangriff hat Kollmann [164] eine Funktion aufgestellt, die von E_Q, E_4 und dem Winkel γ zwischen Kraft- und Faserverlauf abhängt:

$$E_\gamma = \frac{E_\parallel E_\perp}{E_\perp \cos^n \gamma + E_\parallel \sin^n \gamma}. \tag{227}$$

Der Exponent n in Gl. (227) wurde von Kollmann anhand von Versuchsergebnissen zu n = 3 bestimmt, womit die Formel zur näherungsweisen Berechnung verwendet werden kann. Bild E.20 gibt die Kurven für E_γ wieder, die nach Gl. (227) für die Werte von Buche, Eiche und Fichte nach Tabelle E.3 berechnet wurden. Die Kurven erinnern stark an die Abhängig-

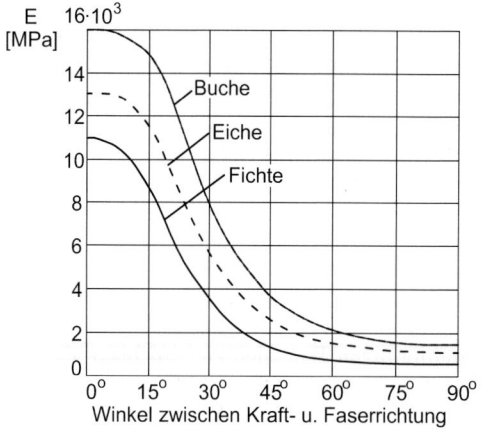

Bild E.20 Beziehung zwischen E-Modul und Orientierung von Kraft und Fasern, nach Gl. (227)

9 Elastizitätsmodul

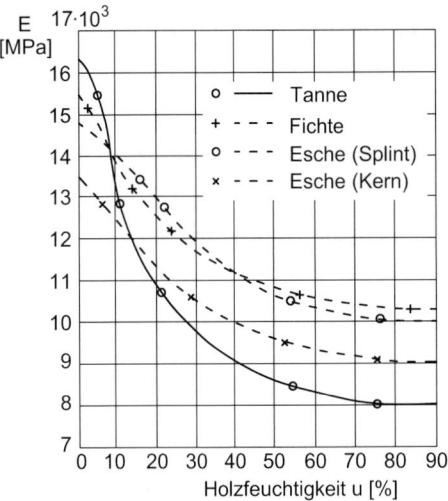

Bild E.21 Beziehung zwischen E-Modul (E_Q) und Holzfeuchtigkeit, nach Poulignier [166]

keit der Festigkeiten von der Orientierung (s. Bild E.16). Für die Festigkeit wurde jedoch ein Exponent n = 2 ermittelt [165].

Wie die Festigkeit hängt auch der E-Modul von der Holzfeuchte ab. Untersuchungen von Poulignier [166] sind im Bild E.21 dargestellt; die Kurven zeigen, dass der – in diesem Fall im Zugversuch bestimmte – E-Modul mit zunehmender Feuchte abnimmt, und zwar bis zum Fasersättigungspunkt relativ schnell – Tanne von 16.200 auf 9.700 MPa –, danach langsamer – Tanne auf 7.900 MPa bei 80 % Feuchtigkeit. Nach den Versuchsergebnissen zu urteilen, wird der E-Modul mit noch weiter steigender Feuchtigkeit geringer, was bei der Abhängigkeit der Festigkeit von der Feuchtigkeit nicht der Fall war.

Stillschweigend wurde vorausgesetzt, dass sich Holz elastisch verhält und dementsprechend überhaupt einen E-Modul besitzt. Nach Egner [167] ist diese Voraussetzung für niedrige Spannungen erfüllt. Die Bestimmung des E-Moduls geschieht im Zug- oder Druckversuch, indem man die Last und die verursachte Längenänderung misst und nach Hooke den E-Modul berechnet. Einfacher und für die Praxis nützlicher ist die Ermittlung des E-Moduls im Biegeversuch; denn zum einen treten schon unter geringen Lasten relativ große und damit einfach und genau messbare Durchbiegungen auf, zum andern wird Bauholz hauptsächlich auf Biegung beansprucht und der gemessene Wert gibt einen für die Praxis verwendbaren Kennwert. Außerdem spricht für den Biegeversuch, dass die E-Moduln auf Druck, Zug und Biegung etwas unterschiedlich sind ($E_Z > E_B > E_D$ [167]), sodass man einen mittleren Wert bekommt. Wird bei der praktischen Bestimmung von einer Grundlast P_1 (mittige Einzellast) auf eine Last P_2 weiterbelastet, wobei je die Durchbiegungen f_1 und f_2 auftreten, so gilt für den E-Modul bei einer Stützweite l und einem Trägheitsmoment J des Prüfbalkens, der mindestens 15-mal so lang wie hoch sein sollte, um den Einfluss der Querkraftverformung auszuschalten:

$$E = \frac{1}{48} \frac{l^3}{J} \frac{P_2 - P_1}{f_2 - f_1}. \tag{228}$$

Wird nach dem Versuch auf P_1 entlastet, so sollte sich bei einem vollkommen elastischen Körper wieder f_1 einstellen. Bleibt eine größere Durchbiegung zurück (bleibende Durchbiegung), so ist dies bei der Berechnung nach Gl. (228) zu berücksichtigen, indem man nur den federnden Anteil der Durchbiegung in Rechnung stellt.

10 Orthogonal anisotropes Elastizitätsgesetz

Die durch den strukturellen Aufbau bedingte orthogonale Anisotropie des Werkstoffes Holz muss bei der ingenieurmäßigen Berechnung von Holztragwerkselementen, bei denen formbedingt (z. B. bei gekrümmten Brettschichtholz-Bauteilen, Satteldachträgern sowie bei Trägern mit Durchbrüchen oder Ausklinkungen) mehrachsige Spannungszustände auftreten, berücksichtigt werden. Isotrope Betrachtungen liefern bei den genannten Tragwerkstypen gravierende Fehleinschätzungen der tatsächlichen Spannungsverteilungen [168].

Im Geltungsbereich der linearen Elastizitätstheorie, bei der kleine Deformationen und näherungsweise homogenes Material unterstellt werden, lautet die Beziehung zwischen den jeweils neun Komponenten der räumlichen Spannungs- und Verzerrungstensoren σ_{ij}, ε_{ij}, das sog. verallgemeinerte Hooke'sche Gesetz

$$\sigma_{ij} = C_{ijkl}\, \varepsilon_{kl} \quad (i, j, k, l = 1, 2, 3). \tag{229}$$

Spannungen und Verzerrungen sind durch den sog. Elastizitätstensor C_{ijkl}, einem Tensor 4. Ordnung mit 81 Komponenten, verknüpft. Der inverse Verzerrungs-Spannungs-Zusammenhang lautet

$$\varepsilon_{ij} = S_{ijkl}\, \sigma_{kl}, \tag{230}$$

wobei S_{ijkl} Nachgiebigkeitstensor genannt wird. Im Falle konservativer Kontinua und Symmetrie des Verzerrungstensors reduzieren sich die jeweils 81 Komponenten des Elastizitäts- bzw. Nachgiebigkeitstensors auf 36, womit sich z. B. der Nachgiebigkeitszusammenhang (230) in Matrixschreibweise mit $s_{ijij} = s_{ij}$ zu

$$\begin{bmatrix} \varepsilon_{11} \\ \varepsilon_{22} \\ \varepsilon_{23} \\ \varepsilon_{31} \\ \varepsilon_{21} \end{bmatrix} = \begin{bmatrix} S_{11} & S_{12} & S_{13} & S_{14} & S_{15} & S_{16} \\ S_{21} & S_{22} & S_{23} & S_{24} & S_{25} & S_{26} \\ - & - & - & - & - & - \\ - & - & - & - & - & - \\ - & - & - & - & - & - \\ S_{61} & S_{62} & S_{63} & S_{64} & S_{65} & S_{66} \end{bmatrix} \begin{bmatrix} \sigma_{11} \\ \sigma_{22} \\ \sigma_{33} \\ \sigma_{23} \\ \sigma_{31} \\ \sigma_{21} \end{bmatrix} \tag{231}$$

angeben lässt. In abgekürzter Matrixnotation lässt sich der Zusammenhang (231) bzw. die inverse Spannungs-Verzerrungs-Beziehung durch $\varepsilon = S\,\sigma$, $\sigma = C\,\varepsilon$ mit $C = S^{-1}$ angeben. Bei Gegebenheit eines spezifischen elastischen Potentials werden die Matrizen S und C diagonalsymmetrisch, womit sich die Anzahl der Komponenten S_{ij}, C_{ij} auf 21 reduziert.

Unter der Voraussetzung, dass die Koordinatenachsen 1, 2, 3 mit den näherungsweise rechtwinklig aufeinander stehenden Materialhauptrichtungen zusammenfallen, reduzieren sich die Nachgiebigkeits- bzw. Steifigkeitskomponenten S_{ij} bzw. C_{ij} letztlich auf neun voneinander unabhängige Materialkennwerte. Mit den in der Technik üblichen Elastizitätskonstanten E_i (= E-Modul), G_{ij} (= Schubmoduln) und v_{ij} (= Querkontraktionszahlen) folgt für die Koeffizienten der Nachgiebigkeitsmatrix (231) unter Zuordnung der Koordinatenachsen 1, 2, 3 zur longitudinalen, radialen und tangentialen Wuchsrichtung (1 = L, 2 = R, 3 = T)

$$S = \begin{bmatrix} 1/E_L & -v_{LR}/E_R & -v_{LT}/E_T & - & - & - \\ -v_{RL}/E_L & 1/E_R & -v_{RT}/E_T & - & - & - \\ -v_{TL}/E_L & -v_{TR}/E_R & 1/E_T & - & - & - \\ - & - & - & 1/2G_{RT} & - & - \\ - & - & - & - & 1/2G_{LT} & - \\ - & - & - & - & - & 1/2G_{LR} \end{bmatrix}. \tag{232}$$

Infolge der Diagonalsymmetrie der Matrix S gelten die folgenden Identitäten:

$v_{LR}/E_R = v_{RL}/E_L$, $v_{LT}/E_T = v_{TL}/E_L$, $v_{RT}/E_R = v_{TR}/E_R$.

Exemplarisch seien am Beispiel der Nadelholz-Baumart Douglasie (Pseudotsuga menziesii) einige Elastizitätszahlen genannt, die die großen Orthotropieunterschiede bei Holz illustrieren mögen (Einheiten: E_i, G_{ij} [GPa]; v_{ij} [-]):

- $E_L = 14{,}5$, $E_R = 0{,}96$, $E_T = 0{,}62$,
- $G_{LR} = 0{,}83$, $G_{LT} = 0{,}76$, $G_{RT} = 0{,}08$,
- $v_{RL} = 0{,}38$, $v_{LR} = 0{,}02$, $v_{TL} = 0{,}33$,

  $v_{LT} = 0{,}02$, $v_{TR} = 0{,}42$, $v_{RT} = 0{,}30$.

Die Querdehnzahlen v_{LR}, v_{LT} lassen sich aufgrund ihrer geringen Größe nur sehr schwer messen und werden i. A. aus den Symmetriebedingungen der Matrix (232) errechnet; bei empirischer Bestimmung ist die Symmetrie i. d. R. nicht exakt zu erhalten.

Wie aus den angegebenen Elastizitätsgrößen ersichtlich, sind die Eigenschaften in beiden Richtungen rechtwinklig zur Faserlängsrichtung – radial und tangential – gut vergleichbar. Dies ermöglicht für die praktische Berechnung üblicher Ingenieur-Tragwerkselemente – ebene balkenartige Strukturen, deren Längsrichtung mit der Faserrichtung zusammenfällt – eine vereinfachte ebene Berechnung. Durch Mittelung der Elastizitätseigenschaften rechtwinklig (Q = quer) zur Faserrichtung erhält man $(E_R + E_T)/2 \approx E_Q$, $(G_{LR} + G_{LT})/2 \approx G_{LQ}$ und $(v_{RL} + v_{TL})/2 \approx v_{QL} = v_{LQ} E_L/E_Q$.

Für Nadelhölzer, deren E-Modul in Faserlängsrichtung etwa zwischen 8.000 bis 18.000 MPa liegt, lassen sich in guter Näherung die Verhältnisse $E_L/E_Q \approx 30$, $E_L/G_{LQ} \approx 16$ sowie $v_{LQ} \approx 0{,}4$ ansetzen. Ebene hölzerne Tragwerkselemente, z. B. im 1,2-Koordinatensystem mit Orientierung der Faserlängsrichtung parallel zur Achse 1 (L = 1, Q = 2), können sodann mit der aus (231) bzw. (232) abgeleiteten vereinfachten Nachgiebigkeitsmatrix

$$S = \begin{bmatrix} S_{11} & S_{12} & - \\ S_{21} & S_{22} & - \\ - & - & S_{66} \end{bmatrix} = \begin{bmatrix} 1/E_L & -v_{LQ}/E_Q & - \\ -v_{QL}/E_L & 1/E_Q & - \\ - & - & 1/2G_{LQ} \end{bmatrix} \qquad (233)$$

und den zugeordneten Dehnungs- bzw. Spannungstensoren $\varepsilon = \{\varepsilon_L, \varepsilon_Q, \varepsilon_{LQ}\}$ und $\sigma = \{\sigma_L, \sigma_Q, \sigma_{LQ}\}$ berechnet werden.

11 Spannungs-Dehnungs-Linie

Inwieweit sich Holz elastisch, plastisch oder viskos verhält, kann man in kurzzeitigen oder langdauernden Festigkeitsversuchen feststellen. Im Bild E.22 sind die σ-ε-Linien bis zum Bruch dargestellt, die von Kühne [169] an unterschiedlich feuchtem Fichtenholz mit der Rohdichte 400 kg/m^3 im Druckversuch gewonnen wurden. Danach ist trockenes Holz (u = 0,7 %) vollkommen elastisch; denn es verformt sich proportional zur Spannung bis zur Höchstlast. Lufttrockenes Holz (u = 18,4 %) und nasses Holz (u = 43 %) dagegen verhalten sich nur bis zu einer gewissen Spannung – rd. 22 und 10 MPa – linear, darüber hinaus biegt die σ-ε-Linie ab, wobei sich das Holz plastisch bis zum Bruch verformt. Die plastische Verformung beträgt zwischen 4 und 8 ‰. Von der Sicherheit der Bauwerke aus betrachtet – wozu auch gehört, dass sich ein Material vor dem Bruch plastisch verformt und so den Bruch durch übermäßige Verformungen ankündigt – wäre vollkommen trockenes Holz kein geeigneter Baustoff.

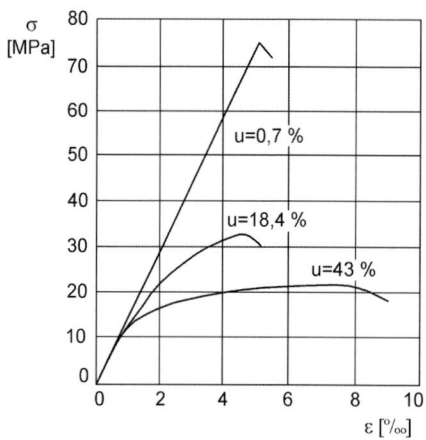

Bild E.22 σ-ε-Linien von Fichtenholz bei unterschiedlicher Feuchtigkeit im Druckversuch, nach Kühne [169]

Inwieweit sich Holz elastisch verhält, hat Kollmann [154] an Fichten- und Buchenholz untersucht. Die σ-ε-Linien der Zug- und Druckversuche hat er durch Ausgleichsfunktionen angenähert und deren Steigung als E-Modul bezeichnet. Zeichnet man die so definierten E-Moduln über der Spannung auf (siehe Bild E.23), so ergibt sich bis zur Proportionalitätsgrenze eine Parallele zur Abszisse; danach nimmt die Verformung stärker zu oder, anders ausgedrückt, die Steigung nimmt ab. Im Zugversuch brachen die Proben, ohne dass die σ–ε-Linie eine waagrechte Tangente erreichte, während im Druckversuch ein deutlicher Höchstpunkt mit anschließendem Spannungsabfall auftrat. Die Proportionalitätsgrenze liegt im Zugversuch unterschiedlich hoch: Fichte erreicht rund 75 % der Zugfestigkeit, Buche rund 45 %, d. h. Fichte verhält sich bis zu höheren Spannungen elastisch. Im Druckversuch

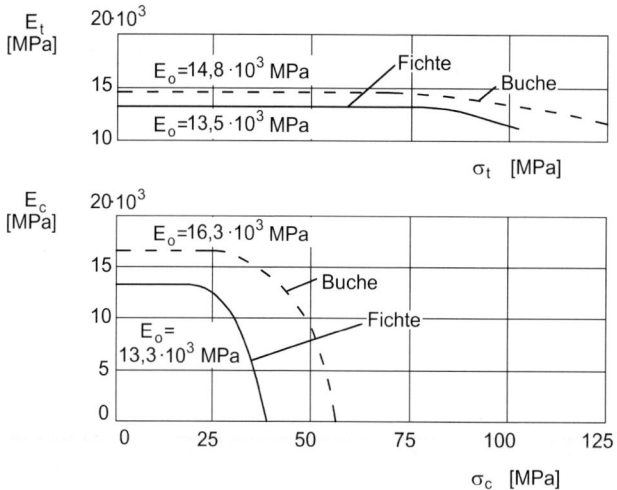

Bild E.23 Abhängigkeit der E-Moduln (Steigung der σ-ε-Linien) von der Spannung, nach Kollmann [154]. a) Fichtenholz (Mittelwerte aus 14 Proben), b) Buchenholz (Mittelwerte aus 14 Proben); u ≈ 14 %

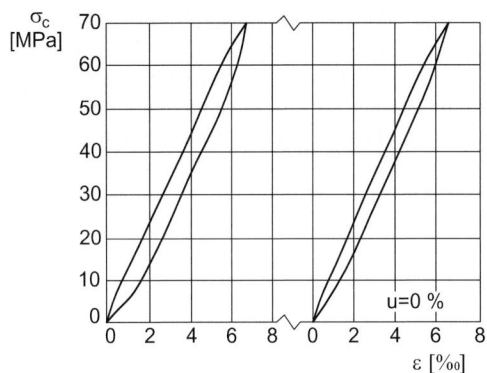

Bild E.24 Lastzyklen bei u = 0 %, Buchenholz, nach Kollmann [170]

liegen beide Hölzer nah beieinander, denn Buche erreicht eine Proportionalitätsgrenze von 0,42 f_c, Fichte eine solche von 0,45 f_c. Nebenbei sei noch auf den unterschiedlichen Wert des E-Moduls bei Druck- und Zugbeanspruchung von Buche hingewiesen. Der Druck-E-Modul liegt deutlich höher als der Zug-E-Modul. Bei der Fichte ist die Reihenfolge umgekehrt, wobei die Unterschiede allerdings sehr klein sind. Die beschriebenen Versuche zeigen also, wieweit sich Holz elastisch verhält – nämlich bis zur Proportionalitätsgrenze –, sie sagen jedoch noch nichts darüber aus, ob die anschließende nichtlineare Verformung plastisch oder visko-elastisch ist.

Zu dieser Frage liefern weitere Untersuchungen von Kollmann [170] einige Ergebnisse. Er be- und entlastete Buchenholzproben mit unterschiedlichen Feuchten. Im Bild E.24 sind die beiden ersten Belastungszyklen dargestellt, die bei einer Holzfeuchte u = 0 % und einer Höchstspannung von rd. 0,75 f_c erhalten wurden. Die Belastungslinien verlaufen zunächst gradlinig bis rund 55 N/mm², anschließend leicht gebogen. Die Entlastung nimmt einen anderen Verlauf.

Nach Entlastung bleibt jedoch keine Verformung zurück, sodass die Schleife bei $\sigma = 0$ wieder geschlossen ist. Dies bedeutet, dass sich das Material elastisch verhielt, im ersten Stadium vollelastisch, danach visko-elastisch. Es traten also weder eine bleibende viskose noch eine plastische Verformung auf.

Die Prüfung bei u = 14 % (lufttrockenes Holz) war davon verschieden, wie Bild E.25 zeigt. Obwohl die höchste Spannung wiederum rd. 0,75 f_c (bei u = 14 %) beträgt, verformt sich das

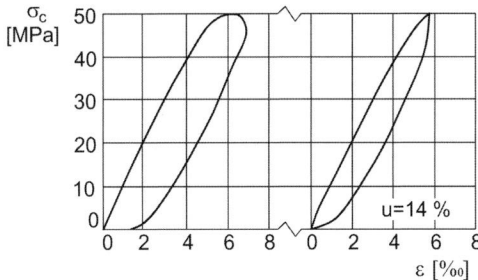

Bild E.25 Zwei Lastzyklen bei u = 14 %, nach Kollmann [170]

Holz plastisch und visko-elastisch. Die plastische Verformung beträgt rund 0,12 %, die überlagerte visko-elastische – auch „verzögert elastische" – ist maximal 0,5 ‰. Die plastische Verformung scheint nur bei der Erstbelastung aufzutreten, denn alle weiteren Schleifen sind geschlossen. Man kann daher die Erstbelastung als ein Vorstauchen eines visko-elastischen Materials auffassen. Weitere Versuche mit Proben gleichen und höheren Wassergehalts zeigten eine mehr oder weniger ausgeprägte plastische Verformung – dies hängt jeweils von der individuellen Probe ab –, wogegen sich alle deutlich visko-elastisch verhielten.

12 Kriechen, Relaxation

Das oben gefundene Verhalten führt zwangsläufig zur Frage nach dem Langzeitverhalten, insbesondere unter konstanter Belastung und bei konstanter Dehnung, also nach Kriechen und Relaxation. In Biegeversuchen mit Tannenholzbalken mit den Abmessungen $6 \cdot 11 \cdot 110$ cm^3 und einer Holzfeuchte von rund 17 %, die mit der 1,2-fachen zulässigen Kraft – in diesem Fall 22 kN – belastet wurden, wurde von Roth [171] festgestellt, dass sich der Stab bei der Belastung spontan durchbog und die Durchbiegung stetig vergrößerte, bis nach rund 400 Tagen Stillstand eintrat. Die zeitabhängige Durchbiegung hatte am Ende des Versuchs den rund 0,6-fachen Wert der spontanen Durchbiegung erreicht, siehe Bild E.26. Wie im Betonbau üblich, wurde das Verhältnis der zeitabhängigen zur spontanen Dehnung als Kriechzahl φ bezeichnet. Bei einem weiteren Versuch mit weniger festem Tannenholz war nach 600 h der Endwert der Durchbiegung noch nicht erreicht, obwohl φ bereits über dem Wert des ersten Versuchs lag.

Es scheint so, dass φ von der Höhe der auf die Bruchfestigkeit bezogenen Spannung abhängt. Weiter wurde von Roth festgestellt, dass sich das Holz in dieser Weise so verhält, solange die Spannung 0,55 f_m nicht übersteigt. Bei $\sigma = 0,8\ f_m$ wurden schon nach 160 Stunden Gleitungen festgestellt, die zum vorzeitigen Bruch führten.

Wie von King [172] und anderen festgestellt wurde, ist die Kriechdehnung bis zu einer bestimmten Spannungshöhe proportional zur spontanen Dehnung (lineares Kriechen), darüber hinaus ist sie größer (nichtlinear). Nach Versuchen von Bhatnagar [173] an lufttrockenem Teakholz liegt diese Grenze etwa bei dem 0,5-Fachen der Kurzzeitfestigkeit. Bis

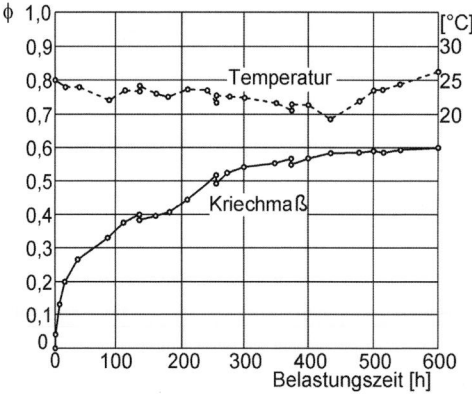

Bild E.26 Kriechen von Tannenholz, nach Ergebnissen von Roth [171]

12 Kriechen, Relaxation

dahin lässt sich die Verformung durch das Verhalten einer Feder mit zwei nachfolgenden Kelvin-Einheiten veranschaulichen, bei höheren Spannungen muss noch ein nichtlinearer Dämpfer eingeschaltet werden. Wenn auch Zahlenwerte – $\varphi = 0{,}1$ bis $0{,}15$ – nicht direkt auf heimische Bauhölzer angewandt werden dürfen, so ist dennoch an den Versuchen von Bhatnagar die Feststellung wichtig, dass schon bei geringen Spannungen – $\sigma = 9{,}2$ N/mm² $\approx 0{,}1$ f_t – Kriechen einsetzt und dass der Kriechendwert nach rund 100 Tagen erreicht ist. Neuere Untersuchungen bestätigen dies nicht [174]. Es wurde festgestellt, dass zwar der größte Teil des Kriechens sich in den ersten 100 Tagen abspielt, dass aber Kriechen auch nach acht Jahren geringfügig zugenommen hat. Die Kriechzahl für einen Kiefernbalken in natürlichem Klima in Finnland unter Dach betrug nach acht Jahren 0,9.

Den Einfluss der Feuchte auf das rheologische Verhalten von Buchenholz hat Kollmann [170] untersucht, wobei er mit zunehmender Holzfeuchte auch zunehmendes Kriechen fand. Die Ursache für das erhöhte Kriechen sieht er in der besseren Gleitfähigkeit der Kristallite, wenn die Mizellen durch eingelagerte Wassermoleküle quellen.

Nach Versuchen von Kingston und Armstrong [175] haben Feuchtigkeitsänderungen einen besonders starken Einfluss auf das Kriechmaß. An Biegebalken aus Bergesche, die in grünem Zustand gesägt und belastet wurden und unter Last austrockneten, stellten sie Kriechzahlen von rd. 3 fest, bei Randspannungen zwischen 1,75 und 14 MPa. Bild E.27 zeigt die Zeit-Verformungs-Linien und die gleichzeitige Austrocknung der Balken, die einen Querschnitt von 5 · 10 cm² und 8 · 8 cm² hatten.

Eine Erklärung für dieses Verhaltens dürfte die Art der Wasseranlagerung geben, auf die Kollmann [155] in anderem Zusammenhang hingewiesen hat. Im Bereich der Chemosorption sind die angelagerten Wassermoleküle polarisiert und befinden sich dadurch in einer Gitteranordnung. Die mehrere Moleküle dicken adsorbierten Wasserschichten sind nur wenig und mit zunehmender Dicke gar nicht geordnet. Die durch Kapillarkondensation angelagerten Wassermoleküle schließlich sind keinem Ordnungszustand unterworfen. Wie bei der Festigkeit vorausgesetzt [155], so kann man annehmen, dass auch die zeitabhängige Dehnung umso größer wird, je ungeordneter die Wassermoleküle auftreten. Beim Austrocknen eines Balkens – beim Durchfeuchten eines trockenen Holzes gilt dasselbe – geht ein ständiger Wassertransport, bedingt durch Kapillarität und Diffusion, von den feuchten zu den trockenen Stellen vor sich. Dabei werden die äußeren Wasserschichten ständig ausgetauscht (die durch Chemosorption gebundenen Schichten werden sich wohl nicht bewegen, da ihre Bindung relativ stark ist) und befinden sich dabei in größerer Unordnung als im Zustand der Ausgleichsfeuchtigkeit. Dass dadurch das Kriechmaß steigen muss, stimmt mit der gemach-

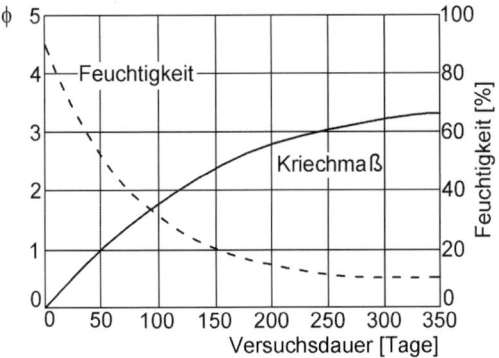

Bild E.27 Feuchtigkeit und Kriechen eines anfänglich grünen Biegebalkens, nach Kingston und Armstrong [175]

ten Annahme überein.[2)] Dieses Phänomen wird heute als mechano-sorptives Verhalten bezeichnet. Es kommt besonders dort zum Ausdruck, wo wechselnde Feuchte auf ein Bauteil einwirkt. Wechselnde Feuchte vergrößert die Kriechdehnungen erheblich [176, 177].

Im Hinblick auf zeitabhängige Verformungen von quergepresstem Holz – solche Beanspruchungen kommen z. B. bei Auflagern vor und bei Dübel- und Bolzenverbindungen – führten Möhler und Maier [178] Kriechversuche an Fichtenholz unter Vollflächenlast (Würfel) und Teilflächenlast (Schwelle) durch. Außer der Belastungsart variierten sie noch die Holzfeuchte – $u = 14\%$ und 30% – und die Querdruckspannung – $\sigma = 1{,}5$, $2{,}0$, $2{,}5$ MPa. Wie die Ergebnisse zeigen, üben alle drei Parameter einen wesentlichen Einfluss aus.

Im Bild E.28 sind die Kompressionen $\Delta \ell$ aufgezeichnet, die bei unterschiedlicher Feuchte und Spannung an einem Brettstapel – dies entspricht einem würfelförmigen Probekörper, bei dem die individuellen Eigenheiten der sechs Bretter schon einen Mittelwert ergeben – gemessen wurden. Außerdem wurde aus der zeitabhängigen ($\Delta \ell - \Delta \ell_0$) und der spontanen Verformung ($\Delta \ell_0$) die Kriechzahl φ berechnet:

$$\varphi = \frac{\Delta \ell - \Delta \ell_0}{\Delta \ell_0}.$$

In Teil a sieht man den Einfluss der Querdruckspannung auf das absolute Maß der Kompression. Wie zu erwarten ist, ergeben größere Spannungen auch größere Verformungen. Bezieht man die zeitabhängigen auf die spontanen Verformungen – Teil b –, dann ergibt sich die Kriechzahl φ, die, gälte das Superpositionsprinzip, für alle Spannungen denselben Verlauf zeigen sollte. Da dies nicht der Fall ist, handelt es sich also um nichtlineares Kriechen, d. h. die bei Beanspruchung längs der Faser festgestellte Proportionalitätsgrenze ist entweder überschritten oder existiert quer zur Faser überhaupt nicht. Bei höherem Feuchtigkeitsgehalt wurden die Kompressionen erwartungsgemäß größer, in diesem Fall um das 3- bis 11-Fache. Die Kriechzahl φ bleibt jedoch etwa gleich groß, allerdings ist die Reihenfolge der Querspannungen vertauscht. Eine Erklärung dafür könnte sein, dass sich jetzt zwei Prozesse überlagern, die Gleitung der Fasern aneinander und das Auspressen des Wassers. Der erste Anteil ist der üblicherweise dem Kriechen zugrunde liegende Vorgang, der zweite ist der Setzung von bindigen Böden vergleichbar, die umso schneller abläuft, je höher die Spannung, je poröser das Material und je kleiner der Körper ist. Wie Bild E.28 zeigt, ist bei $\sigma = 1{,}5$ MPa der Kriechvorgang nach 11 h noch in vollem Gange, während bei $\sigma = 2{,}5$ MPa die Verformungsgeschwindigkeit schon gegen null geht.

Bei teilflächiger Belastung – nur die halbe Querschnittsfläche des Brettstapels wurde belastet – zeigte es sich, dass die Kompression nur rd. 1/10 der Volllast-Werte erreichte und dass das Kriechmaß bei $u = 14\%$ kleiner, bei $u = 34\%$ größer war als bei Volllast.

Um statistisch gesicherte Aussagen über das Kriechverhalten von Holz machen zu können und um die Abhängigkeit von Feuchte, Austrocknung, Orientierung, Spannungshöhe, Rohdichte, Festigkeit, Belastungsart, Temperatur und anderen Einflüssen zu erkunden, wurden viele Versuche durchgeführt, die wegen der Fülle der Abhängigkeiten hier nicht beschrieben werden können. Vielmehr wird auf die Literatur verwiesen [179].

Stellvertretend für mehrere Untersuchungen über das Relaxationsverhalten von Holz sollen die ausführlichen Arbeiten von Becker und Reiter [180] herangezogen werden, die zur Klärung der Frage durchgeführt wurden, wie sich innere Spannungen – aus Schwinden oder beim Kleben – abbauen. In einem ausgeklügelten, automatisch arbeitenden Versuchsstand wurden einseitig eingespannte Biegebalken ($18 \cdot 66 \cdot 240$ mm^3) im Temperaturbereich von 30 bis 100 °C und mit Holzfeuchten von 7 bis 19% mit einer Einzellast von 4,50 kN

[2)] In diesem Zusammenhang sei auch auf das Kriechen des Betons hingewiesen, das durch gleichzeitiges Schwinden erhöht wird (siehe Abschnitt F 6.2).

12 Kriechen, Relaxation

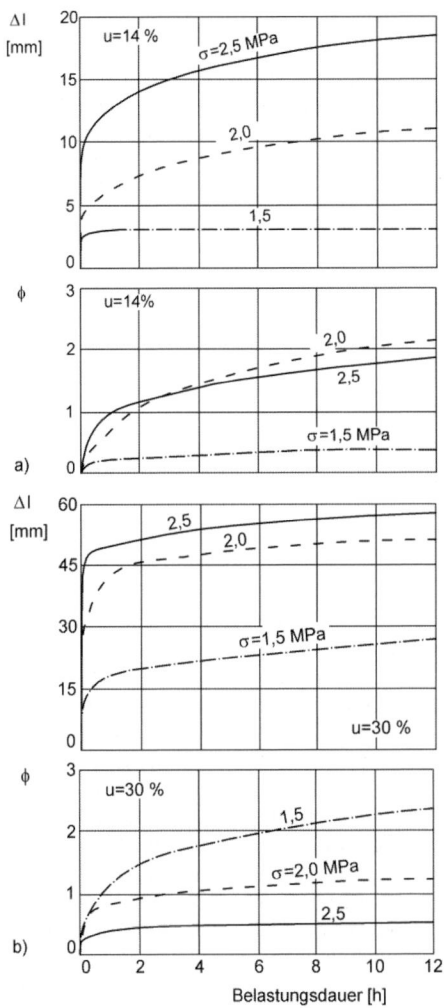

Bild E.28 Kompression und Kriechmaß lufttrockener (u = 14 %) und nasser (u = 30 %) Bretter bei vollflächigem Querdruck σ, nach Möhler und Maier [178]

belastet. Die anfängliche Durchbiegung wurde dann über 48 h konstant gehalten, indem die Last laufend vermindert wurde.[3]

Zur Erläuterung der Relaxation bei Beanspruchung längs der Faser werden zwei Kurvenscharen gezeigt, die eine bei u = 10 % bestimmt, die andere bei u = 19 %. Alle Kurven des Bildes E.29 zeigen dieselbe Tendenz: Sie fallen innerhalb der ersten 12 h stark ab und

---

[3] Der etwas schwer vorstellbare Vorgang der Relaxation ist hier sehr anschaulich: Unter einer Anfangslast biegt sich der Balken durch und würde sich durch das Kriechen ständig weiter durchbiegen, bis der Endzustand erreicht ist. Hält man jedoch die Anfangsdurchbiegung konstant, so benötigt man laufend weniger Kraft dazu. Hier sieht man deutlich, dass Kriechen und Relaxation verwandt sind und auf derselben Grundlage beruhen.

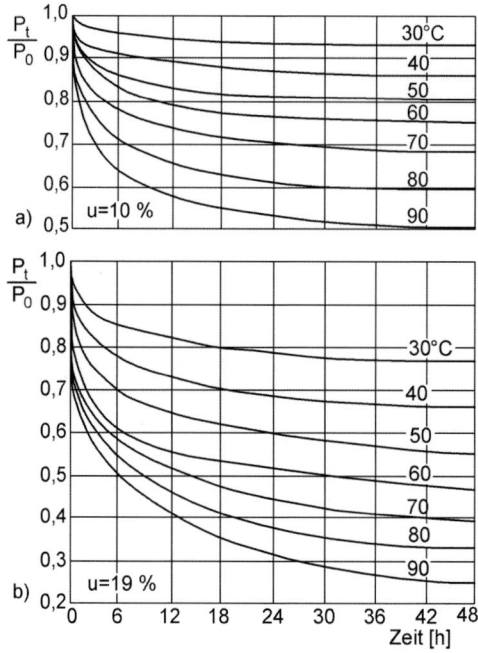

Bild E.29 Spannungsabfall bei Buchenholz bei unterschiedlicher Temperatur und Holzfeuchtigkeit, nach Becker und Reiter [180]

werden dann flacher. Der Einfluss der Temperatur geht deutlich hervor. Bei u = 10 % und 30 °C ist die Last nach 48 h erst auf 0,95 der Anfangslast abgesunken und bleibt auch auf diesem Wert stehen. Die anderen Temperaturen liegen etwa gleichmäßig dazwischen. Zunehmende Holzfeuchte bedeutet größeren Spannungsabfall, wie der Vergleich zwischen Teil a und b von Bild E.29 zeigt. Bei 30 °C und u = 19 % ist die Last auf rd. 76 % abgefallen, bei 90° auf etwa 25 %; Der Spannungsabfall ist demnach doppelt so groß wie bei u = 10 %. Die Beziehung zwischen Restspannung nach 48 h, Holzfeuchte und Temperatur ist im Bild E.29 dargestellt. Neben den bereits besprochenen Abhängigkeiten fällt auf, dass bei u = 10 % ein Maximum auftritt, was bedeutet, dass hier die Spannung am wenigsten abfällt. Erinnert man sich an die Abhängigkeit der Zugfestigkeit von der Holzfeuchte (Bild E.14), so trat auch dort ein Maximum bei rund 10 % auf, das auf die Eigenschaftsänderungen von Lignin und Cellulose durch Feuchtigkeitsaufnahme zurückzuführen ist. Zusammenfassend kann man aus den Versuchen folgern, dass Relaxation schon bei geringen Spannungen auftritt und, mit zunehmender Temperatur und Holzfeuchte besonders stark, bewirkt, dass sich Zwang- und Eigenspannungen in Holzbauteilen in kurzer Zeit abbauen.

Relaxation rechtwinklig zur Faser tritt vor allem bei Bolzen- und Dübelverbindungen auf, bei denen die Holzteile durch Bolzen zusammengespannt werden. Nachlassende Vorspannkraft bedeutet dabei geringere Reibungskraft und größere Verformung unter Last. Zu dieser Frage haben Möhler und Maier [178] Versuche an Fichtenholzbrettern durchgeführt, die mit Bolzen zusammengeschraubt waren. Die Spannung wirkte dabei auf die halbe Querschnittsfläche, die Klemmkräfte wurden mithilfe von Dehnmessstreifen ermittelt. Wie Bild E.31 zeigt, nimmt die Anfangsspannung innerhalb von 23 h bei trockenem Holz auf 0,85 σ_0 ab, bei nassem Holz auf 0,62 σ_0. Dabei ist in beiden Fällen der Endwert noch nicht erreicht. Ein

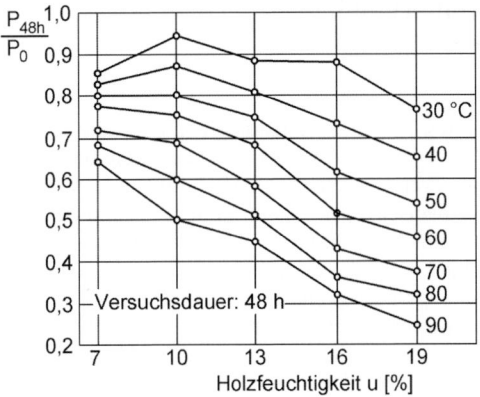

Bild E.30 Beziehung zwischen Restspannung, Holzfeuchte und Temperatur, nach Ergebnissen von Becker und Reiter [180]

Vergleich mit den Versuchen von Becker längs der Faser ist nicht möglich, da hier die Spannungen wesentlich höher sind und die Holzart verschieden ist. Es scheint jedoch, dass das Verhalten sehr ähnlich ist.

Möhler und Maier untersuchten weiter, ob ein Nachspannen der Bolzen nach einer gewissen Zeit den Spannungsabfall vermindert. Wie Bild E.31 erkennen lässt, hat ein zweimaliges Nachspannen innerhalb von 8 h den Spannungsabfall z. T. ausgeglichen. Die Restspannung nach 23 h beträgt beim trockenen Holz 0,92 σ_0 (vorher 0,85 σ_0), beim nassen Holz 0,75 σ_0 (vorher 0,62 σ_0). Es zeigt sich also, dass das Nachspannen den Spannungsabfall vermindert, und es ist eine Frage der Wirtschaftlichkeit, ob man noch häufiger nachspannt, um die Relaxation weiter abzumindern. Folgt man der im Bild E.31 eingezeichneten strichpunktierten Linie, so würde beim trockenen Holz weiteres Nachspannen bald zum Erfolg führen, während dies beim nassen ziemlich lang dauern würde.

Um Klarheit über den Einfluss weiterer Parameter auf das Relaxationsverhalten zu bekommen, sind noch weitere systematische Versuche durchzuführen. Eines ist jedoch sicher: Das Holz verhält sich wie ein visko-elastischer Festkörper mit zeitabhängigen Eigenschaften, die bei der Konstruktion berücksichtigt werden sollten.

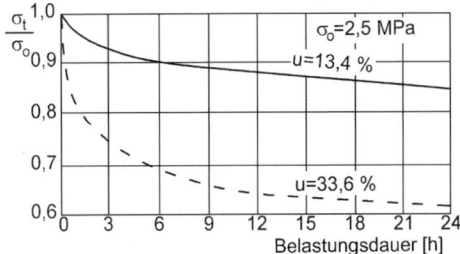

Bild E.31 Beziehung zwischen zeitabhängiger Spannung und Holzfeuchtigkeit beim Relaxationsversuch quer zur Faser, nach Möhler und Maier [178]

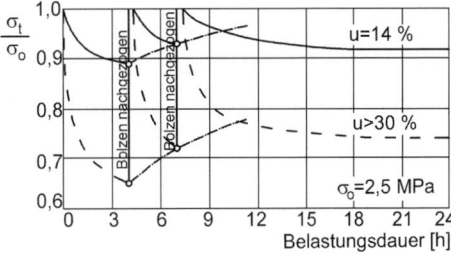

Bild E.32 Spannungsverlauf bei zweimaligem Nachspannen, nach Möhler und Maier [178]

13 Festigkeitskriterien und Bruchmechanik

13.1 Festigkeitshypothesen

Im Bauwesen ist es üblich, eine Konstruktion so zu dimensionieren, dass die größte auftretende Spannung einen festgelegten (Sicherheits-) Abstand zur Festigkeit bei Zug-, Druck-, Biege- und Schubbeanspruchung hat. Treten in einem Querschnittspunkt mehrere überlagerte Beanspruchungen auf, so ist nachzuweisen, dass ein definierter Abstand zu einer empirisch festgelegten Interaktions-Bruchgrenzfläche nicht überschritten wird [168].

Bei orthotropen Werkstoffen ist die globale Festigkeit im Falle eines mehrachsigen Spannungszustandes die Funktion eines Spannungs-Festigkeits-Interaktionsgesetzes, dessen Maßzahl es zu minimieren gilt. Zu den wichtigsten für den Werkstoff Holz formulierten Interaktionsbeziehungen zählen die verwandten Bruchkriterien von Norris und McKinnon [181] und Norris [182] sowie das Tsai-Hill-Kriterium [183], die für den ebenen Fall in einheitlicher Schreibweise gemäß

$$\frac{\sigma_1^2}{f_1^1} + \frac{\sigma_2^2}{f_2^2} - \frac{\sigma_1 \sigma_2}{r_k \cdot f_1 \cdot f_2} + \frac{\tau_{12}^2}{f_{12}^2} = f_F \qquad (234)$$

mit σ_i, σ_{ji} bzw. f_i, f_{ij} bei i,j = 1,2 Spannungen bzw. Festigkeiten im Orthotropie-Hauptachsensystem (hier: 1 = parallel, 2 = Q = rechtwinklig zur Faserrichtung) und r_k, k = NMC, N, TH, als freier Parameter (siehe nachfolgend) dargestellt werden können. Der Bruch erfolgt für f_F = 1. Durch entsprechende Festlegung des freien Parameters r ergeben sich aus Gl. (234) die unterschiedlichen Bruchkriterien nach Norris und McKinnon ($f_{F,NMC}$), Norris ($f_{F,N}$) und Tsai-Hill ($f_{F,TH}$) wie folgt:

$$r_{NMC} = \infty \rightarrow f_F = f_{F,NMC}, \qquad r_N = 1 \rightarrow f_F = f_{F,N}, \qquad r_{TH} = f_1/f_2 \rightarrow f_F = f_{F,TH}.$$

Gemäß den theoretischen bzw. semi-empirischen Herleitungen der aufgeführten Bruchkriterien sollten die Festigkeiten bei Zug und Druck gleich sein und die Schubfestigkeit unbeeinflusst davon, ob normal zur Schubfläche Druck und Zug überlagert sind. Realiter können diese Annahmen bei Holz nicht aufrechterhalten werden, d. h. es ist bei den Festigkeiten zu differenzieren nach (t = Zug, c = Druck) $f_1^t, f_2^t, f_1^c, f_2^c, f_{12,t}, f_{12,c}$.

Ein weiteres wesentliches Festigkeitskriterium ist das Tensor-Polynom-Gesetz nach Tsai-Wu (1971), das für den ebenen Spannungszustand zu

$$F_1 \sigma_1 + F_2 \sigma_2 + F_{11} \sigma_1^2 + F_{22} \sigma_2^2 + 2 F_{12} \sigma_1 \sigma_2 + F_{66} \tau_{12}^2 = F_{F,TW} = 1 \qquad (235)$$

mit

$$F_i = \frac{1}{f_i^t} - \frac{1}{f_i^c}, \qquad F_{ij} = \frac{1}{f_i^t f_i^c} \quad i = j = 1,2, \qquad F_{66} = \frac{1}{f_{12}^2}$$

Komponenten des Festigkeitstensors angegeben werden kann. Die Komponenten F_1, F_2, F_{11}, F_{22} des Festigkeitstensors können durch einachsige Zug- und Druckversuche rechtwinklig zur Faserrichtung bestimmt werden, F_{66} ist durch die Schubfestigkeit festgelegt und das Kopplungsglied F_{12} kann durch einen „off-axis"-Versuch mit Beanspruchung schräg zur Faserrichtung ermittelt werden. Der Vorteil des Tensorpolynomansatzes (235) gegenüber den semi-empirischen Interaktionskriterien zufolge Gl. (234) liegt u. a. in der Invarianz gegenüber Rotationen des Koordinatensystems.

13.2 (Holz-) Bruchmechanik

13.2.1 Allgemeines

Die Bemessung von (Holz-) Konstruktionen, deren Geometrien Berandungsunstetigkeiten aufweisen, wie z. B. scharfkantige einspringende Ecken, oder bei denen mit dem Vorhandensein von Ermüdungs- bzw. Schwindrissen zu rechnen ist, wirft im Bereich der vorstehend skizzierten klassischen Festigkeitsbetrachtungen bzw. -kriterien speziell bei nicht plastifizierenden Materialien erhebliche Probleme auf. Die Ursache hierfür ist, dass die Spannungen an den Unstetigkeitsstellen theoretisch gegen unendlich anwachsen (Bild E.33), was physikalisch unmöglich ist.

Im Gegensatz zu klassischen Festigkeitsbetrachtungen geht man bei der Bruchmechanik von einem makro- oder vielfach mikrorissbehafteten Querschnitt aus und bestimmt diejenige Beanspruchung, die zu einem instabilen Risswachstum und damit zum Bruch führt [184]. Vergleichbar den klassischen Beanspruchungs- bzw. Versagensarten (Zug, Biegung, Schub) werden drei unterschiedliche Rissbeanspruchungs- bzw. Rissversagensarten, Modus I, II, III genannt, unterschieden (siehe Abschnitt A 2.4).

Bei 3D-orthotropen Werkstoffen wie Holz sind für jeden Rissmodus sechs ausgezeichnete Hauptrisssysteme zu unterscheiden, bei denen die Lage der Rissebene und die Rissfortschrittsrichtung mit den Orthotropie-Hauptachsen zusammenfallen. Die Hauptrisssysteme werden bei Holz durch zwei Buchstaben gekennzeichnet, von denen der erste die Richtung der Normalen auf die Rissfläche und der zweite die Rissausbreitungsrichtung angibt (Bild E.34). Größte Bedeutung für Ingenieurholzkonstruktionen haben faserparallele Risse, d. h. die RL- und die TL-Hauptrisssysteme mit den dazwischenliegenden (R/T)L-Übergangssystemen. Speziell das RL-Risssystem, dessen Rissfläche in der Longitudinal-Tangen-

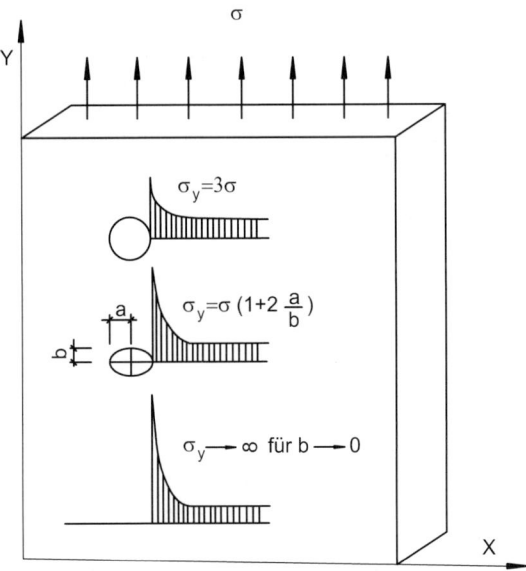

Bild E.33 Spannungserhöhungen am Rande unterschiedlicher Lochtypen und für den Grenzfall des scharfen Risses bei einachsiger Zugbeanspruchung

  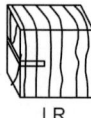 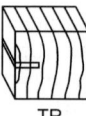  

TL　　　RL　　　LR　　　TR　　　RT　　　LT

Bild E.34 Definition der sechs ausgezeichneten Hauptrisssysteme bei Holz. Der erste Index kennzeichnet die Normale auf die Rissfläche, der zweite Index bezeichnet die Rissfortschrittsrichtung; L – longitudinale, R – radiale, T – tangentiale Wuchsrichtung

tial-Wuchsebene liegt, ist in hohem Maße versagensrelevant, da die längs der Jahrringgrenzen verlaufenden Risse durch die Ungänze – Ringschäligkeit – initiiert bzw. beschleunigt werden.

13.2.2 Bruchmechanische Werkstoffkenngrößen, Prüfkörper und Prüfverfahren

In einem Forschungsprojekt der Universität Stuttgart wurden bruchmechanische Werkstoffkenngrößen ermittelt. Ein wesentlicher Anteil betraf Untersuchungen bei kurzzeitiger Modus-I-Beanspruchung rechtwinklig zur Faserrichtung unter primärer Berücksichtigung der Parameter Holzart, Rohdichte, Risssystem und Kerbausbildung; in geringerem Umfang wurden u. a. Einflüsse der Holzfeuchte und der Belastungsgeschwindigkeit betrachtet. Die untersuchten Holzarten umfassten neben der für das Bauwesen wichtigsten Holzart Fichte die europäischen Laubholzarten Eiche, Buche, Pappel und des Weiteren die tropischen Harthölzer Meranti und Bilinga. Als Risssysteme wurden nahezu ausschließlich die bei tragender Verwendung wichtigsten RL- und TL-Systeme sowie die dazwischenliegenden Übergangssysteme (R/T)/L untersucht.

Bezüglich der Kerbausbildung wurden zum einen extrem dünne Initialrisse, vergleichbar solchen, die aus Eigenspannungen infolge Feuchtegradienten resultieren, untersucht; diese Initialrisse wurden mittels Rasierklingenschnitt hergestellt. Zum anderen wurden breite Kerben mit unterschiedlich ausgebildeten Rissspitzen geprüft, die mittels Kreissägenschnitt hergestellt wurden. Hinsichtlich der klimatischen Randbedingungen wurden überwiegend Proben untersucht, die nach Lagerung im Normklima (20 °C/65 % relative Luftfeuchte) eine

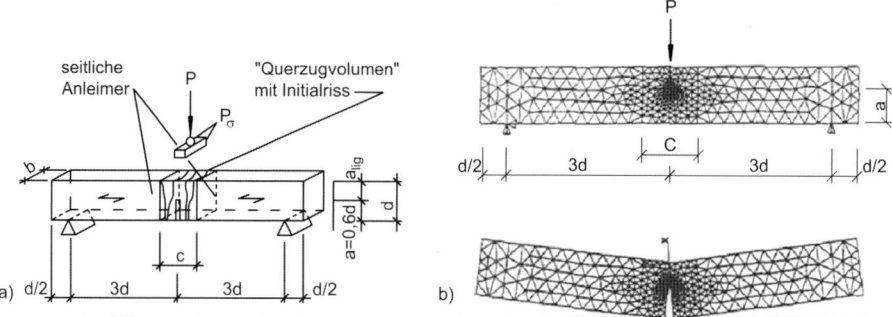

Bild E.35 SENB-Prüfkörper (Single Edge Notched Bending) zur Bestimmung der Modus-I-Bruchenergie von Nadelholz bei Zugbeanspruchung rechtwinklig zur Faserrichtung; a) Prüfkörperaufbau und Versuchsschema, b) Finite-Element-Idealisierung des orthotropen, inhomogenen Prüfkörpers (unverformte Struktur) und verformte Struktur (Verformungen stark vergrößert)

13 Festigkeitskriterien und Bruchmechanik

nominelle Holz-Gleichgewichtsfeuchte von rd. 12% aufwiesen. An der Holzart Buche wurde der Unterschied zwischen waldfrischem und getrocknetem Holz untersucht.

Die Bestimmung der Materialkennwerte K_{Ic}, G_{Ic}, G_{FI} erfolgte überwiegend mittels eines speziellen einseitig gekerbten SENB-Dreipunkt-Biegeprüfkörpers (Bild E.35), bei dem das eigentliche Testvolumen zwischen zwei beidseitige Anleimer eingeklebt wird [185].

Der Prüfkörper erlaubt bei einer hinreichend langen Startkerbe von $a_0 \approx 0{,}6\,d$ (Rissligament 0,4 d) bei bestimmten Holzarten stabile Versuche auch im postkritischen Bereich. Aus der Vielzahl der Versuchsergebnisse seien exemplarisch die folgenden Einzelergebnisse hervorgehoben [186, 187]. Für die Bruchenergie von fehlerfreiem Fichtenholz im Rohdichtebereich von $\rho \approx 400$ bis $500\,\text{kg/m}^3$ wurde die näherungsweise linear von der Rohdichte abhängige Beziehung

$$G_{FI} = 0{,}62\,\rho \; [\text{N/m}] \tag{236}$$

erhalten, womit sich für den typischen Rohdichtewert von rd. 460 kg/m³ eine mittlere Bruchenergie von rd. 280 N/m ergibt. Bedeutsam ist, dass das Streuungsmaß der Bruchenergien bei quasi konstanter Rohdichte mit einem Variationskoeffizienten von rd. 30% an der oberen Grenze der üblichen Streuung von mechanischen Holzkenngrößen liegt. Die bemessungsrelevanten charakteristischen G_{FI}-Werte (untere 5%-Quantilen) sind zufolge der ausgeprägten Eigenschaftsstreuung vergleichsweise niedrig. Für die Wahrscheinlichkeitsverteilung $F(G_{FI})$ der Modus-I-Bruchenergie im Rohdichtebereich von 400 bis 500 kg/m³ wurde die dreiparametrige Weibull-Beziehung

$$F(G_{FI}) = \exp\left[-\left(\frac{G_{FI} - 139}{163}\right)^2\right] \tag{237}$$

erhalten (G_{FI} [N/m]), womit der untere 5%-Fraktilenwert im betrachteten Bereich rd. 180 N/m beträgt. Bild E.36 veranschaulicht die in den Versuchen erhaltene empirische Häufigkeitsdichteverteilung.

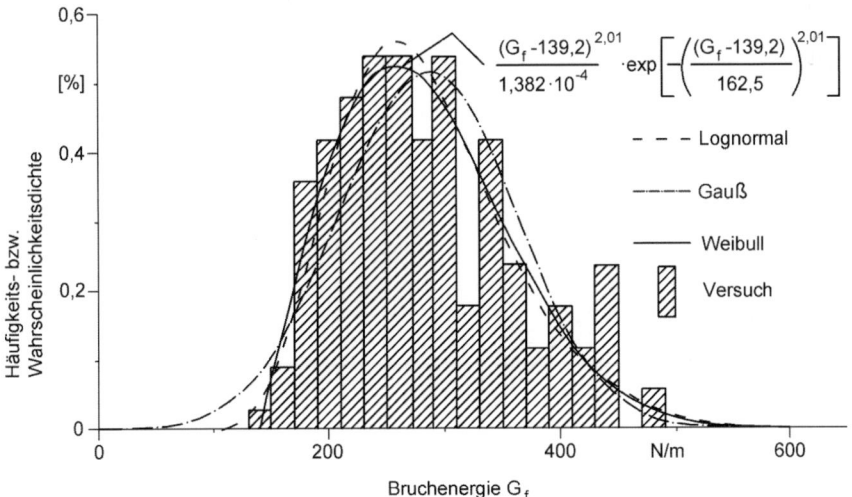

Bild E.36 Empirische Häufigkeitsdichteverteilung der Modus-I-SENB-Bruchenergien bei Fichte (RL-Risssystem) sowie Wahrscheinlichkeitsdichten angepasster Verteilungsfunktionen (Gauß'sche bzw. logarithmische Normalverteilung, dreiparametrige Weibull-Verteilung)

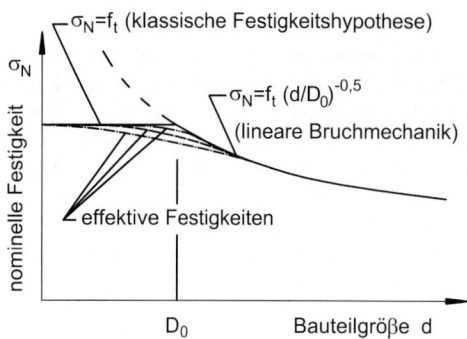

Bild E.37 Nominelle Festigkeit in Abhängigkeit von der Bauteilgröße entsprechend linearer Bruchmechanik und klassischer Festigkeitshypothese

Ein weiterer bedeutsamer Aspekt der Modus-I-Untersuchungen an Fichte betraf die Abgrenzung von linear bzw. nichtlinear bruchmechanischen Kenngrößen. Dieser letztlich für die Bauteilbemessung sehr bedeutsamen Fragestellung wurde mittels umfangreicher experimenteller Prüfungen an geometrisch ähnlichen Proben zum sog. Größeneinflussgesetz (vgl. Bild E.37) nachgegangen. Zielsetzung war die Bestimmung des von Bažant [188] eingeführten nichtlinear bruchmechanischen Maßstabsgesetzes, das die stetige Beschreibung der nominellen Festigkeit (hier rechtwinklig zur Faserrichtung) in Abhängigkeit von der charakteristischen Bauteilgröße erlaubt:

$$\sigma_N = B/\sqrt{1+\beta} \qquad (238)$$

mit $\beta = d/D_0$ Sprödigkeitsziffer; B, D_0 empirische Parameter.

Bild E.38 veranschaulicht die Ergebnisse der durchgeführten Modus-I–Versuche mit Zugbeanspruchung rechtwinklig zur Faserrichtung und das durch Regressionsanpassung

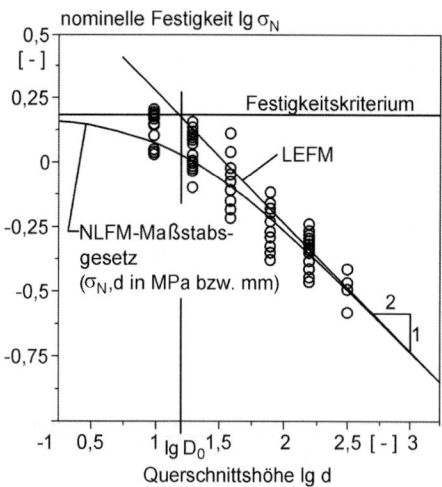

Bild E.38 Ergebnisse der experimentellen Untersuchungen zum bruchmechanischen Modus-I-Maßstabsgesetz von Fichte bei Zugbeanspruchung

bestimmte Maßstabsgesetz, dessen Parameter für Fichtenholz mit einer Rohdichte von 400 bis 500 kg/m^3 in guter Näherung mit rd. B = 1,5 N/mm^2, D_0 = 16 mm angesetzt werden können [189]. Von primärer Bedeutung ist hierbei der D_0-Wert, der die Festlegung der jeweiligen charakteristischen Bauteilabmessungen erlaubt, für die die nichtlineare Bruchmechanik (NLFM) zutreffend ist, bzw. festlegt, ab wann mit ausreichender Genauigkeit die lineare Bruchmechanik (LEFM) gültig ist. Die Größenordnung des erstmalig für (Fichten-) Holz bestimmten LEFM-NLFM-Übergangsgebietes stimmt mit dem von Bažant über die Sprödigkeitsziffer β für zugbeanspruchten Beton definierten Bereich von $0,1 < \beta < 10$ überein. Das erhaltene nichtlineare Maßstabsgesetz ermöglicht des Weiteren die implizite Bestimmung der Prozesszonenlänge, die bei Fichte bei Beanspruchung rechtwinklig zur Faserrichtung rd. 2 bis 5 mm beträgt, d. h. genau in der Größenordnung der Faserlängen liegt. Grundsätzlich wurde durch die Versuche zum nichtlinearen Bruchmechanik-Größengesetz das schwach dehnungsentfestigende Materialverhalten von Fichtenholz bei Zugbeanspruchung rechtwinklig zur Faserrichtung, das erstmalig von Boström [190] mittels direkter Zugversuche an wesentlich kleineren Proben festgestellt wurde, durch einen grundlegend anderen Ansatz bestätigt.

Die bruchmechanischen Modus-I-Untersuchungen an den europäischen und tropischen Laubholzarten zeigten, dass der SENB-Prüfkörper holzartabhängig nur bedingt stabile Versuche und damit eine zutreffende G_F-Bestimmung erlaubt. Die G_{FI}-Werte der genannten Laubhölzer liegen um den Faktor 2 bis 4 über Fichtenholz. Bedeutsam für die Anwendung der Bruchmechanik auf Schädigungen von Baumverzweigungen (Zwiesel) ist, dass Holz bei Feuchtegehalten, die deutlich über dem Fasersättigungsgrad von rd. 30 % liegen, eine signifikant niedrigere Tendenz zu instabilem Rissfortschritt aufweist.

Ein weiterer wichtiger Aspekt der Materialkenngrößen-orientierten Versuche betraf das bruchmechanische Verhalten von Holz bei Modus-II-Beanspruchung. Im Vordergrund standen hier die Entwicklung eines geeigneten Prüfkörpers zur Bestimmung der Bruchenergie bei Modus-II-Beanspruchung bei faserparallelem Rissfortschritt und sodann die Ermittlung statistisch abgesicherter Materialwerte [186, 191, 192].

14   Bruchformen

Im Zusammenhang mit Stahl wurde erörtert, wie aus der makroskopischen Bruchform im Zugversuch oder im Kerbschlagbiegeversuch auf die Verformungseigenschaften geschlossen werden kann. Es war eine eindeutige Aussage über sprödes oder zähes Verhalten möglich.

Belastet man verschiedene Holzproben im Zugversuch bis zum Bruch, so erhält man ebenfalls – wie bei Stahl – unterschiedliche Bruchformen: langfaserige, mittelfaserige, kurzfaserige und stumpfe Brüche. Doch wie mehrere Forscher [146, 154, 193] einstimmig urteilen, sagen diese Bruchformen nichts Eindeutiges über Festigkeit oder Verformungsverhalten aus.

Beim Druckversuch bilden sich Gleitschichten aus, die durch örtliches Ausknicken der Zellwände und durch Faltenbildung entstehen. Die Gleitschicht kann in einer Richtung verlaufen oder in zwei zueinander symmetrisch liegenden, sodass schließlich ein Keil das Holz längs der Faser spaltet. Einen genauen Anhalt über die Verformungseigenschaften liefert das Bruchbild auch hier nicht.

Im statischen Biegeversuch tritt meist ein Bruch der auf Zug beanspruchten Fasern auf, wobei dieser splittrig, gezackt oder glatt sein kann, allerdings ohne eindeutigen Zusammenhang mit der Tragfähigkeit. Die Druckzone erleidet dabei eine mehr oder weniger starke Stauchung oder Faltung. Häufig beobachtet man längs der Nulllinie einen Längsriss, der die Druck- von der Zugzone deutlich trennt.

Im Gegensatz zu den Brüchen bei statischer Beanspruchung kann man aus der Bruchform beim Schlagbiegeversuch einiges schließen: langsplittrige, zerfaserte Brüche sind ein eindeutiges Merkmal von zähem Holz; mittelfaserige Brüche zeigen normales Verhalten an, während glatte, wellige, treppenförmige Brüche stets sprödes Verhalten verraten. Damit ist eine Aussage gemacht über das Verformungsverhalten, jedoch ist über die Festigkeit nichts ausgesagt. Darüber aus der Bruchform zu urteilen, ist anscheinend nicht möglich.

Kennzeichnend unterscheiden sich Dauerbrüche von statischen Brüchen. Die Flächen der Dauerbrüche sind eben, glatt und stumpf. Sie sind nicht von einer merklichen Verformung begleitet und zeigen auch im Ansatz keine Splitter.

15 Vergütete Holzprodukte

Seit Langem ist man bemüht, die wuchsbedingten Eigenheiten des Holzes zu minimieren und möglichst isotrope Eigenschaften zu entwickeln. Außerdem gibt die natürliche Größe eines Baumstamms eine Grenze vor, die nicht erwünscht ist. Mithilfe von Klebstoffen ist es gelungen, sowohl die Eigenschaften von Holzprodukten zu vergleichmäßigen als auch (fast) unbegrenzte Abmessungen zu realisieren. Im Folgenden werden einige Beispiele behandelt.

15.1 Brettschichtholz

Brettschichtholz besteht aus vollflächig zusammengeklebten 20 bis 45 mm dicken getrockneten und vorgehobelten Brettern (Lamellen). Die Bretter werden maschinell sortiert und minderwertige Teile werden entfernt. Die Länge der Lamellen schwankt zwischen 1,5 und 5 m. Damit deutlich längeres Brettschichtholz hergestellt werden kann, werden die Lamellen in Längsrichtung durch Keilzinkung gestoßen und verklebt. Bild E.39 zeigt das Beispiel einer Keilzinkung. Diese Technik wurde in den 1940er-Jahren entwickelt und hinsichtlich der Zinkengeometrie ständig verbessert. Als Klebstoffe kommen Resorcin-, Melamin-, Phenol-Formaldehyd- und Epoxidharze infrage. Die endlosen Lamellen werden danach abgelängt, gehobelt, mit Leim bestrichen und zusammengepresst. Dabei können gerade und gekrümmte Träger hergestellt werden [194].

Brettschichtholz („GlueLam", GL) wird nach DIN 1052 in die Klassen GL 24, GL 28, GL 32 und GL 36 eingeteilt, wobei die Zahlen die charakteristischen Rechenwerte der Biegefestigkeit wiedergeben. Die Zug- und Druckfestigkeitswerte sind geringer. Der E-Mo-

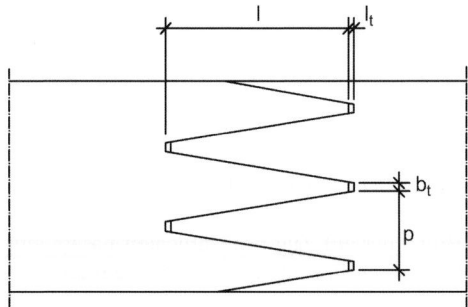

Bild E.39 Keilzinkung; l – Zinkenlänge, p – Zinkenteilung, b_t – Breite des Zinkengrundes, l_t – Zinkenspiel

dul ist etwas höher als bei Vollholz, ebenso die Rohdichte, da der Klebstoff eine höhere Dichte aufweist. Der Wert für die Querzugfestigkeit beträgt einheitlich 0,5 MPa. Er kann der bestimmende Festigkeitswert werden, wenn in gekrümmten Trägern Querzugspannungen auftreten. In Sonderfällen wird Brettschichtholz in der Querzugrichtung mit Stahl-, Aramid- oder Carbonstäben bewehrt. Brettschichtholz ermöglicht architektonisch ansprechende Konstruktionen großer Spannweiten.

15.2 Balkenschichtholz

Balkenschichtholz ist ein Verbundbaustoff aus zwei, drei oder vier zusammengeklebten Bohlen oder Kanthölzern (Duo-, Trio- oder Quatrobalken). Die einzelnen Lamellen müssen aus Vollholz (i. d. R. Nadelholz) mindestens der Sortierklasse S 10 bestehen. Die Querschnittsabmessungen der Lamellen dürfen nicht größer sein als 150 mm · 450 mm. Die Flächen werden gehobelt und mit einem Pressdruck von ca. 0,7 MPa zusammengeklebt. Der Entwurf mit Balkenschichtholz erfolgt nach DIN 1052.

15.3 Brettsperrholz

Brettsperrholz besteht aus mindestens drei kreuzweise miteinander verklebten Brettlagen aus Nadelholz, wobei (wie bei Sperrholz) der Querschnitt symmetrisch aufgebaut sein muss. Auf diese Weise ergeben sich flächige, bis 350 mm dicke Holzbauteile, die als Wand-, Decken- und Dachbauteile verwendet werden. Die Bemessung geschieht auch hier nach DIN 1052.

15.4 Furnierschichtholz

Furnierschichtholz („Laminated Veneer Lumber", LVL) ist dem Sperrholz ähnlich, allerdings sind die meisten oder auch alle Furniere parallel zueinander verleimt und erlauben so größere Abmessungen sowohl in der Länge als auch in der Dicke [195]. In Europa werden 3 bis 4 mm dicke Schälfurniere aus nordischer Fichte mit Phenol-Formaldehyd-Harz verklebt. Damit können Platten von 27 bis 75 mm Dicke und 20 m Länge hergestellt werden. Die Rohdichte beträgt ca. 500 kg/m^3. Das Schwinden ist mit Vollholz vergleichbar, wenn die Furniere alle parallel zueinander verleimt sind. Die Biegefestigkeit beträgt 51 MPa, die Zugfestigkeit 48 MPa und die Druckfestigkeit 42 MPa, damit liegen die Festigkeiten höher als für Vollholz und Brettschichtholz. Der E-Modul wird mit 14 GPa angegeben.

15.5 Sperrholz

Sperrholz ist ein klassischer Holzwerkstoff mit besonders guter Dimensionsstabilität. Es besteht aus Schälfurnieren von 2 bis 4 mm Dicke, die kreuzweise aufeinander geklebt sind. Dadurch werden Schwind- und Quelldehnungen „abgesperrt", weil die in Faserlängsrichtung verlaufenden Furniere die rechtwinklig dazu verlaufenden am Schwinden und Quellen hindern. Das Quellmaß beträgt nur 0,02 % je % Feuchteänderung. Rechtwinklig zur Plattenebene bleibt das Schwindmaß des Ausgangsholzes natürlich erhalten. Damit sich Sperrholz bei Feuchteänderung nicht verkrümmt und verwölbt, muss es aus mindestens drei Lagen bestehen, oder, allgemeiner, aus einer ungeraden Anzahl von Lagen, die symmetrisch zur Mittelfläche aufgebaut sind. Sperrholz ist in zahlreiche Klassen eingeteilt. Nach DIN 1052 überstreichen die charakteristischen Werte der Biegefestigkeit parallel zur Faserrichtung der Deckfurniere Werte zwischen 25 und 60 MPa, rechtwinklig dazu zwischen 10 und 40 MPa.

Der E-Modul ist vom Aufbau abhängig, da je nach Richtung der Lagen einmal der E-Modul in Längsrichtung und einmal in Querrichtung zum Tragen kommt. So ergeben sich effektive Werte zwischen 1,5 und 9 GPa. Die Rohdichte beträgt 400 bis 600 kg/m^3.

15.6 OSB-Platten

Die Bezeichnung OSB („Oriented Strand Board") bedeutet soviel wie „orientiertes Spanholz". Die strukturbildenden Späne sind ca. 0,5 bis 0,8 mm dick und ca. 90 mm lang [196]. Die Verklebung der Späne geschieht mit denselben Kunstharzen wie für Brettschichtholz. Die Platten bestehen i. d. R. aus drei Schichten, zwei Deckschichten und einer Mittelschicht. In den Deckschichten sind die Späne in Plattenlängsrichtung orientiert, in der Mittelschicht rechtwinklig dazu. Damit wird ein gewisser Absperreffekt erzielt. Bei Rohdichten von 600 bis 800 kg/m^3 werden Biegefestigkeiten von 25 bis 50 MPa erreicht. Schwind- und Quellmaße betragen 0,015 bei OSB/4 bzw. 0,03 bei OSB/2 und OSB/3.

15.7 Span- und Faserplatten

Für konstruktive Anwendungen kennt DIN 1052 weitere Holzwerkstoffe: kunstharzgebundene Spanplatten, zementgebundene Spanplatten, Faserplatten. Im weiteren Sinne gehören hierzu auch Gipskartonplatten und Gipsfaserplatten. Außer Gipsfaserplatten sind alle Produkte genormt; DIN 1052 führt ihre charakteristischen Werkstoffeigenschaften auf.

16 Berücksichtigung der Holzeigenschaften in den Normen

16.1 Holzsortierung

Da Holz ein natürlich gewachsener Baustoff ist, ist jedes Stück von einem anderen verschieden. Äußerlich unterscheiden sie sich in der Anzahl und der Größe der Äste, im Faserverlauf, in der Jahrringbreite und in der Farbe, im Aufbau stimmen sie in der Anzahl und der Größe der Poren, im Lignin- und Cellulosegehalt und in der Faserlänge nicht überein. Jedes Brett oder jeden Stamm nun auf seine individuellen Festigkeitseigenschaften hin zu untersuchen, ist in der Praxis unmöglich. Vielmehr wurden in DIN 4074 Sortierklassen eingeführt, in denen einige Merkmale genau charakterisiert sind. Die Sortierkriterien beziehen sich auf Nadelschnittholz mit 20% Holzfeuchte. Tabelle E4 ist DIN 4074-1 entnommen und gibt einen Überblick über angewendete Sortiermerkmale und -kriterien. Sie soll die Methodik der Beurteilung von Hölzern zeigen.

Die drei Sortierklassen S 7, S 10 und S 13 beziehen sich auf die Biegefestigkeit des Holzes. S 7 besitzt die geringste, S 13 die höchste Festigkeit. Dementsprechend sind die geringsten Wuchsabweichungen bei S 13 erlaubt. Bei den Ästen wird der sichtbare Durchmesser gemessen und auf Breite oder Höhe des Kantholzes bezogen. Bei Astansammlungen werden die Einzeläste über eine Länge von 150 mm addiert und ebenfalls auf Höhe oder Breite bezogen. Dabei dürfen die Werte nach Tabelle E.4 nicht überschritten werden. Wenn Drehwuchs auftritt, fällt die Faserneigung nicht mit der Längsrichtung zusammen. Drehwüchsigkeit erkennt man an schräg verlaufenden Schwindrissen in trockenem Holz. Gemessen wird die Abweichung von der Längsachse über eine bestimmte Länge, und diese wird in % angegeben (also der Tangens des Abweichungswinkels). Die Markröhre hat eine geringe Festigkeit und ist bei S 13-Holz i. d. R. nicht zulässig. Breite Jahrringe bedeuten viel Frühholz und weniger Spätholz, sodass die Festigkeit gering ist. Die Jahrringbreite ist

Tabelle E.4 Sortierkriterien für Kanthölzer und vorwiegend hochkant (K) biegebeanspruchte Bretter und Bohlen bei der visuellen Sortierung (DIN 4074-1)

Sortiermerkmale	Sortierklasse		
	S 7, S 7K	S 10, S 10K	S 13, S 13K
Äste	bis 3/5	bis 2/5[a]	bis 1/5
Faserneigung	bis 12 %	bis 12 %	bis 7 %
Markröhre	zulässig	zulässig	nicht zulässig[b]
Jahrringbreite im Allgemeinen bei Douglasie	bis 6 mm bis 8 mm	bis 6 mm bis 8 mm	bis 4 mm bis 6 mm
Risse Schwindrisse[c] Blitzrisse Ringschäle	bis 1/2 nicht zulässig	bis 1/2 nicht zulässig	bis 2/5 nicht zulässig
Baumkante	bis 1/4	bis 1/4	bis 1/5
Krümmung[c] Längskrümmung Verdrehung	bis 8 mm 1 mm/25 mm Höhe	bis 8 mm 1 mm/25 mm Höhe	bis 8 mm 1 mm/25 mm Höhe
Verfärbungen, Fäule Bläue nagelfeste braune und rote Streifen Braunfäule Weißfäule	zulässig bis 2/5 nicht zulässig	zulässig bis 2/5 nicht zulässig	zulässig bis 1/5 nicht zulässig
Druckholz	bis 2/5	bis 2/5	bis 1/5
Insektenfraß durch Frischholzinsekten	Fraßgänge bis 2 mm Durchmesser: zulässig		
sonstige Merkmale	sind in Anlehnung an die übrigen Sortiermerkmale sinngemäß zu berücksichtigen		

[a] bei Fichte und Douglasie bis 1/2 bei Jahrringbreiten bis 4 mm bei Fichte und 5 mm bei Douglasie. Der Anteil an einer Lieferung darf 25 % nicht überschreiten
[b] bei Kantholz mit einer Breite > 120 mm zulässig
[c] Diese Sortiermerkmale bleiben bei nicht trocken sortierten Hölzern unberücksichtigt

indirekt ein Maß für die Rohdichte, die die Festigkeit maßgeblich beeinflusst (s. o.). Schwindrisse sind bis zu einer gewissen Tiefe nicht schädlich. Die in Tabelle E.4 angegeben Werte sind auf die Breite des Kantholzes bezogen. Durch Blitzschlag entstandene Risse sind nicht zulässig. Wenn die Baumkante ein bestimmtes Maß nicht überschreitet, ist sie nicht schädlich, es sei denn, sie ist aus konstruktiven Gründen (Anschlüsse, Auflager) oder ästhetischen Gründen nicht erwünscht. Der am Querschnitt fehlende Teil des Rechtecks wird durch die höhere Festigkeit der außen liegenden Jahrringe kompensiert. Durch das unterschiedliche Schwindmaß in radialer und tangentialer Richtung kann es zu Krümmungen und Verdrehungen kommen. Die zulässigen Krümmungen werden über einer Messlänge von 2 m gemessen und dürfen die Pfeilhöhe von 8 mm nicht übersteigen. Verfärbungen deuten auf Fäulen hin, die nicht alle schädlich sein müssen. Druckholz entsteht, wenn ein Baum beim Wachsen unter einer ständigen gleichsinnigen Biegespannung steht: Es hat breitere Jahrringe und einen höheren Spätholzanteil, bewirkt aber große Formänderungen während des Trocknens. Insektenfraß im Frischholz ist bis zu einer bestimmten Größe der Bohrlöcher zulässig. Schließlich gibt es noch weitere Sortiermerkmale, die sinngemäß und mit Sachverstand beurteilt und berücksichtigt werden müssen. Dazu zählen mechanische Schäden, Mistelbefall, Rindeneinschlüsse, überwallte Stammverletzungen und Wipfelbruch.

Tabelle E.4 gilt für Kanthölzer und vorwiegend hochkant biegebeanspruchte Bretter (Dicke bis 40 mm) und Bohlen (Dicke über 40 mm). DIN 4074-1 enthält weitere Tabellen für die Sortierung von breitkant biegebeanspruchten Bohlen und Brettern und von Latten (Breite bis 80 mm). DIN 4074-2 gibt die Güteklassen für Baurundholz an. Die Teile 3 und 4 geben die Bedingungen für maschinelle Holzsortierung wieder und die dafür notwendigen Nachweise. Teil 5 schließlich enthält die Sortiermerkmale und -kriterien für Laubschnittholz. Der interessierte Leser wird für weitere Informationen auf die Normen verwiesen.

16.2 Festigkeitsklassen

Entsprechend der Einstufung in Sortierklassen darf das Holz unterschiedlich hoch beansprucht werden. DIN 1052 legt für die Beanspruchungsarten Biegung, Zug, Druck und Schub charakteristische Festigkeitswerte fest, die bei der statischen Berechnung eingehalten werden müssen, d. h. die in der Rechnung ermittelten Spannungen müssen unter diesen charakteristischen Festigkeiten bleiben. (Charakteristischer Wert ist wie in anderen Normen auch der 5%-Quantilwert der Grundgesamtheit.) Tabelle E.5 gibt die charakteristischen Festigkeiten nach DIN 1052 wieder. Die Festigkeitsklassen reichen von C 14 bis C 50, wobei die Zahlen mit den Rechenwerten der charakteristischen Festigkeit für Biegung übereinstimmen. Für Zug parallel zur Faser betragen die Werte ca. 60 % davon.

Bei Zug rechtwinklig zur Faser wird die Festigkeit überall mit 0,4 MPa angesetzt. Bei Druck parallel zur Faser beginnen die Werte mit 16 bei C 14 und hören mit 29 MPa bei C 50

Tabelle E.5 Rechenwerte für die charakteristischen Festigkeitswerte für Nadelholz der Festigkeitsklassen C 14 bis C 50

	1	2	3	4	5	6	7	8	9	10	11	12	13
1	Festigkeitsklasse	C 14	C 16	C 18	C 20	C 22	C 24	C 27	C 30	C 35	C 40	C 45	C 50
	Festigkeitskennwerte [MPa]												
2	Biegung $f_{m,k}$ [a]	14	16	18	20	22	24	27	30	35	40	45	50
3	Zug parallel $f_{t,0,k}$ [a]	8	10	11	12	13	14	16	18	21	24	27	30
4	Zug rechtwinklig $f_{t,90,k}$	0,4											
5	Druck parallel $f_{c,90,k}$	16	17	18	19	20	21	22	23	25	26	27	29
6	Druck rechtwinklig $f_{c,90,k}$	2,0	2,2	2,2	2,3	2,4	2,5	2,6	2,7	2,8	2,9	3,1	3,2
7	Schub und Torsion $f_{v,k}$	2,0											

[a] Bei nur von Rinde und Bast befreitem Nadelrundholz dürfen in den Bereichen ohne Schwächung der Randzone um 20 % erhöhte Werte in Rechnung gestellt werden.

16 Berücksichtigung der Holzeigenschaften in den Normen

auf, d. h. das schwächere Holz bekommt einen relativ hohen Wert und das festeste Holz einen relativ niedrigen. Die Querdruckfestigkeit steigt gleichmäßig mit der Festigkeitsklasse an. Für Schub und Torsion gelten überall 2,0 MPa.

Zunächst fallen die niedrigen Werte auf, wenn man sich an die Festigkeiten der Hölzer erinnert (Tabelle E.1), bei denen die Zug- und Biegefestigkeiten mit rund 100 MPa und die Druckfestigkeiten mit rund 50 MPa angegeben sind. Für Nadelholz beträgt also die charakteristische Festigkeit rund 1/10 bis 1/5 der Festigkeit oder, anders ausgedrückt, der Sicherheitsfaktor beträgt bei Druck rund 5, bei Zug rund 10. So scheint es; aber in Wirklichkeit ist der Sicherheitsfaktor viel geringer, wenn man bedenkt, dass Äste und schräger Faserverlauf die Tragfähigkeit beeinflussen. Nimmt man einmal an, dass bei einer Astansammlung die Äste nebeneinandersitzen und durch den Querschnitt hindurchgehen und dabei die zulässige Breite von 2/5 der Querschnittsbreite (Sortierklasse S 10) des Balkens einnehmen. Dann verbleibt für die Übertragung einer Zugkraft nur 3/5 des Querschnitts, d. h. gemittelt über den Querschnitt beträgt die Festigkeit nur noch 60 % oder rd. 60 MPa. Damit ist die Sicherheit entsprechend gefallen. Nimmt man weiter an, dass die Fasern nicht genau parallel zur Schnittkante, sondern unter einem zulässigen Winkel von 70° verlaufen, so sinkt der Sicherheitsfaktor weiter.

Es gibt keine direkte Übereinstimmung von Sortierklassen nach DIN 4074-1 und Festigkeitsklassen nach DIN 1052. Grundsätzlich kann Nadelholz maschinell in jede gewünschte Festigkeitsklasse sortiert werden. Wird visuell sortiert, dann werden Fichte und Tanne der Sortierklasse S 7 in die Festigkeitsklasse C 16, Kiefer und Lärche nach S 10 in C 24 und Douglasie nach S 13 in C 30 eingeteilt.

Um die folgende Tabelle zu verstehen, muss erst auf die sog. Nutzungsklassen eingegangen werden. Nutzungsklasse 1 bedeutet allseitig geschlossene und beheizte Bauwerke, Nutzungsklasse 2 betrifft überdachte offene Bauwerke und Nutzungsklasse 3 gilt für Konstruktionen, die der Witterung ausgesetzt sind. Das Hauptkriterium ist die umgebende Luftfeuchte und damit die Ausgleichsfeuchte, die dadurch bedingt ist. Dazu kommt noch die Lasteinwirkungsdauer, die von „ständig" (länger als 10 Jahre) bis „sehr kurz" (kürzer als eine Minute) variieren kann. Wie zuvor ausgeführt, ist die Dauerstandfestigkeit deutlich kleiner als die Kurzzeitfestigkeit. Den beiden Einflüssen Nutzungsklasse und Lasteinwirkungsdauer wird mit dem Modifikationsbeiwert k_{mod} in Tabelle E.6 Rechnung getragen.

Tabelle E.6 Rechenwerte der Modifikationsbeiwerte k_{mod}

	1	2		
1	Baustoff und Klasse der Lasteinwirkungsdauer	Nutzungsklasse		
2		1	2	3
3	Vollholz Brettschichtholz Balkenschichtholz Furnierschichtholz Brettsperrholz Sperrholz			
4	ständig	0,60	0,60	0,50
5	lang	0,70	0,70	0,55
6	mittel	0,80	0,80	0,65
7	kurz	0,90	0,90	0,70
8	sehr kurz	1,10	1,10	0,90

Tabelle E.7 Rechenwerte der Steifigkeits- und Rohdichtekennwerte für Nadelholz nach DIN 1052

	1	2	3	4	5	6	7	8	9	10	11	12	13
	Festigkeitsklasse	C 14	C 16	C 18	C 20	C 22	C 24	C 27	C 30	C 35	C 40	C 45	C 50
Steifigkeitskennwerte [MPa]													
8	Elastizitätsmodul parallel $E_{0,\text{mean}}$ a), b)	7.000	8.000	9.000	9.500	10.000	11.000	11.500	12.000	13.000	14.000	15.000	16.000
9	rechtwinklig $E_{90,\text{mean}}$ b)	230	270	300	320	330	370	380	400	430	470	500	530
10	Schubmodul G_{mean} b)	440	500	560	590	630	690	720	750	810	880	940	1.000
Rohdichtekennwerte in kg/m³													
11	Rohdichte ρ_k	290	310	320	330	340	350	370	380	400	420	440	460

a) Bei nur von Rinde und Bast befreitem Nadelrundholz dürfen in den Bereichen ohne Schwächung der Randzone um 20 % erhöhte Werte in Rechnung gestellt werden.

b) Für die charakteristischen Steifigkeitskennwerte $E_{0,05}$, $E_{90,05}$ und G_{05} gelten die Rechenwerte:
$E_{0,05} = 2/3 \cdot E_{0,\text{mean}}$ $E_{90,05} = 2/3 \cdot E_{90,\text{mean}}$ $G_{05} = 2/3 \cdot G_{\text{mean}}$

Mit den Beiwerten werden die charakteristischen Festigkeiten multipliziert. Man sieht, dass für lange Dauer („ständig") die charakteristischen Festigkeiten auf 60 bis 50 % abgemindert werden. Bei anderen Lasteinwirkungsdauern ist die Abminderung geringer und bei sehr kurzer Dauer kann der Wert auch über 1,00 steigen (z. B. bei Anpralllasten), was gerechtfertigt ist. DIN 1052 enthält auf 235 Seiten die genauen Berechnungsmethoden für alle vorkommenden Kombinationen von Lasten, Geometrien von Bauteilen und Laststellungen, die hier nicht weiter behandelt werden können. DIN 1052 enthält auch Steifigkeitskennwerte, die von der Festigkeitsklasse abhängen. Tabelle E.7 zeigt die Übersicht.

Die Werte parallel zur Faser schwanken zwischen 7 und 16 GPa, rechtwinklig zur Faser betragen sie 230 MPa bis 530 MPa. Der Schubmodul reicht von 440 bis 1.000 MPa. Die Rohdichte steigt mit der Festigkeit an und beträgt zwischen 290 und 460 kg/m³.

16.3 Schwinden

Wie weiter oben gezeigt wurde, schwindet Holz beim Austrocknen erheblich und quillt bei Wasseraufnahme. Für die Praxis sind Schwindwerte in Tabelle E.8 zusammengestellt, die aus DIN 1052 entnommen ist. In der Tabelle wird nicht nach radialem und tangentialem Schwinden unterschieden, was für die Praxis auch unhandlich wäre. Für übliche Konstruktionshölzer gilt ein Wert von 0,24 % je % Änderung der Holzfeuchte unterhalb des Fasersättigungspunktes. Andere Hölzer zeigen andere Werte. In Faserrichtung ist der Schwindwert für Bauhölzer 0,01 % je % Änderung. Was durch die „Sperrung" erreicht werden sollte, nämlich das Schwinden in Plattenebene der Holzwerkstoffe möglichst gering zu halten, ist aus der Tabelle E.8 deutlich zu ersehen.

Tabelle E.8 Rechenwerte für das Schwind- und Quellmaß rechtwinklig zur Faserrichtung des Holzes bzw. in Plattenebene[a), b)] bei unbehindertem Quellen und Schwinden nach DIN 1052

	1	2
	Baustoff	Schwind- und Quellmaß [%] für Änderung der Holzfeuchte um 1% unterhalb des Fasersättigungsbereiches
1	Fichte, Kiefer, Tanne, Lärche, Douglasie, Western Hemlock, Afzelia, Southern Pine, Eiche	0,24
2	Buche	0,30
3	Teak, Yellow Cedar	0,20
4	Azobé (Bongossi, Ipe)	0,36
5a	Sperrholz	0,02
5b	Brettsperrholz	0,02
6a	Furnierschichtholz ohne Querfurniere in Faserrichtung der Deckfurniere rechtwinklig zur Faserrichtung der Deckfurniere	0,01 0,32
6b	Furnierschichtholz mit Querfurnieren in Faserrichtung der Deckfurniere rechtwinklig zur Faserrichtung der Deckfurniere	0,01 0,03
7	Kunstharzgebundene Spanplatten; Faserplatten	0,035
8	Zementgebundene Spanplatten	0,03
9a	OSB-Platten, Typen OSB/2 und OSB/3	0,03
9b	OSB-Platten, Typ OSB/4	0,015

[a)] Werte gelten für etwa gleichförmige Feuchteänderung über den Querschnitt.
[b)] Für Hölzer nach den Zeilen 1 bis 4 gilt in Faserrichtung des Holzes ein Rechenwert von 0,01 %/%.

16.4 Kriechen

Wenn Holz lange dauernd belastet wird, kriecht es wie alle visko-elastischen Stoffe. Um den Effekt in der Bemessung berücksichtigen zu können, sind in DIN 1052 Verformungsbeiwerte nach Tabelle E.9 angegeben. Die Gesamtenddehnung wird berechnet aus

$$\varepsilon = \varepsilon_{in} (1 + k_{def}) \tag{239}$$

mit ε_{in} gleich initielle oder elastische Dehnung, die mithilfe des E-Moduls bestimmt wird. Gl. (239) gilt auch für Durchbiegungen. Wie man erkennt, steigen die Verformungsbeiwerte mit den Nutzungsklassen an, d.h. die Holzfeuchte bestimmt die Größe des Kriechens erheblich mit. Die Ausgleichsfeuchten betragen in der Nutzungsklasse 1 5 bis 15% (meist nicht höher als 12%), in der Klasse 2 10 bis 20% und in der Klasse 3 12 bis 24%. Bei Vollholz betragen die Verformungsbeiwerte 0,60, 0,80 und 2,00. Wichtig ist auch der Hinweis in Fußnote a), dass Holz, das feucht eingebaut wird und unter Belastung austrocknet, mit einem um 1,00 erhöhten Verformungsbeiwert zu berechnen ist. Dies ist eine Folge des mechano-sorptiven Verhaltens, das oben erläutert wurde.

Tabelle E.9 Rechenwerte für die Verformungsbeiwerte k_{def} für Holzbaustoffe bei ständiger und quasi-ständiger Lasteinwirkung nach DIN 1052

		1	2		
1	Baustoff	Nutzungsklasse			
		1	1	2	3
2	Vollholz[a] Brettschichtholz Furnierschichtholz[b] Balkenschichtholz Brettsperrholz	0,60		0,80	2,00
3	Sperrholz Furnierschichtholz[c]	0,80		1,00	2,50
4	OSB-Platten	1,50		2,25	–

[a] Die Werte für k_{def} für Vollholz, dessen Feuchte beim Einbau im Fasersättigungsbereich oder darüber liegt und im eingebauten Zustand austrocknen kann, sind um 1,0 zu erhöhen.
[b] mit allen Furnieren faserparallel
[c] mit Querfurnieren

16.5 Ermüdung

Ein Ermüdungsnachweis nach DIN 1074 „Holzbrücken" ist erforderlich, wenn die Schwingbreite erheblich ist (z. B. über 60 % der charakteristischen Festigkeit bei Druck und 20 % bei Biegung). Wertet man die entsprechende Formel in DIN 1074 aus, so erfolgen Abminderungen der charakteristischen Festigkeit infolge Ermüdungsbelastung auf einen Bruchteil der statischen Festigkeit. Die Formel enthält den Einfluss der Schwingbreite, der Anzahl Lastspiele, der Konsequenzen, die ein Versagen hätte, der Art der Einwirkung und des Winkels zwischen Last- und Faserrichtung. Der Leser wird zur genaueren Auswertung auf DIN 1074 verwiesen.

F Beton

1 Definition und Klassen

1.1 Definition

Beton war schon in der Antike ein bewährter Baustoff. Die Phönizier, Griechen und Römer haben damit gebaut, wenn auch die Zusammensetzung nicht ganz der heutigen Betonzusammensetzung entsprach [197]. Der heutige Beton wird aus Zement, Gesteinskörnungen (früher und auch heute noch häufig Betonzuschlag genannt), Wasser und meist noch mit Betonzusatzstoffen und Betonzusatzmitteln hergestellt. Das Gemisch aus Zement und Wasser bewirkt beim Frischbeton die Verarbeitbarkeit und den Zusammenhalt. Beim erhärteten Beton sichert es die Verkittung der Zuschlagkörner und damit das Zustandekommen der Festigkeit und der Dichtheit des Betons. Beton wird als ein Zweiphasensystem aufgefasst, das beim Frischbeton aus Zementleim und Gesteinskörnung und beim erhärteten Beton aus Zementstein und Gesteinskörnung besteht. Mit der Betrachtung des Betons als Zweiphasensystem können einige betontechnologische Zusammenhänge klarer dargestellt und die Eigenschaften des frischen und des erhärteten Betons sinnvoller erklärt werden. Aus dieser Betrachtungsweise ergeben sich auch die wesentlichsten Einflüsse auf die Eigenschaften des Betons. Für Beton mit geschlossenem Gefüge sind dies:

– die Eigenschaften des Zementsteins,
– die Eigenschaften der Gesteinskörnung und
– die Haftung zwischen Zementstein und Gesteinskörnung.

Unter diesen drei Einflussgrößen sind die Eigenschaften des Zementsteins für viele, aber nicht für alle Anwendungsfälle die wichtigsten. Der Zementstein wird von einem System sehr feiner Poren durchzogen und weist je nach Zusammensetzung und Alter eine mehr oder weniger hohe Porosität auf. Das Porensystem des Zementsteins ist für die mechanischen Eigenschaften, die Dauerhaftigkeit und die Dichtheit eines Betons von ausschlaggebender Bedeutung. Die betontechnologischen Parameter, welche das Porensystem des Zementsteins bestimmen, sind der Wasserzementwert, das ist das Gewichtsverhältnis von Wasser zu Zement des Frischbetons, und der Hydratationsgrad, das ist der Gewichts- oder Volumenanteil des Zements, der zu einem bestimmten Zeitpunkt mit Wasser reagiert hat. Der Hydratationsgrad hängt damit vom Alter des Betons, von der Dauer und der Güte der Nachbehandlung und den Standort- und Klimaverhältnissen ab. Aber auch Art und Festigkeitsklasse des Zements sowie Betonzusätze können das Porensystem des Zementsteins maßgeblich beeinflussen.

Die Gesteinskörnung nimmt im Normalfall etwa 70 % des Betonvolumens ein. Da sie in vielen Fällen fester, steifer und auch dichter als der Zementstein ist, beeinflusst sie bei Normalbeton weniger die Festigkeit als vielmehr seine Steifigkeit, d. h. den Elastizitätsmodul und die Rohdichte des Betons. Die Gesteinskörnungen können in ihrer Struktur und in ihren mechanischen Eigenschaften kaum verändert werden, wohl aber in ihrer Korngrößenverteilung, die sich vorrangig auf die Eigenschaften des Frischbetons auswirkt. Da die Korngrößen der Gesteinskörnungen von Bruchteilen von Millimetern bis zu mehreren Zentimetern reichen können, ist es für manche Problemstellungen von Vorteil, zwischen den beiden Phasen Feinmörtel und Grobzuschlag anstelle von Zementstein und Gesteinskörnung zu unterscheiden. Betonzusätze, insbesondere Zusatzstoffe, können sowohl der Phase Zementstein als auch der Phase Feinmörtel zugeordnet werden.

Die Haftung zwischen Zementstein und Gesteinskörnung gehört zwar zu den drei wichtigsten Einflüssen auf die Eigenschaften des Betons, sie kann aber, für sich allein behandelt, mit baupraktischen Mitteln nur sehr schwer beeinflusst werden. Ihre Größe wird damit von den beiden anderen Einflussgrößen, den Eigenschaften des Zementsteins und der Gesteinskörnung, bestimmt.

Betontechnologische Fragen und die Konformität der Eigenschaften sind in Deutschland in Normen geregelt, und zwar in DIN EN 206-1 und DIN 1045-2 für Normalbeton, gefügedichten Leichtbeton und Schwerbeton. Prüfverfahren sind in den Normenreihen DIN EN 12350 für Frischbeton und DIN EN 12390 für Festbeton festgelegt. Weitere Normen gelten für die Ausgangsstoffe, so DIN EN 197 für Zement, DIN EN 12620 für Gesteinskörnungen, DIN EN 450 für Flugasche, DIN EN 13263 für Silicastaub, DIN EN 15167 für Hüttensandmehl und DIN EN 934 für Betonzusatzmittel.

1.2 Betonklassen

In nationalen und internationalen Vorschriften für Beton ist es üblich, Beton nach seiner Druckfestigkeit zu klassifizieren. Die Festigkeitsklasse eines Betons ist zugleich einer der Ausgangswerte für den statischen Nachweis einer Betonkonstruktion. Die Festigkeitsklassen nach DIN EN 206-1 sind in den Tabellen F.1 und F.2 angegeben. Tabelle F.1 gilt für Normal- und Schwerbeton, Tabelle F.2 für gefügedichten Leichtbeton. Die Kurz-

Tabelle F.1 Festigkeitsklassen für Normal- und Schwerbeton nach DIN EN 206-1

Festigkeitsklasse	$f_{ck,cyl}$ [N/mm^2]	$f_{ck,cube}$ [N/mm^2]
C8/10	8	10
C12/15	12	15
C16/20	16	20
C20/25	20	25
C25/30	25	30
C30/37	30	37
C35/45	35	45
C40/50	40	50
C45/55	45	55
C50/60	50	60
C55/67	55	67
C60/75	60	75
C70/85	70	85
C80/95	80	95
C90/105[1)]	90	105
C100/115[1)]	100	115

[1)] Für Beton der Festigkeitsklassen C90/105 und C100/115 bedarf es weiterer auf den Verwendungszweck abgestimmter Nachweise.

1 Definition und Klassen

Tabelle F.2 Festigkeitsklassen für Leichtbeton nach DIN EN 206-1

Festigkeitsklasse	$f_{ck,cyl}$ [N/mm²]	$f_{ck,cube}$ [N/mm²]
LC8/9	8	9
LC12/13	12	13
LC16/18	16	18
LC20/22	20	22
LC25/28	25	28
LC30/33	30	33
LC35/38	35	38
LC40/44	40	44
LC45/50	45	50
LC50/55	50	55
LC55/60	55	60
LC60/66	60	66
LC70/77[1]	70	77
LC80/88[1]	80	88

[1] Für Leichtbeton der Festigkeitsklassen LC70/77 und LC80/88 bedarf es weiterer auf den Verwendungszweck abgestimmter Nachweise.

bezeichnung gibt mit der ersten Zahl die charakteristische Druckfestigkeit [N/mm²] an, gemessen an einem Zylinder mit einem Durchmesser von 150 mm und einer Länge von 300 mm, die zweite Zahl die Druckfestigkeit [N/mm²], gemessen an einem Würfel mit 150 mm Kantenlänge. Der statistische Begriff „charakteristisch" bezieht sich auf das 5%-Quantil der Grundgesamtheit, „C" steht für Normal- und Schwerbeton, „LC" für Leichtbeton. Da die Druckfestigkeit einer Betonprobe von ihrer Größe und ihrer Gestalt sowie von den Erhärtungsbedingungen, denen sie ausgesetzt ist, abhängt, müssen bei einer Einteilung in Festigkeitsklassen die Probenabmessungen, die Lagerungsbedingungen und das Betonalter, zu dem die Bestimmung der Betondruckfestigkeit erfolgt, festgelegt sein.

Die Festigkeitswerte beziehen sich auf die Prüfung im Alter von 28 Tagen nach einer Lagerung im Feuchtraum oder unter Wasser (EN 12390-2). Wird nach DIN EN 12390-2, Anhang XX, 7 Tage feucht und 21 Tage im Normalklima 20 °C/65 % r. F. gelagert, müssen die Werte wie folgt umgerechnet werden:

- Normalbeton bis C50/60: $\quad f_{ck,EN} = 0{,}92\, f_{ck,DIN}$;
- hochfester Normalbeton ab C55/67: $f_{ck,EN} = 0{,}95\, f_{ck,DIN}$.

Soll bei hochfestem Beton statt an Würfeln mit 150 mm Kantenlänge an Würfeln mit 100 mm Kantenlänge geprüft werden, gilt die Umrechnung $f_{ck,150} = 0{,}97\, f_{ck,100}$. Für Leichtbeton stehen keine allgemeingültigen Umrechnungsfaktoren zur Verfügung. Diese müssen jeweils im Labor bestimmt werden.

In der Bemessungsnorm DIN 1045-1 wird als Betonfestigkeit die Zylinderfestigkeit verwendet. Der Nachweis der Festigkeit durch die Übereinstimmungsprüfung geschieht jedoch im Regelfall am Würfel.

Tabelle F.3 Rohdichteklassen von Leichtbeton nach DIN EN 206-1

Rohdichteklasse	D1,0	D1,2	D1,4	D1,6	D1,8	D2,0
Rohdichte [kg/m^3]	≥ 800 und ≤ 1.000	≥ 1.000 und ≤ 1.200	≥ 1.200 und ≤ 1.400	≥ 1.400 und ≤ 1.600	≥ 1.600 und ≤ 1.800	≥ 1.800 und ≤ 2.000

Die Festigkeitsklassen C55/67 bis C100/115 und LC55/60 bis LC80/88 sind dem hochfesten Beton bzw. hochfesten Leichtbeton vorbehalten. Die beiden höchsten Festigkeitsklassen können nur mit Zustimmung der Bauaufsicht nach weiteren Nachweisen eingesetzt werden.

Obwohl heute Betone mit Festigkeiten deutlich über C100/115 angewendet werden, können diese nicht in Klassen eingeteilt werden, da sie bisher nicht Gegenstand einer Norm sind.

Neben den Festigkeitsklassen wird bei Leichtbeton auch zwischen verschiedenen *Rohdichteklassen* unterschieden (siehe Tabelle F.3). Eine entsprechende Unterscheidung ist bei Normalbeton nicht erforderlich, da dessen Rohdichte nur in engen Grenzen schwankt. Bei Schwerbeton wird die Rohdichte im Versuch oder aus der Mischungszusammensetzung vorab bestimmt, damit sie in der statischen Berechnung entsprechend berücksichtigt werden kann. Der Definition nach hat Leichtbeton eine Trockenrohdichte bis 2 kg/dm^3 und Schwerbeton eine Dichte über 2,6 kg/dm^3. Normalbeton liegt dazwischen.

2 Ausgangsstoffe

2.1 Zement

2.1.1 Arten und Zusammensetzung

Zement ist ein hydraulisches Bindemittel, das aus fein gemahlenen, nichtmetallischen, anorganischen Stoffen besteht. Mit Wasser vermischt ergibt er Zementleim. Dieser erstarrt und erhärtet durch Hydratationsreaktionen zu Zementstein. Nach dem Erhärten bleibt der Zementstein auch unter Wasser fest und raumbeständig. In seinen Eigenschaften unterscheidet sich Zement von anderen hydraulischen Bindemitteln, z. B. den hydraulischen oder hochhydraulischen Kalken, durch seine schnellere Festigkeitsentwicklung und häufig auch durch seine höhere Druckfestigkeit.

Hauptbestandteile von Zement nach DIN EN 197-1:2001-02 können sein:

– Portlandzementklinker (K);
– Hüttensand (granulierte Hochofenschlacke) (S);
– natürliche Puzzolane (P, Q);
– Flugasche (V, W);
– gebrannter Schiefer (T);
– Kalkstein (L, LL);
– Silicastaub (D).

Darüber hinaus können die Zemente Calciumsulfat sowie Zementzusätze enthalten [198].

Portlandzementklinker (K) ist ein hydraulischer Stoff. Er besteht nach Massenanteilen zu mindestens zwei Dritteln aus Calciumsilicaten und kleineren Anteilen an Aluminium- und Eisenoxid sowie anderen Verbindungen. Portlandzementklinker wird durch Brennen min-

2 Ausgangsstoffe

destens bis zur Sinterung einer fein aufgeteilten und homogenen Rohstoffmischung hergestellt, die hauptsächlich CaO, SiO_2, Al_2O_3, Fe_2O_3 und geringe Mengen anderer Stoffe enthält.

Hüttensand (S) ist ein latent hydraulischer Stoff, d.h. er besitzt bei geeigneter Anregung hydraulische Eigenschaften. Er muss nach Massenanteilen mindestens zwei Drittel glasig erstarrte Schlacke enthalten, die durch plötzliches Abkühlen einer geeigneten Hochofenschlacke entsteht. Hüttensand besteht aus CaO, MgO und SiO_2 sowie aus kleineren Anteilen von Al_2O_3 und anderen Oxiden. Das Massenverhältnis (CaO + MgO) / SiO_2 muss größer als eins sein.

Puzzolane sind entweder behandelte oder unbehandelte natürliche Stoffe oder industrielle Nebenprodukte, die kieselsäurereiche oder aluminosilicatische Bestandteile oder eine Kombination solcher Verbindungen enthalten. Puzzolane erhärten nach dem Mischen mit Wasser nicht selbstständig. Fein gemahlen und in Gegenwart von Wasser reagieren sie aber schon bei Raumtemperatur mit dem aus dem Klinker gelösten Calciumhydroxid $Ca(OH)_2$. Dabei entstehen Calciumsilicat- und Calciumaluminatverbindungen, die zur Festigkeitsentwicklung beitragen und den Verbindungen aus der Erhärtung hydraulischer Stoffe ähnlich sind. Puzzolane im Sinne der DIN EN 197-1 müssen im Wesentlichen aus reaktionsfähigem SiO_2 mit einem Massenanteil von mindestens 25 % und aus Al_2O_3 bestehen; der Rest enthält Fe_2O_3 und andere Verbindungen. Der Anteil an reaktionsfähigem CaO ist unbedeutend.

Natürliche Puzzolane (P) sind im Allgemeinen entweder Stoffe vulkanischen Ursprungs, Trass oder Sedimentgesteine mit einer geeigneten chemisch-mineralogischen Zusammensetzung. *Natürliches getempertes Puzzolan* (Q) ist ein thermisch aktivierter Stoff vulkanischen Ursprungs, z.B. Phonolith. Unter den Puzzolanen aus industriellen Nebenprodukten von besonderer Bedeutung sind Flugasche und Silicastaub.

Flugaschen (V, W) werden durch die elektrostatische oder mechanische Abscheidung von staubartigen Partikeln in Rauchgasen von Feuerungen erhalten, die mit fein gemahlener Kohle befeuert werden. Flugaschen können ihrer Art nach sowohl alumosilikatisch als auch silikatisch-kalkhaltig sein. Während die alumosilikatische Flugasche nur puzzolanische Eigenschaften besitzt, kann die silikatisch-kalkhaltige Flugasche auch zusätzliche hydraulische Eigenschaften aufweisen. Die in der DIN EN 197-1 behandelte Flugasche V ist ein kieselsäurereicher, feinkörniger Staub, der hauptsächlich aus kugeligen, glasigen Partikeln mit puzzolanischen Eigenschaften besteht. Der Massenanteil an reaktionsfähigem SiO_2 muss mindestens 25 % betragen, während der Massenanteil an reaktionsfähigem CaO auf 10 % beschränkt ist. Kalkreiche Flugasche W mit einem Massenanteil von 10,0 bis 15,0 % an reaktionsfähigem Calciumoxid (CaO) muss einen Massenanteil von $\leq$ 25 % an reaktionsfähigem SiO_2 aufweisen.

Gebrannter Schiefer (T), insbesondere gebrannter Ölschiefer, wird in speziellen Öfen bei Temperaturen von etwa 800 °C hergestellt. Aufgrund der Zusammensetzung des natürlichen Ausgangsmaterials und des Herstellungsverfahrens enthält gebrannter Schiefer Klinkerphasen sowie puzzolanisch reagierende Oxide, sodass fein gemahlener gebrannter Schiefer ausgeprägte hydraulische und daneben auch puzzolanische Eigenschaften aufweist [199].

Kalkstein (L, LL) kann Zementen als inerter Füller zugegeben werden, wobei der Gehalt an Tonen und organischen Bestandteilen auf 0,20 % (bei LL) bzw. auf 0,50 % (bei L) beschränkt ist.

Silicastaub (D) entsteht bei der Reduktion von hochreinem Quarz mit Kohle in Lichtbogenöfen bei der Herstellung von Silicium und Ferrosiliciumlegierungen und besteht aus

Tabelle F.4 Die Normalzemente nach DIN EN 197-1

Hauptzementarten	Normalzementarten		Zusammensetzung: (Massenanteile [%])[a]										Nebenbestandteile
			Hauptbestandteile										
			Portlandzementklinker	Hüttensand	Silicastaub	Puzzolane		Flugasche		gebrannter Schiefer	Kalkstein		
						natürlich	natürlich getempert	kieselsäurereich	kalkreich				
		K	S	D[b]	P	Q	V	W	T	L	LL	
CEM 1	Portlandzement	CEM 1	95–100	–	–	–	–	–	–	–	–	–	0–5
CEM II	Portlandhüttenzement	CEM II/A-S	80–94	6–20	–	–	–	–	–	–	–	–	0–5
		CEM II/B-S	65–79	21–35	–	–	–	–	–	–	–	–	0–5
	Portlandsilicastaubzement	CEM II/A-D	90–94	–	6–10	–	–	–	–	–	–	–	0–5
	Portlandpuzzolanzement	CEM II/A-P	80–94	–	–	6–20	–	–	–	–	–	–	0–5
		CEM II/B-P	65–79	–	–	21–35	–	–	–	–	–	–	0–5
		CEM II/A-Q	80–94	–	–	–	6–20	–	–	–	–	–	0–5
		CEM II/B-Q	65–79	–	–	–	21–35	–	–	–	–	–	0–5
	Portlandflugaschezement	CEM II/A-V	80–94	–	–	–	–	6–20	–	–	–	–	0–5
		CEM II/B-V	65–79	–	–	–	–	21–35	–	–	–	–	0–5
		CEM II/A-W	80–94	–	–	–	–	–	6–20	–	–	–	0–5
		CEM II/B-W	65–79	–	–	–	–	–	21–35	–	–	–	0–5
	Portlandschieferzement	CEM II/A-T	80–94	–	–	–	–	–	–	6–20	–	–	0–5
		CEM II/B-T	65–79	–	–	–	–	–	–	21–35	–	–	0–5

2 Ausgangsstoffe

		Klinker	Hüttensand	Silicastaub[b]	Puzzolan natürlich	Puzzolan gebrannt	Flugasche kieselsäurereich	Flugasche kalkreich	Gebrannter Schiefer	Kalkstein L	Kalkstein LL	Nebenbestandteile
CEM II	Portlandkalk-steinzement	CEM II/A-L	80–94	–	–	–	–	–	–	–	6–20	–	0–5
		CEM II/B-L	65–79	–	–	–	–	–	–	–	21–35	–	0–5
		CEM II/A-LL	80–94	–	–	–	–	–	–	–	–	6–20	0–5
		CEM II/B-LL	65–79	–	–	–	–	–	–	–	–	21–35	0–5
	Portlandkompositzement[c]	CEM II/A-M	80–94	6–20									0–5
		CEM II/B-M	65–79	21–35									0–5
CEM III	Hochofenzement	CEM III/A	35–64	36–65	–	–	–	–	–	–	–	–	0–5
		CEM III/B	20–34	66–80	–	–	–	–	–	–	–	–	0–5
		CEM III/C	5–19	81–95	–	–	–	–	–	–	–	–	0–5
CEM IV	Puzzolanzement[c]	CEM IV/A	65–89	–	11–35				–	–	–	–	0–5
		CEM IV/B	45–64	–	36–55				–	–	–	–	0–5
CEM V	Kompositzement[c]	CEM V/A	40–64	18–30	–	18–30			–	–	–	–	0–5
		CEM V/B	20–38	31–50	–	31–50			–	–	–	–	0–5

[a] Die Werte in der Tabelle beziehen sich auf die Summe der Haupt- und Nebenbestandteile.
[b] Der Anteil von Silicastaub ist auf 10 % begrenzt.
[c] In den Portlandkompositzementen CEM II/A-M und CEM II/B-M, in den Puzzolanzementen CEM IV/A und CEM IV/B und in den Kompositzementen CEM V/A und CEM V/B müssen die Hauptbestandteile außer Portlandzementklinker durch die Bezeichnung des Zementes angegeben werden.

sehr feinen kugeligen Partikeln mit einem Gehalt an amorphem Siliciumdioxid von $\geq 85\,\%$. Die spezifische Oberfläche muss mindestens 15,0 m^2/g betragen.

Neben den Hauptbestandteilen können noch Nebenbestandteile im Zement enthalten sein. Nebenbestandteile sind besonders ausgewählte natürliche anorganische mineralische Stoffe, anorganische mineralische Stoffe aus der Klinkerherstellung oder dieselben Stoffe wie die Hauptbestandteile, wenn sie nicht bereits als Hauptbestandteile im Zement enthalten sind. Die Nebenbestandteile können bis 5 M.-% ausmachen.

Calciumsulfat wird dem Zement bei seiner Herstellung in geringen Mengen zur Regelung seines Erstarrungsverhaltens zugegeben.

Zementzusätze dienen der Verbesserung der Herstellung von Zement oder von dessen Eigenschaften z. B. als Mahlhilfe. Über weitere Einzelheiten zur Zusammensetzung und Herstellung von Zementen siehe z. B. [198].

DIN EN 197-1 unterscheidet zwischen fünf Hauptarten von Zementen:

- CEM I Portlandzement;
- CEM II Portlandkompositzement;
- CEM III Hochofenzement;
- CEM IV Puzzolanzement;
- CEM V Kompositzement.

Je nach Zusammensetzung wird innerhalb der Hauptarten CEM II bis CEM V zwischen weiteren Zementarten unterschieden. In Tabelle F.4 sind die Zementarten nach DIN EN 197-1 und ihre Zusammensetzung in Massenanteilen [%] zusammengestellt. Die Massenanteile beziehen sich dabei auf die jeweils aufgeführten Haupt- und Nebenbestandteile des Zements ohne Berücksichtigung des Gehalts an Calciumsulfat und Zementzusatz.

Neben den Zementen nach DIN EN 197-1 gibt es noch Zemente mit einer allgemeinen bauaufsichtlichen Zulassung. Nicht mehr hergestellt wird in Deutschland der Sulfathüttenzement. Tonerdezement und Tonerdeschmelzzement finden im Feuerungsbau Anwendung. Sie dürfen aber in Deutschland seit 1962 für die Herstellung und die Ausbesserung tragender Bauteile aus Mörtel, Stahlbeton und Spannbeton nicht mehr verwendet werden [200].

Es werden auch sog. Schnellzemente angeboten, die nach wenigen Minuten erstarren und bereits in der ersten Stunde eine relativ hohe Festigkeit aufweisen. In Deutschland sind solche Zemente unter der Bezeichnung „Schnellzement 32,5 R-SF" bauaufsichtlich zugelassen. Sie dürfen angewendet werden zur Befestigung von Dübeln und Ankern sowie zur Ausbesserung von Bauteilen aus Beton und Stahlbeton nach DIN 1045 sowie aus Spannbeton mit nachträglichem Verbund, soweit diese einer über die üblichen klimabedingten Temperaturen hinausgehenden Wärmebeanspruchung nicht ausgesetzt sind. Mehrere bauaufsichtliche Zulassungen liegen auch für hydraulische Bindemittel vor, die außer Zement für die Herstellung von Betonwaren und Betonteilen aus Leichtbeton verwendet werden dürfen und die aus Portlandzementklinker, Hüttensand, Steinkohlenflugasche und/oder natürlichem Gesteinsmehl unter Zugabe von Farbzusätzen und von Calciumsulfat durch gemeinsames werkmäßiges Feinmahlen hergestellt werden. Zemente „mit verkürztem Erstarren" sind als FE-Zement („frühes Erstarren") und als SE-Zement („schnell erstarrend") in DIN 1164-11:2003-11 genormt.

2.1.2 Bautechnische Eigenschaften

Zu den bautechnischen Eigenschaften eines Zements zählen insbesondere sein Erstarrungs- und Erhärtungsverhalten, die erreichbare Festigkeit, die Hydratationswärmeentwicklung, die

Raumbeständigkeit, die spezifische Oberfläche und der Wasseranspruch, Schwind- und Quelleigenschaften sowie der erreichbare Widerstand gegen Frost, Alkalireaktion und chemischen Angriff. Die bautechnischen Eigenschaften der Zemente müssen dergestalt sein, dass daraus hergestellte Mörtel oder Betone bei entsprechender Zusammensetzung, Herstellung und Nachbehandlung fest, dicht und dauerhaft sind.

Das Erhärtungsvermögen des Zements wird durch seine Festigkeit in jungem und in spätem Alter und durch seine Festigkeitsentwicklung gekennzeichnet. Die nach DIN EN 197-1 zu erfüllenden Anforderungen sind zusammen mit anderen physikalischen Anforderungen in Tabelle F.5 wiedergegeben.

Bei Beton wird in der Regel die 28-Tage-Druckfestigkeit zugrunde gelegt. Auch die Festigkeitsklassen des Zements werden daher nach der geforderten Mindestfestigkeit im Alter von 28 Tagen bezeichnet. Ferner wird je Festigkeitsklasse zwischen Zementen mit üblicher Anfangserhärtung (N = normal) und schnell erhärtenden Zementen (R = rapid) unterschieden. Die 28-Tage-Druckfestigkeit der Zemente ist nach oben begrenzt, um eine möglichst hohe Gleichmäßigkeit der Festigkeitseigenschaften eines Zements einer bestimmten Festigkeitsklasse sicherzustellen. Für Zemente der Festigkeitsklassen 52,5 wurde keine Obergrenze angegeben, weil hier aufgrund der technischen Gegebenheiten eine zu hohe Überschreitung der geforderten Nennfestigkeit nicht zu erwarten ist. Nach Tabelle F.5 werden auch für die CEM-Zemente Anforderungen an die Anfangsfestigkeit gestellt, die je nach Festigkeitsklasse unterschiedlich und für die Zemente mit hoher Anfangsfestigkeit höher sind als für Zemente mit üblicher Anfangsfestigkeit. Das Nachweisalter beträgt dabei 2 bzw. 7 Tage.

Zemente mit üblicher Anfangserhärtung weisen bei entsprechender Nachbehandlung in höherem Alter eine etwas größere Nacherhärtung als R-Zemente auf. Die Verwendung von Zement mit höherer Anfangsfestigkeit kann z.B. für frühzeitiges Ausschalen, für frühzeitiges Vorspannen und für das Betonieren bei niedriger Temperatur zweckmäßig und vorteilhaft sein. Die Verwendung von Zement mit üblicher Anfangserhärtung ist z.B. für die Herstellung dicker Bauteile und für Massenbeton von Vorteil, da bei der Hydratation des Zements weniger Wärme frei wird als bei R-Zementen (siehe dazu Abschnitt F 3.3).

Tabelle F.5 Anforderungen an mechanische und physikalische Eigenschaften der CEM-Zemente nach DIN EN 197-1 und -4

Festigkeitsklasse	Druckfestigkeit [N/mm^2]				Erstarrungsbeginn [min]	Dehnungsmaß [mm]
	Anfangsfestigkeit		Normfestigkeit			
	2 Tage	7 Tage	28 Tage			
32,5 L	–	≥ 12	≥ 32,5	≤ 52,5	≥ 75	≤ 10
32,5 N	–	≥ 16				
32,5 R	≥ 10	–				
42,5 L	–	≥ 16	≥ 42,5	≤ 62,5	≥ 60	
42,5 N	≥ 10	–				
42,5 R	≥ 20					
52,5 L	≥ 10	–	≥ 52,5	–	≥ 45	
52,5 N	≥ 20	–				
52,5 R	≥ 30	–				

Als Zemente mit hohem Sulfatwiderstand (HS) gelten Portlandzement CEM I, mit einem rechnerischen Gehalt an Tricalciumaluminat C_3A von höchstens 3 % und mit einem Gehalt an Aluminiumoxid Al_2O_3 von höchstens 5 %, und die Hochofenzemente CEM III/B und /C, mit einem Hüttensandgehalt von 66 bis 95 %.

Als Zemente mit *niedrigem wirksamen Alkaligehalt* gelten CEM-I-Zemente mit einem Gesamtalkaligehalt von höchstens 0,60 % Na_2O-Äquivalent[1], CEM II/B-S mit 0,70 % Na_2O-Äquivalent, Hochofenzement CEM III/A mit weniger als 49 % Hüttensand mit 0,95 % Na_2O-Äquivalent und CEM III/A mit mindestens 50 % Hüttensand und einem Gesamtalkaligehalt von höchstens 1,10 % Na_2O-Äquivalent sowie die Hochofenzemente CEM III/B und /C mit einem Gesamtalkaligehalt von höchstens 2,00 % Na_2O-Äquivalent.

Sonderzemente VLH nach DIN EN 14216 sind Zemente mit sehr niedriger Hydratationswärme von ≤ 220 J/g. Sie werden als Hochofenzement VLH III, Puzzolanzement VLH IV oder Kompositzement VLH V in der Festigkeitsklasse 22,5 hergestellt.

Die Hochofenzemente CEM III/A, III/B oder III/C mit niedriger Anfangsfestigkeit nach DIN EN 197-4 werden mit dem Kennbuchstaben L hinter der Festigkeitsklasse gekennzeichnet. Alle anderen Anforderungen entsprechen DIN EN 197-1.

2.1.3 Zementhydratation

Aus der Reaktion zwischen Zement und Wasser, der sog. Hydratation, entsteht der Zementstein. Von besonderer Bedeutung ist dabei die Reaktion des wichtigsten Hauptbestandteils des Zements, des Portlandzementklinkers. Dieser besteht aus sog. Klinkerphasen, die beim Brennen der Ausgangsstoffe des Zements entstehen. Darunter sind die wichtigsten das Tricalciumsilicat 3 CaO · SiO_2 (C_3S), das Dicalciumsilicat 2 CaO · SiO_2 (C_2S), das Tricalciumaluminat 3 CaO · Al_2O_3 (C_3A) und das Calciumaluminatferrit 4 CaO · Al_2O_3 · Fe_2O_3 (C_4AF). Eine wichtige Rolle bei der Hydratation dieser Klinkerphasen spielt das Calciumsulfat $CaSO_4$ · 2 H_2O (CSH_2). (Die in Klammern angegebenen Formeln entsprechen den jeweiligen Kurzbezeichnungen, die in der Zementchemie üblicherweise angewendet werden.) Die verschiedenen Klinkerphasen unterscheiden sich sowohl in ihrer Reaktionsgeschwindigkeit als auch in ihrem Beitrag zur Festigkeitsentwicklung des Zementsteins. Wie Bild F.1 zeigt, hydratisieren C_3A und C_3S am schnellsten, während das C_2S deutlich langsamer reagiert.

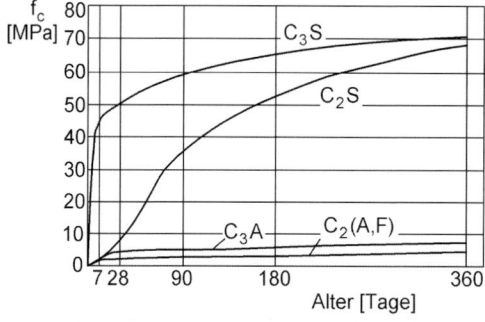

Bild F.1 Festigkeitsentwicklung der Klinkermineralien, nach Bogue [201]

---

[1] Alkaligehalt des Zements ausgedrückt durch $Na_2O + 0{,}658\ K_2O$ [%].

2 Ausgangsstoffe

Die frühe Reaktion des C_3A wird durch das Calciumsulfat gebremst. Während das C_3S für die Entwicklung der Frühfestigkeit entscheidend ist, trägt das C_2S vor allem zur Festigkeitsentwicklung in höherem Alter bei. Bei der Hydratation dieser Klinkerphasen wird Wärme freigesetzt. Diese sog. Hydratationswärme ist am höchsten für die Klinkerphase C_3A, etwas geringer für C_3S und C_4AF und am geringsten für das C_2S (siehe dazu auch Abschnitt F 3.3). Als Folge dieser Eigenschaften der Klinkerphasen haben Zemente mit einer hohen Anfangsfestigkeit höhere Anteile der Klinkerphasen C_3S und C_3A, Zemente mit niedriger Wärmetönung weisen geringere Anteile an C_3S und C_3A, aber höhere Anteile an C_2S auf. In üblichen Portlandzementen liegt der Anteil von C_2S zwischen 15 und 50 M.-%, jener von C_3S zwischen 25 und 60%. Der Anteil von C_3A liegt bei 3 bis 12%, jener von C_4AF bei etwa 8 bis 12%. Bei der Hydratation dieser Klinkerphasen entstehen insbesondere die sehr feinen faser- und folienartigen *Calciumsilicathydrate* m $CaO \cdot SiO_2 \cdot n\, H_2O$ und hexagonale Kristalle aus *Calciumhydroxid* $Ca(OH)_2$. Bei der Reaktion der Aluminate des Zements bilden sich in Gegenwart des als Nebenbestandteil dem Zement zugegebenen Calciumsulfats Calciumaluminatsulfathydrate, und zwar in sulfatreichen Lösungen das nadelförmige Trisulfat, das unter dem Namen *Ettringit* bekannt ist, und in sulfatärmeren und kalkreichen Lösungen das tafelförmige *Monosulfat*. Die Reaktion von C_3A mit Calciumsulfat ist mit einer Volumenvergrößerung verbunden, die im noch nicht erstarrten Beton ohne Folgen ist. Reaktionen zwischen C_3A und Sulfaten sind aber von entscheidender Bedeutung für den Sulfatwiderstand von erhärtetem Beton, wenn Sulfate von außen in den Beton z. B. aus sulfathaltigem Grundwasser eindringen können. Entsprechend ist bei den Portlandzementen mit hohem Sulfatwiderstand (HS-Zemente) der Gehalt an C_3A auf 3% begrenzt.

Auch bei der Hydratation der anderen Hauptbestandteile des Zements entstehen als wichtigste Hydratationsprodukte Calciumsilicathydrate. Weitere Einzelheiten zu den chemischen Abläufen sowie zu den sich bildenden Hydratationsprodukten siehe Locher [198].

2.1.4 Zementstein

Von besonderer Bedeutung für die mechanischen Eigenschaften, die Dauerhaftigkeit und die Dichtheit des Betons sind die bei der Hydratation des Zements entstehenden Strukturen. Nach dem Mischen von Wasser und Zement sind die noch nicht hydratisierten Zementkörner von einer dünnen Wasserschicht umgeben, deren Dicke mit steigendem Wasserzementwert zunimmt. Mit fortschreitender Hydratation wachsen die Hydratationsprodukte in die zunächst von Wasser eingenommenen Zwischenräume. Bei einem Wasserzementwert von etwa 0,40 füllen die Hydratationsprodukte schließlich diese Zwischenräume nahezu vollständig aus. Bei Wasserzementwerten unter 0,40 reicht das beim Mischen des Betons vorhandene Wasser nicht aus, um den Zement vollständig zu hydratisieren, und es verbleiben nichthydratisierte Kerne der Zementpartikel. Bei Wasserzementwerten über etwa 0,40 enthält der Zementstein Hohlräume, die wassergefüllt sind, sich bei Austrocknung des Betons aber entleeren. Diese Hohlräume bilden ein System sog. Kapillarporen mit Porenradien zwischen etwa 10^{-5} bis 10^{-1} mm. Bei Wasserzementwerten größer als ca. 0,60 bleibt das Kapillarporensystem auch bei hohen Hydratationsgraden durchgehend und erleichtert dann das Eindringen von Flüssigkeiten oder Gasen in den Beton.

Die Reaktionsprodukte des Zementsteins selbst formen keine absolut dichte Masse. Sie bilden das sog. Zementgel, das vor allem aus den Calciumsilicathydraten besteht und in das die größeren Kristalle des Calciumhydroxids eingelagert sind. Das Zementgel ist von einem System sehr feiner Gelporen (Porenradien etwa 10^{-7} bis 10^{-5} mm) durchzogen. Die Gelporen nehmen etwa 25% des Gelvolumens ein. Die Gelporosität ist vom Wasserzementwert weitgehend unabhängig und kann daher durch betontechnologische Maßnahmen nicht beein-

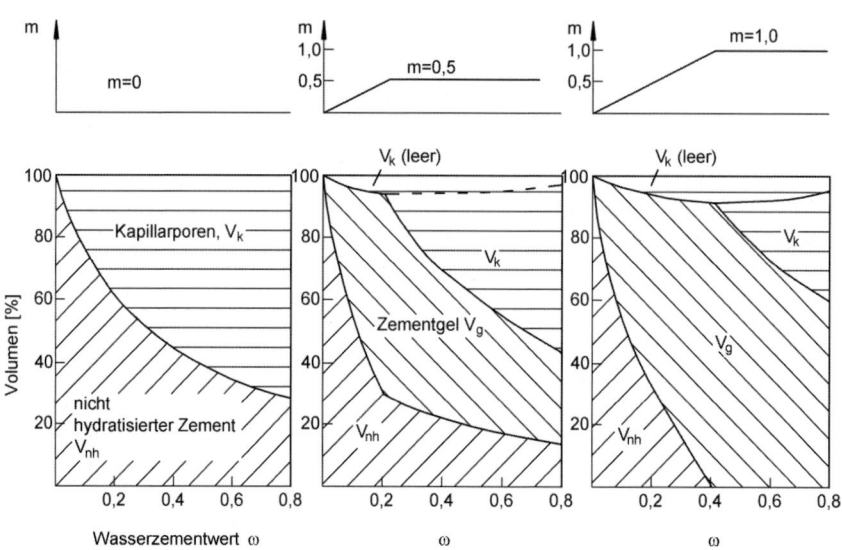

Bild F.2 Der Einfluss des Wasserzementwerts ω und des Hydratationsgrads m auf die Volumenanteile des nicht hydratisierten Zements V_{nh}, des Zementgels V_g und der Kapillarporen V_k in Zementstein (versiegelte Lagerung)

flusst werden. Dies gilt nicht für die Kapillarporosität, die mit steigendem Wasserzementwert und sinkendem Hydratationsgrad deutlich zunimmt.

In Bild F.2 sind die Volumenanteile des nicht hydratisierten Zements V_{nh}, des Zementgels V_g und der Kapillarporen V_k in Abhängigkeit vom Wasserzementwert ω für Hydratationsgrade m = 0, m = 0,5 und m = 1,0 aufgetragen. Dabei sind V_z das Volumen des Zements vor seiner Hydratation und w_{min} der für eine vollständige Hydratation (m = 1) erforderliche Mindestwassergehalt. Wie in Bild F.2 oben gezeigt, hängt der für kleinere Werte von ω erreichbare Hydratationsgrad vom Wasserzementwert ab.

Das Zementgel nimmt ein kleineres Volumen ein als das Volumen der Anteile von Wasser und Zement, aus dem es entstanden ist. In einem Zementstein, der während der Hydratation weder austrocknen noch Wasser aufnehmen kann, werden daher als Folge der Hydratation die Kapillarporen teilweise entleert. Man spricht dann von innerer Austrocknung. Wie in Bild F.2 gezeigt, bleiben unter diesen Lagerungsbedingungen auch bei $\omega \leq 0{,}42$ m leere Kapillarporen. Bild F.2 verdeutlicht aber vor allem die Abnahme der Kapillarporosität mit steigendem Hydratationsgrad und sinkendem Wasserzementwert.

Die Druckfestigkeit steigt überproportional mit sinkender Kapillarporosität (Potenz ca. 3). Auch der E-Modul steigt mit sinkender Kapillarporosität und das Kriechen nimmt dabei ab.

Noch deutlicher ist der Einfluss der Kapillarporosität auf die Durchlässigkeit des Zementsteins, da ein kapillarporenfreies Zementgel nahezu undurchlässig gegen Flüssigkeiten und Gase ist. Nach Powers et al. [202] steigt der Permeabilitätskoeffizient des Zementsteins für Wasser auf mehr als das 100-Fache, wenn nach dem o. a. Beispiel die Kapillarporosität von 15% auf 50% des Zementsteinvolumens ansteigt. Dieser besonders ausgeprägte Einfluss der Kapillarporosität auf die Durchlässigkeit des Zementsteins ist auch darauf zurückzuführen, dass mit sinkendem Wasserzementwert und steigendem Hydratationsgrad nicht nur die Gesamtporosität des Zementsteins abnimmt, sondern die Poren feiner und diskontinuierlich werden und sich die Porengrößenverteilung in Richtung kleinerer Porenradien verschiebt.

Die Zementsteineigenschaften werden zwar wesentlich, aber nicht ausschließlich durch die Kapillarporosität in Abhängigkeit von Wasserzementwert und Hydratationsgrad bestimmt.

Auch die Packungsdichte der Zementpartikel kann von großem Einfluss auf die Eigenschaften des erhärteten Zementsteins sein [203]. Eine optimale Granulometrie des Zements kann zu einer hohen Packungsdichte und damit zu günstigen Eigenschaften führen. Die Packungsdichte kann noch weiter verbessert werden, wenn die zwischen den Zementkörnern verbleibenden Zwickel durch Zusatzstoffe, z. B. Flugasche oder silikatische Feinstäube, ausgefüllt werden. Dies ist vor allem für hochfesten Zementstein und Beton von Bedeutung.

Diese für einen reinen Zementstein dargestellten Zusammenhänge haben auch für den Zementstein im Beton Gültigkeit. Für die Eigenschaften des Betons sind aber zusätzlich die Strukturmerkmale des Zementsteins im Übergangsbereich zu den Zuschlagkörnern zu berücksichtigen. In diesen Kontaktzonen weist der Zementstein eine etwas andere Zusammensetzung und Struktur auf. Er ist reicher an Calciumhydroxid, grobporiger und porenreicher und häufig durch Mikrorisse geschädigt. Die Durchlässigkeit von Beton ist daher bei gleichem Wasserzementwert und Hydratationsgrad auch bei Verwendung sehr dichter Zuschläge eher höher als jene des reinen Zementsteins. Hochfest wird ein Beton u. a. dadurch, dass die Kontaktzone zwischen Zementstein und Zuschlag durch die Zugabe von Silicastaub verdichtet wird. Die Silicastaubkörner sind 10- bis 100-mal kleiner als die Zementkörner und finden daher zwischen diesen Platz. Außerdem verbrauchen sie bei der Hydratation Calciumhydroxid, wodurch die sonst an Calciumhydroxid reiche Kontaktzone gemagert bzw. durch Calciumsilicathydrat ersetzt wird. Beide Effekte wirken verstärkend. Beim Bruch von hochfestem Beton verlaufen die Risse daher nicht im Übergangsbereich von Zementstein und Zuschlag, sondern durch die Zuschlagkörner hindurch.

2.2 Gesteinskörnungen für Beton

2.2.1 Allgemeines

Unter Gesteinskörnungen für Beton versteht man ein Gemenge von gebrochenen oder ungebrochenen, gleich oder verschieden großen Körnern aus natürlichen oder künstlichen mineralischen Stoffen, in Sonderfällen auch aus Metall oder aus organischen Stoffen. Die Betonzuschläge werden unterschieden nach Stoffart und Korngruppen. Zuschläge für Beton, Stahlbeton und Spannbeton müssen DIN EN 12620 entsprechen. DIN EN 12620 „Gesteinskörnungen für Beton" legt Anforderungen an normale und schwere natürliche und industriell hergestellte Gesteinskörnungen und Mischungen daraus für die Verwendung in Beton und Mörtel fest. DIN EN 13055 behandelt die leichten Gesteinskörnungen. Für rezyklierte Gesteinskörnungen gilt DIN 4226-100. Ein Betonzuschlag mit dichtem Gefüge hat meist eine Kornrohdichte von mehr als 2,5 kg/dm^3 und wird in erster Linie für Normalbeton verwendet, bei Kornrohdichten von mehr als 3,0 kg/dm^3 für Schwerbeton. Ein Betonzuschlag mit porigem Gefüge hat meist eine Kornrohdichte von weniger als 1,5 kg/dm^3 und wird in erster Linie zur Herstellung von Leichtbeton eingesetzt.

2.2.2 Art und Eigenschaften des Gesteins

Die Eigenschaften der Gesteinskörnungen sind abhängig von der Art und der Beschaffenheit des Gesteins, aus dem die Gesteinskörnungen bestehen. Einen Überblick über die Eigenschaften der für Normalbeton vorwiegend verwendeten Gesteine gibt Tabelle F.6. Die Zuschlagkörner müssen so fest sein, dass sie die Herstellung eines Betons der geforderten Festigkeit ermöglichen. Diese Forderung wird von natürlichem Sand und Kies oder daraus durch Brechen gewonnenem Betonzuschlag wegen der aussondernden Beanspruchung durch die Natur im Allgemeinen erfüllt. Gesteinskörnungen aus gebrochenem Naturgestein werden für Beton bestimmter Festigkeit im Allgemeinen als ausreichend fest angesehen, wenn das Gestein bei Prüfung nach DIN 52105 im durchfeuchteten Zustand eine Druckfestigkeit von mindestens 100 N/mm² aufweist. Im Zweifelsfall und stets bei unbekanntem künstlichem Zuschlag muss die Eignung als Betonzuschlag durch eine Betonerstprüfung nachgewiesen werden. Bei Einhaltung dieser Bedingungen beeinflusst die Druckfestigkeit des Betonzuschlags die Druckfestigkeit des Betons üblicher Festigkeitsklassen nur wenig. Hochfeste Betone erfordern jedoch die Verwendung hochfester Gesteinskörnungen. Wichtig für die mechanischen Eigenschaften des daraus hergestellten Betons ist der E-Modul der Betonzuschläge, der nach Tabelle F.6 in weiten Grenzen schwanken kann. Mit steigendem E-Modul des Betonzuschlags nehmen der E-Modul des Betons zu und die Schwind- und Kriechverformungen ab. Die Rohdichte des Betonzuschlags bestimmt die Rohdichte des Betons. Nach Tabelle F.6 schwankt sie für natürliche Zuschläge in relativ engen Grenzen.

Der Betonzuschlag muss ausreichend widerstandsfähig gegenüber den äußeren Einwirkungen sein, denen der Beton ausgesetzt wird. Er darf z. B. bei Zutritt von Wasser nicht erweichen. Wird der Beton Frosteinwirkungen ausgesetzt, so muss der Zuschlag wetterfest sein und einen hohen Widerstand gegen Frostbeanspruchungen aufweisen. Bei gleichzeitiger Einwirkung von Frost-Tau-Wechseln und von Taumitteln, z. B. im Betonstraßenbau, muss der Zuschlag im Beton auch gegenüber diesen Einwirkungen ausreichend widerstandsfähig sein. Bei Betonzuschlag aus gebrochenem Gestein kann dies im Allgemeinen vorausgesetzt werden, wenn das Gestein im durchfeuchteten Zustand mindestens eine Druckfestigkeit von 150 N/mm² aufweist. Im Zweifelsfall muss der ausreichende Frostwiderstand des Betonzuschlags nachgewiesen werden.

Für Beton mit hohem Verschleißwiderstand gegen besonders starke mechanische Beanspruchungen, z. B. durch starken Verkehr oder durch häufige Stöße, sollte der Betonzuschlag

Tabelle F.6 Eigenschaften von Gesteinen [204]

Gesteinsart	Rohdichte ρ	Dichte ρ_0	Wasseraufnahme nach DIN 52103	Druckfestigkeit nach DIN 52105[1]	E-Modul	Temperaturdehnzahl (Temperaturbereich 0–60 °C)
	[kg/dm³]	[kg/dm³]	[Gew.-%]	[N/mm²]	[kN/mm²]	[10⁻⁶/K]
Granit	2,60–2,65	2,62–2,85	0,2–0,5	160–210	38–76	7,4
Diorit, Gabbro	2,80–3,00	2,85–3,05	0,2–0,4	170–300	50–60	6,5
Quarzporphyr	2,55–2,80	2,58–2,83	0,2–0,7	180–300	25–65	7,4
Basalt	2,90–3,05	3,00–3,15	0,1–0,3	250–400	96 ($\rho = 3{,}05$)	6,5
Quarzit, Grauwacke	2,60–2,65	2,64–2,68	0,2–0,5	150–300	60 ($\rho = 2{,}63$)	11,8
quarzitischer Sandstein	2,60–2,65	2,64–2,68	0,2–0,5	120–200	10–20	11,8
sonstiger Sandstein	2,00–2,65	2,64–2,72	0,2–9,0	30–180	1,5–15	11,0
dichte Kalksteine	2,65–2,85	2,70–2,90	0,1–0,6	80–180	82 ($\rho = 2{,}69$)	5,0–11,5
sonstige Kalksteine	1,70–2,60	2,70–2,74	0,2–10,0	20–90	–	
Hochofenschlacke	2,50–2,90	2,90–3,10	0,4–5,0	80–240	34 ($\rho = 2{,}60$)	5,5

[1] bei Prüfung im trockenen Zustand

über 4 mm Korngröße überwiegend aus Quarz oder aus Stoffen mindestens gleicher Härte bestehen. Bei besonders großer Verschleißbeanspruchung sollten sog. Hartstoffe verwendet werden (siehe u. a. DIN 1100 Hartstoffe für zementgebundene Hartstoffestriche).

2.2.3 Schädliche Bestandteile

Beton muss nicht nur widerstandsfähig gegenüber äußeren Einwirkungen, sondern auch in sich gesund sein. Das bedeutet, dass der Betonzuschlag keine störenden Mengen schädlicher Bestandteile enthalten darf. Dies sind Bestandteile, die sich zersetzen, mit den übrigen Bestandteilen des Betons störende Verbindungen eingehen, die Eigenschaften des Betons oder den Korrosionsschutz der Bewehrung im Beton beeinträchtigen. Schädliche bzw. unverträgliche Bestandteile des Betonzuschlags sind u. a. abschlämmbare Stoffe, Glimmer, Stoffe organischen Ursprungs, erhärtungsstörende Stoffe, Schwefelverbindungen, alkalilösliche Kieselsäure und stahlangreifende Stoffe sowie bei künstlichem Betonzuschlag glasige und nicht raumbeständige Stücke.

Zuschläge für bewehrten Beton dürfen keine schädlichen Mengen an Salzen enthalten, die den Korrosionsschutz der Bewehrung im Beton beeinträchtigen, z. B. Nitrate oder Halogenide (außer Fluorid). Der Gehalt an wasserlöslichen Chloridionen Cl⁻ darf nach DIN

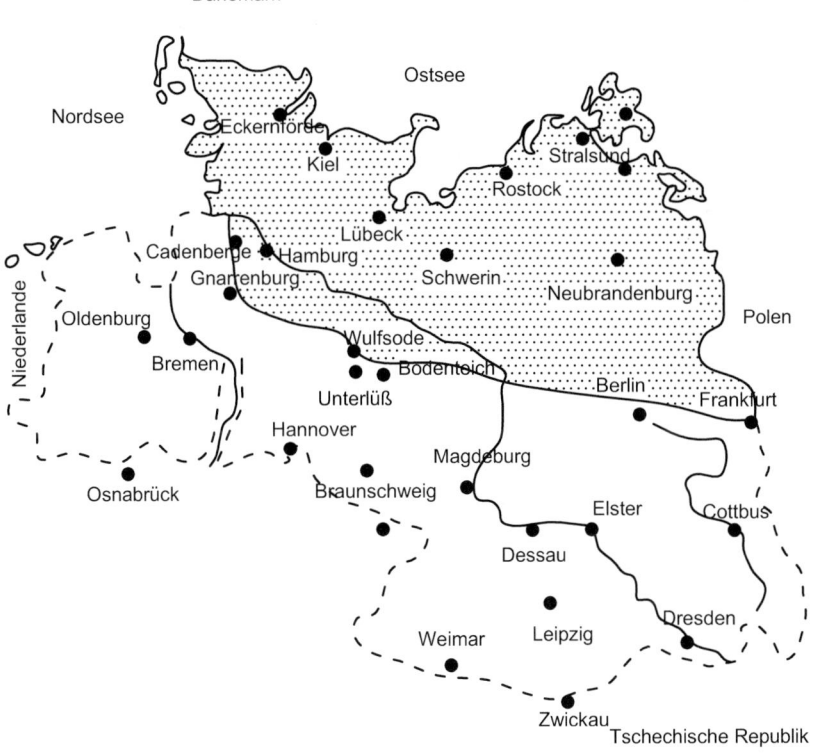

Bild F.3 Gewinnungsgebiete von Zuschlägen mit Opalsandstein, Flint und von fraglichen Gesteinen (z. B. Kieselkreide) [205]

EN 12620 Teil 1 bei Zuschlägen für Beton und Stahlbeton und für Spannbeton mit nachträglichem Verbund 0,04 M.-% und bei Zuschlägen für Spannbeton mit sofortigem Verbund sowie für Einpressmörtel 0,02 M.-% nicht überschreiten.

Betonzuschläge mit alkalireaktiver Kieselsäure können in feuchter Umgebung mit den Alkalien im Beton reagieren. Unter ungünstigen Umständen führt dies zu einer Volumenzunahme und zu Rissen oder sogar zu einer starken Schädigung der Betonbauteile und damit zu einer Beeinträchtigung ihrer Tragfähigkeit und Dauerhaftigkeit. Als alkaliempfindlich gelten Gesteine, die amorphe oder feinkristalline Silikate enthalten, z. B. Opal, Chalcedon und bestimmte Flinte. Von Betonzuschlägen in Deutschland können der in einem begrenzten Teil Norddeutschlands, insbesondere in Schleswig-Holstein, in größerer Menge vorkommende Opalsandstein und der dort ebenfalls vorkommende leichte Flint schädliche Mengen an alkalireaktiver Kieselsäure enthalten [205]. Auch in einigen der neuen Bundesländer ist mit alkaliempfindlichen Betonzuschlagstoffen zu rechnen (siehe Bild F.3 und z.B. [206, 207]). In neuer Zeit stellte es sich heraus, dass gebrochener Oberrheinkies zur Alkali-Kieselsäure-Reaktion führen kann [208]. Grundsätzlich gilt, dass im Zweifelsfall, z. B. wenn Sand und Kies neu erschlossenen, noch nicht erprobten Vorkommen entstammen und alkaliempfindliche Bestandteile nicht auszuschließen sind, der Betonzuschlag durch eine fachkundige Prüfstelle zu untersuchen ist.

2.2.4 Kornform und Oberfläche

Die Form der Zuschlagkörner soll möglichst gedrungen, d. h. kugelig oder würfelig sein. Nach DIN EN 12620 gilt ein Korn als in seiner Form ungünstig, wenn das Verhältnis von Länge zu Dicke größer als 3 : 1 ist. Der Anteil ungünstig geformter, flacher oder länglicher Körner über 4 mm im Betonzuschlag soll im Regelfall 50 Gew.-%, bei Edelsplitt 20 Gew.-% (siehe auch TL-Min) nicht überschreiten. Die Oberfläche des Zuschlagkorns kann glatt oder rau sein.

Im Allgemeinen beeinflussen Form und Oberflächenbeschaffenheit des Zuschlagkorns die Eigenschaften des Betons nur wenig. Die Betonfestigkeit kann jedoch bei Betonzuschlägen mit sehr glatter Oberfläche geringer sein als bei Betonzuschlägen mit rauer Oberfläche oder sie kann bei besonders guter Haftung aufgrund chemischer Reaktionen zwischen Zementstein und Betonzuschlag größer sein. Bei gebrochenen Betonzuschlägen ist in der Regel der Wasseranspruch für gleiche Verarbeitbarkeit des Betons etwas größer. Wegen besserer Haftung und Verzahnung sind Zugfestigkeit, Biegezugfestigkeit und Spaltzugfestigkeit von Beton mit gebrochenem Betonzuschlag im Mittel etwa 10 % größer als die entsprechenden Festigkeiten von Kiessandbeton gleicher Druckfestigkeit und sonst gleicher Zusammensetzung.

2.2.5 Größtkorn und Kornzusammensetzung

Die Kornzusammensetzung der Gesteinskörnungen bestimmt den Wasseranspruch einer Betonmischung, der zur Erzielung einer ausreichenden Verarbeitbarkeit des Frischbetons erforderlich ist. Damit hängen auch die Zementleimmenge und der Zementgehalt von der Kornzusammensetzung des Betonzuschlags ab, die zur Umhüllung des Betonzuschlags und zur Erzielung eines geschlossenen Betongefüges erforderlich sind. Die Kornzusammensetzung eines Betonzuschlags wird durch Sieblinien dargestellt (siehe dazu die Bilder F.4 bis F.7).

Bei einem Auftrag des Siebdurchgangs in Vol.-% über der Korngröße gibt der jeweilige Ordinatenwert den Anteil des Zuschlaggemisches in Vol.-% an, der kleiner als die dazuge-

2 Ausgangsstoffe

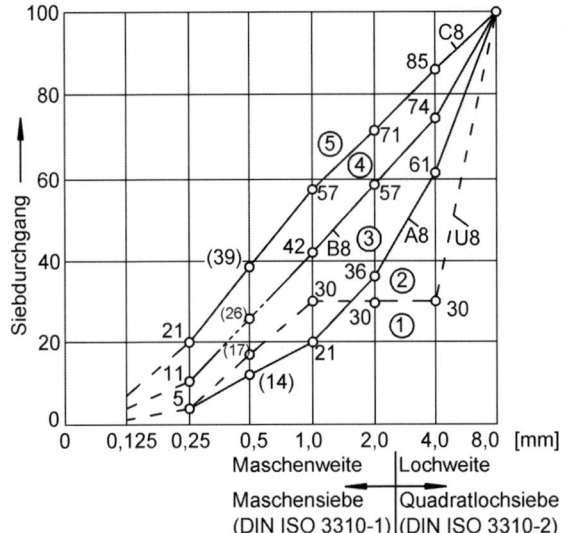

Bild F.4 Grenzsieblinien der DIN 1045-2 für Gesteinskörnungen mit einem Größtkorn von 8 mm

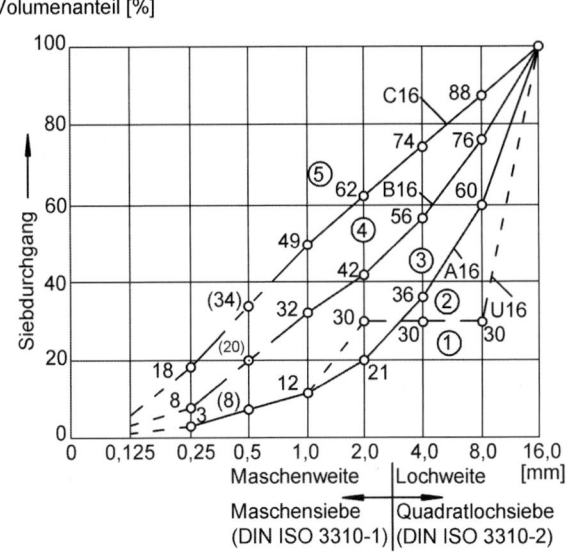

Bild F.5 Grenzsieblinien der DIN 1045-2 für Gesteinskörnungen mit einem Größtkorn von 16 mm

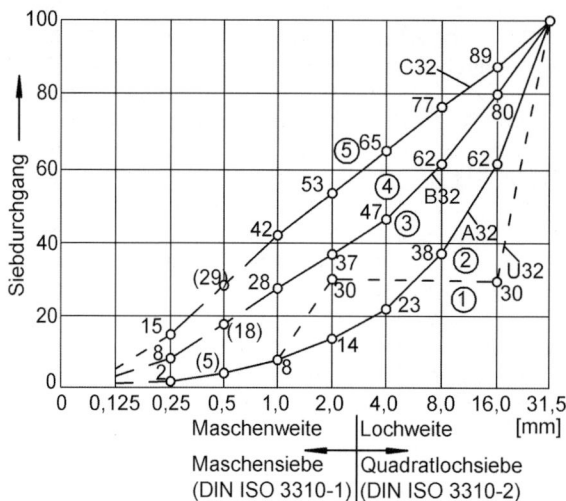

Bild F.6 Grenzsieblinien der DIN 1045-2 für Gesteinskörnungen mit einem Größtkorn von 32 mm

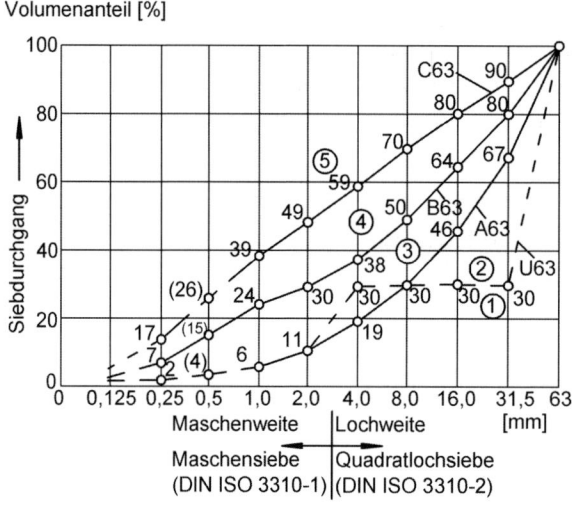

Bild F.7 Grenzsieblinien der DIN 1045-2 für Gesteinskörnungen mit einem Größtkorn von 63 mm

hörige Korngröße ist. (Bei gleicher Dichte der Zuschläge ist Vol.-% gleich M.-%.) Ein Zuschlaggemisch kann einer stetigen oder einer unstetigen Sieblinie folgen. Unstetige Sieblinien, sog. Ausfallkörnungen, können zu einer besonders dichten Packung der Zuschlagkörner führen, bedürfen aber besonderer Überlegungen. Die Sieblinienbereiche werden gekennzeichnet durch: 1 – grobkörnig, 2 – Ausfallkörnung, 3 – grob- bis mittelkörnig, 4 – mittel- bis feinkörnig und 5 – feinkörnig. Insbesondere zur Bestimmung des Wasser-

2 Ausgangsstoffe

anspruchs werden Sieblinien durch Kennwerte charakterisiert. Dazu gehören z.B. die Körnungsziffer (k-Wert), die Durchgangssumme (D-Summe) und die Feinheitsziffer (F-Wert). Auch die spezifische Oberfläche des Zuschlags [m^2/kg] kann zur Charakterisierung eines Korngemisches herangezogen werden. Die Körnungsziffer k und die Durchgangssumme D sind an bestimmte Siebsätze gebunden. Dies sind festgelegte Reihen von Sieben mit einer vorgegebenen Maschenweite, für die der Siebdurchgang bzw. der Siebrückstand bestimmt wird. In Verbindung mit der DIN 1045-2 sind dies die Siebe mit den Weiten 0,25; 0,5; 1,0; 2,0; 4,0; 8,0; 16,0; 31,5 und 63 mm. Die Körnungsziffer k ist definiert als die Summe der Rückstände auf allen Sieben dieses Siebsatzes bezogen auf das Gesamtgewicht des Zuschlaggemisches. Die D-Summe ist als Summe aller Siebdurchgänge des vollständigen Siebsatzes bis zu 63 mm definiert. Sie ist damit der Fläche unter der Sieblinie bei einem Auftrag entsprechend den Bildern F.4 bis F.7 proportional. Mit steigendem Feinkornanteil nimmt die D-Summe zu. Der k-Wert, der auch aus der D-Summe berechnet werden kann, nimmt dagegen mit steigendem Feinkornanteil ab. Weder k-Wert noch D-Summe sind eindeutige Kenngrößen, da unterschiedliche Sieblinien zu den gleichen k-Werten bzw. D-Summen führen können. Die spezifische Oberfläche eines Zuschlaggemisches kann unter Annahme einer kugeligen Form der Körner berechnet werden. Abweichungen von dieser Form werden durch einen Beiwert berücksichtigt.

Für die Herstellung von Beton nach DIN 1045 sind Gesteinskörnungen mit einem Größtkorn von 8, 16, 32 oder 63 mm zu verwenden. Das Größtkorn sollte so groß wie möglich gewählt werden, da grobkörnige Zuschlaggemische einen geringeren Wasseranspruch und damit auch einen geringeren Zementleimbedarf als feinkörnige Mischungen aufweisen. Das Größtkorn ist aber nach oben durch konstruktive Randbedingungen begrenzt. So soll es ein Drittel der kleinsten Querschnittsabmessung sowie den Abstand der Bewehrung und die Dicke der Betondeckung nicht wesentlich überschreiten.

In Tabelle F.7 sind die Kennwerte der Regelsieblinien zusammen mit den dazugehörigen Wasseranspruchszahlen zusammengestellt. Über weitere grundsätzliche Angaben zur Kornzusammensetzung von Betonzuschlag siehe u. a. Grübl et al. [209].

Tabelle F.7 Kennwerte von Betonzuschlägen für die Kornverteilung und den Wasseranspruch

Sieblinie nach DIN 1045-2	Körnungsziffer k	D-Summe
A 8	3,64	536
B 8	2,89	611
C 8	2,27	673
U 8	3,87	513
A 16	4,61	439
B 16	3,66	534
C 16	2,75	625
U 16	4,88	412
A 32	5,48	352
B 32	4,20	480
C 32	3,30	570
U 32	5,65	335
A 63	6,15	285
B 63	4,91	409
C 63	3,72	528
U 63	6,57	243

2.3 Betonzusatzmittel

Betonzusatzmittel sind Stoffe zur Beeinflussung der Eigenschaften von Mörtel und Beton, die chemisch oder physikalisch wirken und dem Beton nur in geringen Mengen zugegeben werden. Nach DIN 1045-2 beträgt die zulässige Gesamtzugabemenge an Zusatzmitteln für unbewehrten Beton und für Stahlbeton bei Zugabe eines Zusatzmittels 50 g je kg Zement und bei Zugabe mehrerer Zusatzmittel 60 g je kg Zement. Für hochfesten Beton gelten 70 bzw. 80 g (ml) je kg Zement. Für Spannbeton ist die Zusatzmittelmenge im Allgemeinen auf 20 g je kg Zement begrenzt. In der EN 206 wird neben der zulässigen Gesamtzugabemenge von 50 g je kg Zement auch eine Untergrenze von 2 g je kg Zement angegeben, die nur unterschritten werden darf, wenn das Zusatzmittel vor der Zugabe in einem Teil des Zugabewassers gelöst wird. Zusatzmittel können z. B. den Frischbeton fließfähiger machen (Betonverflüssiger, Fließmittel), die Erhärtung beeinflussen (Verzögerer, Beschleuniger) oder den Frostwiderstand erhöhen (Luftporenbildner). Die meisten Zusatzmittel sind in DIN EN 934 genormt, weitere besitzen eine allgemeine bauaufsichtliche Zulassung [210].

2.4 Betonzusatzstoffe

2.4.1 Definitionen

Betonzusatzstoffe sind fein verteilte Stoffe, die durch chemische oder physikalische Wirkung bestimmte Betoneigenschaften, z. B. Konsistenz, Verarbeitbarkeit, Festigkeit, Dichtheit oder Farbe, beeinflussen. Sie müssen unschädlich sein, d. h. sie dürfen das Ansteifungsverhalten, das Erstarren und das Erhärten sowie die Festigkeit und die Dauerhaftigkeit des Betons und den Korrosionsschutz der Bewehrung im Beton nicht beeinträchtigen und mit den Bestandteilen des Betons keine störenden Verbindungen eingehen. Beteiligen sich Betonzusatzstoffe an der Erhärtung oder beeinflussen sie wesentlich die Eigenschaften des Betons auf andere Weise, z. B. durch ihre Granulometrie, so müssen sie außerdem sowohl hinsichtlich ihrer chemischen und mineralogischen Beschaffenheit als auch hinsichtlich ihrer technischen Eigenschaften sehr gleichmäßig sein.

Nach EN 206-1 wird unterschieden in Zusatzstoffe Typ I und Zusatzstoffe Typ II. Vom Typ I sind nahezu inaktive Zusatzstoffe, wie z. B. Gesteinsmehl, die einen geringen Effekt dadurch haben, dass sie als Kristallisationsflächen wirken. Vom Typ II sind die puzzolanischen und latenthydraulischen Zusatzstoffe, z. B. Flugasche und Silicastaub.

2.4.2 Puzzolanische Stoffe

Puzzolanische Stoffe weisen hohe Anteile an Kieselsäure oder an Kieselsäure und Tonerde auf und sind dadurch charakterisiert, dass sie mit Wasser und Calciumhydroxid reagieren. Im Beton entsteht das Calciumhydroxid als Reaktionsprodukt bei der Hydratation des Portlandzementklinkers. Die Reaktionsprodukte der Puzzolane sind in Zusammensetzung und Struktur dem Zementstein ähnlich. Ihre Reaktionsgeschwindigkeit ist aber wesentlich langsamer als jene der Zemente, sodass puzzolanhaltige Betone einer guten Nachbehandlung bedürfen, damit in höherem Alter die puzzolanischen Zusatzstoffe wirksam werden.

Flugaschen fallen als Rückstände bei der Verbrennung fein gemahlener Kohle in Kohlekraftwerken an. Sie sind im Rauchgas enthalten und werden über Elektrofilter abgeschieden. Die Reaktionsfähigkeit der Flugaschen ist einerseits auf ihre kleine Teilchengröße, andererseits auf ihre teilweise amorphe, d. h. glasige Struktur zurückzuführen, die aufgrund der raschen Abkühlung der Asche entsteht. Die Korngrößenverteilung von Steinkohleflugaschen liegt etwa im Bereich üblicher Zemente (also 5 bis 50 μm). Flugaschepartikel sind jedoch – anders als Zementkörner – kugelig, was sich insbesondere auf die Verarbeitbarkeit von flugaschehaltigem Frischbeton günstig auswirkt.

Flugasche als Betonzusatzstoff beeinflusst sowohl die Eigenschaften des frischen als auch des erhärteten Betons. So wird bei einem teilweisen Ersatz des Zements durch Flugasche wegen der kugeligen Form ihrer Partikel der Wasseranspruch des Betons reduziert bzw. bei gleichbleibendem Wassergehalt die Konsistenz verbessert. Flugasche kann sich auch auf die Pumpbarkeit des Frischbetons günstig auswirken. Wegen der geringeren chemischen Aktivität von Flugaschen im Vergleich zu Zementen wird die Hydratationswärme von Mörteln und Betonen vermindert, wenn ein Teil des Zements durch Flugasche ersetzt wurde (siehe dazu auch Abschnitt F 3.3 und [211]).

Die DIN 1045-2 erlaubt die Anrechnung puzzolanischer Betonzusatzstoffe auf den Mindestzementgehalt bzw. auf den höchstzulässigen Wasserzementwert nach dem k-Wert-Ansatz. Entsprechend ist bei Beton mit den Zementen CEM I, CEM II/A-D, CEM II/A-S, CEM II/B-S, CEM II/A-T, CEM II/B-T, CEM II/A-LL, CEM III/A und CEM III/B mit HS < 70 Gew.-% und Portlandkompositzementen aller Festigkeitsklassen die Anrechnung von Flugasche mit in der Regel $k = 0,4$ möglich. Genaue Regeln gibt Reinhardt [210] an.

Silicastaub (SF) fällt bei der Herstellung von Silicium und Ferrosiliciumlegierungen an. Er besteht bis zu ca. 95% aus amorpher Kieselsäure. Im Vergleich zu üblichen Zementen weist er eine kugelige Form bei wesentlich größerer Feinheit auf. Er ist daher chemisch viel aktiver als Flugasche, hat aber einen wesentlich höheren Wasseranspruch, sodass er im Allgemeinen nur in Verbindung mit Fließmitteln eingesetzt werden kann.

Silicastaub wird mit Erfolg verwendet bei Spritzbeton, wegen verbesserter Klebwirkung und damit reduziertem Rückprall, bei Faserbeton, wegen der verbesserten Verbundeigenschaften zwischen Fasern und Mörtelmatrix, sowie zur Herstellung hochfester Betone. Seine festigkeitssteigernde Wirkung ist nicht nur auf die chemische Aktivität, sondern auch auf die Verbesserung der Packungsdichte zurückzuführen.

Silicastaub reagiert mit den alkalischen Komponenten des Zementsteins, insbesondere mit dem Calciumhydroxid. Die zulässige Zusatzmenge bzw. bei Suspensionen der zulässige Feststoffgehalt muss daher nach oben begrenzt werden, um den Korrosionsschutz der Bewehrung auch auf lange Sicht sicherzustellen. Zur Begrenzung von Silicastaub und Flugasche bei gemeinsamer Anwendung wird das sog. Silicastaubäquivalent eingeführt und für die verschiedenen Zemente festgelegt [212]. Für die Anrechenbarkeit gilt $k = 1,0$.

Getempertes Gesteinsmehl ist ein feinkörniger mineralischer Betonzusatzstoff. Er wird durch Tempern von natürlichem Gestein geeigneter mineralogischer Zusammensetzung und anschließendem Vermahlen hergestellt. Zu dieser Gruppe zählt das Phonolithgesteinsmehl, das mit Wasser und Kalkhydrat Reaktionsprodukte bildet, die dem Zementstein in Eigenschaften und Struktur ähnlich sind. Phonolith hat nach allgemeiner bauaufsichtlicher Zulassung einen Anrechenbarkeitsbeiwert $k = 0,60$.

2.4.3 Latent-hydraulische Stoffe

Latent-hydraulische Stoffe sind in ihrer chemischen Zusammensetzung Zementen ähnlicher als puzzolanische Stoffe. Sie reagieren mit Wasser in Anwesenheit eines Anregers, z.B. Calciumhydroxid, ohne sich mit diesem selbst zu verbinden. Der wichtigste hydraulische Zusatzstoff im Betonbau ist der gemahlene Hüttensand nach DIN EN 15167, der bei schnellem Abkühlen einer basischen Hochofenschlacke entsteht. Latent-hydraulische Eigenschaften hat auch der gebrannte Ölschiefer, der in Deutschland aber nicht als Betonzusatzstoff verwendet werden darf; er wird ausschließlich als zweiter Hauptbestandteil bei der Herstellung von Portlandschieferzement eingesetzt. Grund dafür ist, dass gebrannter Ölschiefer

– im Gegensatz zu Flugasche – frühzeitig in den Reaktionsablauf des Zements eingreift. Damit können bereits das Ansteif- und Erstarrungsverhalten sowie die frühe Festigkeitsentwicklung des Betons so sehr beeinflusst werden, dass eine optimale Einstellung von Portlandzementklinker, latent-hydraulischem Stoff und Calciumsulfat nur im Zementwerk, nicht aber bei der Herstellung des Frischbetons erfolgen kann.

2.4.4 Organische Stoffe

Organische Betonzusatzstoffe, z. B. auf Kunstharzbasis, benötigen stets eine allgemeine bauaufsichtliche Zulassung des Deutschen Instituts für Bautechnik. Organische Zusatzstoffe haben sich bisher nicht bei Konstruktionsbeton, wohl aber bei Mörtel für Instandsetzungsarbeiten und teilweise auch bei Beton im Umweltschutz durchsetzen können (siehe Abschnitt D 6.3).

3 Junger Beton[2]

Der Begriff „Junger Beton" ist nicht scharf definiert. „Jung" reicht von dem Zeitpunkt, bei dem der Beton vollständig verarbeitet ist (ca. 2 h), bis zu dem Zeitpunkt, bei dem die Hydratation des Zements größtenteils erfolgt ist (ca. 2 d). Bei Betonwaren spielt in diesem Zeitraum die Gründruckfestigkeit eine Rolle, bei Ortbetonwänden und -stützen das Setzen und Wasserabsondern, bei horizontalen Flächen das Frühschwinden und bei dickwandigen Konstruktionen die Temperaturerhöhung infolge der Hydratationswärme und die nachfolgende Abkühlung mit der Gefahr der Rissbildung. Während der Phase des jungen Betons reagiert dieser besonders empfindlich auf äußere Einflüsse und alle Vorsichtsmaßnahmen, die in diesem Stadium getroffen werden, z. B. eine gute Nachbehandlung, wirken sich später positiv auf die Gebrauchsfähigkeit und Dauerhaftigkeit aus.

3.1 Gründruckfestigkeit

Bei Betonwaren, die sofort nach dem Verdichten ausgeschalt werden, und bei Straßen und Fahrbahnteilen, die mit dem Straßenfertiger („slipform paving") hergestellt werden, muss der Beton eine solche Festigkeit haben, dass er formstabil bleibt. Die Festigkeit beruht hier nicht auf der Hydratation des Zements, sondern auf Kapillarkräften zwischen den Körnern des Betons (siehe Abschnitt A 3.4). Bei der Befeuchtung einer Oberfläche wirken Grenzflächenspannungen zwischen Flüssigkeit, Luft und Oberfläche. Es bildet sich ein Tropfen auf der Oberfläche so aus, dass die Kräfte im Gleichgewicht sind (Bild F.8). Wasser hat eine große Oberflächenspannung und im Kontakt mit mineralischen Oberflächen einen Randwinkel von praktisch null (siehe auch Bild A.54).

Die Oberflächenspannung σ ist definiert als die Energie, die notwendig ist, um eine Oberfläche um einen bestimmten Betrag zu vergrößern, die Dimension ist daher [Nm/m^2] oder [N/m]. Nach dem Gesetz der kleinsten potentiellen Energie bilden sich Flüssigkeitsoberflächen als Minimalflächen aus (Laplace-Gleichung), z. B. bildet ein Wassertropfen im ungestörten Zustand eine Kugel (Bild F.9). Der Druck in einem Wassertropfen oder in einer Seifenblase beträgt $p = 2\,\sigma/r$ und der Unterdruck in einer Kapillaren beträgt $p = 2\,\sigma \cos\theta/r$. Je kleiner der Durchmesser, umso größer der Druck; die kapillare Steighöhe ist umgekehrt proportional zum Radius der Kapillaren.

---

[2] Der Abschnitt „Junger Beton" ist ausführlich gestaltet, da den Problemen, die damit zusammenhängen, in der Praxis wenig Aufmerksamkeit geschenkt wird.

3 Junger Beton

Frischbeton besteht aus mineralischen Körnern und Wasser. Je nach Wassergehalt sind alle Räume zwischen den Körnern wassergefüllt oder es bleiben Hohlräume übrig. Kapillarkräfte zwischen den Körnern entstehen, wenn sich Wasserbrücken mit einem Meniskus ausbilden (Bild F.10).

Bei kleinerem Wasservolumen ist die Wasserbrücke klein und der Krümmungsradius des Meniskus ebenfalls. Dies bedeutet große Anziehungskräfte; Bild F.11 zeigt das Ergebnis von

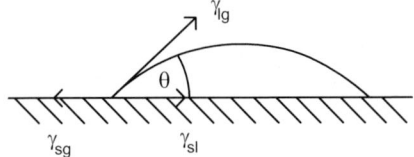

Bild F.8 Flüssigkeitstropfen auf einer Oberfläche; θ – Randwinkel, γ – Grenzflächenspannung; Indizes: g – Gas, l – Flüssigkeit, s – Feststoff

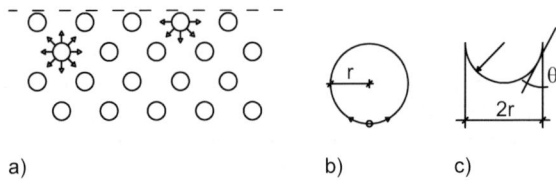

Bild F.9 a) Kohäsionskräfte in der Flüssigkeit, b) Tropfen mit Überdruck, c) Kapillare mit Unterdruck

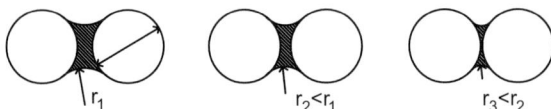

Bild F.10 Anziehungskräfte zwischen zwei Kugeln

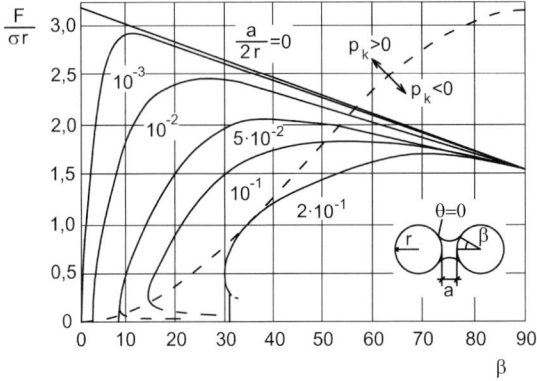

Bild F.11 Bezogene Haftkraft einer Flüssigkeitsbrücke zwischen zwei gleich großen Kugeln bei vollständiger Benetzung ($\theta = 0$), nach Schubert [213]

Berechnungen [213]. Daraus wird deutlich, dass die Anziehungskraft F eine Funktion des Kugelabstands a und des Brückenwinkels β ist. Für den Fall des Kontaktes zwischen den Kugeln (a/r = 0) nimmt die Haftkraft mit zunehmendem Brückenwinkel, d.h. mit größerem Flüssigkeitsvolumen, ab. Sind die Kugeln getrennt (a/r ≠ 0), ergeben sich bei zunehmendem Abstand kleinere Haftkräfte, die bei kleinerem Brückenwinkel auch verschwinden können. Da Beton aus sehr unregelmäßigen Körnern besteht, ist eine direkte Übertragung der Ergebnisse nach Bild F.11 nicht möglich. Tendenziell ergibt sich jedoch daraus, dass Beton mit einer engen Packung der Körner und wirkungsvoller Verdichtung (a/r klein) und geringem Wassergehalt (β klein) hohe Haftkräfte hat und, praktisch gesprochen, damit eine hohe Gründruckfestigkeit.

In Versuchen wurde der Einfluss verschiedener Parameter auf die Gründruckfestigkeit bestimmt [214]. Bild F.12 zeigt den Zusammenhang zwischen Festigkeit, Wasserzementwert bzw. Wassergehalt und Rüttelzeit. Mit abnehmendem Wassergehalt nimmt die Druckfestigkeit zu, wobei das Optimum allerdings erst mit größerer Rüttelzeit erreicht wird. Bei konstantem Zementgehalt lag der Wasserzementwert zwischen 0,26 und 0,42.

Ein verallgemeinertes Diagramm zeigt Bild F.13. Daraus geht hervor, dass ein höherer Zementgehalt die Druckfestigkeit erhöht. Jede Kombination von Zementgehalt, Wassergehalt und Rüttelzeit hat ein eigenes Maximum der Festigkeit.

Wird der Wassergehalt bei sonst gleichen Verhältnissen verringert, fällt die Festigkeit, da nicht mehr die dichteste Packung der Teilchen erzielt wird. Wird der Wassergehalt erhöht, verringert sich die Festigkeit ebenfalls, da die Haftkraft zwischen den Teilchen aufgrund des größeren Wasserangebots und damit eines größeren Brückenwinkels abnimmt (vgl. Bild F.11). Die Versuche zeigten weiter, dass ein gröberes Korngemisch (Linie A der Regelsieblinien nach DIN 1045) im Vergleich zu einer feineren (Linie C) zu einer höheren Druckfestigkeit führt. Die Zugabe von Trass kann die Festigkeit um weitere 20 % erhöhen. Alle Werte in den Bildern wurden an 200 mm-Würfeln gemessen. Bei Prismen mit der Schlankheit 3 waren die Werte nur etwa halb so groß.

Die Gründruckfestigkeit kann veranschaulicht werden als die Höhe eines Zylinders, der gerade unter seinem Eigengewicht versagt (Stauchhöhe in Anlehnung an den allgemein eingeführten Begriff Reißlänge). Diese Höhe ergibt sich zu

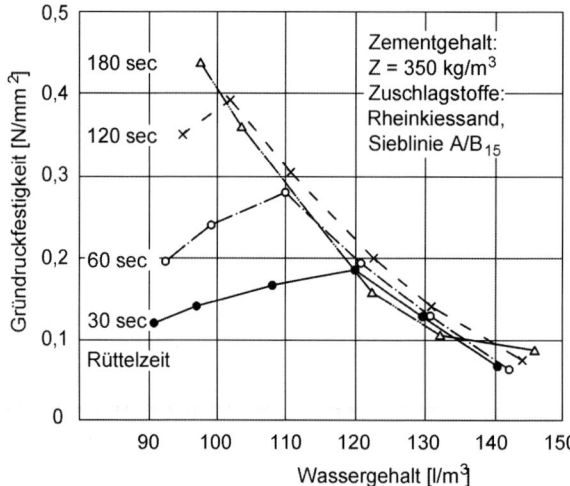

Bild F.12 Zusammenhang zwischen Gründruckfestigkeit, Wassergehalt und Rüttelzeit [214]

3 Junger Beton

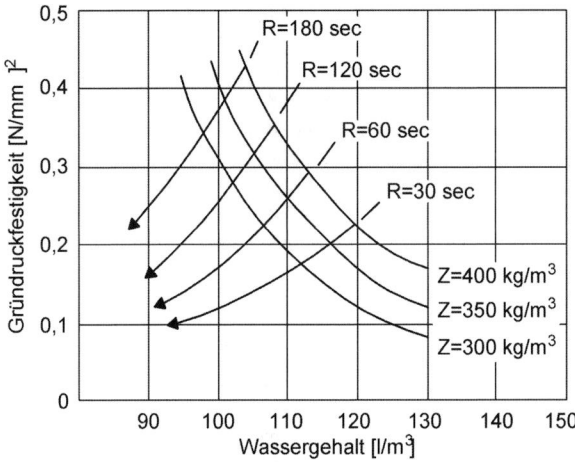

Bild F.13 Allgemeiner Zusammenhang zwischen Gründruckfestigkeit, Zementgehalt, Wassergehalt und Rüttelzeit

$$H = \frac{f_c}{g\,\rho} \tag{239}$$

mit f_c = Gründruckfestigkeit, g = Erdbeschleunigung, ρ = Dichte. Für $f_c = 0{,}1$ N/mm², g = 9,81 m/s² und $\rho = 2.400$ kg/m³ ergibt sich H = 4,25 m. Theoretisch kann also ein Rohr von 4,25 m Länge direkt nach der Herstellung hochkant gestellt werden und erhärten.

3.2 Frühschwinden (Kapillarschwinden)

Übliche Betone sind nicht so „trocken" wie oben besprochen, sondern besitzen so viel Wasser, dass alle Hohlräume, bis auf einige Luftblasen, damit gefüllt und die Feststoffkörner durch einen Wasserfilm getrennt sind. Nach dem Ende des Verdichtens setzen sich die schwereren Körner in der Suspension ab und Wasser reichert sich darüber an. Bei grob gemahlenen Zementen und feinststoffarmen Betonen ist die Wasserabsonderung am deutlichsten (sog. Bluten). An glatten Sichtbetonflächen zeichnen sich dann Wasserläufe (ähnlich wie Priele im Watt) ab und unter Aussparungen und dicken Bewehrungsstäben bilden sich Wassersäcke und an der Betonoberfläche darüber evtl. Risse (sog. Setzen des Betons).

Als Frühschwinden bezeichnet man den Teil des Schwindens, der beim Übergang des Frischbetons in den erstarrten und erhärtenden Zustand auftritt. Es beginnt, wenn sich eine glänzende Betonoberfläche in eine matte wandelt, da das Wasser verdunstet. Sobald kein geschlossener Wasserfilm mehr auf der Oberfläche steht, entstehen Menisken zwischen einzelnen Körnern und es bilden sich die bereits beschriebenen Kapillarkräfte. Wenn die Kapillarkräfte die momentane Zugfestigkeit des sehr jungen Betons erreichen, treten Risse auf, ähnlich den bekannten Rissmustern beim Austrocknen von Lehmboden oder Schlick. Theoretisch entstehen hexagonale Schollen, da so die Summe aus Bruchenergie (entlang der Sechseckkanten) und elastischer Energie beim Entlasten der vorgespannten Oberfläche am kleinsten wird. Aufgrund der unregelmäßigen Struktur und Zusammensetzung des Betons entstehen dagegen unregelmäßig geformte Rissfelder beim ersten Reißen. Geht die Austrocknung weiter und hat der Beton immer noch eine geringere Festigkeit als die Kapillarspannungen, so entsteht eine zweite Rissgeneration. Diese ist dadurch gekennzeichnet, dass die Risse stets rechtwinklig zu den Erstrissen beginnen und die Schollen weiter unterteilen.

Bild F.14 zeigt eine austrocknende Schlickfläche, Bild F.15 zeigt schematisch die Erstrisse und die Zweitrisse.

Kennzeichnend für Risse infolge Frühschwindens, was physikalisch richtig auch Kapillarschwinden genannt wird, ist, dass sie immer um die Zuschlagkörner herumlaufen. Die Zugfestigkeit der Matrix ist noch so klein, dass die Kornfestigkeit nicht erreicht wird. Außerdem ist kennzeichnend, dass die Risse an der abtrocknenden Oberfläche deutlich größer sind (im Millimeterbereich) als an der geschalten Unterseite (Zehntelmillimeterbereich). Häufig trennen sie eine Platte (Geschossdecke, Industrieboden) von oben bis unten durch. Durch diese Merkmale sind Risse infolge Frühschwindens relativ einfach zu identifizieren.

Bild F.16 a) zeigt Frühschwindrisse an der Oberfläche einer Decke, Bild F.16 b) die Untersicht davon, nachdem Regenwasser durch die Risse getreten ist. In Bild F.17 ist ein Bohrkern gezeigt mit Riss, der um die Zuschlagkörner herumläuft.

Schematisch kann der Wettlauf zwischen Entstehung von Kapillarspannung p_k und Zugfestigkeit f_t an Bild F.18 erläutert werden.

Wenn die Kapillarspannungen immer unterhalb der momentanen Zugfestigkeit bleiben (Bild F.18, (a)), treten keine Risse auf. Erreichen die Kapillarspannungen die Zugfestigkeit (Bild F.18, (b)), ist Rissbildung möglich. Der Zeitpunkt der Rissbildung liegt dann meist zwischen 2 und 12 h nach dem Betonieren.

In der Praxis ist Rissbildung wahrscheinlich bei langsam erhärtenden Zementen, bei hohen Außentemperaturen mit gleichzeitigem Wind und bei niedriger Betonfestigkeitsklasse. Das

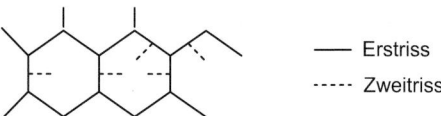

Bild F.14 Austrocknender Schlick   **Bild F.15** Schema der Erst- und Zweitrissbildung

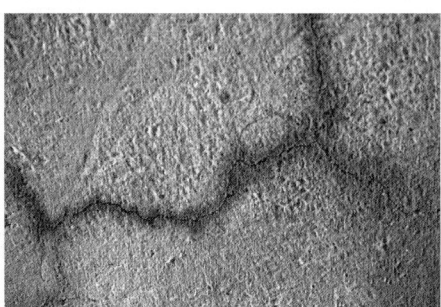

Bild F.16 Frühschwindrisse in einer Decke; a) Oberfläche, b) Untersicht

Bild F.17 Bohrkern mit Frühschwindriss

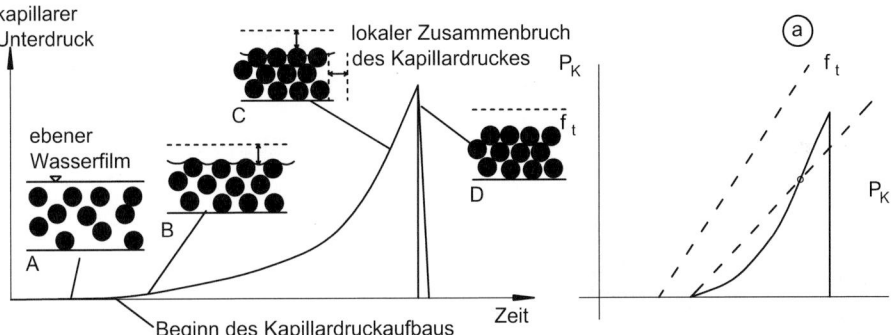

Bild F.18 Entstehen von Kapillarspannungen und Zugfestigkeit; (a) unkritisch, keine Risse; (b) kritisch, Risse möglich

Rissrisiko wird durch gleichzeitige Abkühlung des Betons erhöht. Vermieden wird die Rissbildung durch eine frühzeitige Nachbehandlung mithilfe von aufgesprühten Nachbehandlungsmitteln oder Besprühen mit Wasser [215].

3.3 Hydratationswärme

Die Reaktion von Zement mit Wasser verläuft exotherm. Jeder Hydratationsschritt wird von einer Wärmeentwicklung begleitet. Sofort nach dem Mischen entsteht Calciumhydroxid und das im Zement vorhandene Calciumsulfat (Gips, Anhydrit) reagiert mit dem Tricalciumaluminat (C_3A) zu Ettringit. In der folgenden Ruhepause („dormant period") ist die Reaktion stark abgeschwächt und kommt erst wieder nach einer gewissen Umkristallisation in Gang. Nach beginnender Bildung von Calciumsilikathydraten (CSH) vor allem aus dem Tricalciumsilikat (C_3S) erstarrt der Zement und beginnt durch weiteren Umsatz von C_3S und Dicalciumsilikat (C_2S) zu erhärten. Der Verlauf der Wärmeproduktion ist in Bild F.19 schematisch in der Dimension Leistung je Masseneinheit ($J\ s^{-1}\ g^{-1} = W\ g^{-1}$) wiedergegeben.

Der erste Hydratationsschritt zeigt eine hohe Wärmeleistung. Er dauert nur einige Minuten und findet noch im flüssigen Zustand statt. Auf die gesamte Wärmeentwicklung und die praktischen Folgen hat er einen vernachlässigbaren Einfluss. Die Wärmeentwicklung nach der Ruhephase ist für die Praxis die entscheidende.

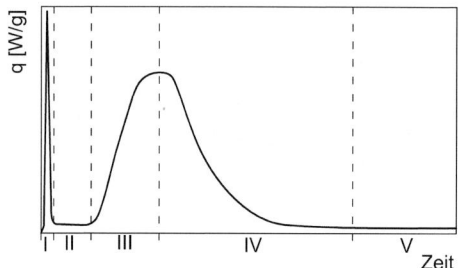

Bild F.19 Hydratationswärmeentwicklung

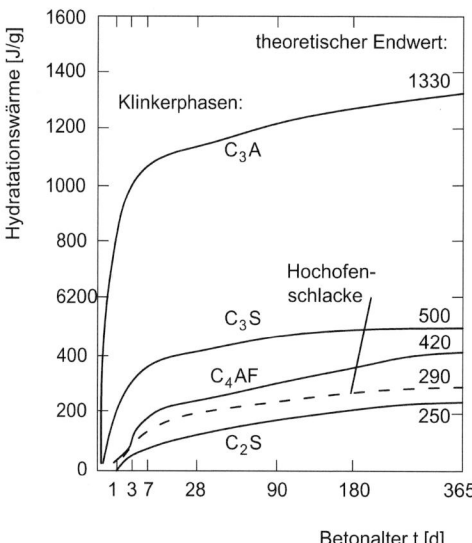

Bild F.20 Hydratationswärmeentwicklung bei Klinkermineralen und Hochofenschlacke [216]

Wie viel Wärme produziert wird, hängt von der Zusammensetzung des Zements ab. Bild F.20 zeigt den Verlauf der Hydratationswärmeentwicklung von Klinkermineralen und Hochofenschlacke.

Deutlich ist die schnelle Reaktion von C_3A zu sehen, mit einem theoretischen Endwert von 1.330 J/g. Danach folgen C_3S, C_4AF und C_2S mit 500, 420 und 250 J/g. Zwischen C_2S und C_4AF liegt der Verlauf der Hochofenschlacke mit 290 J/g. Die Komponenten mit dieser niedrigen Hydratationswärme reagieren nicht nur absolut weniger, sondern beginnen mit der Reaktion auch später. Nicht eingezeichnet sind der freie Kalk (Endwert 1.150 J/g) und Magnesiumoxid (840 J/g), die im Zement jedoch nur in unbedeutenden Mengen vorhanden sind.

Von den prozentualen Anteilen an Klinker und Schlacke im Zement hängt die Hydratationswärmeentwicklung des Zements ab. Zemente, die schnell erhärten, produzieren zu Beginn auch mehr Wärme als langsame Zemente. Zement mit niedriger Hydratationswärme, sog. LH-Zemente, dürfen je nach Norm eine bestimmte Wärme nicht überschreiten (siehe Tabelle F.8).

Die Bestimmung der Hydratationswärme kann auf verschiedene Arten erfolgen: adiabatisch oder isotherm. Bei der adiabatischen Messung wird die Probe so isoliert, dass keine Wärme abfließt. Dies bedeutet eine Temperaturerhöhung und damit eine temperaturbedingte Erhöhung der Reaktionsgeschwindigkeit. Bei der isothermen Messung wird die Temperatur

3 Junger Beton

Tabelle F.8 Hydratationswärme von Zementen [J/g] (Lösungswärme)

Zementfestigkeitsklasse	Hydratationswärme nach				
	1 d	3 d	7 d	28 d	→ ∞
32,5	60–170	125–250	150–300	210–380	≤ 460
32,5 R und 42,5	125–210	210–340	275–380	300–420	≤ 490
42,5 R und 52,5	210–275	300–360	340–380	380–420	≤ 525
LH-Zemente					
DIN 1164			≤ 270	≤ 290	
BS 1370			≤ 250	≤ 290	
ASTM C150			≤ 250		

der Probe durch Wärmeabfluss konstant gehalten. Der Wärmeabfluss entspricht dann der Hydratationswärmeentwicklung.

In Bild F.21 sind isotherme Messungen an einem Portlandzement CEM I 52,5 R bei 5, 20 und 35 °C dargestellt. Je höher die Erhärtungstemperatur, desto höher ist die Wärmeleistung. Integriert man die Kurven von Bild F.21, erhält man die Wärmemenge als Funktion der Zeit (Bild F.22).

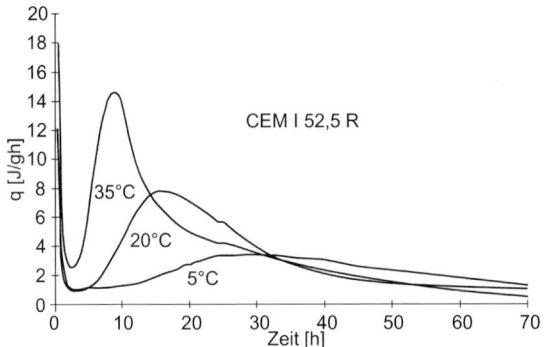

Bild F.21 Wärmeentwicklung von Portlandzement bei verschiedenen Temperaturen [217]

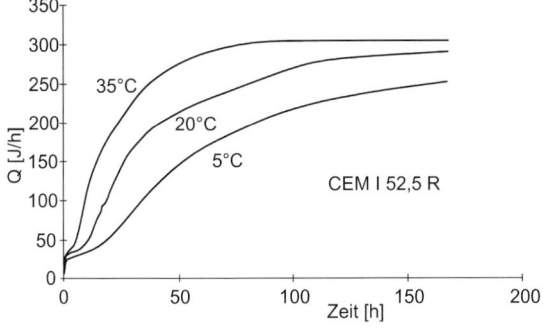

Bild F.22 Wärmemenge (oder -energie) von Portlandzement bei verschiedenen Temperaturen [217]

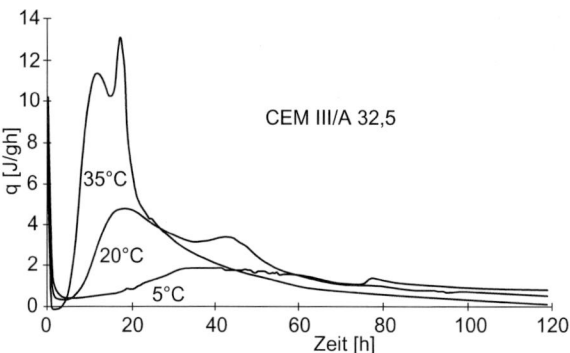

Bild F.23 Wärmeentwicklung von Hochofenzement bei verschiedenen Temperaturen [217]

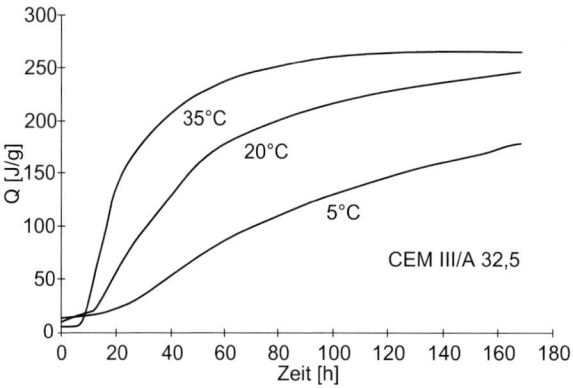

Bild F.24 Wärmemenge von Hochofenzement [217]

Theoretisch streben die Kurven dem gleichen Endwert zu, wenn der Zement vollständig hydratisiert ist. Entsprechende Kurven für einen Holzofenzement CEM III/A 32,5 zeigen die Bilder F.23 und F.24.

Die Absolutwerte der Wärmeleistung und -energie sind erwartungsgemäß niedriger als bei Portlandzement. Auffallend am Verlauf der Kurven in Bild F.23 ist der zweite Peak, der zeitlich versetzt bei allen Temperaturen auftritt und der auf die gegenüber den Portlandzementklinkern verzögerte Reaktion der Hochofenschlacke zurückzuführen ist.

Bild F.22 und F.24 verdeutlichen, dass dieselbe Wärmemenge (z. B. 200 J/g) umso schneller erreicht ist, je höher die Erhärtungstemperatur ist. (Da die Wärmemenge auch ein Maß der erreichten Festigkeit ist, spricht man auch von einer bestimmten Reife des Betons, die durch verschiedene Formeln dargestellt werden kann, in denen die wirkliche Erhärtungszeit in eine wirksame Zeit transformiert wird.) Je höher die erzeugte Wärmemenge, desto weiter ist die Hydratation fortgeschritten. Vollständige Hydratation ist erreicht, wenn die einem Zement eigene Wärmemenge erzeugt ist. Eine mögliche Definition des Hydratationsgrads ist damit das Verhältnis der Wärmemenge zu einem Zeitpunkt t zur Gesamtwärmemenge

$$\alpha_h(t) = \frac{Q(t)}{Q_{tot}}. \tag{240}$$

3 Junger Beton

Die Gesamtwärmemenge Q_{tot} kommt in der Praxis nicht zum Ausdruck, da die Hydratation größerer Zementkörner nicht vollständig abläuft und/oder das Wasserangebot für die Hydratation zu klein ist. Daher wurde für die Praxis der Reaktionsgrad r eingeführt [218] als das Verhältnis zwischen der Wärmemenge Q (t) zu Q_{max}, wobei $Q_{max}/Q_{tot} < 1$,

$$r(t) = \frac{Q(t)}{Q_{max}}. \tag{241}$$

Die Wärmeleistung (oder -freisetzungsrate) ist

$$q(t) = \frac{dQ}{dt} = Q_{max} \frac{dr}{dt} \tag{242}$$

und die Wärmemenge damit

$$Q(t) = \int_0^t q(\tau) d\tau \tag{243}$$

und

$$Q_{max} = \int_0^\infty q(\tau) d\tau. \tag{244}$$

Vergleicht man die Kurven in Bild F.21 miteinander, zeigen sie einige Gemeinsamkeiten im Verlauf, vor allem, wenn der für die Praxis unwichtige erste Peak (Ettringitbildung) vernachlässigt wird. Einem steilen Anstieg folgen ein weniger steiler Abstieg und ein allmähliches Ausklingen. Es lag also nahe, alle Kurven durch dieselbe Funktion zu beschreiben [218]. Nach Verwendung von Gesetzen der Reaktionskinetik wurde von De Schutter folgende Funktion [217] vorgeschlagen:

$$\frac{q}{q_{max}} = f(r) = d[\sin(\pi r)]^a \exp(-br), \tag{245}$$

mit den experimentell zu bestimmenden Größen a, b und d. Die Normierungsgröße q_{max} ist von der Temperatur abhängig, wofür als Grundlage die Gleichung von Arrhenius infrage kommt:

$$g(T) = \exp\left[\frac{E}{R}\left(\frac{1}{293} - \frac{1}{273+T}\right)\right], \tag{246}$$

mit T = Temperatur [°C], E = Aktivierungsenergie [J mol^{-1}] und R = universelle Gaskonstante [8,31431 J K^{-1} mol^{-1}]. Gl. (246) ist auf eine Referenztemperatur von 20 °C bezogen, sodass gilt

$$q_{max} = q_{max,20} \cdot g(T). \tag{247}$$

Damit wird die Wärmeleistung allgemein

$$q = q_{max,20} \cdot f(r) \cdot g(T). \tag{248}$$

Bild F.25 zeigt als Beispiel, dass die Normierung der Kurven am Bild F.21 mit ausreichender Genauigkeit gelingt.

Mit den Gln. (243) bis (248) kann die Wärmeentwicklung simuliert werden. Wie noch gezeigt wird, eignet sich dieser Ansatz besonders für die Berechnung von Temperaturfeldern in wirklichen Konstruktionen, da sich an jedem Punkt ein anderer Verlauf des Reaktionsgrades einstellt. Durch den Bezug der Wärmeentwicklung auf den Reaktionsgrad (statt der wirklichen Zeit t) vereinfacht sich die Berechnung.

Bei Hochofenzement ist neben den Portlandzementklinkeranteilen mit der Hochofenschlacke ein Reaktionspartner vorhanden, der erst durch die Reaktion des Klinkers zur Hydratation aktiviert wird. In Bild F.23 war zu sehen, dass sich ein zweiter Wärmepeak ausbildet, der gegenüber dem Klinker verzögert ist. Zur Vereinfachung der komplexen Hydratationsvorgänge werden die Reaktionen als unabhängig superponiert [217]. Bild F.26 veranschaulicht für die Wärmeentwicklung bei 20 °C, dass die Reaktion der Schlacke (S) später einsetzt und der Verlauf der Wärmeleistung ohne die Reaktion der Schlacke gleichmäßiger wird und dem bekannten Verlauf von Portlandzement folgt.

Aus Bild F.27 wird der relativ kleine Beitrag der Schlacke an der Gesamtwärmemenge des Hochofenzements deutlich.

Der Anteil liegt bei 5% nach 180 h, obwohl der Schlackegehalt des Zements bei 40% liegt. Um das Konzept des Reaktionsgrades konsequent anzuwenden, wird für den S-Anteil ein eigener Reaktionsgrad r_s definiert, der erst bei $r_{p,B}$ beginnt ($r_s = 0$) und endet, wenn die gesamte Wärme der S-Reaktion erzeugt wurde, d.h. bei $r_s = 1$. Der Verlauf der S-Reaktion

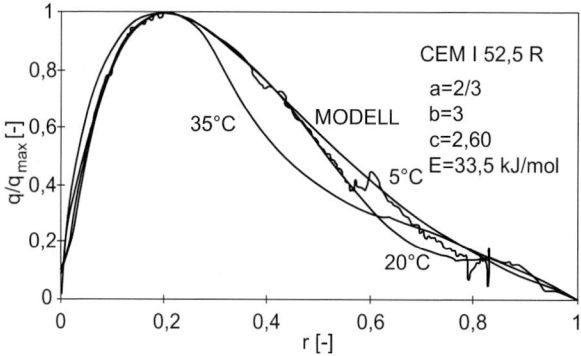

Bild F.25 Normierte Wärmeentwicklungen für Portlandzement bei verschiedenen Temperaturen [217]

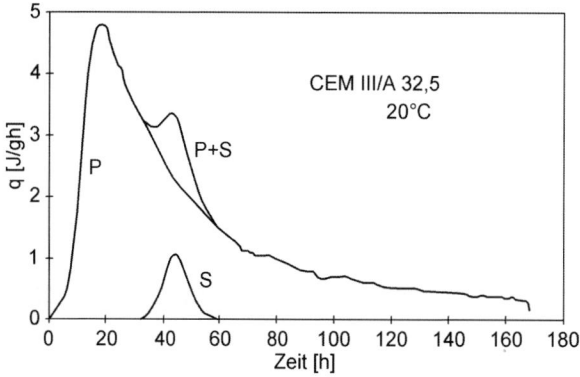

Bild F.26 Wärmeleistung von Hochofenzement bei 20 °C [217]

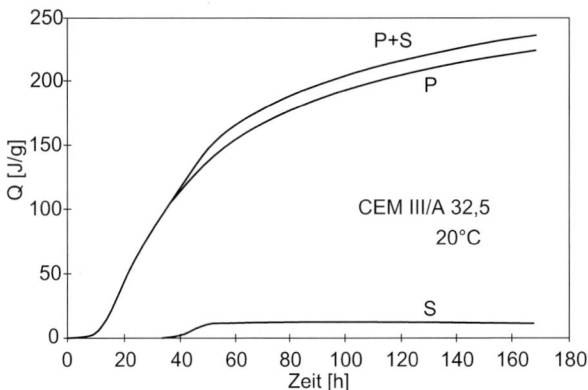

Bild F.27 Wärmemenge von Hochofenzement bei 20 °C [217]

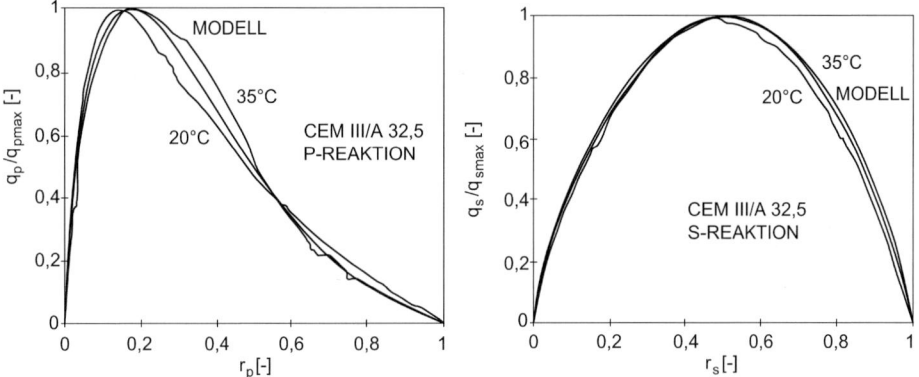

Bild F.28 Vergleich von Modell und Versuch [217]; a) Klinkeranteil (P-Reaktion), b) Schlackeanteil (S-Reaktion)

wird durch eine Sinusfunktion allein dargestellt. Für den Zement CEM III/A ist die Annäherung des Modells an die Versuchswerte in Bild F.28 gezeigt. Für praktische Anwendungen ist die Übereinstimmung genau genug.

Damit ergibt sich nun folgende funktionale Darstellung; die Klinkerreaktion wird mit dem Index p angedeutet, die Schlackereaktion mit s.

P-Reaktion:

$$q_p = q_{p,\,max,\,20} \cdot f_p(r_p) \cdot g_p(T) \tag{249}$$

$$f_p(r_p) = d_p \left[\sin(\pi\, r_p)\right]^{a_p} \exp(-b_p\, r_p) \tag{250}$$

$$g_p(T) = \exp\left[\frac{E_p}{R}\left(\frac{1}{293} - \frac{1}{273+T}\right)\right] \tag{251}$$

S-Reaktion:

$$q_s = q_{s,\,max,\,20} \cdot f_s(r_s) \cdot g_s(T) \tag{252}$$

$$f_s(r_s) = [\sin(\pi r_s)]^{a_s} \tag{253}$$

$$g_s(T) = \exp\left[\frac{E_s}{R}\left(\frac{1}{293} - \frac{1}{273+T}\right)\right] \tag{254}$$

Gesamtreaktion:

$$q = q_p + q_s \tag{255}$$

wobei gilt: $q_s = 0$ für Portlandzement und $q_s = 0$ für $r_p < r_{p,B}$ bei Hochofenzement und

$$r_{p,B} = A\,T + B \geq 0. \tag{256}$$

Die Anfangswerte für eine Simulationsrechnung sind $r_p(t=0) = r_{pi}$ und $r_s(t=0) = r_{si}$. Der Gesamtreaktionsgrad ist

$$r(t) = \frac{Q(t)}{Q_{max}} \tag{257}$$

mit $Q = Q_p + Q_s$ und $Q_{max} = Q_{p,max} + Q_{s,max}$. Von De Schutter [217] wurde Tabelle F.9 übernommen, die die Größenordnung der Stoffkennwerte zeigt.

Der Temperaturverlauf in einem Beton ist von der Zementart, dem Zementgehalt und der sonstigen Zusammensetzung des Betons abhängig. Unter adiabatischen Verhältnissen (d. h. kein Wärmeab- und -zufluss) steigt die Temperatur auf

$$T(t) = T_0 + \frac{Q(t) \cdot Z}{c\,\rho} \tag{258}$$

Tabelle F.9 Experimentell ermittelte Stoffkennwerte (= Modellparameter) von drei Zementen [217]

Modellparameter	Dimension	Zemente		
		CEM I 52,5 R	CEM III/A 32,5	CEM III/C 32,5[1)]
d_p	–	2,5968	2,8461	2,1425
a_p	–	2/3	2/3	1/2
b_p	–	3,0	3,5	2,5
$q_{p,max,20}$	[J/gh]	7,79	4,80	1,42
$Q_{p,max}$	[J/g]	270	251	167
E_p	[kJ/mol]	33,5	45	55
a_s	–	–	2/3	2/3
$q_{s,max,20}$	[J/gh]	–	1,06	0,62
$Q_{s,max}$	[J/g]		11,3	32,5
E_s	[kJ/mol]	–	80	45
A	[1/°C]	–	–0,0067	–0,0180
B	–	–	0,5133	0,6800
r_{pi}	–	0,0001	0,0001	0,0001
r_{si}	–	–	0,0001	0,0001

[1)] enthält 81 bis 95 % Hochofenschlacke

3 Junger Beton

mit T_0 = Frischbetontemperatur, Z = Zementgehalt, c = spezifische Wärme und ρ = Dichte. Q (t) ist die bis zum Zeitpunkt t entwickelte Wärmemenge, also

$$Q(t) = \int_0^t q(\tau)\,d\tau = Q_{max} \cdot r(t). \tag{259}$$

Wenn Wärmeabfluss oder -zufuhr von außen möglich ist, da die Betontemperatur nicht gleich der Umgebungstemperatur ist, muss die entsprechende Wärmeleitungsgleichung gelöst werden (siehe Gl. 286).

3.4 Entwicklung der thermischen Eigenschaften

Die Eigenschaften, die die Wärmeleitung als thermische Eigenschaften bestimmen, sind die spezifische Wärme c, die Dichte ρ und die Wärmeleitfähigkeit λ. Die Dichte ist im Stadium des jungen Betons konstant, da die Verdunstung des Wassers vernachlässigbar ist. Die spezifische Wärme ist die Summe der spezifischen Wärmen der Komponenten des Betons. Die Komponente, die sich während der Hydratation ändert, ist das Wasser. Dieses liegt zunächst als flüssiges Wasser mit einer sehr hohen spezifischen Wärme vor und geht dann in chemisch gebundenes, physikalisch gebundenes und restliches freies Wasser über. Das chemisch gebundene liegt im Wesentlichen in Silikat- und Aluminathydrat und Calciumhydroxid vor und kann wie mineralische Stoffe behandelt werden, während die beiden anderen Anteile wie Wasser betrachtet werden müssen. Maximal können sich also 25 % des Zementgewichts (~ chemisch gebundenes Wasser) verändern.

Bei der Wärmeleitfähigkeit gilt Ähnliches wie bei der spezifischen Wärme. Da Wasser als guter Wärmeleiter in den Kapillarporen, die durch chemisches Schwinden des Zements entstehen, z. T. durch Luft ersetzt wird, wird die Wärmeleitfähigkeit mit zunehmender Hydratation kleiner. Versuche [217] haben zu folgenden Ergebnissen bei den thermischen Eigenschaften als Funktion des Reaktionsgrades geführt:

$$c(r) = c_0 (1{,}15 - 0{,}15\,r) \tag{260}$$

$$\lambda(r) = \lambda_0 (1{,}27 - 0{,}27\,r). \tag{261}$$

Tabelle F.10 Thermische Eigenschaften von Beton (-komponenten)

Stoff	Wärmeleitfähigkeit [Wm⁻K⁻¹]	spezifische Wärme [J kg⁻¹ K⁻¹]	Dichte [kg m⁻³]	Wärmedehnzahl [10⁻⁶ K⁻¹]
Normalbeton (mittlerer Wert)	2,0	1.000	2.400	10
Basalt	3,5	900	2.600–3.100	6–8
Diabas	3,5	820	2.800–3.100	5–7
Diorit	2,5	910	2.800–3.100	5–7
Gneis		800	2.600–3.000	6–10
Granit			2.600–2.900	8–12
Kalkstein			2.200–2.700	4–9
Quarzit			2.600–2.650	11–12
Baryt			3.400–4.300	
Magnetit			3.500–5.100	
Wasser	0,60	4.180	1.000	70

c_0 und λ_0 sind die Eigenschaften des erhärteten Betons (für r = 1) bei konservierter Lagerung (d. h. nicht ausgetrocknet). Die Temperaturleitzahl $a = \lambda\, c^{-1}\, \rho^{-1}$ wird bei ρ = const.

$$a(r) = a_0\,(1{,}10 - 0{,}10\,r). \tag{262}$$

Die Wärmedehnzahl α_T ist ebenfalls von r abhängig, entsprechend

$$\alpha_T(r) = \alpha_{T0}\left[1 + (1-r)^3\right]. \tag{263}$$

Tabelle F.10 enthält einige Angaben zu den thermischen Eigenschaften von Komponenten des Betons bzw. mittlere Werte für Normalbeton (λ_0, c_0, ρ, $\alpha_{T\,0}$).

3.5 Entwicklung der mechanischen Eigenschaften

Neben der Entwicklung der Hydratationswärme ist die Phase des jungen Betons vor allem gekennzeichnet durch die Entstehung von Festigkeit und Steifigkeit. Üblicherweise wird die Entwicklung der mechanischen Eigenschaften als Funktion der Zeit dargestellt oder als Funktion der Reife, indem eine geeignete Funktion für den Einfluss der Temperatur auf die Erhärtung verwendet wird. Am konsequentesten ist aber auch hier die Darstellung als Funktion des Reaktionsgrads.

Aus umfangreichen Versuchsserien und Literaturdaten ergaben sich die Zusammenhänge, wie sie Gutsch [219] zusammengefasst hat. Bild F.29 zeigt den mittleren Verlauf einiger Eigenschaften als Funktion des Reaktionsgrads.

Auf der vertikalen Achse ist jeweils die Eigenschaft normiert auf den Wert bei r = 1 dargestellt. Alle Kurven beginnen bei einem Wert r_0. Dieser Wert ist der Schwellenwert für den Zeitpunkt, bei dem die mechanische Eigenschaft für die Praxis relevant wird. Bei $r < r_0$ ist der Beton im Stadium des Erstarrens ohne nennenswerte Steifigkeit und Festigkeit, fängt jedoch bereits an zu hydratisieren. Die Kurven in Bild F.29 folgen den Funktionen

$$\text{Druckfestigkeit}\ \left[\frac{r - r_0}{1 - r_0}\right]^{\frac{3}{2}}, \tag{264}$$

$$\text{Zugfestigkeit}\ \frac{r - r_0}{1 - r_0}, \tag{265}$$

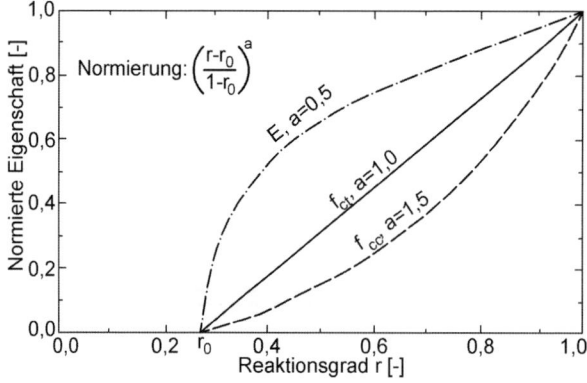

Bild F.29 Mechanische Eigenschaften als Funktion des Reaktionsgrads [219]

3 Junger Beton

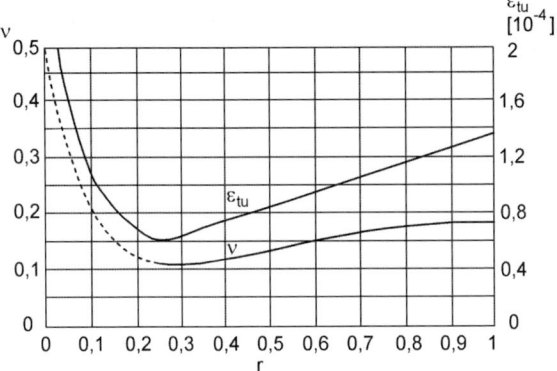

Bild F.30 Zugbruchdehnung und Querdehnung als Funktion des Reaktionsgrads [217, 220]

$$\text{E-Modul} \left[\frac{r - r_0}{1 - r_0}\right]^{\frac{1}{2}}, \tag{266}$$

$$\text{Bruchenergie} \left[\frac{r - r_0}{1 - r_0}\right]^{0,92}. \tag{267}$$

Der Schwellenwert r_0 beträgt näherungsweise 0,2 bei Beton mit Portlandzement, 0,4 bei Beton mit schlackenreichem Hochofenzement und 0,03 bei hochfestem Beton.

Die Zugbruchdehnung, d. h. die Dehnung bei Erreichen der Zugfestigkeit, kann nach Laube [220] beschrieben werden mit

$$\varepsilon_{tu}(r) = (r + 0,35) \cdot 10^{-4}. \tag{268}$$

Auch die Querdehnzahl ändert sich mit zunehmender Hydratation. Sie kann nach De Schutter [217] ausgedrückt werden durch

$$v(r) = 0,18 \sin\frac{\pi r}{2} + 0,50 \, e^{-10r}. \tag{269}$$

Bei $r = 0$ ist $v = 0,50$ (Volumenkonstanz), nimmt dann ab und erreicht schließlich den Endwert von 0,18. Bild F.30 zeigt rechts die Zugbruchdehnung und links die Querdehnung.

Die σ-ε-Linie auf Druck im ansteigenden Ast kann durch eine quadratische Parabel dargestellt werden [217]:

$$\frac{\sigma_c}{f_c} = \frac{A(r)\eta - \eta^2}{1 + [A(r) - 2]\eta} \tag{270}$$

mit den Ausdrücken

$$A(r) = \frac{E(r)\,\varepsilon_{c1}(r)}{f_c(r)}, \tag{271}$$

$$\eta = \frac{\varepsilon}{\varepsilon_{c1}(r)}, \tag{272}$$

$$\varepsilon_{c1}(r) = \left[0,44 f_c^{1/3}(r) + 2,1 f_c^{-1/2}(r)\right] 10^{-3}. \tag{273}$$

Die Druckbruchdehnung ε_{c1} ist die Dehnung bei Erreichen der Druckfestigkeit f_c, η ist die auf ε_{c1} bezogene Dehnung. Alle Werte sind vom Reaktionsgrad r abhängig.

Kriechen und Relaxation sind zwei kennzeichnende Erscheinungen eines visko-elastischen Werkstoffs. Da der Beton im jungen Alter nicht austrocknet, wird nur das Grundkriechen betrachtet. Von den zwei konkurrierenden Ansätzen nach De Schutter und Taerwe [221] und Rostásy et al. [222] wird hier zunächst der Erstere betrachtet.

Die Kriechdehnung ε_c wird mit der Kriechfunktion C (~ spezifisches Kriechen) dargestellt:

$$\varepsilon_c(t) = \sigma_0(t_0)\, C(t, t_0). \tag{274}$$

Darin ist σ_0 die (konstante) Spannung, die zum Zeitpunkt t_0 aufgebracht wird. Die Kriechfunktion ist bei jungem Beton abhängig vom Reaktionsgrad r_0 zum Zeitpunkt t_0 und vom Belastungsgrad α:

$$C(t-t_0, r_0, \alpha) = \mu_0(r_0, \alpha) \left(\frac{t-t_0}{\mu_1(r_0) + t-t_0}\right)^{0{,}35} \tag{275}$$

mit

$$\mu_1(r_0) = 600\, r_0^3 \tag{276}$$

und

$$\mu_0(r_0) = \frac{1}{E_{28}} P_1(r_0) \left(1 + P_2(r_0)\, \alpha^2\right). \tag{277}$$

E_{28} ist der Elastizitätsmodul nach 28 Tagen Erhärtung. Die Variablen P_1 und P_2 sind vom Zement abhängig. Tabelle F.11 enthält die von De Schutter und Taerwe [221] angegebenen Funktionen, die an drei Zementen ermittelt wurden. Die Gültigkeit wurde für $0{,}25 < r_0 < 1$ und $0 < \alpha < 0{,}4$ und 20 °C im Druckversuch überprüft.

Relaxation von jungem Beton kann nach De Schutter [217] und van Breugel [223] mit folgender Funktion dargestellt werden:

$$\psi(t, t_0, r_0) = \frac{\sigma(t)}{\sigma(t_0)} = \exp\left\{-\left[\left(\frac{r(t)}{r_0} - 1\right) + \beta\, t_0^{-m}\, (t-t_0)^n \frac{r(t)}{r_0}\right]\right\}, \tag{278}$$

mit den Koeffizienten β, m und n, die in Versuchen ermittelt werden müssen (Beispiel [217] $\beta = 0{,}52$, m = 0,3, n = 0,3).

Der Ansatz nach Laube [220] und Rostásy et al. [222] wurde an Zugproben verifiziert. Es handelt sich um einen Produktansatz wie folgt:

$$\varepsilon_c = \varphi\, \varepsilon_{el} \tag{279}$$

mit

$$\varphi(t, t_0, r_0) = P_{1c}(r_0) \left[\frac{t-t_0}{t_c}\right]^{P_{2c}(r_0)} \tag{280}$$

Tabelle F.11 Variablen P_1 und P_2 in Gl. (277) [221]

Zementart	$P_1(r_0)$	$P_2(r_0)$
CEM I 52,5 R	$8{,}695 \cdot 10^{-11}\, r_0^{-17{,}87} - 1{,}295\, r_0 + 2{,}183$	0
CEM III/A 32,5	$0{,}814\, r_0^{-1{,}38}$	$4{,}41 \left[\cos\left(r_0 \frac{\pi}{2}\right)\right]^{2/3}$
CEM III/C 32,5	$0{,}01295\, r_0^{-4{,}99} + 0{,}518\, r_0$	$4{,}41 \left[\cos\left(r_0 \frac{\pi}{2}\right)\right]^{2/3}$

und

$$P_{1c}(r_0) = 0{,}7798 \exp(-3{,}7789\, r_0) + 0{,}05 \tag{281}$$

$$P_{2c}(r_0) = -0{,}3989 \ln[\,1{,}5039\,(r_0 + 1)] \tag{282}$$

für $r_0 \geq 0{,}2$. Die Kriechzahl φ ist mit der Kriechfunktion C von Gl. (274) gekoppelt über $\varphi = E\,C$.

Die Relaxation kann nach Gutsch [219] beschrieben werden mit

$$\psi(t, t_0, r_0) = \left\{ 1 + P_{1r}(r_0) \left[\frac{t - t_0}{t_c} \right]^{P_{2r}(r_0)} \right\}^{-1} \tag{283}$$

mit

$$P_{1r}(r_0) = 0{,}2991 - 0{,}2981\, r_0 \tag{284}$$

$$P_{2r}(r_0) = 0{,}2962 + 0{,}1332\, r_0 \tag{285}$$

und $t_c = 1$ h. Versuchsergebnisse zeigen eine gute Übereinstimmung mit den Kriech- und Relaxationsansätzen. Bild F.31 und F.32 geben einen Eindruck davon.

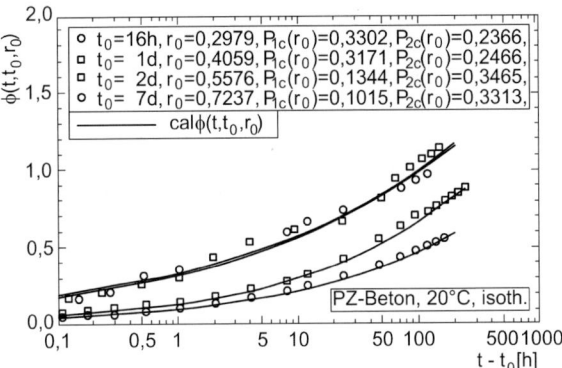

Bild F.31 Vergleich zwischen Versuch und Kriechansatz [219]

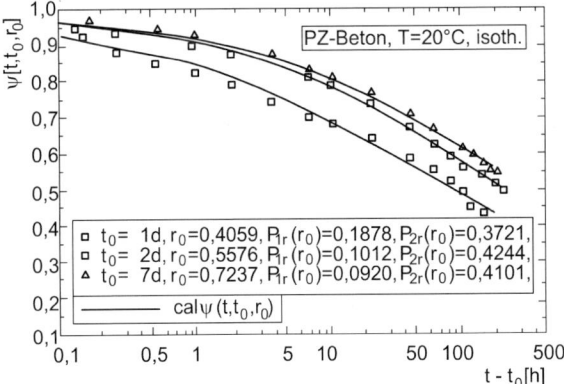

Bild F.32 Vergleich zwischen Versuch und Relaxationsansatz [219]

Die starke visko-elastische Verformung bzw. Spannungsabnahme von jungem Beton ist auffallend. Nach vier Tagen ist die aufgebrachte Spannung auf ca. 50% des Anfangswertes gesunken. Vor allem bei Zwangbeanspruchung ist diese Erscheinung von Vorteil, wie später gezeigt wird.

3.6 Temperaturverteilung

Instationäre Wärmeleitungsvorgänge werden mit der partiellen Differentialgleichung nach Fourier beschrieben:

$$\frac{\partial T}{\partial t} = a \, \Delta \, T + \frac{q}{c \, \rho} \tag{286}$$

mit a = Temperaturleitzahl = $\lambda / (c \, \rho)$ und q = Wärmeleistung. Am Anfang entspricht T der Frischbetontemperatur. Δ ist der Laplace-Operator $\Delta = \frac{\partial^2}{\partial x^2} + \frac{\partial^2}{\partial y^2} + \frac{\partial^2}{\partial z^2}$. Die Randbedin-

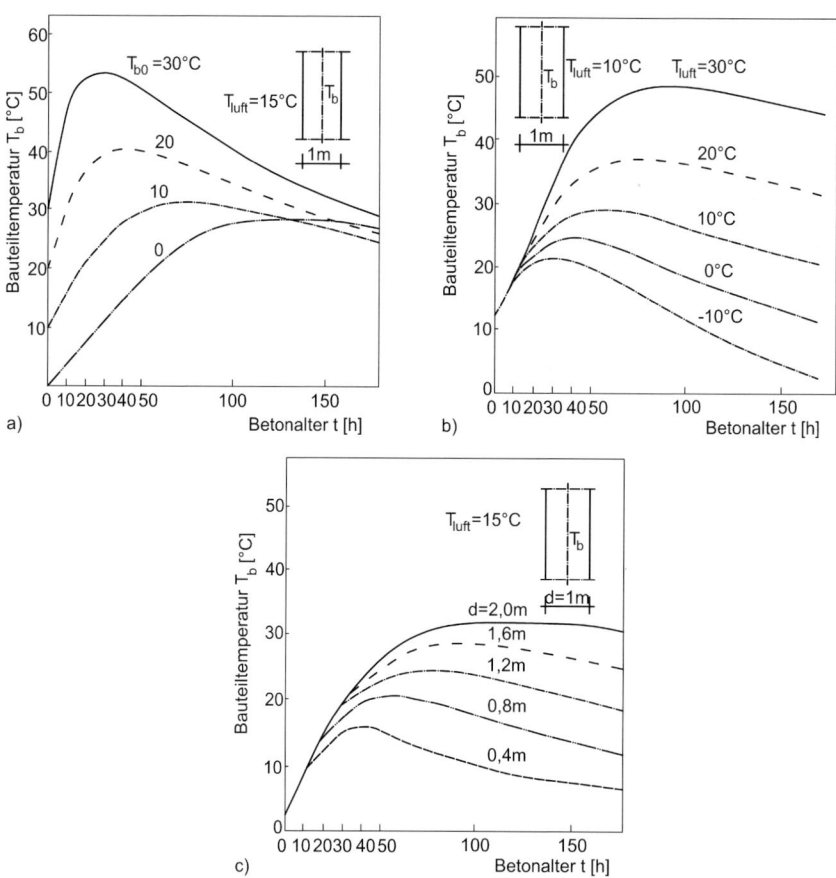

Bild F.33 Temperaturverlauf in Wandmitte bei Variation der a) Frischbetontemperatur, b) Lufttemperatur, c) Bauteildicke; nach Laube [220]

3 Junger Beton

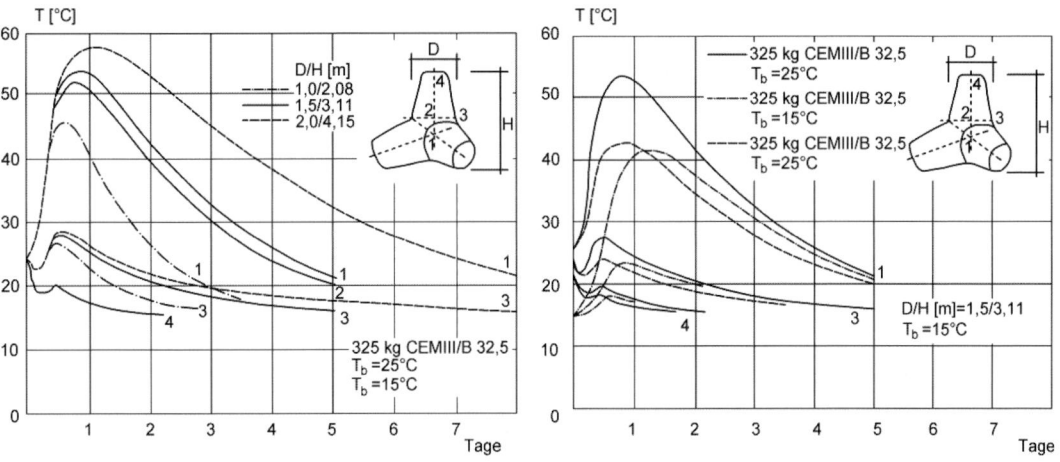

Bild F.34 Temperaturverlauf in Tetrapod bei Variation a) der Abmessungen, b) des Zementgehalts; nach Tölke [226]

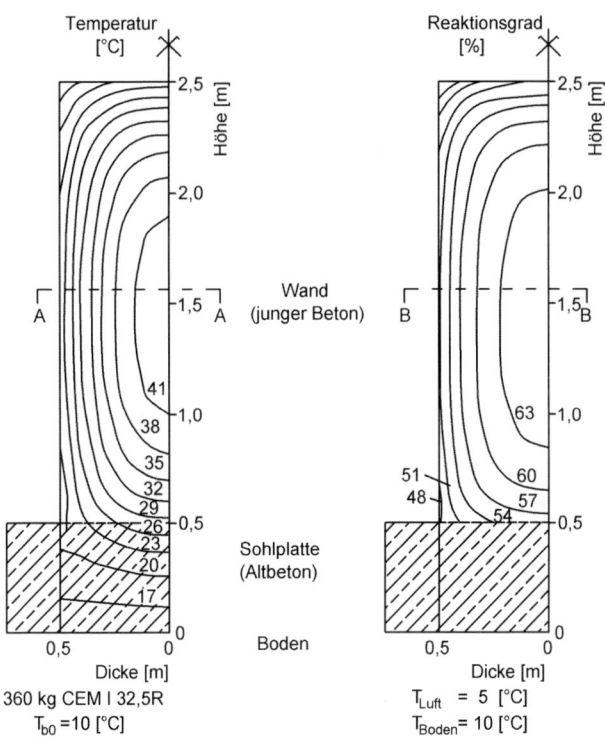

Bild F.35 Temperaturverteilung in einer Wand [220], Verteilung des Reaktionsgrads

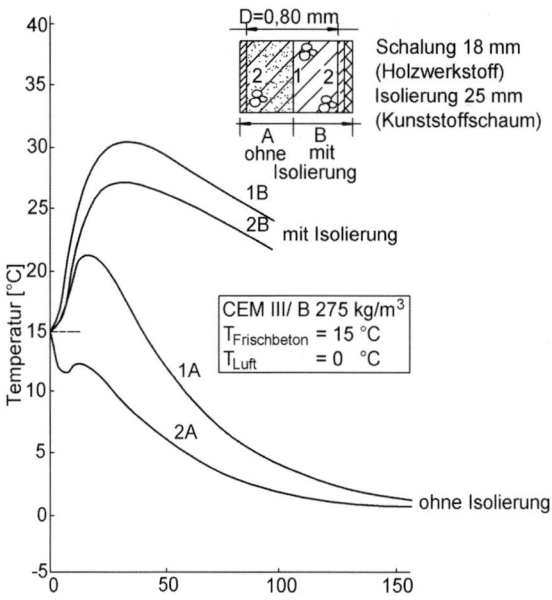

Bild F.36 Einfluss einer Isolierung auf den Temperaturverlauf

gungen sind entsprechend der wirklichen Situation einzusetzen, z. B. für eine vorgeschriebene Oberflächentemperatur $T = f(x, y, z, t)$ und einen bestimmten Temperaturgradienten $\frac{\partial T}{\partial n} = f(x, y, z, t)$, wobei $\frac{\partial T}{\partial n} = 0$ adiabatische Verhältnisse simuliert, oder energetisches Gleichgewicht am Rand, wobei so viel Wärme im Beton zugeführt wird, wie am Rand durch Wärmeübergang und Strahlung abgeführt wird, d. h.

$$-\lambda \frac{\partial T}{\partial n} = h\,(T - T_a) \tag{287}$$

mit h = Wärmeübergangskoeffizient und T_a = Umgebungstemperatur, die konstant oder eine Funktion der Zeit sein kann.

Gl. (286) kann nicht in allen Fällen analytisch geschlossen gelöst werden (siehe z. B. [224, 225, 226]). Vor allem, wenn die Temperaturleitzahl nicht konstant ist und q nicht durch eine einfache Funktion dargestellt werden kann, muss Gl. (286) numerisch gelöst werden. Einfach geht dies mit dem Differenzverfahren, auch stehen heute FE-Programme zur Verfügung (z. B. DIANA [227]). Die Besonderheit liegt darin, dass der Reaktionsgrad r, der sowohl a als auch q bestimmt, als Variable intern mitgeführt wird.

Beispiele für Temperaturverteilungen sind in Bild F.33 gegeben, wobei Frischbetontemperatur, Lufttemperatur und Bauteildicke variiert sind (nach Laube [220]).

Bild F.34 zeigt für den speziellen Fall von großformatigen Wellenbrecherelementen den Temperaturverlauf bei Variation der Abmessungen und des Zementgehalts. Alle genannten Einflüsse auf den zeitlichen Temperaturverlauf sind deutlich sichtbar.

Ein häufiger Fall der Praxis betrifft eine Wand, die auf eine bestehende Platte aufbetoniert wird. Dies kann eine Tunnelwand, eine Behälterwand oder eine Stützwand sein. Bild F.35 zeigt die Verteilung von Temperatur und Reaktionsgrad nach 42 h.

3 Junger Beton

Deutlich ist zu sehen, dass mit höherer Temperatur auch der Reaktionsgrad höher ist. Schließlich wird in Bild F.36 die Wirkung einer Isolierung auf den Temperaturverlauf in den ersten vier bis sechs Tagen gezeigt.

Trotz der Außentemperatur von 0 °C erreicht der Beton im Innern 30 °C mit und 22 °C ohne Isolierung. Nach sechs Tagen fällt dann die Temperatur auf fast 0 °C ab, wenn keine Isolierung vorhanden ist.

3.7 Zwang- und Eigenspannungen

3.7.1 Zwangspannungen

Zwang tritt auf, wenn einem Bauteil Verformungen aufgezwungen werden, z. B. durch ungleiche Setzungen, durch Abkühlung bei verhinderter Verformung, durch Schwinden etc. Der einfachste Fall ist der beidseitig eingespannte Stab, der einer Temperaturveränderung unterworfen wird. Bild F.37 zeigt die Situation für jungen Beton. Infolge Hydratationswärme erwärmt sich der Beton. Die dadurch verursachte Wärmedehnung wird verhindert, was zu Druckspannungen führt. Diese sind klein, da der Beton noch wenig erhärtet ist. Bei der Abkühlung baut sich der Druck ab und die Spannung geht bei weiterer Abkühlung in Zug über. Bei Erreichen der Zugfestigkeit entsteht ein Trennriss. Auffallend ist, dass die sog. Nullspannungstemperatur $T_{02} > T_{01}$. Dies wird durch die starke Relaxation des noch jungen Betons verursacht.

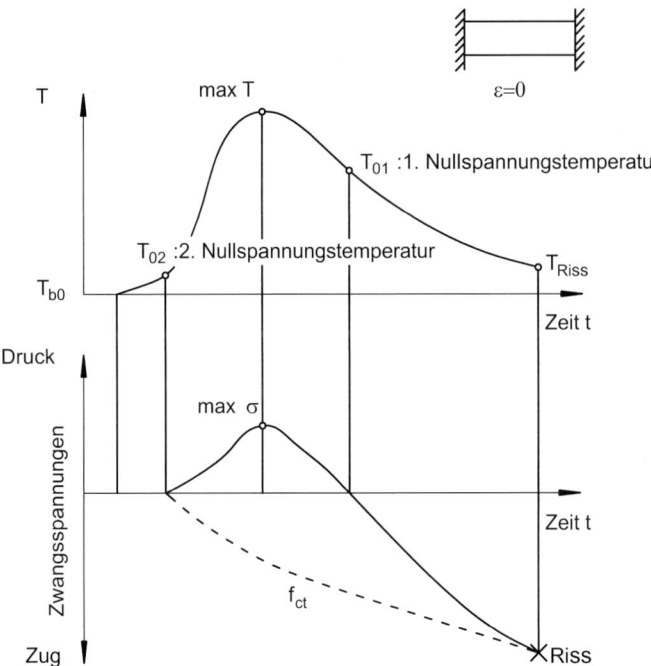

Bild F.37 Temperatur- und Spannungsverlauf in jungem Beton bei verhinderter Temperaturdehnung

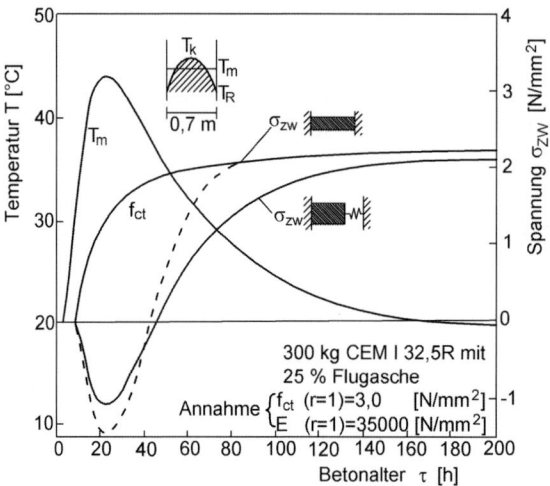

Bild F.38 Vergleich der Zwangspannungen bei vollständiger bzw. nur 73%iger Einspannung [220]

Auf die auftretenden Spannungen gibt es mehrere Einflüsse. Die Steifigkeit der Einspannung wirkt sich aus, wie Bild F.38 zeigt. In der Praxis ist also die Abschätzung der Einspannung eine wichtige Entscheidung für die Abschätzung möglicher Rissbildung. Bei einer dicken Wand wird die Temperatur höher als bei einer dünnen Wand und die Abkühlung geht langsamer. Die Wahrscheinlichkeit ist groß, dass beide Wände reißen, allerdings die dünne Wand früher als die dicke (Bild F.39).

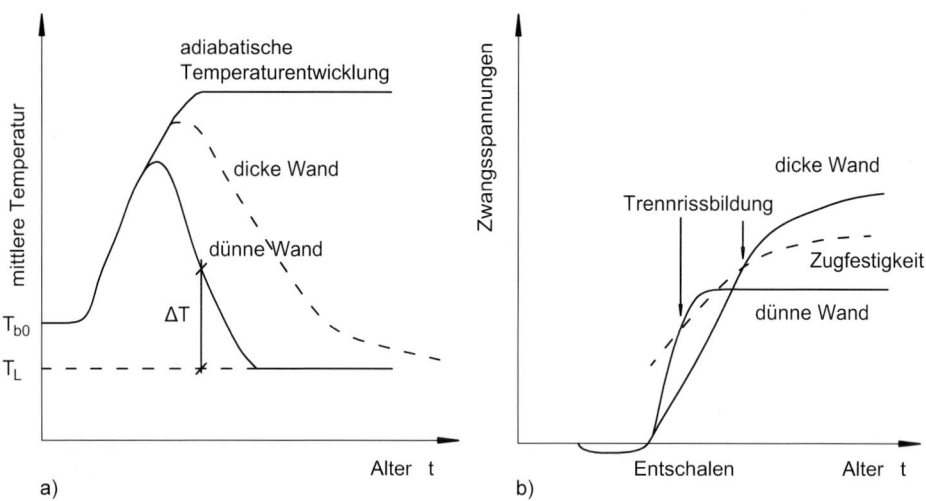

Bild F.39 Qualitativer Vergleich einer dicken mit einer dünnen Wand hinsichtlich a) Temperatur- und b) Spannungsentwicklung, nach Rostásy et al. [228]

3 Junger Beton 265

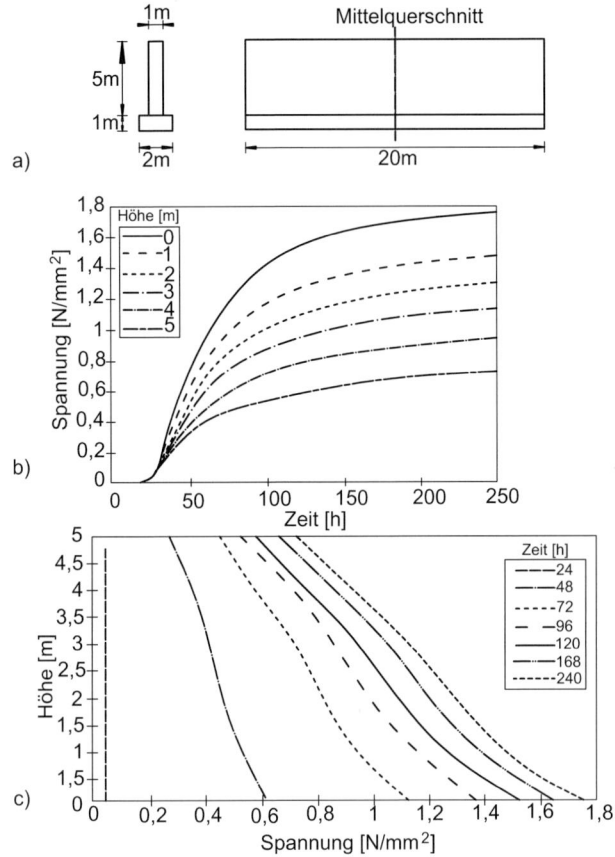

Bild F.40 Beispiel einer Wand auf einem Fundament [217]; a) Abmessungen, b) Spannungsentwicklung auf verschiedenen Höhen, c) Spannungsverteilung zu verschiedenen Zeiten

Ein häufig auftretender Fall in der Praxis ist die Wand, die auf ein bereits erhärtetes Fundament betoniert wird. In Bild F.40 a) ist die Situation dargestellt. Bild F.40 b) zeigt die Spannungsentwicklung auf verschiedenen Höhen.

Der prinzipielle Verlauf ist deutlich, jedoch sind je nach Grad der Verformungsbehinderung die Spannungen größer oder kleiner. Bild F.40 c) zeigt die Spannungsverteilung zu verschiedenen Zeiten. Am oberen Rand kann sich die Wand stärker verkürzen, während sie dies am Fuß nur so weit kann, wie das Fundament elastisch verkürzt wird. Daher sind die Spannungen am oberen Rand deutlich kleiner als unten. Die Berechnung wurde mit einem FE-Programm durchgeführt unter Berücksichtigung der reaktions- und zeitabhängigen Eigenschaften.

Unterwassertunnel werden häufig im Trockendock hergestellt und eingeschwommen. Die Betonierfolge ist in der Regel, dass erst die Bodenplatte betoniert wird und erhärtet und dass danach die Wände allein oder zusammen mit der Decke betoniert werden. Ein Beispiel zeigt Bild F.41, wo die Wand zusammen mit der Decke betoniert wurde [229].

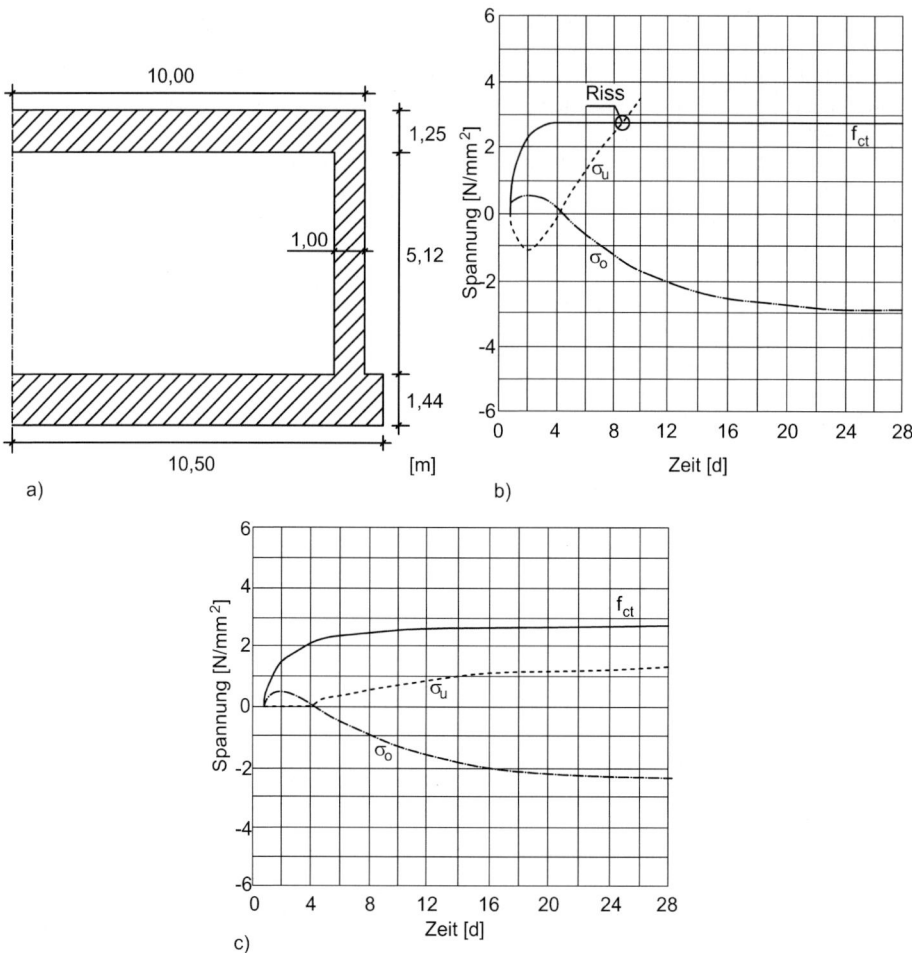

Bild F.41 Beispiel eines Unterwassertunnels [229]; a) Querschnitt Spannungs- und Festigkeitsentwicklung, b) ohne Kühlung, c) mit Kühlung

Die Spannungen am Fuß der Wand erreichen nach ca. 10 Tagen die Zugfestigkeit, d. h. Trennrisse sind die wahrscheinliche Folge. Im Kopf der Wand treten Druckspannungen auf als Folge der Abkühlung und Verkürzung der Decke. Um Risse zu vermeiden, wurde mit einbetonierten Rohren gekühlt. In der Folge blieb die Temperatur niedriger und die Zugspannungen im Wandfuß blieben immer unterhalb der aktuellen Zugfestigkeit, d. h. Rissbildung wurde vermieden.

3.7.2 Eigenspannungen

Eigenspannungen treten in einem Querschnitt bei nichtlinearer verhinderter Dehnungsverteilung auf. Der Rechteckquerschnitt in Bild F.42 wird oben stärker als unten abgekühlt, wodurch sich zu einem beliebigen Zeitpunkt der skizzierte Verlauf ergibt.

3 Junger Beton

Ist der Stab voll eingespannt, ist bei elastischem Material die Spannung affin zur Temperaturverteilung; kann sich der Stab verschieben, wird er sich verkürzen, und ist er drehbar verschieblich gelagert, wird er sich verkürzen und verkrümmen und es bleiben nur Eigenspannungen übrig. Eigenspannungen sind im Gleichgewicht und verursachen keine Auflagerreaktionen.

Bei jungem Beton verändern sich die Werkstoffeigenschaften ständig und Kriechen bzw. Relaxation spielen eine große Rolle, daher ist die Temperaturgeschichte von wesentlicher Bedeutung für den Spannungszustand. In der Aufheizphase wird der Kern einer dicken Wand wärmer als der Rand. Beim Entschalen kühlt sich die Oberfläche sprunghaft ab und die Zugspannungen am Rand nehmen zu. Wenn der Beton noch jung ist, relaxiert dieser. Bei weiterer Abkühlung zieht sich der Kern stärker zusammen, wodurch die Zugspannungen am Rand abnehmen und schließlich in Druck übergehen. Dadurch ist die Betonoberfläche auf Druck vorgespannt, während der Kern Zugspannungen aufweist (entsprechend vorgespanntem Sicherheitsglas). Bild F.43 stellt eine Computersimulation eines solchen Vorgangs dar. Die Eingangswerte entsprechen denjenigen von Bild F.40, entschalt wurde nach 72 h. Zu

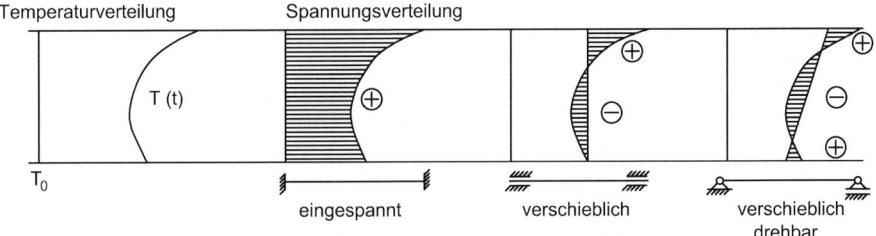

Bild F.42 Eigenspannungen durch ungleichmäßige Abkühlung bei unterschiedlicher Lagerung

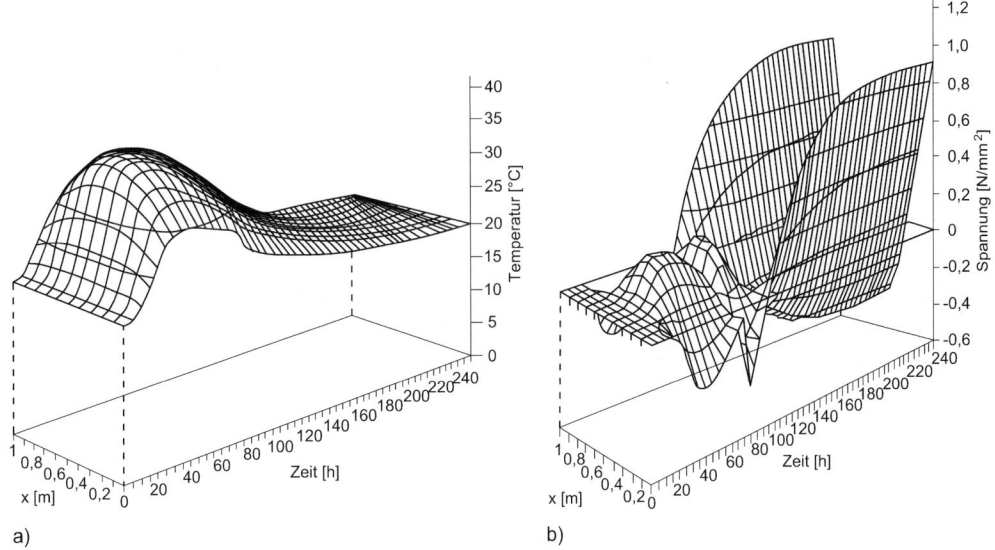

a) b)

Bild F.43 Computersimulation einer erhärtenden Betonwand [217]; a) Temperaturverlauf und -verteilung, b) Eigenspannungsverlauf und -verteilung

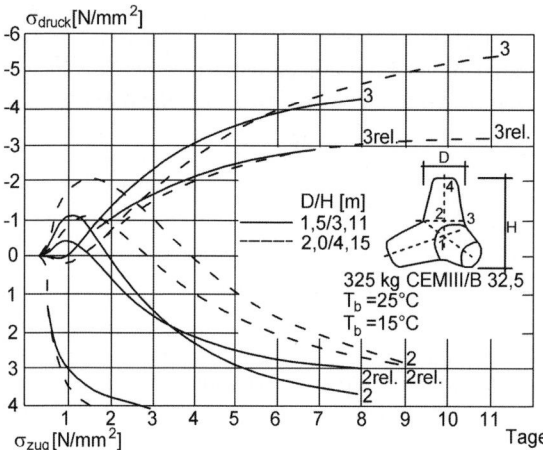

Bild F.44 Spannungsverlauf in Tetrapoden verschiedener Abmessung mit und ohne Relaxation [227]

diesem Zeitpunkt entstehen kurzzeitig relativ große Zugspannungen am Rand, die jedoch nicht zu Rissen führen.

Schadensfälle an Tetrapoden, bei denen in schwerem Sturm „Beine" abbrachen, konnten mithilfe von FE-Rechnungen an jungem Beton auf Eigenspannungen zurückgeführt werden. Bild F.44 zeigt die Entwicklung der Eigenspannungen über den Querschnitt am Beinansatz.

Zunächst entstehen Druckspannungen im Kern und kleine Zugspannungen an der Oberfläche aufgrund der höheren Temperatur im Kern. Später drehen sich die Vorzeichen um und nach einigen Tagen haben sich die Spannungen stabilisiert. Die Zugspannungen im Kern betragen dann je nach Größe des Tetrapods etwa 2,5 bis 3,5 N/mm², was der Zugfestigkeit nahe kommt. Der Einfluss der Relaxation ist relativ gering. Wenn nun durch Wellenbeanspruchung eine Biegespannung überlagert wird, kann es zum Versagen der Elemente durch Rissbildung im Innern kommen.

3.8   Planung einer Baumaßnahme

Bei Bauvorhaben, bei denen Querschnitte > 0,80 m auftreten und die hinsichtlich der Dichtigkeit oder Dauerhaftigkeit besondere Anforderungen erfüllen müssen, sollte in der Planungsphase bereits eine Abschätzung der zu erwartenden Betontemperatur und möglicher Rissbildung erfolgen. Dies betrifft Tunnel, Betonpfeiler, Stege von Brücken, Fundamente, Bodenplatten, Wände von Behältern und Becken, etc. In Bild F.45 ist ein Flussdiagramm wiedergegeben, das die wesentlichen Berechnungsschritte angibt.

Das Diagramm kann während der Bauausführung an veränderte Bedingungen angepasst werden, z. B. Wetterverhältnisse oder Lieferbedingungen. Im Idealfall werden die Berechnungsannahmen am Bau überprüft, z. B. Temperatur im Querschnitt, und in einer neuen Berechnung berücksichtigt. Großbauten in Dänemark, den Niederlanden und Schweden wurden mit dieser Methode erfolgreich ausgeführt.

Nicht eingezeichnet in das Flussdiagramm sind die Kostenberechnungen. Diese sind auf jeder Stufe zu berücksichtigen und können u. U. entscheidend sein für weitere Maßnahmen oder das Unterlassen von Maßnahmen. Beispielsweise wird Kühlung unterlassen und es werden einige wahrscheinliche Risse in Kauf genommen, die später verpresst werden.

3 Junger Beton

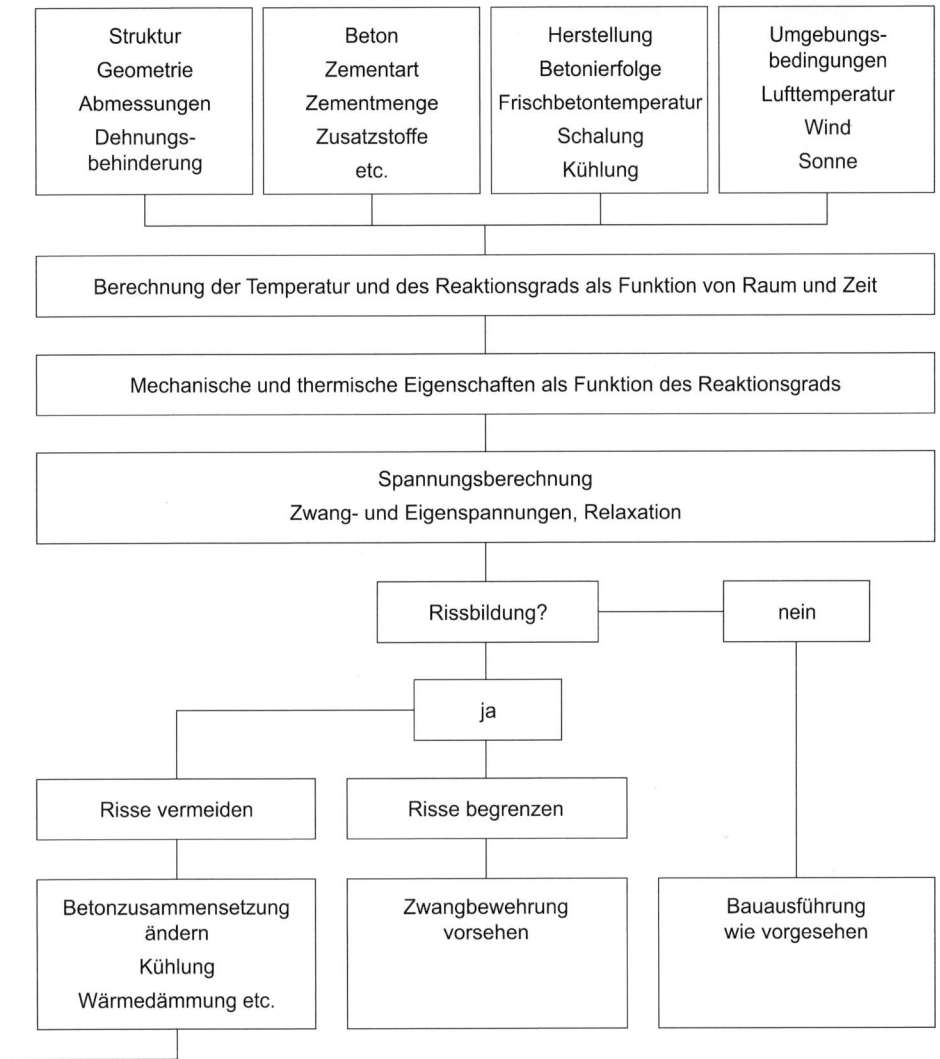

Bild F.45 Simulation eines Bauablaufs vor der Bauausführung

3.9 Maßnahmen und Faustregeln

In der Praxis ist es nicht möglich, für jede Baumaßnahme eine vollständige Simulation nach Bild F.45 durchzuführen. Es gibt aber einige Faktoren, die die Wahrscheinlichkeit der Rissbildung verkleinern. Tabelle F.12 gibt dazu einige Hinweise.

Aus praktischer Erfahrung und überschlägigen Berechnungen wurden von Harrison [230] Vorschläge für eine schnelle Abschätzung der Temperaturerhöhung und möglicher Rissgefahr entwickelt. Die Tabellen F.13 bis F.17 enthalten Angaben zum Einfluss von Zementgehalt, Zementart, Schalungsmaterial und Wanddicke.

Die maximale Temperatur wird ungefähr nach $t = 0{,}8\, d + 1$ Tagen erreicht (Wanddicke d [m]) und die Abkühlung dauert etwa $t = 12\, d - 5$ Tage.

Die Zugbruchdehnung des Betons bestimmt die maximale Temperaturdifferenz zwischen Kern und Oberfläche und zwischen vorhandenem und anbetoniertem Bauteil, z. B. Bodenplatte und Wand. Dabei muss der Grad der Verformungsbehinderung berücksichtigt werden. Direkt neben der Betonierfuge ist die Verformung zu 90 bis 100 % behindert, während der Behinderungsgrad am Kopf einer Wand geringer ist, wie Tabelle F.16 zeigt.

Tabelle F.17 stützt die Faustregel, dass der Temperaturunterschied 10 bis 15 K nicht überschreiten sollte.

Tabelle F.12 Betontechnische Maßnahmen zur Verminderung der Rissbildungsgefahr in jungem Beton

Zeile	Faktor	günstige Wahl	Grund	Kostenaspekt
1	Frischbetontemperatur	niedrig	Hydratation langsamer, max. Temperatur niedriger, Temperaturgradient kleiner	Kühlung der Ausgangsstoffe oder des Frischbetons teuer
2	Umgebungstemperatur	niedrig	keine zusätzliche Erwärmung	Änderung des Bauablaufs
3	Zementart	„langsame" Zemente, z. B. Hochofenzement	geringere Hydratationswärme	
4	Zementmenge	gering	weniger Hydratationswärme	Vorteil
5	Zusatzstoffe	z. B. Flugasche	teilweiser Ersatz des Zements, Reduktion der Hydratationswärme	Vorteil
6	Zuschlag	geringes α_T	Temperaturdehnung niedrig	Erhöhung durch Transport
7	Schalungsmaterial	gut wärmeleitend isolierend	bei Dicken < ca. 0,5 m für Wärmeabfluss bei Dicken > ca. 0,5 m, um Temperaturgradient zu begrenzen	
8	Ausschalfrist	kurz lang	um Wärme abzuführen bei Dicken < 0,5 m um Temperaturgradient und Eigenspannungen zu begrenzen bei Dicken > 0,5 m	evtl. Verzögerung des Baufortschritts
9	Innenkühlung	ja	Temperatur niedrig halten	teuer
10	Betonierabschnitt	klein	weniger Zwang	viele Arbeitsfugen

3 Junger Beton

Tabelle F.13 Temperaturerhöhung [°C] in einer Wand mit Portlandzement CEM I 32,5 R [230]

Dicke [mm]	Stahlschalung Zementgehalt [kg/m³]				Holzschalung Zementgehalt [kg/m³]			
	220	290	360	400	220	290	360	400
< 300	5–7	7–10	9–13	10–15	10–14	14–19	18–26	21–31
500	9–13	13–17	16–23	19–27	15–19	20–27	20–27	31–43
700	13–17	18–24	23–33	27–39	18–23	25–32	25–32	40–49
1.000	18–23	24–32	33–43	39–49	22–27	31–37	31–37	47–56

Tabelle F.14 Erhöhungsfaktor bei Wanddicken > 1 m [230]

Dicke [m]	1	2	3	6
Faktor	1,00	1,35	1,45	1,60

Tabelle F.15 Verminderungsfaktor bei Hochofenzement [230]

Hüttensandgehalt [%]	0	35	45	55	65	75	85
Faktor	1,00	0,91	0,89	0,84	0,73	0,60	0,50

Tabelle F.16 Grad der Verformungsbehinderung am Kopf einer Wand [230]

Länge/Höhe	2	3	4	≥ 8
Verformungsbehinderung	0	0,1	0,6	1,0

Tabelle F.17 Ansetzbare Zugbruchdehnung [10^{-6}][230]

Betonart	Abkühlung	
	normal	schnell
Beton mit rundem Korn	130	65
Beton mit gebrochenem Korn	180	90
Konstruktionsleichtbeton	400	200

Die obigen Angaben beziehen sich auf eine Wand mit konstantem Querschnitt. Bei anders geformten Bauteilen kann eine Abschätzung vorgenommen werden, wenn man den Wärmestrom zu den Oberflächen betrachtet. Das Ergebnis ist in Bild F.46 dargestellt. Die Tabellen F.13 bis F.15 und F.17 lassen sich damit auch auf andere Geometrien als auf eine rechteckige Wand anwenden.

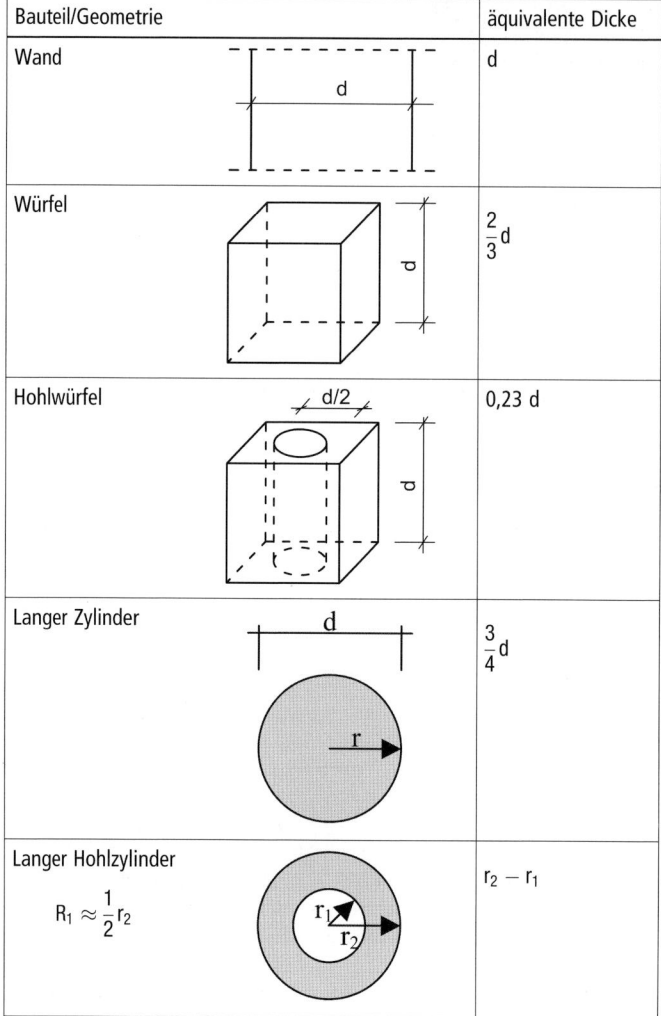

Bild F.46 Äquivalente Dicke für die Abschätzung der Temperaturerhöhung [217]

3.10 Bestimmung der Festigkeit von jungem Beton

Vor allem im Tunnelbau ergibt sich immer wieder die Aufgabe, die Festigkeit von Spritzbeton in frühem Alter zu bestimmen. Prinzipiell eignen sich dazu verschiedene Methoden. Dies sind die Messung der Ultraschallgeschwindigkeit, das Abbrechverfahren nach *Johansen*, das Ausziehverfahren (Lok-Test), die Erhärtungsprüfung an getrennt hergestellten Probekörpern und verschiedene Eindringverfahren [231]. Bild F.47 zeigt die Festigkeitsbereiche, die näherungsweise mit verschiedenen Methoden gemessen werden können.

Aus dem Bild ist ersichtlich, dass bei sehr niedrigen Betonfestigkeiten der Test mit der Penetrationsnadel, Durchmesser 9 mm, geeignet ist, bei etwas größeren Festigkeiten der mit

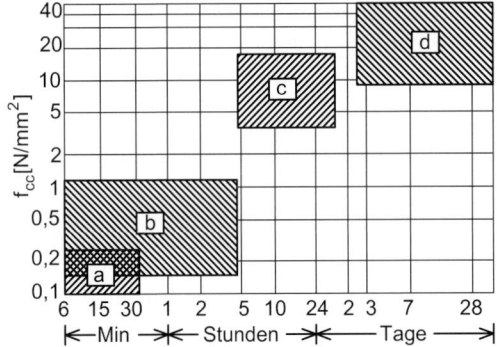

Bild F.47 Anwendungsbereiche der Verfahren zum Messen der Spritzbetondruckfestigkeit [232]; a) Penetrationsnadel Ø 9 mm, b) Penetrationsnadel Ø 3 mm, c) Schussbolzen, d) Bohrkerne

dem Penetrationsnadeldurchmesser 3 mm. Ab einer Festigkeit von etwa 4 N/mm² kommt der Schussbolzen infrage, und bei Festigkeiten ab 10 N/mm² kann man Bohrkerne auswerten. Die ganze Spannbreite der Festigkeiten kann auch zerstörungsfrei mit dem Ultraschallverfahren überstrichen werden [233].

4 Festigkeit und Verformung von Festbeton

4.1 Strukturmerkmale

Da die beiden Phasen des Betons, der Zementstein und der Betonzuschlag, sich in ihrer Struktur sowie in ihren Festigkeits- und Verformungseigenschaften deutlich unterscheiden, ist Beton auch makroskopisch heterogen. Die Mikrostruktur des Betons wird durch das Porensystem des Zementsteins und durch die Struktur der Kontaktzonen zwischen Zementstein und Betonzuschlag bestimmt. Die Gesamtporosität von Beton nimmt mit steigendem Hydratationsgrad und abnehmendem Wasserzementwert ab und liegt je nach Prüfmethode etwa im Bereich von 8 bis 15 % bezogen auf das Betonvolumen [234].

Wesentlich für die mechanischen Eigenschaften von Beton ist, dass schon im unbelasteten Normalbeton in den Kontaktzonen zwischen Zementstein und Zuschlag Mikrorisse vorhanden sind, und zwar als Folge der geringen Festigkeit der Kontaktzone und der Behinderung des frühen Schwindens sowie des Austrocknungsschwindens von Zementstein durch die steiferen und volumenstabilen Betonzuschläge. Diese Mikrorisse beeinflussen die Verformungseigenschaften des Betons und sind der Ausgangspunkt der Rissentwicklung bei Druck- oder Zugbeanspruchung. Die Betonzuschläge (Gesteinskörnungen) weisen – mit Ausnahme von Leichtzuschlag – eine wesentlich dichtere Struktur als der Zementstein auf, sodass ihre Struktureigenschaften im Allgemeinen weniger wichtig als die des Zementsteins sind.

4.2 Druckfestigkeit

Die Druckfestigkeit ist für die meisten Anwendungen die wichtigste bautechnische Eigenschaft des Betons. Zurzeit wird Beton mit Druckfestigkeiten bis zu rd. 85 N/mm² routinemäßig hergestellt. Bei Berücksichtigung von Sondermaßnahmen können jedoch hochfeste Betone mit Druckfestigkeiten bis zu rd. 150 N/mm² auch unter Baustellenbedingungen hergestellt werden.

4.2.1 Spannungszustand und Bruchverhalten von Beton bei Druckbeanspruchung

Eine äußere, gleichmäßig verteilte einachsige Druckspannung löst im Beton einen ungleichmäßigen, räumlichen Spannungszustand aus. Die steiferen Zuschläge ziehen einen größeren Anteil der abzuleitenden äußeren Druckbeanspruchung an sich als der Zementstein, sodass die in Kraftrichtung wirkenden Druckspannungen im Zuschlag größer sind als im Zementstein. Rechtwinklig zur Belastungsrichtung entstehen Druck- und Zugspannungen, die in sich im Gleichgewicht stehen.

Bild F.48 a) zeigt eine spannungsoptische Aufnahme eines „Betons", dessen Gesteinskörnung aus spannungsdoppelbrechenden Kunststoffscheiben besteht. Da der Zementstein dazwischen aus Luft besteht, ist der Steifigkeitskontrast besonders groß und das Ergebnis sehr anschaulich. Wo die Linien (Isochromaten) eng liegen, treten Spannungskonzentrationen auf. Dies ist deutlich an den „Körnern" zu sehen. Bild F.48 b) verdeutlicht den internen Kräfteverlauf in Beton.

Wegen der meist geringen Verbundfestigkeit zwischen Zementstein und Zuschlag beginnen bei einer Spannung von 30 bis 40 % der Druckfestigkeit die bereits vor der Belastung vorhandenen Risse in den Kontaktzonen zwischen Zementstein und groben Zuschlägen zu wachsen. In Bild F.49 ist dieser Bereich mit quasi-elastisch bezeichnet.

Bei einer Spannung bis etwa 80 % der Druckfestigkeit setzen sich die Risse in der Mörtelphase des Betons, vorzugsweise in einer Richtung parallel zur äußeren Belastung, fort. Beton ist damit von einem System feiner Mikrorisse durchzogen, die auch für die Abweichung des Spannungs-Dehnungs-Verhaltens von der Linearität verantwortlich sind. Häufigkeit und Länge der Mikrorisse nehmen mit steigender Spannung zu, und kleinere Risse vereinigen sich zu größeren. Dieser Bereich ist in Bild F.49 mit stabilem Risswachstum beschrieben, da die Risse noch nicht zum Bruch führen.

In der nächsten Phase wird die Druckfestigkeit des Betons erreicht, sobald in einem meist örtlich begrenzten Bereich die Mikrorisse bis auf eine kritische Länge gewachsen sind, sodass bei einer Beanspruchung mit konstanter Belastungsgeschwindigkeit ein schlagartiger Bruch auftritt. Wird dagegen bei einer Beanspruchung mit konstanter Verformungsgeschwindigkeit die Spannung nach Erreichen der Druckfestigkeit reduziert, so wachsen

Bild F.48 Spannungsoptische Aufnahme von „Normalbeton" [235]

4 Festigkeit und Verformung von Festbeton 275

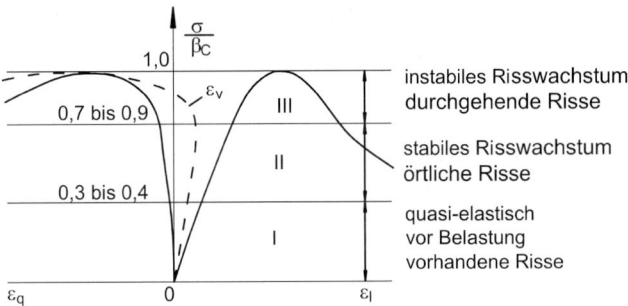

Bild F.49 Spannung-Dehnungs-Linie im verformungsgesteuerten Druckversuch

die Mikrorisse nur langsam bzw. stabil bei steigender mittlerer Verformung an. Es entsteht der abfallende Ast der Spannungs-Dehnungs-Linie. Wesentlich ist für das in Abschnitt F 4.5 beschriebene Spannungs-Dehnungs-Verhalten, dass auch der Druckbruch von Beton meist diskret ist, d. h. er tritt in einem örtlich begrenzten Bereich auf.

Das Bruchverhalten von Leichtbeton unterscheidet sich von den hier für Normal- und Schwerbeton beschriebenen Vorgängen, da der E-Modul vieler Leichtzuschläge geringer als der E-Modul des Zementsteins ist. Der innere Spannungszustand bei Druckbeanspruchung ist bei Leichtbeton daher anders als bei Normalbeton. Die Mikrorisse verlaufen nicht mehr vorzugsweise durch die Zementsteinmatrix, sondern auch durch den Leichtzuschlag. Entsprechend werden Verformungsverhalten und Festigkeit in weit höherem Maß durch den Zuschlag bestimmt, als dies für Normalbeton der Fall ist (siehe Abschnitt F 9).

4.2.2 Einflüsse auf die Druckfestigkeit

Aus der Beschreibung des Bruchvorgangs von Beton bei Druckbeanspruchung geht hervor, dass die Druckfestigkeit des Betons vor allem von den mechanischen Eigenschaften des Zementsteins bestimmt wird. In erster Näherung sind daher Betondruckfestigkeit und Zementsteinfestigkeit einander proportional. Unter Einbezug der Angaben in Abschnitt F 2.1 hängt die Druckfestigkeit des Betons vom Wasserzementwert, vom Hydratationsgrad sowie von Zementart, Zusatzstoffen und u. U. Zusatzmitteln und damit von der Betonzusammensetzung und von den Erhärtungsbedingungen ab. Die Eigenschaften des Betonzuschlags sind vor allem für die Festigkeit von Leichtbeton und von hochfestem Beton von Bedeutung. Auch die Haftung zwischen Zementstein und Betonzuschlag übt einen wesentlichen Einfluss auf die Betondruckfestigkeit aus, ist jedoch kaum direkt zu beeinflussen und wird daher vorrangig von den Eigenschaften des Zementsteins und der Art des Betonzuschlags bestimmt. Auch Prüfeinflüsse sind bei der Beurteilung des Ergebnisses von Druckfestigkeitsprüfungen zu berücksichtigen.

4.2.2.1 Ausgangsstoffe und Betonzusammensetzung

Ausgangsstoffe und Betonzusammensetzung müssen so gewählt werden, dass der Frischbeton sachgerecht verarbeitet werden und der erhärtete Beton die geforderte Druckfestigkeit erreichen kann. Konsistenz und Verarbeitbarkeit des Frischbetons müssen daher so beschaffen sein, dass der Beton mit den für die Bauausführung vorgesehenen Geräten sachgerecht und ohne wesentliches Entmischen transportiert, eingebaut und praktisch vollständig verdichtet werden kann. Während die Konsistenz des Frischbetons besonders vom Wassergehalt bzw. von der Zementleimmenge abhängt, ist der Wasserzementwert w/z die für die Betondruckfestigkeit wichtigste Einflussgröße. Der eigentliche Einflussfaktor ist aber der Porenraum, der bei der Hydratation des Zements entsteht. Bild F.50 zeigt exemplarisch den Einfluss des Wasserzementwerts und der Erhärtungsdauer auf die Porengrößenverteilung eines Zementsteins, links in differentieller Darstellung, rechts als Summenkurve.

Je niedriger der Wasserzementwert, umso weiter verschiebt sich das Maximum zu kleineren Porengrößen. Bei w/z = 0,4 liegt es unter 50 nm, bei w/z = 0,6 liegt es deutlich darüber. Aus Bild F.50 b) ersieht man, wie die Porengrößen abnehmen, wenn der Beton nacherhärten kann. Der Medianwert (50%-Wert) nimmt von 300 nm nach einem Tag auf 30 nm nach 318 Tagen ab. Mit abnehmender Porengröße nimmt die Festigkeit zu.

Die Anzahl der Poren oder der Porenraum kann aus Bild F.50 nicht abgelesen werden. Bild F.51 zeigt die Volumenverhältnisse im Zementstein als Funktion des Wasserzementwerts und des Hydratationsgrads [237]. Bei der Hydratation entsteht das Zementgel mit den Gelporen, die kleiner sind als in der Darstellung nach Bild F.50. Daneben entstehen die Kapillarporen nach Bild F.51, die für den Transport von Flüssigkeiten und Gasen verantwortlich sind, aber auch die Festigkeit wesentlich beeinflussen. Erhärtet der Zement unter versiegelten Bedingungen, d. h. das beim Mischen zugegebene Wasser steht zur Verfügung, dann gilt Bild F.51 a). Bei w/z = 0,42 kann ein Portlandzement vollständig erhärten, unterhalb von w/z = 0,42 bleibt unhydratisierter Zement übrig, über w/z = 0,42 bleibt Wasser übrig, das später verdampft und Kapillarporen zurücklässt.

Da die Hydratationsprodukte ein kleineres Volumen einnehmen als der Zement und das Wasser (chemisches Schwinden), entstehen Kapillarporen auch bei niedrigen Wasserzementwerten. Je höher der w/z-Wert, umso mehr Kapillarporen entstehen und umso niedriger wird die Festigkeit. Wird die Hydratation unterbrochen, so bleibt der Hydratationsgrad niedrig (im Beispiel ist er nur halb so groß) und es entwickeln sich mehr Kapillarporen. Dies ist z. B. der Fall, wenn nicht nachbehandelt wird. Andererseits kann der durch chemisches Schwinden entstandene Porenraum zuwachsen, wenn Wasser von außen zugegeben wird. Diese Situation (Bild F.51 c) kommt in der Praxis vor, wenn Beton unter Wasser erhärtet. Theoretisch entsteht bei w/z = 0,36 ein Zementstein ohne Kapillarporen.

Für Beton in der Praxis ist in der Regel die 28-Tage-Druckfestigkeit die Bezugsgröße. Für frühzeitiges Ausschalen, für das Vorspannen und für das Abschätzen von Erhärtungsverlauf

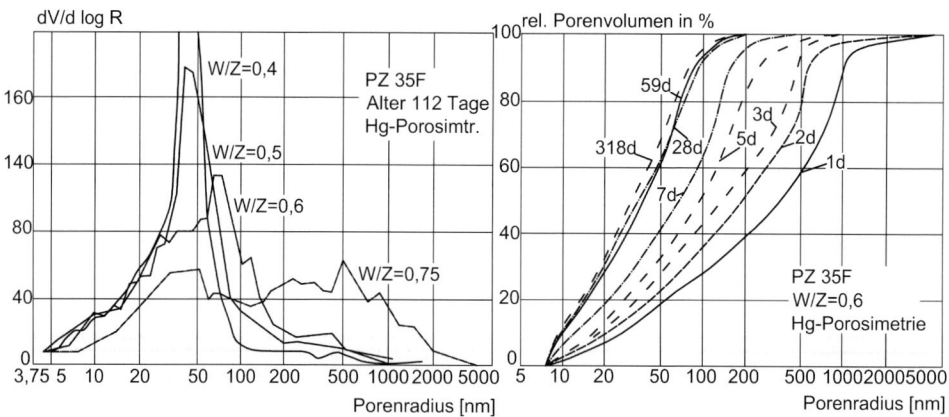

Bild F.50 a) Einfluss von w/z auf die Porenverteilung; b) Summenhäufigkeitslinie [236]

4 Festigkeit und Verformung von Festbeton 277

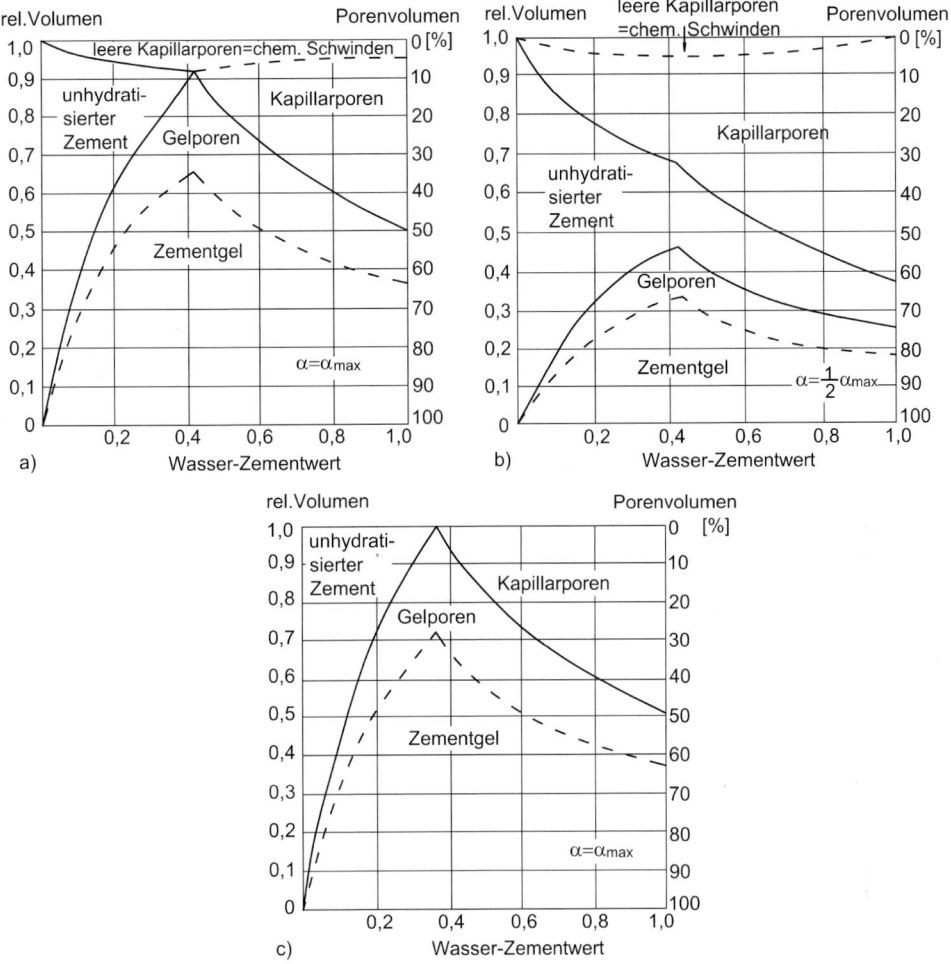

Bild F.51 Volumenanteile im Zementstein; a) versiegelte Proben, b) für Hydratationsgrad $\alpha = 0{,}5\,\alpha_{max}$, c) Wasserlagerung

und Nacherhärtung ist auch die Betondruckfestigkeit in jüngerem bzw. in späterem Alter wichtig. Der Zusammenhang zwischen Betondruckfestigkeit und Wasserzementwert wurde erstmals von Abrams festgestellt [238]. Die Abhängigkeit der Betondruckfestigkeit im Alter von 28 Tagen vom Wasserzementwert für verschiedene Zementfestigkeitsklassen nach Walz [239] hat sich zur Abschätzung des für eine bestimmte Betondruckfestigkeit erforderlichen Wasserzementwertes in Deutschland bewährt. Im CEB-FIP Model Code 1990 [240] wurde die Darstellung nach Bild F.52 für kleinere Wasserzementwerte auf den neuesten Erfahrungsstand gebracht.

Der Zementgehalt hat vor allem einen indirekten Einfluss auf die Betondruckfestigkeit: Wird der Zementgehalt bei konstantem Wassergehalt erhöht, so sinkt damit der Wasserzementwert und die Betondruckfestigkeit steigt entsprechend Bild F.52. Darüber hinaus wirkt sich der Zement- bzw. der Zementleimgehalt auf die Frischbetonkonsistenz aus und

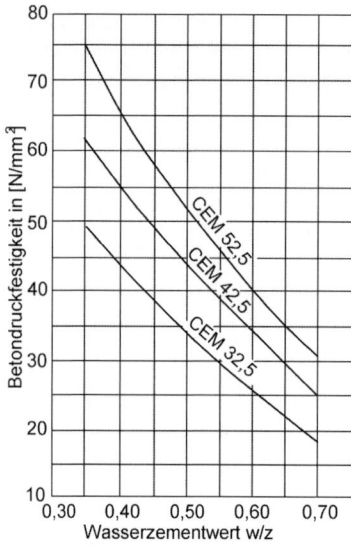

Bild F.52 Charakteristische Betonzylinderdruckfestigkeit im Alter von 28 Tagen in Abhängigkeit von w/z-Wert und Zementfestigkeitsklasse [240]

beeinflusst damit z. B. über die Verarbeitbarkeit des Frischbetons indirekt auch die Betondruckfestigkeit. Die Betondruckfestigkeit nimmt mit steigender Dicke der Zementsteinschicht, welche die Zuschlagkörner umhüllt, und damit mit steigendem Zementgehalt ab. Der Kornaufbau des Zements sowie eventuell vorhandene Zusatzstoffe sind auch für die Packungsdichte des Zementleims und so für die Druckfestigkeit von Bedeutung. Da alle diese Einflussgrößen nur schwer in allgemeingültiger Form beschrieben werden können, stellt der Zusammenhang zwischen Betondruckfestigkeit und Wasserzementwert nach Bild F.52 nur einen – meist auf der sicheren Seite liegenden – Schätzwert dar.

Unter den Eigenschaften der Betonzuschläge sind Art und Festigkeit des Gesteins, Form und Oberflächenbeschaffenheit des Korns sowie Kornzusammensetzung und Größtkorn von Bedeutung für die Betondruckfestigkeit. Art und Festigkeit des Gesteins sowie Form und Oberflächenbeschaffenheit des Zuschlagkorns machen sich aber nur dann nennenswert bemerkbar, wenn die Oberflächeneigenschaften die Haftung zwischen Zementstein und Betonzuschlag deutlich beeinflussen, z. B. bei Zuschlägen mit sehr glatter oder sehr rauer Oberfläche oder bei wesentlichen chemischen Reaktionen zwischen Zementstein und Zuschlägen.

Bevor der selbstverdichtende Beton (SVB) erfunden wurde, galten die folgenden Zusammenhänge: Ein Betonzuschlag mit kleinem Größtkorn und hohem Sandanteil besitzt eine höhere spezifische Oberfläche als ein Betonzuschlag mit geringerem Sandanteil und größerem Größtkorn. Bei gegebenem Zementgehalt und Wasserzementwert ist die Zementsteinschicht, die den Betonzuschlag umhüllt, beim sandreichen Beton daher dünner und seine Druckfestigkeit etwas höher als jene des Betons mit grobkörnigem Zuschlag. Dies kann jedoch nur in einem engen Bereich genutzt werden, da sich sonst Verarbeitungsschwierigkeiten ergeben. Für die praktische Anwendung sind daher sandärmere Zuschlaggemische mit üblichem Größtkorn und möglichst geringem Wasser- bzw. Zementleimbedarf vorteilhaft und zweckmäßig, soweit dem Gründe der Rohstoffsicherung von Betonzuschlägen nicht widersprechen.

Die Erfahrungen haben aber gezeigt, dass die Kornzusammensetzung im Feinsandbereich und im Feinstoffbereich die Festigkeit und die Dichtheit des Betons wesentlich beeinflusst. Durch die Verbesserung der Kornzusammensetzung in Richtung besserer Hohlraumausfüllung ergibt sich kein größerer, sondern teilweise sogar ein kleinerer Wasseranspruch für gleiches Konsistenzmaß, und Festigkeit und Dichtheit werden deutlich verbessert. Auch die

4 Festigkeit und Verformung von Festbeton

durch Betonzusatzstoffe (inerte Stoffe und Puzzolane) teilweise erreichten Festigkeitssteigerungen sind insbesondere in jüngerem Betonalter auf den verbesserten Kornaufbau in diesen Bereichen und nicht auf eine Beteiligung an der Erhärtung zurückzuführen.

4.2.2.2 Erhärtungsbedingungen und Reife

Die Erhärtungsbedingungen werden im Wesentlichen durch das Alter, die Feuchtigkeit und die Temperatur des Betons bestimmt. Alle drei können die Betondruckfestigkeit wesentlich beeinflussen. Die Betondruckfestigkeit nimmt mit dem Alter des Betons zu. Die Endfestigkeit wird u. U. erst nach Jahren erreicht, ein wesentlicher Anteil stellt sich jedoch bis zum 28. Tag ein. Anfangsfestigkeit, Erhärtungsverlauf und Nacherhärtung können je nach Zement, Betonzusammensetzung und Erhärtungstemperatur sehr unterschiedlich sein. Auf die zeitliche Entwicklung der Druckfestigkeit des Betons nach ca. 1 Tag wird weiter unten eingegangen. Von besonderer baupraktischer Bedeutung ist auch die Festigkeitsentwicklung des jungen Betons. Mit einem schnell erhärtenden Zement (siehe auch Abschnitt F 2.1.1) kann bereits nach 1 Stunde eine Druckfestigkeit von über 5 N/mm^2 erreicht werden. Eine hohe Anfangsfestigkeit ist auch mit frühhochfestem Beton mit Fließmittel erreichbar, sodass z. B. damit hergestellte Betonfahrbahnen in der Regel bereits im Betonalter von 1 Tag für den Verkehr freigegeben werden können und teilweise sogar schon nach 6 bis 10 Stunden freigegeben worden sind. Bild F.53 zeigt näherungsweise den Erhärtungsverlauf verschiedener Zementfestigkeitsklassen.

Danach erreicht ein Zement 52,5 bereits nach drei Tagen ca. 80% der 28-Tage-Festigkeit, andererseits erreicht ein 32,5 L-Zement nach sieben Tagen nur 40% davon. Die Nacherhärtung verläuft gerade umgekehrt. Es ist bekannt, dass „langsame" Zemente eine hohe Endfestigkeit erreichen, allerdings nur, wenn die Hydratation nicht vorzeitig stoppt. Die Zemente mit hoher Frühfestigkeit sind feiner gemahlen und reagieren dadurch schneller. Fasst man den Hydratationsverlauf als einen diffusionskontrollierten Vorgang auf, so ergibt sich als Zeitfunktion ein Ausdruck der Form $(1 - e^{-kt})$, wobei die Konstante k direkt von der Oberfläche der Zementkörner abhängt; diese wird bei gleicher Masse mit abnehmendem Korndurchmesser größer.

Damit der Zementstein im Beton einen hohen Hydratationsgrad aufweist, muss ihm bei ausreichend hohen Temperaturen über einen ausreichend langen Zeitraum Wasser zur Hydratation zur Verfügung stehen. Die Hydratation des Zementsteins kommt zum Stillstand, wenn die relative Feuchte im Inneren des Betons unter ca. 80% sinkt. Beton muss daher

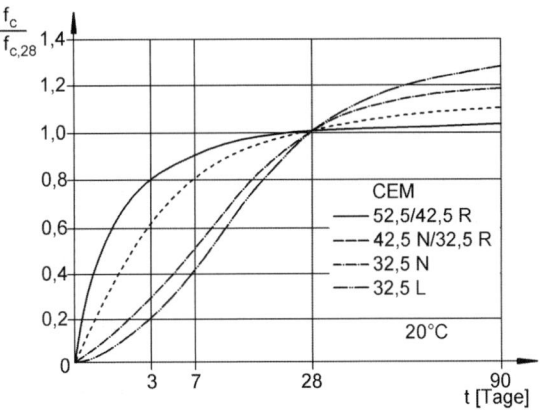

Bild F.53 Erhärtungsverlauf von Beton mit verschiedenen Zementen

nachbehandelt, d. h. vor Austrocknung und niedrigen Temperaturen geschützt bzw. feuchtgehalten werden. Die Nachbehandlung bestimmt vor allem die Eigenschaften der oberflächennahen Bereiche eines Betonquerschnitts und damit die der Betonüberdeckung der Bewehrung, da diese Bereiche zuerst austrocknen, während tiefer liegende Querschnitte über einen längeren Zeitraum einen zur Hydratation ausreichenden Feuchtegehalt aufweisen können. Die Nachbehandlung von Beton ist daher besonders für die Dauerhaftigkeit einer Betonkonstruktion von großer Bedeutung. Zumindest in der Vergangenheit gehörte die Nachbehandlung zu den Stiefkindern der praktischen Betontechnologie.

Die Nachbehandlung des Betons wirkt sich auch auf seine Druckfestigkeit aus. Solange der Beton eine relative Feuchte von ca. 80 % im Porenraum besitzt, hydratisiert der Zement weiter. Je dichter ein Bauteil ist, desto langsamer trocknet dieses aus und umso länger reicht die Feuchte für die Hydratation aus. Unterschiedliche Versuchsergebnisse, die von einer Verringerung der Festigkeit zwischen 10 und 60 % gegenüber Feuchtlagerung berichten, sind durch die Abmessungen der Probekörper zu erklären. Ein zweiter Aspekt ist die Erhärtungsgeschwindigkeit des Zementes. Hochofenzemente erhärten langsamer als andere Zemente und sind daher empfindlicher hinsichtlich der Nachbehandlung. Dass es bei Betonbauten selten Festigkeitsprobleme gibt, liegt u. a. an der Tatsache, dass die mittlere Festigkeit eines Querschnitts trotz mangelnder Nachbehandlung die geforderte Festigkeit erreicht.

Die Druckfestigkeit des Betons ist aber auch abhängig vom Feuchtigkeitszustand des Betons bei der Prüfung. Betone gleicher Zusammensetzung, Verdichtung und Hydratation weisen eine umso größere Druckfestigkeit auf, je mehr der Beton zum Zeitpunkt der Prüfung ausgetrocknet ist. Je nach Betonzusammensetzung und Feuchtigkeitszustand kann die Druckfestigkeit trockener Proben um 10 bis 30 % höher als jene feuchter Proben sein.

Wie andere chemische Vorgänge wird auch die Erhärtung des Betons durch niedrige Temperaturen verzögert und durch höhere Temperaturen beschleunigt. Sowohl die Verzögerung durch niedrige als auch die Beschleunigung durch höhere Temperaturen ist bei Verwendung von langsam erhärtendem Zement ausgeprägter und bei Verwendung von schnell erhärtendem Zement weniger ausgeprägt als bei Verwendung von Zement mit mittlerer Erhärtungsgeschwindigkeit. Der Einfluss der Lagerungstemperatur auf die Festigkeitsentwicklung kann näherungsweise durch den Reifegrad erfasst werden.

Mit steigender Temperatur wächst die Hydratationsgeschwindigkeit des Zements. Entsprechend wird auch die zeitliche Entwicklung der mechanischen Eigenschaften des Betons von der Lagerungstemperatur beeinflusst. Um diesen Zusammenhang zu quantifizieren, wurde in der Betontechnologie der Begriff der Reife bzw. des Reifegrades R eingeführt. Die einfachste Beziehung hierfür ist der Reifegrad R_S nach Saul-Nurse [100] entsprechend Gl. (288),

$$R_S = \sum (T_i + 10) \cdot \Delta t_i. \qquad (288)$$

Darin ist T_i die mittlere Betontemperatur in °C, die während des Zeitintervalls Δt_i in Tagen wirkt. Der Reifegrad entspricht damit dem Integral des Zeitverlaufs der Betontemperatur oberhalb einer Temperatur von -10 °C. In Gl. (288) wird von der Annahme ausgegangen, dass bei einer Temperatur von -10 °C die Hydratation völlig zum Stillstand kommt. Der Reifegrad R_S stellt eine empirisch gefundene Größe dar. Die Annahme eines linearen Zusammenhangs zwischen Erhärtung und Temperatur entspricht nicht den Gesetzmäßigkeiten der Physik. Wendet man die bekannte *Arrhenius*-Gleichung an, so müsste der Reifegrad nach Gl. (289) formuliert werden:

$$R_A = const. \int_0^t e^{-Q/RT} \cdot dt. \qquad (289)$$

Darin bedeuten T die Betontemperatur [K], t das Betonalter, Q die Aktivierungsenergie für die Hydratation und R die allgemeine Gaskonstante (siehe dazu u. a. Carino und Tank, [241];

4 Festigkeit und Verformung von Festbeton

weitere Reifegradformeln siehe Grübl et al. [209] und Bresson [242]). Nach Gl. (289) nimmt die Reife R_A mit steigender Temperatur überproportional zu. Die Anwendung der linearen Beziehung Gl. (288) führt daher zu einer Unterschätzung der beschleunigenden Wirkung erhöhter Temperaturen. Ob mit Gl. (288) die verzögernde Wirkung tiefer Temperaturen unter- oder überschätzt wird, hängt von der Aktivierungsenergie ab. Nach Carino und Tank [241] wird diese von der Zementart, aber auch vom Wasserzementwert, von Zusatzmitteln und von Zusatzstoffen beeinflusst. Sie müsste daher für jede Betonmischung, für die Gl. (289) angewendet wird, experimentell bestimmt werden.

Anstelle des Reifegrades kann auch der Begriff des wirksamen Betonalters eingeführt werden. Weicht die Betontemperatur von 20 °C ab, so entspricht das wirksame Betonalter jenem Zeitintervall, nach dem der Beton dieselbe Reife wie bei einer Betontemperatur von 20 °C erreicht hat. Unter Zugrundelegung der Beziehung nach Gl. (288) ergibt sich für das wirksame Betonalter t_T:

$$t_T = \frac{\sum (T_i + 10) \cdot \Delta t_i}{30}. \tag{290}$$

Gl. (290) wird z. B. verwendet, um den Einfluss der Lagerungstemperatur vor der Belastung auf das Kriechen von Beton zu berücksichtigen.

Eine Verfeinerung der Reifeformel von Saul-Nurse und von CEB ist die *gewichtete* Reife. Die gewichtete Reife gibt den Erhärtungsbeitrag eines jungen Betons je Stunde an. Sie ist in Gl. (291) definiert als

$$R_g = 10 \left(C^{0,1\,T-1,245} - C^{-2,245} \right)/\ln C, \tag{291}$$

Tabelle F.18 C-Werte von niederländischen und deutschen Zementen

Niederlande	
Zementart	C-Wert
CEM I, CEM II/A, CEM II/B	1,30
CEM III/A	1,40
CEM III/B	1,55
Deutschland [243]	
Zementart	C-Wert
CEM I	1,25 bis 1,35
CEM II/B-S	1,30 bis 1,40
CEM III/A	1,35 bis 1,45
CEM III/B	1,40 bis 1,60
Deutschland [204]	
Gehalt an Portlandzementklinker [Masse-%]	C-Wert
> 65	1,3
50 bis 64	1,4
35 bis 49	1,5
20 bis 34	1,6

mit R_g = gewichtete Reife [°C · h], T = mittlere Temperatur in der betrachteten Stunde [°C] und C = C-Wert des Zements oder Bindemittelgemischs.

Für niederländische und deutsche Zemente sind die C-Werte in Tabelle F.18 wiedergegeben. Daraus geht hervor, dass der C-Wert hauptsächlich vom Klinkergehalt des Zements abhängig ist.

Die C-Werte werden für folgende Fälle um ±0,10 modifiziert:

– wenn die Erhärtungstemperatur des Betons überwiegend unter 35 °C liegt und der Beton eine „Festigkeitsentwicklung < 5" hat, dann gilt der Grundwert;
– wenn die Erhärtungstemperatur des Betons überwiegend unter 20 °C liegt und der Beton eine „Festigkeitsentwicklung 5–8" hat, dann gilt der Grundwert +0,10;
– wenn die Erhärtungstemperatur des Betons überwiegend zwischen 20 und 35 °C liegt und der Beton eine „Festigkeitsentwicklung 5–8" hat, dann gilt der Grundwert –0,10;
– wenn die Erhärtungstemperatur des Betons überwiegend zwischen 35 und 50 °C liegt und der Beton eine „Festigkeitsentwicklung < 5" hat, dann gilt der Grundwert –0,10.

Erläuterung:

1. „Festigkeitsentwicklung < 5" bedeutet, dass zwischen 24 und 36 h bei einer Erhärtungstemperatur von 20 °C die Festigkeitszunahme unter 5 N/mm² liegt.
2. „Festigkeitsentwicklung 5–8" bedeutet, dass zwischen 24 und 36 h bei einer Erhärtungstemperatur von 20 °C die Festigkeitszunahme zwischen 5 und 8 N/mm² liegt.

Über eine Eichkurve, die in Vorversuchen bei 21 und 65 °C bestimmt wird, wird die Beziehung zwischen Festigkeit und gewogener Reife hergestellt. Eine solche Beziehung ist in Bild F.54 exemplarisch für eine bestimmte Betonzusammensetzung dargestellt.

Mit der Methode der gewichteten Reife kann dann für jeden Zeitpunkt die Festigkeit eines erhärtenden Betons vorhergesagt werden, wenn in der Konstruktion die Temperatur gemessen wird. Am besten geschieht dies an einigen ausgewählten Stellen mithilfe von einbetonierten Thermoelementen. Inzwischen gibt es für die gewichtete Reife die niederländische Norm NEN 5970:2001-9.

Nicht vollständig erfasst werden kann damit der Einfluss stark veränderlicher Temperaturen während der Erhärtung: Junger Beton, der anfangs bei niedrigen Temperaturen gelagert, aber vor Frosteinwirkung und frühzeitiger Austrocknung geschützt wird, erreicht während einer anschließenden Lagerung bei 20 °C etwas höhere Druckfestigkeiten als ein Beton, der stets bei 20 °C gelagert wurde. Die Druckfestigkeitssteigerung ist umso ausgeprägter, je größer die Anfangsverzögerung durch niedrige Temperaturen ist. Sie ist daher

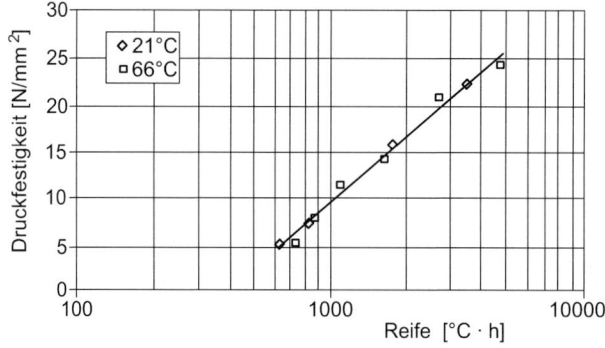

Bild F.54 Eichkurve für einen bestimmten Beton [244]

4 Festigkeit und Verformung von Festbeton

bei Beton mit langsam erhärtendem Zement größer als bei Beton mit schnell erhärtendem Zement. Dagegen haben erhöhte Anfangstemperaturen in höherem Alter geringere Druckfestigkeiten zur Folge im Vergleich zur Druckfestigkeit gleicher Betone, die stets bei 20°C gelagert wurden. Diese Beobachtung ist auch beim Betonieren im Winter bzw. beim Betonieren in warmer Umgebung von Bedeutung.

Die höhere 28-Tage-Druckfestigkeit bei anfangs niedriger Temperatur und die etwas geringere 28-Tage-Druckfestigkeit bei anfangs höherer Temperatur können vor allem damit erklärt werden, dass sich bei beschleunigter Anfangserhärtung kurzfaserige und bei Verzögerung der Anfangserhärtung langfaserige Hydratationsprodukte bilden, die ineinanderwachsen und ein festes Gerüst bilden. Ein ähnlicher Effekt kann sich auch bei beschleunigenden und verzögernden Betonzusatzmitteln ergeben. Beschleuniger haben eine höhere Anfangstemperatur und daher eine geringere 28-Tage-Druckfestigkeit zur Folge. Verzögerer bewirken dagegen eine niedrigere Anfangstemperatur und eine höhere 28-Tage-Druckfestigkeit.

Höhere Betontemperaturen werden gezielt insbesondere zur Herstellung von Betonfertigteilen und von Betonwaren angewendet, um z. B. durch Dampfmischen, Wärmebehandlung oder Dampfhärtung die Festigkeitsentwicklung des Betons zu beschleunigen und so die Zeit bis zum Entschalen und Vorspannen bzw. Transportieren und Stapeln zu verkürzen [245].

4.2.2.3 Temperatur

4.2.2.3.1 Hohe Temperaturen

Die Druckfestigkeit von Beton bei hohen Temperaturen (Hochtemperaturdruckfestigkeit) wird in erster Linie vom Zuschlag beeinflusst, wobei Strukturänderungen und/oder chemische Reaktionen zu einer Erniedrigung der Festigkeit führen. Bild F.55 zeigt drei Betone mit unterschiedlichen Zuschlägen.

Quarz- und Kalksteinbeton verlieren kontinuierlich an Festigkeit, bis sie bei etwa 500°C noch ca. 80% der ursprünglichen Festigkeit erreichen. Danach fällt der quarzhaltige Beton weiter ab

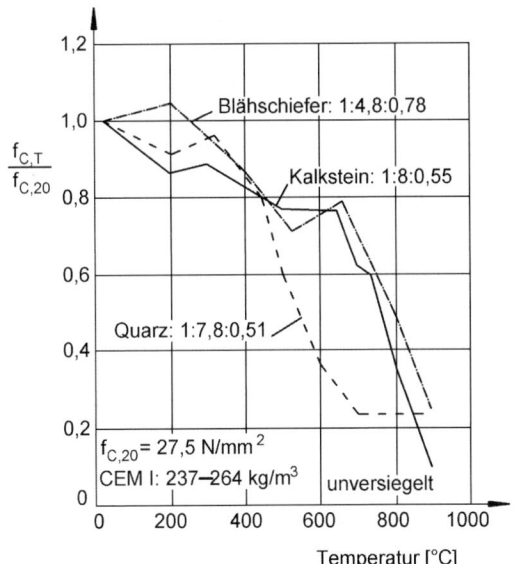

Bild F.55 Einfluss des Zuschlags auf die Hochtemperaturfestigkeit [246]

bis auf 20% bei ca. 700°C. Der Kalksteinbeton bleibt im Gebiet von 500 bis 700°C etwa konstant und fällt von dort auf 20% bei ca. 900°C ab. Der Blähschieferbeton steigt bis 200°C erst geringfügig an, fällt dann aber auf 80% bei 700°C und schließlich auf 20% bei 900°C ab.

Wendet man andere Gesteinsarten an, bekommt man ein Streuband, das in Bild F.56 dargestellt ist.

Das Streuband zeigt eine Festigkeitsabnahme bis etwa 150°C und danach wieder eine Zunahme. Ab 200°C tritt bei Beton mit allen Zuschlägen eine Abnahme ein, die bei 500°C 25 bis 70% beträgt. Die Zunahme nach 150°C ist eine Folge der weiteren Hydratation von unhydratisiertem Zement. Ist der Beton vor der Temperaturerhöhung ganz ausgetrocknet, findet kein Festigkeitzuwachs statt.

Wenn Betone feucht und versiegelt geprüft werden, sind die Festigkeitswerte geringer. Der Unterschied zwischen versiegelten und unversiegelten Proben kann bis zu 50% betragen.

Hochfester Beton verhält sich insofern anders als normalfester Beton (OPC), als seine Festigkeit schon bei einer Erwärmung auf 100°C bereits auf 80% und bei 150°C auf 70% derjenigen bei Raumtemperatur abfällt. Bild F.57 zeigt dazu ein Beispiel.

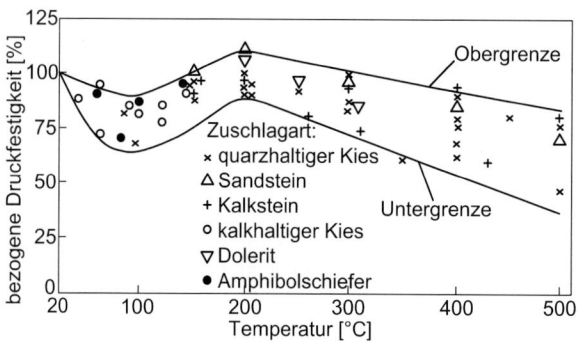

Bild F.56 Einfluss gebräuchlicher Zuschläge auf die Hochtemperaturfestigkeit [247]

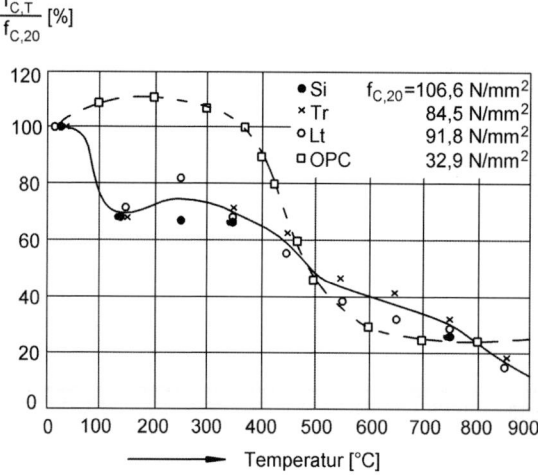

Bild F.57 Hochtemperaturfestigkeit von hochfestem Beton [248]

4 Festigkeit und Verformung von Festbeton

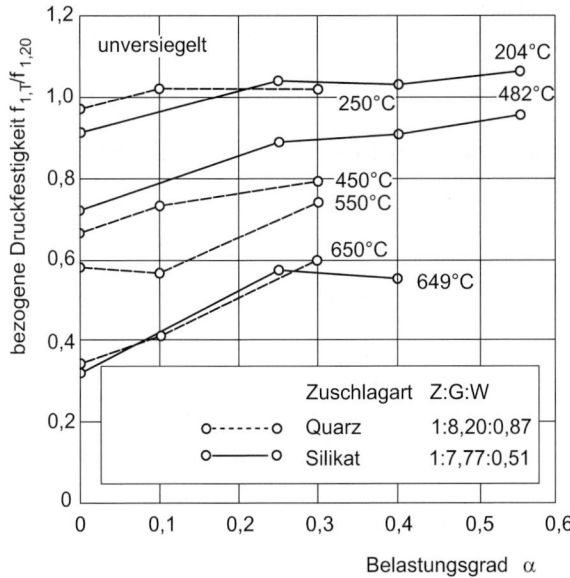

Bild F.58 Einfluss des Belastungsgrads auf die Hochtemperaturfestigkeit [249]

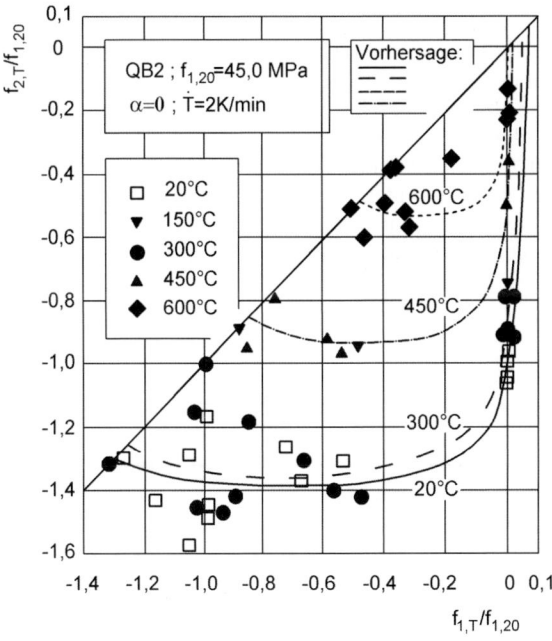

Bild F.59 Grenzlinie der zweiachsigen Festigkeit bei Druck-Druck-Beanspruchung [250]

Der Beton Si enthält neben Portlandzement noch 9 % Silicastaub, der Beton Tr 25 % Flugasche, der Beton Lt etwas Leichtzuschlag, was das Verhalten jedoch wenig beeinflusst. Über 400 °C fällt der hochfeste Beton wieder in das Streuband normalfester Betone.

Eine Belastung während des Erhitzens wirkt sich günstig auf die Festigkeit aus, vor allem bei höheren Temperaturen. In Bild F.58 ist der Einfluss des Belastungsgrads dargestellt, woraus erkennbar wird, dass der festigkeitssteigernde Einfluss bei 200 °C ca. 10 % und bei ca. 600 °C ca. 20 % ausmacht.

Diese Wirkung ist auf die Verminderung der Risse zurückzuführen, die durch die Inkompatibilität zwischen Zementstein und Zuschlag verursacht werden.

In vielen Bauwerken ist der Beton zweiachsig beansprucht. Unter zweiachsiger Druckbeanspruchung ist eine Festigkeitserhöhung gegenüber einachsiger Festigkeit festzustellen. Sie beträgt bei 20 °C etwa 40 %. Bild F.59 zeigt die Grenzlinien des Versagens bei 20 °C und bei weiteren Temperaturniveaus.

Wie zu erwarten war, schrumpfen die Linien mit höherer Temperatur zusammen. Bei 600 °C sind nur noch 50 % der einachsigen Kaltdruckfestigkeit vorhanden. Im Druck-Zug-Quadranten in Bild F.60, das auf die einachsige Kaltdruckfestigkeit bezogen ist, nehmen die Druck- und Zugfestigkeit mit erhöhter Temperatur rapide ab.

Die günstige Wirkung zweiachsiger Druckbelastung ist auf die behinderte Rissbildung zurückzuführen, und umgekehrt ist die Abnahme der Festigkeit im Druck-Zug-Quadranten auf die Superposition der inneren strukturbedingten Spannungen durch eine gleichzeitig wirkende Zugspannung bedingt. Dieser bei Raumtemperatur bekannte Einfluss setzt sich also bei hohen Temperaturen fort.

Neben dem starken Einfluss des Zuschlags und der Feuchte auf die Hochtemperaturfestigkeit, sowohl bei Druck als auch bei Zug, fallen andere Einflussgrößen wenig ins Gewicht. Die Zementart hat einen geringen Einfluss. Versuche mit Flugasche haben gezeigt, dass der Festigkeitsabfall bei versiegelten Proben bis ca. 300 °C deutlich geringer ist als ohne Flugasche [246]. Der Wasserzementwert hat praktisch keinen Einfluss, auch das Alter des Betons geht in der Streuung der Messwerte unter.

Wie bei der Festigkeit ist es auch beim Elastizitätsmodul der Zuschlag, der den größten Einfluss hat. Bild F.61 veranschaulicht den Sachverhalt.

Allgemein gilt, dass der E-Modul ab Raumtemperatur bei Erwärmung abnimmt, wobei quarzitischer Zuschlag den größten Einfluss auf die Abnahme hat. Beton mit Quarzzuschlag hat bei 400 °C noch 40 % und bei 600 °C noch 10 % des Wertes des E-Moduls bei Raumtemperatur. Blähton, der bei der Herstellung gesintert wurde, verhält sich diesbezüglich günstiger, indem er bei 600 °C noch 65 % seines ursprünglichen Wertes besitzt und erst danach stark abfällt. Die anderen Zuschläge verlaufen dazwischen. Da der E-Modul vor

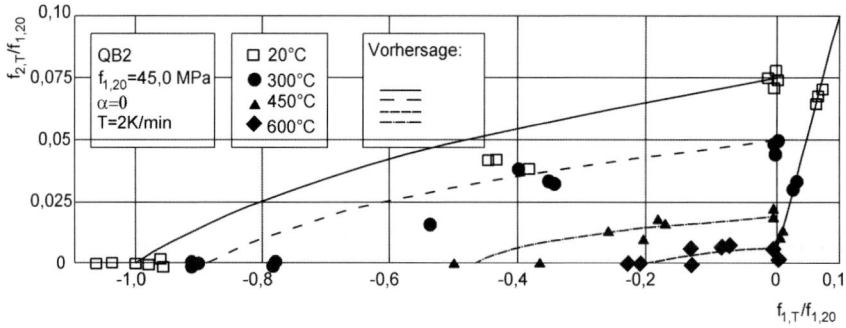

Bild F.60 Grenzlinie für zweiachsige Druck-Zug-Beanspruchung [250]

4 Festigkeit und Verformung von Festbeton

allem für die Durchbiegung von Biegetragwerken und für die Instabilität von druckbeanspruchten Tragwerken verantwortlich ist, kommt seinem Verlauf als Funktion der Temperatur erhebliche Bedeutung zu.

Eine Spannungs-Dehnungs-Linie aus einem dehnungsgesteuerten Versuch wird charakterisiert durch den E-Modul bei Beginn der Belastung, durch die Dehnung (Stauchung) bei Höchstlast und die Entfestigungskurve mit zunehmender Dehnung. Aus einer Vielzahl von Versuchsergebnissen wurden die Spannungs-Dehnungs-Linien nach Bild F.62 abgeleitet.

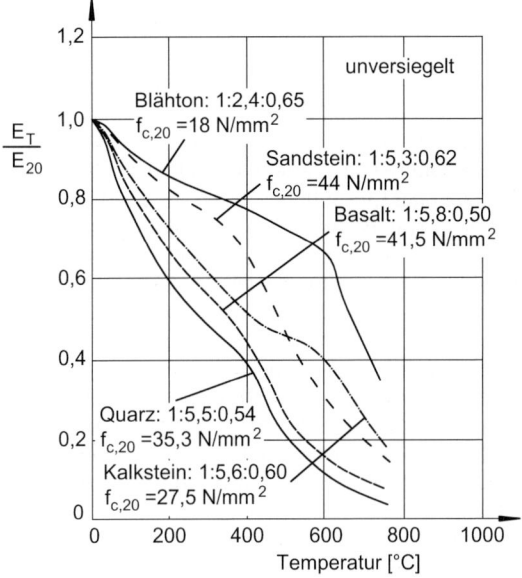

Bild F.61 Einfluss des Zuschlags auf den Hochtemperatur-E-Modul [246]

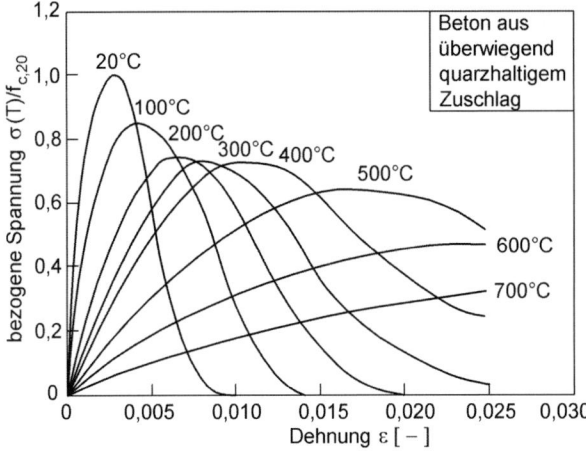

Bild F.62 Idealisierte Druckspannungsdehnungslinie für Beton bei hohen Temperaturen [251]

Sie zeigen die schon besprochene Abnahme des E-Moduls und der Festigkeit mit der Temperatur und die Zunahme der Dehnung bei Höchstlast. Danach folgt die Entfestigung, die mit zunehmender Temperatur einen völligeren Verlauf zeigt. Der Beton wird also relativ duktiler. Aus Versuchen folgt, dass die Dehnung bei Höchstlast nur wenig von der Zuschlagart beeinflusst wird, auch der Entfestigungsverlauf ist davon wenig beeinflusst [246].

4.2.2.3.2 Tiefe Temperaturen

Tiefe Temperaturen kommen bei Frost und in kryogenen Situationen vor. Die Änderung der mechanischen Eigenschaften ist bei Frost so gering, dass sie nicht ins Gewicht fällt und üblicherweise vernachlässigt wird. Kryogene Umstände kommen bei der drucklosen Lagerung von Flüssiggas vor. Erdgas ist bei -164 °C flüssig, Stickstoff bei –196 °C.

Aus Versuchen von Monfore und Lentz [252] können einige Schlüsse auf das Festigkeitsverhalten bei tiefen Temperaturen gezogen werden. Bild F.63 veranschaulicht, wie die Druckfestigkeit des Betons bis rund -100 °C monoton zunimmt, zwischen –110 und –130 °C ein Maximum erreicht und bei noch tieferen Temperaturen wieder abnimmt. Die Druckfestigkeit steigt dabei auf rd. das Dreifache an. Die Ursache für den Festigkeitszuwachs wird in der Eisbildung gesehen: Anstelle von Wasser oder Luft füllt jetzt ein fester Stoff die Poren aus, der sich an der Kraftaufnahme beteiligt. Die Poren stehen außerdem unter einem Innendruck, da sich das Wasser beim Übergang zum Eis um rund 9% ausdehnt, sodass rings um die Pore Zugspannungen entstehen, die bei Druckbelastung erst überwunden werden müssen. Das Eis wird dabei immer auf Druck beansprucht. Wenn auch die Festigkeit des Eises geringer ist als die des Betons, so reicht sie in diesem Falle doch aus, praktisch beliebig hohe Drücke zu ertragen, da das Eis unter allseitiger Druckbeanspruchung steht und nicht ausweichen kann. Die Abnahme der Betonfestigkeit unterhalb von –120 °C hängt mit der Umwandlung des Eises zusammen, das bei rund –115 °C die Kristallform ändert und dabei in eine dichtere Packung übergeht; dabei lockert sich das Eis in den Betonporen wieder und kann die Kräfte nicht mehr so stark weiterleiten wie zuvor. Aus Bild F.63 geht auch hervor, dass der Wasserzementwert die Festigkeit beeinflusst, ihre generelle Abhängigkeit von der Temperatur jedoch nur wenig berührt. Mit steigendem Wasserzementwert tritt das Festigkeitsmaximum bei tieferen Temperaturen auf und wird, bezogen auf den Wert bei 20 °C, größer.

Die besprochenen Werte gelten für einen Kiessandbeton, der vor der Abkühlung feucht lagerte. Für andere Lagerungsarten fanden Monfore und Lentz verschiedene Abhängigkeiten von der Temperatur. Jedoch zeigte sich jedes Mal, dass mit höherer Feuchte auch die Festigkeitszunahme größer war, was die Annahme bestärkt, dass die Eisbildung den Festigkeitszuwachs bewirkt (Bild F.64).

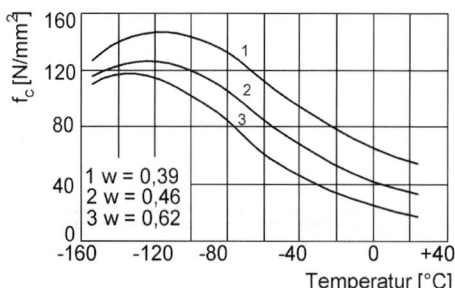

Bild F.63 Einfluss tiefer Temperaturen auf die Druckfestigkeit feuchter Betone, nach Monfore und Lentz [252]

4 Festigkeit und Verformung von Festbeton

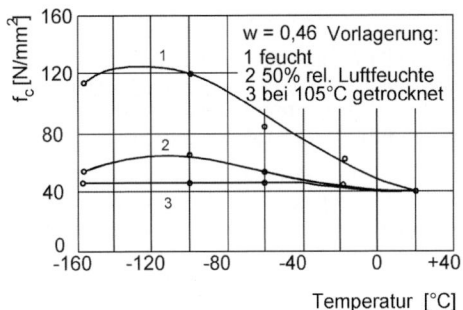

Bild F.64 Druckfestigkeit in Abhängigkeit von der Lagerung und der Prüftemperatur, nach Monfore und Lentz [252]

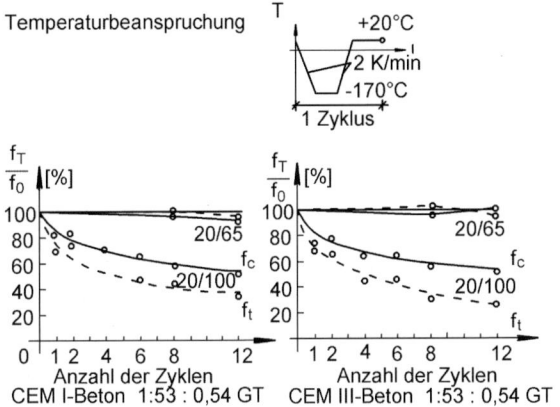

Bild F.65 Einfluss der Betonfeuchte auf die Restfestigkeit von Beton nach zyklischer Tieftemperaturbeanspruchung [254]

Während der feuchte Beton seine Festigkeit verdreifacht, steigt die des lufttrockenen Betons um rd. 50% und die des ofengetrockneten um rd. 10%.

Nach Rostásy [253] lässt sich der Druckfestigkeitszuwachs bei tiefer Temperatur durch folgende Beziehung abschätzen:

$$\Delta f_{cm} = 12\,\text{m}\,[1 - ((T + 170)/170)^2], \tag{292}$$

mit m = Betonfeuchte [M.-%] und T = Temperatur [°C]. Diese Beziehung gilt näherungsweise für alle Festigkeitsklassen.

Wird Beton mehrfach auf tiefe Temperaturen abgekühlt, so wird er deutlich geschädigt, wie Bild F.65 zeigt. Bei feuchter Lagerung nehmen Druckfestigkeit und Spaltzugfestigkeit kontinuierlich mit der Anzahl der Temperaturwechsel ab. Die Druckfestigkeit erreicht nach 12 Wechseln noch ca. 50% der Erstfestigkeit, die Spaltzugfestigkeit geht auf weniger als 40% zurück. Dabei sinkt die Festigkeit des Betons mit Hochofenzement stärker ab als die des Betons mit Portlandzement.

4.2.2.4 Belastungsgeschwindigkeit

Die Belastungsgeschwindigkeit hat einen deutlichen Einfluss auf die Festigkeit. Mehrere Ursachen können den Festigkeitszuwachs erklären, wenn man davon ausgeht, dass Beton ein rissbehaftetes Material ist. Die Thermodynamik postuliert den Platzwechsel von Molekülen in einer bestimmten Zeiteinheit [255]. Bei höheren Belastungsgeschwindigkeiten wird die Wahrscheinlichkeit geringer, dass ein Teilchen an der Rissspitze zum Versagen führt, weshalb die Festigkeit zunimmt. Bei sehr hohen Belastungsgeschwindigkeiten kommt ein Trägheitseffekt hinzu, indem die Rissufer nicht schnell genug beschleunigt werden, um den Riss auszubreiten. Dieser Effekt führt zu einer starken Festigkeitszunahme. Ein dritter Effekt wird durch den inhomogenen Aufbau von Beton verursacht. Wenn sich ein Riss schnell ausbreitet, wird er eher nicht um ein Zuschlagkorn herumgeleitet, sondern führt seinen Weg durch das Korn hindurch fort, was ebenfalls zu einer Festigkeitssteigerung führt.

Der Einfluss der Belastungsgeschwindigkeit bzw. Dehngeschwindigkeit lässt sich in zwei Bereiche aufteilen: einen Bereich, in dem die Thermodynamik vorherrscht, und einen Bereich, in dem der Trägheitseffekt dominiert. Bild F.66 zeigt zwei Linien, die den Trend zahlreicher Versuchsergebnisse widerspiegeln. Die Linien können wie folgt in Formeln dargestellt werden.

Für den Einfluss der mäßigen Dehngeschwindigkeit gilt:

$$f_{c,imp}/f_{cm} = (\dot{\varepsilon}_c/\dot{\varepsilon}_{c0})^{0,014} \text{ für } \dot{\varepsilon}_c < 30\,\text{s}^{-1} \qquad (293)$$

mit $\dot{\varepsilon}_{c0} = 30 \times 10^{-6}\,\text{s}^{-1}$.

Der Einfluss hoher Dehngeschwindigkeiten lässt sich darstellen mit:

$$f_{c,imp}/f_{cm} = 0,012\,(\dot{\varepsilon}_c/\dot{\varepsilon}_{c0})^{1/3} \text{ für } \dot{\varepsilon}_c > 30\,\text{s}^{-1}. \qquad (294)$$

Für die Spannungsgeschwindigkeiten gilt entsprechend:

$$f_{c,imp}/f_{cm} = (\dot{\sigma}_c/\dot{\sigma}_{c0})^{0,014} \text{ für } \dot{\sigma}_c < 10^6\,\text{MPa}\,\text{s}^{-1} \qquad (295)$$

$$f_{c,imp}/f_{cm} = 0,012\,(\dot{\sigma}_c/\dot{\sigma}_{c0})^{1/3} \text{ für } \dot{\sigma}_c > 10^6\,\text{MPa}\,\text{s}^{-1} \qquad (296)$$

mit $\dot{\sigma}_{c0} = -1\,\text{MPa}\,\text{s}^{-1}$.

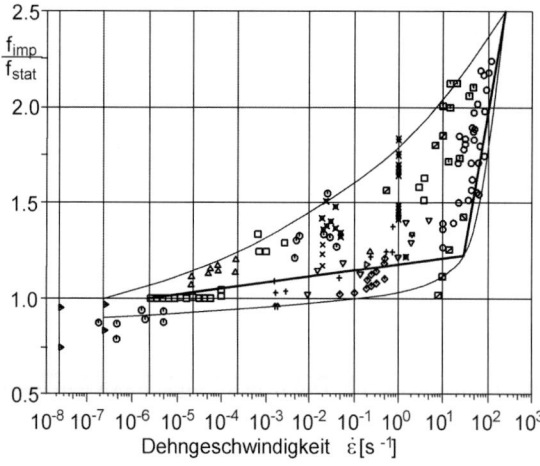

Bild F.66 Einfluss der Dehngeschwindigkeit auf die Druckfestigkeit [256]

4 Festigkeit und Verformung von Festbeton

Für die Bemessung von Betonkonstruktionen gegen schnell einwirkende, d.h. dynamische Beanspruchungen, z.B. bei einem Aufprall, einer Explosion, einem Schlag oder einem Stoß, können diese Angaben genutzt werden. Der Widerstand von Beton gegen wiederholte Schlagbeanspruchung kann durch technologische Maßnahmen beeinflusst werden. So ist nach Dahms [257] die Abhängigkeit des Widerstands gegen wiederholte Schlagbeanspruchung vom Wasserzementwert und vom Hydratationsgrad noch ausgeprägter als bei statischer Beanspruchung. Besonders günstig wirkt sich die Zugabe von Fasern aus.

Die extreme Beanspruchung von Beton unter Schockwellen, die noch wesentlich höhere Dehngeschwindigkeiten erzeugen, wird von Ockert [258] behandelt.

4.2.2.5 Verhalten bei Dauerstandbeanspruchung

Die Druckfestigkeit von Beton ist von der Einwirkungsdauer einer konstanten Druckbeanspruchung abhängig. Dies ist von Bedeutung, da viele Betonkonstruktionen einer vorwiegend ruhenden Beanspruchung, d.h. einer sich während der Nutzung nur wenig verändernden Spannung ausgesetzt sind. Eine Dauerspannung in Höhe der Gebrauchsspannungen kann zu einer meist nur geringfügigen Festigkeitssteigerung führen. Wirken hohe Druckspannungen längere Zeit auf den Beton ein, so setzt sich das Mikrorisswachstum auch bei konstanter Spannung fort, bis der Beton versagt. Mit sinkender Spannung nimmt die Zeit bis zum Versagen zu. Die größte Druckspannung, die der Beton gerade noch unendlich lange ertragen kann, wird als Dauerstandfestigkeit bezeichnet. Für einen im Alter von 28 Tagen belasteten Beton beträgt sie ca. 80% der Druckfestigkeit bei kurzzeitiger Beanspruchung.

Die Dauerstandfestigkeit ist vom Alter des Betons zum Zeitpunkt der Lastaufbringung abhängig. Dies ist darauf zurückzuführen, dass bei einer Dauerstandbeanspruchung zwei gegenläufige Einflüsse zu berücksichtigen sind: Eine hohe Dauerlast bewirkt eine Festigkeitsminderung, die mit steigender Belastungsdauer kontinuierlich, aber mit sinkender Geschwindigkeit zunimmt. Gleichzeitig kann der Beton – ein ausreichendes Feuchteangebot vorausgesetzt – weiter hydratisieren, wodurch er an Festigkeit gewinnt. Sobald die Festigkeitszunahme als Folge der fortschreitenden Hydratation größer ist als der Festigkeitsverlust als Folge der fortschreitenden Mikrorissbildung, tritt kein Dauerstandversagen mehr ein. Dieser Zeitpunkt ist umso eher erreicht, je jünger der Beton bei seiner Belastung ist, weil junge Betone ein größeres Nacherhärtungspotential als ältere Betone aufweisen, die bei Belastungsbeginn schon weitgehend hydratisiert sind. Der kritische Zeitraum, innerhalb dessen ein Dauerstandbruch unter konstanter Spannung möglich ist, beträgt bei Beton mit einem Belastungsalter von 7 Tagen nur ca. 1 Tag und wächst bei einem Belastungsalter von 28 Tagen auf ca. 3 Tage an.

Zur Illustration der Ausführungen sollen Versuche von Hummel, Rüsch et al. [259] herangezogen werden, die deutlich zeigen, dass auch bei Beton eine Abhängigkeit der Festigkeit von der Belastungsdauer besteht. Im Bild F.67 sind typische Zeitdehnlinien

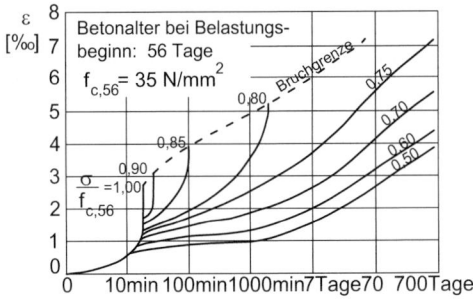

Bild F.67 Zeitdehnlinien von Beton, nach Rüsch [260]

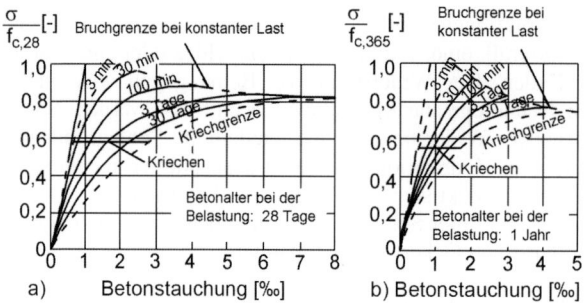

Bild F.68 a) Bruch- und b) Kriechgrenze bei konstanter Last nach CEB [261]

dargestellt, die die Kriechverformungen für verschiedene Laststufen zeigen. Bei allen Laststufen nimmt die Dehnung mit wachsender Lastdauer zu. Doch während die Zunahme der Kriechverformungen bei den Proben geringer wird, die nur bis zu 75 % der 56-Tage-Zylinderfestigkeit belastet waren, steigt sie bei den Proben mit größerer Belastung weiter an und führt schließlich zum Bruch. Wie an Betonen unterschiedlicher Festigkeit festgestellt wurde, bleibt das Verhältnis Zeitfestigkeit zu Kurzzeitfestigkeit von der Betonfestigkeit unberührt. Es ist daher gerechtfertigt, Bruch- und Kriechgrenze in Abhängigkeit von der bezogenen Spannung darzustellen (siehe Bild F.68).

Die Kurzzeitfestigkeit ist in Bild F.68 a) und b) als diejenige Festigkeit eingetragen, die sich bei einer Belastungsdauer t = 2 min ergibt ($\sigma/f_c = 1$). Belastungen größerer Dauer erreichen nicht mehr den Wert 1, sondern höchstens 0,83 bei einem Belastungsalter von 28 Tagen und 0,77 bei der Belastung nach 1 Jahr. Der Einfluss des Belastungsalters wird durch die Nacherhärtung bewirkt, die im zweiten Fall zum größten Teil abgeschlossen ist. Die Pfeile in den Diagrammen deuten darauf hin, wie Kriech- und Bruchgrenze bestimmt werden, nämlich dadurch, dass die Last in einem Kurzzeitversuch aufgebracht und konstant gehalten wird. Das Diagramm zeigt auch, dass bis zu einem Spannungsverhältnis $\sigma/f_c = 0,4$ elastische und Kriechdehnung linear zusammenhängen, während größere Lasten zu einem überproportionalen Kriechzuwachs führen. Zusammenfassend kann man die Dauerstandfestigkeit des Betons zu rund 0,80 der Kurzzeitfestigkeit angeben.

4.2.2.6 Schwingende Beanspruchung (Ermüdung)

Zahlreiche Betonkonstruktionen sind einer häufig wechselnden, nicht vorwiegend ruhenden Belastung unterworfen. Dazu gehören z. B. Betonstraßen, Eisenbahnschwellen, Kranbahnen, Offshore-Bauwerke und Brückenkonstruktionen. Sie unterliegen dann einer Ermüdungsbeanspruchung. In Ermüdungsversuchen wird ein Prüfkörper meist veränderlichen Spannungen unterworfen, die um eine konstante Mittelspannung fluktuieren, sodass die Belastungsgeschichte durch die Mittelspannung und die Spannungsamplitude bzw. die Schwingbreite oder durch die Ober- und die Unterspannung charakterisiert werden kann. Der Bruch stellt sich nach einer bestimmten Lastspielzahl N ein (siehe auch A.2.5).

Der Widerstand von Beton gegen eine wiederholte Beanspruchung hängt von denselben Parametern ab, welche die Festigkeit von Beton unter Kurzzeitbeanspruchung beeinflussen. Es ist daher sinnvoll, die Ober- und Unterspannungen bei einer Ermüdungsbeanspruchung als Bruchteil einer statischen Festigkeit f_c auszudrücken. Entsprechend ist die bezogene Oberspannung $S_{c,max} = \sigma_{c,max}/f_c$ und $S_{c,min} = \sigma_{c,min}/f_c$. Das Ermüdungsverhalten kann dann in Form von S–log$N$-Diagrammen, sog. Wöhlerlinien, beschrieben werden. Für die meisten Werkstoffe nimmt die Anzahl der Lastwechsel N bis zum Bruch mit sinkender Oberspan-

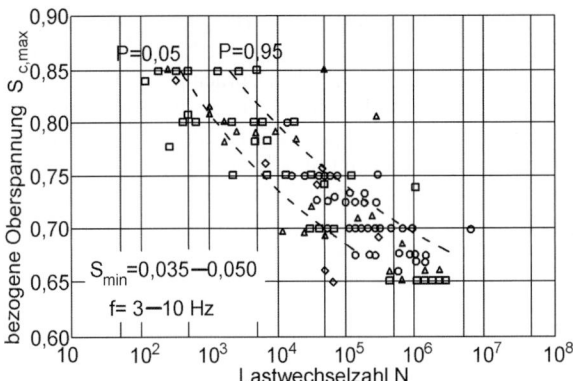

Bild F.69 Wöhlerlinien für Beton unter Druckbeanspruchung [262]; P – Versagenswahrscheinlichkeit

nung und sinkender Schwingbreite zu. Als Beispiel für das Ermüdungsverhalten von Beton sind in Bild F.68 Versuchsergebnisse gezeigt [262].

Die Zeitfestigkeit ist jene Oberspannung, die bei gegebener Unterspannung nach einer gegebenen Anzahl von Lastwechseln zum Versagen führt. Die Dauerschwingfestigkeit ist als jene Oberspannung definiert, die für eine gegebene Unterspannung gerade noch unendlich oft ertragen werden kann. Sie ist für alle Werkstoffe deutlich kleiner als die Kurzzeitfestigkeit. Eine Dauerschwingfestigkeit konnte für Beton bisher nicht sicher nachgewiesen werden. Bei einer Beanspruchung im Druckschwellbereich, d. h. Ober- und Unterspannung sind Druck, ist bei einer Unterspannung $\sigma_u \approx 0$ und einer Oberspannung $|\sigma_0| \approx 0{,}5 f_{cm}$ nach etwa 10^7 Lastwechseln mit einem Versagen zu rechnen. Aber auch kleinere Spannungen können bei höheren Lastwechselzahlen noch zum Bruch führen. Nach Klausen und Weigler [263] kann für Normalbeton von einer Quasi-Druckschwellfestigkeit $|\sigma_0| \approx 0{,}4 f_{cm}$ ausgegangen werden.

Im CEB-FIP Model Code MC 90 werden analytische Beziehungen für das Ermüdungsverhalten von Beton gegeben [240, 264]. Bild F.70 zeigt den im CEB-FIP Model Code MC 90 gegebenen Zusammenhang zwischen der bezogenen Oberspannung $S_{c,max} = \sigma_{c,max}/f_{ck,fat}$

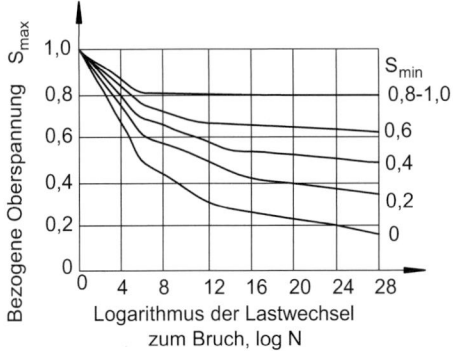

Bild F.70 Der Einfluss der bezogenen Oberspannung S_{max} und der bezogenen Unterspannung S_{min} auf die Anzahl der Lastwechsel bis zum Bruch bei wiederholter Druckbeanspruchung nach den Angaben des CEB-FIP Model Code MC 90 [240]

und logN. Scharparameter ist die bezogene Unterspannung $S_{c,min} = \sigma_{c,min} / f_{ck,fat}$. Die Bezugsgröße $f_{ck,fat}$ ist kleiner als die charakteristische Druckfestigkeit f_{ck}. Sie berücksichtigt, dass die Empfindlichkeit von Beton gegenüber einer Ermüdungsbeanspruchung mit steigender Betondruckfestigkeit zunimmt. Nach den im CEB-FIP Model Code MC 90 enthaltenen Angaben ist bei einem Belastungsalter von 28 Tagen $f_{ck,fat} \approx 0{,}82\, f_{ck}$ für Normalbeton und $f_{ck,fat} \approx 0{,}75\, f_{ck}$ für hochfesten Beton. Das Diagramm zeigt für alle Schwingbreiten geknickte Linien, die auch nach 10^{28} Lastwechseln nicht horizontal verlaufen, also keine echte Dauerschwingfestigkeit erreicht haben.

Bild F.70 gilt für reinen Druck und für Körper, die gegen Austrocknung geschützt sind. Im Vergleich zu anderen Literaturangaben sind die Beziehungen für das Ermüdungsverhalten von Beton des MC 90 sehr konservativ.

Von Bedeutung ist der bisher weniger beachtete Einfluss des Feuchtegehalts von Beton: Feuchte bzw. wassergesättigte Betone zeigen wesentlich geringere Zeitfestigkeiten als trockene Betone. Da dicke Betonbauteile langsamer austrocknen als dünne und daher über einen längeren Zeitraum einen hohen Feuchtegehalt aufweisen, ist ihre Zeitfestigkeit unter sonst gleichen Bedingungen geringer als jene dünnerer Bauteile [265].

In den meisten Fällen sind Baukonstruktionen einem Spektrum von Belastungszyklen unterworfen, das wesentlich von der im Laborversuch aufgebrachten Belastungsgeschichte mit konstanter Ober- und Unterspannung abweicht. Um die Zeitfestigkeit bei variablen Ober- und Unterspannungen abschätzen zu können, kann in erster Näherung die sog. *Palmgren-Miner*-Regel angewandt werden [262, 264, 266]:

$$D = \sum \frac{n_i}{N_i}. \tag{297}$$

Darin bedeuten D = Schädigung des Betons als Folge der Ermüdungsbeanspruchung, n_i = Anzahl der tatsächlich aufgebrachten Lastwechsel mit einer gegebenen konstanten Ober- und Unterspannung und N_i = Anzahl der Lastwechsel, die bei dieser Ober- und Unterspannung zum Versagen führt. Der Bruch stellt sich ein, sobald $D = 1$. Die *Palmgren-Miner*-Regel unterstellt, dass sich bei konstanter Ober- und Unterspannung die Schädigung infolge einer Ermüdungsbeanspruchung linear mit der Anzahl der Lastwechsel entwickelt. Sie stellt daher nur eine grobe Näherung dar und kann die tatsächliche Zeitfestigkeit bei variablen Ober- und Unterspannungen sowohl über- als auch unterschätzen (siehe auch Abschnitt A 2.5).

4.2.2.7 Prüfeinflüsse

Die Druckfestigkeit von Beton wird an Prüfkörpern durch stetige Steigerung der Spannung bestimmt. Für einen Beton gegebener Zusammensetzung und Erhärtung kann das erzielte Ergebnis durch zusätzliche Parameter beeinflusst werden, die mit dem Probekörper, der Prüfmaschine oder der Versuchsdurchführung in Verbindung stehen. Zu diesen Prüfeinflüssen gehören insbesondere Größe, Gestalt und Feuchte der Prüfkörper, die Ebenheit ihrer Druckflächen, die Steifigkeit der Prüfmaschine sowie die Steifigkeit und die Ebenheit der Druckplatten, ungewollte Exzentrizitäten beim Einbau der Probe sowie die Versuchsdurchführung, insbesondere die Belastungs- oder Dehngeschwindigkeit.

Die geringste Prüfkörperabmessung d soll in der Regel bei gesondert hergestellten Prüfkörpern das Vierfache und bei aus Bauteilen herausgearbeiteten Prüfkörpern das Dreifache des Zuschlaggrößtkorns D nicht unterschreiten. Prüfkörper mit d/D kleiner als 3 (jedoch nicht kleiner als 2) sollten nur in Ausnahmefällen zur Prüfung herangezogen werden. Wegen der größeren Versuchsstreuungen sollte dann jedoch eine größere Anzahl von Prüfkörpern geprüft werden.

4 Festigkeit und Verformung von Festbeton

Tabelle F.19 Verhältniswerte der Druckfestigkeit von Prüfkörpern verschiedener Schlankheit

Schlankheit h/d	0,5	1,0	1,5	2,0	3,0	4,0
Verhältniswerte[a]	1,40 bis 2,00	1,10 bis 1,20	1,03 bis 1,07	1,00	0,95 bis 1,00	0,90 bis 0,95

[a] Im Bereich $h/d < 2$ entsprechen die größten Werte weniger festem Beton, die kleineren Werte Beton höherer Festigkeit.

Die Betondruckfestigkeit wird heute in der Bundesrepublik Deutschland an Würfeln mit 150 mm Kantenlänge ermittelt. Nach DIN EN 12390-2, Anhang XX, sind die Prüfkörper sieben Tage feucht und anschließend an Raumluft bei einer Temperatur zwischen 15 und 22 °C zu lagern. Die EN 206 fordert die Bestimmung der Betondruckfestigkeit entweder an Zylindern von 150 / 300 mm oder an 150-mm-Würfeln, die bis zur Prüfung wassergelagert wurden. Die DIN 1045-1 baut auf der Druckfestigkeit von wassergelagerten Betonzylindern von 150 / 300 mm im Alter von 28 Tagen auf. Der Einfluss der Lagerungsart ist zu berücksichtigen (siehe Abschnitt F 1.2).

Die Druckfestigkeit eines Prüfkörpers nimmt bei gegebenem Querschnitt mit steigender Schlankheit, ausgedrückt durch das Verhältnis Höhe h zu Breite bzw. Durchmesser d ab. Würfel mit $h/d = 1$ weisen daher eine höhere Druckfestigkeit als Zylinder mit $h/d > 1$ auf. Platten mit $h/d < 1$ können ein Vielfaches der Druckspannungen von Zylindern aufnehmen (siehe dazu Tabelle F.19). Die höheren Druckfestigkeiten gedrungener Körper sind auf die Behinderung der Querdehnung der druckbeanspruchten Probekörper durch die steiferen Druckplatten der Prüfmaschine zurückzuführen. Dadurch entsteht in der Nähe der belasteten Flächen ein dreiachsiger Druckspannungszustand, der die aufnehmbare Druckkraft erhöht. Der Spannungsverlauf in einem Würfel, der sich trotz der Querdehnung an den Druckplatten nicht verschieben kann, ist in Bild F.71 gezeigt.

Unter der Mitte der Druckplatten bildet sich eine Querdruckspannung aus, die 30% der Normalspannung beträgt. In der Mitte des Würfels wirkt die Querdruckspannung fast nicht mehr und es ergibt sich das sanduhrähnliche Gebiet der dreiachsigen Druckspannung. Beim

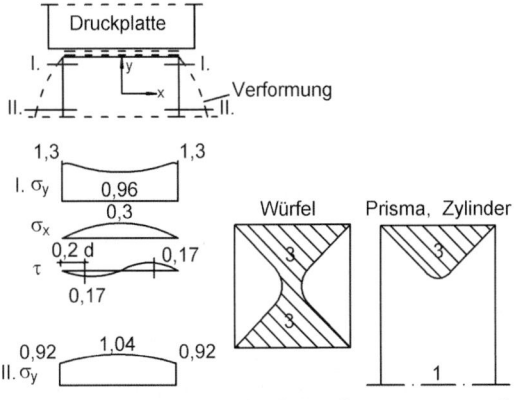

1 = einachsiger Spannungszustand
3 = dreiachsiger Spannungszustand

Bild F.71 Spannungszustand in Würfel und Prisma

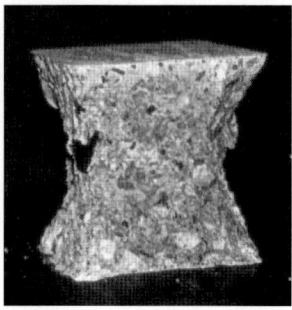

Bild F.72 Bruch eines Mörtelwürfels

Bruch eines Würfels entsteht das typische Bild F.72, an dem diese Situation anschaulich wird. Beim Prisma oder beim Zylinder ist der mittlere Teil frei von Querdruckspannungen.

Durch Zwischenlagen oder bei Lasteintragung über bürstenartige Druckplatten, welche die freie Querdehnung des Probekörpers nicht nennenswert behindern, ist die Druckfestigkeit von der Probenschlankheit h/d weitgehend unabhängig. Solche Maßnahmen sind aber für einen routinemäßigen Einsatz im Allgemeinen zu aufwendig. Die Druckfestigkeit von Prüfkörpern gegebener Schlankheit, z. B. von Würfeln, nimmt im Allgemeinen mit steigender Größe ab. Die Ursache dieser Beobachtung liegt in der zunehmenden Wahrscheinlichkeit von Defekten (*Weibull*-Theorie).

Bei Normalbeton der Festigkeitsklassen oberhalb von C20/25 nimmt der zahlenmäßige Unterschied zwischen Würfel- und Zylinderdruckfestigkeit mit wachsender Betonfestigkeit ab. Dieser Beobachtung wird in EN 206-1 Rechnung getragen. Die o. g. Umrechnungsfaktoren können auch für jeden Einzelfall experimentell bestimmt werden. Dies ist nach DIN 1045-1 zwingend erforderlich, wenn Würfel oder Zylinder mit Abmessungen verwendet werden, die von den o. g. Standardwerten abweichen. Dann sind die Umrechnungsfaktoren für die Druckfestigkeit bei der Erstprüfung für Beton jeder Zusammensetzung und für jedes Prüfalter im Einzelnen experimentell zu bestimmen. Prüfkörper werden entweder in Stahl- bzw. Gusseisenformen oder in Kunststoffformen hergestellt. Wegen der geringeren Wärmeleitfähigkeit der Kunststoffformen und der damit verbundenen höheren Anfangstemperatur des Betons ist die Druckfestigkeit darin hergestellter Proben im Vergleich zu Proben aus Stahl- oder Gusseisenformen in jungem Alter etwas höher, nach 28 Tagen in der Regel etwas niedriger.

Prüfkörper, die aus Bauteilen oder größeren Betonstücken herausgearbeitet worden sind, können bei gleichem Verdichtungs- und Hydratationsgrad, d. h. bei an sich gleicher Druckfestigkeit, wegen des angeschnittenen Gefüges und evtl. durch beim Herausarbeiten verursachte Gefügelockerungen bei sachgerechtem Vorgehen bis zu rd. 10 % geringere Druckfestigkeitsergebnisse liefern als in Formen hergestellte Prüfkörper. Wegen ungleicher Verdichtungs- und Hydratationsgrade und anderer Einflüsse können jedoch zwischen dem Bauwerksbeton und gesondert hergestellten Probekörpern auch größere Festigkeitsunterschiede auftreten.

Die Druckflächen der Prüfkörper müssen eben, parallel und rechtwinklig zur Druckrichtung sein. Die Abweichungen der Druckflächen von der Ebenheit dürfen 0,1 mm nicht überschreiten. Anderenfalls sollten die Druckflächen abgeschliffen oder, wenn dies z. B. wegen zu geringer Festigkeit nicht möglich ist, sachgerecht mit Zementmörtel abgeglichen werden. Das Abgleichen von Druckflächen mit sehr dünnen Schwefelschichten sollte, wegen der sonst zu erwartenden geringeren Druckfestigkeit, auf Beton mit einer Druckfestigkeit bis zu höchstens 30 N/mm^2 beschränkt bleiben und nicht angewendet werden, wenn keine Erfahrungen mit diesem Verfahren vorliegen.

Mit steigender Beanspruchungsgeschwindigkeit nimmt die Druckfestigkeit von Beton zu. Bei der normengerechten Bestimmung der Betondruckfestigkeit muss daher die Beanspruchungsgeschwindigkeit festgelegt sein. Entsprechend sieht die DIN EN 12390-3 bei der Druckfestigkeitsprüfung eine Belastungsgeschwindigkeit von etwa 0,2 bis 1,0 N/(mm² · s) vor. Die Abhängigkeit der Festigkeit von der Beanspruchungsgeschwindigkeit ist jedoch nicht nur ein „Prüfeinfluss", sondern eine echte Werkstoffeigenschaft, die auch für die Bemessung insbesondere stoß- oder dynamisch beanspruchter Konstruktionen wesentlich ist.

4.3 Zugfestigkeit

Zur Bestimmung der Risslast von Stahl- und Spannbetonkonstruktionen, zur Abschätzung der erforderlichen Mindestbewehrung und zur Bemessung leicht- oder unbewehrter Konstruktionen ist die Kenntnis der Zugfestigkeit von Beton unerlässlich. Die Eigenschaften von Beton unter Zugbeanspruchung sind aber auch bei Stahl- und Spannbetonkonstruktionen von Bedeutung, um das Tragverhalten im Querkraft- und Verankerungsbereich oder bei Zwangbeanspruchung richtig abschätzen zu können. Anders als bei Druckbeanspruchung ist die Bestimmung der Festigkeit und des Spannungs-Dehnungs-Verhaltens bei Zugbeanspruchung, vor allem bei zentrischem Zug, mit einer Reihe versuchstechnischer Probleme verbunden. Es werden daher vielfach andere Versuchsmethoden, insbesondere der Biege- und der Spaltversuch angewendet, um das Verhalten von Beton bei Zugbeanspruchung zu bestimmen.

4.3.1 Bruchverhalten und Bruchenergie

Wie schon bei der Beschreibung des Bruchverhaltens von Beton unter Druckbeanspruchung ist auch beim Zugbruch davon auszugehen, dass der Beton schon vor der Belastung von einem System von Mikrorissen in der Kontaktzone zwischen Zementstein und Betonzuschlag durchzogen ist. Äußere, gleichmäßig verteilte Zugspannungen lösen bis zu ca. 70% der Zugfestigkeit aber noch kein nennenswertes Wachstum dieser Risse aus, die Spannungs-Dehnungs-Linie des Betons bleibt daher nahezu linear. Bei höheren Zugspannungen beginnen diese Risse bevorzugt in einer Richtung rechtwinklig zur äußeren Beanspruchung zu wachsen. Weist die zugbeanspruchte Probe bereits eine größere Fehlstelle oder eine Kerbe auf, so bildet sich an der Kerbwurzel eine sog. Prozesszone aus. Darunter wird ein System sehr feiner, z. T. parallel verlaufender Mikrorisse verstanden, die aber noch nicht kontinuierlich sind. Die Prozesszone kann zwar noch Zugspannungen übertragen, die aufnehmbaren Spannungen nehmen aber mit steigender Beanspruchung ab, bis sich ein ausgeprägter Riss gebildet hat (siehe auch Abschnitt A 2.4.3) [267].

Dieser Vorgang ist auf einen einzigen Querschnitt begrenzt, sodass der Zugbruch in noch viel größerem Maß diskret, d. h. örtlich begrenzt ist als der Druckbruch. Erreicht die Riss- und Prozesszonenentwicklung in diesem Querschnitt ein kritisches Ausmaß, so kann ein instabiles Risswachstum und damit ein plötzlicher Bruch nur vermieden werden, wenn die äußere Beanspruchung reduziert wird. So entsteht auch bei Zugbeanspruchung ein abfallender Ast der Spannungs-Dehnungs-Linie. Im angerissenen Querschnitt nehmen trotz sinkender Zugspannungen die Verformungen als Folge weiterer Mikroriss- und Prozesszonenbildung zu. Außerhalb dieses Querschnitts nehmen die Dehnungen des Betons mit sinkender Zugspannung dagegen wieder ab. Zur Beschreibung des Spannungs-Dehnungs-Verhaltens von Beton bei Zugbeanspruchung ist daher zwischen dem Querschnitt, in dem der Bruchvorgang abläuft, und den Bereichen außerhalb dieses Querschnitts zu unterscheiden.

Da die Zugfestigkeit von Beton durch das Wachstum von Mikrorissen bestimmt wird, die sich beim vollständigen Versagen zu einem durchgehenden Riss vereinigen, ist es naheliegend, bruchmechanische Konzepte, d. h. Energiebetrachtungen bzw. die Berücksichtigung örtlicher Spannungskonzentrationen an Fehlstellen oder Rissen, zur Beschreibung des Verhaltens von Beton bei Zugbeanspruchung anzuwenden. Vor allem in der Forschung, in zunehmendem Maß aber auch bei FE-Analysen, wird daher die sog. Bruchenergie G_F als bruchmechanischer Kennwert zur Beurteilung des Widerstandes von Beton gegen eine Zugbeanspruchung herangezogen. RILEM hat zur Bestimmung von G_F folgende Prüfmethode vorgeschlagen [268]: Ein gekerbter Biegebalken wird bei konstanter Durchbiegungsgeschwindigkeit mit einer Einzellast beansprucht. Die Last-Durchbiegungs-Beziehung wird über den Maximalwert der aufnehmbaren Last hinaus bis zum völligen Versagen der Probe registriert. Die Bruchenergie G_F ist definiert als die Fläche unter dem Last-Durchbiegungs-Diagramm, bezogen auf die Betonfläche im gekerbten Querschnitt. G_F ist damit die zur Erzeugung eines Risses einer Einheitslänge erforderliche Energie und hat die Einheit [Nmm/mm²] bzw. [N/mm]. Die Bruchenergie hängt von einer Reihe von Parametern, insbesondere vom w/z-Wert und vom Zementstein-Zuschlag-Verbund, ab. Nach *fib* Model Code 2010 [256] kann die Bruchenergie näherungsweise in Abhängigkeit von der Betondruckfestigkeit nach Gl. (298) angegeben werden:

$$G_F = G_{F0}\left(1 - 0{,}77 \cdot \frac{f_{ck0}}{f_{ck} + \Delta f}\right). \tag{298}$$

Darin bedeuten G_F = Bruchenergie [N/mm], f_{cj} = charakteristische Zylinderdruckfestigkeit des Betons [N/mm²], f_{ck0} = 10 N/mm², G_{F0} = Grundwert der Bruchenergie = 0,18 N/mm und Δf = 8 N/mm².

Nach Gl. (298) nimmt die Bruchenergie mit steigender Betondruckfestigkeit und steigendem Größtkorn des Betonzuschlags zu. Eine Steigerung der Betondruckfestigkeit über etwa 70 N/mm² führt zu keinem weiteren Anstieg der Bruchenergie [270].

4.3.2 Zentrische Zugfestigkeit

Die zentrische Zugfestigkeit ist die von einer axial auf Zug beanspruchten Probe maximal aufnehmbare mittlere Zugspannung. Sie kommt zwar der tatsächlichen Zugfestigkeit des Betons am nächsten, ihre Bestimmung ist jedoch versuchstechnisch schwierig. Anders als bei duktilen Metallen kann in einer Probe aus Beton die Zugkraft nicht direkt über die Spannbacken einer Prüfmaschine eingeleitet werden. Die Spannungskonzentrationen an der Einspannstelle würden zu einem vorzeitigen Bruch des Betons führen. Seit etwa den frühen 1960er-Jahren stehen jedoch hochfeste Kleber zur Verfügung, mit denen Stahlplatten auf die Endflächen einer Probe geklebt werden können. Ähnlich wie beim Druckversuch herrscht auch beim zentrischen Zugversuch in der Nähe der Lasteintragung ein dreiachsiger Spannungszustand – hier dreiachsiger Zug –, der ein vorzeitiges Versagen des Betons im Lasteintragungsbereich auslösen kann. Es ist daher von Vorteil, Proben zu verwenden, deren Querschnitt sich zur Probenmitte hin verjüngt. Ein standardisiertes Prüfverfahren für den zentrischen Zugversuch wurde von RILEM entwickelt. Eine entsprechende nationale Prüfnorm existiert nicht.

Die zentrische Zugfestigkeit üblicher Betone liegt etwa zwischen 1,5 und 5 N/mm². Sie nimmt mit steigendem Hydratationsgrad und daher mit steigendem Betonalter zu. Kann der Beton aber nach einer Feuchtlagerung bzw. Nachbehandlung austrocknen, so entstehen in den Betonrandzonen Zugeigenspannungen infolge des Schwindens, die ein im Allgemeinen vorübergehendes Absinken der Betonzugfestigkeit um 10 bis 50 %, bezogen auf die Zugfestigkeit im Anschluss an die Nachbehandlung, zur Folge haben können. Die zentrische Zugfestigkeit nimmt ab, wenn die Abmessungen der Probe im Vergleich zum Größtkorn des Zuschlags abnehmen und z. B. der Durchmesser eines Zylinders oder die Kantenlänge eines

4 Festigkeit und Verformung von Festbeton

Prismas kleiner als etwa das Dreifache des Zuschlaggrößtkorns sind. Auch die zentrische Zugfestigkeit wird, wie schon die Druckfestigkeit, von Gestalt und Größe des Prüfkörpers beeinflusst: Mit steigendem Probenvolumen nimmt auch die Zugfestigkeit des Betons ab.

4.3.3 Biegezugfestigkeit

Wesentlich einfacher ist es, die Zugfestigkeit von Beton an Biegebalken zu bestimmen.

Die Balken können wahlweise mit einer zentrischen Einzellast oder mit zwei gleichen Lasten in den Drittelspunkten belastet werden (Bild F.73). Die Randzugspannung wird dann aus dem jeweiligen Biegemoment berechnet, wobei angenommen wird, dass die Querschnitte bei der Biegung eben bleiben und Dehnung und Spannung linear verteilt sind. Die Randspannung, oder im Falle des Bruchs die Biegezugfestigkeit, wird dann bei mittiger Einzellast

$$f_{c,\text{flex}} = \frac{3}{2} \frac{P \cdot l}{bh^2} \tag{299}$$

und bei zwei Einzellasten in den Drittelspunkten

$$f_{c,\text{flex}} = \frac{P \cdot l}{bh^2}. \tag{300}$$

Feuchteänderungen haben einen großen Einfluss auf die Biegezugfestigkeit. Im Bild F.74 ist schematisch die Feuchtigkeits- und Spannungsverteilung in einer Platte dargestellt, wie sie sich beim Austrocknen einstellt: In den Randzonen entstehen Zug-, in der Kernzone Druckspannungen. Die Zugspannungen überlagern sich mit den Zugspannungen aus der Biegeprüfung; das Ergebnis ist ein früheres Versagen als bei alleiniger Einwirkung der Biegespannung. Die Differenz zwischen den Werten der reinen Biegebelastung und der überlagerten Belastung macht 15 bis 50% der Ersteren aus [271], oder anders betrachtet, die Schwindspannungen betragen 15 bis 50% der Biegezugfestigkeit.

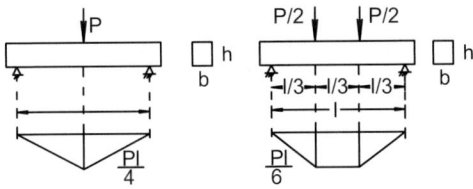

Bild F.73 Biegeprüfung am Betonbalken

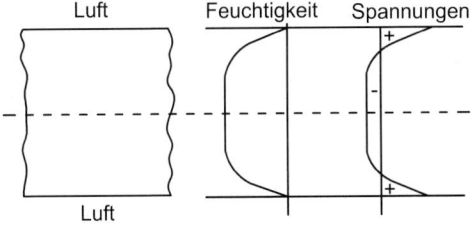

Bild F.74 Feuchtigkeits- und Spannungsverteilung in einer austrocknenden Platte

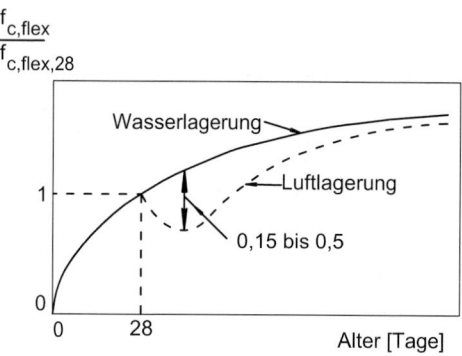

Bild F.75 Verlauf der Biegezugfestigkeit mit zunehmender Austrocknung

Den Verlauf der relativen Biegezugfestigkeit mit zunehmender Austrocknung zeigt Bild F.75, der Wert zum Ende der Wasserlagerung wurde zu 1 gesetzt. Die obere Linie gibt den Verlauf der Biegezugfestigkeit bei ständiger Wasserlagerung wieder und zeigt die Festigkeitszunahme mit dem Alter. Die gestrichelte Linie gilt für den austrocknenden Balken. Mit zunehmender Dauer gleicht sich die Feuchtigkeit über dem Balkenquerschnitt aus, wodurch sich die Schwindspannungen verringern und dementsprechend die aufnehmbare Biegelast anwächst. Sie erreicht jedoch selbst nach langer Zeit nicht die Höhe der ständigen Wasserlagerung. Zwei Gründe dürften hierfür ausschlaggebend sein: Zum einen kann sich die Feuchtigkeit in einem Balken nie vollkommen ausgleichen, da von einem bestimmten Feuchtigkeitsgefälle ab, das vom Diffusionswiderstand abhängt, die Feuchtigkeitsbewegung aufhört. Es werden also immer Schwindspannungen vorhanden sein. Zum anderen ist es wahrscheinlich, dass die Schwindspannungen an der Oberfläche, die ganz zu Beginn der Trocknung am höchsten sind, feine Risse verursacht haben und der Beton dadurch bleibend geschädigt worden ist.

Die Biegezugfestigkeit von üblichen Betonen liegt etwa zwischen 3 und 10 N/mm². Sie ist, wie schon die zentrische Zugfestigkeit, vom w/z-Wert, vom Hydratationsgrad und von der Haftung zwischen Zementstein und Betonzuschlag abhängig. Von besonderem Einfluss auf die Biegezugfestigkeit ist die Größe, insbesondere die Höhe des Biegebalkens: Mit steigender Balkenhöhe nimmt die Biegezugfestigkeit ab und nähert sich bei sehr großen Balkenhöhen der zentrischen Zugfestigkeit an. In Europa gilt DIN EN 12390-5 für die Biegezugprüfung von Beton.

4.3.4 Spaltzugfestigkeit

Die Spaltzugfestigkeit wird vorzugsweise an Zylindern, aber auch an Würfeln oder Prismen bestimmt. Bei Zylindern werden diese entlang zweier gegenüberliegender Mantellinien mit einer Druckkraft beansprucht. Dadurch wird in der Probe ein zweiachsiger Spannungszustand erzeugt, nämlich Druck in Richtung der Linienbelastung und Zug rechtwinklig dazu. Diese Zugspannungen sind über ca. 90 % des Zylinderdurchmessers nahezu konstant. Das Verhältnis der maximalen Druck- zur maximalen Zugspannung beträgt $\sigma_y / \sigma_x = -3$. Da die Zugfestigkeit des Betons wesentlich kleiner als seine Druckfestigkeit ist, bewirkt die Zugspannung σ_x ein Aufspalten des Zylinders [272]. Nach der Elastizitätstheorie ergibt sich die an einem Zylinder (Durchmesser d, Länge l) bestimmte Spaltzugfestigkeit $f_{ct,sp}$ aus der im Spaltzugversuch ermittelten Höchstlast F_u nach Gl. (301).

4 Festigkeit und Verformung von Festbeton

$$f_{\text{ct,sp}} = 2F_u/(\pi \cdot d \cdot l) \tag{301}$$

Die Spaltzugfestigkeit liegt für übliche Betone etwa zwischen 2 und 6 N/mm² und ist damit nur wenig größer als die zentrische Zugfestigkeit. Sie wird von der Betonzusammensetzung in ähnlicher Weise beeinflusst wie die Biegezugfestigkeit. Auch die Spaltzugfestigkeit ist bei Beton aus gebrochenem Zuschlag im Allgemeinen etwa 10 bis 20% größer als bei entsprechendem Kiessandbeton gleicher Druckfestigkeit. Bei Beton gleicher Druckfestigkeit, gleichen w/z-Wertes und vollständiger Verdichtung wird sie mit sandreicherem Zuschlaggemisch und kleinerem Zuschlaggrößtkorn ebenfalls etwas größer.

Die Spaltzugfestigkeit ist nicht in so starkem Maße wie die Biegezugfestigkeit vom Feuchtigkeitszustand und von Temperaturänderungen bei der Prüfung abhängig. So wird z. B. die Spaltzugfestigkeit im Gegensatz zur Biegefestigkeit und zur zentrischen Zugfestigkeit am Anfang einer Austrocknung fast nicht oder nur in geringem Maße vorübergehend abgemindert. Die Spaltzugfestigkeit wird nach DIN EN 12390-6 geprüft.

4.3.5 Zusammenhang zwischen Zug- und Druckfestigkeit

Insbesondere für den entwerfenden Ingenieur, aber auch für den Betontechnologen ist es häufig notwendig, aus bekannten Eingangsgrößen, z. B. der Nennfestigkeit des Betons, auf die Zugfestigkeit des Betons zu schließen. Ebenso wichtig ist es, die zentrische Zugfestigkeit des Betons aus anderen Prüfungen, z. B. dem Biegezug- oder dem Spaltzugversuch, abzuleiten. Dazu sind Verhältniswerte der Festigkeiten erforderlich. Sie sind von allen Einflussgrößen abhängig, die auch die Festigkeiten selbst beeinflussen. Daher können solche Werte nur die Tendenz aufzeigen, aber in der Regel nicht auf den Einzelfall exakt übertragen werden.

Nach Heilmann [273] kann für den Zusammenhang zwischen Betonzugfestigkeit f_t und der Würfeldruckfestigkeit $f_{c,\text{cube}}$ des Betons die Gl. (302) angegeben werden.

$$f_t = c \cdot f_{c,\text{cube}}^{2/3} \tag{302}$$

Tabelle F.20 Koeffizienten c für die Gleichung $f_t = c \cdot f_{c,\text{cube}}^{2/3}$ (Die Werte gelten für 28 Tage alte Prüfkörper.)

Lastschema	Festigkeitsbezeichnung	unterer Grenzwert	c Mittel	oberer Grenzwert
	Biegezugfestigkeit	0,86	1,07	1,28
		0,76	0,98	1,20
	Spaltzugfestigkeit	0,48	0,59	0,70
	direkte Zugfestigkeit	0,36	0,52	0,63

Der Beiwert c hängt von der Art der Zugbeanspruchung – zentrisch, Biegezug oder Spaltzug – ab. Tabelle F.20 zeigt die Spannweite der empirischen Konstante c.

Im *fib* Model Code 2010 [256] wird die zentrische Zugfestigkeit aus der charakteristischen Druckfestigkeit wie folgt ermittelt:

$$\text{für} \leq \text{C50/60:} \quad f_{\text{ctm}} = f_{\text{ctk0,m}} \cdot \left(\frac{f_{\text{ck}}}{f_{\text{ck0}}}\right)^{2/3}; \tag{303}$$

$$\text{für} > \text{C50/60:} \quad f_{\text{ctm}} = f_{\text{ctm0}} \cdot \ln\left(1 + \frac{f_{\text{ck}} + \Delta f}{f_{\text{ck0}}}\right). \tag{304}$$

In diesen Gleichungen kommt zum Ausdruck, dass die Zugfestigkeit bei hochfestem Beton weniger ansteigt als bei normalfestem Beton. Die zentrische Zugfestigkeit darf mit einer Abminderung von 10 % aus der Spaltzugfestigkeit errechnet werden.

4.3.6 Einflüsse auf die Zugfestigkeit

4.3.6.1 Zusammensetzung des Betons

Die Zugfestigkeit hängt von den Faktoren ab, die auch für die Druckfestigkeit maßgebend sind: Dies sind die Eigenschaften des Zementsteins und der Verbund zwischen Zementstein und Zuschlag. Entsprechend nimmt die Zugfestigkeit mit sinkendem Wasserzementwert zu, wenn auch weniger deutlich als die Druckfestigkeit. Da Haftung und Verzahnung zwischen Zementstein und Zuschlag mit rauer Oberfläche in der Regel besser als bei natürlichem, ungebrochenem Sand und Kies sind, weisen Betone aus gebrochenem Zuschlag unter sonst gleichen Bedingungen im Allgemeinen eine Zugfestigkeit auf, die um 10 bis 20 % höher ist als die eines Kiessandbetons gleicher Druckfestigkeit. Von besonderer Bedeutung für die Zugfestigkeit sind Eigenspannungen und daraus resultierende Mikrorisse im Betongefüge als Folge einer Austrocknung und des damit verbundenen Schwindens des Betons.

4.3.6.2 Temperatur

4.3.6.2.1 Hohe Temperaturen

Die Zugfestigkeit wird durch eine Temperaturerhöhung nicht stärker beeinflusst als die Druckfestigkeit. Bild F.76 zeigt eine Auswertung vieler Versuchsergebnisse.

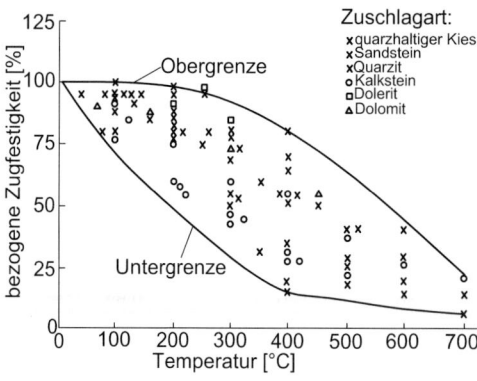

Bild F.76 Einfluss des Zuschlags auf die Spaltzugfestigkeit bei hohen Temperaturen [247]

Daraus wird ersichtlich, dass Betone mit quarzitischen Zuschlägen etwas weniger beeinflusst werden als Beton mit Kalkstein. Im ungünstigsten Fall verliert der Beton bei 200 °C bereits 50 % seiner Festigkeit und fällt bei 500 °C auf 10 % ab. Der Grund für die starke Empfindlichkeit der Zugfestigkeit auf die Temperatur ist der innere Zwang, der aus der Inkompatibilität von Zuschlag und Matrix herrührt.

4.3.6.2.2 Tiefe Temperaturen

Zur Zugfestigkeit bei tiefen Temperaturen liegen nur spärliche Kenntnisse vor. Spaltzugversuche an einem Beton C35/45 in trockenem Zustand ergaben bei −170 °C eine Festigkeitssteigerung gegenüber Raumtemperatur um 42 % [274].

4.3.6.3 Belastungsgeschwindigkeit

Die Belastungsgeschwindigkeit beeinflusst die Zugfestigkeit von Beton in ähnlicher Weise wie die Druckfestigkeit, auch die Ursachen sind dieselben [275]. Bild F.77 zeigt die Abhängigkeit der Zugfestigkeit von der Dehngeschwindigkeit. In Formeln ausgedrückt ergeben sich folgende Zusammenhänge.

Für den Einfluss der Dehngeschwindigkeit:

$$f_{ct,imp}/f_{ctm} = (\dot{\varepsilon}/\dot{\varepsilon}_0)^{0,018} \quad \text{für } \dot{\varepsilon} < 10 \text{ s}^{-1} \tag{305}$$

mit $\dot{\varepsilon}_0 = 1 \cdot 10^{-6}$

$$f_{ct,imp}/f_{ctm} = 0,0062 \, (\dot{\varepsilon}/\dot{\varepsilon}_0)^{1/3} \quad \text{für } \dot{\varepsilon} > 10 \text{ s}^{-1} \tag{306}$$

Für die Spannungsgeschwindigkeit:

$$f_{ct,imp}/f_{ctm} = (\dot{\sigma}/\dot{\sigma}_0)^{0,018} \quad \text{für } \dot{\sigma} < 0,3 \cdot 10^6 \text{MPa s}^{-1} \tag{307}$$

$$f_{ct,imp}/f_{ctm} = 0,0062 \, (\dot{\sigma}/\dot{\sigma}_0)^{1/3} \quad \text{für } \dot{\sigma} > 0,3 \cdot 10^6 \text{MPa s}^{-1} \tag{308}$$

mit $\dot{\sigma}_0 = 0,03$ MPa s^{-1}.

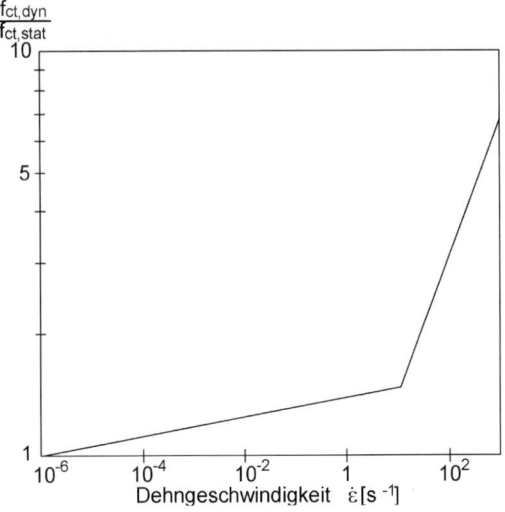

Bild F.77 Einfluss der Dehngeschwindigkeit auf die Zugfestigkeit von Beton [256]

Tabelle F.21 Dehngeschwindigkeiten typischer Stoßbelastungen

Ursache	Dehngeschwindigkeit [s^{-1}]
Gasexplosion	$5 \cdot 10^{-5}$ bis $5 \cdot 10^{-4}$
Erdbeben	$5 \cdot 10^{-3}$ bis $5 \cdot 10^{-1}$
Rammen von Pfählen	10^{-2} bis 10^0
Flugzeugaufprall	$5 \cdot 10^{-2}$ bis $2 \cdot 10^0$
harter Stoß	10^0 bis $5 \cdot 10^1$
Höchstgeschwindigkeitsstoß	10^2 bis 10^6

Zur Orientierung werden einige Dehngeschwindigkeiten in Tabelle F.21 genannt, wie sie in der Praxis vorkommen können. In allen genannten Fällen ist die Zugfestigkeit höher anzusetzen als bei statischer Belastung.

4.3.6.4 Dauer der Belastung

Die Dauerstandzugfestigkeit wurde an vier Normalbetonen mit einer Druckfestigkeit zwischen 32 und 44 MPa aus Portland- und Hochofenzement untersucht [276]. Dabei wurde unabhängig von der Betonzusammensetzung ein Wert vom 0,6-Fachen der Kurzzeitfestigkeit gefunden. Bei hochfestem Beton mit Druckfestigkeiten zwischen 76 und 114 MPa wurde ein Faktor von 0,75 ermittelt [277]. An Betonen mit einer Festigkeit von ca. 55 MPa wurden als Dauerstandfestigkeit 70 % der Kurzzeitfestigkeit angenommen [278].

4.3.6.5 Schwingende Beanspruchung (Ermüdung)

Meist wurden Biegezugversuche durchgeführt, um die Ermüdung von Beton auf Zug zu bestimmen. Einige Ergebnisse zentrischer Zugversuche sind auch veröffentlicht. Bild F.78 gibt ein Beispiel in der Form von Wöhlerlinien [279]. Daraus ersieht man, dass die Festigkeit bei 10^6 Lastwechseln bei einer Unterspannung von null 60 % der Kurzzeitfestigkeit ent-

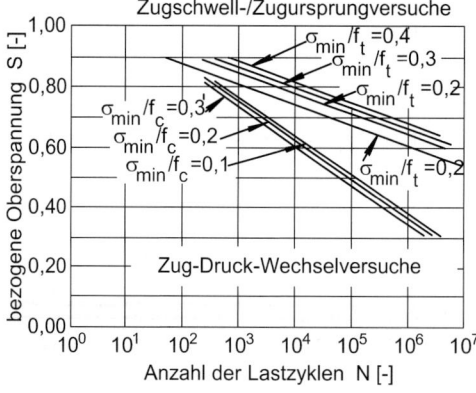

Bild F.78 Wöhlerlinien für zentrische Zug- und Zug-Druck-Beanspruchung [279]

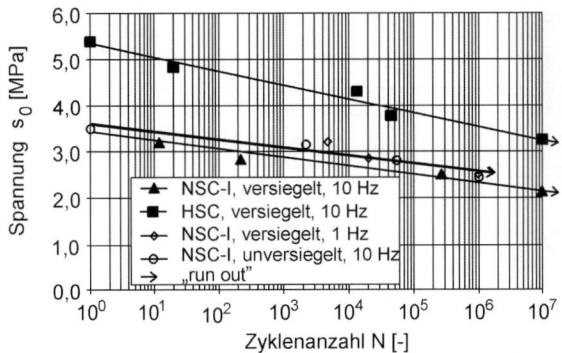

Bild F.79 Wöhlerlinien von normalfestem und hochfestem Beton [280]

spricht; bei einer Unterspannung von 40 % der Zugfestigkeit beträgt die ertragbare Oberspannung 68 % der Zugfestigkeit.

Ist die Unterspannung eine Druckspannung, verringert sich die ertragbare Spannung wesentlich. Bei einer Druckunterspannung von 30 % der Druckfestigkeit geht die Zeitfestigkeit bei 10^6 Lastspielen auf das 0,35-Fache der Zugfestigkeit zurück. Die Linien zeigen auch deutlich, dass eine echte Dauerfestigkeit selbst bei ca. 10^7 Lastspielen nicht erreicht ist. Wöhlerlinien aus Zugschwellversuchen mit der Unterspannung null an normalfestem und hochfestem Beton sind in Bild F.79 dargestellt. Das Bild lässt erkennen, dass beide Betone etwa gleich auf die Schwingbeanspruchung reagieren, beide liegen nach 10^7 Lastwechseln bei 60 % der Kurzzeitzugfestigkeit, unabhängig von der Lagerungsart und der Prüffrequenz.

4.4 Festigkeit bei mehrachsiger Beanspruchung

Insbesondere Flächentragwerke und dickwandige Konstruktionen können einem mehrachsigen Spannungszustand unterworfen sein. Aber selbst in einem Biegebalken ist bei gleichzeitiger Einwirkung von Schub- und Normalspannungen der Spannungszustand zweiachsig. Allgemeingültige Angaben über die Festigkeit von Beton unter mehrachsiger Beanspruchung sind nur auf der Grundlage sog. Bruchhypothesen möglich.

Die zwei- und dreiachsigen Untersuchungen an Beton gestalten sich schwierig, weil die Belastungsplatten die Querdehnung behindern, wie schon beim Würfeldruckversuch erwähnt. Bei Druckversuchen besteht eine Möglichkeit, die Reibung auszuschalten, indem zwischen Druckflächen und Beton eine Teflonschicht eingebracht wird. Beim Zugversuch geht das nicht. Eine Methode, die auf Hilsdorf [281] zurückgeht und heute vielfach angewendet wird, ist, dass die Lastplatten durch ein Paket von Stahlstäben, sog. Belastungsbürsten, ersetzt werden. Die Stäbe müssen einerseits steif genug sein, um nicht auszuknicken, andererseits so biegsam, dass sie der Querdehnung folgen.

Zum Verständnis des zwei- und des dreiachsigen Festigkeitsverhaltens muss man sich den Aufbau des Betons vergegenwärtigen. Bei normalfestem Beton sind die Zuschlagkörner steifer als die Matrix und ziehen Druckkräfte an. Da die Druckkräfte unter einem Winkel zur Lastrichtung wirken, entstehen Zugkräfte zwischen den Körnern. Da der Verbund zwischen Matrix und Korn und die Zugfestigkeit der Matrix relativ klein sind, entstehen Risse parallel zur Kraftrichtung. Dies ist in Bild F.80 gut zu erkennen, in dem ein quadratischer Körper einachsig belastet wurde.

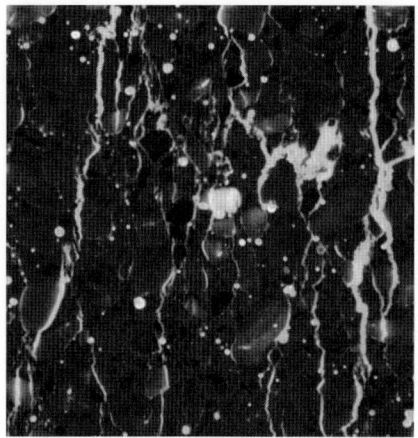

Bild F.80 Einachsige Belastung und Rissbildung in Lastrichtung [282]

Wird die Querdehnung durch eine Druckspannung rechtwinklig zur Hauptlastrichtung behindert, werden sich die Risse erst bei einer etwas höheren Last einstellen. Der Körper kann sich nur in der 3. Richtung ausdehnen und die Risse verlaufen dann parallel zur freien Oberfläche. Bei einer Zugspannung in der 2. Richtung ist es umgekehrt, d. h. die Rissbildung wird unterstützt und der Beton versagt eher. Wird die 3. Richtung durch eine weitere Druckkraft belastet, so wird die Rissbildung in jeder Richtung behindert und die Festigkeit muss stark zunehmen. Bild F.81 zeigt einen Körper, der dreiachsig belastet wurde.

Je nach Verhältnis der drei Druckspannungen zueinander bilden sich Scherzonen aus („shear bands"), in denen der Beton durch Abgleiten versagt. Bild F.82 zeigt schematisch, welcher Bruchtyp sich ausbildet, wenn die Lastverhältnisse unterschiedlich sind. Bei reinem Zug entsteht ein Trennbruch. Bei Zug-Druck plus Druckspannung geht der Trennbruch in einen Gleitbruch über, wobei ein einziger Riss entsteht. Bei dreiachsigem Druck treten Gleitbrüche auf, die mit unterschiedlichen Gleitflächen verbunden sind.

Die Auswertung zahlreicher Versuche ergab, dass die Festigkeit von Beton bei zweiachsiger Druckbeanspruchung je nach Verhältnis der Hauptspannungen um bis zu ca. 25 %

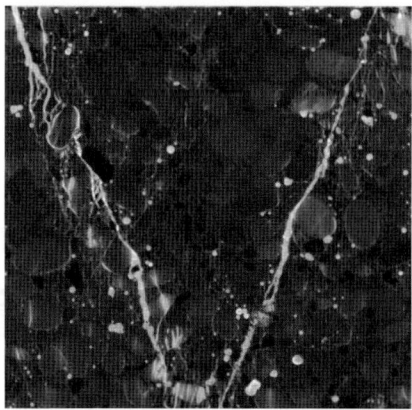

Bild F.81 Dreiachsige Belastung und Bildung von Scherzonen [282]

größer als die einachsige Druckfestigkeit ist. Die Festigkeit von Beton bei zweiachsiger Zugbeanspruchung ist vom Verhältnis der Hauptspannungen unabhängig und gleich der zentrischen Zugfestigkeit. Ist der Beton gleichzeitig Druck- und Zugspannungen ausgesetzt, so nimmt die aufnehmbare Druckspannung mit steigender Zugspannung deutlich ab [282, 284, 286], siehe Bild F.83.

Tritt in der 3. Richtung ebenfalls eine Druckspannung auf, in der Größe von 5 und 10 % der für die 1. Richtung in Bild F.84 a) angegebenen Spannung, nimmt die Festigkeit auf das Mehrfache der einachsigen Druckfestigkeit zu. Bei höheren Spannungen in der 3. Richtung wächst die Festigkeit natürlich an, bis sie bei hydrostatischer Beanspruchung, d. h. gleichen Druckspannungen in allen drei Hauptrichtungen, am größten wird. Das Verhalten wird als räumliche Grenzfläche nach Bild F.84 b) dargestellt. Es bestehen verschiedene Modelle für

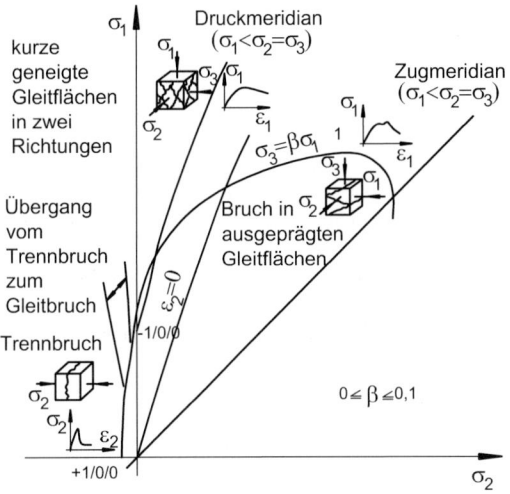

Bild F.82 Ausbildung von Bruchtypen bei unterschiedlichen Verhältnissen der Lasten [283]

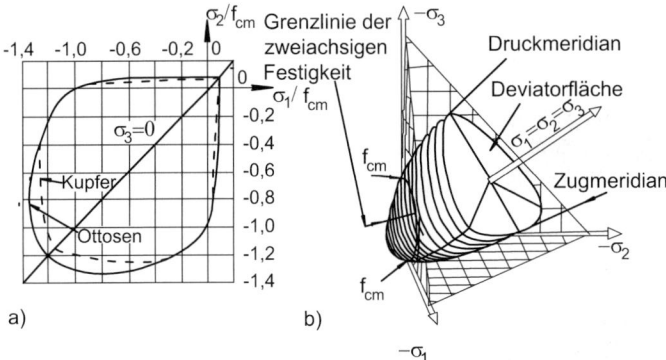

Bild F.83 Grenzlinie der zweiachsigen Festigkeit [240]

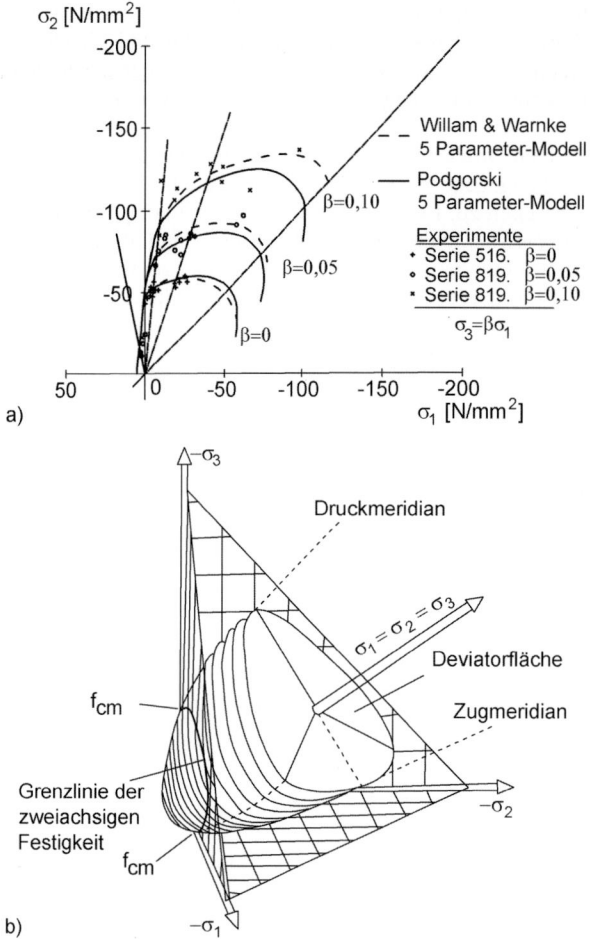

Bild F.84 Grenzlinien [283] und Grenzfläche der dreiachsigen Festigkeit von Beton

die funktionale Beschreibung der Grenzfläche, auf die nicht weiter eingegangen wird. Zwei davon sind in Bild F.84 a) erwähnt [287], die zu realistischer Vorhersage der Festigkeiten führten.

Klassisch ist die Mohr'sche Festigkeitshypothese zur Beschreibung der zweiachsigen Festigkeit von Beton (siehe Abschnitt A 2.3). Die Geraden der Mohr'schen Grenzlinien können dabei durch eine Parabel angenähert werden [288]. Franz gab dafür die Gleichung

$$\tau^2 = 0,536 f_c \sigma + 0,0536 f_c^2 \qquad (309)$$

an, wenn die Zugfestigkeit mit einem Zehntel der Prismendruckfestigkeit, also $f_t = f_c / 10$, angenommen wird. Bild F.85 zeigt die Grenzkurve mit einigen Mohr'schen Spannungskreisen. Die Kurve ist auf der Zugseite begrenzt durch die Zugfestigkeit („tension cutoff" [284]).

Auf der Druckseite kann sie durch eine Gerade angenähert werden. Im Zugbereich (Kreise 1 und 2) ergibt sich ein Trennbruch, bei reiner Schubbeanspruchung (Kreis 3) und bei Druck-

4 Festigkeit und Verformung von Festbeton

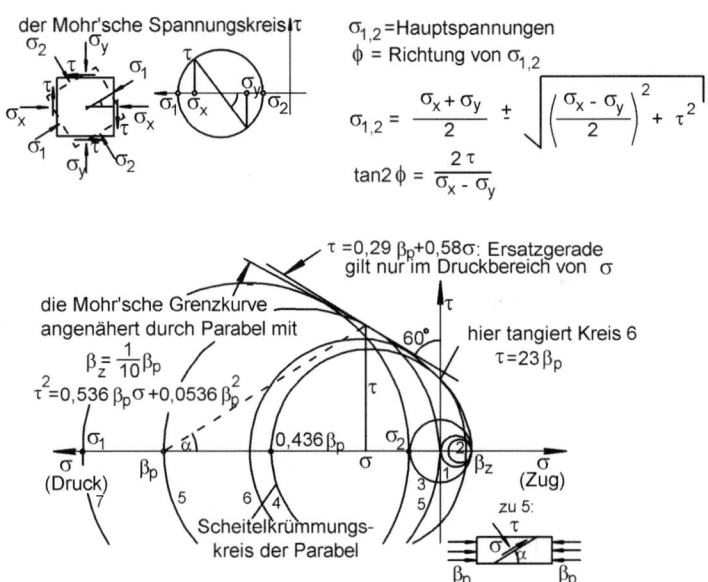

Bild F.85 Spannungskreise und Grenzkurve der Festigkeit von Beton unter zweiachsiger Beanspruchung nach Mohr. Die mittlere Hauptspannung muss algebraisch zwischen σ_1 und σ_2 liegen. β_Z – Zugfestigkeit (heute f_t), β_P – Prismendruckfestigkeit (heute f_c) [288]

und Zugbeanspruchung (Kreis 4) ergibt sich auch ein Trennbruch, bei den vorwiegenden Druckbeanspruchungen (Kreise 5, 6 und 7) folgen Gleitbrüche. Für weitere Informationen wird auf Chen und Saleeb [289] verwiesen.

4.5 Spannungs-Dehnungs-Beziehungen

Eines der wichtigsten Merkmale eines Werkstoffs ist seine Spannungs-Dehnungs-Linie. Im einfachsten Fall gilt für einachsige Beanspruchungen das Hooke'sche Gesetz: $\sigma = E \cdot \varepsilon$. Darin bedeuten σ die Spannung, ε die dazugehörige Dehnung und E den Elastizitätsmodul. Beton folgt diesem Gesetz näherungsweise bei kurzzeitig einwirkender Druckbeanspruchung bis zu ca. 40 % seiner Druckfestigkeit und bei kurzzeitig einwirkender Zugbeanspruchung bis zu ca. 70 % seiner Zugfestigkeit. Bei höheren Spannungen steigt die Dehnung mit der Spannung überproportional an und bei einer Entlastung ist nur ein Teil der Verformungen reversibel, d.h. elastisch. Der irreversible Verformungsanteil nimmt mit steigender Spannung zu. Schon bei niedrigen Spannungen ist die von einer Spannung ausgelöste Dehnung umso größer, je langsamer die Spannung aufgebracht wird bzw. je länger sie einwirkt. Charakteristisch für Beton ist, dass er nach Erreichen der aufnehmbaren Höchstspannung, der Druck- bzw. der Zugfestigkeit, sich deutlich entfestigt, d.h. mit steigender Dehnung nimmt die aufnehmbare Spannung ab und die Spannungs-Dehnungs-Beziehung weist einen abfallenden Ast auf. Eine Spannung löst auch rechtwinklig zu ihrer Wirkungsrichtung eine Dehnung aus: $\varepsilon_q = -\nu \cdot \varepsilon$. Darin bedeuten ε_q die Dehnung rechtwinklig zur Beanspruchungsrichtung, ε die Dehnung in Beanspruchungsrichtung und ν die Poisson'sche Zahl oder Querdehnzahl. Die Querdehnzahl ist für einen Werkstoff mit linear-elastischen Eigenschaften unabhängig von der Größe der aufgebrachten Spannung und liegt in einem Bereich

$0 < \nu < 0{,}5$. Die Querdehnzahl für Beton ist nur im Bereich niedriger Spannungen konstant und steigt bei Druckspannungen größer etwa $0{,}4\,f_c$ deutlich an.

Obwohl also die Werkstoffkennwerte Elastizitätsmodul E und Querdehnzahl ν für Beton nur unter Einschränkungen, d. h. bei niedrigen Spannungen und kurzzeitiger Einwirkungsdauer, als konstante Größen behandelt werden können, sind sie unerlässlich, z. B. zur Abschätzung der Bauwerksverformung bei kurzzeitiger Einwirkung der Gebrauchslast, der elastischen Rückverformung bei einer Entlastung oder zur Tragwerksanalyse für den Gebrauchszustand, wenn E und ν in verschiedenen Bauteilen unterschiedlich sind. Die Kenntnis des gesamten Verlaufs der Spannungs-Dehnungs-Linie ist Voraussetzung zur richtigen Abschätzung des Bauwerkverhaltens im Zustand des Versagens.

4.6 Elastizitätsmodul und Querdehnzahl

Zur Beschreibung des elastischen Verhaltens von Beton wird entweder die Steigung der Spannungs-Dehnungs-Linie im Ursprung, definiert als Tangentenmodul, oder die Sekante zur Spannungs-Dehnungs-Linie bei Druckbeanspruchung zwischen der Spannung $\sigma = 0$ und $\sigma \approx -0{,}4\,f_c$, definiert als Sekantenmodul, herangezogen. Der E-Modul des Betons wird durch die E-Moduln seiner Komponenten, des Betonzuschlags und des Zementsteins, bestimmt. Er kann nach der Theorie der Verbundwerkstoffe auch rechnerisch aus den E-Moduln und Volumenanteilen beider Komponenten näherungsweise ermittelt werden. Der E-Modul des Zementsteins hängt von der Kapillarporosität und damit vom Wasserzementwert und vom Hydratationsgrad ab.

Als Anhaltspunkt kann von einem E-Modul des Zementsteins im Alter von 28 Tagen, $E_{ZS} \approx 9.000\,\text{N/mm}^2$ bei w/z = 0,7 und $E_{ZS} \approx 20.000\,\text{N/mm}^2$ bei w/z = 0,4, ausgegangen werden. Darüber hinaus hängt E_{ZS} vom Feuchtezustand des Zementsteins ab. Im Vergleich zu wassergesättigtem Zementstein weist trockener Zementstein einen um ca. 10 % geringeren E-Modul auf.

Der E-Modul des Betonzuschlags kann in weiten Grenzen schwanken und hängt vom mineralogischen Charakter des Gesteins ab. Der E-Modul von Normalzuschlag liegt nach Tabelle F.6 etwa zwischen $10.000\,\text{N/mm}^2$ (z. B. Sandstein) und $90.000\,\text{N/mm}^2$ (z. B. Basalt). Er ist damit meist deutlich größer als der E-Modul des Zementsteins. Leichtzuschläge weisen dagegen E-Moduln auf, die je nach Kornrohdichte etwa zwischen 3.000 und 20.000 N/mm² liegen und damit auch niedriger als der E-Modul des Zementsteins sein können. Damit sind als wesentliche technologische Parameter für den E-Modul des Betons zu nennen: der Wasserzementwert und das Alter des Betons, der E-Modul und der Volumenanteil des Betonzuschlags und der Feuchtezustand des Betons. Mit sinkendem Wasserzementwert und steigendem Alter nimmt der E-Modul des Betons zu. Eine Zunahme des Zement- bzw. Zementsteingehalts bewirkt eine Abnahme des E-Moduls. Diese Tendenzen gelten sowohl für den Tangenten- als auch für den Sekantenmodul. Im Bereich der Gebrauchsspannungen ist der Tangentenmodul für Druck- und für Zugbeanspruchung gleich.

In Deutschland wird der E-Modul bei Druckbeanspruchung nach DIN 1048 Teil 5 bestimmt. Er ist definiert als Sekantenmodul bei der 3. Belastung nach vorangegangener zweimaliger Be- und Entlastung zwischen den Spannungen $\sigma_{min} \approx -0{,}5\,\text{N/mm}^2$ und $\sigma_{max} \approx -1/3\,f_c$. Durch die Be- und Entlastungszyklen wird sichergestellt, dass bei der 3. Belastung fast nur noch elastische Verformungen auftreten. Eine ISO- oder CEN-Norm zur Bestimmung des E-Moduls liegt noch nicht vor.

Aus den o. g. Einflussparametern geht hervor, dass der E-Modul des Betons mit steigender Betondruckfestigkeit ansteigt. Es liegt daher nahe, den E-Modul von Beton in Abhängigkeit von der Betondruckfestigkeit bzw. von der Betonfestigkeitsklasse anzugeben. Damit kann der Einfluss des E-Moduls des Betonzuschlags und seines Volumenanteils aber nicht erfasst

4 Festigkeit und Verformung von Festbeton

Tabelle F.22 Rechenwerte des E-Moduls $E_{c0\,m}$ für Beton nach DIN 1045-1

Betonfestigkeitsklasse	C12/15	C16/20	C20/25	C25/30	C30/37	C35/45	C40/50	C45/55
E-Modul des Betons [kN/mm²]	25,8	27,4	28,8	30,5	31,9	33,3	34,5	35,7
Betonfestigkeitsklasse	C50/60	C55/67	C60/75	C70/85	C80/95	C90/105	C100/115	
E-Modul des Betons [kN/mm²]	36,8	37,8	38,8	40,6	42,3	43,8	45,2	

werden, sodass Abhängigkeiten $E_c = f(f_c)$ stets nur Näherungen sein können. Tabelle F.22 gibt die in DIN 1045-1 enthaltenen Angaben über den E-Modul für bestimmte Betonfestigkeitsklassen wieder. Der Schubmodul G kann berechnet werden aus $G = E/(2(1+v))$, wobei v die Querdehnzahl des Betons ist.

Im CEB-FIP Model Code MC 90 wird ein Zusammenhang zwischen dem E-Modul des Betons und der mittleren Druckfestigkeit f_{cm} nach Gl. (310) gegeben [240, 269].

$$E_c = \alpha_E \cdot E_{c0} \left(f_{cm}/f_{cm0}\right)^{1/3} \tag{310}$$

Darin bedeuten E_c = E-Modul des Betons [N/mm²], definiert als Tangentenmodul bei $\sigma = 0$, E_{c0} = Grundwert des E-Moduls = 21,5 kN/mm², f_{cm} = mittlere Druckfestigkeit, $f_{cm} = f_{ck} + 8$ N/mm², $f_{cm0} = 10$ N/mm² und α_E = Beiwert, der von der Zuschlagart abhängt. Für Basalt und dichten Kalkstein ist $\alpha_E = 1{,}20$, für quarzitischen Zuschlag ist $\alpha_E = 1{,}0$, für Kalkstein und für Sandstein ist $\alpha_E = 0{,}9$ bzw. 0,7. Soll der Einfluss bleibender Anfangsverformungen berücksichtigt werden, so ist E_c um den Faktor 0,85 abzumindern. Der Einfluss der Betonzuschlagart auf den E-Modul kann auch dadurch näherungsweise erfasst werden, dass die Rohdichte des Betons, die ja von der Rohdichte des Betonzuschlags wesentlich beeinflusst wird, als zusätzlicher Parameter eingeführt wird.

Die *Querdehnzahl v* von Beton hängt von der Betonzusammensetzung, vom Betonalter und vom Feuchtezustand des Betons ab und schwankt im Bereich der Gebrauchsspannungen etwa zwischen 0,15 und 0,25. Mit steigender Betondruckfestigkeit nimmt die Querdehnzahl eher zu. Der wesentliche Einflussparameter ist jedoch die Spannungshöhe. Infolge der Mikrorissbildung bei Druckbeanspruchung nimmt die Querdehnung bei Spannungen über etwa $-0{,}5\,f_c$ überproportional zu. Entsprechend steigt die Querdehnzahl und erreicht bei $\sigma = -f_c$ Werte um ca. 0,5. Bei weiter steigender Stauchung, d. h. im abfallenden Ast der Spannungs-Dehnungs-Linie, ist die Mikrorissbildung so weit fortgeschritten, dass $v > 0{,}5$ wird. Dies entspricht einer Volumenzunahme, die ein Maß für die Zerrüttung des Betons ist.

Nach DIN 1045-1 ist der Einfluss der Querdehnung mit $v = 0{,}2$ zu berücksichtigen, soweit zur Vereinfachung nicht mit $v = 0$ gerechnet werden darf.

4.7 Die zeitliche Entwicklung von Festigkeit und Elastizitätsmodul

In Abschnitt F 3.5 wurden bereits einige Angaben über die Festigkeitsentwicklung mit steigendem Betonalter gemacht. Im CEB-FIP Model Code 90 [240] werden darüber hinaus auch analytische Funktionen für die zeitliche Entwicklung der *Druckfestigkeit* nach einer Lagerung bei 20 °C entsprechend Gl. (311) gegeben:

$$f_{cm}(t) = \beta_{cc}(t) \cdot f_{cm} \tag{311}$$

Tabelle F.23 Werte für den Beiwert s

Festigkeitsklasse des Zements	32,5 N	32,5 R; 42,5 N	42,5 R; 52,5 N/R
Beiwert s	0,38	0,25	0,20

mit

$$\beta_{cc}(t) = \exp\left\{s\left[1 - \left(\frac{28}{t/t_1}\right)^{1/2}\right]\right\}. \tag{312}$$

Darin bedeuten $f_{cm}(t)$ = mittlere Betondruckfestigkeit [N/mm²] nach einem Betonalter von t Tagen, f_{cm} = mittlere Zylinderdruckfestigkeit [N/mm²] im Alter von 28 Tagen, t_1 = Bezugsalter = 1 Tag und s = Beiwert, der von der Zementart abhängt. Unter Bezug auf deutsche Normenzemente gelten die in Tabelle F.23 angegebenen Werte für den Beiwert s.

Nach Gl. (311) hat ein Beton aus einem Zement der Festigkeitsklasse 32,5 N nach 7 bzw. nach 180 Tagen seine Druckfestigkeit von 68% bzw. 126% der 28-Tage-Festigkeit erreicht. Für einen Beton aus einem Zement 42,5 R ergeben sich entsprechende Werte von 81% bzw. 112%. Insgesamt geben die Gln. (311) und (312) den zeitlichen Verlauf der Festigkeitsentwicklung richtig wieder.

Die zeitliche Entwicklung der *Zugfestigkeit* folgt direkt dem Hydratationsgrad. Sie wird jedoch auch durch die Schwindspannungen beeinflusst, die von der Körpergröße und den Lagerungsbedingungen abhängen und die zu einem vorübergehenden Abfall der Zugfestigkeit führen können. Im CEB-FIP Model Code 90 wird von einer zeitlichen Entwicklung der Zugfestigkeit ausgegangen, die erst ab einem Alter von 28 Tagen affin zur Entwicklung der Druckfestigkeit ist.

Die zeitliche Entwicklung des *Elastizitätsmoduls* verläuft schneller als jene der Druckfestigkeit. Dies wird durch Gl. (313) berücksichtigt:

$$E_c(t) = \beta_E(t) \cdot E_e \tag{313}$$

mit

$$\beta_E(t) = [\beta_{cc}(t)]^{0,5}. \tag{314}$$

Darin bedeuten $E_c(t)$ = Elastizitätsmodul [N/mm²] im Alter von t Tagen, E_c = Elastizitätsmodul [N/mm²] im Alter von 28 Tagen nach Gl. (310), $\beta_{cc}(t)$ = Beiwert nach Gl. (312). Demnach hat ein Beton aus einem Zement 32,5 N nach 7 Tagen bereits ca. 80% seines E-Moduls im Alter von 28 Tagen erreicht. Im Alter von 180 Tagen ist der E-Modul nur noch um weitere 12% gestiegen. Dies ist darauf zurückzuführen, dass der E-Modul des Betons in hohem Maß vom E-Modul des Betonzuschlags bestimmt wird, dessen Eigenschaften aber nicht altersabhängig sind.

5 Lastunabhängige Verformungen

5.1 Allgemeines

Die Gesamtverformung eines Tragwerks ist die Summe aus lastunabhängigen und lastabhängigen Verformungen. Die lastunabhängigen Verformungen betreffen die Temperaturverformung und die hygrischen Verformungen, d.h. das Schwinden bei Austrocknung und das Quellen bei Befeuchtung. Die Einteilung in lastunabhängige und lastabhängige Verformungen ist eine Konvention, die die mathematische Beschreibung der Phänomene vereinfacht. In Wirklichkeit wird jede lastunabhängige Verformung von Spannungen begleitet, seien es Eigenspannungen, die in einem Querschnitt bei ungleichmäßigen Temperatur- und Schwinddehnungen entstehen, oder Zwangspannungen, die bei Behinderung durch äußere Auflagerbedingungen erzeugt werden. Die Eigen- und Zwangspannungen können so groß werden, dass Risse entstehen, die die mittlere Dehnung maßgeblich beeinflussen. Dennoch wird im Weiteren der traditionellen Methode gefolgt, dass Schwinden, Quellen und Temperaturdehnung getrennt von einer mechanischen Belastung betrachtet werden können.

5.2 Temperaturdehnung

Wird ein Tragwerk erhitzt, dehnt sich dieses entsprechend den Temperaturdehnzahlen des Betons aus:

$$\varepsilon_{cT} = \alpha_T \Delta T \tag{315}$$

mit α_T = Temperaturdehnzahl und ΔT = Temperaturänderung gegenüber der Aufstelltemperatur.

Die Temperaturdehnzahl α_T des Betons ist von der Temperaturdehnzahl α_{gT} der Gesteinskörnung (Zuschlag), von der Temperaturdehnzahl α_{zsT} des Zementsteins, vom Zuschlag- bzw. Zementsteinanteil und vom Feuchtezustand des Betons abhängig. Die Temperaturdehnzahl von Beton kann in erster Näherung nach Gl. (316) abgeschätzt werden [290].

$$\alpha_T = \alpha_{gT} \cdot v_{gT} + \alpha_{zsT} \cdot v_{zsT} \tag{316}$$

Darin sind v_{gT} und v_{zsT} die Volumenanteile des Zuschlags bzw. des Zementsteins und α_{gT} bzw. α_{zsT} die Temperaturdehnzahlen des Zuschlags bzw. des Zementsteins. Die Vorhersage kann verbessert werden, wenn anstelle der Phasen Zuschlag und Zementstein die Phasen Zuschlag und Feinmörtel unterschieden werden [291].

Tabelle F.24 Richtwerte für die Temperaturdehnzahl α_T von Beton [290]

Betonzuschlag	Feuchtigkeitszustand bei Prüfung	Temperaturdehnzahl α_T [10^{-6}/K] von Beton mit einem Zementgehalt [kg/m³] von				
		200	300	400	500	600
Quarzgestein	wassergesättigt	11,6	11,6	11,6	11,6	11,6
	lufttrocken[a]	12,7	13,0	13,4	13,8	14,2
Quarzsand und Quarzkies	wassergesättigt	11,1	11,1	11,2	11,2	11,3
	lufttrocken[a]	12,2	12,6	13,0	13,4	13,9
Granit, Gneis, Liparit	wassergesättigt	7,9	8,1	8,3	8,5	8,8
	lufttrocken[a]	9,1	9,7	10,2	10,9	11,8
Syenit, Trachyt, Diorit, Andesit, Gabbro, Diabas, Basalt	wassergesättigt	7,2	7,4	7,6	7,8	8,0
	lufttrocken[a]	8,5	9,1	9,6	10,4	11,1
dichter Kalkstein	wassergesättigt	5,4	5,7	6,0	6,3	6,8
	lufttrocken[a]	6,6	7,2	7,9	8,7	9,8

[a] Bei 65 bis 70 % rel. Luftfeuchte und bis zum Alter von rd. 1 Jahr, danach etwas geringer.

Nach Tabelle F.24 liegt die Temperaturdehnzahl α_{gT} eines üblichen Zuschlags etwa zwischen 5 und 12 · 10^{-6}/K. Sie ist bei wassergesättigtem Zuschlag etwas geringer als bei lufttrockenem Zuschlag. Zuschläge mit geringer Temperaturdehnzahl sind dichter Kalkstein und Hochofenschlacke. Mit wachsendem Quarzgehalt des Zuschlags nimmt dessen Temperaturdehnzahl zu.

Die Temperaturdehnzahl α_{zsT} des Zementsteins liegt etwa zwischen 10 und 23 · 10^{-6}/K. Sie ist überwiegend vom Feuchtezustand abhängig und beträgt für wassergesättigten und für sehr trockenen Zementstein etwa 10 · 10^{-6}/K. Bei 65 bis 70 % rel. Luftfeuchte erreicht sie einen Höchstwert von etwa 23 · 10^{-6}/K. Mit steigendem Alter des Zementsteins nimmt α_{zsT} etwas ab. Für Beton liegt die Temperaturdehnzahl α_T etwa zwischen 5,5 und 14 · 10^{-6}/K. Dabei gelten die kleinsten Werte für zementarmen, wassergesättigten Beton mit dichtem Kalksteinzuschlag und die größten Werte für lufttrockenen (65 bis 70 % rel. Luftfeuchte) und zementreichen Beton mit quarzreichem Zuschlag. Richtwerte für die Temperaturdehnzahl einiger Betone können Tabelle F.24 entnommen werden [290].

Die Annahme einer Proportionalität zwischen Temperaturdehnung und Temperaturänderung nach Gl. (315) gilt nur für einen mittleren Temperaturbereich. Bei hohen Temperaturen ist α_T nicht mehr konstant und nimmt mit steigender Temperatur eher zu. Besonders schwierig ist die Bestimmung von α_T, wenn mit der Erwärmung des Betons ein Feuchtetransport verbunden ist. Über die Temperaturdehnzahl von Beton bei sehr tiefen Temperaturen berichten Rostásy und Wiedemann [292].

Beim Nachweis der durch Temperaturänderungen verursachten Schnittgrößen oder Verformungen nach DIN 1045-1 kann für Beton und für Betonstahl eine Temperaturdehnzahl $\alpha_T = 10 \cdot 10^{-6}$/K angenommen werden, wenn im Einzelfall nicht andere Werte durch Versuche nachgewiesen werden. Für die Berücksichtigung der durch Witterungseinflüsse in Bauteilen hervorgerufenen mittleren Temperaturschwankungen darf je nach Bauteilart und -abmessungen mit einer Temperaturdifferenz T zwischen ±7,5 und ±20 K gerechnet werden.

5.3 Schwinden

5.3.1 Ursachen

Das Schwinden des Betons hat verschiedene Ursachen. Für Normalbeton ist der größte und bedeutendste Teil das *Trocknungsschwinden*. Es stellt sich ein, wenn Beton in trockener Umgebung Feuchte abgibt und als Folge sein Volumen reduziert. In Wasser oder an sehr feuchter Luft nimmt der Beton dagegen Wasser auf. Dies ist mit einer Volumenzunahme, dem *Quellen* verbunden. Schon in Abschnitt F 2.1.4 wurde darauf hingewiesen, dass das bei der Hydratation des Zements entstehende Zementgel ein kleineres Volumen einnimmt als das Volumen der Anteile von Wasser und Zement, aus denen es entstanden ist. Man bezeichnet dies als *chemisches Schwinden*. Bei niedrigem Wasserzementwert, kleiner als rd. 0,40, reicht die Wassermenge für eine vollständige Hydratation nicht aus. Die Folge ist eine innere Austrocknung und damit verbunden eine Volumenabnahme des Betons. Sie wird als *autogenes Schwinden* bezeichnet (wobei hier auch noch ein Teil des chemischen Schwindens mitgerechnet wird, wenn es im erhärteten Beton auftritt). Dieses ist von den Umweltbedingungen unabhängig und insbesondere bei hochfesten Betonen von Bedeutung, da es hier den Anteil des Trocknungsschwindens an der gesamten Schwindverformung sogar übertreffen kann. Auf das *plastische Schwinden* (Kapillarschwinden) des jungen Betons während des Erstarrens und des Anfangsstadiums der Erhärtung wurde schon in Abschnitt F 3.2 eingegangen. Auch die Carbonatisierung des Betons ist mit einer Volumenabnahme, dem *Carbonatisierungsschwinden* verbunden [293]. Das plastische Schwinden kann durch geeignete technologische Maßnahmen gering gehalten werden. Auch der Anteil des Carbonatisierungsschwindens an der Gesamtschwindverformung ist unter normalen Umweltbedingungen relativ klein, sodass für die Vorhersage des Schwindens von Betonen niedriger und mittlerer Festigkeitsklassen eine Differenzierung zwischen den einzelnen Komponenten des Schwindens nicht erforderlich ist. Die Vorhersage des Schwindens insbesondere hochfester Betone kann jedoch deutlich verbessert werden, wenn zwischen Trocknungsschwinden und autogenem Schwinden unterschieden wird.

Für Normalbeton kann in erster Näherung angenommen werden, dass Wasserverlust und Trocknungsschwinden einander proportional sind. Bei einer genaueren Betrachtung ist aber zu berücksichtigen, dass insbesondere der Wasserverlust aus den feinen Kapillarporen und aus den Gelporen zu einer Volumenänderung führt, während der Wasserverlust aus den bei einem Trocknungsvorgang zuerst austrocknenden gröberen Kapillarporen mit einem deutlich geringeren Schwinden verbunden ist.

Da die Austrocknung von Beton ein sehr langsam ablaufender Diffusionsprozess ist, entwickelt sich auch die Schwindverformung nur langsam mit der Zeit. Die oberflächennahen Bereiche eines Betonquerschnitts stehen schon nach einer kurzen Trocknungsdauer im Feuchtegleichgewicht mit der umgebenden Luft. Mit steigender Entfernung von der Oberfläche ist der Feuchtegehalt des Betons aber noch deutlich höher, sodass z. B. im Kern eines Betonzylinders mit einem Durchmesser von 500 mm nach einer Trocknungsdauer von mehreren Jahren immer noch eine relative Feuchte von über 90 % herrscht. Viele Jahrzehnte verstreichen, ehe ein solcher Betonzylinder über seinen ganzen Querschnitt die sog. Ausgleichsfeuchte erreicht hat. Da die rel. Feuchte über den Querschnitt ungleich verteilt ist und von außen nach innen zunimmt, ist auch die freie Schwindverformung über den Querschnitt nicht konstant und nimmt von außen nach innen ab. Als Folge davon entstehen Eigenspannungen, die sog. Schwindspannungen. Dies sind Zugspannungen an der Oberfläche und Druckspannungen im Kern, da der nur langsam austrocknende Kern die freie Schwindverkürzung der Ränder behindert. Unter ungünstigen Bedingungen lösen die Zugspannungen Schwindrisse an der Oberfläche von Betonteilen aus. Im Gegensatz zum Trocknungsschwinden ist das autogene Schwinden über den Querschnitt nahezu gleichmäßig verteilt, sodass es keine Eigenspannungen im o. g. Sinn auslöst. Sowohl Trocknungsschwinden als auch autogenes Schwinden führen aber zu Gefügespannungen, weil der Zementstein in der Regel wesentlich stärker als der Betonzuschlag schwindet. Aufgrund der Behinderung des Zementsteinschwindens durch die steiferen Zuschlagkörner entstehen Druckspannungen im Zuschlagkorn und Zugspannungen in der Mörtel- bzw. Zementsteinmatrix, die zu Rissen in der Kontaktzone Zementstein – Zuschlag führen. Zwangspannungen entstehen in statisch unbestimmten Konstruktionen, wenn die mittlere Schwindverformung eines Bauteils behindert wird. Durchgehende Trennrisse können die Folge sein. Bei der Abschätzung der Größe solcher Schwindspannungen ist aber stets der Einfluss des Kriechens von Beton zu berücksichtigen. Da sich die Schwindspannungen nur langsam entwickeln, werden sie unter der Wirkung des Kriechens abgebaut.

Die physikalischen Vorgänge, die zum Schwinden des Betons führen, sind heute, wenn auch nicht in allen Einzelheiten, so doch im Grundsatz geklärt. Im Wesentlichen sind dies Veränderungen von Kapillarspannungen im Porensystem des Zementsteins, Veränderungen der Oberflächenspannungen in den Hydratationsprodukten des Zementsteins sowie der sog. Spaltdruck zwischen den Hydratationsprodukten als Folge der Austrocknung (siehe dazu u. a. [294]). Die Eigenschaften des Betonzuschlags, insbesondere sein Elastizitätsmodul, wirken sich zwar auf die Größe des Betonschwindens aus, mit Ausnahme tonhaltiger oder sehr poröser Zuschläge schwinden Zuschläge aber selbst nicht oder nur sehr wenig.

Die Schwindverformungen von Beton nach langer Trocknungsdauer liegen im Bereich von 0,1 bis 1 mm/m. Der wichtigste Einflussparameter für die Größe des Schwindens von Normalbeton ist der Feuchteverlust des Betons nach einer gegebenen Trocknungsdauer. Das

Schwinden nimmt daher mit steigendem Anmachwassergehalt und sinkender rel. Feuchte der umgebenden Luft zu. Mit sinkender Kapillarporosität und daher mit sinkendem Wasserzementwert wird vor allem die Geschwindigkeit einer Austrocknung und damit auch die der zeitlichen Entwicklung des Schwindens reduziert. Von besonderer Bedeutung für die Größe des Schwindens ist der Einfluss des Zementleimgehalts: In erster Näherung ist das Schwinden dem Zementleimgehalt proportional. Dies ist die wesentliche Ursache für die im Vergleich zu Beton meist viel höheren Schwindmaße von Mörteln. Abweichungen von dieser Linearität können durch Betrachtungen auf der Basis der Verbundwerkstofftheorie erklärt werden. Schwindverformungen des Betons nehmen mit steigender Mahlfeinheit des Zements, aus dem er hergestellt wurde, zu. Dies ist mit der Zunahme der Hydratationsgeschwindigkeit von Zementen mit hoher Mahlfeinheit zu erklären. Als Folge davon ist schon in jungem Alter der Gelporenanteil des Zementsteins hoch. Ein Wasserverlust führt daher zu großen Schwindverformungen. Nach Untersuchungen von Fleischer [295] steigt das Schwinden des Betons deutlich mit zunehmendem Gehalt an wasserlöslichen Alkalien im Zement. Die Schwindverformungen eines Betons sind umso geringer, je größer der E-Modul des Betonzuschlags ist, da steife Zuschläge das Zementsteinschwinden mehr behindern als weniger steife. Dicke Bauteile schwinden wesentlich langsamer als dünne, weil sie erst nach sehr langer Trocknungsdauer ein Feuchtegleichgewicht mit der Umgebung erreichen. Zumindest theoretisch müsste das Endschwindmaß von der Bauteildicke unabhängig sein. Da sehr dicke Bauteile aber diesen Wert u. U. erst nach Jahrhunderten erreichen, kann für eine praktische Anwendung von einer Abnahme des Endschwindmaßes mit steigender Bauteildicke ausgegangen werden. Die Dauer der Nachbehandlung wirkt sich auf die Größe des Schwindens zwar erst bei einer sehr langen Feuchtlagerung aus [296], sie ist aber entscheidend für den Widerstand der randnahen Zonen gegen das Auftreten von Schwindrissen, die insbesondere bei unzureichender Nachbehandlung beobachtet werden.

Bei wechselnder Trocken- und Feuchtlagerung ist das Schwinden nur teilweise reversibel, sodass Quellverformungen bei Feuchtlagerung deutlich kleiner als vorangegangene Schwindverformungen sind. Im Vergleich zu den Schwindeigenschaften von Betonen niedriger und mittlerer Festigkeitsklassen sind die Schwindverformungen hochfester Betone deutlich geringer, da wegen der wesentlich dichteren Mikrostruktur diffusionsgesteuerte Vorgänge in hochfesten Betonen wesentlich langsamer als in Normalbetonen ablaufen. Entsprechend nimmt mit steigender Druckfestigkeit insbesondere das Trocknungsschwinden ab, sodass das autogene Schwinden mit steigender Druckfestigkeit immer mehr an Bedeutung gewinnt [297].

5.3.2 Mathematische Beschreibung

Die *Schwindverformung* eines Betons $\varepsilon_{cs}(t, t_s)$ bei einem Alter t, der ab einem Alter t_s austrocknen konnte, setzt sich nach Gl. (317) aus den Anteilen des autogenen Schwindens $\varepsilon_{cas}(t)$ (in der DIN 1045-1 Schrumpfen genannt, zur Terminologie siehe Grube [298]) und des Trocknungsschwindens $\varepsilon_{cds}(t, t_s)$ zusammen [299].

$$\varepsilon_{cs}(t, t_s) = \varepsilon_{cas}(t) + \varepsilon_{cds}(t, t_s) \tag{317}$$

Die Komponenten des Schwindens $\varepsilon_{cas}(t)$ und $\varepsilon_{cds}(t, t_s)$ ergeben sich nach den Gln. (318) und (319) aus dem Grundwert des autogenes Schwindens $\varepsilon_{cas0}(f_{cm})$ und einer Zeitfunktion $\beta_{ss}(t)$ bzw. aus dem Grundwert des Trocknungsschwindens $\varepsilon_{sds0}(t, t_s)$, einem Beiwert β_{RH} zur Berücksichtigung des Einflusses der rel. Luftfeuchte auf das Trocknungsschwinden sowie einer Zeitfunktion $\beta_{ds}(t - t_s)$.

$$\varepsilon_{cas}(t) = \varepsilon_{cas0}(f_{cm}) \cdot \beta_{as}(t) \tag{318}$$

5 Lastunabhängige Verformungen

$$\varepsilon_{cds}(t, t_s) = \varepsilon_{cds0}(f_{cm}) \cdot \beta_{RH} \cdot \beta_{ds}(t - t_s) \tag{319}$$

Das autogene Schwinden $\varepsilon_{cas}(t)$ nach Gl. (318) ergibt sich aus den Gln. (320) und (321).

$$\varepsilon_{cas0}(f_{cm}) = -\alpha_{as} \left[\frac{f_{cm}/f_{cm0}}{6 + f_{cm}/f_{cm0}} \right]^{2,5} \cdot 10^{-6} \tag{320}$$

$$\beta_{as}(t) = 1 - \exp\left[-0,2 \left(\frac{t}{t_1}\right)^{0,5}\right] \tag{321}$$

Darin bedeuten f_{cm} die mittlere Betondruckfestigkeit im Alter von 28 Tagen: $f_{cm} = f_{ck} + 8$ N/mm², $f_{cmo} = 10$ N/mm², $t_1 = 1$ Tag, t = Zeit [Tage] und α_{as} den Beiwert zur Berücksichtigung der Zementart nach Tabelle F.25

Die Vorhersage des Trocknungsschwindens ε_{cds} folgt den Gln. (322) bis (325).

$$\varepsilon_{cds0}(f_{cm}) = [(220 + 110 \cdot \alpha_{ds1}) \cdot \exp(-\alpha_{ds2} \cdot f_{cm}/f_{cm0})] \cdot 10^{-6} \tag{322}$$

$$\beta_{RH} = -1,55 \left[1 - \left(\frac{RH}{RH_0}\right)^3\right] \text{ für } 40 \leq RH < 99\% \cdot \beta_{s1}$$

$$\beta_{RH}(RH) = 0,25 \text{ für } RH \geq 99\% \cdot \beta_{s1} \tag{323}$$

$$\beta_{ds}(t - t_s) = \left[\frac{(t - t_s)/t_1}{350 (h/h_0)^2 + (t - t_s)/t_1}\right]^{0,5} \tag{324}$$

$$\beta_{s1} = \left(\frac{3,5 f_{cm0}}{f_{cm}}\right)^{0,1} \leq 1,0 \tag{325}$$

Darin bedeuten f_{cm} die mittlere Betondruckfestigkeit [N/mm²], $f_{cmo} = 10$ N/mm², $t_1 = 1$ Tag, RH die rel. Feuchte der umgebenden Luft [%], $RH_0 = 100\%$, h die wirksame Bauteildicke $h = 2A/u$ mit A = Querschnittsfläche und u = Anteil des Querschnittsumfangs, der einer Trocknung ausgesetzt ist, $h_0 = 100$ mm, $\alpha_{ds1}, \alpha_{ds2}$ die Beiwerte zur Berücksichtigung der Zementart nach Tabelle F.25 und β_{s1} den Beiwert, der die innere Austrocknung des Betons berücksichtigt

Die Zuordnung der Erhärtungsklassen nach EC 2 zu den Normzementen nach DIN EN 197-1 geschieht anhand von Tabelle F.26.

Nach Gl. (320) ist das autogene Schwinden für Betone niedriger Druckfestigkeit gering und nimmt erst für höhere Festigkeitsklassen mit steigender Betondruckfestigkeit deutlich zu. Entsprechend stimmt die Vorhersage des Schwindens von Normalbetonen nach den

Tabelle F.25 Beiwerte für die Gln. (320) bis (322)

Zementtyp nach EC 2	Merkmal	α_{as}	α_{ds1}	α_{ds2}
SL	langsam erhärtend	800	3	0,13
N, R	normal oder schnell erhärtend	700	4	0,12
RS	schnell erhärtend und hochfest	600	6	0,12

Tabelle F.26 Zuordnung der Zementtypen nach EC 2 zu den Normzementen nach DIN EN 197-1

Zementtyp nach EC 2	Zementart nach DIN EN 197-1	Festigkeitsklassen
SL	CEM III	–
	CEM I	32,5 N
	CEM II/B-S	42,5 N
N, R	CEM II	32,5 R; 42,5 N; 42,5 R
	CEM I	32,5 N; 32,5 R; 42,5 N
RS	CEM I	42,5 R; 52,5 N; 52,5 R

Gln. (317) bis (325) mit der Vorhersage nach EC 2 weitgehend überein. Im Gegensatz zum autogenen Schwinden sinkt das Trocknungsschwinden mit steigender Betondruckfestigkeit, auch die gesamte Schwindverformung nimmt mit steigender Betondruckfestigkeit ab. Natürlich ist in diesem Zusammenhang die Betondruckfestigkeit nur als Hilfsgröße zu sehen. Insbesondere das Trocknungsschwinden ist umso geringer, je kleiner die Kapillarporosität bzw. je geringer der Anmachwassergehalt bzw. der Wasserzementwert ist. Dieser beeinflusst auch die Betondruckfestigkeit, sodass daraus der Zusammenhang zwischen Schwinden und Betondruckfestigkeit abgeleitet werden kann.

Das autogene Schwinden ist von der rel. Feuchte der umgebenden Luft unabhängig, während das Trocknungsschwinden wegen der beschleunigten Austrocknung mit sinkender rel. Luftfeuchte deutlich zunimmt. Bemerkenswert ist, dass nach Gl. (323) Normalbetone erst bei einer Lagerung an Luft mit einer rel. Feuchte von nahezu 99 % quellen. Dagegen ist bei hochfesten Betonen mit einer Druckfestigkeit von ca. 100 N/mm^2 wegen der vorangegangenen inneren Austrocknung schon bei einer Lagerung an Luft mit einer rel. Feuchte von ca. 90 % mit Quellverformungen zu rechnen. Die zeitliche Entwicklung des Trocknungsschwindens wird durch Gl. (324) beschrieben, die auf der Diffusionstheorie aufbaut und damit auch theoretisch begründbar ist. Aus dieser Beziehung folgt, dass sich das Trocknungsschwinden langsamer als das autogene Schwinden entwickelt und dass es auch von den Bauteilabmessungen abhängig ist. Nach Gl. (324) hat ein Betonkörper mit quadratischem Querschnitt und einer Kantenlänge von 100 mm nach einer Trocknungsdauer von einem Monat bereits ca. 50 % von ε_{cds0} erreicht. Beträgt die Kantenlänge dagegen 500 mm, so sind wegen der langsameren Austrocknung nach einem Monat erst ca. 10 % von ε_{cds0} aufgetreten.

Für $t \to \infty$ erhält man aus den Gln. (320), (321) und (324) als Endwert des Schwindens:

$$\varepsilon_{cs}(t \to \infty) = \varepsilon_{cas0}(f_{cm}) + \varepsilon_{cds0}(f_{cm}) \cdot \beta_{RH}. \tag{326}$$

Der Endwert des Schwindens wäre daher von den Bauteilabmessungen unabhängig. Da dicke Bauteile jedoch viel langsamer als dünne Bauteile austrocknen, haben sie auch nach jahrzehntelanger Trocknung erst einen kleinen Anteil dieses Endwertes erreicht. Im EC 2

Tabelle F.27 Endschwindmaße ε_{cs70} nach EC 2 und Model Code 90 [‰]

trockene Umweltbedingungen (Innenräume) RH = 50 %			feuchte Umweltbedingungen (im Freien) RH = 80 %		
wirksame Bauteildicke h [mm]					
50	150	600	50	150	600
Endschwindmaß $\varepsilon_{cs}70$					
−0,57	−0,56	−0,47	−0,32	−0,31	−0,26

sowie im Model Code 90 wurden daher für das sog. Endschwindmaß jene Schwindverformungen ε_{cs70} angegeben, die sich aus dem in diesen Dokumenten verwendeten Vorhersageverfahren ergeben. Sie gelten für Normalbetone und weichen von den Werten, die man für mittlere Festigkeitsklassen aus den Gln. (317) bis (325) erhält, nur wenig ab. Für verschiedene Umweltbedingungen und Bauteilabmessungen sind diese Werte in Tabelle F.27 zusammengestellt.

6 Last- und zeitabhängige Verformungen

6.1 Definitionen

Neben den durch eine kurzzeitig einwirkende Spannung ausgelösten Verformungen erfährt Beton auch zeitabhängige Verformungen. Dies sind Verformungen, die sich erst im Laufe der Zeit einstellen und die im Allgemeinen mit steigender Dauer zunehmen.

Die zeit- und lastabhängigen Verformungen werden als *Kriechen* bezeichnet. Darunter wird die zeitliche Zunahme der durch eine äußere Belastung ausgelösten Dehnung unter einer konstanten Dauerlast abzüglich der an unbelasteten Proben beobachteten lastunabhängigen Dehnungen verstanden. Dem Kriechen nahe verwandt und auf die gleichen physikalischen Vorgänge zurückzuführen ist die *Relaxation*. Dies ist die zeitbhängige Abnahme einer Spannung unter einer aufgezwungenen Verformung konstanter Größe.

Nach dem CEB-FIP Model Code 1990 [240] kann die Gesamtverformung $\varepsilon_c(t)$, die ein einachsig mit einer konstanten Spannung belasteter Beton zum Zeitpunkt t erleidet, wie folgt ausgedrückt werden:

$$\varepsilon_c(t) = \varepsilon_{ce}(t_0) + \varepsilon_{cc}(t) + \varepsilon_{cs}(t) + \varepsilon_{cT}(t) \tag{327}$$

$$\varepsilon_c(t) = \varepsilon_{c\sigma}(t) + \varepsilon_{cn}(t). \tag{328}$$

In den Gln. (327) und (328) bedeuten $\varepsilon_{ce}(t_0)$ die lastabhängige Anfangsverformungen zum Zeitpunkt der Lastaufbringung, t_0, $\varepsilon_{cc}(t)$ die Kriechverformung bei einem Betonalter $t > t_0$, $\varepsilon_{cs}(t)$ die Schwind- bzw. Quellverformung bei einem Betonalter t, $\varepsilon_{cT}(t)$ die Temperaturdehnung bei einem Betonalter t nach Abschnitt F 4.2.2.2, $\varepsilon_{c\sigma}(t) = \varepsilon_{ce}(t_0) + \varepsilon_{cc}(t)$ die gesamte

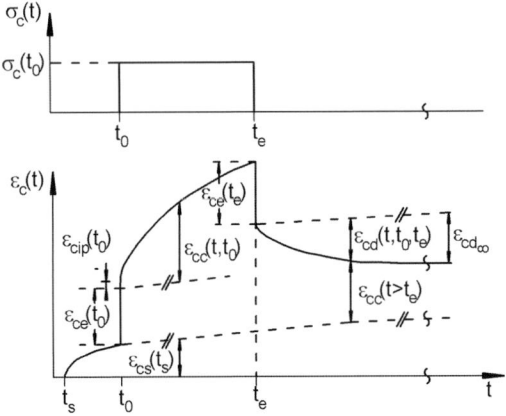

Bild F.86 Definition der Verformungskomponenten von Beton [299]

lastabhängige Verformung bei einem Betonalter t und $\varepsilon_{cn}(t) = \varepsilon_{cs}(t) + \varepsilon_{cT}(t)$ die gesamte lastunabhängige Verformung bei einem Betonalter t.

Bild F.86 zeigt die Zusammenhänge schematisch, wobei die Temperaturdehnung nicht eingezeichnet wurde. Bei einer konstanten Druckspannung ab dem Zeitpunkt t_0 tritt eine spontane elastische Dehnung auf, wobei das Schwinden, das schon eher begonnen hat, weiterschreitet. Danach tritt Kriechen auf, wobei eine kleine plastische Dehnung ε_{cip} zum Kriechen gerechnet wird. Bei Entlastung geht die elastische Dehnung zurück und auch der verzögert elastische Anteil des Kriechens ε_{cd} geht zurück. Es bleibt eine viskose Dehnung ε_{cc} übrig (und natürlich auch die Schwindverkürzung).

Bei dieser Formulierung ist zu beachten, dass die Differenzierung zwischen Kriechen als lastabhängige und Schwinden bzw. Quellen als lastunabhängige Verformung eine rechentechnisch erforderliche Konvention darstellt. In Wirklichkeit beeinflussen sich Kriechen und Schwinden gegenseitig. Dasselbe gilt für die Trennung zwischen lastabhängiger Anfangsverformung und Kriechverformung. Für das Bauwerksverhalten entscheidend ist letztlich die Summe beider Größen.

6.2 Kriechen und Relaxation

Bei der numerischen Behandlung des Kriechens wird im Allgemeinen davon ausgegangen, dass unter Gebrauchsspannungen, d. h. für $\sigma_c < 0{,}4 f_{cm}$, Kriechen und kriecherzeugende Spannung proportional sind. Diese zur Rechenvereinfachung erforderliche Annahme trifft auch bei niedrigeren Spannungen nicht exakt zu und kann insbesondere bei der Abschätzung des Kriechens unter veränderlichen Spannungen zu deutlichen Fehlern führen. Bei Spannungen $\sigma_c > 0{,}4 f_{cm}$ ist die überproportionale Zunahme des Kriechens mit steigender Spannung aber nicht mehr zu vernachlässigen. Wegen der Annahme einer Proportionalität zwischen Kriechen und kriecherzeugender Spannung für $\sigma_c < 0{,}4 f_{cm}$ hat es sich eingebürgert, die Kriechverformung zum Zeitpunkt t durch die Kriechzahl φ auszudrücken:

$$\varphi(t, t_0) = \varepsilon_{cc}(t, t_0)/\varepsilon_{ce} \tag{329}$$

Dabei ist $\varepsilon_{cc}(t, t_0)$ die Kriechverformung eines Betons im Alter t, der bei einem Alter t_0 belastet wurde, $\varphi(t, t_0)$ ist die dazugehörige Kriechzahl und ε_{ce} ist die elastische Verformung des Betons. Für ε_{ce} kann entweder die elastische Verformung bei der Lastaufbringung $\varepsilon_{ce} = \varepsilon_{ce}(t_0)$ oder die elastische Verformung für ein Betonalter von 28 Tagen gewählt werden. Entsprechend ändert sich dann auch die Kriechzahl $\varphi(t, t_0)$.

Das Vorhersageverfahren baut auf $\varepsilon_{ce} = \varepsilon_{ce28}$ auf, sodass für die Kriechverformung gilt:

$$\varepsilon_{cc}(t, t_0) = \varphi(t, t_0) \cdot \sigma_c / E_{c28}, \tag{330}$$

wobei σ_c die kriecherzeugende Spannung und E_{c28} der Elastizitätsmodul des Betons im Alter von 28 Tagen nach Gl. (310) sind.

Die gesamte spannungsabhängige Betonverformung $\varepsilon_{c\sigma}(t, t_0)$ ergibt sich dann aus Gl. (331):

$$\begin{aligned}\varepsilon_{c\sigma}(t, t_0) &= \sigma_c(t_0)\left[\frac{1}{E_c(t_0)} + \frac{\varphi(t, t_0)}{E_{c0}}\right]\\ &= \sigma_c(t_0) \cdot J(t, t_0).\end{aligned} \tag{331}$$

Darin sind $J(t, t_0)$ die sog. Kriechfunktion („creep compliance"), $E_c(t_0)$ der Elastizitätsmodul des Betons zum Zeitpunkt der Belastung und E_{c0} der Elastizitätsmodul im Alter von 28 Tagen nach Gl. (310).

Die Kriechzahl $\varphi(t, t_0)$ nimmt mit steigender Belastungsdauer zu. Umstritten ist, ob das Kriechen jemals vollständig zum Stillstand kommt, d. h. einen Endwert erreicht. Dies ist jedoch nicht von baupraktischer Relevanz, denn sicher ist, dass im Bereich der Gebrauchsspannungen die Kriechgeschwindigkeit mit zunehmender Belastungsdauer deutlich abnimmt und bei einer Belastungsdauer von ca. 70 Jahren schon so gering ist, dass nach weiteren 70 Jahren Dauerlasteinwirkung die Kriechverformung um höchstens 5 % des 70-Jahres-Wertes zunimmt [240, 299]. Es ist daher gerechtfertigt, von einer sog. Endkriechzahl φ_∞ auszugehen, die für Konstruktionsbetone etwa im Bereich von $1 < \varphi_\infty < 4$ liegt. Die Kriechverformung kann also bis zum 4-Fachen der elastischen Verformung betragen.

Die Kriechverformung des Betons ist teilweise reversibel, d. h. nach einer Entlastung geht ein Teil der Kriechverformung im Laufe der Zeit zurück. Entsprechend kann die Kriechverformung in einen irreversiblen Anteil, das *Fließen*, und in einen reversiblen Anteil, die *verzögerte elastische Verformung*, aufgeteilt werden.

Von entscheidendem Einfluss für die Größe des Kriechens sind der Wassergehalt des Betons bei Belastungsbeginn und der mögliche Wasserverlust während der Belastung. Die Kriechverformung eines Betons, der z. B. wegen einer Versiegelung seiner Oberflächen während der Belastung nicht austrocknen kann, wird als *Grundkriechen* bezeichnet. Das Grundkriechen ist umso geringer, je niedriger der Wassergehalt des Betons ist. Kann der Beton auch während der Einwirkung einer Dauerlast trocknen, so ist die Kriechverformung deutlich größer als das Grundkriechen des versiegelten Betons. Dieser zusätzliche Anteil der Kriechverformung wird als *Trocknungskriechen* bezeichnet. Es ist in erster Näherung dem Wasserverlust während der Dauerbelastung und damit der Schwindverformung proportional.

Das Kriechen des Betons kann sich auf Tragverhalten und Eigenschaften von Betonbauwerken sowohl günstig als auch ungünstig auswirken: Unter Dauerlast nehmen die Verformungen einer Betonkonstruktion als Folge des Kriechens zu. Nach Rüsch et al. [300] kann die Durchbiegung $f(t)$ eines biegebeanspruchten Bauteils aus Stahlbeton nach Zustand II näherungsweise nach der Beziehung $f(t) = f_e (1 + 0{,}3\,\varphi)$ abgeschätzt werden. Dabei ist f_e die Durchbiegung bei Belastungsbeginn. Bei vorgespannten Konstruktionen bewirkt das Kriechen einen Abbau der Vorspannkraft, der wie folgt abgeschätzt werden kann: $F_p(t) \approx F_{p0} / (1 + \gamma \cdot \varphi)$, wobei F_{p0} die Vorspannkraft zum Zeitpunkt $t = 0$ ist und $F_p(t)$ die zum Zeitpunkt t. Bei Vorspannung gegen starre Widerlager ist $\gamma \approx 0{,}5$, sonst liegt γ im Bereich von etwa $0{,}08 < \gamma < 0{,}20$. Günstig wirkt sich das Kriechen auf Eigen- und ungewollte Zwangspannungen aus, wenn diese sich langsam entwickeln bzw. über längere Zeiträume wirken. Dies sind z. B. Spannungen durch Schwinden und Auflagersetzungen. Solche Spannungen werden abgebaut bzw. treten nie in der Größe auf, die sich ohne Berücksichtigung des Kriechens theoretisch ergeben würde. Für Stahlbetontragwerke kann ein Nachweis des Einflusses des Betonkriechens im Allgemeinen entfallen. Für Spannbetontragwerke ist dieser Nachweis erforderlich zur Abschätzung der zu erwartenden Bauwerksverformungen und Spannungsänderungen.

Die Ursachen des Kriechens sind weit weniger geklärt als jene des Schwindens. Sicher ist, dass das Kriechen des Betons fast ausschließlich durch das Kriechen des Zementsteins ausgelöst wird, da Normalzuschläge nicht oder nur unwesentlich kriechen. Entscheidend für das Kriechen des Zementsteins ist das in ihm enthaltene Wasser. Eine äußere Belastung führt zu Platzwechseln von Wassermolekülen im Zementsteingel. Dazu kommen Gleit- und Verdichtungsvorgänge zwischen den Gelpartikeln. Änderungen des Feuchtegehaltes, z. B. durch gleichzeitige Trocknung, beschleunigen diese Vorgänge. Dies steht im Einklang mit dem schon genannten Einfluss des Feuchtegehaltes von Beton auf seine Kriecheigenschaften und der Beschleunigung des Kriechens bei gleichzeitiger Trocknung. Der überproportionale Anstieg des Kriechens bei hohen Spannungen ist auf ein Fortschreiten des Mikrorisswachstums unter Dauerlast zurückzuführen, das nach Abschnitt F 4.2.2.5 bei sehr hohen Spannungen zum Versagen führen kann.

Die Größe der Kriechverformungen hängt sowohl von der Betonzusammensetzung als auch von äußeren Einflussgrößen ab. Die Kriechverformung ist in erster Näherung dem Zementsteinvolumen proportional. Sie steigt mit steigendem Kapillarporenvolumen, sodass eine Verringerung des Wasserzementwerts und eine Erhöhung des Hydratationsgrads bei Belastungsbeginn, z. B. durch Verwendung eines schnell erhärtenden Zements, die Kriechverformungen reduzieren. Obwohl Normalzuschlag nicht kriecht, wirken sich seine Eigenschaften trotzdem auf das Kriechen aus: Steife Zuschlagkörner, z. B. aus Basalt oder dichtem Kalkstein, behindern das Zementsteinkriechen mehr als weiche Zuschlagkörner, z. B. aus Sandstein. Entsprechend sinkt die Kriechverformung des Betons mit steigendem E-Modul des Zuschlags. Die Kriechverformung nimmt mit steigendem Belastungsalter des Betons und mit steigenden Bauteilabmessungen ab. Auch die Umweltbedingungen wirken sich auf die Größe der Kriechverformungen aus: Mit sinkender rel. Luftfeuchte und steigender Temperatur nehmen die Kriechverformungen zu. Von großer Bedeutung ist die zeitliche Entwicklung des Kriechens. Sie ist u. a. abhängig vom Feuchtezustand des Betons und seiner Veränderung während der Belastung. Dünne Bauteile kriechen schneller als dicke, da sie schneller austrocknen. Eine Steigerung der Umgebungstemperatur erhöht nicht nur den Endwert des Kriechens, sondern beschleunigt auch den Kriechvorgang. Funktionen für den zeitlichen Verlauf des Kriechens diskutiert Müller [301].

Für die praktische Anwendung besonders wichtig ist das Kriechverhalten von Beton bei veränderlichen Spannungen. Wie für andere Werkstoffe wird auch für Beton bei einer Beanspruchung im Bereich der Gebrauchsspannungen die Gültigkeit des Superpositionsprinzips angenommen. Dieses besagt, dass das Kriechen unter veränderlicher Last durch Superponieren der Kriechanteile aus den einzelnen Spannungsinkrementen unter Berücksichtigung des jeweiligen Belastungsalters bestimmt werden kann. Eine Entlastung nach einer vorangegangenen Druckbelastung ist als Zugspannung zu berücksichtigen, unter der Annahme, dass die Kriechverformungen bei absolut gleichen Zug- und Druckspannungen gleich groß sind. Die Anwendung des Superpositionsprinzips kann jedoch zu mehr oder weniger deutlichen Fehlern insbesondere bei Entlastung führen. So wird, je nach den gewählten Vorhersageverfahren, die verzögert elastische Rückverformung bei Anwendung des Superpositionsprinzips mehr oder weniger überschätzt. Solange die kriecherzeugenden Spannungen die Linearitätsgrenze des Kriechens nicht überschreiten, überschätzt bei einer Spannungssteigerung die Superposition die Kriechverformung.

Auch die Kriechverformungen hochfester Betone sind deutlich geringer als jene von Normalbetonen. Ähnlich dem Schwinden nimmt insbesondere das Trocknungskriechen mit steigender Betondruckfestigkeit ab, sodass für hochfeste Betone der Anteil des Grundkriechens an der gesamten Kriechverformung im Vergleich zu Normalbetonen zunimmt. Die Vorhersage des Kriechens kann daher verbessert werden, wenn zwischen Grundkriechen und Trocknungskriechen differenziert wird.

Einen Sonderfall des Kriechens unter veränderlicher Spannung stellt die *Relaxation* dar, bei der die kriecherzeugende Spannung so abfällt, dass die Dehnung konstant bleibt. Analog zur Kriechzahl φ für den Fall konstanter Spannung kann die Relaxation durch eine Relaxationszahl $\psi(t, t_0) = \Delta\sigma(t, t_0) / \sigma_0$ beschrieben werden. Darin bedeuten $\Delta\sigma(t, t_0)$ den Spannungsabfall bei einem Betonalter t und einem Belastungsalter t_0 und σ_0 die Anfangsspannung. Relaxationszahl und Kriechzahl können zueinander in Beziehung gesetzt werden:

$$\psi(t, t_0) = \frac{\varphi(t, t_0)}{1 + \rho \cdot \varphi(t, t_0)}. \tag{332}$$

Der Relaxationskennwert ρ in Gl. (332) kann bei längerer Beanspruchungsdauer näherungsweise $\rho \approx 0{,}8$ gesetzt werden [299]. Wegen des Zusammenhangs zwischen Kriechen und Relaxation hängt die Relaxationszahl von den gleichen Parametern wie die Kriechzahl ab.

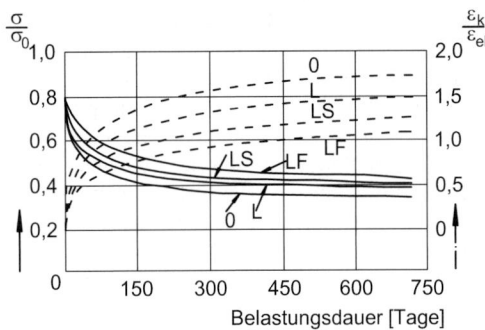

Bild F.87 Relaxation und Kriechen von Beton, nach Engelke [302]. L – Luftporenbeton (LP), LF – feucht gelagerter LP-Beton, LS – stufenweise belasteter LP-Beton, O – Normalbeton

Tabelle F.28 Endkriechzahl φ_∞, Endschwindmaß $\varepsilon_{s\infty}$ und Restspannung σ_∞/σ_0 bei erhöhter Temperatur.

T [°C]	φ_∞ lufttrocken	vorgetrocknet[1]	$\varepsilon_{s\infty}$ [‰]	σ_∞/σ_0 [%]
100	3 … 5	0,7 … 1,2	0,2 … 0,5	55 … 35
200	4 … 6	1,0 … 1,5	0,4 … 0,7	40 … 25
300	5 … 7	1,2 … 2,0	> 0,5	30 … 10

[1] 1 Woche bei 100 °C vorgetrocknet.

Zur Veranschaulichung sind in Bild F.87 die Kriech- und Relaxationsverläufe von vier Betonen C35/45 gezeigt, die sich in Zusammensetzung, Belastung und Feuchte unterschieden. Der am meisten kriechende Beton O zeigt auch den größten Spannungsabfall, der am wenigsten kriechende Beton LF den kleinsten..

Setzt man die Versuchswerte in Gl. (332) ein, so erkennt man, dass die Formel den Verlauf nur näherungsweise wiedergibt.

Der Einfluss höherer Temperaturen auf Kriechen und Relaxation wurde in Dresden [303] untersucht, wobei festgestellt wurde, dass die Temperatur auf beide Erscheinungen nachhaltig einwirkt. Durch Extrapolation der Versuchsergebnisse wurden Endkriechzahlen, Schwindverformungen und Restspannungen nach Tabelle F.28 gefunden.

Mit steigender Temperatur werden Kriechen und Relaxation stärker, wobei ein Spannungsabfall bis auf 10 % eintreten kann. Die an der Luft gelagerten Probekörper wurden wesentlich mehr beeinflusst als die vorgetrockneten, eine Tatsache, die mit der Feuchtigkeitswanderung während des Austrocknens beim Versuch zusammenhängt.

6.3 Vorhersageverfahren

Die Berücksichtigung des Einflusses von Kriechen und Schwinden bei der Bemessung setzt Methoden voraus, mit denen die Größe dieser Verformungen in Abhängigkeit von den wesentlichen Einflussparametern mit ausreichender Zuverlässigkeit vorherbestimmt werden kann.

Als Eingangsparameter werden nur Größen gewählt, die dem entwerfenden Ingenieur bei der Bemessung bekannt sind: die Umfeldbedingungen, denen die Konstruktion ausgesetzt ist, die Bauteilabmessungen und die Festigkeitsklasse des Betons. Zur Verbesserung der Vorhersagegenauigkeit kann auch die Zementart berücksichtigt werden.

Im EC 2 sowie im CEB-FIP MC 90 wird ein Vorhersageverfahren für das Kriechen verwendet, das auf einem Produktansatz aufbaut und das für Betondruckfestigkeiten bis zu 80 N/mm² Gültigkeit hat. Von Müller et al. [297] wurde dieses Verfahren so erweitert, dass es auch das Kriechen hochfester Betone bis 120 N/mm² einschließt. Im Folgenden wird dieses erweiterte Verfahren wiedergegeben. Es berücksichtigt die gleichen Eingangsparameter, die schon zur Vorhersage des Schwindens nach den Gln. (317) bis (325) herangezogen wurden.

Für die Kriechverformung gilt Gl. (330) unter Verwendung des Tangentenmoduls nach Gl. (310). Die Kriechzahl $\varphi(t, t_0)$ eines Betons im Alter von t Tagen, der zum Zeitpunkt t_0 erstmals belastet wurde, folgt aus Gl. (333).

$$\varphi(t, t_0) = \varphi_0 \cdot \beta_c(t, t_0) \tag{333}$$

Darin sind φ_0 der Grundwert der Kriechzahl und $\beta_c(t, t_0)$ eine Funktion zur Beschreibung des zeitlichen Verlaufs des Kriechens. Die Größe φ_0 kann aus den Gln. (334) bis (338) bestimmt werden.

$$\varphi_0 = \varphi_{RH} \cdot \beta(f_{cm}) \cdot \beta(t_0) \tag{334}$$

mit

$$\varphi_{RH} = \left[1 + \frac{1 - RH/RH_0}{\sqrt[3]{0,1 \cdot h/h_0}} \cdot \alpha_1\right] \cdot \alpha_2 \tag{335}$$

$$\beta(f_{cm}) = \frac{5,3}{\sqrt{f_{cm}/f_{cm0}}} \tag{336}$$

$$\beta(t_0) = \frac{1}{0,1 + (t_0/t_1)^{0,2}} \tag{337}$$

$$\alpha_1 = \left[\frac{3,5 f_{cm0}}{f_{cm}}\right]^{0,7} \quad \text{und} \quad \alpha_2 = \left[\frac{3,5 f_{cm0}}{f_{cm}}\right]^{0,2} \tag{338}$$

mit $f_{cm0} = 10$ N/mm², $RH_0 = 100\%$, $h_0 = 100$ mm, $t_0 =$ Belastungsalter und $t_1 = 1$ Tag.

Die übrigen in den Gln. (334) bis (338) verwendeten Bezeichnungen entsprechen jenen der Schwindvorhersage nach den Gln. (317) bis (325). Nach Gl. (336) nimmt das Kriechen mit steigender Betondruckfestigkeit ab. Auch hier ist die Druckfestigkeit als eine dem Ingenieur bekannte Hilfsgröße zu verstehen, mit der der Einfluss des Wasserzementwerts und damit der Kapillarporosität auf das Kriechen indirekt erfasst werden kann. Nach Gl. (335) nehmen die Kriechverformungen auch mit steigender rel. Feuchte RH und zunehmender wirksamer Körperdicke h ab. Dabei ist der Einfluss der Körperdicke umso geringer, je höher die rel. Luftfeuchte. Der Grund für dieses Verhalten ist, dass bei hohen rel. Feuchten der Anteil des Trocknungskriechens an der Gesamtkriechverformung immer kleiner wird, sodass bei einer rel. Feuchte von 100 % nur noch Grundkriechen auftritt. Die Beiwerte α_1 und α_2 nach Gl. (338) bewirken, dass nach Gl. (335) mit steigender Betondruckfestigkeit der Einfluss der rel. Feuchte der umgebenden Luft auf das Kriechen immer geringer wird. Damit wird richtig erfasst, dass mit steigender Betondruckfestigkeit der Beitrag des Trocknungskriechens zur gesamten Kriechverformung abnimmt.

6 Last- und zeitabhängige Verformungen

Die zeitliche Entwicklung des Kriechens wird durch eine Hyperbelfunktion nach Gl. (339) beschrieben. Diese Funktion strebt einem Endwert zu. Für $(t - t_0) \to \infty$ ist $\beta_c(t, t_0) = 1{,}0$.

$$\beta_c(t, t_0) = \left[\frac{(t - t_0)/t_1}{\beta_H + (t - t_0)/t_1}\right]^{0{,}3} \tag{339}$$

mit

$$\beta_H = 150 \cdot \left[1 + (1{,}2 \cdot RH/RH_0)^{18}\right] \cdot h/h_0 + 250 \cdot \alpha_3 \leq 1500\,\alpha_3 \tag{340}$$

und

$$\alpha_3 = \left[\frac{3{,}5 f_{cm0}}{f_{cm}}\right]^{0{,}5} \tag{341}$$

mit $t_1 = 1$ Tag, $RH_0 = 100\,\%$, $h_0 = 100$ mm und $f_{cm0} = 10$ N/mm².

Nach den Gln. (339) bis (341) entwickelt sich die Kriechverformung umso langsamer, je dicker das betrachtete Bauteil ist. Bei hohen rel. Feuchten, wenn also nur noch Grundkriechen auftritt, verschwindet der Einfluss der Körperdicke wie schon in Gl. (335). Mit steigender Betondruckfestigkeit nimmt dagegen der zu einem bestimmten Zeitpunkt erreichte Wert von $\beta_c(t, t_0)$ zu, da der Anteil des diffusionskontrollierten Trocknungskriechens geringer geworden ist.

Gl. (337) hat für eine Belastungsdauer von ca. 70 Jahren Gültigkeit. Im EC 2 wird davon ausgegangen, dass die sich für diese Belastungsdauer ergebende Kriechzahl für den praktischen Gebrauch als Endkriechzahl betrachtet werden kann. In Tabelle F.29 sind ähnlich dem Endschwindmaß nach Tabelle F.29 Endkriechzahlen φ_{70} unter Berücksichtigung des Belastungsalters t_0 angegeben.

Je nach verwendetem Zement hat der Beton bei einem gegebenen Belastungsalter unterschiedliche Hydratationsgrade. Dies wird durch eine Korrektur des Belastungsalters t_0 nach Gl. (342) berücksichtigt.

$$t_0 = t_{0,T} \left[\frac{9}{2 + (t_{0,T}/t_{1,T})^{1{,}2}} + 1\right]^{\alpha} \geq 0{,}5 \text{ Tage} \tag{342}$$

Dabei ist $t_{0,T}$ das tatsächliche Belastungsalter, das korrigiert werden muss, wenn die Lagerungstemperatur vor der Belastung deutlich von 20 °C abweicht. Der Bezugswert $t_{1,T} = 1$ Tag. t_0 ist das in den Gln. (337) und (339) einzusetzende Belastungsalter. Die Potenz α hängt von der Festigkeitsklasse des Zements ab, siehe Tabelle F.30.

Tabelle F.29 Endkriechzahlen φ_{70} nach EC 2 und MC 90

Belastungsalter t_0 [Tage]	trockene Umweltbedingungen (Innenräume) $RH = 50\,\%$			feuchte Umweltbedingungen (im Freien) $RH = 80\,\%$		
	Wirksame Bauteildicke h [mm]					
	50	150	600	50	150	600
1	5,8	4,8	3,9	3,8	3,4	3,0
7	4,1	3,3	2,7	2,7	2,4	2,1
28	3,1	2,6	2,1	2,0	1,8	1,6
90	2,5	2,1	1,7	1,6	1,5	1,3
365	1,9	1,6	1,3	1,2	1,1	1,0

Tabelle F.30 Potenz α in Abhängigkeit von der Festigkeitsklasse des Zements

Festigkeitsklasse des Zements	32,5 N	32,5 R; 42,5 N	42,5 R; 52,5 N
Potenz α	−1	0	1

Bei einem gegebenen Betonalter ist nach Gl. (338) ein Beton aus einem langsam erhärtenden Zement der Festigkeitsklasse 32,5 N im Vergleich zu einem Beton aus einem schneller erhärtenden Zement 32,5 R bezüglich des Kriechens jünger. Bei höheren Belastungsaltern, etwa > 28 Tagen, verschwindet der Einfluss der Festigkeitsklasse des Zements auf das korrigierte Belastungsalter.

Bei kriecherzeugenden Spannungen im Bereich $0{,}4\,f_{cm}(t_0) < \sigma_c < 0{,}6\,f_{cm}(t_0)$ kann die Nichtlinearität des Kriechens mithilfe von Gl. (343) abgeschätzt werden.

$$\varphi_{0,k} = \varphi_0 \exp\left[\alpha_\sigma(k_\sigma - 0{,}4)\right] \text{ für } 0{,}4 < k_\sigma < 0{,}6 \tag{343}$$

$$\varphi_{0,k} = \varphi_0 \text{ für } k_\sigma \leq 0{,}4 \tag{344}$$

In Gl. (333) ist $\varphi_{0,k}$ die nichtlineare Kriechzahl. Sie ersetzt φ_0 in Gl. (330). Der Koeffizient $k_\sigma = \sigma_c / f_{cm}(t_0)$, wobei $f_{cm}(t_0)$ die Druckfestigkeit zum Zeitpunkt der Belastung ist. Der Koeffizient $\alpha_\sigma = 1{,}5$.

7 Faserbeton

7.1 Allgemeines

Faserbeton ist ein spezieller Beton, dem bei der Herstellung zur Verbesserung des Riss- und Bruchverhaltens Fasern, vorzugsweise Stahl-, alkaliresistente Glas- oder Kunststofffasern (Polymerfasern) zugesetzt werden. Aber auch natürliche Fasern (Zellulose) kommen zum Einsatz. Die Fasern sind im Zementstein bzw. im Mörtel, der Matrix, eingebettet und wirken dort als Bewehrung. Im Zusammenhang mit Faserbeton (FRC, „Fiber Reinforced Concrete") fällt auch der Begriff „Faserverstärkte Hochleistungsverbundwerkstoffe", HPFRCC („High Perfomance Fiber Reinforced Cement Composites"). Dieser Hochleistungsfaserbeton stellt eine neuere Entwicklung dar und zeichnet sich dadurch aus, dass er im Vergleich zum herkömmlichen Faserbeton ein wesentlich zäheres Verhalten bei gleichzeitig deutlich erhöhter Zugfestigkeit aufweist. Siehe dazu auch die zusammenfassende Darstellung von Holschemacher et al. [304].

Eine risshemmende Wirkung bzw. eine feine Rissverteilung lässt sich durch den Einbau von zugfesten und dehnfähigen Fasern in die Matrix erzielen. Im gerissenen Zustand übernehmen die vorhandenen Fasern eine „Vernadelung" beider Rissufer und können unter bestimmten Voraussetzungen auch noch bei größeren Dehnungen nennenswerte Zugkräfte übernehmen (Bild F.88). Im Gegensatz hierzu steht Normalbeton, der ab Rissbreiten > 0,15 mm keine Zugspannungen mehr über den Riss übertragen kann.

Grundsätzlich können durchgehende Fasern (Langfasern) in Richtung der zu erwartenden Zugspannungen eingelegt werden (z.B. textilbewehrter Beton, Ferrocement [305]), oder es können kurze Fasern eingemischt werden (siehe Curbach, Reinhardt et al. [306]). Die folgenden Ausführungen beschränken sich jedoch auf kurze Fasern. Je nach den Verarbeitungsbedingungen im erhärteten Beton kann die Verteilung der Fasern unterschiedlich sein (siehe Bild F.89):

7 Faserbeton

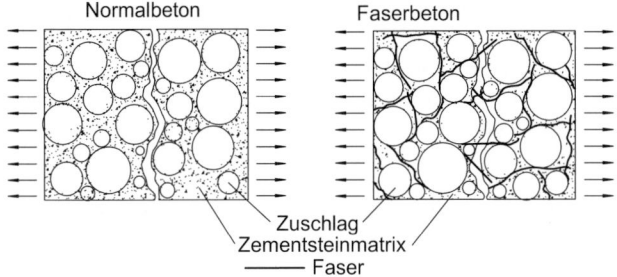

Bild F.88 Vergleich von unbewehrtem Normalbeton und Faserbeton im gerissenen Zustand

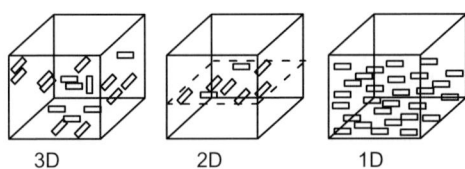

Bild F.89 Schematische Darstellung der 3D-, 2D- und 1D-Anordnung von Kurzfasern

- nach Lage und Richtung räumlich gleichmäßig verteilt (3D),
- mit unterschiedlicher Richtung vorwiegend in einer Ebene verteilt, wie etwa beim Faserspritzbeton (2D),
- einachsig ausgerichtet und mit gleichmäßiger Faserverteilung über den Querschnitt, beispielsweise bei stranggepressten Betonwaren (1D).

Je nach Lage und Ausrichtung der Fasern ergeben sich dementsprechend auch Unterschiede im Tragverhalten.

7.2 Zusammenwirken von Fasern und Matrix

Die theoretischen Ansätze, mit denen das Tragverhalten von (Stahl-) Faserbeton in der Literatur beschrieben wird, können in zwei prinzipiell unterschiedliche Gruppen unterteilt werden:

- Bruchmechanik-Ansatz („spacing concept") und
- Verbundwerkstoff-Ansatz („composite concept").

Das *spacing concept* wurde aus der von Griffith 1921 [307] entwickelten Bruchmechanik für mit Unstetigkeitsstellen versehene Werkstoffe abgeleitet. Beim Beton sind unter Unstetigkeitsstellen z. B. Poren und Schwindrisse zu verstehen. Bei Angriff einer äußeren Belastung stellen sich an diesen Schwachstellen Spannungskonzentrationen ein, die zu lokalen Verformungen im Werkstoff führen. Durch Zugabe von Fasern in die spröde Matrix werden die an der Risswurzel auftretenden Verformungen vermindert und so wird das Ausweiten von Mikrorissen bei steigender Belastung verzögert (Rissbremse). Die Effektivität der Fasern ist abhängig von ihrem Abstand („spacing") untereinander. Ein kleiner Abstand bedeutet einen hohen Widerstand gegen Risse [308]. Mit diesem Ansatz lässt sich das Verhalten bis zum Erreichen der Rissspannung erklären. Die Fähigkeit des

Faserbetons, auch über die Rissfläche hinaus Kräfte zu übertragen, kann mit diesem Ansatz nicht beschrieben werden.

Die Betrachtung des Faserbetons als Verbundwerkstoff (*composite concept*), bestehend aus zwei homogenen elastischen oder elastoplastischen Stoffen, geht davon aus, dass jede Stoffkomponente (Beton und Fasern) einen Teil der von außen wirkenden Belastung aufnimmt. Die Fasern werden als statistisch verteilte Bewehrung aufgefasst. Die äußere Last wird von den Komponenten entsprechend ihrem Anteil am Gesamtvolumen sowie dem Steifigkeitsverhältnis untereinander übernommen. In den nachfolgenden Abschnitten wird der Verbundwerkstoff-Ansatz, aufgrund seiner Ähnlichkeit zur Stahlbetonbemessung, näher betrachtet.

7.2.1 Ungerissener Beton

Im ungerissenen Zustand beteiligen sich die Fasern entsprechend dem Verhältnis ihrer Dehnsteifigkeit zur Dehnsteifigkeit des Betons. Da die Bruchdehnung der Zementsteinmatrix unter Zugbeanspruchung deutlich unterhalb der Bruchdehnung der Faserwerkstoffe liegt, reißt die Matrix stets, bevor die Tragfähigkeit der Fasern erreicht ist. Da man aus Gründen der Einmischbarkeit der Fasern, der Verarbeitbarkeit des Betons und nicht zuletzt wegen der Kosten angehalten ist, den Fasergehalt auf wenige Vol.-% zu begrenzen, ist der Beitrag der Fasern zur Steigerung der Risslast gering. Selbst bei Verwendung von Fasern mit sehr hohem E-Modul, wie beispielsweise Stahl- oder Kohlefasern, lässt sich die Risslast nur beschränkt anheben, wie im Folgenden gezeigt wird.

Bei unidirektionaler Ausrichtung der Fasern in Kraftrichtung werden in beiden Werkstoffen gleiche Dehnungen (= idealer Verbund) vorausgesetzt (c steht für Komposit, f für Faser und m für Matrix):

$$\varepsilon_c = \varepsilon_f = \varepsilon_m = \frac{\sigma_c}{E_c} = \frac{\sigma_f}{E_f} = \frac{\sigma_m}{E_m} \tag{345}$$

Mit Summe der Kräfte

$$F = \sigma_c A_c = \sigma_f A_f + \sigma_m A_m \tag{346}$$

und $\dfrac{A_f}{A_c} = \dfrac{V_f}{V_c}$ und $V_c = 1$

ergibt sich

$$\sigma_c = \sigma_f V_f + \sigma_m (1 - V_f) \tag{347}$$

und

$$\sigma_f = \sigma_m \frac{E_f}{E_m} \text{ führt zu } E_c = E_f V_f + E_m (1 - V_f). \tag{348}$$

Somit ergeben sich auch

$$\sigma_m = \frac{\sigma_c}{1 + V_f \left(\frac{E_f}{E_m} - 1\right)}$$

und

$$\sigma_c = \sigma_m \left(\frac{E_f V_f}{E_m} + (1 - V_f)\right). \tag{349}$$

7 Faserbeton

Im Normalfall sind die Fasern zufällig verteilt. Dies wird durch den Faktor $\eta = 0{,}5$ berücksichtigt. Die Formeln für die Spannung des Kompositquerschnitts σ_c sowie der Spannung σ_m im Matrixquerschnitt lauten dann

$$\sigma_c = \sigma_m \left(\eta \frac{E_f V_f}{E_m} + (1 - V_f) \right)$$

und

$$\sigma_m = \frac{\sigma_c}{1 + V_f \left(\eta \frac{E_f}{E_m} - 1 \right)}. \qquad (350)$$

Die Matrix beginnt zu reißen, sobald die Matrixspannung die Zugfestigkeit f_m erreicht. Die zugehörige Risslast F_{cr} beträgt dabei, wenn aus

$$\sigma_m = \frac{\sigma_c}{1 + V_f \left(\eta \frac{E_f}{E_m} - 1 \right)} \leq f_m$$

mit

$$F_{cr} = \sigma_c A_c \qquad (351)$$

folgt:

$$F_{cr} = A_c f_m \left(1 + V_f \left(\eta \frac{E_f}{E_m} - 1 \right) \right). \qquad (352)$$

Im Vergleich zu einem unbewehrten Betonprisma steigt die Risslast an um den Faktor

$$\gamma = 1 + V_f \left(\eta \frac{E_f}{E_m} - 1 \right). \qquad (353)$$

Beispiel:

V_f = 2 %
E_f = 200.000 N/mm²
E_m = 30.000 N/mm²
für η = 1,0 → σ_c = 1,11 σ_m
für η = 0,5 → σ_c = 1,05 σ_m

Die Lasterhöhung beträgt also nur ein paar Prozent.

7.2.2 Gerissener Beton

Ab einer Rissbreite von ca. 0,15 mm können keine Zugspannungen mehr durch Kornverzahnung über den Riss übertragen werden. Wenn ein Riss die Fasern kreuzt, so behindern diese ein weiteres Öffnen des Risses. Verfügt eine Faser über eine ausreichende Haftlänge, die von der übertragbaren Verbundspannung sowie der Fasergeometrie abhängt, so kann die Faser bis zum Erreichen ihrer Zugfestigkeit belastet werden. Im statistischen Mittel beträgt die vorhandene Haftlänge L_H nur ein Viertel der Faserlänge L (Bild F.90).

Unter der Annahme von konstanten Verbundspannungen entlang der Faser wächst die mittlere Ausziehkraft F der Faser proportional zur im Beton befindlichen Faseroberfläche. Die mittlere Verbundspannung τ_m wird durch Versuche bestimmt und kann je nach Faserart zwischen 1 und 10 N/mm² liegen [309].

$$\bar{F} = \tau \cdot O = \tau \cdot L_H 2\pi r = \tau \cdot \frac{1}{4} \cdot L \cdot 2\pi r \qquad (354)$$

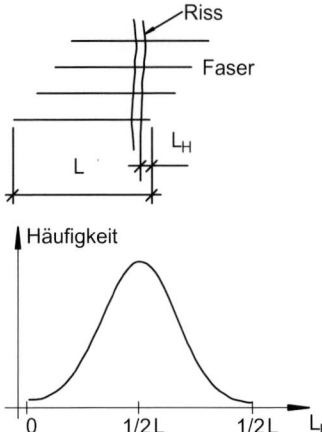

Bild F.90 Haftlänge (schematisch) und statistische Verteilung der Haftlängen

Die mittlere Faserspannung $\bar{\sigma}_f$ beträgt

$$d = 2r \rightarrow \bar{\sigma}_f = \tau \frac{L}{d}. \tag{355}$$

Das Verhältnis L/d wird auch als Schlankheit bezeichnet. Die Faserschlankheit, bei der sowohl der Faserquerschnitt als auch die Haftlänge voll ausgenutzt sind, wird als kritische Faserschlankheit $(L/d)_{crit}$ bezeichnet. Dies ist dann der Fall, wenn die über die halbe Länge ($L = 2 L_H$) eingeleiteten Verbundspannungen gerade der aufnehmbaren Faserzugkraft entsprechen:

$$\sigma_f = 2\,\tau\,\frac{L}{d} \leq R_{p0,2} \rightarrow \left(\frac{L}{d}\right)_{cr} = \frac{R_{p0,2}}{2\,\tau}. \tag{356}$$

Die Zugspannungen entlang der eingebetteten Faser sind in Bild F.91 gezeigt.

Bei glatten Fasern hoher Zugfestigkeit ergeben sich so relativ große kritische Faserlängen; der Beton würde sich aber kaum mehr verarbeiten lassen. Deshalb wählt man in der Praxis Faserschlankheiten, die unterhalb der kritischen Faserschlankheit liegen. So kann zwar die Zugfestigkeit der Fasern nicht vollständig ausgenutzt werden, im Hinblick auf das Arbeitsvermögen des Betons kann dies aber durchaus positive Auswirkungen haben.

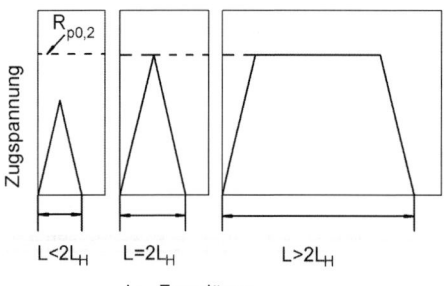

L: Faserlänge
L_H: erforderliche Haftlänge

Bild F.91 Zugbeanspruchung eingebetteter Fasern in Abhängigkeit von ihrer Länge (schematisch) [310]

7 Faserbeton

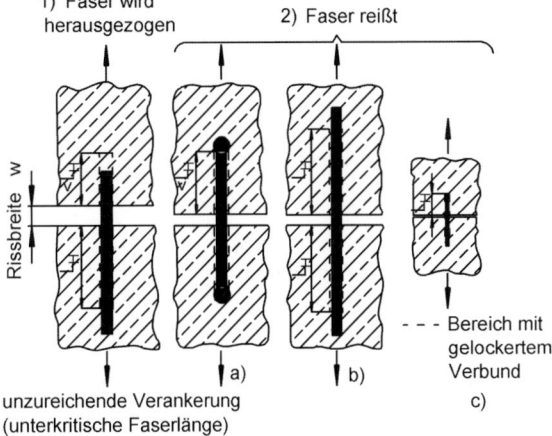

Bild F.92 Verankerung und Versagensmöglichkeiten von Fasern [311]

Fasern können, abhängig von ihrer Schlankheit, auf zwei Arten versagen: Die Faser wird herausgezogen, d. h. der Verbund versagt, oder die Faser reißt (Bild F.92).

Auf das Verbundverhalten und die mögliche Verbundspannung τ der Fasern wird weiter unten im Zusammenhang mit dem kritischen Fasergehalt näher eingegangen, da das Verbundverhalten einen besonders großen Einfluss auf das Nachbruchverhalten nimmt.

Zunächst einmal soll die Spannung f_{fc}, die durch die Fasern über einen Riss hinweg übertragen werden kann, unter Einführung des bezogenen Fasergehaltes N (Fasern/m²) berechnet werden:

a) für die Ausrichtung aller Fasern parallel zur Kraft mit $N = \dfrac{V_f}{\pi r^2}$

$$f_{fc} = N \cdot \bar{F}$$
$$f_{fc} = \frac{4 V_f}{\pi d^2} \cdot \frac{L \pi d \tau}{4} = V_f \frac{L}{d} \tau; \tag{357}$$

b) für eine zufällige Faserverteilung mit

$$N = \eta \frac{V_f}{\pi r^2}$$
$$f_{fc} = \eta \frac{4 V_f}{\pi d^2} \cdot \frac{L \pi d \tau}{4} = \eta V_f \frac{L}{d} \tau. \tag{358}$$

Im Anschluss kann nun der kritische Fasergehalt $V_{f,cr}$ bestimmt werden, bei dem die Risslast gerade noch durch die Fasern übernommen werden kann. Das heißt, die Spannung f_{fc} entspricht der Kompositspannung σ_c^{cr} (Spannung bezogen auf den Gesamtquerschnitt) beim Anriss:

$$f_{fc} = \sigma_c^{cr}$$
$$\text{mit} \quad \sigma_c^{cr} = f_m \left(\frac{E_f V_f}{E_m} + (1 - V_f) \right)$$

und $f_{fc} = V_f \dfrac{L}{d} \tau$.

Für die Ausrichtung der Fasern parallel zur Kraftrichtung folgt

$$V_{f,cr} = \left(\dfrac{\tau L}{f_m d} - \dfrac{E_f}{E_m} + 1 \right)^{-1} \approx \dfrac{f_m}{\tau} \cdot \dfrac{d}{L}. \tag{359}$$

Entsprechend ergibt sich bei zufälliger Ausrichtung der Fasern

$$V_{f,cr} = \left(\eta \dfrac{\tau}{f_m} \cdot \dfrac{L}{d} \cdot \dfrac{E_f}{E_m} + 1 \right)^{-1} \approx \dfrac{1}{\eta} \cdot \dfrac{f_m}{\tau} \cdot \dfrac{d}{L}. \tag{360}$$

Bild F.93 zeigt den Einfluss des Fasergehaltes auf die Arbeitslinie unter zentrischer Zugbeanspruchung.

Die maximal übertragbare Kompositspannung ist abhängig vom Fasergehalt (unterkritisch oder überkritisch), ebenso wie der Verlauf der Arbeitslinie nach Überschreiten der maximalen Spannung (Bild F.93). Beim ersten Lastabfall (gekennzeichnet durch A) entzieht sich die Matrix der Lastabtragung. Es findet eine Lastumlagerung auf die vorhandenen Fasern statt. Sind genügend Fasern vorhanden, so kann die Last auf dem Niveau gehalten ($V = V_{F,cr}$) oder sogar weiter gesteigert werden ($V > V_{F,cr}$).

Dieser Bereich wird stark durch das Ausziehverhalten der Fasern beeinflusst, das wiederum von den Faserverbundeigenschaften abhängt. Sind hingegen die Fasern sehr dünn und aufgrund ihrer Oberflächengestalt und ihrer chemisch-mineralogischen Zusammensetzung so fest in die Matrix eingebunden, dass die zum Bruch führende Zugkraft auf einer sehr kurzen Länge übertragen werden kann, etwa bei Asbestfasern, so lassen sich das Arbeitsvermögen und die Zähigkeit des Betons durch Faserzugabe kaum erhöhen; eine Steigerung der Zugfestigkeit des Faserbetons lässt sich jedoch erreichen.

Für den unterkritischen Bereich nach Bild F.93 ist nur eine geringe Erhöhung der maximalen Spannungen zu erwarten; bei größeren Dehnungen fallen die Spannungen stark ab. In beiden Fällen erfolgt die Kraftübertragung nach Ausfall der gerissenen Matrix nur noch über den Ausziehwiderstand der Fasern. Dabei erfahren Fasern, die den Riss schräg kreuzen, zusätzlich eine Biegebeanspruchung. In diesem Fall bewirken die durch die Biegung hervorgerufenen Querpressungen des Betons bei biegesteifen Fasern, wie etwa Stahlfasern, eine Erhöhung des Ausziehwiderstandes. Der Ausziehwiderstand ist dann größer als bei Fasern, die den Riss rechtwinklig kreuzen.

Je höher der Ausziehwiderstand der Fasern ist und je länger er mit zunehmender Dehnung erhalten bleibt, desto langsamer nimmt die übertragbare Zugkraft ab und umso mehr steigt

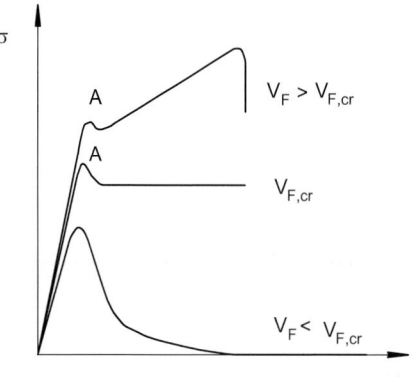

Bild F.93 Schematische Spannungs-Dehnungs-Linie für kurzfaserbewehrten Beton unter Zugbeanspruchung [306]

das Arbeitsvermögen an. Das größere Arbeitsvermögen ist der entscheidende Vorteil von Faserbeton im Vergleich zu Normalbeton. Das Verformungsverhalten der Fasern ist abhängig vom Dehnvermögen, dem Verbundverhalten und der Endverankerung der Fasern. Das gewünschte duktile Verhalten ist nur möglich, wenn sich die Fasern im Rissbereich ausreichend verlängern können. Dies kann man beispielsweise dadurch erreichen, indem man einerseits dafür sorgt, dass die Fasern über eine ausreichend große Bruchdehnung verfügen, und andererseits dafür, dass sich der Verbund auf einer genügend großen Länge lösen kann.

Das Verbundverhalten von in Beton eingebetteten Fasern ist sehr komplex und beruht auf dem Zusammenwirken verschiedener physikalischer bzw. chemischer Mechanismen [312]:

- Physikalische und chemische Bindung (falls vorhanden): Für Stahlfasern wie auch für eine Reihe von Polymerfasern (Polypropylene, Nylon, Polyethylene usw.) ist diese Art der Bindung schwach bis nicht existent. Sie kann durch Zugabe von adhäsiven Wirkstoffen wie Latex verbessert werden. Diese Zusatzmittel haben jedoch wenig Auswirkung auf die Zähigkeit der Verbundwerkstoffe und auf das Verhalten nach der Rissbildung, während sie die Spannung bei Erstrissbildung erhöhen. Sie sind zudem relativ teuer. Chemische und physikalische Bindung erlauben generell nur einen relativ kleinen Schlupf vor dem Versagen.
- Reibung: Die Reibungskomponente wird von der Grenzfläche zwischen Faser und Matrix, den Randbedingungen und der Feinheit der Grenzschicht um die Faser beeinflusst. Dabei ist der Reibungswiderstand wichtig, der bis zum vollständigen Herausziehen der Faser wirksam bleibt, jedoch im Allgemeinen mit wachsendem Schlupf abfällt.
- Mechanische Verzahnung: Eine mechanische Verzahnung der Faser existiert aufgrund der Fasergeometrie in verdrehten, gekerbten oder Hakenfasern. Die mechanische Komponente wird nach Versagen der adhäsiven Haftung aktiviert und ist unmittelbar darauf bis zu einer bestimmten Schlupfgröße, die durch die Fasergeometrie bestimmt wird, wirksam.
- Faser-Faser-Verzahnung: Die Faser-in-Faser-Verzahnung entsteht, wenn Fasern mit umgebenden Fasern in Kontakt sind. Dies geschieht nur bei sehr hohem Fasergehalt, wie es bei SIFCON („Slurry Infiltrated Fiber Concrete") oder SIMCON („Slurry Infiltrated Mat Concrete") der Fall ist. Eine kurze Erläuterung beider Begriffe befindet sich im Abschnitt F 7.4.2.

Untersuchungen an der Universität Michigan [313, 314] zeigten, dass die mechanische Komponente der Haftung den Hauptanteil an Verbundzähigkeit und Energiedämpfung ausmacht, während die Adhäsions-Kohäsions-Komponente bei der Anfangsfestigkeit (max. Verbundspannung) überwiegt [315]. Daraus kann man einen direkten Vorteil ziehen, indem die Faser so verarbeitet wird, dass das mechanische Verhalten optimiert ist. Der zusätzliche Aufwand zur Verformung der Faser wird durch die erhöhte Verbundfestigkeit gerechtfertigt.

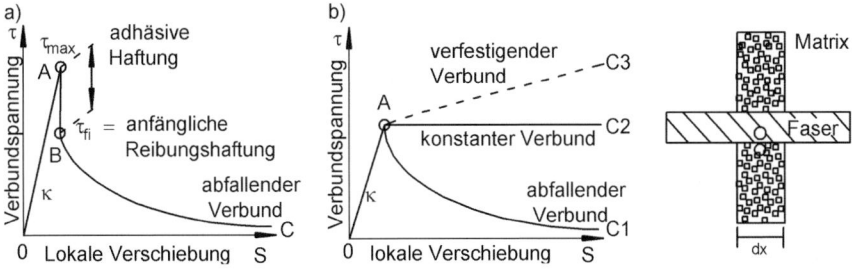

Bild F.94 Typische Verbundspannungs-Verschiebungs-Beziehungen (schematisch) [312]

Bild F.94 zeigt die schematische Darstellung der Faserverbundspannung τ in Abhängigkeit von der lokalen Verschiebung s beim Faserauszugversuch. Der ansteigende Ast 0A in Bild F.94 a) hängt mit der elastischen oder adhäsiven Haftung oder mit der Haftreibung zusammen. Die chemische Adhäsion, wenn vorhanden, vergrößert die Spannung bei Spitzenbelastung (vgl. Segment AB in Bild F.94 a)), das als Beitrag der adhäsiven Haftung zu verstehen ist; in Bild F.94 b) ist keine Adhäsion vorhanden, AB = 0. Im nächsten Teil der Kurve (BC im Bild F.94 a) oder AC im Bild F.94 b)) kann der Verbund konstant sein wie bei reiner Reibung, abfallend, wenn der Schaden mit dem Schlupf fortschreitet, oder verfestigend, wenn der Widerstand zunimmt. Ein abfallender Verbund tritt bei glatten Stahl- oder polymeren Fasern generell auf.

Bild F.95 b) zeigt den schematischen Verlauf der Verbundspannung τ entlang einer zugbeanspruchten eingebetteten Faser, bei der die Haftverbundspannung τ_{au} im linken Bereich bereits überwunden ist. Die Verbundspannung fällt dann auf die Gleitverbundspannung τ_{fu} ab, was zum Effekt des „stick-slip" („haften-gleiten") führen kann.

Das Verhältnis von Verbundspannung zu Schlupf, wie in Bild F.94 beschrieben, ist eine Stoffeigenschaft der Grenzfläche. Eine solche Grenzfläche einer glatten Stahlfaser zeigt Bild F.96 a).

Neben der direkten Spannungsübertragung (über den Riss) ist der Effekt der Rissarretierung („crack arrest") von Bedeutung. Bentur und Mindess [317] beschreiben das Rissverhalten derart, dass sich ein rechtwinklig zur Faser verlaufender Riss durch die Faser in zahlreiche kleinere Risse aufspaltet (Bild F.96 a)). Der Riss ändert bereits etwa 10 bis 40 μm vor der Übergangszone seine Richtung und läuft nach beiden Seiten parallel zur Faser, um dann hinter der Faser wieder der ursprünglichen Orientierung zu folgen. Eine bruchmechanische Erklärung hierfür geben Cook und Gordon [318]: Während die rissverursachende Spannung σ_y rechtwinklig zum Riss ihr Maximum an der Rissspitze hat, entsteht gleichzeitig eine Spannung σ_x, deren maximaler Wert in kurzer Distanz vor der Spitze in der Prozesszone liegt (Bild F.96 b)). Letztere initiiert den neuen, parallel zur Faser orientierten Riss (Bild F.96 c)).

Die experimentelle Ermittlung des in Bild F.94 gezeigten Verbundspannungsverlaufes in Abhängigkeit vom Schlupf mittels einer direkten Messmethode gestaltet sich schwierig, weil

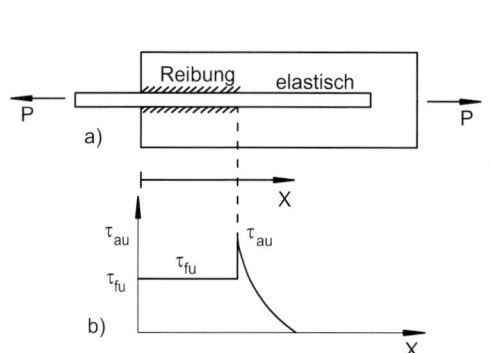

Bild F.95 Faser während des Ausziehens [316]; a) Geometrie, b) schematischer Verbundspannungsverlauf entlang der eingebetteten Faser

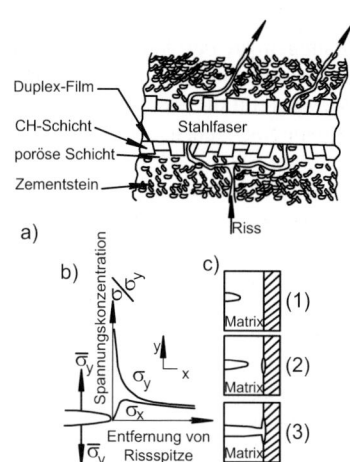

Bild F.96 a) Darstellung der Grenzfläche einer Stahlfaser mit Rissverlauf [317], b) Spannungsfeld an der Rissspitze [318], c) schematischer Verlauf der Rissarretierung an einer Faser [318]

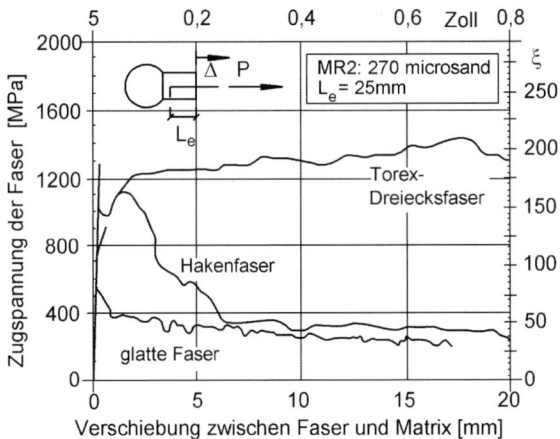

Bild F.97 Vergleich der Faserspannungen verschiedener Fasern [312]

u. a. die mechanische Komponente der Haftung, wie z. B. bei Hakenfasern, nicht als lokale Eigenschaft der Grenzfläche betrachtet werden kann. Daher ist es oft besser, das Verhältnis von Ausziehlast zu Verschiebung zwischen Faser und Matrix auszuwerten und davon die Haftung bei festgesetztem Schlupf abzuleiten [306].

Durch Verwendung von Fasern mit polygonalem Querschnitt (Dreiecke und Quadrate) anstatt von Fasern mit rundem Querschnitt lässt sich das Ausziehverhalten entscheidend verbessern, und zwar durch

– Vergrößerung der Oberfläche im Vergleich zu der eines Kreises bei gleicher Querschnittsfläche,
– Längsverdrehung und
– Entwicklung von tiefen Rippen zur Verbesserung der mechanischen Verzahnung.

In Bild F.97 werden die Faserspannungen beim Herausziehen solcher optimierter Stahlfasern (Torex) mit denen von glatten Fasern und Fasern mit abgewinkelten Enden verglichen. Die wesentlich vergrößerte Energieaufnahme der Torex-Dreiecksfaser im Vergleich zur glatten Faser und zur Faser mit abgewinkelten Enden (Hakenfaser) ist deutlich zu erkennen.

Nachfolgend zeigt Bild F.98 die Last-Verformungs-Kurven von faserverstärkten Hochleistungsverbundstoffen (HPFRCC = High Performance Fiber Reinforced Cement Composites), Faserbeton (FRC = Fiber Reinforced Concrete) und der Zementsteinmatrix ohne Fasern unter Zugbeanspruchung. Faserverstärkte Hochleistungsverbundwerkstoffe sind charakterisiert durch ein Spannungs-Dehnungs-Verhalten, das Verfestigung („schlupfverfestigende" Haftung in Bild F.97 und Bild F.98) und Mikrorissbildung zeigt. Im Unterschied zum Faserbeton, der im Wesentlichen eine verbesserte Duktilität im Vergleich zur unbewehrten Matrix aufweist, zeichnen sich faserverstärkte Hochleistungsverbundwerkstoffe damit durch eine erheblich vergrößerte Festigkeit *und* Zähigkeit aus.

Das Bruch- und Verformungsverhalten von hochfesten Betonen kann aber auch durch Zugabe eines speziellen „Fasercocktails", einer Kombination aus Stahl- und Polypropylenfasern, gezielt gesteuert und verbessert werden [319]. Die rissvernähende Stahlfaser ist dabei primär für die Duktilität verantwortlich. Durch die Polypropylenfaser werden in der homogenen Zementsteinmatrix hochfester Betone Mikrodefekte initiiert, die bereits bei geringen Belastungen mikroskopische Rissbildungen bewirken, dadurch die Stahlfasern frühzeitig aktivieren und deren Wirkung erheblich verbessern. Dieses Verhalten konnte durch licht-

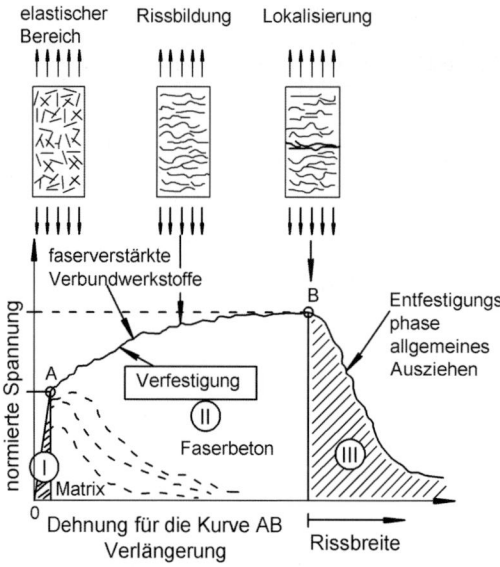

Bild F.98 Typisches Spannungs-Dehnungs-Diagramm von Faserkompositen unter einaxialer Zugbeanspruchung [312]

mikroskopische Aufnahmen an Dünnschliffen aus hochfesten, unterschiedlichen Belastungsniveaus ausgesetzten Prüfzylindern nachgewiesen werden. Die Polypropylenfasern vergrößern im Druckversuch die Dissipation inelastischer Energieanteile während der Belastungsphase, was sich in einer deutlichen Ausrundung des ansteigenden Astes der Spannungs-Dehnungs-Linie niederschlägt und zu signifikanten Steigerungen der Bruchstauchungen führt.

Alle nachfolgenden Ausführungen beziehen sich auf Faserbeton (FRC) im Allgemeinen, es sei denn, es wird explizit von faserverstärkten Hochleistungsverbundwerkstoffen (HPFRCC) gesprochen.

7.3 Fasern

Für Faserbeton werden überwiegend Fasern aus Stahl, alkaliresistentem Glas, Kunststoff oder Kohlenstoff eingesetzt. Asbestfasern (Durchmesser der Elementarfaser 0,02 bis 0,4 μm) sind zwar für Faserzementprodukte wie Dachplatten, Rohre usw. technisch gut geeignet. Sie dürfen heutzutage, aufgrund gesundheitlicher Bedenken bei der Herstellung des Betons und bei Sanierungen, nicht mehr verwendet werden. Als Ersatz dienen heute vor allem Kunststofffasern. Tabelle F.31 gibt einen vergleichenden Überblick über die mechanischen bzw. physikalischen Eigenschaften verschiedener ausgewählter Fasern.

7.3.1 Stahlfasern

Stahlfasern zeichnen sich durch eine relativ hohe Zugfestigkeit (bis zu 2.600 N/mm^2) und einen im Vergleich zur Mörtelmatrix sehr hohen Elastizitätsmodul aus. Sie sind nicht brennbar und im nicht carbonatisierten Beton (alkalisches Milieu) gut gegen Korrosion geschützt.

Tabelle F.31 Eigenschaften ausgewählter Fasern verschiedener Materialien [306, 307, 320, 321]

Fasertyp	Dichte [kg/dm³]	Zugfestigkeit [N/mm²]	E-Modul [kN/mm²]	Bruch-dehnung [‰]	Alkalibe-ständig-keit [–]	max. Tempe-ratur [°C]	Dicke [µm]
Stahl	7,80	500 bis 2.600	200	5 bis 35	++	1.000	100 bis 500
Glas: E-Glas	2,60	2.000 bis 4.000	75	20 bis 35	–	800	8 bis 15
AR-Glas	2,70	1.500 bis 3.700	75	20 bis 35	+	800	12 bis 20
Kohlenstoff: Standard-Modul (HT)	1,75 bis 1,91	3.000 bis 5.000	200 bis 250	12 bis 15	++	3.000	15
Intermediate-Modul (IM)	1,75 bis 1,91	4.000 bis 5.000	250 bis 350	11 bis 20	++	3.000	15
Hoch-Modul (HM)	1,75 bis 1,91	2.000 bis 4.000	350 bis 450	4 bis 11	++	3.000	15
Polypropylen	0,98	450 bis 700	7,5 bis 12	60 bis 90	++	150	50
Polyvinylalkohol	1,30	800 bis 900	26 bis 30	50 bis 75	++	240	13 bis 300
Polyester	1,40	800 bis 1.100	10 bis 19	8 bis 20	0	240	10 bis 50
Polyacrylnitril	1,20	600 bis 900	15 bis 20	60 bis 90	++	150	13 bis 104
Aramid	1,40	2.700 bis 3.600	70 bis 130	21 bis 40	0	600	12
Zellulose	1,20 bis 1,50	200 bis 500	5 bis 40	30	–	150	15 bis 60
Asbest	3,40	3.500	200	20 bis 30	++	1.000	0,02 bis 0,4

Einstufung der Alkalibeständigkeit: – gering; 0 mäßig; + gut; ++ sehr gut.

Die Verbundfestigkeiten glatter Stahlfasern sind meistens niedrig, sodass ihre Zugfestigkeit häufig nicht ausgenutzt werden kann. Durch Querschnittsoptimierung, Wellung, Längsverdrehung, Abkröpfen oder Verdicken der Faserenden kann das Verbundverhalten aber deutlich verbessert werden.

7.3.2 Glasfasern

Glasfasern werden u. a. durch Ausziehen zähviskoser Glasschmelzen aus Platinspinndüsen hergestellt. Ein Hauptproblem bei der Verwendung von Glasfasern besteht in der unzureichenden Beständigkeit in alkalischem Milieu. Die herkömmlichen Silikatgläser, Natron-Kalk-Glas (A-Glas) bzw. Borosilikatglas (E-Glas), sind gegenüber alkalischen Lösungen, wie sie in feuchtem Zementstein bzw. Beton lange Zeit vorliegen können, unbeständig. Erst die Entwicklung von AR-Glasfasern (AR = alkaliresistent), die durch Zugabe von 15 bis 20% Zirkoniumdioxid beständig gegenüber alkalischen Angriffen sind, und Fasern mit einer alkaliresistenten Beschichtung, der sog. „Schlichte", haben in den letzten 20 Jahren zu einer stetig wachsenden Verbreitung von Glasfasern in dünnen Betonbauteilen geführt [322]. Neben der Entwicklung von alkaliresistenten Fasern wurde auch die Zementmatrix derart modifiziert, dass insbesondere die chemische Verträglichkeit mit

Glasfasern verbessert wurde. Die Alkalität der Zementmatrix wurde durch Zugabe von puzzolanischen und/oder latent hydraulischen Zusätzen herabgesetzt, wodurch der chemische Angriff auf die Glasfasern erheblich reduziert wurde. Heute werden AR-Glasfasern auch im konstruktiven Bereich als tragende Bewehrung dauerhaft eingesetzt [322]. Ein weiteres Problem stellt die Kerb- und Ritzempfindlichkeit der glasartigen Oberfläche dar. Beim Einmischen von Glasfasern in Mörtel oder Beton sind daher wegen der Reibwirkung des Zuschlages schlechtere Ergebnisse zu erwarten als beim Einsatz in nur wenig gemagertem Zementleim.

Im Gegensatz zu anderen Fasern (z. B. Stahlfasern) handelt es sich bei Glasfasern eigentlich um Faserbündel, die aus ca. 100 bis 200 Einzelspinnfäden („filaments") mit einem Durchmesser von ca. 10 bis 15 μm bestehen (Bild F.99). Etwa 10 bis 40 dieser Spinnfäden ergeben einen Roving mit einem Außendurchmesser in der Größenordnung von 1 mm. Spinnfäden und Rovings lassen sich zu Vliesen, Matten und Geweben weiterverarbeiten. Aus dem Roving können durch Schneiden Kurzfasern hergestellt werden. Dabei zerfällt er wieder zu Spinnfäden oder zu noch kleineren Einheiten.

In den letzten Jahren wurde eine große Anzahl unterschiedlicher Glasfasern entwickelt, die sich sowohl in der Anzahl der Einzelfilamente als auch in der verwendeten Schlichte (Schlichte = Beschichtung der Fasern) unterscheiden. Nachfolgend werden einige Beispiele aufgeführt:

– Roving: Glasfaserstrang aus 32 Spinnfäden ohne Längenbegrenzung;
– Glasfasern mit 204 Einzelspinnfäden („filaments") in verschiedenen Längen zwischen 6 und 25 mm und mit verschiedenen Schlichten;
– Glasfasern mit 102 Einzelspinnfäden in verschiedenen Längen zwischen 6 und 25 mm und mit verschiedenen Schlichten;
– Glasfasern mit wasserdispersiblen Schlichten, die sich bei der Berührung mit Wasser in Einzelfilamente auflösen (Einsatz als Prozessfasern; bessere, homogene Verteilung in der Matrix; Verbesserung der Grünstandfestigkeit des Betons),
– Glasfasermatten („Chopped Strand Mat", CSM): neu entwickelte Glasfasermatten aus ca. 50 mm langen AR-Glasfasern, die mit einem Binder verklebt sind und ein ungerichtetes zweidimensionales Fasergeflecht bilden.

Glasfasern sind ebenfalls unbrennbar und ihre Zugfestigkeit liegt mit etwa 2.000 bis 3.700 N/mm^2 in den Größenordnungen von hochfesten Stahlfasern. Der Elastizitätsmodul ist etwa zwei- bis dreimal größer als der des Zementsteins und beträgt rund 1/3 desjenigen von Stahl. Der Verbund zwischen Glasfasern und der Zementsteinmatrix ist aufgrund des

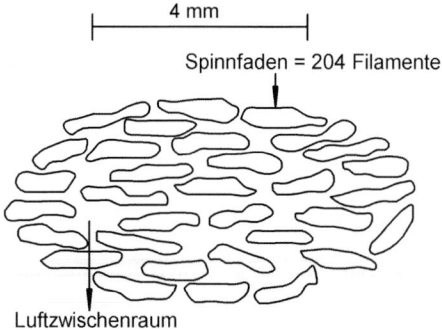

Bild F.99 Beispielhafter Aufbau eines typischen Glasfaser-Rovings [323]

geringen Faserdurchmessers und der chemisch-mineralogischen Zusammensetzung des Faserwerkstoffs gut, sodass bei üblichen Faserlängen die Zugfestigkeit voll ausgenutzt werden kann.

7.3.3 Organische Fasern

Die große Palette der organischen Fasern weist im Allgemeinen mittlere Zugfestigkeit und geringe Steifigkeit in Verbindung mit hohen Bruchdehnungen auf. Durch den geringen E-Modul wirken diese Fasern in erster Linie als Rissbremse [308].

7.3.3.1 Kunststofffasern (Polymere)

Kunststofffasern bestehen aus Polymeren und werden anhand ihrer chemischen Zusammensetzung unterschieden. Die Querschnittsformen hängen von den Herstellungsmethoden ab. Während Polypropylenfasern z. T. durch Spleißung einer Folie entstehen und daher einen fast rechteckigen Querschnitt besitzen, führt z. B. das Nassspinnverfahren bei Polyacrylnitrilfasern zu einer Nierenform.

Polyolefinfasern
Im Zusammenhang mit Kunststofffasern fällt des Öfteren der Begriff „Polyolefin". Zur Gruppe der Polyolefine zählen u. a. Polypropylen und Polyethylen. Polyethylenfasern spielen allerdings nur eine untergeordnete Rolle.

Polypropylenfasern
Die Polypropylenfasern bieten neben geringen Kosten auch eine hohe Alkalibeständigkeit. Die Fasern werden bei der Herstellung zur Erhöhung der Festigkeit sowie der Steifigkeit gereckt. So lassen sich Festigkeiten von 450 bis 700 N/mm^2 bei einem Elastizitätsmodul von 7,5 bis 12 kN/mm^2 erreichen. Besondere Herstellungsverfahren [324], bei denen auch eine Wärmebehandlung der Kunststofffasern durchgeführt wird, ermöglichen E-Moduln bis 18 kN/mm^2.

Polyvinylalkoholfasern
Polyvinylalkoholfasern (PVA) werden in unterschiedlichen Modifikationen angeboten, die sich im Durchmesser und im E-Modul unterscheiden. Der E-Modul kann bis zu 25 kN/mm^2 reichen; sie erreichen Zugfestigkeiten von bis zu 1.100 N/mm^2. Des Weiteren sind Polyvinylalkoholfasern besonders alkaliresistent und alterungsbeständig. PVA kommt am ehesten infrage, um die gesundheitsschädlichen Asbestfasern zu ersetzen.

Polyesterfasern
Polyesterfasern sind sowohl in saurem als auch in alkalischem Milieu beständig, haben jedoch nur eine geringe Bindungskraft in der Zementsteinmatrix. Ihr E-Modul liegt unter 19 kN/mm^2 und ihre Zugfestigkeit bei ca. 1.000 N/mm^2.

Polyacrylnitrilfasern
Polyacrylnitrilfasern (PAN) sind den speziellen Anforderungen für Faserzementprodukte gut angepasst. Sie haben einen relativ hohen E-Modul von ca. 20 kN/mm^2, eine gute Alkalibeständigkeit sowie eine gute Grenzflächenhaftung im Zementstein. Die Zugfestigkeit erreicht Werte von bis zu 1.000 N/mm^2. Auch PAN werden von der Industrie für die Herstellung von Asbestersatzprodukten verwendet [322].

Aramidfasern
Aramidfasern bestehen aus aromatisierten Polyamiden und nehmen im Rahmen der Kunststofffasern eine Sonderstellung ein. Es sind Zugfestigkeiten bis 3.700 N/mm^2 sowie E-Mo-

duln zwischen 17 und 130 kN/mm² möglich. Ähnlich wie Kohlenstofffasern sind Aramidfasern relativ teuer und bei konventionellem mechanischem Einmischen schwierig zu verteilen. Durch Zugabe von speziellen Zusätzen wie z.B. Silicastaub lässt sich die Verarbeitung hingegen verbessern. Im Vergleich zu Kohlenstofffasern werden Aramidfasern beim Einmischen in die Zementsteinmatrix allerdings weniger leicht beschädigt [325].

Anhand ihrer Geometrie und Formgebung werden Kunststofffasern in fibrillierte, feinfibrillierte und monofilamente Fasern eingeteilt.

Fibrillierte Fasern
Diese Fasern werden durch Herausstanzen aus einer Folie gewonnen. Die Durchmesser der einzelnen Fasern liegen zwischen 300 und 500 μm. Die Länge kann dabei variieren. Die Anzahl an einzelnen Fasern pro kg liegt dabei je nach Länge und Durchmesser zwischen 6 und 7 Millionen. Die fibrillierten Faserbündel müssen beim Mischvorgang erst in einzelne Fasern geteilt, also vereinzelt werden. Deshalb sollten fibrillierte Fasern für Betonrezepturen eingesetzt werden, bei denen beim Mischvorgang hohe Scherkräfte frei werden (trockene Mischungen, niedrige Konsistenz, große Zuschläge usw.).

Feinfibrillierte Fasern
Ähnlich wie fibrillierte Fasern werden auch diese durch Stanzen gewonnen. Die Durchmesser und Längen der Fasern entsprechen in etwa jenen der fibrillierten Fasern. Feinfibrillierte Fasern enthalten nur wenige Fasern pro Bündel und können auch für feinere Mischungen eingesetzt werden.

Monofilamente Fasern
Diese werden gesponnen und dann geschnitten. Zusätzlich kann diese Faser in Wellenform gebracht werden, was eine bessere Verankerung im Beton bewirkt. Um ihre volle Zugfestigkeit im Beton ausnutzen zu können, ist es notwendig, diese Faser einem Prozess zu unterziehen, der Recken genannt wird. Ist eine monofilamente Faser nicht gereckt, kann es zu Festigkeitsabfällen bei der Biegezugfestigkeit kommen. Die Faserlänge reicht von 6 mm (für besonders feine Mischungen) bis zu 12 mm (für Beton), der Durchmesser beträgt entweder 18 bis 20 m oder liegt über 30 μm. Die Anzahl an einzelnen Fasern pro kg bewegt sich dabei zwischen 170 und 300 Mio. Fasern pro kg (bei einer Länge von 12 mm).

7.3.3.2 Kohlenstofffasern

Kohlenstofffasern bieten eine Reihe von Vorteilen hinsichtlich ihrer physikalischen und mechanischen Eigenschaften: Sie sind chemisch resistent, temperaturbeständig und leicht. Aufgrund ihrer hohen Festigkeit und des hohen E-Moduls werden Kohlenstofffasern auch zur Verstärkung von Kunststoffen (z.B. CFK-Lamellen) und Metallen verwendet.

Kohlenstofffasern verfügen für gewöhnlich über eine große spezifische Oberfläche und eine große Schlankheit, die bei Fasergehalten > 1 Vol.-% eine gleichmäßige Faserverteilung beim Mischen erschweren, sofern Zusätze wie etwa Flugasche fehlen [325]. Die weiteren Eigenschaften lassen sich wie folgt zusammenfassen [306]:

- hohe Sprödigkeit;
- geringe Kriechneigung;
- chemisch inert;
- hohe Beständigkeit gegenüber Säuren, Laugen und organischen Lösungsmitteln;
- gute elektrische Leitfähigkeit.

Kohlenstofffasern werden, ähnlich wie Glasfasern, beim Mischen des Betons leicht beschädigt. Als weiterer Nachteil ist der hohe Preis zu nennen. Daher kommen Kohlenstofffasern im Faserbeton bisher eher selten zum Einsatz.

7.3.3.3 Fasern natürlicher Herkunft – Zellulosefasern

Zellulose ist der natürliche Baustoff der Pflanzen zur Bildung ihrer Zellwände. Er steht in fast allen Teilen der Welt beinahe unbegrenzt zur Verfügung. Zellulosefasern können aus Pflanzen wie Jute, Kokos, Elefantengras, Sisal, Bambus und verschiedenen Baumarten gewonnen werden. Die Hauptquelle für solche Fasern bildet jedoch Holz. Beim Herstellungsprozess werden die Fasern voneinander getrennt, indem das zwischen den Fasern befindliche Lignin entweder auf mechanischem oder chemischem Wege entfernt wird [325]. Einen Überblick über die Eigenschaften verschiedener natürlicher Fasern liefert Tabelle F.32.

Nicht speziell aufbereitete Fasern enthalten meist Glukose, welche den Erhärtungsvorgang des Betons unterbinden kann. Ebenso können diese Fasern unter feuchten Bedingungen durch Befall von Bakterien oder Pilzen zerstört werden. Bei Feuchtigkeitsänderungen neigen sie zu starkem Quellen bzw. Schwinden. Außerdem können sie durch das alkalische Milieu geschädigt werden. Durch Verwendung von puzzolanischen Zusätzen lässt sich, ähnlich wie bei Glasfasern, die Gefahr des alkalischen Angriffs jedoch reduzieren [326].

Holzfasern
Bei Birken-, Eukalyptus- und Bambusfasern wurden bereits theoretische und praktische Untersuchungen vorgenommen. Die erreichbaren Zugfestigkeiten schwanken stark und liegen zwischen 200 und 1.500 N/mm^2, der E-Modul zwischen 5 und 40 kN/mm^2 [308]. Die Fasereigenschaften hängen ab von der Holzart (Weich- oder Hartholz), der Zellwanddicke, der Art des Aufschlussprozesses, der Anwesenheit von Verunreinigungen, dem Wasseraufnahmevermögen der Fasern sowie der kapillaren Saugfähigkeit. Alle Holzfasern verhalten sich hygroskopisch. Die Wasseraufnahme führt zum Quellen, reduziert die Fasersteifigkeit und führt zum Versagen des Verbundes zwischen Faser und Zementmatrix. Folglich sinkt die Kompositfestigkeit unter feuchten Bedingungen. Trotzdem kann das Arbeitsvermögen aufgrund des durch das Quellen erhöhten Ausziehwiderstands der Faser ansteigen.

Sisalfasern
Nach Ramey und Mwangi [327] können für die Herstellung von hochfestem Faserbeton auch Sisalfasern verwendet werden. In den durchgeführten Versuchen (Druck- und Biegeprüfungen) wurden die Eigenschaften von Sisalfasern mit denen von Stahl- und Polypropylenfasern verglichen. Der mit Sisalfasern bewehrte Frischbeton war am schlechtesten zu verarbeiten. Er erforderte den größten Verdichtungsaufwand. Die Duktilität der Probekörper mit Sisalfasern (beurteilt durch die Bruchdehnung bei der Druckprüfung) entsprach etwa der Duktilität der Versuchskörper mit Polypropylenfasern.

Tabelle F.32 Übersicht über die Eigenschaften natürlich gewonnener Fasern

Fasertyp	Kokos	Sisal	Bambus	Jute	Flachs	Elefantengras	Holzfasern
Faserlänge [mm]	50–350	–	–	180–300	500	–	2,5–5
Durchmesser [mm]	0,1–0,4	–	0,05–0,4	0,1–0,2	–	–	0,015–0,08
Dichte [kg/dm^3]	1,12–1,15	–	1,5	1,02–1,04	–	–	1,5
E-Modul [kN/mm^2]	19–26	13–26	33–40	26–32	100	4,9	5–40
Zugfestigkeit [N/mm^2]	120–200	280–568	350–500	250–350	1.000	178	200–1500
Bruchdehnung [%]	10–25	3–5	–	1,5–1,9	1,8–2,2	3,6	–
Wasseraufnahme [%]	130–180	60–70	40–45	–	–	–	50–75

7.4 Zusammensetzung

7.4.1 Beton

Für die Betonzusammensetzung gelten die allgemeinen Regeln der *Betontechnologie*, die durch die nachfolgenden Hinweise ergänzt werden.

Je geringer der *Grobzuschlaganteil* ist, desto mehr Fasern lassen sich unterbringen, ohne dass es zu Faseragglomerationen (sog. Igelbildungen) kommt. Bei Verwendung von Grobzuschlägen sind dickere Fasern vorteilhaft. Allgemein wird bei Faserbeton aus Gründen der Verarbeitbarkeit der Größtkorndurchmesser häufig auf 8 mm oder weniger begrenzt. Speziell bei deutschen Tunnelbauprojekten (Stahlfaserbeton) hat sich ein Größtkorn von 16 mm bewährt [308].

Besonders bei Stahlfaserbeton ist darauf zu achten, dass dieser ausreichend Feinanteile enthält. Dies ist notwendig, damit die Fasern vollständig vom Feinmörtel umhüllt werden und somit ihre Wirkung optimiert entfalten können. Bei höheren Fasergehalten ist die Leimmenge um ca. 10% zu erhöhen [322].

Für Glasfaserbeton empfiehlt sich ebenfalls eine möglichst feinkornreiche Mischung. Zudem sind zur Verringerung des Schwindens zuschlagreiche Mischungen mit möglichst niedrigem Zementgehalt zu bevorzugen. Solche Mischungen carbonatisieren schneller und leisten somit einen entscheidenden Beitrag zur Senkung der Alkalität.

Als günstig haben sich *Wasserzementwerte* zwischen 0,4 und 0,5 erwiesen. Um diese Werte einzuhalten, ist ein relativ hoher Zementgehalt erforderlich, da der Wasseranspruch für eine bestimmte Verarbeitbarkeit des Betons mit zunehmendem Fasergehalt steigt. Dies gilt verstärkt bei Verwendung eines grobkornarmen Zuschlaggemisches.

Um den Zementgehalt unter Beibehaltung der Festigkeit zu senken, können 25 bis 35 % des Zementes gegen Flugasche ausgetauscht werden. Ein Austausch von bis zu 10 % des Zementes gegen Silicastaub kann sich ebenfalls günstig auswirken. Ein höherer Mehlkorngehalt wirkt sich günstig auf die Verarbeitung aus; die Richtwerte zur Begrenzung des Mehlkorngehaltes sind allerdings zu beachten. Durch Zugabe von Luftporenbildnern kann die Verarbeitbarkeit ebenfalls verbessert werden, gleichzeitig erhöht sich auch der Frostwiderstand. Selbstverdichtender Faserbeton ist heute auch möglich [328].

7.4.2 Fasern

Durch Zugabe von Fasern erhöht sich der Wasseranspruch des Betons. Einen entscheidenden Einfluss auf die Einmischbarkeit der Fasern und die Verarbeitbarkeit des Betons hat die *Faserschlankheit L/d*. Mit zunehmender Schlankheit nimmt im Allgemeinen die Verarbeitbarkeit ab.

Der *Fasergehalt* wird gewöhnlich in Vol.-% bezogen auf das Betonvolumen angegeben. Die einmischbare Fasermenge hängt von der Zusammensetzung und Konsistenz des Frischbetons, den Eigenschaften der Fasern (Faserschlankheit, E-Modul) und der Mischtechnik ab.

Der Fasergehalt liegt bei Stahlfaserbeton im Allgemeinen zwischen 0,5 und 2,5 Vol.-%, während bei Glasfasern und Kunststofffasern auch höhere Gehalte möglich sind. Eine spezielle Art des Faserbetons ist der sog. SIFCON („Slurry Infiltrated Fibre CONcrete"), bei dem zuerst die Fasern in eine Schalung eingelegt werden und dann Feinmörtel eingebracht wird. Damit sind Fasergehalte bis zu 20 Vol.-% [329] möglich. Aufgrund des aufwendigen Herstellungsverfahrens (Ausstreuen und Nivellieren des Fasergehaltes) und die nicht zielgerichtete Steuerbarkeit des Faserhaltes wurde SIFCON unter Einsatz von Matten zu SIMCON („Slurry Infiltrated Mat CONcrete") modifiziert. Wegen des geringen Fasergehaltes von $V_f \leq 3,0$ Vol.-% für horizontale Bauteile, die häufig unebene Mattenoberfläche mit herausstehenden Fasern, das schwierige Handling und das spröde Materialverhalten bei SIMCON wurde dieser weiterentwickelt zu DUCON® („DUctile CONcrete"). Ähnlich wie bei SIMCON handelt es sich auch bei DUCON® um ein Mattensystem, welches aus einer durchgehenden Drahtbewehrung besteht. Der Stahlgehalt wird dabei durch die Maschenweite und den Drahtdurchmesser reguliert [330]. Definitionsgemäß zählen SIMCON und DUCON® zu den langfaserbewehrten Betonen.

Gustafsson beschreibt die Erfahrungen bei der Produktion und der Einbringung von stahlfaserbewehrtem *selbstverdichtendem Beton* [331]. Die Fasermengen betrugen 25 bis 45 kg/m³ (0,3 bis 0,6 Vol.-%). Die Ergebnisse dieser Untersuchungen zeigen, dass durch das Hinzufügen von Stahlfasern zwar eine leichte Verminderung der Verarbeitbarkeit auftreten kann, diese jedoch die Herstellung im Gesamten praktisch kaum erschwert.

Im Hinblick auf die Herstellung von *Stahlfaserbeton* sind im DBV-Merkblatt „Stahlfaserbeton" [332] ausführliche Empfehlungen gegeben.

7.5 Eigenschaften

7.5.1 Verhalten bei Druckbeanspruchung

Die Druckfestigkeit von Faserbeton nimmt mit steigendem Fasergehalt etwas zu (Bild F.100 a)), weil die Entwicklung von Mikrorissen behindert wird. Viel bedeutsamer ist jedoch der Anstieg der Bruchdehnung und insbesondere der Bruchenergie, da mit steigendem Fasergehalt der abfallende Ast des Spannungs-Dehnungs-Diagramms immer flacher verläuft. Aber auch eine Vergrößerung der Faserschlankheit kann einen Anstieg der Bruchenergie bewirken (Bild F.100 b)).

Versuche an jungem Beton (zwischen 8 und 72 Stunden alt) mit Stahlfasern (20, 40 und 60 kg/m³) und Kunststofffasern (Polypropylen, 5 kg/m³) zeigten, dass sich durch Faserzugabe die Druckfestigkeit und der E-Modul des Betons im jungen Alter etwas gegenüber Nullbeton (ohne Fasern) erhöhten [334]. Der Stahlfaserbeton mit 60 kg/m³ Faserdosierung zeigte die höchste Druckfestigkeit im Alter von 8 und 10 Stunden. Beim Versuch wurde nach dem Anreißen eine weitere Laststeigerung beobachtet, beim Erreichen der max. Druckfestigkeit fiel diese Last nicht wie bei erhärtetem Beton üblich rasch ab, sondern blieb erhalten. Durch diese beiden beobachteten Erscheinungen sind Faserbetone insbesondere beim Einsatz im Tunnelbau vorteilhaft.

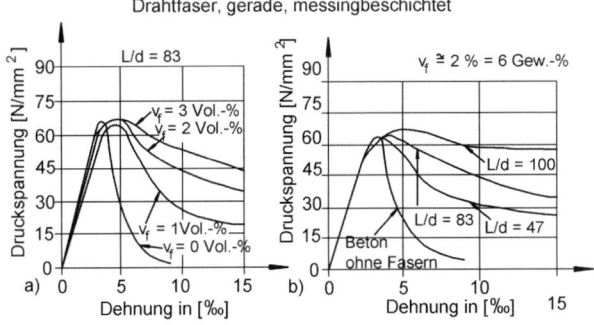

Bild F.100 Arbeitslinien von Stahlfaserbeton bei zentrischer Druckbelastung in Abhängigkeit vom Fasergehalt V_f und von der Faserschlankheit L/d [333]

7.5.2 Verhalten bei Zugbeanspruchung und bei Biegezugbeanspruchung

Inwieweit die zentrische Zugfestigkeit und die Biegezugfestigkeit durch eine Faserbewehrung gesteigert werden können, hängt in entscheidendem Maße davon ab, ob der Fasergehalt über dem kritischen Wert (siehe Abschnitt F 7.2.2) liegt. Bei Verwendung kurzer, nicht orientierter Fasern ist eine wesentlich geringere Steigerung von Rissspannung und Zugfestigkeit zu erwarten [335]. Bild F.101 a) zeigt den Einfluss des Stahlfasergehaltes auf die Zugspannung bei Faserbeton unter zentrischer Zugbeanspruchung. In Bild F.101 b) sind zum Vergleich die Arbeitslinien von Faserbeton und Hochleistungsfaserbeton in ein gemeinsames Diagramm eingezeichnet.

Für den Biegezug gilt im Prinzip das Gleiche wie für den zentrischen Zug. Die nichtlineare Spannungs-Rissöffnungs-Beziehung kann hier jedoch bei bestimmten geometrischen Bedingungen (Rissöffnungen/Balkenhöhe) aufgrund der günstigeren Spannungsverteilung im Querschnitt zu einer Erhöhung der Tragfähigkeit auch bei geringeren Fasergehalten führen.

Nach verschiedenen Untersuchungen ergibt sich bei Stahlfasern etwa ein linearer Zusammenhang zwischen Biegezugfestigkeit und Fasergehalt mit Festigkeitssteigerungen um 10 bis 20 %. Bei ausreichendem Fasergehalt werden aber stets höhere Bruchdehnungen bzw. Durchbiegungen bei Maximallast und vor allem eine deutlich größere Bruchenergie beobachtet, die auf ein Mehrfaches der Bruchenergie unbewehrter Proben ansteigen kann. Deswegen wird im Allgemeinen auch eine deutliche Verbesserung des Widerstandes gegen dynamische Beanspruchung und Schlag beobachtet.

7.5.3 Verhalten bei Querkraft- und Torsionsbeanspruchung

Die *Scherfestigkeit* von Faserbeton kann, wie bei Beton ohne Fasern, auf die Zugfestigkeit des Materials zurückgeführt werden. Daher gelten die Ausführungen des Abschnitts F 7.5.2 qualitativ auch für die Schubbeanspruchung.

Bei den von Barr [337] beschriebenen Schubversuchen hatte die Zugabe von Stahl- oder Polypropylenfasern bis etwa 1 Vol.-% nur einen sehr geringen Einfluss auf die Schubtragfähigkeit. Durch hohe Gehalte an Glasfasern (ca. 4 Vol.-%) ließ sich die Schubtragfähigkeit dagegen nahezu verdoppeln. In allen Fällen erhöhte die Zugabe von Fasern die Zähigkeit. Diese nahm proportional mit dem Fasergehalt zu. Dies ist darauf zurückzuführen, dass die Fasern die Schubrisse überbrücken, das Öffnen der Risse bremsen und die Rissufer miteinander verbinden. Sie wirken in dieser Hinsicht ähnlich wie eine Bügelbewehrung, sind allerdings bei gleichem Bewehrungsprozentsatz weniger wirksam [338].

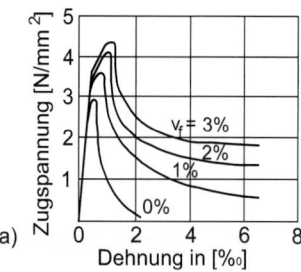 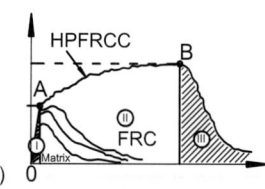

Bild F.101 Arbeitslinien von Stahlfaserbeton bei zentrischer Zugbeanspruchung;
a) Einfluss des Fasergehaltes V_f [336], b) Vergleich von unbewehrtem Beton, Faserbeton (FRC) und faserverstärktem Hochleistungsverbundwerkstoff (HPFRCC) [312]

Die Zugabe von Stahlfasern vergrößert die (Schub-) Verformung bis zum Versagen; der Beton verhält sich also insgesamt duktiler, insbesondere bei größeren Fasergehalten und größeren Faserschlankheiten.

Versuche an gerissenem SIFCON [339] belegten, dass die Scherfestigkeit auch vom verwendeten Fasertyp abhängt. So führten beispielsweise längere und dickere Fasern mit hakenartigen Enden bei annähernd gleichem Fasergehalt zu einer größeren Scherfestigkeit als kürzere und dünnere Fasern mit geraden Enden.

Torsionsbeanspruchte Bauteile mit Faserbewehrung ertragen bis zum Versagen wesentlich stärkere Verdrehungen als unbewehrte. Dies führt trotz eines nicht oder nur relativ wenig erhöhten Bruch-Torsions-Momentes zu einer um 1 bis 2 Zehnerpotenzen höheren Energieaufnahme bis zum Bruch [308].

7.5.4 Verhalten bei Explosions-, Schlag- und Stoßbeanspruchung

Die Schlagzähigkeit kann durch Zugabe bestimmter Fasern beträchtlich erhöht werden. Der Grund liegt in der für den Auszug der Fasern erforderlichen Energie.

Vergleichende Versuche bei Beanspruchung durch Kontaktexplosion (1 kg TNT-Sprengstoff), die mit Stahlbetonplatten (RC), Stahlfaserbetonplatten mit und ohne Bewehrung (RSFRC und SFRC) und Stahlbetonplatten aus Hochleistungsstahlfaserbeton (HPSFRC oder SIFCON mit 8 Vol.-% Fasergehalt) durchgeführt wurden, sind von Sun et al. [340] beschrieben. Es wurden die Plattendicke und der Fasergehalt variiert. Dabei wurde u. a. beobachtet, dass HPSFRC und RSFRC einen idealen Verbundwerkstoff zum Schutz vor Explosionen darstellen. Die Regel war: HPSFRC > RSFRC > SFRC > RC. Das Energieaufnahmevermögen stieg bei stahlfaserbewehrtem Beton (SFRC) mit steigendem Fasergehalt an.

7.5.5 Kriechen und Schwinden

Die *Kriechverformungen* des Betons werden nur wenig durch Stahlfasern beeinflusst, da sich die versteifende Wirkung der Fasern und der Einfluss des häufig beobachteten Gehalts an Verdichtungsporen in Faserbetonen etwa die Waage halten.

Da der Anteil Fasern am Gesamtvolumen in der Regel gering ist (ca. 1 Vol.-% oder weniger), macht sich die Faserwirkung auf das *unbehinderte Schwindmaß* kaum bemerkbar.

Bei *behindertem Schwinden* lassen sich die entstehenden Risse (als Folge der Zwang- und Eigenspannungen) durch die Fasern zwar nicht verhindern, aber die Rissbreiten können auf ein erträgliches Maß beschränkt werden. Voraussetzung hierfür ist ein ausreichend hoher E-Modul der Fasern im Vergleich zum E-Modul des Betons zum Zeitpunkt der Rissbildung sowie eine ausreichende Verbundfestigkeit.

Grzybowski und Shah [341] beschreiben Versuche, in denen 0,1 Vol.-% Polypropylenfasern im Beton die beim Frühschwinden (plastischem Schwinden) auftretenden Risse wirksam reduzierten. Bei dem danach folgenden Trocknungsschwinden blieb der Einfluss allerdings gering. Erst bei Fasergehalten von 0,5 Vol.-% und mehr konnten auch beim Trocknungsschwinden die maximalen Rissbreiten deutlich reduziert werden und die Bildung von Mehrfachrissen wurde gefördert.

Krenchel und Shah [342] beschreiben Versuche, bei denen mit vorgereckten Polypropylenfasern (Zugabemenge 2 Vol.-%) gute Erfolge bei der Reduzierung der Rissbreite erzielt wurden. Bei einer Zugabemenge von 1 Vol.-% wurden von Hähne et al. [343] ebenfalls mit gutem Erfolg die Rissbreiten reduziert.

Bei Stahlfaserbeton ergab sich in Versuchen eine signifikante Verringerung der maximalen und mittleren Rissbreiten bei Fasergehalten zwischen 0,25 und 0,5 Vol.-%. Bei Fasergehalten > 0,5 Vol.-% konnten die Rissbreiten auf Werte ≤ 0,1 mm beschränkt werden.

7.5.6 Verhalten bei hoher Temperatur

Organische Fasern
Obwohl alle organischen Fasern brennbar sind, werden Faserzementprodukte mit synthetischen organischen Fasern trotzdem in die Klasse A2 (nicht brennbar) gemäß DIN 4102 „Brandverhalten von Baustoffen und Bauteilen" eingestuft. Der Grund liegt im Wesentlichen in der schützenden Funktion der Matrix. Diese Ergebnisse sind direkt auf den Beton übertragbar, zumal hier üblicherweise massigere Bauteile als bei den Faserzementelementen vorliegen. Toxische Gase infolge hoher Temperaturen können in der Regel nur sehr langsam aus dem Beton entweichen, sodass keine kritischen Grenzwerte erreicht werden. Kunststofffasern (vor allem PP-Fasern) werden gezielt eingesetzt, um die Feuerwiderstandsdauer von hochfestem Beton zu vergrößern, indem durch die thermische Zersetzung der Fasern Kanäle verbleiben, die eine Dampf entspannende Wirkung haben.

Stahlfasern
Im Vergleich zu Normalbeton weist der Stahlfaserbeton einen größeren Widerstand gegenüber hohen Temperaturen auf. Dies ist auf die Verbesserung des Zusammenhalts durch die Stahlfasern zurückzuführen.

Zwar werden im Allgemeinen Stahlfasern als nichtbrennbar eingestuft, bei besonders kleinen Durchmessern (Mikrofasern) aber können Stahlfasern infolge der einsetzenden Verzunderung durchaus erheblich beschädigt werden. Doch auch bei Verzicht auf Mikrofasern oxidiert der Stahl zwangsläufig bei höheren Temperaturen.

Entgegengewirkt werden kann dem durch Verwendung von nichtrostenden Stahlfasern mit einem verbesserten Oxidationswiderstand. Diese kommen hauptsächlich bei temperaturbeanspruchten Bauteilen im Feuerbetonbau, in der Petrochemie, in Zement- und Stahlwerken (Hochöfen, Konverter) und bei Verbrennungsanlagen zur Anwendung.

8 Ultrahochfester Beton

8.1 Allgemeines

Ultrahochfester Beton (UHFB) wurde zum ersten Mal unter dem Namen „Béton de poudres réactives" („reactive powder concrete") in Frankreich vorgestellt. Die Firma Bouygues hat ab 1990 diesen Beton mit einem sehr hohen Zementgehalt, einem hohen Silicastaubgehalt und Feinzuschlägen bis zu 0,6 mm entwickelt [344]. Der Wasserzementwert lag sehr niedrig und die Verarbeitbarkeit konnte nur mit einem hohen Fließmittelanteil sichergestellt werden. Aufbauend auf diesen Arbeiten wurden an verschiedenen Stellen Betone entwickelt, die ähnliche Eigenschaften haben, die jedoch deutlich größere Körnungen einsetzen, bis zu 16 mm. Je nach Nachbehandlung und eventueller Wärmebehandlung können Druckfestigkeiten bis 400 N/mm^2 erzielt werden. Bisher gibt es keine Norm für diesen Beton, der weit über den Festigkeitsbereich der EN 206-1 hinausgeht. Es existiert lediglich eine Empfehlung der französischen Vereinigung für das Bauwesen, worin sowohl die Materialeigenschaften als auch Bemessungshinweise gegeben werden.

NANODUR® TECHNOLOGY

Ausgezeichnet mit dem
Innovationspreis
der Zulieferindustrie
Betonbauteile **2008**

Premiumzement für Ultra High Performance Concrete (UHPC)
– Druckfestigkeiten von mehr als 150 MPa
– Biegezugfestigkeiten von mehr als 20 MPa
– Erfüllt die Anforderungen der Zementnorm

Dyckerhoff NANODUR®
Ergebnis unserer neuesten Entwicklung

Dyckerhoff AG, Produktmarketing
Postfach 2247, 65012 Wiesbaden, Germany
Telefon +49 611 676-1181, Telefax +49 611 676-61181
marketing@dyckerhoff.com   www.dyckerhoff.de

BUCHEMPFEHLUNGEN

Kindmann, R.

Stahlbau – Teil 2: Stabilität und Theorie II. Ordnung

2008., 429 Seiten.
€ 55,–* /sFr 88,–
ISBN: 978-3-433-01836-1

Zentrale Themen des Buches sind die Stabilität von Stahlkonstruktionen, die Ermittlung von Beanspruchungen nach Theorie II. Ordnung und der Nachweis ausreichender Tragfähigkeit. Das tatsächliche Tragverhalten wird erläutert und die theoretischen Grundlagen werden hergeleitet, zweckmäßige Nachweisverfahren empfohlen und die erforderlichen Berechnungen mit Beispielen veranschaulicht. Der Inhalt des Buches ist wie folgt gegliedert:

- Tragverhalten und Nachweisverfahren
- Stabilitätsproblem Biegeknicken und vereinfachte Nachweise
- Stabilitätsproblem Biegedrillknicken und vereinfachte Nachweise
- Nachweise unter Ansatz von geometrischen Ersatzimperfektionen
- Theorie II. Ordnung für Biegung mit Normalkraft
- Theorie II. Ordnung für beliebige Beanspruchungen
- Aussteifung und Stabilisierung
- Stabilitätsproblem Plattenbeulen und Beulnachweise

Kindmann, R., Kraus, M.

Finite Elemente Methoden im Stahlbau

2007, 382 Seiten, 256 Abb., 46 Tab. Broschur.
€ 57,–* /sFr 90,–
ISBN: 978-3-433-01837-8

Die Finite-Elemente-Methode (FEM) bildet in der Praxis der Bauingenieure ein Standardverfahren zur Berechnung von Tragwerken. Nach einer Einführung in die Methodik konzentriert sich das Buch auf die Ermittlung von Schnittgrößen, Verformungen, Verzweigungslasten und Eigenformen für Stahlkonstruktionen. Neben linearen Berechnungen für Tragwerke bilden die Stabilitätsfälle Biegeknicken, Biegedrillknicken und Plattenbeulen mit der Ermittlung von Verzweigungslasten und Berechnungen nach Theorie II. Ordnung wichtige Schwerpunkte. Hinzu kommt die Untersuchung von Querschnitten, für die Berechnungen mit der FEM zukünftig stark an Bedeutung gewinnen werden. Für praktisch tätige Ingenieure und Studierende gleichermaßen werden alle notwendigen Berechnungen für die Bemessung von Tragwerken anschaulich dargestellt.

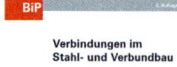

Kindmann, R., Stracke, M.

Verbindungen im Stahl- und Verbundbau

2., aktualisierte Auflage
2009. 458 Seiten, 335 Abb., 72 Tab., Broschur.
€ 55,– / sFr 149,–
ISBN: 978-3-433-02916-9

Zentrale Themen des Buches sind geschweißte und geschraubte Verbindungen im Stahl- und Verbundbau. Darüber hinaus werden auch andere Verbindungstechniken bzw. Verbindungsmittel behandelt, wie z. B. Kontakt, Kopfbolzendübel, Setzbolzen, Niete, Augenstäbe, Bolzen, Hammerschrauben, Zuganker, Dübel und Ankerschienen.
Auf die Methoden und Vorgehensweisen zur Bemessung und konstruktiven Durchbildung der Verbindungen wird ausführlich eingegangen. Neben den allgemeingültigen Grundlagen werden die Regelungen der DIN 18800 und der Eurocodes behandelt und Erläuterungen zum Verständnis gegeben. Zahlreiche Konstruktions- und Berechnungsbeispiele zeigen die konkrete Anwendung und Durchführung der Tragsicherheitsnachweise.

Ernst & Sohn
Verlag für Architektur und technische
Wissenschaften GmbH & Co. KG

www.ernst-und-sohn.de

Für Bestellungen und Kundenservice:
Verlag Wiley-VCH, Boschstraße 12, 69469 Weinheim
Telefon: +49(0) 6201 / 606-400, Telefax: +49(0) 6201 / 606-184,
E-Mail: service@wiley-vch.de

* € Preise gelten ausschließlich für Deutschland. Irrtum und Änderungen vorbehalten.

8.2 Mischungsentwurf

UHFB wird aus Gesteinskörnungen, Zement, Wasser, Zusatzstoffen und Zusatzmitteln zusammengesetzt. Je nach der Größe des Größtkorns wird unterschieden in feinkörnigen UHFB bis 1 mm und grobkörnigen UHFB über 1 mm Größtkorn [345]. Als Gesteinskörnungen kommen die Stoffe nach DIN EN 12620 „Gesteinskörnungen für Beton" infrage, leichte und rezyklierte Gesteinskörnungen werden bislang nicht verwendet. Es können gebrochene und ungebrochene Stoffe eingesetzt werden. Damit eine hohe Packungsdichte erreicht wird, sollte die Sieblinie gut abgestuft sein. Man erreicht dies auch mit einer optimalen Ausfallkörnung.

Bisher wurden hauptsächlich Portlandzemente mit geringem C_3A-Gehalt verwendet, die einen geringeren Wasserbedarf haben [346]. Damit wird die Verarbeitbarkeit bei niedrigem Wasserzementwert verbessert. Bei einem Brückenbauwerk in den Niederlanden wurde Hochofenzement mit der Festigkeitsklasse 52,5 eingesetzt [347]. Die Zementgehalte liegen mit 600 bis 1.000 kg/m^3 sehr hoch. Es kommen Zemente mit einer Mahlfeinheit von 3.000 bis 4.500 cm^2/g infrage.

Wichtig für UHFB ist eine möglichst große Packungsdichte aller Bestandteile. Die Zwickel zwischen den 5 bis 20 μm großen Zementkörnern werden mit ca. 0,1 μm Silicastaubkörnern (SF) aufgefüllt. Dazu werden Mengen von 10 bis 30% SF, bezogen auf das Zementgewicht, benötigt.

Neben der Erhöhung der Packungsdichte wird als zweiter wesentlicher Effekt eine Reduktion des Calciumhydroxidanteils in der Kontaktzone zwischen Zuschlag und Matrix erwartet. Das fast reine SiO_2 von SF konsumiert $Ca(OH)_2$, das bei der Hydratation des Zementklinkers entsteht, und bildet Calciumsilicathydrate (CSH). Das weniger feste $Ca(OH)_2$ wird ersetzt durch das feste CSH, außerdem wird die Porosität verringert. Alle Effekte zusammen ergeben eine deutliche Festigkeitssteigerung. Noch feinere Teilchen enthält Nanosilica mit einer Größenordnung von 0,015 μm. Erfahrungen mit diesem Stoff liegen bei UHFB noch nicht vor.

Quarzmehle mit einer Korngröße ähnlich der von Zement werden vor allem bei UHFB verwendet, der wärmebehandelt wird. Die bei Raumtemperatur inerten Quarzkörner reagieren bei hoher Temperatur und bilden CSH-Phasen.

Ohne hochwirksame Fließmittel lässt sich UHFB nicht verarbeiten. Erst mit den Verflüssigern der 3. Generation, den Polycarboxylatethern (PCE), ist es möglich, soviel Wasser einzusparen, dass UHFB verarbeitbar wird. Die Wirkungsweise beruht darauf, dass die PCE-Moleküle an der Oberfläche der Klinkerphasen und der Hydratationsprodukte adsorbiert werden und eine elektrostatische Abstoßung bewirken. Dadurch werden die Zementpartikel dispergiert und die verflüssigende Wirkung kommt zustande. Untersuchungen [348] zeigten, dass die zuzugebende Menge von PCE deutlich geringer ist als bei früheren Fließmitteln auf der Basis von Naphtalin- und Melamin-Formaldehyd-Kondensaten und Ligninsulfonaten. Vor allem bei sehr niedrigen Wasserzementwerten (0,22 bis 0,11) benötigt man, bezogen auf den Zementgehalt, nur 1 bis 6% PCE als Zugabemenge.

UHFB verhält sich wie dichter Naturstein elastisch und spröde. Um diesen baupraktischen Nachteil zu entschärfen, werden dem Beton Fasern zugegeben. Dies sind meist Stahlfasern von 13 mm Länge und 0,15 mm Dicke [349] oder 6 mm Länge und 0,1 mm Dicke [350]. Die Faserlänge sollte auf den Größtkorndurchmesser der Gesteinskörnung abgestimmt sein. Bei feinkörnigem UHFB sollte die Faserlänge mindestens zehnmal dem Größtkorndurchmesser entsprechen. Als Fasermenge werden 2,5 bis 3,5 Vol.-% empfohlen.

Der Wassergehalt des Gemisches ist der entscheidende Faktor für optimale Eigenschaften. Als minimale Wassermenge wird das 0,08-Fache der Bindemittelmenge angegeben [349]. Ein optimaler Kompromiss hinsichtlich Rheologie des Frischbetons und Festigkeit des

Tabelle F.33 Zusammensetzung von DUCTAL® [kg/m³] [351]

Zement	710
Silicastaub	230
Quarzmehl	210
Sand bis 0,5 mm	1.020
Stahlfasern	160
Zusatzmittel	13
Wasser	140
Wasser-Zement-Wert	0,20
Wasser-Bindemittel-Wert	0,15

Tabelle F.34 Typische Zusammensetzung von UHFB [kg/m³] [352]

Zement	710
Silicastaub	230
Quarzmehl	210
Sand bis 0,5 mm	1.020
Stahlfasern	160
Zusatzmittel	13
Wasser	140
Wasser-Zement-Wert	0,20
Wasser-Bindemittel-Wert	0,15

Festbetons wird mit Wasser-Bindemittel-Verhältnissen von 0,13 bis 0,15 erreicht. Eine typische Zusammensetzung von feinkörnigem UHFB (DUCTAL®) zeigt Tabelle F.33.

UHFB-Zusammensetzungen, die z. T. ein größeres Größtkorn verwenden, sind in Tabelle F.34 zusammengefasst.

8.3 Festbetoneigenschaften

Das Spannungs-Dehnungs-Verhalten von unbewehrtem UHFB ist fast bis zur Höchstlast linear elastisch. Übliche Prüfmaschinen und Probekörpergrößen lassen es meist nicht zu, einen abfallenden Ast im Spannungs-Dehnungs-Diagramm zu bestimmen. Die elastische Formänderungsenergie ist zu groß, als dass sie stabil von der Bruchenergie kompensiert werden könnte. In einem faserbewehrten UHFB verhindern die Fasern die Makrorissbildung, indem sie bereits die Rissufer von Mikrorissen zusammenhalten und dadurch den Rissfortschritt behindern. Dies wirkt sich so aus, dass die Höchstlast, die im unbewehrten Zustand erreicht wird, um einen kleinen Betrag erhöht wird; danach kann eine weitere Dehnung aufgenommen werden. Ob dabei eine Dehnungsentfestigung oder eine Dehnungsverfesti-

8 Ultrahochfester Beton

gung auftritt, hängt vom Fasergehalt ab. Oberhalb des kritischen Fasergehalts tritt Dehnungsverfestigung auf, unterhalb kommt es zu Dehnungsentfestigung. Ist die kritische Faserschlankheit nicht erreicht, tritt kein Bruch der Fasern auf und die Fasern werden aus der Matrix herausgezogen. Theoretisch erfolgt die Dehnungsentfestigung so lange, bis die letzte Faser in einem Riss über die maximale Verbundlänge, d.h. die halbe Faserlänge, ausgezogen ist.

Das Ziel des Konstruierens sollte immer sein, ein *duktiles Bauteil* zu schaffen. Dies bedeutet nicht unbedingt, dass dies nur mit duktilen Baustoffen zu erreichen ist. Es bedeutet aber im Fall von spröden Baustoffen, dass besondere Maßnahmen getroffen werden müssen, z.B. Dehnungsbehinderung in Querrichtung durch Umschnürung bei Druckbeanspruchung oder ausreichende Längsbewehrung bei Zugbeanspruchung.

Im Druckversuch zeigt UHFB ein Dehnungsverhalten wie in Bild F.102 dargestellt. Nach einem linear elastischen Anstieg folgt ein spröder Bruch bei unbewehrtem UHFB. Bei faserverstärktem UHFB folgt eine weitere Laststeigerung mit einem Abflachen der Kurve und der anschließenden Ver- oder Entfestigung.

Der Elastizitätsmodul ist je nach Fasergehalt 10 bis 20% größer als der E-Modul des unbewehrten UHFB [353]. Der absolute Wert des E-Moduls liegt in der Größenordnung von

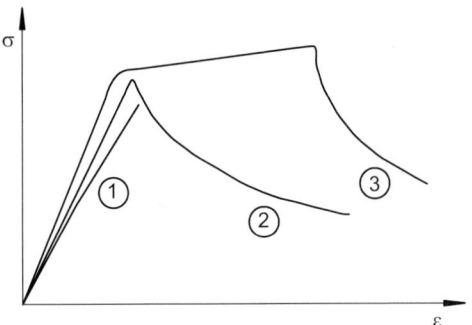

Bild F.102 Schematische Spannungsdehnungslinie von UHFB; (1) ohne Fasern, (2) mit unterkritischem Fasergehalt, (3) mit überkritischem Fasergehalt

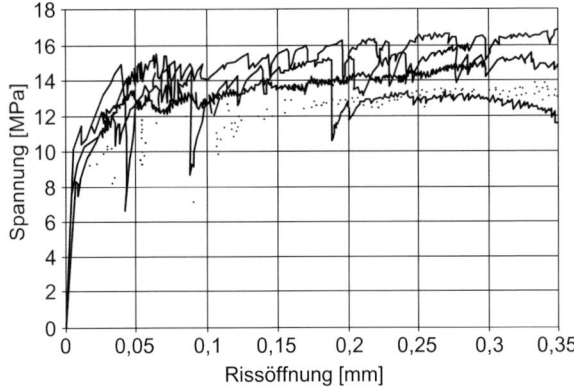

Bild F.103 Spannung als Funktion der Rissöffnung mehrerer gleicher DUCTAL®-Proben, 2 Vol.-% Fasern [356]

50.000 N/mm², wobei erhebliche Abweichungen nach oben und unten möglich sind, vor allem bei Verwendung von Gesteinskörnungen verschiedenen Ursprungs [354]. Die Druckfestigkeit von UHFB liegt in der Größenordnung von 200 N/mm² [354, 355]. Wird UHFB bei ca. 90 °C wärmebehandelt, kann die Druckfestigkeit bis 400 N/mm² ansteigen.

Was zum Druckverhalten angeführt wurde, gilt umso mehr für das Zugverhalten. Unbewehrt ist UHFB bis zum Bruch linear elastisch, an einem diskreten Riss bricht es spröde. Erst durch Faserzugabe ergibt sich eine Nachbruchfestigkeit. Bild F.103 gibt den Spannungsrissöffnungsverlauf einer gekerbten Probe aus DUCTAL® wieder.

Bei einer Zugspannung von ca. 10 N/mm² trat der erste Makroriss auf und es begann die Dehnungsverfestigung. Bei einer Rissöffnung von 0,35 mm wurde der Versuch abgebrochen, ohne dass der Bruch erreicht war. Die Kurven geben auch einen Eindruck von der Streuung der Ergebnisse, die bei Faserkompositen auftreten kann. Nach der Analyse von Zugversuchen an ungekerbten Proben ergaben sich für die DUCTAL®-Proben mit einem Gehalt von 2 Vol.-% Stahlfasern folgende Feststellungen [356]:

- Erhöhung des E-Moduls um 4.200 N/mm²;
- E-Modul der Matrix 53.800 N/mm²;
- E-Modul von DUCTAL® 58.000 N/mm²;
- Dehnung beim ersten Riss $0,19 \cdot 10^{-3}$;
- Zugfestigkeit der Matrix 10,6 N/mm².

Um zahlenmäßige Beziehungen zwischen einzelnen Einflussgrößen aufzustellen, bedarf es noch weiterer Forschungsarbeiten. Für die Bemessung von Bauteilen aus dehnungsverfestigendem Faserbeton inkl. UHFB wird in Analogie zu den C-Klassen bei der Druckfestigkeit ein System von T-Klassen vorgeschlagen. Bild F.104 zeigt den Vorschlag.

Die Einteilung in T-Klassen beruht auf drei Größen: dem E-Modul, der Zugfestigkeit und der Mindestbruchdehnung. Der E-Modul enthält Anteile aus der spontanen Dehnung und

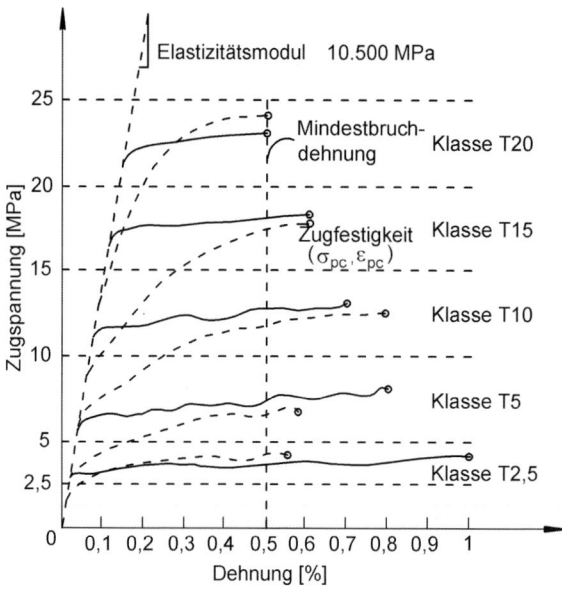

Bild F.104 Einteilung von dehnungsverfestigendem Faserbeton in T-Klassen [357]

einer Dauerbelastung (Kriechen). Die Zugfestigkeitsklasse ist um einen bestimmten Abstand geringer als die geforderte Festigkeit. Die Mindestbruchdehnung ist so groß gewählt, dass ein eingelegter Betonstahl bei derselben Dehnung fließt. Mithilfe der vorgeschlagenen Diagramme kann jeder Konstrukteur ein zugbeanspruchtes Bauteil dimensionieren und auch ein biegebeanspruchtes, solange es auf Zug versagt.

Die Bruchenergie G_F ist das Integral unter der Zugspannungs-Verformungs-Beziehung. Bei UHFB mit 4% Stahlfasern und einer Druckfestigkeit von 150 N/mm^2 ergab sich ein Mittelwert von 6 kJ/m^2 [358], anderenorts wird die Bruchenergie mit 20 bis 30 kJ/m^2 bei Druckfestigkeiten von 170 bis 230 N/mm^2 angegeben [359]. Im Vergleich zu unbewehrtem Normalbeton mit ca. 0,1 kJ/m^2 ist faserbewehrter UHFB doch ein duktiles Material. Reines DUCTAL® erzielt einen G_C-Wert von 10 J/m^2 bis maximal 30 J/m^2, wenn Mineralfasern (Wollastonit) zugegeben werden [360].

Im Biegeversuch stellte sich ein Verhalten ein, das zwischen Druck und Zug liegen muss. Die übliche Annahme der Gültigkeit der linearen Elastizitätstheorie ist irreführend. Natürlich lassen sich „Biegefestigkeiten" aus Versuchen errechnen, dies sind jedoch keine objektiven Größen. Sie hängen von der Probengröße und der Lasteinleitung ab und können nicht ohne Weiteres auf Bauteile angewendet werden. Physikalisch richtig ist, axiale Druck- und Zugspannungs-Verformungs-Diagramme zu ermitteln und diese auf den Biegequerschnitt anzuwenden (siehe z. B. [267]).

9 Konstruktionsleichtbeton

9.1 Einführung und Überblick

Leichtbeton ist ein Beton mit gegenüber Normalbeton verminderter Dichte. Die Reduktion der Betonrohdichte erfolgt dabei grundsätzlich durch die gezielte Einführung von Luftporen in den Verbundbaustoff. Dies kann sowohl durch die Verwendung poröser leichter Gesteinskörnungen geschehen (Ansatz 1) als auch durch eine Porosierung der Zementsteinmatrix (Ansatz 2), beispielsweise durch den Einsatz von Luftporen- bzw. Schaumbildnern. Weiterhin ist eine Kombination beider Ansätze möglich.

Als Konstruktionsleichtbetone werden Betone bezeichnet, die nach DIN 1045-1 und DIN 1045-2 sowie DIN EN 206-1 hergestellt und verwendet werden. Hierbei handelt es sich um Betone, die im Wesentlichen nach dem Ansatz 1 oder aber aus der Kombination der Ansätze 1 und 2 hergestellt werden. Dementsprechend weisen Konstruktionsleichtbetone eine geschlossene Oberfläche auf und werden häufig auch als gefügedichte Leichtbetone bezeichnet. Bei den mechanischen Eigenschaften liegen teils deutliche Unterschiede gegenüber Normalbeton vor, aber die Druckfestigkeit dieser Leichtbetone ist jener von Normalbeton vergleichbar. Sie hängt jedoch wesentlich von der Betonrohdichte sowie der Festigkeit der Zementsteinmatrix ab. Die Rohdichte für Leichtbetone nach DIN 1045-2 kann Werte zwischen 800 und 2.000 kg/m³ annehmen.

9.2 Grundlegende Eigenschaften

Konstruktionsleichtbetone nach DIN EN 206-1 in Verbindung mit DIN 1045-2 werden ganz oder teilweise unter Verwendung von leichter Gesteinskörnung hergestellt. Die Porosierung der Zementsteinmatrix, beispielsweise durch Zugabe von Luftporenbildner, ist nur bis zu einem begrenzten Luftporengehalt von 10 Vol.-% zulässig. Dementsprechend weisen Konstruktionsleichtbetone eine überwiegend durch Zementstein geprägte Oberflächenstruktur auf, die weitgehend der von normalschwerem Konstruktionsbeton entspricht.

Die Vorteile von Konstruktionsleichtbeton gegenüber Normalbeton liegen vor allem in der Kombination einer geringen Rohdichte mit einer hohen Druckfestigkeit [361, 362, 363]. Weiterhin besitzt Leichtbeton eine geringe Wärmedehnung, wodurch hieraus resultierende Zwang- und Eigenspannungen begrenzt bleiben.

Auch im Hinblick auf das Verformungsverhalten weicht Konstruktionsleichtbeton vom Verhalten normalschwerer Betone ab. Bedingt durch die geringere Steifigkeit der Leichtzuschläge weisen Konstruktionsleichtbetone einen deutlich kleineren E-Modul und größere Schwindverformungen als Normalbeton auf [361, 364]. Allerdings wirkt sich der kleinere E-Modul wiederum günstig auf die Entwicklung von Eigen- und Zwangspannungen in Bauteilen und Baukonstruktionen aus. Die geringere Wärmeleitfähigkeit und Wärmekapazität führt zu einer gegenüber normalschwerem Beton erhöhten Hydratationswärmeentwicklung [362, 365, 366]. Durch geeignete Maßnahmen können jedoch hieraus resultierende nachteilige Auswirkungen auf die Festbeton- und Bauteileigenschaften vermieden werden.

Bei der Herstellung von Konstruktionsleichtbeton kommt der gezielten Steuerung des Wasserhaushaltes der leichten Gesteinskörnung eine besondere Bedeutung zu [367]. Schwankungen beim Feuchtegehalt der offenporigen leichten Gesteinskörnung bewirken ein unterschiedliches Saugvermögen, wodurch sich die Frischbetoneigenschaften signifikant ändern können.

Häufig erweist sich die Verdichtung des Leichtbetons als problematisch. Aufgrund der geringen Rohdichte der Betone und der hohen Porosität der verwendeten leichten Gesteinskörnung werden die durch Verdichtungsgeräte eingetragenen Schwingungen stark gedämpft. Diesem Effekt muss durch eine deutlich verlängerte sowie engmaschigere Verdichtung des Betons begegnet werden.

9.3 Leichte Gesteinskörnungen

9.3.1 Strukturmerkmale und Verhalten

Gesteinskörnungen für die Herstellung tragender Bauteile aus Leichtbeton müssen den Normen DIN EN 12620 und DIN EN 13055-1 entsprechen. Grundsätzlich kommen Körnungen aus Naturbims, Schaumlava (gebrochene Lavaschlacke), Hüttenbims (gebrochene, geschäumte Hochofenschlacke), Kesselsand (aufbereitete Rückstände von Steinkohlenfeuerungen), Sinterbims (gebrochene Sinterstoffe, z. B. aus Flugasche, Waschbergen oder Ton), Ziegelsplitt (aufbereiteter Ziegelbruch), Blähton, Blähschiefer und Blähglas in Betracht. Für alle Gesteinskörnungen und insbesondere für Blähglas gilt, dass sie keine Reaktivität mit den Alkalien des Zementsteins aufweisen dürfen. Zur Herstellung von Leichtbeton hoher Festigkeit werden bevorzugt Gesteinskörnungen aus Blähton und Blähschiefer sowie teilweise Hüttenbims und Sinterbims verwendet.

Der Schlüssel zum Verständnis der Eigenschaften frischer Leichtbetone liegt im Verhalten der leichten Gesteinskörnung. Dabei spielt deren Randzone, die in unmittelbarer Wechselwirkung mit den anderen Komponenten des Betons – vor allem Wasser und Zement – steht, eine maßgebende Rolle. Grundsätzlich muss hierbei zwischen leichten Gesteinskörnungen unterschieden werden, deren Randzone entweder eine sehr geringe Porosität bei gleichzeitig kleinen Porenradien aufweist, oder solchen Körnungen, die eine gleichmäßige Porenstruktur über den Querschnitt bei gleichzeitig hoher Porosität besitzen. Dementsprechend werden leichte Gesteinskörnungen in geschlossenporige und offenporige Körnungen klassifiziert. Aufgrund des daraus resultierenden unterschiedlichen Verhaltens erfordern beide Gesteinskornarten eine unterschiedliche Behandlung bei der Betonherstellung.

9.3.2 Geschlossenporige leichte Gesteinskörnungen

Übliche, durch einen Bläh- bzw. Sinterprozess künstlich hergestellte leichte Gesteinskörnungen bestehen aus einem stark porosierten keramischen Kern, der ein vernetztes Porensystem mit Porendurchmessern zwischen ca. 20 und 800 μm besitzt und von einer vergleichsweise dichten Sinterhaut umgeben ist. Sie bestimmt maßgeblich die Frisch- und Festbetoneigenschaften. Die Dichtheit der Sinterhaut ist dabei nicht direkt mit der Rohdichte des Zuschlagkorns verknüpft. Die Radien der Sinterhautporen variieren zwischen 0,01 und 40 μm, abhängig von der Art der Gesteinskörnung. Bei allen Blähtonzuschlägen sind die Poren der Sinterhaut aufgrund ihrer Größe kapillar hoch aktiv.

Infolge der starken Kapillarwirkung der Sinterhautporen können derartige Leichtzuschläge der Mörtelmatrix des Leichtbetons eine große Menge an Wasser bzw. Mehlkornleim entziehen. Wird diesem Verhalten bei der Betonherstellung nicht entgegengewirkt, so tritt ein erheblicher Konsistenzverlust ein. Durch eine gezielte Befeuchtung der Gesteinskörnung vor der Betonherstellung – dem sog. Vornässen – kann ein erheblicher Teil dieses Saugvorgangs vorweggenommen werden, wodurch Konsistenzänderungen stark abgemindert werden.

Das Absorptionsverhalten von Leichtzuschlägen mit Sinterhaut ist durch eine anfangs rasche und mit der Zeit stark abnehmende Wasseraufnahme gekennzeichnet, die über Stunden andauert. Dieses Verhalten resultiert aus der im Zuschlag enthaltenen Luft, die unter dem auf das Korn wirkenden isotropen Druck bei ungestörter Wasserlagerung nicht entweichen kann. Derartige Gesteinskörnungen werden daher häufig bereits lange im Vorfeld der Betonherstellung benässt. Dabei muss beachtet werden, dass kernfeuchte Leichtzuschläge mit trockener Oberfläche erhebliche Mengen an Wasser zusätzlich zur vorhandenen Kernfeuchte aufnehmen.

9.3.3 Offenporige leichte Gesteinskörnungen

Zu den offenporigen leichten Gesteinskörnungen gehören u. a. Körnungen aus Bims, Lava, Blähtonsand, Blähschiefersand und Kesselsand. Sie sind durch eine gleichmäßig verteilte, hohe Porosität über den gesamten Kornquerschnitt gekennzeichnet und besitzen ein großes kapillares Saugvermögen. Ihr Porensystem wird bei Kontakt mit Wasser bzw. Mehlkornleim – anders als bei Leichtzuschlägen mit Sinterhaut – innerhalb von Sekunden bzw. wenigen Minuten fast vollständig gesättigt. Aufgrund des hohen Vernetzungsgrades der einzelnen Poren und der größeren Porenradien kann das absorbierte Wasser jedoch nicht dauerhaft gehalten werden. Daher wird insbesondere bei hohem Vornässgrad ein Teil des Wassers während des Mischvorgangs wieder abgegeben. Diese unkontrollierte Wasserabgabe, die z. B. auch unter Rüttlereinwirkung auftritt, kann zu Entmischungserscheinungen führen. Andererseits können Schwankungen im Anmachwassergehalt durch die Pufferwirkung der offenporigen Körnungen ausgeglichen werden, wenn das leichte Zuschlagkorn nicht vollständig mit Wasser gesättigt ist.

Bei der Auswahl der Gesteinskörnung zur Herstellung eines Leichtbetons muss beachtet werden, dass offenporige Körnungen eine geringere Kornfestigkeit besitzen als Gesteinskörnungen, die eine Sinterhaut aufweisen. Dies begrenzt die Festigkeit solcher Leichtbetone. Weiterhin muss beachtet werden, dass offenporige Leichtsande i. d. R. einen erhöhten Mehlkorngehalt (Partikel-Ø < 0,125 mm) aufweisen.

9.4 Betonzusammensetzung

Da bei Leichtbeton die leichte Gesteinskörnung in der Regel eine geringere Druckfestigkeit als die sie umgebende Zementsteinmatrix aufweist, kann eine Steigerung der Betondruckfestigkeit nur durch eine Anpassung des Wasserzementwerts und des Bindemittelgehalts an die Art der verwendeten Gesteinskörnung erfolgen [368, 369, 370]. Weiterhin ist eine gezielte Abstimmung der Rohdichten der Körnungen, die in einer Mischung verwendet werden, notwendig. Stark unterschiedliche Rohdichten der Mörtelmatrix und der groben Gesteinskörnung können Entmischungserscheinungen zur Folge haben. Vor diesem Hintergrund sind den Wahlmöglichkeiten bezüglich der Art der feinen und groben Gesteinskörnung sowie deren jeweiligen Anteilen in der Mischung Grenzen gesetzt.

Ausgehend von den Anforderungen an das spezifische Gewicht, die mechanischen Eigenschaften und die Dauerhaftigkeit des Betons muss bei der Entwicklung einer Betonrezeptur zunächst die Art der zu verwendenden groben Gesteinskörnung festgelegt werden. Hierbei gilt generell, dass mit zunehmender angestrebter Festigkeit auch die Rohdichte der erforderlichen groben Gesteinskörnung zunimmt. Um dennoch eine geforderte Rohdichteklasse des Betons erzielen zu können, ist zu klären, ob diese noch unter Verwendung einer Natursandmatrix erreicht werden kann oder ob der Natursand teilweise oder ganz durch Leichtsand ersetzt werden muss. In Bild F.105 sind hierzu Bemessungsdiagramme angegeben, die eine Abschätzung der Kornrohdichte der groben Gesteinskörnung sowie der Art und Zusammensetzung der feinen Gesteinskörnung erlauben.

Im Anschluss an die Auswahl der Art der groben und feinen leichten Gesteinskörnung wird der Mehlkornleimgehalt des Betons festgelegt. Dieser muss gegenüber Normalbeton gleicher Festigkeit um den Faktor 1,10 bis 1,20 erhöht werden und beträgt für übliche Leichtbetone zwischen 330 und 400 dm³ Leim pro m³ Beton.

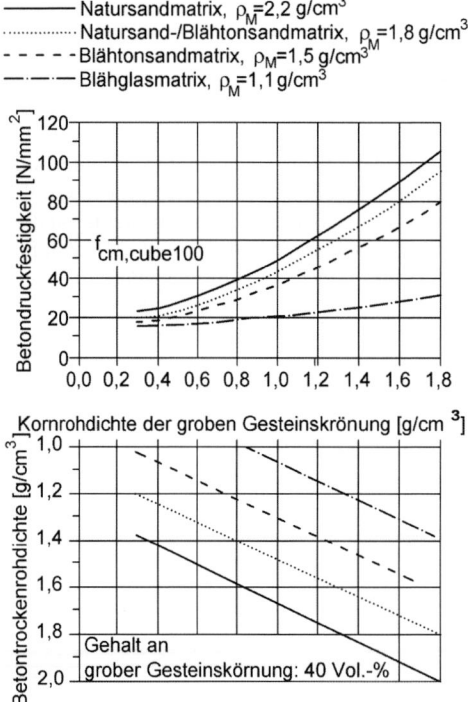

Bild F.105 Nomogramm zur Abschätzung der mittleren Betondruckfestigkeit und der Trockenrohdichte von Konstruktionsleichtbeton für Zementsteine mit geringen w/z-Werten [363]

9 Konstruktionsleichtbeton

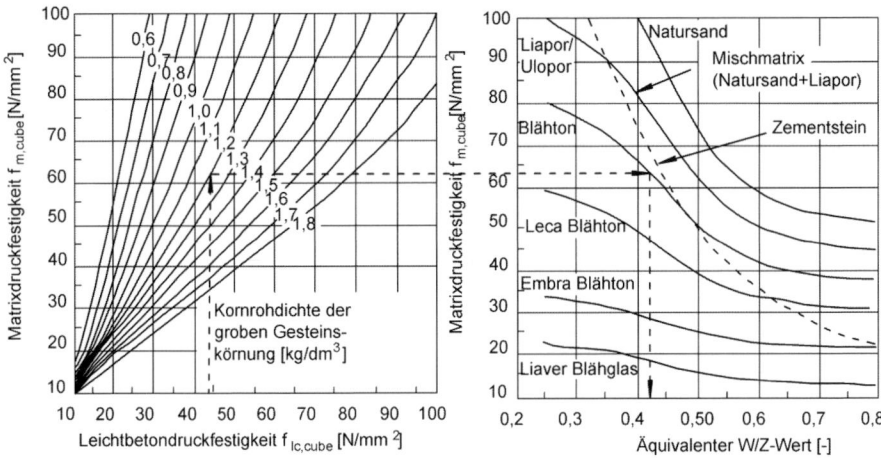

Bild F.106 Modifizierte Walz-Kurve zur Abschätzung des erforderlichen Wasserzementwerts w/z$_{eq}$ für die Zementgüte CEM 52,5 in Abhängigkeit von der Kornrohdichte der groben Gesteinskörnung, der Sandart sowie der angestrebten Leichtbetondruckfestigkeit f$_{lc,cube}$ [363]

Deutlich schwieriger gestaltet sich die Ermittlung des erforderlichen w/z-Werts. Im Gegensatz zu Normalbeton ist die Betondruckfestigkeit im Alter von 28 Tagen nicht allein vom w/z-Wert und der Zementart, sondern auch stark von der Festigkeit der leichten Gesteinskörnung abhängig. Das Druckversagen eines Leichtbetons wird durch das Zugversagen der leichten Gesteinskörnung geprägt. Dementsprechend wird die maximal erreichbare Betondruckfestigkeit durch die Art und die Festigkeit der leichten Gesteinskörnung begrenzt. Die für Normalbeton gültige Walz-Kurve (siehe Abschnitt F 4.2.2.1) ist daher bei Leichtbeton nicht anwendbar.

Zielsetzung des Mischungsentwurfs von Leichtbeton ist es, die leichte Gesteinskörnung durch Wahl einer ausreichend hohen Steifigkeit der Zementsteinmatrix zu entlasten. Der w/z-Wert von Leichtbeton muss daher deutlich niedriger als für Normalbeton gewählt und an die Festigkeit der leichten Gesteinskörnung angepasst werden. Bild F.106 zeigt hierzu eine entsprechend modifizierte Walz-Kurve für Leichtbeton.

Der Zementgehalt des Betons kann unter Kenntnis des äquivalenten Wasserzementwerts w/z$_{eq}$ entsprechend Gl. (361) berechnet werden:

$$z = \frac{V_{\text{Leim}} - V_{\text{Luft}}}{1/\rho_z + \alpha_S/\rho_s + W/Z_{eq} \cdot (1 + k \cdot \alpha_S)}. \tag{361}$$

Hierin bezeichnet z den Zementgehalt [kg/m³], V$_{Leim}$ und V$_{Luft}$ den volumetrischen Gehalt an Leim bzw. an Verdichtungsporen im Beton [dm³/m³], α_S den Quotienten s/z aus der Masse des Zusatzstoffs und des Zements je m³ Beton [-], k die Anrechenbarkeit des Zusatzstoffs auf den w/z-Wert, ρ_z und ρ_S die Dichte des Zements bzw. des verwendeten Zusatzstoffs [kg/dm³] und w/z$_{eq}$ den äquivalenten Wasserzementwert. Der Gehalt an Verdichtungsporen kann für Leichtbetone zu 2 bis 3 Vol.-% des Betonvolumens angenommen werden. Alle weiteren Kenngrößen können analog zur Vorgehensweise bei Normalbeton berechnet werden.

In Bezug auf die zu verwendende Zementart sowie die Art der zu verwendenden Zusatzstoffe unterliegt Konstruktionsleichtbeton den gleichen Anforderungen wie normalschwerer Konstruktionsbeton.

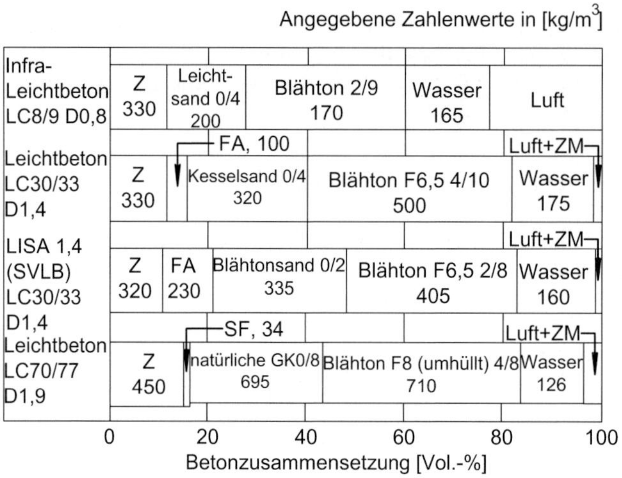

			Angegebene Zahlenwerte in [kg/m³]			

Infra-Leichtbeton LC8/9 D0,8	Z 330	Leicht-sand 0/4 200	Blähton 2/9 170	Wasser 165	Luft	
Leichtbeton LC30/33 D1,4	Z 330	FA, 100 / Kesselsand 0/4 320	Blähton F6,5 4/10 500		Wasser 175	Luft+ZM
LISA 1,4 (SVLB) LC30/33 D1,4	Z 320	FA 230	Blähtonsand 0/2 335	Blähton F6,5 2/8 405	Wasser 160	Luft+ZM
Leichtbeton LC70/77 D1,9	Z 450	SF, 34 / natürliche GK0/8 695	Blähton F8 (umhüllt) 4/8 710		Wasser 126	Luft+ZM

0   20   40   60   80   100
Betonzusammensetzung [Vol.-%]

Bild F.107 Exemplarischer Vergleich der Zusammensetzung verschiedener Leichtbetone (Vornässgrad der leichten Gesteinskörnung entsprechend [372])

Besondere Beachtung muss bei Leichtbeton der Hydratationswärmeentwicklung des Zements geschenkt werden [371]. Aufgrund seiner guten Wärmedämmeigenschaften kann es insbesondere in massigen Leichtbetonbauteilen zu einer starken Temperaturerhöhung kommen. Damit verbunden ist u. a. auch eine Ausdehnung der in der Gesteinskörnung enthaltenen Luft und somit ein Austreiben des in den Körnern gespeicherten Vornässwassers. Bei Temperaturen von über ca. 70 °C kann dies die Bildung von Sekundärettringit begünstigen. Das Quellpotential dieses Minerals hätte eine massive innere Schädigung des Betons zur Folge.

Vor diesem Hintergrund kommen bei der Herstellung von Bauteilen aus Leichtbeton in der Regel Zemente mit einer langsamen Festigkeitsentwicklung zum Einsatz. Besonders positiv haben sich u. a. auch Bindemittelgemische aus Zement und Steinkohlenflugasche erwiesen. Hieraus resultieren jedoch ebenfalls ein langsamer Erhärtungsverlauf und eine verlängerte Nachbehandlungsdauer. Daher wird bei Verwendung von Konstruktionsleichtbeton für den Festigkeitsnachweis häufig die 56-Tage-Festigkeit vereinbart.

Der Einsatz von Betonzusatzmitteln und insbesondere von Fließmitteln ist auch bei Leichtbetonen äußerst weit verbreitet. Bei der Wahl eines Fließmittels sollte im Vorfeld geprüft werden, wie dieses auf eine mögliche Wasserabgabe der leichten Gesteinskörnung reagiert. Robuste Betonmischungen werden in der Praxis unter Verwendung stabilisierender Betonzusatzmittel erzielt.

In Bild F.107 sind exemplarisch die Zusammensetzungen eines normalfesten und eines hochfesten Konstruktionsleichtbetons LC30/33 D1,4 bzw. LC70/77 D1,9 [361] sowie eines selbstverdichtenden Leichtbetons LiSA 1,4 (LC30/33 D1,4, SVLB) [373] und eines Schaum-Leichtbetons (Infra-Leichtbeton, LC8/9 D0,8) [374] aus Zement (Z), Flugasche (FA), Silicastaub (SF), Wasser, Luft, Betonzusatzmittel (ZM) und verschiedenen Gesteinskornarten (GK) dargestellt.

Neben den üblichen Kenngrößen Wasserzementwert, Zement- und Zusatzstoffgehalt sowie Art und Einwaage der Gesteinskörnung muss bei Leichtbeton zusätzlich der Vornässgrad der leichten Gesteinskörnung angegeben werden. Er wird häufig indirekt, d. h. über den sog. Gesamtwassergehalt angegeben. Dieser errechnet sich aus der Summe des w/z-wirksamen Anmachwassers, des zugegebenen Vornässwassers und der Ausgangsfeuchte der

Gesteinskörnung. Eine Überprüfung des Gesamtwassergehalts mittels eines Darrversuchs kann z. B. als Annahmekontrolle auf der Baustelle dienen, um ggf. stark unterschiedliche Feuchtegehalte der leichten Gesteinskörnung und damit ein unterschiedliches Trocknungs- bzw. Schwindverhalten auszuschließen.

9.5 Mechanische Eigenschaften von Konstruktionsleichtbeton

Besonderheiten im Festbetonverhalten von Konstruktionsleichtbetonen sind primär auf die spezifische Tragwirkung und auf den Versagensmechanismus des Leichtbetons zurückzuführen. Während bei normalschwerem Konstruktionsbeton der Lastabtrag im Gefüge über die steife Gesteinskörnung erfolgt, bewirkt die geringe Steifigkeit und Festigkeit einer leichten Gesteinskörnung den Kraftfluss nahezu ausschließlich über die Mörtelmatrix. Leichtbetone kennzeichnet auch ein spröderes Bruchverhalten, das bei der Bemessung berücksichtigt werden muss.

Die vier möglichen Bruchtypen zeigt Bild F.108 schematisch.

Beim Bruchtyp a) liegen ähnliche Verhältnisse vor wie bei Normalbeton. Die Matrix ist schwächer als die Zuschläge, es treten Verbundrisse auf und das Korn wird freigelegt. Dies entspricht Leichtbeton in jungem Alter. Nähert sich die Zementsteinfestigkeit im Zuge der Hydratation jedoch der Kornfestigkeit, so wachsen der Einfluss der Gesteinskörnung und der Dicke der Zementsteinschichten. Man kann drei Fälle unterscheiden. Bei schlechter Haftung löst sich das Korn von der Zementsteinmatrix ab (Fall b)), das Korn und die Matrix reißen gleichzeitig (Fall c)) oder, was eher unwahrscheinlich ist, das Korn reißt, weil sich die Zementmatrix über die Bruchdehnung des Korns dehnt (Fall d)). Wegen der geringeren Festigkeit leichter Gesteinskörnungen nimmt die Druckfestigkeit von Konstruktionsleichtbeton im Gegensatz zu Normalbeton bei Verwendung von Portlandzement mit steigendem Alter nach etwa einer Woche nicht mehr wesentlich zu. Dagegen ist eine deutliche Steigerung der Druckfestigkeit bei einem gegebenen Prüfalter mit steigendem Zementgehalt bei gleichem Wasserzementwert zu erwarten.

Um eine bestimmte Druckfestigkeit zu erreichen, ist bei Leichtbeton ein etwas geringerer wirksamer Wasserzementwert als bei Normalbeton erforderlich. Da die im Einzelfall bei einer bestimmten Leichtbetonrohdichte maximal erreichbare Betonfestigkeit von der Festigkeit des Zuschlags bestimmt wird, kann jeder Leichtzuschlagart eine obere Betongrenzfestigkeit zugeordnet werden [363, 368, 376]. Weiterhin ist auch bei Leichtbeton eine Abhängigkeit der Druckfestigkeit von der Lagerungsart gegeben [377].

Obwohl Leichtbeton bei gleicher Druckfestigkeit wie Normalbeton meist eine höhere Zementsteinfestigkeit besitzt und die Haftung zwischen Zuschlag und Zementstein häufig

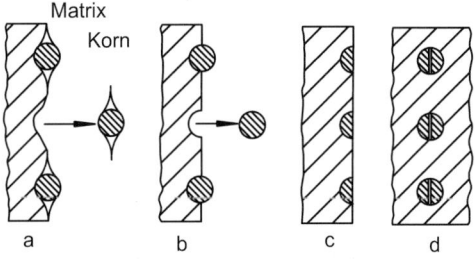

Bild F.108 Bruchtypen von Leichtbeton [375]

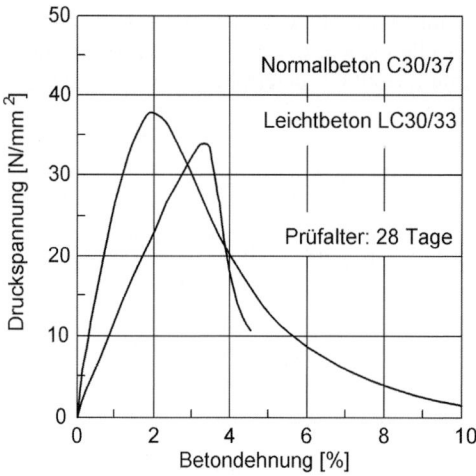

Bild F.109 Spannungs-Dehnungs-Diagramm für einen Normalbeton C30/37 und einen Leichtbeton LC30/33 (Prüfwerte)

besser als bei Normalbeton ist, bewirkt die geringe Festigkeit der leichten Gesteinskörnung letztlich eine verminderte Zugfestigkeit des Leichtbetons. Entsprechende Versuche haben gezeigt, dass die Größe der Biegezugfestigkeit, Spaltzugfestigkeit und zentrischen Zugfestigkeit von Konstruktionsleichtbeton meist etwas geringer ist als bei Normalbeton gleicher Druckfestigkeit. Die vorübergehende Abminderung der Biegezug- und der zentrischen Zugfestigkeit als Folge eines Austrocknens kann bei Leichtbeton sehr viel ausgeprägter als bei Normalbeton auftreten (siehe u. a. DIN 1045-1 sowie [362, 378, 379]).

Die Dauerstandfestigkeit von Leichtbeton ist mit ca. 70 bis 75 % der Kurzzeitfestigkeit im Alter von 28 Tagen etwas geringer als jene von Normalbeton. Diese stärkere Abminderung wird damit erklärt, dass Leichtbetone im Allgemeinen eine geringere Nacherhärtung als Normalbetone zeigen, sodass der kritische Zeitraum, in dem ein Dauerstandversagen möglich ist, entsprechend länger andauert [363].

Die Druckschwellfestigkeit von Leichtbeton ist ebenfalls etwas niedriger als jene von Normalbeton [380]. Dagegen entspricht die Querdehnzahl von Leichtbeton der von Normalbeton.

Der E-Modul von Leichtbeton E_{lcm} ist ausgeprägt von der Art der verwendeten Gesteinskörnung abhängig. Seine Größe korreliert eng mit der Betonrohdichte ρ. Daher wird der E-Modul von Konstruktionsleichtbeton nach DIN 1045-1 unter Verwendung der Beziehung $E_{lcm} = E_{cm} \cdot (\rho / 2200)^2$ aus dem E-Modul für normalschweren Beton E_{cm} gleicher Druckfestigkeit abgeschätzt [381].

In den Spannungs-Dehnungs-Beziehungen von Leichtbeton spiegelt sich ein im Vergleich zu Normalbeton deutlich spröderes Verhalten wider (siehe Bild F.109). Im ansteigenden Ast ist ein lineares Verhalten bis zu höheren Belastungsgraden gegeben. Die Bruchdehnung nimmt mit steigender Druckfestigkeit zu. Mit Werten von 2,5 bis 3,5 ‰ ist sie größer als jene von Normalbeton. Auffallend ist der im Vergleich zu Normalbeton gleicher Festigkeit wesentlich steiler abfallende Ast der Spannungs-Dehnungs-Kurve [363]. Dies wird bei der Bemessung von Stahlleichtbeton- bzw. von Spannleichtbetonkonstruktionen durch eine Anpassung des Parabel-Rechteck-Diagramms berücksichtigt [378].

Kriechdehnungen treten bei Konstruktionsleichtbeton in derselben Größenordnung wie bei normalschwerem Konstruktionsbeton gleicher Festigkeitsklasse auf [382, 383, 384, 385].

Die an sich zu erwartende erhöhte Kriechneigung des Leichtbetons wegen der vergleichsweise wenig steifen leichten Gesteinskörnung wird durch das geringere Kriechen seiner festeren Zementsteinmatrix kompensiert. Nach DIN 1045-1 ist die Kriechzahl $\varphi = \varepsilon_{Kriechen} / \varepsilon_{elastisch}$ für normalschwere Betone trotzdem mit einem von der Trockenrohdichte des Betons abhängigen Faktor $\eta_E = (\rho / 2200)^2$ abzumindern, da die elastische Verformung mit demselben Faktor erhöht wird.

Die Wärmedehnung von Leichtbeton darf nach DIN 1045-1 gegenüber normalschwerem Beton mit dem Faktor 0,8 abgemindert werden.

Nähere Angaben zum Schubtragverhalten von Leichtbeton, zu Spannleichtbeton und zur Verbundproblematik in Leichtbeton finden sich bei Hegger et al. [386] und Dehn [387].

9.6 Schwinden und Quellen von Konstruktionsleichtbeton

Weiterhin weisen Leichtbetone ein von Normalbeton deutlich abweichendes hygrisches Verformungsverhalten auf. Dieses wird durch anfängliche Quellverformungen geprägt, denen erst im höheren Alter die typischen Schwindverkürzungen folgen. Zudem wird bei Leichtbeton eine über Jahre andauernde Trocknung beobachtet, die oftmals die Bildung von feinen Craquelé-Rissen an der Betonoberfläche zur Folge hat.

Leichtbeton unterscheidet sich in seinem Trocknungs- und hygrischen Verformungsverhalten erheblich von Normalbeton [383, 388]. Dies ist im Wesentlichen auf das in der leichten Gesteinskörnung gespeicherte Wasser zurückzuführen, welches nur sehr langsam an die umgebende Zementsteinmatrix und schließlich an die Luft abgegeben wird. Der Feuchtetransport erfolgt dabei anders als bei Normalbeton nicht nur über das Kapillarporensystem des Zementsteins, sondern auch über die Poren der leichten Gesteinskörnung.

Charakteristisch für das hygrische Verformungsverhalten von Konstruktionsleichtbeton sind Quellverformungen im frühen Betonalter, die erst bei länger andauernder Trocknung durch Schwindprozesse abgebaut werden bzw. in eine Schwindverkürzung übergehen (siehe Bild F.110). Wie aus Bild F.110 ebenfalls deutlich wird, können Quellverformungen nur erfasst werden, wenn die Verformungsmessung in möglichst jungem Betonalter beginnt.

In Abhängigkeit vom Feuchtegradienten über den Bauteilquerschnitt treten erhebliche lokale Verformungsunterschiede infolge von Quellen und Schwinden auf. Diese rufen

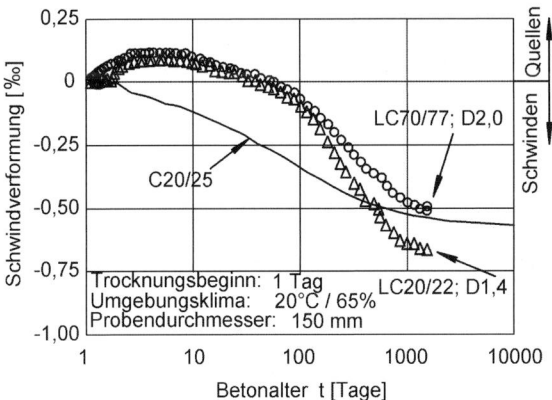

Bild F.110 Schwindverformung eines normalfesten (LC20/22; D1,4) sowie hochfesten (LC70/77; D2,0) Konstruktionsleichtbetons im Vergleich zu Normalbeton C20/25

Eigenspannungen und, bei Überschreiten der Betonzugfestigkeit, die Ausbildung von Rissen hervor. Da die Feuchte- und Verformungsgradienten ihren Maximalwert i. d. R. erst in einem Betonalter zwischen 90 und 180 Tagen erreichen, ist eine intensive und langandauernde Nachbehandlung bei Konstruktionsleichtbeton allein nicht ausreichend, um die Rissbildung in der oberflächennahen Randzone zu begrenzen. Der Schlüssel hierfür liegt vielmehr in der Reduktion des Vornässgrades der leichten Gesteinskörnung und damit der Kernfeuchte des Betons.

Das Schwinden des Leichtbetons entspricht, analog jenem von Normalbeton, der Summe aus autogenem und Trocknungsschwinden, welches gegenüber Normalbeton gleicher Druckfestigkeit um den Faktor 1,5 bzw. 1,2 (für LC 20/22 und höher) zu erhöhen ist. Dies stellt sicherlich eine vereinfachende Abschätzung für die vergleichsweise komplexe Schwindcharakteristik von Leichtbeton dar. Wie bereits erläutert, hängt die Größe des Trocknungsschwindens ganz entscheidend vom Feuchtegehalt der porösen leichten Gesteinskörnung ab. Solange die Zuschläge im Inneren eines Betonbauteils das in ihnen gespeicherte Wasser an die hydratisierende und trocknende Zementsteinmatrix abgeben, tritt ein Quellen auf. Diese Verformung geht erst dann in ein Schwinden über, wenn das Feuchtereservoir allmählich aufgezehrt ist und die von der Oberfläche aus eintretende Trocknungsfront das Verformungsverhalten dominiert. Ob das sich dann einstellende Endschwindmaß von Leichtbetonen tatsächlich größer als jenes von normalschweren Betonen ist, müssen zurzeit noch laufende Untersuchungen klären [388].

Literatur

[1] Groß, D.: Werkstoffmechanik. In Mehlhorn, G. (Hrsg.): Der Ingenieurbau. Bd. 4. Berlin 1996, S. 133–163.
[2] Becker, G. W., Meißner, J., Oberst, H., Thum, H.: Elastische und viskose Eigenschaften von Werkstoffen. Beuth-Vertrieb, Berlin 1963.
[3] Heckel, H.: Die Kenngrößen viskoelastischer Stoffe bei freien und erzwungenen Schwingungen. Rheologica Acta 6 (1967), H. 2, S. 114–119.
[4] Ros, M., Eichinger, A.: Die Bruchgefahr fester Körper bei ruhender Beanspruchung. Diskussionsbericht Nr. 172 der EMPA, Zürich 1949.
[5] Tresca, H.: Mem. presentées par divers savants 18 (1868), S. 733.
[6] Saint-Venant, B. de: Comptes rendus heb-domadaires des söances de l'Academie des sciences 70 (1870), S. 473–480, und 74 (1872), S. 1009–1015.
[7] Mohr, O.: Zur Festigkeitslehre. VDI Zeitschrift 45 (1900), S. 740–744.
[8] Coulomb, Ch. A.: Essai sur une application des regles de Maximis et Minimis a quelques problemes de statique relatifs à l'architecture. Mem. Math. Phys. 7 (1773), S. 343.
[9] Beltrami, E.: Suhle conditione di resistanza dei corpi elastici, Rendiconti della real Ist. lombardo di sei e lettere. 2, 18 (1885), S. 704.
[10] Huber, M. T.: Die spezifische Formänderungsarbeit als Maß der Anstrengung eines Materials. Czasopisme Technice, Lwöw 1904.
[11] Mises, R. v.: Die Mechanik der festen Körper im plastisch deformablen Zustand. Nachr. Ges. Wiss. Göttingen (1913), S. 582–592.
[12] Hencky, H.: Zur Theorie plastischer Deformationen und der hierdurch im Material hervorgerufenen Nachspannungen. ZAMM 4 (1924), S. 323–334.
[13] Chen, W.-F., Saleeb, A. F.: Constitutive equations for engineering materials. Vol. 1: Elasticity and modeling. Amsterdam 1994.
[14] Gdoutos, E. E., Rodopoulos, C. A., Yates, J. R. (Hrsg.): Problems of fracture mechanics and fatigue – A solution guide. Kluwer Academic Publishers, 2003, 618 S.
[15] Tada, H., Paris, P., Irwin, G. (Hrsg.): The stress analysis of cracks Handbook. Del Research Corporation, Missouri 1987.
[16] Gross, D., Seelig, T. (Hrsg.): Bruchmechanik. Mit einer Einführung in die Mikromechanik. 4., bearb. Aufl. Springer, Berlin, Heidelberg [u. a.] 2007.
[17] Scholze, H. (Hrsg.): Glas. Natur, Struktur und Eigenschaften. Springer-Verlag, 1988, 407 S.
[18] Dugdale, D. S.: Yielding of steel sheets containing slits. J. Mech. Phys. Solids 8 (1960), S. 100–104.
[19] Barenblatt, G. I.: On equilibrium cracks forming during brittle fracture (russisch). Prikladnaya Matematika i Mekhanika (PMM) 23 (1959), S 434–444. Siehe auch: The mathematical theory of equilibrium cracks in brittle fracture. Advances in Appl. Mechanics 7 (1962), S. 55–129.
[20] Kaplan, M. F.: Crack propagation and the fracture of concrete. J. ACI 58 (1961), S. 591–610.
[21] Reinhardt, H.-W.: Maßstabseinfluss bei Schubversuchen im Licht der Bruchmechanik. Beton- und Stahlbetonbau 76 (1981), Nr. 1, S. 19–21.
[22] Reinhardt, H.-W.: Fracture mechanics of an elastic softening material like concrete, HERON 29 (1984), No. 2.
[23] Reinhardt, H. W.: Plain concrete in uniaxial post-peak cyclic tensile and tensile-compressive loading. In Bazant, Z. P. (Ed.): William Prager Symposium on mechanics of geomaterials: rocks, concretes, soils. Preprints Evanston, 1983, S. 639–642.
[24] Cornelissen, H. A.W., Hordijk, D. A., Reinhardt, H. W.: Experimental determination of crack softening characteristics of normal and lightweight concrete. HERON 31 (1986), S. 45–56.
[25] Hillerborg, A., Modeer, M., Petersson, P. E.: Analysis of crack formation and crack growth in concrete by means of fracture mechanics and finite elemnets. Cement and Concrete Res. 6 (1976), S. 773–782.
[26] Bazant, Z. P.: Size effect in blunt fracture: Concrete, rock, metal. J. Engg. Mechanics ASCE 110 (1984), No. 4, S. 518–535.
[27] Neuber, H.: Kerbspannungslehre. 4. Aufl. Springer, Berlin 2001.
[28] Seeger, T. Grundlagen für Betriebsfestigkeitsnachweise. Kapitel 12 in „Stahlbau-Handbuch". Band I, Teil B. 1996, S. 5–123.

Ingenieurbaustoffe
Hans-Wolf Reinhardt
Copyright © 2010 Ernst & Sohn, Berlin
ISBN 978-3-433-02920-6

[29] Haibach, E.: Betriebsfestigkeit. 3. Aufl.. Springer, Berlin 2006.
[30] Ritter, W.: Kenngrößen der Wöhlerlinien für Schweißverbindungen aus Baustählen. Heft 53, Inst. für Stahlbau und Werkstoffmechanik, TH Darmstadt, 1994.
[31] Det Norske Veritas
[32] Gaßner, E., Griese, F. W., Haibach, E.: Ertragbare Spannungen und Lebensdauer einer Schweißverbindung aus St37 bei verschiedenen Formen des Beanspruchungskollektivs. Arch. Eisenhüttenwesen 35 (1964), Nr. 3, S. 255–267.
[33] Reinhardt, H. W.: Beton als constructiemateriaal – Eigenschappen en duurzamheid. Delftse Universitaire Pers, Delft 1985.
[34] Seeger, T.: Grundlagen für Betriebsfestigkeitsnachweise. Kapitel 12 in „Stahlbau-Handbuch". Band I, Teil B. 1996, S. 5–123.
[35] Paris, P. C., Gomez, M. P., Anderson, W. E.: A rational analytic theory of fatigue. Trend in Engineering 13 (1961).
[36] Führing, H.: Modell zur nichtlinearen Rissfortschrittsvorhersage unter Berücksichtigung von Lastreihenfolgeeinflüssen (LOSEQ). LBF-Bericht Nr. FB-162, Darmstadt 1982.
[37] Führing, H.: Berechnung von elastisch-plastischen Beanspruchungsabläufen in Dugdale-Rissscheiben mit Rissuferkontakt auf der Grundlage nichtlinearer Schwingbruchmechanik. Darmstadt: Inst. für Statik und Stahlbau d. Techn. Hochsch., 1977. (Veröffentlichungen des Institutes für Statik und Stahlbau der Technischen Hochschule Darmstadt; 30).
[38] Wittemann, K.: Wie sicher sind alte Stahlbauwerke? Bruchmechanischer Kennwert von Baustahl des 19. Jahrhunderts. Materialprüfung 35 (1993), Nr. 3, S. 53–57.
[39] Reinhardt, H. W. (Ed.): Penetration and Permeability of Concrete: Barriers to organic and contaminating liquids. E & FN Spon, London 1997.
[40] DAfStb-Richtlinie. Betonbau beim Umgang mit wassergefährdenden Stoffen. Berlin, Oktober 2004.
[41] Crank, J.: The mathematics of Diffusion. 2nd ed. Clarendon Press, Oxford, 1986.
[42] Klopfer, H.: Feuchte. In Lutz et al. (Hrsg.): Lehrbuch der Bauphysik. 5. Aufl. Teubner, Stuttgart 2002, S. 329–472.
[43] Moore, W. J., Hummel, D. O.: Physikalische Chemie. 4. Aufl. de Gruyter, Berlin 1986.
[44] Houwink, R.: Elastizität, Plastizität und Struktur der Materie. 3. Aufl. Verlag von Theodor Steinkopff, Dresden, Leipzig 1958.
[45] Hornbogen, E., Warlimont, H.: Metallkunde. Springer-Verlag, Berlin, Heidelberg, New York 1967.
[46] Siebel, E., Schwaigerer, S.: Zur Mechanik des Zugversuchs. Arch. Eisenhüttenwesen (1948) S. 145–152.
[47] Schauwinhold, D., Straßburger, Ch.: Unlegierte Stähle. In Werkstoffhandbuch Stahl und Eisen. 4. Aufl. Verlag Stahleisen, Düsseldorf 1965.
[48] Seeger, A.: Theorie der Gitterfehlstellen. In Flügge, S. (Hrsg.): Handbuch der Physik. Bd. VIII, Teil 1. Springer-Verlag, Berlin 1955.
[49] Körber, F., Pomp, A.: Zur Bestimmung der Warmstreckgrenze von Stahl. Mitt. Kais.-Wilh.-Inst. Eisenforschung, Bd. 12 (1930), S. 165.
[50] Klöppel, K., Weihermüller, H.: Neue Dauerfestigkeitsversuche mit Schweißverbindungen aus St 52. Der Stahlbau 26 (1957), S. 149–155. Klöppel, K., Weihermüller, H.: Dauerfestigkeitsversuche mit Schweißverbindungen aus St 52. Der Stahlbau 29 (1960), S. 129–137.
[51] Radaj, D., Vormwald, M.: Ermüdungsfestigkeit. Grundlagen für Ingenieure. 3. Aufl. Springer, Berlin 2007.
[52] Tauscher, H.: Berechnung der Dauerfestigkeit. Einfluß von Werkstoff und Gestalt. 9. Aufl. VEB Fachbuchverlag, Leipzig 1967.
[53] Lehr, E.: Oberflächenempfindlichkeit und innere Arbeitsaufnahme der Werkstoffe bei Schwingungsbeanspruchung. Z. Metallkunde 20 (1928), S. 578–584.
[54] Rühl, K.: Die Sprödbruchsicherheit von Stahlkonstruktionen. Werner-Verlag, Düsseldorf 1959.
[55] Rädeker, W.: Einfluss der Probenbreite auf die Ergebnisse der Kerbschlagprüfung. Materialprüfung 5 (1963), Nr. 10, S. 377–384.
[56] Rühl, K.: Der Kerbschlagversuch. Schweißen und Schneiden 9 (1975), S. 83–90.

[57] Neuhaus, W., Dick, W., Degenkolbe, J.: Erfahrungen bei der Herstellung wasservergüteter Bleche aus schweißbarem Baustahl mit einer Streckgrenze von rd. 70 kg/mm². Stahl und Eisen 85 (1965), S. 127–136.
[58] Hamme, U., Hauser, J., Kern, A., Schriever, U.: Einsatz hochfester Baustähle im Mobilkranbau. Stahlbau 69 (2000), H. 4, S. 295–305.
[59] Fischer, F.: Bruchmechanische Bewertung hochfester Baustähle und ihrer Schweißverbindungen bei statischer Beanspruchung. Diss. TU Bergakademie Freiberg, 1993.
[60] Degenkolbe, J., Dißelmeyer, H.: Schwingverhalten eines hochfesten wasservergüteten Chrom-Molybdän-Zirkonium-legierten Feinkornbaustahles mit 700 N/mm² Mindeststreckgrenze im geschweißten und ungeschweißten Zustand. Schweißen und Schneiden 25 (1973), H. 3, S. 85–88.
[61] Nürnberger, U.: Korrosion und Korrosionsschutz im Bauwesen. Bd. 2. Bauverlag, Wiesbaden 1995.
[62] Deutsches Institut für Bautechnik. Allgemeine bauaufsichtliche Zulassung für Bauteile und Verbindungsmittel aus nichtrostenden Stählen. Nr. Z-30.3-6, Berlin 5.12.2003.
[63] DIN 488-1 bis -6:2009-08 „Betonstahl".
[64] Elices, M., Corres, H., Planas, J.: Behavior of cryogenic temperatures of steel for concrete reinforcement. ACI J. 83 (1986), No. 3, S. 405–411.
[65] Wascheidt, H.: Zur Frage der Dauerschwingfestigkeit von Betonstählen im einbetonierten Zustand. Techn. Mitt. Krupp. Forsch.-Bau. Band 24 (1966), H. 4.
[66] Lötsch, K.: Zur Dauerschwingfestigkeit von Betonformstählen. Österr. Ing. Zeitschrift 11 (1968), S. 371–378.
[67] Rehm, G.: Kriterien zur Beurteilung von Bewehrungsstäben mit hochwertigem Verbund. Stahlbau, Berichte aus Forschung und Praxis, Berlin 1969.
[68] Spitzner, J.: Zur Prüfung von Betonrippenstahl unter schwingender Beanspruchung im freien und einbetonierten Zustand. Diss. TH Darmstadt 1971.
[69] Birkenmaier, M., Jacobsohn. W.: Das Verhalten von Spannbetonquerschnitten zwischen Risslast und Bruchlast. Schweiz. Bauzeitung 77 (1959), S. 218–227.
[70] Leonhardt, F.: Spannbeton für die Praxis. 2. Aufl. Wilh. Ernst & Sohn, Berlin 1962.
[71] Dannenberg, J., Deutschmann, H., Melchior, P.: Warmzerreißversuche mit Spannstählen. DAfSt, H. 122, Berlin 1957.
[72] Rostásy, F. S., Scheuermann, J., Wiedemann, G.: Verhalten von Spann- und Bewehrungsstahl bei tiefen Temperaturen. Betonwerk+Fertigteil-Technik 48 (1982), H. 2, S. 74–83, und H. 3, S. 163–170.
[73] Wascheidt, H.: Stähle für Bauteile aus Spannbeton. Betonstein-Zeitung 9 (1968), S. 444–450.
[74] Papsdorf, W., Schwier, F.: Kriechen und Spannungsverlust bei Stahldraht, insbesondere bei leicht erhöhten Temperaturen. Stahl und Eisen 78 (1958), S. 937–947.
[75] Cahill, T.: The Behaviour of Prestressing Wire at Elevated Temperatures. In F. I. P. (Hrsg.): Feuerwiderstandsfähigkeit von Spannbeton. Tagung der F. I. P., Braunschweig 1965.
[76] Jäniche, W., Stolte, E., Litzke, H.: Sicherheit gegen Bruch von Bewehrungsstählen in Stahlbeton- und Spannbetonbauteilen. Materialprüfung 7 (1965), S. 449–458.
[77] prEN 10138-1 bis 3:2000-10 „Spannstähle".
[78] Nürnberger, U.: Dauerschwingverhalten von Spannstählen. Bauingenieur 56 (1981), H. 8, S. 311–319.
[79] Königseder, F., Krzemien, R.: Dauerschwingfestigkeit von Spannstahllitzen, Einfluss der freien Einspannlänge. Materialprüfung 36 (1994), H. 9, S. 356–357.
[80] DIN V ENV 1999-1-1:2000-10 Bemessung und Konstruktion von Aluminiumbauten. „Allgemeine Bemessungsregeln; Bemessungsregeln für Hochbauten".
[81] Altenpohl, D.: Aluminium und Aluminiumverbindungen. Springer-Verlag Berlin 1965.
[82] Wilm, A.: Physikalisch metallurgische Untersuchungen über magnesiumhaltige Aluminiumlegierungen. Metallurgie 8 (1911), S. 225–227.
[83] Ostermann, F.: Anwendungstechnologie Aluminium. 2. Aufl. Springer, Berlin 2007.
[84] Mader, W., Pieper, A.: 50 Jahre Aluminiumbrücke über den Datteln-Hamm-Kanal. Stahlbau 77 (2008), H. 2, S. 120–123.
[85] Forrest, G.: Fatigue Properties of Aluminium Alloys. Sheet Metal Ind. 34 (1957), S. 831–845.
[86] Moris, L.: Caratteristiche meccaniche delle leghe leggere a bassa temperatura. Alluminio 27 (1958), S. 495–501.

[87] DIN EN 1999-1-2:2007-05 Eurocode 9: Bemessung und Konstruktion von Aluminiumtragwerken – Teil 1-2: Tragwerksbemessung für den Brandfall.
[88] DIN V ENV 1999-2:2001-03 Bemessung und Konstruktion von Aluminiumbauten. „Ermüdungsanfällige Tragwerke".
[89] CEB Comité Euro-International du Béton – CEB-FIP Model Code 1990. Bulletin d'Information No. 213/214. Lausanne, May 1993.
[90] Schütz, W.: Zeit- und Dauerfestigkeit der Legierungen AlMgSil und AlMg5. Aluminium 43 (1967), S. 545–555.
[91] Valtinat, G.: Aluminium im konstruktiven Ingenieurbau. Ernst&Sohn, Berlin 2003.
[92] Mazzolani, F. M.: Structural applications of aluminium in civil engineering. Structural Engineering International 16 (2006), Nr. 4, S. 280–285.
[93] Siwowski, T.: Aluminium bridges – Past, present and future. Structural Engineering International 16 (2006), Nr. 4, S. 286–293.
[94] N. N.: 50 Meter lange Aluminiumbrücke in Frankreich. DIBt Mitteilungen, 1/2008, S. A7.
[95] Heitel, S., Koriath, H., Herzog, C. S., Specht, G.: Vergleichende Lebenszykluskostenanalyse für Fußgängerbrücken aus unterschiedlichen Werkstoffen. Bautechnik 85 (2008), H. 10, S. 687–695.
[96] Weiß, G. C.: Zu Deckenscheiben zusammengespannte Stahlbetonfertigteile für demontable Gebäude. DAfStb (2003), H. 546.
[97] Reinhardt, H.-W., Weiß G. C.: Aluminiumschaum in Kombination mit Beton für den Fertigteilbau – eine Utopie? In Tue, N. V., Dehn, F. (Hrsg.): Erfahrung und Zukunft des Bauens. Schriftenreihe des Instituts für Massivbau und Baustofftechnologie. Universität Leipzig, 2004, S. 85–94.
[98] Sedlacek, G., Paschen, M.: Aluminiumschaum-Stahlblech Verbund im Leichtbau. In Banhart, J. (Hrsg.): Metallschäume. Symposium Metallschäume. IFAM Bremen, Bremen 1997.
[99] Schwartz, D. S., Shih, D. S., Evans, A. G., Wadley, H. N. G. (Eds.): Porous and cellular materials for structural applications. Mat. Res. Soc. Symp. Proc. 521, San Francisco 1998.
[100] Saul, A. G. A.: Principles underlying the steam curing of concrete at atmospheric pressure. Mag. of Conc. Res., V 2, No. 6, March 1951, S. 127-140; Nurse, R. W.: Steam curing of concrete. Mag. of Conc. Res., V 1, No. 2, June 1949, S. 79-88.
[101] Signer, R.: Das Molekulargewicht und seine Bestimmung. In Houwink, R., Stavermann, A. (Hrsg.): Chemie und Technologie der Kunststoffe. Bd. 1. 4. Aufl. Akad. Verlagsges. Geest & Portig, Leipzig 1962.
[102] VDI-Richtlinie 2021 „Temperatur-Zeit-Verhalten von Kunststoffen, Grundlagen", Düsseldorf 1970.
[103] Treloar, L. R. G.: Stress-Strain Data for Vulcanised Rubber under Various Types of Deformation. Trans. Faraday Soc. 40 (1944) S. 59–70.
[104] Kuske, A.: Einführung in die Spannungsoptik. Wissenschaftl. Verlagsges., Stuttgart 1959.
[105] Würstlin, F.: Weichmachung. In Nitsche, R., Wolf, K. A. (Hrsg.): Kunststoffe. Bd. I. Springer-Verlag, Berlin 1962.
[106] Alfrey, T.: Mechanical Behavior of High Polymers. Interscience Publishers, New York 1948.
[107] Flügge, W.: Viscoelasticity. Waltham, Blaisdell Publ. Co., Mass. 1967.
[108] Nowacki, W.: Theorie des Kriechens. Deuticke, Wien 1965.
[109] Becker, G. W.: Mechanische Relaxationserscheinungen in nicht weichgemachten hochpolymeren Kunststoffen. Kolloid-Z. 140 (1955), S. 1 ff.
[110] Becker, G. W., Schreuer, E.: Deformationsmechanik und Relaxationsverhalten. In Nitsche, R., Wolf, K. A. (Hrsg.): Kunststoffe. Bd. I. Springer-Verlag, Berlin 1962.
[111] DIN-Taschenbuch 18: Kunststoffe. Mechanische und thermische Eigenschaften. Beuth, Berlin 1997.
[112] DIN-Taschenbuch 21: Duroplast-Kunstharze Duroplast-Formmassen. Beuth, Berlin 1995.
[113] Menges, G.: Werkstoffkunde Kunststoffe. 3. Aufl. Hanser, München 1990.
[114] Taprogge, R.: Untersuchungen zur Ermittlung zulässiger Beanspruchung thermoplastischer Kunststoffe bei statischer und schwingender Zug- und Biegebelastung. Diss. Aachen 1966.
[115] Domininghaus, H., Eyerer, P., Elsner, P., Hirth, T.: Die Kunststoffe und ihre Eigenschaften. 6. Aufl. Springer, Berlin 2005.
[116] Houwink, R., Staverman, A. J.: Chemie und Technologie der Kunststoffe. Bd. II. Akad. Verlagsges. Geest & Portig, Leipzig 1963.
[117] Palatal. Badische Anilin- und Soda-Fabrik. Ludwigshafen 1964.

[118] Chandra, S., Ohama, Y.: Polymers in concrete. CRC Press, Boca Raton 1994.
[119] Hirschi, Th.: Anwendungen von Epoxidharzen im Bauingenieurwesen. VDI-Bericht 122, Düsseldorf 1968.
[120] Tölke, F.: Nichtflexible und flexible Epoxidharz-Systeme im Tiefbau. Schriftenreihe des Otto-Graf-Instituts 43, Stuttgart 1969.
[121] Keller, E.: Epoxidharzzementmörtel. Schriftenreihe des Otto-Graf-Instituts 46, Stuttgart 1970.
[122] Hirschi, Th., Hugenschmidt, F.: Epoxidharze als Helfer im Bauwesen. Schriftenreihe des Otto-Graf-Instituts 43, Stuttgart 1969.
[123] Schirmer, H.: Polyesterbeton, Herstellung und Eigenschaften. Bauwirtschaft 20 (1966), S. 780–786.
[124] Franz, G., Bossler, R.: Prüfung der wichtigsten Stoffeigenschaften von Gießharzbeton. Betonstein-Zeitung 28 (1962), S. 49–59.
[125] Franz, G., Bossler, R.: Untersuchung mechanischer Eigenschaften von Gießharzbeton. Betonstein-Zeitung 29 (1963), S. 409–418.
[126] Möller, H. J. et al.: Polybetonrohre – Herstellung und Anwendung. Beton- und Stahlbetonbau 68 (1969), S. 113–123.
[127] Kehrer, K.: Tragende Bauteile aus glasfaserverstärkten Kunststoffen. VDI-Bericht Nr. 103, Düsseldorf 1966.
[128] Deutsch, E.: Tragende Bauteile aus glasfaserverstärkten Kunststoffen. VDI-Bericht Nr. 103, Düsseldorf 1966.
[129] Keßler, H. J.: Erfahrungen mit Schalungen aus glasfaserverstärkten Kunststoffen, insbesondere im Fertigteilbau. VDI-Bericht Nr. 103, Düsseldorf 1966.
[130] Dörnen, K.: Ein 20 m hoher Wetterschutzturm aus tragenden GfK-Profilen. VDI-Bericht Nr. 122, Düsseldorf 1968.
[131] Novacek, L.: Dachmantel eines Fernsehturms aus Kunststoffen. Europäischer Ingenieurbau 1 (1970), S. 190–198.
[132] Gallep, H.: Zulassung tragender Bauteile aus Kunststoffen. VDI-Bericht Nr. 122, Düsseldorf 1968.
[133] Haferkamp, H.: Physikalische Eigenschaften glasfaserverstärkter Kunststoffe. In Seiden, P. H. (Hrsg.): Glasfaserverstärkte Kunststoffe. Springer-Verlag, Berlin 1967.
[134] Schuhmann, H.: Kombinationen Polymerer mit Füllmaterialien. In Nitsche, R., Wolf, K. A. (Hrsg.): Kunststoffe. Bd. I. Springer-Verlag, Berlin 1962.
[135] Broutman, L. J., Krock, R. H.: Modern Composite Materials. Addison-Wesley, Reading/Mass. 1967.
[136] Schumacher, G.: Die mechanischen Eigenschaften durch Glaseidenmatten verstärkter Polyester- und Epoxid-Harze. Schriftenreihe des Otto-Graf-Instituts 29, Stuttgart 1966.
[137] Wagener, K.: Zum Dauerschwingverhalten glasfaserverstärkter Kunststoffe. Diss. Hannover 1966.
[138] Seidel, M.: Textile Hüllen. Bauen mit biegeweichen Tragelementen. Ernst & Sohn, Berlin 2008.
[139] Reinhardt, H.-W.: Ein- und zweiachsige Verformungs- und Festigkeitsuntersuchungen an einem beschichteten Gittergewebe. Mitteilungen SFB 64, Nr. 31, Universität Stuttgart 1975.
[140] Sobek, W., Speth, M.: Textile Werkstoffe. Bauingenieur 70 (1995), Nr., S., 243–250.
[141] Münsch, R. Reinhardt, H.-W.: Zur Berechnung von Membrantragwerken aus beschichteten Geweben mit Hilfe genäherter elastischer Materialparameter. Bauingenieur 70 (1995), S. 271–275.
[142] DIN EN ISO 10318:2006-04 „Geokunststoffe – Begriffe".
[143] DIN 18540:2006-12. Abdichten von Außenwandfugen im Hochbau mit Fugendichtstoffen.
[144] Strasburger, E.: Lehrbuch der Botanik. 36. Aufl. Spektrum Akademischer Verlag, Heidelberg 2008.
[145] Kull, U.: Grundriß der Allgemeinen Botanik. Gustav Fischer, Stuttgart 1993.
[146] Kollmann, F.: Technologie des Holzes und der Holzwerkstoffe. 1. Bd. 2. Aufl. Springer-Verlag, Berlin, München 1951.
[147] Parham, R. A., Gray, R. L.: Formation and structure of wood. In Rowell, R. M. (Ed.): The chemistry of solid wood. Advances in Chemistry Series 207, 1984.
[148] Reinhardt, H.-W., Reiner, R. (Hrsg.): Natürliche Konstruktionen in Raum und Zeit. IWB, Universität Stuttgart 2001.

[149] Trendelenburg, R.: Das Holz als Rohstoff. Lehmann, München 1939.

[150] Baumann, R.: Das Holz als Baustoff. C. W. Kreidel's Verlag, München 1927.

[151] Kollmann, F.: Die mechanischen Eigenschaften verschieden feuchter Hölzer im Temperaturbereich von -200 bis +200 °C. Forsch. Ing.-Wes. H. 403, Berlin 1940.

[152] Baumann, R.: Die bisherigen Ergebnisse der Holzprüfungen in der MPA der TH Stuttgart. Forsch.-Ing. Wes. H. 231, Berlin 1922.

[153] Graf, O.: Über den Einfluss der Baumkante auf die Tragfähigkeit der Bauhölzer. Die Bautechnik 17 (1939), S. 164–169.

[154] Kollmann, F.: Verformung und Bruchgeschehen bei Holz als einem anisotropen, inhomogenen, porigen Festkörper. VDI-Forschungsheft 520, Düsseldorf 1967.

[155] Kollmann, F.: Über die Beziehung zwischen rheologischen- und Sorptions-Eigenschaften (Am Beispiel von Holz). Rheologica Acta 3 (1964), S. 260–270.

[156] Graf, O.: Wie können die Eigenschaften der Bauhölzer mehr als bisher nutzbar gemacht werden? Holz als Roh- und Werkstoff 1 (1937/38), S. 13–16.

[157] Graf, O.: Die Festigkeitseigenschaften der Hölzer und ihre Prüfung. Masch.-Bau 8 (1929), S. 641–648.

[158] Graf, O.: Die Dauerfestigkeit der Werkstoffe und der Konstruktionselemente. Verlag von Julius Springer, Berlin 1929.

[159] Hoffmeyer, P.: Holz als Baustoff. In Blaß, H. J., Görlacher, R., Steck, G. (Hrsg.): Step 1 Holzbauwerke nach Eurocode 5. Bemessung und Baustoffe. Arbeitsgemeinschaft Holz, Düsseldorf 1995, S. A4/1–22.

[160] Graf, O.: Die Baustoffe. 2. Aufl., Verlag Konrad Wittwer, Stuttgart 1950.

[161] Egner, E., Rothmund, A.: Zusammenfassende Berichte über Dauerzugversuche mit Hölzern. MPA an der TH Stuttgart 1944.

[162] Wood Handbook: Wood as an engineering material. Forest Products Laboratory. University Press of the Pacific, Honolulu/Hawaii, 2000.

[163] Schäfer, D.: Entzündlichkeit der Bau- und Isolierstoffe auf Schiffen. Schiffsbau 1 (1939), Nr. 1.

[164] Kollmann, F.: Die Abhängigkeit der Festigkeit und der Dehnungszahl der Hölzer vom Faserverlauf. Bauing. 15 (1934), S. 198–200.

[165] Hankinson, R. L.: Investigation of crushing strength of spruce at varying angles of grain. Air Service Information Circular (1921), III, S. 259.

[166] Poulignier, J.: Contribution à l'étude de Plasticité du bois. Publ. scient. et techn. du Secr. d'État á l'aviation No. 179, Paris 1942.

[167] Egner, K.: Bestimmung der Elastizität der Hölzer. In Graf, O. (Hrsg.): Handbuch der Werkstoffprüfung. 3. Bd. 2. Aufl. Springer-Verlag, Berlin 1957.

[168] Reinhardt, H.-W., Aicher, S.: Holz als Werkstoff, (Holz) Bruchmechanik. In: Reinhardt, H.-W., Reiner, R. (Hrsg.): Natürliche Konstruktionen in Raum und Zeit. IWB, Universität Stuttgart 2001, S. 28–54.

[169] Kühne, H.: Zeitabhängige mechanische Formänderungen poröser inhomogener Materie, erörtert am Beispiel des Holzes und der Holzwerkstoffe. Mat. prüf. 4 (1962), S. 320–324.

[170] Kollmann, F.: Über das rheologische Verhalten von Buchenholz verschiedener Feuchtigkeiten bei Druckbeanspruchung längs der Faser. Mat. prüf 4 (1962), S. 313–319.

[171] Roth, Ph.: Dauerbeanspruchung von Eichenholz – und von Tannenholz – Prismen in Faserrichtung durch konstante und durch wechselnde Druckkräfte und Dauerbiegebeanspruchung von Tannenholzbalken. Diss. TH Karlsruhe 1935.

[172] King jr., E. G.: Creep and Other Strain Behavior of Wood in Tension Parallel to the Grain. For. Prod. J. 7 (1957), S. 324–330.

[173] Bhatnagar, N. S.: Kriechen von Holz bei Zugbeanspruchung in Faserrichtung. Holz als Roh- und Werkstoff 22 (1964), S. 296–299.

[174] Ranta-Maunus, A., Kortesmaa, M.: Creep of timber during eight years in natural environments. WCTE 2000 Conference, Whistler 2000.
(auch in: Thelandersson, S., Larsen, H. J.: Timber engineering. Wiley, Chichester 2003, S. 230.)

[175] Kingston, R. S., Armstrong, L. D.: Creep in initially green wooden beams. Australien J. Appl. Sei. 2 (1951), S. 306–325.

[176] Mohager, S.: Studies of creep in wood. The Royal Institute of Technology, TRITABYMA 1987:8, Stockholm, Sweden, 1987.
(auch in: Thelandersson, S., Larsen, H. J.: Timber engineering. Wiley, Chichester 2003, S. 240.)
[177] Dill-Langer, G.: Schädigung von Brettschichtholz bei Zugbeanspruchung rechtwinklig zur Faserrichtung. Schriftenreihe MPA Otto-Graf-Institut Stuttgart, Heft 88, 2004.
[178] Möhler, K., Maier, G.: Kriech- und Relaxations-Verhalten von lufttrockenem und nassem Fichtenholz bei Querdruckbeanspruchung. Holz als Roh- und Werkstoff 28 (1970), S. 14–20.
[179] Thelandersson, S., Larsen, H. J.: Timber engineering. Wiley, Chichester 2003.
[180] Becker, H., Reiter, L.: Über den Einfluss von Temperatur und Holzfeuchtigkeit auf die Relaxation der Biegespannungen im Rotbuchenholz. Holz als Roh- und Werkstoff 28 (1970), S. 264–270.
[181] Norris, C. B., McKinnon, P. F.: Compression, Tension and shear tests on Yellow-Poplar plywood panels of sizes that do not buckle with tests made at various angles to the face grain. US Forest Products Laboratory, Report No. 1328, Madison 1956.
[182] Norris, C. B.: Strength of orthotropic materials subjected to combined stresses. US Forest Products Laboratory, Report No. 1816, Madison 1962.
[183] Tsai, S. W.: Strength characteristics of composite materials. NASA CR-224, 1965.
[184] Reinhardt, H. W., Aicher, S.: Fracture mechanics concepts applied to timber structures. Proceedings of the III. International Symposium of the Sonderforschungsbereich 230, Stuttgart 1994, S. 87–94.
[185] Gustafsson, P. J.: A study of strength of notched beams. Proceedings Meeting 21, Int. Counsil for Building Research Studies and Documentation, Working Commission W18A – Timber Structures, paper 21-10-1, Vancouver 1988.
[186] Aicher, S.: Bruchenergien, kritische Energiefreisetzungsraten und Bruchzähigkeiten von Fichte bei Zugbeanspruchung senkrecht zur Faserrichtung. Holz als Roh- und Werkstoff 52 (1994), S. 361–370.
[187] Schatz, T.: Zur Bestimmung der Bruchenergierate G_F bei Holz. Holz als Roh- und Werkstoff 53 (1995), S. 171–176.
[188] Bažant, Z. P.: Size effect in blunt fracture: Concrete, Rock, Metal. Journal of Engineering Mechanics 110 (1984), S. 518–535.
[189] Aicher, S., Reinhardt, H. W., Klöck, W.: Nichtlineares Bruchmechanik-Maßstabsgesetz für Fichte bei Zugbeanspruchung senkrecht zur Faserrichtung. Holz als Roh- und Werkstoff 51 (1993), S. 385–394.
[190] Boström, L.: Method for determination of the softening behaviour of wood and the applicability of a nonlinear fracture mechanics model. Report TVBM-1012, Lund 1992.
[191] Aicher, S., Gustafsson, P. J., Haller, P., Petersson, H.: Fracture mechanics models for strength analysis of timber beams with a hole or a notch. RILEM Technical Report 1996.
[192] Shilang Xu, Reinhardt, H. W., Gappoev, M.: Mode II fracture testing method for highly orthotropic materials like wood. International Journal of Fracture 75 (1996), No. 3, S. 185–214.
[193] Egner, K.: Ermittlung der Festigkeitseigenschaften der Hölzer. In Graf, O. (Hrsg.): Handbuch der Werkstoffprüfung. 3. Bd. 2. Aufl. Springer-Verlag, Berlin 1957.
[194] Colling, F.: Brettschichtholz – Herstellung und Festigkeitseigenschaften. In Blaß, H. J., Görlacher, R., Steck, G. (Hrsg.): Step 1 Holzbauwerke nach Eurocode 5. Bemessung und Baustoffe. Arbeitsgemeinschaft Holz, Düsseldorf 1995, S. A8/1–9.
[195] Ranta-Maunus, A.: Furnierschichtholz und Furnierstreifenholz. In Blaß, H. J., Görlacher, R., Steck, G. (Hrsg.): Step 1 Holzbauwerke nach Eurocode 5. Bemessung und Baustoffe. Arbeitsgemeinschaft Holz, Düsseldorf 1995, S. A9/1–8.
[196] Thole, V.: Neue Holzwerkstoffe. In Kessel, M., Matutzky, R. (Hrsg.): Bauen mit Holz und Holzwerkstoffen: Stand der Technik und Entwicklungstendenzen. Fraunhofer-Institut für Holzforschung, WKI-Bericht Nr. 33, Feb. 1998.
[197] Lamprecht, H.-O.: Opus Caementitium – Bautechnik der Römer. 5. Aufl. Beton-Verlag, Düsseldorf 1996.
[198] Locher, F. W.: Zement: Grundlagen der Herstellung und Verwendung: Verlag Bau und Technik, Düsseldorf 2000.
[199] Feige, F.: Zur wirtschaftlichen Verwertung des Ölschiefers bei Rohrbach Zement – Eine Rückschau auf zwei bedeutende Verfahrensentwicklungen. Zement-Kalk-Gips 45 (1992), H. 2, S. 53–62.

[200] Neville, A. M.: High alumina cement concrete. John Wiley Sons Inc., New York 1973.
[201] Bogue, R. H.: The Chemistry of Portland Cement. 2. Aufl. Reinhold, New York 1955.
[202] Powers, T. C., Copeland, L. E., Hayes, J. C., Mann, H. M.: Permeability of Portland Cement Paste. Proceedings. American Concrete Institute, Nov. 1954, S. 285–300.
[203] Reschke, T.: Der Einfluss der Granulometrie der Feinstoffe auf die Gefügeentwicklung und die Festigkeit von Beton. Schriftenreihe der Zementindustrie H 62/2000.
[204] Verein Deutscher Zementwerke: Zement-Taschenbuch. 51. Ausg. Düsseldorf 2008.
[205] DAfStb-Richtlinie: Vorbeugende Maßnahmen gegen schädigende Alkalireaktion im Beton. Teil 1: Allgemeines. Teil 2: Betonzuschlag mit Opalsandstein und Flint. Teil 3: Gebrochene alkaliempfindliche Gesteinskörnungen. Berlin, Februar 2007.
[206] Siebel, E., Reschke, T.: Alkali-Reaktion mit Zuschlägen aus dem südlichen Bereich der neuen Bundesländer. Untersuchungen an geschädigten Bauwerken. Beton 46 (1996), H. 5, S. 298–301, und H. 6, S. 366–370. Untersuchungen an Laborbetonen. Beton 46 (1996), H. 12, S. 740–744, und 47 (1997), H. 1, S. 26–32.
[207] Sprung, S., Sylla, H.-M.: Beurteilung der Alkaliempfindlichkeit und Wasseraufnahme von Betonzuschlagstoffen. ZKG International 50 (1997), Nr. 2, S. 63–75.
[208] Stark, J.: Alkali-Kieslsäure-Reaktion. Schriftenreihe des F. A. Finger-Instituts, Nr. 3, Bauhaus Universität Weimar, 2008-08-14.
[209] Grübl, P., Weigler, H., Karl, S.: Beton. Arten – Herstellung – Eigenschaften. 2. Aufl. Verlag Ernst & Sohn, Berlin 2001.
[210] Reinhardt, H.-W.: Beton. In Bergmeister, K., Wörner, J.-D. (Hrsg.): Betonkalender. 96. Jg. Verlag Ernst & Sohn, Berlin 2007, S. 353–478.
[211] Lang, E.: Einfluss von Nebenbestandteilen und Betonzusatzmitteln auf die Hydratationswärmeentwicklung von Zement. Beton-Informationen 37 (1997), H. 2, S. 22–25.
[212] Manns, W.: Gemeinsame Anwendung von Silicastaub und Steinkohlenflugasche als Betonzusatzstoff. Beton 47 (1997), Nr. 12, S. 716–720.
[213] Schubert, H.: Kapillarität in porösen Feststoffsystemen. Springer, Berlin 1982.
[214] Wierig, H. J.: Eigenschaften von grünem, jungem Beton. beton 18 (1968), H. 3, S. 94–101.
[215] Schmidt, D., Slovik, V., Schmidt, M., Fritzsch, R.: Auf Kapillardruckmessung basierende Nachbehandlung von Betonflächen im plastischen Materialzustand. Beton- und Stahlbetonbau 102 (2007), H. 11, S. 789–796.
[216] Lea, F. M.: Chemistry of Cement and Concrete. Edward Arnold, London 1970.
[217] De Schutter, G.: Fundamentele en praktische studie van thermische spanningen in verhardende massieve betonelementen. Dissertation Univ. Gent, 1996.
[218] Reinhardt, H.-W.: On the heat of hydration of cements. Stevin Report 5-79-1, Delft University of Technology, Delft 1979.
[219] Gutsch, A.-W.: Stoffeigenschaften jungen Betons – Versuche und Modelle. iBMB Heft 140, Braunschweig 1998.
[220] Laube, M.: Werkstoffmodell zur Berechnung von Temperaturspannungen in massigen Betonbauteilen in jungem Alter. Diss. TU Braunschweig, 1990.
[221] De Schutter, G., Taerwe, L.: Towards a more fundamental non-linear basic creep model for early age concrete. Mag. Concrete Res. 49 (1997), No. 180, S. 195–200.
[222] Rostásy, F. S., Gutsch, A., Laube, M.: Creep and relaxation of concrete at early ages – experiment and mathematical modeling. In Bazant, Z. P., Carol, I. (Eds.): Proc. 5th Int. RILEM Symp. on creep and shrinkage of concrete. London 1993, S. 453–458.
[223] van Breugel, K.: Relaxation of young concrete. Report 5-80-D8, Delft University of Technology, Delft 1980.
[224] Carslaw, H. S., Jaeger, J. C.: Conduction of Heat in Solids. 2nd ed. Oxford Sci. Publ., Reprint 1989.
[225] Häfner, F., Sames, D., Voigt, H.-D.: Wärme- und Stofftransport. Mathematische Methoden. Springer, Berlin 1992.
[226] Tölke, F.: Praktische Funktionenlehre. 1. Band. 2. Aufl. Springer 1950.
[227] Reinhardt, H.-W., Horden, W. C.: Temperatur und Spannungen in grossformatigen unbewehrten Betonfertigteilen während der Erhärtung. In: Baustoffe – Forschung, Anwendung, Bewährung (Festschrift Rupert Springenschmid). München 1990, S. 328–341.

[228] Rostásy, F. S., Krauß, M., Budelmann, H.: Planungswerkzeug zur Kontrolle der frühen Rissbildung in massigen Betonbauteilen. Bautechnik 79 (2002), H. 7, S. 431–435; H. 8, S. 523–527; H. 9, S. 641–647; H. 10, S. 697–703; H. 11, S. 778–789; H. 12, S. 869–874.

[229] de Sitter, W. R., Ramler, J. P. G.: The concrete hardening control system. In Reinhardt, H. W. (Ed.): Testing during Concrete Construction. Chapman & Hall, London 1991, S. 224–242.

[230] Harrison, T. A.: Early-age thermal crack control in concrete. CIRIA-report 91, London 1981.

[231] Byfors, J.: Verfahren zur Bestimmung der Frühfestigkeit von Betonbauteilen. Beton- und Stahlbetonbau 79 (1984), H. 9, S. 247–251.

[232] Kusterle, W.: Ein kombiniertes Verfahren zur Beurteilung der Frühfestigkeit von Spritzbeton. Beton- und Stahlbetonbau 79 (1984), H. 9, S. 251–253.

[233] Reinhardt, H. W., Grosse, C. U. (Eds.): Advanced testing of cement based materials during setting and hardening. RILEM Report 31, 2005, 341 S..

[234] Neville, A. M.: Properties of Concrete. 3rd Ed. Longman Scientific & Technical, London 1994.

[235] Wischers, G., Lusche, M.: Einfluss der inneren Spannungsverteilung auf das Tragverhalten von druckbeanspruchtem Normal- und Leichtbeton. Betontechn. Berichte 13 (1973), S. 135–163.

[236] Gaber, K.: Einfluss der Porengrößenverteilung in der Mörtelmatrix auf den Transport von Wasser, Chlorid und Sauerstoff im Beton. Dissertation, Technische Hochschule Darmstadt 1989.

[237] Hansen, T. C.: Physical Structure of Hardened Cement Paste – A Classical Approach. Materials and Structures 19 (1986), No. 114, S. 423–436.

[238] Abrams, D. U.: Design of Concrete Mixtures. Structural Material Research Laboratory, Bulletin 1, Lewis Institute, Chicago 1918/1925.

[239] Walz, K.: Die Festigkeit von Zementgemischen. beton 11 (1961), H. 10, S. 696. Ebenso: Betontechnische Berichte 1961. Beton-Verlag, Düsseldorf 1962, S. 271–272.

[240] CEB-Comité Euro-International du Beton – CEB-FIP Model Code 1990, Bulletin d'Information No. 213/214, Lausanne 1993.

[241] Carino, N. J., Tank, R. C.: Maturity functions for concrete made with various cements and admixtures. In Reinhardt, H. W. (Ed.): Testing during concrete construction. RILEM Proc. 11. London, Chapman and Hall 1990, S. 192–206.

[242] Bresson, J.: Prevision de résistance des produit en béton: facteur de maturité, temps equivalent. CERIB Technical Publication No. 56, Paris 1980.

[243] Alonso, M. T.: Persönliche Mitteilung aus dem FIZ des VDZ vom 14.03.2006.

[244] Tegelaar, R. A.: Pers. Mitt. 28.08.2000.

[245] DAfStb-Richtlinie: Wärmebehandlung von Beton. Beuth, Berlin 1989.

[246] Schneider, U.: Verhalten von Beton bei hohen Temperaturen. DafStb (1982), H. 337.

[247] Bažant, Z. P., Kaplan, M. F.: Concrete at high temperatures: Material properties and mathematical models. Longman Group, Harlow 1996.

[248] Diederichs, U., Jumppanen, U.-M., Penttala, V.: Behaviour of high strength concrete at high temperatures. Report 92, Helsinki University of Technology, Espoo 1989.

[249] Thienel, K.-Ch.: Festigkeit und Verformung von Beton bei hohen Temperaturen und biaxialer Beanspruchung – Versuche und Modellbildung. IBMB Heft 104, TU Braunschweig 1990.

[250] Thienel, K.-Ch., Rostasy, F. S.: Strength of concrete subjected to high temperatures and biaxial stress: Experiments and modelling. Materials and Structures 28 (1995), No. 184, S. 575–581.

[251] Kordina, K., Meyer-Ottens, C.: Beton Brandschutz Handbuch. 2. Aufl. Bau + Technik, Düsseldorf 1999.

[252] Monfore, G. E., Lentz, A. E.: Physical Properties of Concrete at very low Temperatures. J. PCA Res. and Development Lab. 4 (1962), Nr. 2, S. 33–39.

[253] Rostásy, F. S.: Verfestigung und Versprödung von Beton durch tiefe Temperaturen. In: Fortschritte im konstruktiven Ingenieurbau (Gallus Rehm zum 60. Geb.). Ernst&Sohn, Berlin 1984, S. 229–239.

[254] Rostásy, F. S., Wiedemann, G.: Festigkeit und Verformung von Beton bei sehr tiefen Temperaturen. Beton 30 (1980), H. 1, S. 54–59.

[255] Mihashi, H., Wittmann, F. H.: Stochastic approach to study the influence of rate of loading on strength of concrete. HERON 25 (1980), No. 3.

[256] *fib* Model Code 2010.

[257] Dahms, J.: Über die Schlagfestigkeit des Betons für Rammpfähle. beton 18 (1968) H. 4, S. 131–136, und H. 5, S. 177–182. Ebenso Betontechnische Berichte 1968. Beton-Verlag, Düsseldorf 1969, S. 49–82.
[258] Ockert, J.: Ein Stoffgesetz für die Schockwellenausbreitung in Beton. Diss. Univ. Karlsruhe und Schriftenreihe des Instituts für Massivbau und Baustofftechnologie H. 30, 1997.
[259] Rüsch, H., Hummel, A. et al.: Festigkeit und Verformung von unbewehrtem Beton unter konstanter Dauerlast. Deutscher Ausschuss für Stahlbeton (1968), H. 198.
[260] Rüsch, H.: Researches Toward a General Flexurel Theory for Structural Concrete. Proc. ACI 57 (1960/61), S. 1–28.
[261] CEB (Europ. Beton-Komitee): Empfehlungen zur Berechnung und Ausführung von Stahlbetonbauwerken. In: Betonkalender 1970. Ernst&Sohn, Berlin 1970.
[262] Holmen, J. O.: Fatigue of concrete by constant and variable amplitude loading. Norwegian Inst. Techn., Univ. of Trondheim, 1979.
[263] Klausen, D., Weigler, H.: Betonfestigkeit bei konstanter und veränderlicher Dauerschwellbeanspruchung. Betonwerk + Fertigteil-Technik 45 (1979), H. 3, S. 158–163.
[264] Fatigue of Concrete Structures. State-of-the-Art-Report. CEB Bulletin d'Information No. 189, Lausanne 1988.
[265] Stemland, H., Petkovic G., Rosseland S.: Fatigue of High Strength Concrete. SINTEF, Trondheim, 1990.
[266] Nieser, H.: Der Nachweis der Betriebsfestigkeit auf der Grundlage der Schadensakkumulation. Mitteilungen Institut für Bautechnik 12 (1981), Nr. 1, S. 3–9.
[267] Hordijk, D. A.: Local approach to fatigue of concrete. Meinema, Delft 1991.
[268] RILEM FMC 1: Determination of the fracture energy of mortar and concrete by means of threepoint bend tests on notched beams. RILEM Technical Recommendations for the Testing and Use of Construction Materials. E & FN Spon, London 1994, S. 99–101.
[269] Hilsdorf, H. K.: Stoffgesetze für Beton in der CEB-FIP Mustervorschrift MC90. In Budelmann, H. (Hrsg.): Technologie und Anwendung der Baustoffe (Festschrift Prof. Rostásy). Ernst&Sohn, Berlin 1992, S. 95–104.
[270] Remmel, G.: Zum Tragverhalten hochfester Betone und seinem Einfluss auf die Querkrafttragfähigkeit von schlanken Bauteilen ohne Schubbewehrung. Dissertation, Technische Hochschule Darmstadt 1993.
[271] Bonzel, J., Kadlesek, V.: Einfluss der Nachbehandlung und des Feuchtigkeitszustandes auf die Zugfestigkeit des Betons. beton 20 (1970), S. 303–309 und 351–357.
[272] Carneiro, F.: Une nouvelle méthode d'essai pour déterminer la résistance à la traction du béton. Réunion des Laboratoires d'Essai de Matériaux. Paris 1947.
[273] Heilmann, H. G.: Beziehungen zwischen Zug- und Druckfestigkeit des Betons. beton 19 (1969), H. 2, S. 68–70.
[274] Körmeling, H. A.: Strain rate and temperature behaviour of steel fibre concrete in tension. Diss. TU Delft, 1986.
[275] Ortlepp, S.: Zur Beurteilung der Festigkeitssteigerung von hochfestem Beton unter hohen Dehngeschwindigkeiten. Dissertation TU Dresden 2007.
[276] Reinhardt, H. W., Cornelissen, H. A.W.: Zeitstandzugversuche an Beton. In: Baustoffe 85 (Karlhans Wesche gewidmet). Wiesbaden 1985, S. 162–167.
[277] Rinder, T.: Hochfester Beton unter Dauerzuglast. DAfStb (2003), H. 544.
[278] Kordina, K.: Beton unter Langzeit-Zugbeanspruchung. Bautechnik 76 (1999), H. 6., S. 479–488.
[279] Cornelissen, H. A.W.: Fatigue failure of concrete in tension. HERON 29 (1984), No. 4.
[280] Kessler-Kramer, Ch.: Zugtragverhalten von Beton unter Ermüdungsbeanspruchung. Diss. Universität Karlsruhe 2002.
[281] Hilsdorf, H.: Die Bestimmung der zweiachsigen Festigkeit des Betons. DAfSt. (1965), H. 173.
[282] Vonk, R.: Softening of concrete loaded in compression. Diss. TU Eindhoven 1992.
[283] van Mier, J. G. M., Reinhardt, H.-W., van der Vlugt, B. W.: Ergebnisse dreiachsiger verformungsgesteuerter Belastungsversuche an Beton. Bauingenieur 62 (1987), Nr. 9, S. 353–361.
[284] Chen, W. F., Saleeb, A. F.: Constitutive Equations for Engineering materials. Vol. 1: Elasticity and Modeling. 2nd, revised ed. Elsevier, Amsterdam 1994.
[285] Lamé, G.: Leçons sur la théorie mathematique de l'élasticité des corps solides. Paris, Bachelier, 1852.

[286] van Geel, E.: Concrete behaviour in multiaxial compression. Experimental research. Diss. TU Eindhoven 1998.
[287] Willam, K. J., Warnke, E. P.: Constitutive models for the triaxial behavior of concrete. IABSE Seminar, Bergamo 1974, Paper III-1, S. 1–30.
[288] Franz, G.: Konstruktionslehre des Stahlbetons, Bd. 1, Teil A, Springer Berlin 1980.
[289] Rankine, W. J. M.: A Manual of Applied Mechanics. London, C. Griffin & Co., 1858.
[290] Dettling, H.: Die Wärmedehnung des Zementsteins, der Gesteine und der Betone. Schriftenreihe des Otto-Graf-Instituts der TH Stuttgart, Nr. 3, Stuttgart 1962.
[291] Ziegeldorf, S., Kleiser, K., Hilsdorf, H. K.: Vorherbestimmung und Kontrolle des thermischen Ausdehnungskoeffizienten von Beton. DAfStb (1979), H. 305.
[292] Rostásy, F. S., Wiedemann, G.: Festigkeit und Verformung von Beton bei sehr tiefer Temperatur. beton 30 (1980) H. 2, S. 54–59. Ebenso Betontechnische Berichte 21 (1980/81). Beton-Verlag, Düsseldorf 1982, S. 17–32.
[293] Bunte, D.: Zum karbonatisierungsbedingten Verlust der Dauerhaftigkeit von Außenbauteilen aus Stahlbeton. Dissertation, Technische Universität Braunschweig, 1994.
[294] Wittmann, F.: Bestimmung physikalischer Eigenschaften des Zementsteins. DAfStB (1974), H. 232, S. 1–63.
[295] Fleischer, W.: Einfluss des Zements auf Schwinden und Quellen von Beton. Berichte aus dem Baustoffinstitut, Heft 1. Technische Universität München 1992.
[296] Hilsdorf, H. K., Rottler, S., Müller, H. S.: Versuche über das Kriechen unbewehrten Betons. Der Einfluss der Lagerung vor der Belastung, der Einfluss einer Spannungsänderung und einer Spannungsumkehr. Institut für Massivbau und Baustofftechnologie. Universität Karlsruhe 1993.
[297] Müller, H. S., Küttner, C. H., Kvitsel, V.: Creep and shrinkage models of normal and high performance concrete – concept for a unified codetype approach. Revue Franaise du Genie Civil, 1999.
[298] Grube, H.: Definition der verschiedenen Schwindarten, Ursachen, Größe der Verformungen und baupraktische Bedeutung. Beton 53 (2003), H. 12, S. 598–603.
[299] Müller, H. S., Kvitsel, V.: Kriechen und Schwinden von Beton. Grundlagen der neuen DIN 1045 und Ansätze für die Praxis. Beton- und Stahlbetonbau 97 (2002), H. 1, S. 8–19.
[300] Rüsch, H., Jungwirth, G., Hilsdorf, H. K.: Kritische Sichtung der Verfahren zur Berücksichtigung der Einflüsse von Kriechen und Schwinden des Betons auf das Verhalten der Tragwerke. Beton- u. Stahlbetonbau 68 (1973), H. 3, S. 49–60; H. 4, S. 76–86; H. 6, S. 152–158.
[301] Müller, H. S.: Zur Vorhersage des Kriechens von Konstruktionsbeton. Dissertation, Universität Karlsruhe 1986.
[302] Engelke, H.: Beitrag zur Spannungsrelaxation von Beton. Diss. Univ. Stuttgart 1972.
[303] Rickenstorf, G., Riscovius, R.: Kriechen und Relaxation des Betons bei hohen Temperaturen. In: Festigkeitsprobleme des Betons. Intern. Kolloquium Dresden 1968.
[304] Holschemacher, K., Klug, Y., Dehn, F., Wörner, J.-D.: Faserbeton. In Bergmeister, K., Wörner J.-D. (Hrsg.): Beton-Kalender 2006. 95. Jg., S. 285–663.
[305] Naaman, A. E.: Ferrocement and Laminated Cementitious Composites. Techno Press 3000, Ann Arbor 2000.
[306] Curbach, M., Reinhardt, H.-W. et al. (Hrsg.): Sachstandbericht zum Einsatz von Textilien im Massivbau. DAfStb (1998), H. 488, S. 63–67.
[307] Griffith, R. A.: The Phenomena of Rupture and Flow in Solids. Transactions of the Royal Society of London (1921), Series A 221, S. 163–198.
[308] Maidl, B.: Stahlfaserbeton. Ernst&Sohn, Berlin 1991.
[309] Meyer, A.: Faserbeton. Zement-Taschenbuch 47 (1979/80). Bauverlag, Wiesbaden, Berlin 1979, S. 453–477.
[310] Wischers, G.: Faserbewehrter Beton. beton 24 (1974), H. 3, S. 95–99, und H. 4, S. 137–141.
[311] ACI Committee 544: State-of-the-art report of fiber reinforced concrete. ACI Publication SP-81 (1984), S. 411–432. Ebenso: Concrete International 4 (1982), H. 5, S. 9–30.
[312] Naaman, A.: Fasern mit verbesserter Haftung. Beton- und Stahlbetonbau 95 (2000), H. 4, S. 232–238.
[313] Alwan, J., Naaman, A. E., Hansen, W.: Pull-Out Work of Steel Fibers form Cementious Matrices – Analytical Investigation. Journal of Cement and Concrete Composites 13 (1991), No. 4, S. 247–255.

[314] Naaman, A. E., Namur, G. (Jr.), Alwan, J., Najm, H.: Fiber Pull-Out and Bond Slip. Part II: Experimental Validation. ASCE Journal of Structural Engineering, Vol. 117 (1991), No. 9, S. 2791–2800.

[315] Naaman, A. E., Najm, H.: Bond-Slip Mechanisms of Steel Fibers in Concrete. ACI Materials Journal, Vol. 88 (1991), No.2, S. 135–145.

[316] Bentur, A.; Mindess, S.: Fibre reinforced cementitious composites. Elsevier Applied Science, London 1990.

[317] Bentur, A., Mindess, S.: Cracking Prozess in Steel Fiber Reinforced Cement Paste. Cement and Concrete Research, Vol. 15 (1985), S. 331–342.

[318] Cook, J., Gordon, J. E.: A Mechanism for the Control of Crack Propagation in All-Brittle Systems. Proceeding of the Royal Society (1986), Vol. A 228, S. 508–520.

[319] Kützing, L., König, G.: Duktiler Hochleistungsbeton mit Fasercocktail. Technologie – Bemessung – Anwendungen. Bautechnik 78 (2001), H. 2, S. 105–114.

[320] Balaguru, P.; Ramakrishnan, V.: Properties of Fiber Reinforced Concrete: Workability, Behaviour Under Long-Term Loading, Air-Void Charakteristics. ACI Materials Journal (1988), paper no. 85-M23, Vol. 85, No. 3, S. 189–196.

[321] DBV-Sachstandsbericht: Faserbeton mit synthetischen organischen Fasern. Fassung Oktober 1990, redaktionell überarbeitet 1996. Deutscher Beton-Verein e. V.

[322] Nußbaum, G., Vißmann, H.-W.: Faserbeton. Schriftenreihe Spezialbetone. Band 2. Verlag Bau und Technik, Düsseldorf 1999.

[323] Halm, J.: Ausgangsstoffe, Herstellverfahren und Eigenschaften von Glasfaserbeton. In Fachvereinigung Faserbeton e. V. (Hrsg.): Glasfaserbeton – Von der Einzelanwendung zur industriellen Fertigung (Tagungsband zum Symposium). Forschungs- und Materialprüfanstalt Baden-Württemberg – Otto-Graf-Institut. Stuttgart, 2. Dezember 1996, S. 1–7.

[324] Krenchel, H., Shah, S.: Applications of polypropylene fibers in Scandinavia. Concrete International 7 (1985) H. 7, S. 32–34.

[325] Johnston, C. D.: Fiber-Reinforced Cements and Concretes. Advances in concrete technology. Vol. 3. Gordon and Breach Science Publishers, Amsterdam 2001.

[326] Sethunarayan, R., Chockalingham, S., Ramanathan, R.: International Symposium on Recent Developments in Concrete Fiber Composites (Tagungsband). Transportation Research Record, No. 1226, Washington D. C. 1989, S. 57–60.

[327] Ramey, M. R., Mwangi, J. P. M.: A comparative study of sisal fiber reinforced concrete flexural members. In Reinhardt, H.-W., Naaman, A. E. (Eds.): High Performance Fiber Reinforced Cement Composites (HPFRCC3). RILEM Proceedings No. 6,(1999), S. 553–563.

[328] Nakamura, S., van Mier, J. G. M., Masuda, Y.: Self compactibility of hybrid fiber concrete containing PVA fibers. In di Prisco, M., Felicetti, R., Plizzari G. A. (Eds.): Fibre-reinforced concretes. 6th RILEM Symposium BEFIB 2004, Varenna, Italy, Vol. 1, S. 527–538.

[329] Lankard, D. R.: Slurry infiltrated fiber concrete (SIFCON): Properties and applications. Mat. Res. Soc. Symp. Proc. 42 (1985), S. 277–286.

[330] Hauser, S., Wörner, J. D.: DUCON, ein innovativer Hochleistungsbeton. Beton- und Stahlbetonbau 94 (1999), H. 2, S. 66–75.

[331] Gustafsson, J.: Experience from full scale production of steel fiber reinforced self-compacting concrete. In Skarendahl, A., Petersson, Ö. (Eds.): Self-Compacting Concrete. RILEM Proceedings No. 7 (1999), S. 743–754.

[332] DBV-Merkblatt: Stahlfaserbeton. Fassung 2001. Deutscher Beton- und Bautechnik-Verein e. V.

[333] ACI Committee 544: Design Considerations for Steel Fiber Reinforced Concrete. Report No. ACI 544.4R-88. ACI Structural Journal, September/October 1988.

[334] Ding, Y., Kusterle, W.: Eigenschaften von jungem Faserbeton. Beton- und Stahlbetonbau 94 (1999), S. 362–368.

[335] Reinhardt, H.-W.: Beton. In Eibl, J. (Hrsg.): Beton-Kalender 2002. Teil 1: Taschenbuch für Beton-, Stahlbeton- und Spannbetonbau sowie die verwandten Fächer. Ernst&Sohn, Berlin 2002, S. 1–152.

[336] Soroushian, P.; Bayasi, Z.: Prediction of the tensile strength of fiber reinforced concrete: a critique of the composite material concept. In American Concrete Institute (Ed.): Fiber reinforced concrete, properties and applications. ACI SP-105 (1987), S. 71–84.

[337] Barr, B.: The fracture characteristics of FRC materials in shear. In American Concrete Institute (Ed.): Fiber reinforced concrete, properties and applications. ACI SP-105 (1987), S. 27–53

[338] Swamy, R., Jones, R., Chaim, T.: Shear transfer in steel fiber reinforced concrete. In American Concrete Institute (Ed.): Fiber reinforced concrete, properties and applications. ACI SP-105 (1987), S. 565–592.

[339] Fritz, C., Reinhardt, H.-W.: Influence of crack width on shear behaviour of sifcon. In: Reinhardt, H.-W.; Naaman, A. E. (Eds.), High Performance Fiber Reinforced Cemement Composites. RILEM Proceedings No. 15 (1991), S. 213–225.

[340] Sun, W., Yan, H., Qi, C., Chen, H.: In: Reinhardt, H.-W., Naaman, A. E. (Eds.): High Performance Fiber Reinforced Cemement Composites (HPFRCC3). RILEM Proceedings No. 6 (1999), S. 565–574.

[341] Grzybowski, M., Shah, S. P.: Shrinkage cracking of fiber reinforced concrete. ACI Materials Journal 87 (1990), No. 2, S. 138–148.

[342] Krenchel, H., Shah, S.: Restrained Shrinkage Test with PP-fiber Reinforced Concrete. In American Concrete Institute (Ed.): Fiber reinforced concrete, properties and applications. ACI SP-105 (1987), S. 141–158.

[343] Hähne, H., Karl, S., Wörner, J.: Properties of polyacrylnitrile fiber reinforced concrete. In American Concrete Institute (Ed.): Fiber reinforced concrete, properties and applications. ACI SP-105 (1987), S. 211–223.

[344] Richard, P.: Reactive powder concrete: A new ultra-high-strength cementitious material. In de Larrard, F., Lacroix, R. (Eds.): 4th Intern. Symp. on the Utilization of High Strength/High Performance Concrete. Presse ENPC, Paris 1996, Vol. 3, S. 1343–1349.

[345] DAfStb-Sachstandbericht: Ultrahochfester Beton. Beuth, Berlin 2006.

[346] Siebel, E., Müller, C.: Geeignete Zemente für die Herstellung von UHFB. In König, G., Holschemacher, K., Dehn F. (Hrsg.): Ultrahochfester Beton. Innovationen im Bauwesen. Bauwerk, Berlin 2003, S. 13–24.

[347] Kaptijn, N., Nagtegaal, G.: Eerste toepassing van zeer-hogesterktebeton in civiele draagconstructie. Cement 55 (2003), H. 1, S. 92–94.

[348] Gay, M., Kleen, E., Niepmann, D.: Zusatzmittel für Ultrahochleistungsbeton. In König, G., Holschemacher, K., Dehn, F. (Hrsg.): Ultrahochfester Beton – Innovationen im Bauwesen. Bauwerk, Berlin 2003, S. 45–54.

[349] Richard, P., Cheyrezy, M.: Composition of reactive powder concretes. Cement and Concrete Research 25 (1995), H. 7, S. 1501–1511.

[350] Bornemann, R., Schmidt, M., Fehling, E., Middendorf, B.: Ultrahochleistungsbeton – UHFB. Beton und Stahlbetonbau 96 (2001), H. 7, S. 458–467.

[351] Bouygues: Les bétons de poudres réactives. Firmenschrift 1997.

[352] Bornemann, R., Schmidt, M.: The role of powders in concrete. In König, G., Dehn, F., Faust, T. (Hrsg.): 6th Int. Symp. of High Strength/High Performance Concrete. Leipzig 2002, S. 863–872.

[353] Naaman, A. E., Reinhardt, H. W. (Eds.): Proceedings of the Second International Workshop High Performance Fiber Reinforced Cement Composites (HPFRCC 2). E&F Spon, London 1996, (RILEM proceedings, 31). 502 S.

[354] Rossi, P., Renwez, S., Guerrier, F.: Les bétons fibrés à ultra-hautes performances. L'expérience actuelle du LCPC. Bulletin LCPC 204, Juillet–Aout 1996, S. 87–95.

[355] Rossi, P., Sedran, T., Renwez, S., Belloc, A.: Ultra-high-strength steel fibre reinforced concrete: Mix design and mechanical characterization. In Banthia, N., Mindess, S. (Eds.): Fiber Reinforced Concrete. Modern Developments. Vancouver 1995, S. 181–186.

[356] Chanvillard, G., Rigaud, S.: Complete characterization of tensile properties of DUCTAL® UHPFRC according to the French recommendations. In Naaman, A. E., Reinhardt, H. W. (Eds.): High Performance Fiber Reinforced Cement Composites (HPFRCC 4). RILEM Pro 30, RILEM SARL, Bagneux 2003, S. 21–34.

[357] Naaman. A.E, Reinhardt, H. W.: Proposed classification of HPFRC composites based on their tensile response. Materials and Structures 39 (2006).

[358] Karihaloo, B. L., de Vriese, K.: Short-fibre reinforced reactive powder concrete. In Reinhardt, H. W., Naaman A. E. (Eds.): Third International Workshop on High Performance Fiber Reinforced Cement Composites (HPFRCC 3). RILEM Publications, Cachan 1999, (RILEM proceedings, PRO 6), S. 53–63.

[359] Sun, W., Liu. S., Lai, J.: Study on the properties and mechanism of ultra-high performance ecological reactive powder concrete (ECO-RPC). In Naaman, A. E., Reinhardt, H. W. (Eds.): High Performance Fiber Reinforced Cement Composites (HPFRCC 4). RILEM Pro 30, RILEM SARL, Bagneux 2003, S. 409–417.

[360] Orange, G., Acker, P., Vernet, C.: A new generation of UHP concrete: DUCTAL®. In: Reinhardt, H. W., Naaman A. E. (Eds.): Third International Workshop on High Performance Fiber Reinforced Cement Composites (HPFRCC 3). RILEM Publications, Cachan 1999, (RILEM proceedings, PRO 6), S. 101–111.

[361] Müller, H. S., Linsel, S., Garrecht, H., Wagner, J.-P., Thienel, K.-Ch.: Hochfester konstruktiver Leichtbeton – Teil 1: Materialtechnologische Entwicklungen und Betoneigenschaften. In: Beton- und Stahlbetonbau 95 (2000), H. 7, S. 392–414.

[362] Weigler, H., Karl, S.: Beton – Arten, Herstellung, Eigenschaften. Ernst&Sohn, Berlin 2001.

[363] Faust, Th.: Leichtbeton im Konstruktiven Ingenieurbau. Ernst&Sohn, Berlin 2003.

[364] DIN EN 12620: Gesteinskörnungen für Beton (einschließlich Änderung A1). Beuth Verlag, Berlin 2003.

[365] Thienel, K.-Ch.: Materialtechnologische Eigenschaften der Leichtbetone aus Blähton. In Budelmann, H. (Hrsg.): Technologie und Anwendung der Baustoffe (Festschrift Prof. Rostásy). Ernst&Sohn, Berlin 1992.

[366] Held, M.: Hochfester Konstruktions-Leichtbeton. Beton, Band 46 (1996), H. 7.

[367] Manns, W.: Leichtzuschlag. Zement-Taschenbuch 48 (1984). Bauverlag, Wiesbaden, Berlin 1983, S. 159–173.

[368] Grübl, P.: Druckfestigkeit von Leichtbeton mit geschlossenem Gefüge. Beton 29 (1979), H. 3., S. 91–95.

[369] Grübl, P., Klemt, K.: Optimierte Betonzusammensetzung beim Leichtbeton mit geschlossenem Gefüge. Beton- und Stahlbetonbau 95 (2000), H. 7, S. 415–419.

[370] König, G., Faust, Th.: Der Einfluss der Sandrohdichte auf die Eigenschaften konstruktiver Leichtbetone. Beton- und Stahlbetonbau 95 (2000), H. 7, S. 426–431.

[371] Weigler, H., Nicolay, J.: Temperatur und Zwangsspannung in Konstruktions-Leichtbeton infolge Hydratation. DAfStb (1975), H. 247, S. 1–44.

[372] Müller, H. S., Reinhardt, H.-W: Beton. In Bergmeister, K., Wörner, J. D., Fingerloos, F. (Hrsg.): Betonkalender 2009. Ernst&Sohn, Berlin 2009, S. 1–149.

[373] Müller, H. S., Haist, M.: Selbstverdichtender Leichtbeton – Erste allgemeine bauaufsichtliche Zulassung. Betonwerk + Fertigteil-Technik 70 (2004), H. 12, S. 8–17.

[374] Schlaich, M., El Zareef, M.: Infraleichtbeton. Beton- und Stahlbetonbau 103 (2008), H. 3, S. 175–182.

[375] Grübl, P. Ein Modell zur quantitativen Beschreibung der Bruchvorgänge in gefügedichtem Leichtbeton bei kurzzeitiger Druckbeanspruchung. Diss. TU München 1977.

[376] Wischers, G.: Herstellung und Eigenschaften von Leichtbeton hoher Festigkeit. Zement-Taschenbuch 1968/69. Bauverlag, Wiesbaden 1967, S. 237–313.

[377] Herrnkind, V., Scholz, St.G.: Berücksichtigung des Einflusses der unterschiedlichen Lagerungsarten „trocken" und „feucht" auf die Ergebnisse der Druckfestigkeitsprüfungen. Beton (2008), H. 4, S. 164–167.

[378] Weigler, H., Karl, S.: Stahlleichtbeton – Herstellung, Eigenschaften, Ausführung. Bauverlag, Wiesbaden, Berlin 1972.

[379] Weigler, H., Karl, S., Lieser, P.: Über die Biegetragfähigkeit von Stahlleichtbeton. Betonwerk + Fertigteil-Technik. 38 (1972), H. 5, S. 324–334, und Heft 6, S. 445–449.

[380] Weigler, H., Freitag, W.: Dauerschwell- und Betriebsfestigkeit von Konstruktions-Leichtbeton. DAfStb (1975), H. 247, S. 45–47.

[381] Pauw, A.: Static Modulus of Elasticity of Concrete as Affected by Density. Journal of the American Concrete Institute 57 (1960), H. 6., S. 678–687.

[382] Müller, H. S., Kvitsel, V.: Kriech- und Schwindbeiwerte für normalfeste und hochfeste Konstruktionsleichtbetone. Forschungsvorhaben V 402 des Deutschen Ausschusses für Stahlbeton (DAfStb). Veröffentlichung in der Schriftenreihe des DAfStb vorgesehen.

[383] Rostásy, F. S., Teichen, K.-Th., Alda, W.: Über das Schwinden und Kriechen von Leichtbeton bei unterschiedlicher Korneigenfeuchtigkeit. Beton 24 (1974), H. 6, S. 223–229. Ebenso Betontechnische Berichte 1974. Beton-Verlag, Düsseldorf 1975, S. 91–109.

[384] Reinhardt, H.-W.: Kriechversuche an Leichtbeton. Einige Ergebnisse niederländischer Untersuchungen. Beton 29 (1979), H. 3, S. 88–90.

[385] Hofmann, P., Stöckl, S.: Versuche zum Kriechen und Schwinden von hochfestem Leichtbeton. DAfStb (1983), Berlin 1983, H. 343, S. 3–19.

[386] Hegger, J., Will, N., Görtz, St., Kommer, B.: Zur Tragfähigkeit von Spannbetonbalken aus hochfestem Leichtbeton. Betonwerk + Fertigteil-Technik (2005), H. 3, S. 34–45.

[387] Dehn, F.: Einflußgrößen auf die Querkrafttragfähigkeit schubunbewehrter Bauteile aus konstruktivem Leichtbeton. Dissertation, Universität Leipzig, 2002.

[388] Kvitsel, V.: Vorhersage des Schwindens und Kriechens von normal- und hochfestem Konstruktionsleichtbeton. Dissertation, Universität Karlsruhe (TH), in Vorbereitung.

[389] Navier, C. L. M.H.: Résumé des Leçons données à l'Ecole Royale des Ponts et Chaussées sur l'Application de las Mécanique à l'Etablissement des Constructions et des Machines. 1er partie: Leçons sur la résistance des materiaux et sur l'établissement des constructions en terre, en maçonnerie et en charpente. Paris, Firmin Didot père et fils, 1826.

[390] Saint-Venant, A. J.-C.B. de: Mémoire sur les pressions qui se développent à l'intérieur des corps solides lorsque les déplacements de leurs points, sans altérer l'élasticité, ne peuvent cependant pas être considérés comme très petits. L'Institut 1844/1, S. 26-28, 10 April.

[391] Irwin, G. R.: Analysis of stresses and strains near the end of a crack traversing a plate. Trans. ASME, J. Appl. Mech. 24 (1957), S. 361-364.

[392] Griffith, A. A.: The phenomena of rupture and flow in solids. Phil. Trans. Roy. Soc. (Lond.) 1921, A221, S. 163-97.

[393] Smith, J. H.: Some experiments on fatigue of metals. J. Iron Steel Inst. 82 (1910) 2, S. 246-318.

[394] Palmgren, A.: Die Lebensdauer von Kugellagern. VDI-Z. 68 (1924) 14, S. 339-341; Miner, M. A.: Cumulative damage in fatigue. J. Appl. Mech. (ASME) 12 (1945) 3, S. A159-A164.

[395] Brunauer, S., Emmett, P. H. Teller, E.: Adsorption of Gases in Multimolecular Layers. J. Am. Chem. Soc., 1938, 60, S. 309-319.

Sachverzeichnis

3PB-Probe   19

A

Adsorption   53, 179
Alkaligehalt   230
Alterungsempfindlichkeit   71
Alterungsverhalten   81
Aluminium   111
Aluminiumlegierung   111
Aluminiumschaum   124
Andesit   313
Anisotropie   169
Aramid   337
Aramidfasern   339
AR-Glas   337
Arrhenius-Gleichung   280
Asbestfaser   336
Äste   190
Ausfallkörnungen   238
Ausziehverfahren   272
Ausziehwiderstand   332
autogenes Schwinden   314

B

Balkenschichtholz   213
Baryt   255
Basalt   234, 255, 311, 313, 322
Bast   174
Baumkante   187
Belastungsalter   292, 326
Belastungsbürsten   305
Belastungsdauer   192, 321
Belastungsgeschwindigkeit   274, 290, 303
Belastungsgrad   285
Benzolring   127
BET-Beziehung   53
Beton   221
Betonklassen   222
Betonstähle   90, 92
Betonzusammensetzung   353
Betonzusatzmittel   240
Betonzusatzstoffe   240
Betonzuschlag   233
Betriebsbeanspruchung   36
Betriebsfestigkeit   31, 123
bezogene Rippenfläche   93
Biegefestigkeit   182
Biegezugfestigkeit   299, 344, 358
Blähschieferbeton   284
Bohlen   216
Borke   174
Brennpunkt   192
Brettschichtholz   212
Brettsperrholz   213

Bruchdehnung   64, 75, 91, 99, 113
Brucheinschnürung   64, 70
Bruchenergie   209, 257, 297, 351
Bruchflächenenergie   20
Bruchformen   211
Bruchmechanik   42, 15, 206, 327
Bruchtypen   307
Bruchzähigkeit   19, 117
Brückenlasten   37

C

Calciumhydroxid   231, 347
Calciumsilicathydrat   231, 247, 347
Calciumsulfat   228
Carbonatisierungsschwinden   314
Cellulose   176
charakteristische Druckfestigkeit   223
chemisches Schwinden   314
Chemosorption   179, 201
Chrom   111
Copolymeren   126
Copolymerisation   126
CT-Probe   19
C-Wert   282

D

Dampfdiffusionswiderstandszahl   59
Dämpfung   8, 145, 166
Darcy'sches Gesetz   48
Dauerbruch   80, 108
Dauerfestigkeit   31, 78, 122
Dauerfestigkeitsschaubild   121
Dauerschwellfestigkeit   192
Dauerschwellversuch   143
Dauerschwingfestigkeit   76, 85, 94, 106
Dauerschwingversuch   68
Dauerstandbeanspruchung   291
Dauerstandfestigkeit   192
Dauerstandverhalten   102
Dauerstandversuch   66
Dauerstandzugfestigkeit   304
Dauerzugversuch   103
Dehngeschwindigkeit   290, 303
Dehngrenze   64, 113
Desorption   52
Diabas   255, 313
Dicalciumsilicat   230, 247
Dichte   234, 255
Diffusion   53, 105, 201
Diorit   234, 255, 313
Doppelbindung   126
Drehwuchs   190
Druckfestigkeit   182, 234, 256, 273, 280, 289, 296, 343, 358

Ingenieurbaustoffe
Hans-Wolf Reinhardt
Copyright © 2010 Ernst & Sohn, Berlin
ISBN 978-3-433-02920-6

Druckholz 215
Druckschwellfestigkeit 358
D-Summe 239
Dugdale-Barenblatt-Modell 26
Duktilität 91
Duromere 134, 191
Duroplaste 134
dynamische Viskosität 4

E
E-Glas 337
Eigenspannungen 266, 315
Einbrandkrater 77
Eindringfront 55
Einfriertemperatur 132
Einschnürdehnung 64
Einschnürung 75
Einstufenversuch 34, 123
Elastizitätsgrenze 99
Elastizitätsmodul 3, 64, 89, 116, 118, 131, 145, 164, 193, 258, 310, 311, 320, 350
Elastomere 169
Elektroosmose 56
E-Modul 257
Endkriechzahl 321, 323, 325
Endschwindmaß 316, 318, 323, 360
energetisches Bruchkriterium 20
Energieelastizität 137
Energiefreisetzungsrate 21
Entropie 133
Entropieelastizität 137
Epoxidharzmörtel 157, 160
Epoxidharzzementmörtel 157
Erdgas 288
Erhärtungsverlauf 279
Ermüdung 220, 292, 304
Ettringit 247

F
Faltversuch 68
Faserbeton 326, 336
Fasergehalt 328, 331, 342
Faserplatten 214
Faserrichtung 194, 197
Fasersättigungspunkt 187, 195
Faserverbundspannung 334
Faserverlauf 190
Feinkornstahl 73
Ferrocement 326
Ferrosilicium 241
Festigkeit 61, 215
Festigkeit von Glas 22
Festigkeitshypothese 10, 109, 206
Festigkeitsklasse 216, 222, 229, 317
FE-Zement 228
fibrillierte Fasern 340
Fick'sches Gesetz 54

fiktiver Riss 28
Flammpunkt 192
Fließen 321
Flint 235
Flugasche 224, 240, 286
Flüssiggas 94
Flüssigkeitsaufnahmekoeffizient 51
Flüssigkeitseindringkoeffizient 51
Flüssigkeitsfront 49
Formdehngrenze 32
Formzahl 31
Fransenmizell-Struktur 176
Frequenz 144
Frischbetontemperatur 270
Frühholz 174, 186
Frühschwinden 242
Fugenband 170
Fugendichtstoffe 169
Furnierschichtholz 213

G
Gabbro 234, 313
Gasdurchlässigkeit 57
Gaßnerlinie 39
gebrannter Schiefer 224
Gelporen 231, 276
Gestaltsänderungsenergiehypothese 14, 109
Gesteinskörnungen 233
getempertes Gesteinsmehl 241
Gewebe 163
Gina-Profil 171
Glas 22, 337
Glasfasern 23, 337
glasfaserverstärkte Kunststoffe 162, 164
Glasgewebe 168
Glaszustand 131
Gleichmaßdehnung 64
Gleitbruch 306
Gleitverbundspannung 334
Gneis 255, 313
Granit 234, 255, 313
Grauwacke 234
Grenzflächenspannung 49
Grenzsieblinien 237
Größtdehnungshypothese 11
Größtkorn 236, 278, 347
Grundkriechen 322
Gründruckfestigkeit 242, 244
Gusslegierungen 114

H
Haftlänge 330
Haftung 335
Härteprüfungen 65
Hauptrisssysteme 208
High-Cycle low-amplitude Fatigue 35
Hirnholz 173

Sachverzeichnis

hochfeste Baustähle 82
hochfester Beton 224
hochfester Leichtbeton 224
Hochlage 81
Hochleistungsfaserbeton 326
Hochofenschlacke 224, 241, 352
Hochofenschlackeschädliche Bestandteile 235
Hochofenzement 252, 347
Hochtemperaturfestigkeit 284
Hoftüpfeln 175
Holz 173
Holzfaser 177, 341
Holzfeuchte 179, 182, 199
Holzfeuchtigkeit 195
Holzsortierung 214
Homopolymerisation 126
Hooke'sche Feder 2
Hooke'sches Gesetz 3, 134, 196, 309
HS-Zemente 231
Huber-von-Mises-Hencky-Bedingung 14
Hundeknochenmodell 24
Hüttenbims 352
Hüttensand 224, 241
Hydratationsgrad 231, 275, 279
Hydratationswärme 247–248, 356
hydraulische Strömung 48
Hysterese 144
Hystereseschleife 7

I

Infra-Leichtbeton 356
Innenkühlung 270
Irvin'sche Risslängenkorrektur 25
Isochromaten 274

J

junger Beton 242

K

Kalkstein 224, 255, 311, 313, 322
Kalksteinbeton 284
Kalksteine, dichte 234
Kalksteine, sonstige 234
Kaltauslagerung 112
kaltgezogener Draht 101
Kaltverformung 102
Kambium 174
Kanthölzer 216
kapillare Flüssigkeitsbewegung 49
Kapillarität 201
Kapillarkondensation 179
Kapillarporen 231, 276
Kapillarporosität 324
Kapillarschwinden 245, 314
Kapillarspannungen 246
Kautschukelastizität 133
Kerben 77

Kerbschlagbiegeversuch 68
Kerbschlagzähigkeit 69, 80
K-Faktoren 19
Kieselsäure 240
K-Konzept 17
Klinkerphasen 230
Klinkerreaktion 253
Knetlegierungen 113
Kohlenstoff 83, 90, 337
Kohlenstofffasern 340
komplexer Elastizitätsmodul 9
Kompositspannung 332
Kompositzement 227
Konstruktionsleichtbetone 352
Kontaktzonen 233, 273
Kornform 236
Kornrohdichte 233
Körnungsziffer 239
Kornverzahnung 329
Kornzusammensetzung 236, 278
Korrespondenzprinzip 151
Kriechen 66, 104–105, 135, 138, 161, 200, 219, 258, 319, 345
Kriechfunktion 4, 320
Kriechmaß 201
Kriechmodul 149
Kriechzahl 162, 202, 320, 324
Kristallgemisch 61
kritischer Fasergehalt 349
kryogene Umstände 288
Kryolith 111
kubisch flächenzentriertes Gitter 62, 89
kubisch raumzentriertes Gitter 89
Kunstharzmörtel 135
Kunststoffe 125
Kunststofffasern 339
Kunststoffproduktion 152
Kupfer 111

L

Lagerungstemperatur 280
Laplace-Gleichung 50, 242
Lastdauer 119
Lasteinwirkungsdauer 218
Lastkollektive 38
latent-hydraulische Stoffe 241
Laubhölzer 175, 180
LDAC–Verfahren 71
LD-Verfahren 71
Lebensdauerlinie 40
Lebensdauervorhersagen 46
Leichtbeton 223, 351
Lignin 177
linear elastische Bruchmechanik 15
Liparit 313
logarithmisches Dekrement 9

Temperatur   75, 94, 101, 111, 117, 148, 158, 178, 191, 283, 302, 346
Temperaturdehnzahl   234, 313
Temperaturdifferenz   314
Temperaturleitzahl   260
Temperaturverlauf   260, 262
Tensorpolynomansatz   206
Tetrapod   268
textilbewehrter Beton   326
Thermoplaste   133
Thermoplastische Kunststoffe   152
Tieflage   81
Torsionsschwingversuch   146, 165
Tracheiden   175
Trachyt   313
Transportmechanismen   46
Tricalciumaluminat   230
Tricalciumsilicat   230, 247
Trocknungsdauer   318
Trocknungskriechen   325
Trocknungsschwinden   317, 360
Tsai-Hill-Kriterium   206
Tüpfelzellen   175

U

Übergangsgebiet   132
Übergangstemperatur   81
ultrahochfester Beton   346
unlegierte Baustähle   72
Unterspannung   32
unvernetzte Kunststoffe   152

V

van-der-Waals-Kräfte   61, 129
Verbund   331
Verbundwerkstoff   328
Verfestigung   116
Vergüten   83
vergüteter Draht   101
Vergütung   102
Verlustfaktor   131, 145
vernetzter Kunststoff   130, 155
Versetzung   62, 74, 105
verzögerte elastische Verformung   321
Voigt-Kelvin-Körper   5, 136, 137
Völligkeit   38
Vorspannung   97, 321

W

Warmauslagerung   111
Warmdehngrenze   118
Wärmebehandlung   90
Wärmedehnzahl   256
Wärmeeinflusszone   84
Wärmeentwicklung   249
Wärmefestigkeit   155
Wärmeleistung   251
Wärmeleitfähigkeit   255
Wärmemenge   250
Wärmeübergangskoeffizient   262
Wasseraufnahme   234
Wasserzementwert   231, 244, 275, 342, 347, 357
Wechselfestigkeit   79
Wechselversuch   143
Weibull-Beziehung   209
Weibull-Theorie   296
Weichmachung   136
Wellenhöhen   38
wetterfeste Baustähle   87
Windlasten   37
wirksame Bauteildicke   318
Wirksumme   88
Wöhlerlinie   32, 120, 292, 305
Wuchseigenschaften   190
Würfel   223, 295

Z

Zähigkeit   335
Zeitbruchlinie   149
Zeitdehnlinie   148, 291
Zeit-Dehn-Schaubild   66
Zeitfestigkeit   31
Zeitschwingfestigkeit   167
Zeitstandfestigkeit   119
Zeit-Stand-Schaubild   66
Zeitstandversuche   154, 166
Zeitstand-Zugversuch   148
Zeit-Temperatur-Verschiebungsprinzip   151
Zellulose   337
Zellulosefasern   341
Zement   224
Zementgel   231
Zementhydratation   230
Zementleimbedarf   278
Zementstein   231, 277, 314, 321
Zementzusatz   228
Ziegelsplitt   352
Zink   111
ZTU-Schaubild   91
Zugbruchdehnung   257, 270
Zugeigenspannungen   298
Zugfestigkeit   70, 75, 100, 116, 184, 188, 246, 256, 266, 297, 312, 358
Zugschwellfestigkeit   154
Zugversuch   63
Zündpunkt   192
Zusatzstoffe   270
Zuschlag   302, 284
Zwangspannungen   263
zyklische Beanspruchung   7
Zylinderfestigkeit   223